中国城市科学研究系列报告

Serial Reports of China Urban Studies

# 中国绿色建筑2016

## China Green Building

中国城市科学研究会　主编

**China Society for Urban Studies（Ed.）**

中国建筑工业出版社

China Architecture & Building Press

图书在版编目（CIP）数据

中国绿色建筑 2016/中国城市科学研究会主编. —北京：中国建筑工业出版社，2016.3
（中国城市科学研究系列报告）
ISBN 978-7-112-19212-0

Ⅰ.①中…　Ⅱ.①中…　Ⅲ.①生态建筑-研究报告-中国-2016　Ⅳ.①TU18

中国版本图书馆 CIP 数据核字（2016）第 042075 号

　　本书是中国绿色建筑委员会组织编撰的第九本绿色建筑年度发展报告，旨在全面系统总结我国绿色建筑的研究成果与实践经验，指导我国绿色建筑的规划、设计、建设、评价、实用及维护，在更大范围内推动绿色建筑发展与实践。本书包括综合篇、科研篇、交流篇、实践篇和附录篇，力求全面系统地展现我国绿色建筑在 2015 年度的发展全景。
　　本书可供从事绿色建筑领域技术研究、规划、设计、施工、运营管理等专业技术人员、政府管理部门、大专院校师生参考。

＊　　＊　　＊

责任编辑：刘婷婷　王　梅
责任校对：陈晶晶　吴　健

中国城市科学研究系列报告
Serial Reports of China Urban Studies
中国绿色建筑2016
China Green Building
中国城市科学研究会　主编
China Society for Urban Studies（Ed.）
＊
中国建筑工业出版社出版、发行（北京西郊百万庄）
各地新华书店、建筑书店经销
北京红光制版公司制版
北京建筑工业印刷厂印刷
＊
开本：787×1092 毫米　1/16　印张：37¼　字数：748 千字
2016 年 3 月第一版　　2016 年 3 月第一次印刷
定价：**82.00** 元
ISBN 978-7-112-19212-0
　　（28477）

# 《中国绿色建筑 2016》编委会

# 代　序

## 新常态、新绿建——中国绿色建筑的现状与发展前景❶

仇保兴　国务院参事　中国城市科学研究会理事长　博士

# Foreword

## New normal and new green building-The current status and development prospect of green building in China

我的演讲内容可分为两个部分：中国绿色建筑的现状和发展前景。绿色建筑在我国虽然起步仅十年，但由于其节能减排的潜力超越了建筑业本身，可以从建筑全生命周期来实现资源能源的大幅度节约，故正处于方兴未艾的状态。我国绿色建筑的发展前景之一是让民众可以感知的绿色技术；发展前景之二是互联网＋绿色建筑；发展前景之三是更生态友好、更人性化的绿色建筑。

近年来，我国绿色建筑的数量增长很快，尤其是中高等级的三星级和二星级绿色建筑项目的增长幅度超过上年度1倍，2014年新建绿色建筑面积已经达到1亿多平方米，如果将大量按绿色建筑标准设计，但未评星级的保障房项目列入的话，去年建成或设计的绿色建筑数量和面积则比上一年度多出一倍还多（图1、图2）。

刚刚过去的2014年，我国绿色建筑界发生了哪些大事件？

3月16日，中共中央、国务院印发《国家新型城镇化规划（2014—2020）》，规定2020年50％新建建筑要达到绿色建筑标准。

3月26日，《绿色建筑评价标准（香港版）》修编专家组成立会暨第一次工作会议在京召开，《绿色建筑评价标准（香港版）》修编工作正式启动。中国绿色建筑与节能（香港）委员会与中国绿色建筑与节能（澳门）协会筹备组签订合作

---

❶　根据 2015 年 3 月 24 日 "第十一届国际绿色建筑与建筑节能大会" 上所做的演讲整理。

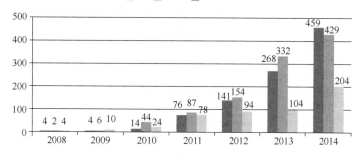

图 1 绿色建筑数量（个）

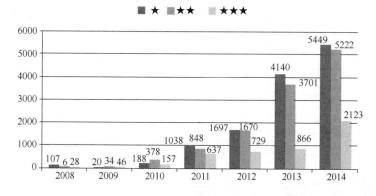

图 2 绿色建筑面积（万平方米）

协议，为共同推动港澳特区绿色建筑发展奠定基础。

4 月 15 日，住房和城乡建设部发布国家标准《绿色建筑评价标准》GB/T 50378—2014，自 2015 年 1 月 1 日起开始实施。

5 月 15 日，国务院办公厅印发《2014—2015 年节能减排低碳发展行动方案》（国办发〔2014〕23 号），要求深入开展绿色建筑行动，到 2015 年城镇新建建筑绿色建筑标准执行率要达到 20%，新增绿色建筑 3 亿平方米。

5 月 21 日，住房和城乡建设部、工业和信息化部联合印发《关于绿色建材评价标识管理办法》的通知（建科〔2014〕75 号），正式启动我国绿色建材评价标识管理工作。

6 月 4 日，住房和城乡建设部、教育部联合印发关于《节约型校园节能监管体系建设示范项目验收管理办法（试行）的通知》（建科〔2014〕85 号）。

6 月 5 日，中国绿色建筑与节能委员会发布学会标准《绿色建筑检测技术标准》CSUS/GBC 05—2014，自 2014 年 7 月 1 日起实施。

6 月 7 日，国务院办公厅印发《能源发展战略行动计划（2014—2020)》（国发办〔2014〕31 号）。到 2020 年，一次能源消费总量控制在 48 亿吨标准煤左右。

建设领域实施绿色建筑行动计划。

9月16日，住房和城乡建设部印发关于《可再生能源建筑应用示范市县验收评估办法的通知》（建科〔2014〕138号）。

10月15日，住房和城乡建设部办公厅、国家发展和改革委员会办公厅及国家机关事务管理局办公室联合印发《关于在政府公益性建筑及大型公共建筑建设中全面推进绿色建筑行动的通知》（建办科〔2014〕39号）。

以上是2014年我国绿色建筑发展的一系列大事件。接下来，我介绍一下绿色建筑未来的发展前景。

**发展前景之一：民众可以感知的绿色建筑**

现阶段，我国绿色建筑的发展已经到了一个瓶颈期，下步工作的关键是大众化和普及化，让人民群众知道什么是绿色建筑，以及绿色建筑会带来什么好处等等。普及绿色建筑有很多创新的办法：

图3

一是开发推广让人民群众能够认知、熟悉、监测、评价绿色建筑的手机软件，不仅普及绿色建筑知识，也可藉此来激发住宅需求者和拥有者的行为节能（图3、图4）。

二是要把宣传推广的着重点放在绿色建筑给人民群众会带来的实际利益上，比如节能减排的经济性。经过测算，绿色建筑的新增成本，3～7年内就能够收回，按照建筑寿命50年计算，居住者和拥有者平均可以享有45年的净得利期。更重要的是，绿色建筑会给居住者带来善待环境、健康舒适等心理生理价值认可（图5）。

三是绿色建筑在设计中注重性能的可视性。随着IT技术的发展，可以将绿

图4

图5

色建筑设计可视化和可比化（图6、图7）。试想，未来每天一打开手机，一起床或者一出门就在社区一个小电子屏幕上看到我家绿色建筑的节能、节水、雨水利用、空气质量是处在同类建筑的第几位？有哪些改进余地？研究表明，仅仅是由于节能、节水的可视性，就可以将节约程度提升15％以上。

图6

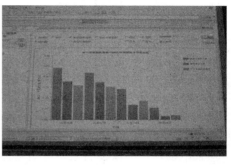

图7

四是绿色建筑的物业管理将成为一个新兴的庞大产业。这个新兴产业着重于建筑的可再生能源利用、雨水收集、中水回用、垃圾分类回用等方面。以上这四个方面一般不为只熟悉清洁与安保的传统物业管理者所熟知，但却蕴含着巨大的市场机会。例如，把雨水进行收集，中水进行回用，使其在建筑内部循环利用，即可实现节水35％以上。经过初步测算，如果北京市2/3的建筑都能够做到雨水收集、中水回用，就可以节省超过南水北调的供水量（图8、图9）。同时，良好的绿色物业管理还可以激励人民群众积极参与绿色建筑的设计、管理和改造过程之中。

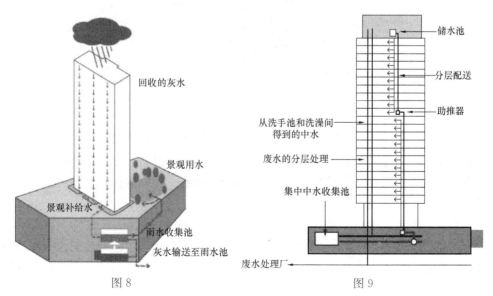

图8                    图9

— 7 —

**发展前景之二：互联网与绿色建筑相融合的"互联网＋绿色建筑"**

一是设计互联网化。目前，我国引进或自主研发的建筑节能软件数量庞杂，但缺少将其整合的云计算平台软件。今后不仅要注重利用云平台进行整合，同时要在建筑新部件、绿色建材、新型材料、新工艺、管理营运新模式等方面大量应用数据化和网络化新技术。

二是新部品、新部件、绿色建材、新型材料、新工艺互联网化。通过互联网，设计师们可以方便地找到各种各样符合当地气候条件或国家标准的新材料、新工艺和新技术，当前新型建筑材料已经到了一个革命性的发展新阶段。几乎每天都有多种新型建筑材料涌现出来，许多新型的建筑材料不仅安全性、防腐性、隔热性非常优异，还能够吸附有害的气体，甚至够释放出有益于人们身体健康的气体。这些新材料通过互联网可以迅速地在建筑中得到应用。仅新型玻璃一项就处于革命的前端，不仅种类繁多，而且性能优异，能实现高强度、隔热、保温、自动调节光线、冬季与夏季性能反差等，甚至有些玻璃还可以产能、储能（图10）。

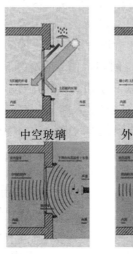

中空玻璃　　　　外加普通玻璃　　　　外加冰花玻璃

图 10

三是标识管理互联网化。中国城市科学研究会将在本届大会之后的两个月之内推出绿色建筑标识申请咨询监测评估的网络系统，而且提供免费软件，实现标识申请评估管理咨询监管网上一体化和便捷化，能进一步降低绿色建筑咨询评估成本。

四是施工互联网化。类似于日本丰田公司发明的敏捷生产系统（Just in time），未来的绿色建筑施工就像建造汽车那样实现产业化，整个过程由互联网进行严格监管，各部件、部品生产商与物流系统、施工现场、监理等"无缝"联结，使整个系统达到零库存、低污染、高质量和低成本，这是绿色建筑施工必然要发展的方向（图11～图14）。

图 11

图 12

图 13

图 14

五是运营互联网化。首先要引进物联网的概念，即只要安装了相应的传感器，通过个人的智能手机就可方便地实现建筑的节能、节水或家电的遥控。

通过图15～图17所示传感器，有关室内空气质量的$PM_{2.5}$、挥发性污染物

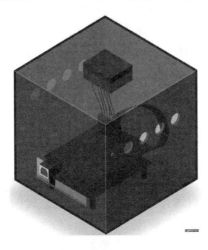

图 15

图 16

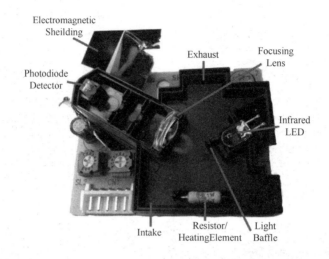

图 17

（VOC）、二氧化碳浓度、湿度、温度五项数据均可测量。这样一个传感器成本只有40美元，如果把这个传感器与互联网相结合，由互联网的云计算平台进行统一校准，精度会大大提高。通过这样的系统感知，每个人都可以通过智能手机来对自己的住宅进行监测和操控。今天，微软公司全球副总裁 Orlando Ayala 先生也出席了第十一届国际绿色建筑与建筑节能大会的主论坛，微软公司的创始人比尔盖茨先生早就已经运用互联网技术实现了对建筑运营的远距离掌控，随着 IT 技术的普及和成本的迅速下降，我们每一个人都可以像比尔盖茨先生那样，远距离掌控自己的住宅性能，而且成本极其低廉。

六是运行标识管理互联网化。未来，要给每一栋绿色建筑装上一个智能芯片，这个芯片包括上面提到的集成传感器及其相关的软件，并将其连接到云端，便于定时收集电耗、燃气、供暖等能耗数据，同时还要及时运算、比较并警示发布，再加上安全保卫功能，就可以为用户提供周到的服务。在不久的将来，国家绿建中心可利用该系统加物联网、大数据等技术手段定期为用户提供分析、诊断、反馈、改进等服务信息，这在物联网时代已不是梦想，而且成本可以做到很低（图18）。

小结：未来，首先要把绿色建筑设计互联网化，由用户与设计师合作来精心设计自己的家园。然后通过众多软件（例如 BIM），实现对绿色建筑的设计、施工、调试、运行全过程的监督和用户参与。这还远不够，未来我们需要更多的像 BIM 这样的系统，更全面、更精细化、也更加开源的软件，而且这些软件的普及应用可以实现不同气候区、不同条件下的绿色建筑自适应调节。总之，不久的将来，每个用户都可以通过手机终端显示所处环境的空气质量和遥控住宅的性能（图19、图20）。

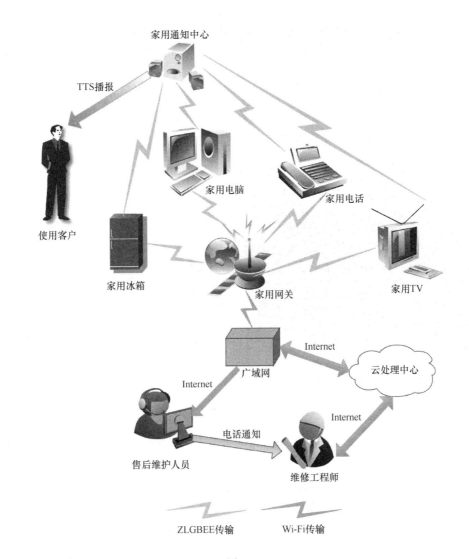

图 18

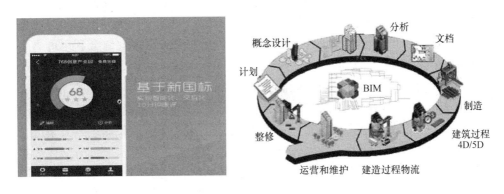

图 19

图 20

**发展前景之三：建造更加生态友好、更人性化的绿色建筑**

诺贝尔奖得主 Richard Smalley 逝世前曾列出了人类未来 50 年所面临的十大挑战问题。按照重要程度进行排序，首先是能源，第二是水，第三是食品，第四是环境，第五是贫穷，第六是恐怖主义，第七是战争，第八是疾病，第九是教育，最后是民主与人口。如果把绿色建筑做到更加人性化和更加环保，创造出 Aquaponics 循环模式，就可以全部或者部分地解决上述前五位和第八位问题（图 21、图 22）。

图 21

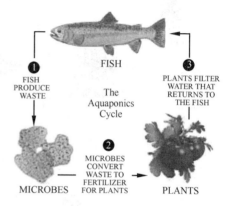
图 22

绿色建筑已经延伸出新的理念，在建筑中利用建筑的余能、余水，以及建筑所产生的垃圾，可以做到与动植物共生，由此产生了一种新的模仿大自然的微循环。例如，在室内培养植物和果蔬，可利用室内绿植调节室内空气的温湿度，同时又可以通过室内园林培育新鲜安全的蔬菜和果实。又如，室内绿植可以充分利用污水以及循环利用中水和雨水进行灌溉，植物在吸收室内 VOC、$PM_{2.5}$ 的同时还提升了环境的美感和空气的湿润度，水中生长的植物还给鱼类提供食物和氧气。鱼类的饲料主要依靠厨余来制作。这正是借鉴了中国传统文化的智慧（浙江省永嘉县农户在农宅附近稻田养鱼，已逾千年历史，并被评为世界非物质文化遗产）。由此延伸开来，从建筑社区到整个城市都可以最大限度地综合利用可再生能源和循环利用资源。社区内的太阳能、沼气能、垃圾发电能、废水发电能、风能，以及电梯的下降能等，通过能源的物联网，可以实现"自发自用"，盈余部分的电能可以卖给电网，不足部分再由电网补给。把每一栋建筑、每一个社区都建设成为一个能源自给自足的独立的电网系统。日前，国务院发布了《关于进一步深化电力体制改革的若干意见》，根据这个方案，每一栋建筑、每一个社区都可以作为发电单位来经营，每一个城市都可以独立地成为一个能源单位。众所周知，城市消耗了 80% 的能源，但是如果能够通过绿色建筑、物联网、智能电网，把一切可再生能源都充分利用起来，城市有可能成为发电单位，这样就可以大大降低二氧化碳的排放量（图23）。

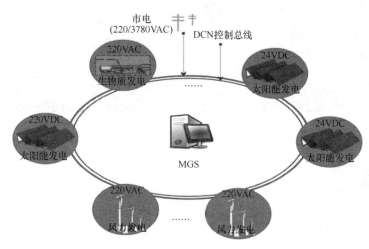

MGS微电网系统示意图

图23

　　未来，绿色建筑通过综合利用可再生能源、促进水循环利用，并将太阳能转化成电能为紫外波段的 LED 供能，使建筑物内植物昼夜都可以进行光合反应，吸收二氧化碳，排出氧气，从而实现建筑和植物果树的完美融合，使我们可以建造更加生态友好的建筑（图24）。中国的园林，历来讲究与建筑的相生共融，将这一理念与建筑物节能减排的设计结合起来，就能够创造立体园林建筑，这种园林建筑不仅能使用户的居住质量进一步提升、在闹市区也可享"田园渔耕之乐"，而且必将为城市带来新的生态景观（图25～图27）。

图24

图25

图 26

图 27

**总结：**

绿色建筑可以大大降低二氧化碳气体的排放，事关国家民族的可持续发展和每一个人的身体健康。

未来的绿色建筑要拥抱互联网，把最新的虚拟空间技术与精心设计的建筑实体空间紧密地结合起来。同时，绿色建筑要走出设计室，重视大众创新。这样就能够全面实现节能、节水、节材，降低温室气体排放，并全面提升绿色建筑的质量。由于在这个过程中增加了民众参与、互动和可视化因素，也就使得绿色建筑更加生态和人性化。

绿色建筑已经发展到了一个新的阶段，通过互联网、物联网、云计算、大数据等新技术，每个人都可以方便地感知和操控自己的家园。女士们，先生们，这样的时代已经到来，请大家准备好迎接和拥抱这个全新的绿色建筑时代！谢谢大家。

# 前　言

近年来国家发布多部政策文件，大力推进生态文明建设。2015年是"十二五"计划收官之年，也是国家进一步突出生态文明战略的关键年。中共中央国务院发布《关于加快推进生态文明建设的意见》，强调"协同推进新型工业化、信息化、城镇化、农业现代化和绿色化"，将"坚持把绿色发展、循环发展、低碳发展作为基本途径"。生态文明建设与绿色可持续发展的理念将更加深入人心。

2016年是"十三五"开局之年，党的十八届五中全会审议通过了《中共中央关于制定国民经济和社会发展第十三个五年规划的建议》，树立了"十三五"期间创新、协调、绿色、开放、共享的五大发展理念，绿色发展将成为我国经济社会发展的主旋律之一。新发展理念的提出赋予了绿色建筑新的内涵，同时也对绿色建筑发展提出了更高的要求。

当前绿色建筑已成为国际发展重点，2015年10月习近平主席在巴黎气候变化大会开幕式讲话中特别提到中国发展绿色建筑的政策措施；2015年9月习近平主席同美国总统奥巴马举行会谈后发表关于气候变化的联合声明，专门介绍了中国承诺将推动低碳建筑，到2020年城镇新建建筑中绿色建筑占比达到50%；此外中国向联合国气候变化框架公约秘书处提交《强化应对气候变化行动——中国国家自主贡献》报告中列举了我国推广绿色建筑和可再生能源建筑应用的行动政策和措施。

本书是中国绿色建筑委员会组织编撰的第9本绿色建筑年度发展报告，旨在全面系统总结我国绿色建筑的研究成果与实践经验，指导我国绿色建筑的规划、设计、建设、评价、使用及维护，在更大范围内推动绿色建筑发展与实践。本书在编排结构上延续了以往年度报告的风格，共分为5篇，包括综合篇、科研篇、交流篇、实践篇和附录篇，力求全面系统地展现我国绿色建筑在2015年度的发展全景。

本书以国务院参事、中国城市科学研究会理事长仇保兴博士的文章"新常态、新绿建——中国绿色建筑的现状与发展前景"作为代序。文章指出，绿色建筑在我国虽然起步仅十年，但由于其节能减排的潜力超越了建筑业本身，可以从建筑全生命期来实现资源能源的大幅度节约，故正处方兴未艾的状态。文章创新性地提出三个绿色建筑发展前景，包括"让民众可以感知的绿色技术"、"互联网＋绿色建筑"和"更生态友好、更人性化的绿色建筑"。文章最后强调未来的绿色建筑要拥抱互联网，把最新的虚拟空间技术与精心设计的建筑实体空间紧密地结合起来。同时，绿色建筑要走出设计室，重视大众创新。这样就能够全面实现节能、节水、节材，降低温室气体排放，并全面提升绿色建筑的质量。由于在这个过程中增加了民众参与、互动和可视化因素，也就使得绿色建筑更加生态和人性化。

第一篇是综合篇，主要总结了我国 2015 年绿色建筑发展的总体情况和我国绿色建筑发展的政策及奖评制度现状，讨论了"十二五"绿色建筑科技发展专项推进情况，从宏观层面探讨了建筑工业化、建筑信息模型（BIM）技术、绿色生态城区、建筑室内 $PM_{2.5}$ 污染控制、被动式超低能耗绿色建筑、绿色建材等当前热点问题，介绍了中国绿建委组织青少年绿色科普教育系列活动、中国绿建委国际交流与合作情况，收录了美国绿建委 Mahesh Ramanujam 先生对中国绿建委为可持续发展所做贡献的评价。

第二篇是科研篇，主要介绍绿色建筑相关的国家科技计划项目的研究概况。本篇选择了 12 个国家科技支撑计划项目，按照项目立项年度及编号顺序排序，分别从项目研究背景、研究目标、主要任务、取得成果和研究展望等方面进行简要介绍。

第三篇是交流篇，主要介绍了北京市、天津市、上海市、江苏省等 13 个地方政府和地方绿色建筑委员会推动绿色建筑发展的总体情况，包括建筑业总体情况、绿色建筑总体情况、发展绿色建筑的政策法规情况、绿色建筑标准规范和科研情况以及绿色建筑大事记等。

第四篇是实践篇，本篇选取了 10 个获得绿色建筑标识的项目（包括设计标识与运行标识），涉及办公建筑、酒店建筑、商业建筑、居住建筑和工业建筑等建筑类型，分别从项目背景、绿色建筑特点及经济社会效益等方面进行介绍；此外还选取了 6 个优秀生态城区项目案例进行介绍。

附录篇介绍了中国绿色建筑委员会、中国城市科学研究会绿色建筑研究中心、绿色建筑联盟、绿色建筑先锋奖获奖企业和全国青少年绿色建筑科普教育活动，收录了 2015 年度绿色建筑标识项目和全国绿色建筑创新奖获奖项目，并对2015 年度中国绿色建筑的研究、实践和重要活动进行总结，以大事记的方式进行了展示。

本书可供从事绿色建筑领域技术研究、规划、设计、施工、运营管理等专业技术人员、政府管理部门、大专院校师生参考。

　　本书是中国绿色建筑委员会专家团队和绿色建筑地方机构、专业学组的专家共同辛勤劳动的成果。虽在编写过程中多次修改，但由于编写周期短、任务重，文稿中不足之处恳请广大读者朋友批评指正。

本书编委会

2016 年 3 月 5 日

# Preface

In the past few years, China has issued several policy documents to vigorously promote ecological civilization construction. 2015 is the final year for the 12th Five-year Plan and also the crucial year for China's further emphasis on ecological civilization strategy. The CPC Central Committee and the State Council issued "Opinions on Speeding up the Promotion of Ecological Civilization Construction", attaching great importance to "new industrialization, information technology, urbanization, agricultural modernization and greenization" and insisting on green, cyclic and low-carbon development as the fundamental approach. The concepts of ecological civilization construction and green sustainable development will enjoy more popular support.

2016 is the starting year for the 13th Five-year Plan. The Fifth Plenary Session of the 18th Central Committee of the CPC reviewed and issued "Recommendations for the 13th Five-year Plan for Economic and Social Development," putting forward five development concepts of "innovation, coordination, green, open and sharing" for the 13th Five-year Plan period. Green development will become one of the major themes for China's economic and social development. The new development concept endows new meanings to green building and at the same time raises higher requirements for the development of green building.

At present, green building has become the international development priority. President Xi Jinping particularly mentioned China's policies and measures to promote green building in his speech at the opening ceremony of Paris Conference on Climate Change held in October 2015; in September 2015, President Xi Jinping and US President Barack Obama held a meeting and released a joint statement on climate change, in which China promised to develop low-carbon building with the goal of green building taking up 50% of the new urban buildings by 2020; besides, China submitted "Enhanced Actions on Climate Change: China's Intended Nationally Determined Contributions" to the Secretariat of the United Nations Framework Convention on Climate Change, listing China's action policies and measures for the promotion of green building and the application of renewable energy in buildings.

This book is the 9th annual development report of green building compiled by China Green Building Council, aiming to systematically summarize the research achievements and practice experiences of green building in China, guide the planning, design, construction, evaluation, utilization and maintenance of green building nationwide and further promote the development and practice of green building. The book continues to use the structure of the former annual reports, and covers five parts including general overview, scientific research, experiences, engineering practice and appendix. It aims to demonstrate a full view of China green building development in 2015.

The book uses the article of Dr. Qiu Baoxing, counselor of the State Council and Chairman of Chinese Society for Urban Studies, as its preface, which is titled "New normal and new green building—the current status and development prospect of green building in China. " The article points out that though green building has developed for only ten years in China, its potential in energy efficiency and emission reduction excels the building industry itself and resources and energies can be greatly saved throughout the whole life-cycle of buildings, therefore, green building is now in full swing. The article brings forth for the first time three development prospects for green building including "public-perceptive green technology," "internet + green building," and "more ecology-friendly and user-friendly green building. " In the end, the article stresses that future green building should embrace internet and closely integrate the latest virtual space technology with the well-designed building entity space. Meanwhile, green building should not only comes from design offices but also value public innovation. Thus, energy-saving, water-saving and material-saving can be fully realized, greenhouse gas emission can be reduced and the quality of green building can be considerably improved. Thanks to public involvement and interaction as well as the visualization factors throughout the process, green building becomes more ecology-friendly and user-friendly.

The first part is an overview, demonstrating China green building development in 2015 and China's relevant policies and rewarding mechanisms. It introduces the promotion of Science and Technology Development Projects of Green Building during the 12$^{th}$ Five-Year Plan period and discusses such hot issues as building industrialization, BIM technology, green eco-districts, indoor $PM_{2.5}$ pollution control, passive ultra-low energy green building and green building materials from a macroscopic perspective. It also introduces activities of green building popularization education for teenagers organized by China Green Building Council and international exchanges and cooperation of China Green Building Council. This part includes the comments of Mr. Mahesh Ramanujam from US Green Building Council about China Green Building Council's contributions to sustainable development.

The second part is about scientific research, mainly describing projects of the national science and technology programs relevant to green building. This part presents a brief introduction to 12 projects of the National Key Technologies

R&D Program according to their approval years and serial numbers from such aspects as research background, research goals, main tasks, project achievements and research prospects.

The third part is about experience exchanges, mainly discussing the promotion of green building by local governments and green building committees in 13 cities and provinces including Beijing, Tianjin, Shanghai and Jiangsu with the general situation of the building industry, green building development, policies and regulations, standards and codes, research projects and milestones of green building development in China.

The fourth part introduces engineering practice of 10 green building label projects (green building design label and green building operation label) covering such building types as office building, hotel building, commercial building, residential building and industrial building. It introduces these projects from aspects like project background, green building features, and economic and social benefits. Beside, this part also introduces 6 outstanding eco-districts projects.

The appendix introduces China Green Building Council, CSUS Green Building Research Center, Green Building Alliance, Enterprises of 2015 Green Building Pioneer Award and 2015 green building education and popularization activities for teenagers in China, provides a list of projects with green building labels in 2015 and projects of 2015 National Green Building Innovation Award. It also summarizes research, practice and important activities of green building in China in a chronicle way, which provides readers with a glimpse of the green building development in 2015.

This book should be of interest to professional technicians engaged in technical research, planning, design, construction and operation management of green building, government administrative departments, and college teachers and students.

This book is jointly completed by experts from China Green Building Council, local organizations and professional associations of green building. Any constructive suggestions and comments from readers are greatly appreciated.

Editorial Committee

Mar. 5th, 2016

# 目　录

# Contents

Foreword    New normal and new green building-The current status and development prospect of green building in China

Perface

# 第一篇 | 综 合 篇

　　近年来我国绿色建筑发展迅速，绿色建筑相关政策和激励机制不断完善，绿色建筑技术不断创新，绿色建筑理念宣传逐渐展开，绿色建筑国际合作与交流持续深入。截至 2015 年 12 月 31 日，全国共评出 3979 项绿色建筑评价标识项目，总建筑面积达到 4.6 亿 $m^2$，其中设计标识项目 3775 项，运行标识项目 204 项，绿色建筑已形成规模化、区域化发展趋势。

　　2015 年是国家标准《绿色建筑评价标准》GB/T 50378—2014 发布实施的第一年，也是我国逐步推行绿色建筑标识实施第三方评价的起始年，绿色建筑评价标识工作进入新的发展阶段。目前我国共计 31 个省市结合地方实际情况编制了绿色建筑实施方案，江苏、贵州、浙江等部分省份制定了绿色建筑发展条例，从法律高度规范绿色建筑的发展，保障其在法治化、制度化的轨道上稳步前进，绿色建筑发展达到了新的高度。

　　本篇总结了我国 2015 年绿色建筑发展的总体情况和我国绿色建筑发展的政策及奖评制度现状，讨论了"十二五"绿色建筑科技发展专项推进情况，从宏观层面探讨了建筑工业化、建筑信息模型（BIM）技术、绿色生态城区、建筑室内 $PM_{2.5}$ 污染控制、被动式超低能耗绿色建筑、绿色建材等当前热点问题，介绍了中国绿建委组织青少年绿色科普教育系列活动、中国绿建委国际交流与合作情况，收录了美国绿建委 Mahesh Ramanujam 先生对中国绿建委为可持续发展所做贡献的评价。

希望读者通过本篇内容，能够对中国绿色建筑总体发展状况有一个概括性的了解。

# Part I | General Overview

In the past few years, green building has been developed rapidly in China, relevant policies and incentive mechanisms have been improved continuously, more and more innovations have been brought forth in green building technology, the popularization of green building concept has been carried out gradually, and international cooperation and exchanges in green building have been further deepened. By Dec. 31, 2015, there had been altogether 3, 979 projects with green building labels in China, reaching a total building area of 0.46 billion $m^2$, among which 3, 775 projects obtained green building design labels and 204 obtained green building operation labels. Green building has been developing in a trend of large scale and regionalization.

2015 is the first year for the issue and implementation of the national standard of *Assessment Standard for Green Building* GB/T 50378—2014 and also the starting year for China's gradual promotion of third-party evaluation of green building label. In this year, green building label stepped into a new development stage. Up to now, altogether 31 provinces and cities in China have developed their own green building implementation plan in consideration of their respective local conditions. Such provinces as Jiangsu, Guizhou and Zhejiang have formulated regulations for green building development, specifying green building development from the legal aspect so that it can maintain a steady progress within laws and institutionalization. Green building development has reached a new level.

This part summarizes China green building development in 2015 as well as China's relevant promotion policies and rewarding mechanisms;

introduces promotion of Science and Technology Development Projects of Green Building during the 12$^{th}$ Five-year Plan period; discusses such hot issues as building industrialization, BIM technology, green eco-districts, indoor $PM_{2.5}$ pollution control, passive ultra-low energy green building and green building materials from a macroscopic perspective; introduces activities of green building popularization education for teenagers organized by China Green Building Council and international exchanges and cooperation of China Green Building Council; includes the comments of Mr. Mahesh Ramanujam from US Green Building Council about China Green Building Council's contributions to sustainable development.

Through this part, readers will have a general overview of the green building development in China.

# 1 2015 年我国绿色建筑发展情况
# 1 China green building development in 2015

2015 年 1 月 1 日起，新版绿色建筑评价标准在我国全面实施，在经历了短暂的适应调整期后，绿色建筑向着更加严谨、严密的方向发展。2015 年，绿色建筑依旧保持着强劲的增长势头，各级地方政府也纷纷制定推动政策，部分省份甚至将发展绿色建筑提升至法律层面，绿色建筑发展达到了新的高度。

## 1.1 总 体 发 展 态 势

近年来，我国绿色建筑发展规模始终保持大幅增长态势，截至 2015 年 12 月 31 日，全国共评出 3979 项绿色建筑评价标识项目，总建筑面积达到 4.6 亿 m²（图 1-1-1～图 1-1-4），其中，设计标识项目 3775 项，占总数的 94.9%，建筑面积

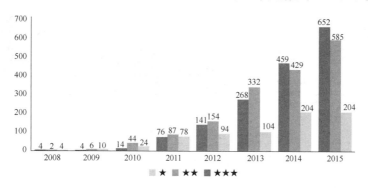

图 1-1-1 2008～2015 绿色建筑评价标识项目数量逐年发展

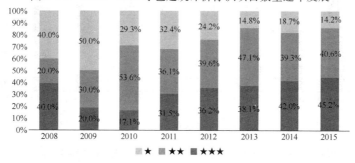

图 1-1-2 2008～2015 年绿色建筑评价标识项目各星级比例图

5

为 43283.2 万 m²；运行标识项目 204 项，占总数的 5.1%，建筑面积为 2686.4 万 m²。平均每个绿色建筑的建筑面积为 11.6 万 m²（图 1-1-5）。

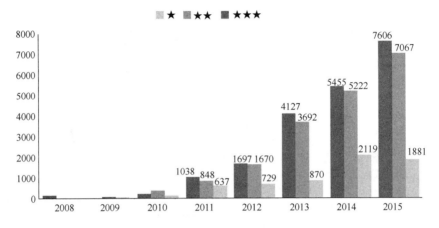

图 1-1-3　绿色建筑评价标识项目面积逐年发展状况

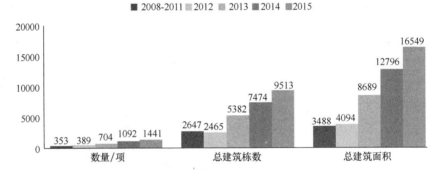

图 1-1-4　绿色建筑评价标识项目发展状况

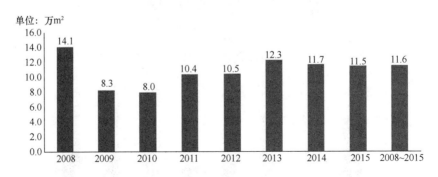

图 1-1-5　2008～2015 年绿色建筑申报项目的平均面积

　　在各个评审机构中，中国城市科学研究会、江苏省住房和城乡建设厅科技发展中心、住建部科技促进中心评审的项目数量位居前三，其他地方行政主管部门组织评审的项目数量也有了进一步增加。地方评审机构中，以江苏、深圳、山东、陕西、河北等地方评审机构评审数量较多（图1-1-6）。相比2013、2014年，江苏、吉林、浙江、贵州等地方评审机构评审数量增幅较大（图1-1-7）。

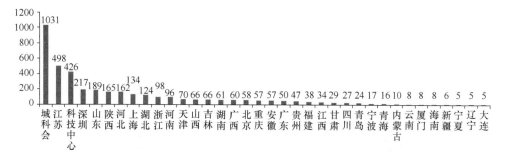

图1-1-6　2008～2015年全国绿色建筑标识各评价机构评审数量情况

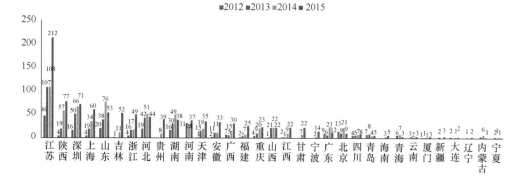

图1-1-7　2012～2015绿色建筑评价标识地方评价机构评审数量变化情况

## 1.2　各类型绿色建筑标识情况

综合统计2008～2015年，从星级比例构成来分析：一星级1618项，占40.7%，面积20364.3万 m²；二星级1639项，占41.2%，面积19049.9万 m²；三星级722项，占18.1%，面积6555.1万 m²。从建筑类型来分析：居住建筑1900项，占47.7%，面积28542.0万 m²；公共建筑2049项，占51.5%，面积16890.2万 m²；工业建筑30项，占0.8%，面积537.4万 m²（图1-1-8、图1-1-9）。

在2008～2015年获得绿色建筑评价标识的2050项公共类建筑项目中，从星级比例来看，一

图1-1-8　2008～2015年绿色建筑评价标识项目建筑星级分布图

星级 796 项，占 38.9%，面积 7153.3 万 $m^2$；二星级 791 项，占 38.6%，面积 6572.1 万 $m^2$；三星级 462 项，占 22.5%，面积 3164.8 万 $m^2$（图 1-1-10）。从建筑类型上看，办公、商店、酒店、学校、场馆、酒店、医院、其他类型建筑以及改建项目各占 49.1%、12.9%、10.5%、8.5%、7.0%、4.5%、4.6%、2.9%（图 1-1-11）。

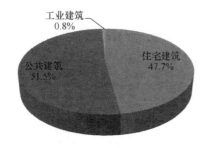
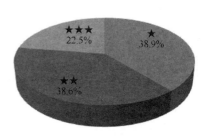

图 1-1-9 2008～2015 年绿色建筑评价
标识项目建筑类型分布图

图 1-1-10 2008～2015 年公共类绿
建评价标识项目星级分布图

2008～2015 年获得绿色建筑评价标识的住宅类绿色建筑项目中，一星级 821 项，占 43.3%，面积 13191.3 万 $m^2$；二星级 835 项，占 43.9%，面积 12415.4 万 $m^2$；三星级 244 项，占 12.8%，面积 2935.3 万 $m^2$（图 1-1-12）。

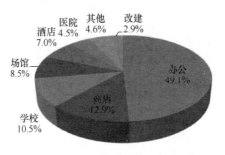

图 1-1-11 2008～2015 年公共类绿
建评价标识项目详类

图 1-1-12 2008～2015 年住宅类绿
建评价标识项目星级分布

从绿色建筑的比例构成分析上看，一星级、二星级占比较大，且比例较为相近，而三星级相对较少。从评审中了解的情况看，一星级项目增量成本不高而容易达到，多数省份要求保障房普遍达到一星级要求，此外还要求政府投资或以政府投资为主的机关办公建筑、公益性建筑、单体面积 2 万 $m^2$ 以上的公共建筑等普遍执行至少一星级的绿色建筑标准，一星级绿色建筑数量较 2014 年有较大幅度的提升；二星级项目在国家财政补贴下，再加上一些地区还提供了地方补贴、城市建设配套费减免等激励政策，以及部分地方标准要求的提升作用下，增量成本压力相对不大；三星级增量成本相对较高，相较于一二星级的快速增长，占比略微下降，但总体上，三星级的建筑品质普遍较高。

8

2015 年，全国共评出 7 个绿色工业建筑标识，其中浙江中烟工业有限责任公司杭州卷烟厂（联合工房）、安徽中烟工业有限责任公司合肥卷烟厂易地技术改造暨"黄山"精品卷烟生产线项目、德国大陆汽车电子（长春）净月园区（一期）三个项目获得了《绿色工业建筑评价标准》GB/T 50878—2013 评价的三星级运行标识，其余 4 个项目为二星级设计项目，绿色工业建筑的星级普遍较高。

## 1.3  各地区绿色建筑发展的特点

从各气候区来看，综合统计 2008～2015 年，夏热冬冷地区累计获得绿色建筑评价标识项目为 1857 项，占 46.7%；寒冷地区项目为 1221 项，占 30.7%；夏热冬暖地区项目为 635 项，占 16.0%；严寒地区项目为 222 项，占 5.6%；温和地区项目为 44 项，占 1.0%。

从统计中看出，在居住建筑方面，夏热冬冷地区与寒冷地区绿建数量占比较大，均超过总量的 1/3。而公共建筑方面，夏热冬冷地区绿建数量超过总量的一半，寒冷地区绿建数量超过总量的 1/4，而夏热冬暖占约 16.5% 左右。在严寒和温和地区绿建项目数量相对较少（图 1-1-13）。

2008～2014 年绿建评价标识项目气候区分布如图 1-1-13 所示。

按照项目地区分布来看，除西藏以外，绿色建筑基本覆盖了我国的各个省份地区。2015 年新疆、青海、内蒙古、甘肃等地区绿色建筑有了较快的发展。标

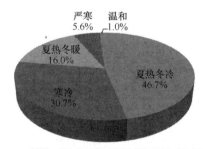

2008～2015年绿建评价标识项目气候区分布

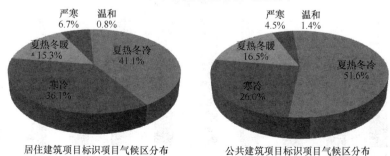

居住建筑项目标识项目气候区分布　　　　公共建筑项目标识项目气候区分布

图 1-1-13　2008～2015 年绿建评价标识项目气候区分布（分居住和公建）

识项目数量在 100 个以上的地区占 40.6％，在 30～100 个地区占比 34.4％，数量在 10～30 个的地区占比 15.6％，及数量不足 10 个的地区占比 9.4％，其中江苏、广东等沿海地区的项目数量继续遥遥领先（图 1-1-14），2015 年各地标识项目数量增速普遍加快，江苏、广东、上海、浙江、陕西、山东等地增速明显（图 1-1-15）。从各星级的比例上看，江苏、浙江、湖北的绿色建筑各星级比例较为均匀，山东、河北二星级绿色建筑比例较高，上海、天津、北京三星级绿色建筑比例较高，广东、陕西则一星级绿色建筑比例最高（图 1-1-16）。

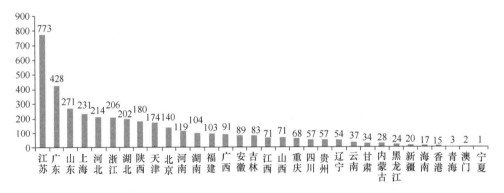

图 1-1-14　2008～2015 各省市绿建评价标识项目数量统计

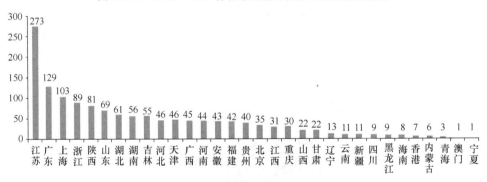

图 1-1-15　2015 年各省市绿建评价标识项目数量统计

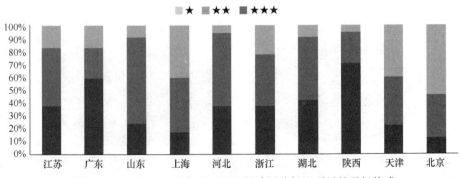

图 1-1-16　2008～2015 年主要地区绿建评价标识项目的星级构成

10

## 1.4 绿色建筑标识申报单位情况

拥有绿色建筑标识最多的前几名申报单位分别是万达、万科、绿地等开发商（图 1-1-17），前三名占了总数的 14.7%。其中公建类绿色建筑由万达遥遥领先，此外万科、绿地、天津生态城等集团申报项目较多，住宅类绿色建筑万科、万达、绿地等集团申报项目最多（图 1-1-18、图 1-1-19）。申报总数前十名中各星级的构成比重不尽相同，万达、保利、华润、深圳光明等项目主要为一星级，万科、天津生态城、苏州建屋项目主打三星级，花桥国际商务城、绿地、招商等则比例较为均匀（图 1-1-20）。

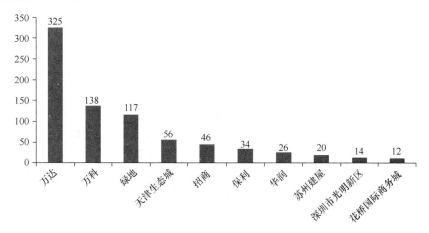

图 1-1-17 2008～2015 年绿色建筑评价标识项目数量前十位申报单位

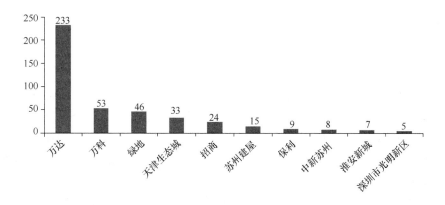

图 1-1-18 2008～2015 年公建类绿建评价标识项目数量前十位申报单位

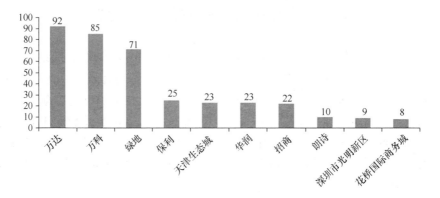

图 1-1-19　2008～2015 年住宅类绿建评价标识项目数量前十位申报单位

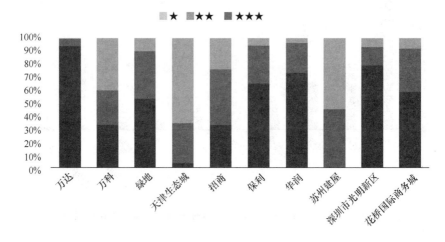

图 1-1-20　2008～2015 年绿色建筑评价标识项目数量前十位申报单位项目星级构成

## 1.5　绿色建筑评价标准的最新发展

2015 年 1 月 1 日，新国标《绿色建筑评价标准》GB/T 50378—2014 正式实施，新国标"要求更严格、内容更广泛"，这也意味着新标准会进一步规范绿色建筑行业的市场，使绿色建筑品质提升至更高的水平，从 2015 年的评审情况来看，新标准整体反响较好。2015 年，3 部专项标准获得批准，分别为 2015 年 4 月 8 日获得批准的《绿色商店建筑评价标准》GB/T 51100—2015，自 2015 年 12 月 1 日起实施，以及 2015 年 12 月 3 日获得批准的《既有建筑绿色改造评价标准》GB/T 51141—2015 和《绿色医院建筑评价标准》GB/T 51153—2015，两部标准均自 2016 年 8 月 1 日起实施。《绿色博览建筑评价标准》待发布，《绿色饭店建筑评价标准》、《绿色生态城区评价标准》、《绿色校园评价标准》、《绿色建筑运行维护技术规范》4 部标准在编。结合之前已发布实施的《绿色工业建筑评价标准》GB/T 50878—2013、《绿色办公建筑评价标准》GB/T 50908—2013、《建筑工程绿色施工评价标准》GB/T 50640—2013、《绿色铁路客站评价标准》TB/T 10429—2014 等，我国的绿色建筑标准体系已进入领域划分更加细致、评价更加全方位的新时期。

# 1.6 绿色建筑立法

绿色建筑的高速发展，与良好的政策扶持环境分不开。截至 2015 年底，全国共计 31 个省市、自治区、直辖市和新疆生产建设兵团结合地方实际情况，在地方编制绿色建筑实施方案，并采取多种类型的强制政策、鼓励政策，推进绿色建筑发展。2015 年，部分省份制定绿色建筑发展条例，从法律高度规范绿色建筑的发展，保障其在法治化、制度化的轨道上稳步向前。

2015 年 3 月 27 日，《江苏省绿色建筑发展条例》由江苏省第十二届人民代表大会常务委员会第十五次会议通过，自 2015 年 7 月 1 日起施行。成为全国率先为绿色建筑立法的省份。该条例规定本省新建民用建筑的规划、设计、建设，应当采用一星级以上绿色建筑标准。使用国有资金投资或者国家融资的大型公共建筑，应当采用二星级以上绿色建筑标准进行规划、设计、建设。施工图设计文件审查机构应当审核施工图设计文件是否符合绿色建筑标准，未达到项目绿色建筑等级标准的，不得出具施工图审查合格证书。并明确法律责任：县级以上地方人民政府建设主管部门或者依照本条例履行监督管理职责的其他部门，在绿色建筑发展工作中玩忽职守、滥用职权、徇私舞弊的，对直接负责的主管人员和其他直接责任人员，依法给予处分；构成犯罪的，依法追究刑事责任，县级以上人民政府有关部门和单位，对使用国有资金投资或者国家融资的大型公共建筑，未按照二星级以上绿色建筑标准进行建设的，对负有直接责任的主管人员和其他直接责任人员，依法给予处分。

2015 年 7 月 31 日贵州省第十二届人民代表大会常务委员会第十六次会议通过《贵州省民用建筑节能条例》，该条例第五章内容"绿色建筑发展"要求政府投资的国家机关、学校、医院、博物馆、科技馆、体育馆等建筑和保障性住房、城市综合体、大型公共建筑，应当执行绿色建筑标准。鼓励城市新区建设、小城镇建设、大型住宅区建设、棚户区改造项目按照绿色生态城区要求进行规划和建设。同时要求施工图设计文件审查机构应当对绿色建筑项目是否符合绿色建筑标准进行审查，建设单位组织绿色建筑项目竣工验收时，对达不到绿色建筑标准的，不得出具绿色建筑项目竣工验收合格报告。并明确法律责任，提出住房和城乡建设行政主管部门及其他有关部门工作人员在民用建筑节能与绿色建筑发展工作中玩忽职守、徇私舞弊、滥用职权，尚不构成犯罪的，对直接负责的主管人员和其他直接责任人依法给予行政处分。

2015 年 12 月 4 日，浙江省十二届人大常委会第二十四次会议通过了《浙江省绿色建筑条例》，自 2016 年 5 月 1 日起实施。该条例规定，城市、镇总体规划确定的城镇建设用地范围内新建民用建筑（农民自建住宅除外），应当按照一星级以上绿色建筑强制性标准进行建设。其中，国家机关办公建筑和政府投资或者以政府投资为主的其他公共建筑，应当按照二星级以上绿色建筑强制性标准进行建设；鼓励其他公共建筑和居住建筑按照二星级以上绿色建筑的技术要求进行建设。同时从国有建设用地招标、建设单位委托设计、设计单位设计方案、施工图审查等多个环节提出强制性要求，保障绿色建筑在各个环节的落地。该条例还明确了法律责任，对违反该条例的建设单位、民用建筑节能评估机构、评估专员、房地产开发企业、管理人员等明确了相应处罚要求与处罚办法。

2015 年 11 月 30 日，江西省人民政府第 53 次常务会议审议通过《江西省民用建筑节能和推进绿色建筑发展办法》，自 2016 年 1 月 16 日起施行。该条例规定，国家机关办公建筑，政府投资的学校、医院、博物馆、科技馆、体育馆等建筑以及机场、车站等大型公共建筑，省会城市的保障房以及纳入当地绿色建筑发展规划的项目应当按照绿色建筑标准规划和建设。鼓励城市新区建设、大型住宅区建设、棚户区改造项目按照绿色建筑要求进行规划和建设。并明确了保障激励措施与违反条例单位的法律责任。

## 1.7　绿色建筑未来发展展望

2015 年 5 月 5 日，《中共中央国务院关于加快推进生态文明建设的意见》（后文简称《意见》）发布，文件强调生态文明建设是中国特色社会主义事业的重要内容，要坚持把绿色发展、循环发展、低碳发展作为基本途径，要大力推进绿色城镇化，强化城镇化过程中的节能理念，大力发展绿色建筑，推进绿色生态城区建设。绿色建筑作为促进生态文明建设的重要手段，未来必将能取得更大的进步与发展。《意见》同时提出了"协同推进新型工业化、城镇化、信息化、农业现代化和绿色化"新五化的概念，将"绿色化"扩容"新四化"。绿色建筑作为建筑行业"绿色化"的重要体现，也将迎来法制更加健全、制度更加完善的发展环境。

2015 年 10 月 26 日至 29 日，中国共产党第十八届中央委员会第五次全体会议审议通过了《中共中央关于制定国民经济和社会发展第十三个五年规划的建议》（后文简称《建议》），文件指出实现"十三五"时期发展目标，必须牢固树立创新、协调、绿色、开放、共享的发展理念，《建议》重申了"绿色"的重要性，进一步彰显了我国未来发展"绿色"的必要性与坚定决心。可见，大力发展绿色建筑，是贯彻落实永续发展的重要实践，是实现国家"十三五"发展目标的有效手段，为全面实现小康社会提供坚实保障。

## 1.8 小 结

2015 年，"十二五"规划完美收官，我国绿色建筑也取得了阶段性的瞩目成果。2016 年，相信随着"十三五"规划的深化发展，生态文明建设与绿色可持续发展的理念将更加深入人心，绿色建筑也将迎来新的发展机遇。

**作者：**王建清[1] 高雪峰[1] 孟冲[2] 宋凌[3] 何莉莎[2]（1. 住房和城乡建设部建筑节能和科技司；2. 中国城市科学研究会绿色建筑研究中心；3. 住房和城乡建设部建筑科技促进中心）

# 2 "十二五"绿色建筑科技发展专项
# 推进情况介绍

## 2 Promotion of Science and Technology Development Projects of Green Building during the Twelfth-Five-Year Plan period

绿色建筑指在建筑全寿命周期内，实现节能、节地、节水、节材、保护环境和减少污染（简称"四节一环保"），并为人们提供健康、适用和高效的使用空间的建筑，是 21 世纪全球建筑可持续发展的新趋势。

2012 年 5 月，科技部正式发布《"十二五"绿色建筑科技发展专项规划》（以下简称《专项规划》），将"绿色建筑"作为重点科技专项进行规划和部署。为此设置了技术与标准、建材和产品及装备、集成与示范三大板块重点任务。本文通过对《专项规划》几年以来工作推进的情况进行系统总结，期望既能为我国绿色建筑建设规模化推进提供支撑，也为"十三五"绿色建筑领域科技规划提供参考和借鉴。

## 2.1 总 体 实 施 情 况

自《专项规划》实施以来，科技部依托国家科技支撑计划先后启动了"绿色建筑评价体系与标准规范技术研发"、"建筑节能技术支撑体系研究"、"新型预制装配式混凝土建筑技术研究与示范"、"既有建筑绿色化改造关键技术研究与示范"等支撑计划项目 48 项，投入经费 30.7 亿元，其中国拨经费约 12.0 亿元。

为实施《专项规划》的任务部署，科技部会同住房和城乡建设部及地方科技厅等部门，结合绿色建筑行动方案，通过自上而下与自下而上相结合的方式推动绿色建筑发展，制定绿色建筑相关政策和激励机制、推动绿色建筑工程示范、激发绿色建筑科技需求，建立产学研联合模式与机制，促进科技成果转化应用。

通过科研项目实施，我国绿色建筑科技工作在技术标准、节能、绿色建造、规划设计新方法、室内外环境保障、高性能结构体系和绿色建材等技术瓶颈有所突破，在绿色建造与施工装备、建筑节能、高性能结构体系等方面产出了一大批先进适用技术和装备，取得一批重大科研成果，总体达到国际先进、部分国际领先水平；在绿色建筑规划设计方法、室内外环境保障、绿色建材和既有建筑绿色化改造等方面紧追国际先进水平。此外，结合核心关键技术、材料和装备的研究成果，建设完成 100 余项约 2100 万 m² 示范工程，产生了很好的科技示范作用。

截至 2015 年 6 月，通过科技支撑项目，已累计开发新技术/新产品/新装备/新装置共计 283 项；申请专利 738 项，授权专利 275 项；发表科研论文 2186 篇，其中国外发表 368 篇；编制/完成相关标准/导则 166 项；完成软件/数据库 170 项；培养博士、硕士和核心科技人才 933 人；完成示范工程 107 项，建筑 2193 万 m²。根据住房和城乡建设部 2015 年度报告统计显示，绿色建筑示范项目运行成效显著，平均节能率达 58%，住区平均绿化率大于 38%，节水率大于 15.2%，可循环材料比例大于 7.7%，二氧化碳减排每平方米建筑面积达 28.2kg。相关研究成果获得国家技术发明奖一等奖 1 项，科技进步二等奖 2 项，省部级科技奖 12 项，国际奖 10 项。

同时，建设完成一批国家级条件平台和省部级重点平台，较"十一五"期间平台能力建设显著提升。具体包括：国家建筑工程技术研究中心（中国建筑科学研究院），国家绿色建筑材料重点实验室（中国建筑材料科学研究总院），国家钢结构工程技术研究中心（中冶建筑研究总院），省部共建西部绿色建筑国家重点实验室培育基地（西安建筑科技大学），生态规划与绿色建筑教育部重点实验室（清华大学）、住建部绿色建筑工程技术研究中心（上海市建筑科学研究院有限公司）、低碳型建筑环境设备与系统节能教育部工程研究中心（东南大学）等。同时，形成了一批产学研队伍，培养了一批包括中国工程院院士、入选中组部"万人计划"和科技部"中青年科技创新人才计划"在内的高端科技人才。

## 2.2 主要任务推进情况

### 2.2.1 绿色建筑评价技术标准体系

研究建立了我国绿色建筑评价标准体系，填补了我国多项建筑节能与绿色建筑评价准则的空白，推动我国绿色建筑技术标准体系朝着规划—建设—运营全过程、不同区域和类型的全覆盖。制/修订完成的国家标准包括《绿色建筑评价标准》GB/T 50378—2014、《节能建筑评价标准》GB/T 50668—2011、《建筑工程绿色施工评价标准》GB/T 50640—2010、《既有建筑绿色改造评价标准》GB/T 51141—2015、《绿色商店建筑评价标准》GB/T 51100—2015、《绿色医院建筑评价标准》GB/T 51153—2015，正在研究编制《绿色生态城区评价标准》、《绿色校园评价标准》、《绿色饭店建筑评价标准》等国家标准。

建立了绿色建筑规划预评估与诊断技术体系，形成了基于 GIS 平台的建筑群规划设计外环境性能预评估系统；建立基于性能目标导向的绿色建筑参数化反向设计优化方法,形成建筑方案多目标优化软件,在精度上符合工程需求,速度上则显著提升,为方案阶段绿色建筑性能的即绘即模拟提供了可能,成果两次获本领域国际大会优秀论文奖;完成绿色建筑常用性能模拟方法标准化,形成行业和地方标准。

### 2.2.2 建筑节能关键技术与设备

开发了基于吸收式换热的集中供热技术,可提高热网的输送能力50%以上,增大热源供热能力30%以上,降低供热能耗40%,是我国集中供热领域一项重大原始创新,为我国大型热电机组远距离高效供热和对城市既有热网扩容改造开辟了新途径,已实现2亿 $m^2$ 以上的建筑供暖,年节能量为200万吨标煤以上。此技术获得2013年国家技术发明二等奖。建立建筑节能基础数据库,已导入检索数据条目约3亿条;攻克了夏热冬冷地区节能结构一体化围护体系技术难点,钢筋混凝土结构建筑的外围护结构预制化程度从50%提升到70%;完成了严寒地区聚氨酯发泡生产智能控制系统,在东北严寒地区实现了再节能15%目标;研发了一批高效节能的空调设备系统,能效达到国际领先水平;实现了不同采暖热源方式适用性、联合供暖系统运行的能量匹配、互补供热系统最佳负荷分配比例等一批关键技术突破;建立了不同区域不同类型建筑可再生能源系统运行性能远程监测系统。

### 2.2.3 绿色建造与施工关键技术与设备

开展绿色施工工艺技术,形成具有可操作性的工艺、流程和具体措施;开展建筑结构绿色施工技术研究,降低人工和材料消耗、提高劳动生产力、减少现场建筑垃圾排放;自主开发了玻纤增强型塑料模板,解决了各材料面层之间的结合加工工艺,产品性能指标优良,性能指标优于国外同类产品,开发的新产品能够周转使用500次以上。研究了模板轻量化的问题,节约了生产模板过程中节约材料问题并大大降低了模板自重;开发了时变结构施工技术,建立了大型复杂结构施工监测系统;形成了建筑工程施工十大环境保障专项技术。完成了超大型塔式起重机关键技术研究,对高耸建筑的绿色高效施工起到了示范作用,有力推动了建筑施工技术的创新;研究开发了无脚手架安装作业系列装备,可以有效解决日益增多的大跨度建筑结构施工,以及倾斜、旋转、凹凸等不规则的新型建筑主体施工难题;研究开发了一批应用于高精尖工程的精致建造和绿色建筑施工技术与装备,实现了施工过程中自动检查分析、精确计划与精确施工。

### 2.2.4 高性能结构体系

研发了以高性能(高强/耐候/耐火等)钢结构体系、高性能组合结构体系、柔性与刚性大跨度空间结构体系、超高层建筑高效结构体系等一系列高性能结构体系；发展完善了工程结构精细化试验方法与测试技术、精细化仿真分析与优化设计方法、全寿命可靠度理论与设计方法、绿色建造技术与施工安全控制技术、健康监测与诊断技术、损伤累积评估与可靠度预测技术、多重灾害作用下设计计算理论与设计方法、耐久保障提升技术等。同时，在大型复杂结构和超高层建筑结构设计、分析和施工关键技术方面取得了一系列具有自主知识产权、国际先进的核心技术成果，从规划、材料、设计、施工到管理等全链条解决了一系列关键技术难题。

在上述成果中，我国完全自主研发的钢-混凝土组合结构系列新技术综合指标居于世界先进水平，相比传统结构技术可减轻自重 40％～60％、减少用工 30％～80％、缩短工期 40％～50％、节约材料 20％～50％、降低造价 10％～20％，已大量推广应用于 27 个省市，其中研发的"大跨建筑钢-混凝土组合结构新技术"于 2012 年获土木工程领域第一个国家技术发明一等奖。

### 2.2.5 绿色建筑室内外环境健康保障技术

首次较系统地量化了单株植物和植物群落生态功能的指标体系，构建了国内第一个适于上海城镇碳汇绿化植物资源信息库；自主设计了新型立体绿化卷材产业化工艺，实现了立体绿化卷材的自动化流程制造；开发试制了绿化卷材颗粒物高速计量封装设备、卷材高速成型设备，填补国内知识产权空白。自主研发了单克隆抗体免疫荧光检测技术、单克隆抗体间接竞争酶联免疫吸附检测技术，提出了一系列快速、准确测定室内材料 SVOC 散发和吸附特性参数的新方法；建立了用 SPME 采集 SVOC 的吸附模型及其参数测定方法。首次研制出一种高透过性、高效净化气体污染物的涂层产品，开发了低阻、高效、高容尘量的蜂窝状复合净化装置（阻力≤20Pa）、梯度过滤装置（阻力下降 20％，容尘量增加 50％）、高分子膜热回收装置（显热、潜热交换效率大于 0.7 和 0.6）。

### 2.2.6 绿色建筑材料成套应用技术

研发了烧结保温砌块成套应用技术，建立了砌块结构的设计方法、构造技术和施工技术，大幅提高烧结保温砌块结构安全性，总体达到了国际先进水平，配套开发的烧结保温砌块超薄灰缝的施工技术达到了国际领先水平。研发了一体化复合墙体板材，其燃烧性能等级达到 A2 级，EPS 及 PU 的阻燃技术达到国际领先水平，全钢化真空玻璃新产品性能达到国际领先水平。首次跨行业、跨专业建立建材产品全过程的能耗和碳排放数据；建立了典型产品环境负荷和碳排放数据库、建材清单数据库，形成建材产品（水泥）生命周期能耗分析系统。

### 2.2.7 既有建筑绿色化改造技术

研发了以既有城市社区、大型商业建筑、办公建筑、医院建筑、工业建筑、典型气候地区既有居住建筑等为代表的不同建筑类型的既有建筑改造技术体系。研究成果应用于国家博物馆、深圳坪地国际低碳城、上海申都大厦、江苏省人大常委会办公楼、南京 NIC 国际广场、上海市胸科医院等示范工程中，其中深圳坪地国际低碳城荣获美国保尔森基金会"2014 可持续发展规划项目奖"。

### 2.2.8 村镇绿色建筑适宜技术研究与示范

针对村镇小康住宅规划设计、住宅施工、既有住宅改造、农房适用建造技术、住宅节能、垃圾集约化处理、污水处理和循环利用、住宅建设等技术需求开展了共性关键技术研究与设备开发，应用针对不同地域、类型的村镇，选择和集成适用技术建设了三峡国家重大移民搬迁科技工程、湖北堰河林生态村、安徽传统民居住宅等 9 个典型村镇小康住宅技术示范工程，示范总面积为 65.57 万 $m^2$。相关成果获得 2013 年国家技术发明二等奖。

## 2.3 挑 战 与 展 望

尽管我国绿色建筑科技自《专项规划》实施以来取得了突破性进展，科技支撑能力取得大幅提升，但是比较绿色建筑规模化发展形势和新型城镇化建设的要求，仍存在科技能力不足的现实问题，需要不断创新和发展，努力提升科技支撑能力。

当前我国城镇化率已超过 54%，依然保持快速增长趋势；既有建筑存量已超过 550 亿 $m^2$，"十三五"末既有建筑绿色化改造问题提上日程。"十三五"时期，我国城镇发展将逐步由"数量扩张"到"质量提升"、由"重视建设"到"建管并重"发展，在城镇化持续快速发展的道路上还会呈现不少新困难和新问题，制约我国建筑领域性能提升、环境保障、工程效率和节能环保等部分核心关键技术尚未完全突破。

十八大以来，中央提出生态文明理念，大力推进新型城镇化建设；2014 年 6 月 7 日，国务院办公厅关于印发《能源发展战略行动计划（2014—2020 年）》的通知中明确指出，"到 2020 年，城镇绿色建筑占新建建筑的比例达到 50%"。2014 年 8 月，习近平总书记在中央财经领导小组会议上指出，要采用新技术建设绿色、低碳和智能城市；2014 年 APEC 会议中国政府郑重提出 2030 年碳排放达峰；2015 年底，中央城市工作会议召开，明确做好城市工作的指导思想、总体思路、重点任务。以上这些，对我国绿色建筑领域科技发展提出新的挑战，也赋予更大期望。

因此，为落实国家新型城镇化建设任务和国务院《绿色建筑行动方案》，需按照全链条、一体化设计原则，系统开展绿色建筑相关领域基础数据系统与理论方法、规划设计方法与模式、建筑节能与室内环境保障、绿色建材、高性能与绿色生态结构体系、建筑工业化和建筑信息化等关键技术和核心产品装备，并开展技术集成与工程应用示范。

必须抓住创新，加快研究利用规模化发展绿色建筑的契机，研究完善财政支持政策，着力围绕绿色建筑产业链部署创新链、围绕创新链完善资金链，聚焦目标，集中资源、形成合力。着力以科技创新为核心，全方位推进绿色建筑相关产业的产品创新、品牌创新、组织创新和商业模式创新。全面整合绿色建筑上下游产业链，集成创新，形成一批具有重大突破的创新关键设备，推动绿色建筑产业化。

**作者：**科技部社会发展司

# 3 我国绿色建筑发展政策和奖评制度现状

## 3 Policies and reward mechanisms for green building development in China

## 3.1 发 展 政 策

### 3.1.1 绿色建筑逐步发展为国家行动方案

我国在绿色建筑方面的技术经济政策，历经了"建筑节能"→"节能省地"→"四节一环保"（节能、节地、节水、节材、保护环境和减少污染）的发展。我国的建筑节能工作，最早始于 20 世纪 80 年代。国务院于 1986 年发布《节约能源管理暂行条例》（国发［1986］4 号），明确要求建筑物设计采取措施减少能耗。建筑节能工作发展至今，业已形成由《节约能源法》、《民用建筑节能条例》、《公共机构节能条例》等构成的法律法规体系。

对于建筑"节能省地"要求的提出，则可追溯至 1991 年获批的《国民经济和社会发展十年规划和第八个五年计划纲要》，其中"加快墙体材料的革新及开发和推广节能、节地、节材住宅体系"的内容，可谓我国绿色建筑"四节一环保"理念的雏形。此后，2004 年的中央经济工作会议再次明确要求大力发展节能省地型住宅；随后的十届全国人大三次会议上，2005 年政府工作报告中也明确提出鼓励发展节能省地型住宅和公共建筑。

2004 年，原建设部科技司在当年工作要点中首提"强化绿色建筑科技工作"。2005 年，"绿色建筑"已见于国务院文件中。国务院办公厅在《关于进一步推进墙体材料革新和推广节能建筑的通知》（国办发［2005］33 号）中提出，"积极推动绿色建筑、低能耗或超低能耗建筑的研究、开发和试点"。2011 年，《国民经济和社会发展第十二个五年（2011—2015 年）规划纲要》正式提出"建筑业要推广绿色建筑、绿色施工"。在经历了此前一个时期的研发、试点和发展之后，绿色建筑从此正式被写入国家规划。2013 年，随着国办发［2013］1 号文的印发，我国的绿色建筑行动也从此拉开了大幕。

表 1-3-1 汇总了自 2005 年以来的近 10 年间，国务院发布的涉及绿色建筑发展的若干规范性文件。由此可明显看出，2005 年和 2013 年均有密集的政策出

台，分别对应前述的建筑节能省地型发展要求和国家绿色建筑行动方案的提出。

国务院发布的发展绿色建筑规范性文件

表 1-3-1

| 文件名称 | 相关内容 |
|---|---|
| 国务院关于做好建设节约型社会近期重点工作的通知（国发［2005］21号） | 启动低能耗、超低能耗和绿色建筑示范工程 |
| 国务院关于落实科学发展观 加强环境保护的决定（国发［2005］39号） | 大力推行建筑节能，发展绿色建筑 |
| 国家中长期科学和技术发展规划纲要（2006—2020年）（国发［2005］44号） | "建筑节能与绿色建筑"优先主题 |
| 节能减排综合性工作方案（国发［2007］15号） | 组织实施低能耗、绿色建筑示范项目30个 |
| 中国应对气候变化国家方案（国发［2007］17号） | 研究制定发展节能省地型建筑和绿色建筑的经济激励政策 |
| 国务院关于进一步实施东北地区等老工业基地振兴战略的若干意见（国发［2009］33号） | 发展节约能源、节省土地的环保型建筑和绿色建筑 |
| "十二五"节能减排综合性工作方案（国发［2011］26号） | 制定并实施绿色建筑行动方案，从规划、法规、技术、标准、设计等方面全面推进建筑节能 |
| 质量发展纲要（2011—2020年）（国发［2012］9号） | 到2015年，工程质量发展的具体目标之一：绿色建筑发展迅速，住宅性能改善明显 |
| "十二五"国家战略性新兴产业发展规划（国发［2012］28号） | 提高新建建筑节能标准，开展既有建筑节能改造，大力发展绿色建筑，推广绿色建筑材料 |
| 节能减排"十二五"规划（国发［2012］40号） | "十二五"时期主要节能指标之一：到2020年城镇新建绿色建筑标准执行率达到15%<br>开展绿色建筑行动，从规划、法规、技术、标准、设计等方面全面推进建筑节能，提高建筑能效水平<br>加强新区绿色规划，重点推动各级机关、学校和医院建筑，以及影剧院、博物馆、科技馆、体育馆等执行绿色建筑标准；在商业房地产、工业厂房中推广绿色建筑 |
| 能源发展"十二五"规划（国发［2013］2号） | 推行绿色建筑标准、评价与标识 |
| 循环经济发展战略及近期行动计划（国发［2013］5号） | 实施绿色建筑行动<br>发展绿色建筑。加强新区绿色规划，积极推进绿色建筑设计和施工。重点推动党政机关、学校、医院以及影剧院、博物馆、科技馆、体育馆等建筑执行绿色建筑标准。在商业房地产、工业厂房中推广绿色建筑 |

| 文件名称 | 相关内容 |
|---|---|
| 国务院关于加快棚户区改造工作的意见（国发〔2013〕25 号） | 贯彻落实绿色建筑行动方案，积极执行绿色建筑标准 |
| 芦山地震灾后恢复重建总体规划（国发〔2013〕26 号） | 大力推广节能节材环保技术，积极推行绿色建筑标准 |
| 国务院关于加快发展节能环保产业的意见（国发〔2013〕30 号） | 开展绿色建筑行动<br>到 2015 年，新增绿色建筑面积 10 亿平方米以上，城镇新建建筑中二星级及以上绿色建筑比例超过 20%；建设绿色生态城（区）<br>推动政府投资建筑、保障性住房及大型公共建筑率先执行绿色建筑标准；完成公共机构办公建筑节能改造 6000 万平方米，带动绿色建筑建设改造投资和相关产业发展 |
| 国务院关于加强城市基础设施建设的意见（国发〔2013〕36 号） | 优化节能建筑、绿色建筑发展环境<br>所有建设行为应严格执行建筑节能标准，落实《绿色建筑行动方案》 |
| 大气污染防治行动计划（国发〔2013〕37 号） | 积极发展绿色建筑，政府投资的公共建筑、保障性住房等要率先执行绿色建筑标准 |
| 国家新型城镇化规划（2014—2020 年）（中发〔2014〕4 号） | 实施绿色建筑行动计划，完善绿色建筑标准及认证体系、扩大强制执行范围，加快既有建筑节能改造，大力发展绿色建材，强力推进建筑工业化<br>政府投资的公益性建筑、保障性住房和大型公共建筑全面执行绿色建筑标准和认证 |
| 国务院关于推进文化创意和设计服务与相关产业融合发展的若干意见（国发〔2014〕10 号） | 贯彻节能、节地、节水、节材的建筑设计理念，推进技术传承创新，积极发展绿色建筑 |
| 国务院关于支持福建省深入实施生态省战略加快生态文明先行示范区建设的若干意见（国发〔2014〕12 号） | 大力发展绿色建筑 |
| 国务院关于依托黄金水道推动长江经济带发展的指导意见（国发〔2014〕39 号） | 大力发展分布式能源、智能电网、绿色建筑和新能源汽车 |
| 国务院关于积极发挥新消费引领作用加快培育形成新供给新动力的指导意见（国发〔2015〕66 号） | 鼓励发展绿色建筑、绿色制造、绿色交通、绿色能源 |

### 3.1.2 绿色建筑被列入国家建设战略

"十二五"期间，绿色建筑在国家有关政策支持下得到了很好的推广和发展。2015 年是全面完成国家"十二五"规划的收官之年，也是党中央、国务院在 2012 年的"推进生态文明建设"战略决策之后进一步突出生态文明战略的关键年。展望即将到来的"十三五"及今后很长一段时期，生态、绿色仍然将是我国新型城镇化和建筑业转型升级的主题词之一。

2015 年 4 月，中共中央、国务院印发《关于加快推进生态文明建设的意见》。《意见》指出，生态文明建设关系人民福祉，关乎民族未来，事关"两个一百年"奋斗目标和中华民族伟大复兴中国梦的实现。意见将生态文明建设提升到更加突出的战略位置，融入经济建设、政治建设、文化建设、社会建设的各方面和全过程；将"绿色化"与新型工业化、信息化、城镇化、农业现代化等"新四化"并列，强调"五化"协同推进；要求"大力推进绿色发展、循环发展、低碳发展，弘扬生态文化，倡导绿色生活"。"大力推进绿色城镇化"，是《意见》的一个重要方面，其中对"大力发展绿色建筑"、"推进绿色生态城区建设"都提出了明确要求。

2015 年 9 月，中共中央、国务院印发《生态文明体制改革总体方案》，明确构建由包括资源总量管理和全面节约制度在内的 8 项制度构成的生态文明制度体系，其中的资源总量管理和全面节约制度又包括针对土地、水资源、能源、可循环资源等的内容，形成了对绿色建筑"四节"理念的系统性政策支持。《方案》还提出，将目前分头设立的环保、节能、节水、循环、低碳、再生、有机等产品统一整合为绿色产品，建立统一的绿色产品标准、认证、标识等体系，也是对绿色建材相关工作的有力指导。

2015 年 10 月胜利召开的中国共产党十八届五中全会，研究提出了《中共中央关于制定国民经济和社会发展第十三个五年规划的建议》，树立了"十三五"期间创新、协调、绿色、开放、共享的五大发展理念。对于"绿色发展"，《建议》给出了"坚持绿色富国、绿色惠民，为人民提供更多优质生态产品，推动形成绿色发展方式和生活方式"的要求，并进一步明确提出要"实行绿色规划、设计、施工标准"、"提高建筑节能标准，推广绿色建筑和建材"。

2015 年 12 月，中央城市工作会议时隔 37 年后再次召开。"统筹生产、生活、生态三大布局，提高城市发展的宜居性"，是会议提出的"五个统筹"之一，其中明确要求"推动形成绿色低碳的生产生活方式和城市建设运营模式"。对于城市及建筑的建设，会议以"推进城市绿色发展"总结了近年的棚户区改造、海绵城市建设（国办发［2015］75 号）、城市地下综合管廊建设（国办发［2015］61号）等技术政策，并针对建筑提出"提高建筑标准和工程质量，高度重视做好建筑节能"的要求。

值得注意的是，国家政策给予了绿色建筑更多的财税支持，包括：

● 银监会、国家发展改革委于 2015 年 1 月共同印发《能效信贷指引》（银监发〔2015〕2 号），要求银行业金融机构应在有效控制风险和商业可持续的前提下，对包括高于现行国家标准的低能耗、超低能耗新建节能建筑，符合国家绿色建筑评价标准的新建二、三星级绿色建筑和绿色保障性住房项目，既有建筑节能改造、绿色改造项目、可再生能源建筑应用项目、集中性供热、供冷系统节能改造、节能运行管理项目、获得绿色建材二、三星级评价标识的项目在内的重点能效项目加大信贷支持力度。

● 财政部、国家税务总局、科技部于 2015 年 11 月印发《关于完善研究开发费用税前加计扣除政策的通知》（财税〔2015〕119 号），将绿色建筑评价标准为三星的房屋建筑工程设计认为创意设计活动，允许对企业为此发生的相关费用进行税前加计扣除。

### 3.1.3　绿色建筑正成为国际交往热点

2015 年，中国外交空前活跃，在全球政治、经济、安全等各个方面都推出一系列具有广泛和深远影响的中国倡议、中国方案，中国国际影响全面提升。继 2014 年 11 月亚太经合组织《北京纲领》提出"深入探讨建设绿色、高效能源、低碳、以人为本的新型城镇化和可持续城市发展路径"，及"致力于开展可再生能源、节能、绿色建筑标准、矿业可持续发展、循环经济等领域合作"之后，我国领导人又多次在国际交往中论述绿色建筑，由此也可反映其重要地位和作用。

2015 年 6 月，李克强总理同欧洲理事会主席唐纳德·图斯克、欧盟委员会主席让－克洛德·容克举行第十七次中国欧盟领导人会晤后发表联合声明，提出"双方欢迎中欧城镇化伙伴关系不断深化，在城市规划设计、公共服务、绿色建筑、智能交通等领域积极开展合作，同意启动新的中欧城市和企业合作项目。"

2015 年 6 月，中国向联合国气候变化框架公约秘书处提交《强化应对气候变化行动 —— 中国国家自主贡献》报告，专门在"控制建筑和交通领域排放"部分列举了我国推广绿色建筑和可再生能源建筑应用、到 2020 年城镇新建建筑中绿色建筑占比达到 50% 的行动政策和措施。2015 年 11 月 30 日，我国最高领导人习近平主席首次出席联合国气候变化大会（COP21），并在大会开幕式所发表的讲话中也再次特别提到中国发展绿色建筑的政策措施。

2015 年 9 月，习近平主席同美国总统奥巴马举行会谈后再次发表关于气候变化的联合声明，重申了坚定推进落实国内气候政策、加强双边协调与合作并推动可持续发展和向绿色、低碳、气候适应型经济转型的决心，专门介绍了中国承诺将推动低碳建筑，到 2020 年城镇新建建筑中绿色建筑占比达到 50%。

### 3.1.4　绿色建筑已得到地方立法保障

2015 年 3 月 27 日，江苏省十二届人大常委会第十五次会议审议通过《江苏省绿色建筑发展条例》（自 2015 年 7 月 1 日起施行），这是全国第一个绿色建筑地方性法规。《条例》包括 7 章：总则，规划、设计和建设，运营、改造和拆除，绿色建筑技术，政府引导，法律责任，附则等部分。《条例》要求，江苏省所有的新建民用建筑采用一星级以上绿色建筑标准；使用国有资金投资或者国家融资的大型公共建筑采用二星级以上绿色建筑标准，并从规划、设计、许可、审图、施工、监理、验收等各个环节来控制和落实绿色建筑标准要求。技术上，对地下综合管廊（城镇集中开发建设区域）、雨水收集利用（规划用地面积 2 万平方米以上的新建建筑）、节水器具、雨污分流、可再生能源（新建的住宅、政府投资公共建筑、大型公共建筑）、预拌砂浆、预拌混凝土、高强钢筋、新型墙体材料等作了强制要求。政策上，从建设单位奖励、容积率计算、峰谷分时电价、采暖费、水资源费、公积金贷款额度等方面对符合要求的绿色建筑及相关技术给予了扶持。

2015 年 12 月 4 日，浙江省十二届人大常委会第二十四次会议审议通过《浙江省绿色建筑条例》（自 2016 年 5 月 1 日起施行）。《条例》包括 7 章：总则，规划与建设，运营与改造，技术与应用，引导与激励，法律责任，附则。与江苏省类似，《条例》对新建民用建筑（农民自建住宅除外）、国家机关办公建筑和政府投资（或以政府投资为主）的其他公共建筑分别做出了一星级、二星级绿色建筑标准的强制性要求。《条例》在技术上的特色有新型建筑工业化、建筑信息模型、全装修等。

此外，还有一些地方出台了绿色建筑主题的地方政府规章。例如，江西省于2015 年 12 月公布《江西省民用建筑节能和推进绿色建筑发展办法》（此前，深圳市政府已于 2013 年发布施行《深圳市绿色建筑促进办法》）。

## 3.2　奖　评　制　度

### 3.2.1　绿色建筑评价标识

绿色建筑评价标识是依据《绿色建筑评价标准》GB/T 50378 等技术文件对建筑物进行评价以及信息性标识。国家标准《绿色建筑评价标准》GB/T 50378—2006 发布实施后，由住房和城乡建设部于 2007 年正式启动绿色建筑评价标识工作，发布了一系列规范性文件（表 1-3-2）。先后从国家和地方两个层面，委托、批准了多家机构开展绿色建筑评价标识工作，共同推广绿色建筑，形成了我国绿色建筑标识项目快速增长的良好态势。截至 2015 年 12 月 31 日，全国共评出 3979 项绿色建筑标识项目，总建筑面积达到 4.6 亿平方米。

绿色建筑评价标识主要制度文件 表 1-3-2

| 序号 | 文件名称 | 发文号 |
|------|---------|--------|
| 1 | 绿色建筑评价技术细则（试行） | 建科〔2007〕205 号 |
| 2 | 绿色建筑评价标识管理办法（试行） | 建科〔2007〕206 号 |
| 3 | 绿色建筑评价标识实施细则（试行修订） | 建科综〔2008〕61 号 |
| 4 | 绿色建筑评价标识使用规定（试行） | |
| 5 | 绿色建筑评价标识专家委员会工作规程（试行） | |
| 6 | 绿色建筑设计评价标识申报指南 | 建科综〔2008〕63 号 |
| 7 | 绿色建筑评价标识申报指南 | |
| 8 | 绿色建筑评价标识证明材料要求及清单（住宅） | 建科综〔2008〕68 号 |
| 9 | 绿色建筑评价标识证明材料要求及清单（公建） | |
| 10 | 绿色建筑评价技术细则补充说明（规划设计部分） | 建科〔2008〕113 号 |
| 11 | 一二星级绿色建筑评价标识管理办法（试行） | 建科〔2009〕109 号 |
| 12 | 绿色建筑评价技术细则补充说明（运行使用部分） | 建科函〔2009〕235 号 |
| 13 | 关于加强绿色建筑评价标识管理和备案工作的通知 | 建办科〔2012〕47 号 |
| 14 | 关于绿色建筑评价标识管理有关工作的通知 | 建办科〔2015〕53 号 |

对于绿色建筑标识项目，原由住房和城乡建设部进行公示、公告和统一颁发证书、标识。2015 年 10 月，根据政府职能转变工作和《绿色建筑行动方案》精神，住房和城乡建设部发布通知（建办科〔2015〕53 号）推行绿色建筑标识实施第三方评价，由各评价机构自行对绿色建筑标识项目进行公示、公告和颁发证书、标识；政府部门主要对绿色建筑评价机构进行管理和督促，以及标识项目的定期备案。随后，国家层面的绿色建筑评价机构——住房和城乡建设部科技与产业化发展中心、中国城市科学研究会分别发布《绿色建筑评价管理办法》（建科中心〔2015〕16 号、城科会字〔2015〕24 号），作为开展评价工作的依据；各地方评价机构也已开展落实。

### 3.2.2 全国绿色建筑创新奖

绿色建筑创新奖是为了加快推进我国绿色建筑及其技术的健康发展而设立的奖项，由原建设部于 2004 年设立，设一等奖、二等奖、三等奖三个等级，每两年评选一次。已于 2004 年、2006 年、2011 年、2013 年、2015 年评审完成"全国绿色建筑创新奖"共计 5 批，项目数量增加趋势明显（图 1-3-1）。主要管理制度包括《全国绿色建筑创新奖管理办法》（建科函〔2004〕183 号）及配套的

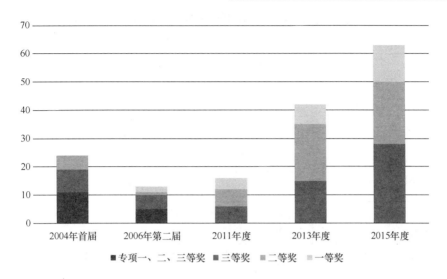

图 1-3-1　全国绿色建筑创新奖获奖工程项目数量

《全国绿色建筑创新奖实施细则》和《全国绿色建筑创新奖评审标准》（建科［2010］216 号）。其中，《全国绿色建筑创新奖实施细则》系在原《全国绿色建筑创新奖实施细则（试行）》（建科［2004］177 号）基础上重新制定，自 2011 年第三批评审开始不再分设工程类项目奖（又分绿色建筑综合奖和智能建筑、节能建筑专项奖）和技术与产品类项目奖，并提出了申请项目取得绿色建筑评价标识的要求；《全国绿色建筑创新奖评审标准》也是据此在原标准（建科［2006］161 号）基础上重新制定。

### 3.2.3　绿色建筑示范项目

　　国务院于 2005 年在《关于做好建设节约型社会近期重点工作的通知》中提出"启动低能耗、超低能耗和绿色建筑示范工程"，并于 2007 年在《节能减排综合性工作方案》中进一步要求"组织实施低能耗、绿色建筑示范项目 30 个"。据此，住房和城乡建设部于 2007 年起启动"一百项绿色建筑示范工程与一百项低能耗建筑示范工程"（简称"双百工程"）的建设工作，并将绿色建筑和低能耗建筑示范工程纳入了 2008 年及随后各年度的住房和城乡建设部科学技术计划项目。随后，又逐渐增加了绿色施工、绿色照明等示范工程；在 2015 年发布的 2016 年度科技项目申报通知（建办科函［2015］890 号）中，还新增加了建筑产业现代化示范，现共计有 8 类，如表 1-3-3 所示。包括绿色建筑示范工程在内的各类科技示范工程，都遵循《住房和城乡建设部科学技术计划项目管理办法》（建科［2009］290 号）统一要求；此外，绿色建筑示范工程还应满足现行国家绿色建筑评价标准的要求。

**2016 年度住房和城乡建设部科技计划项目的科技示范工程分类**　　表 1-3-3

| 序号 | 示范工程分类 | 特点要求 |
|---|---|---|
| 1 | 绿色建筑示范 | 满足现行国家绿色建筑评价标准，重点为技术集成和单项关键、先导型技术应用 |
| 2 | 被动式超低能耗绿色建筑示范 | 参照《被动式超低能耗绿色建筑技术到》，重点为被动式技术应用 |
| 3 | 低能耗绿色建筑（园）区示范 | 示范（园）区在 1 平方公里至 3 平方公里范围内，包括低能耗绿色建筑以及绿色基础设施的规划、设计、建造施工、运营管理以及保障措施 |
| 4 | 建筑工程和市政公用科技示范 | 建筑工程突出新型建筑结构体系、复杂施工、地基基础、建筑遮阳等重要专项技术 |
| 5 | 绿色施工科技示范 | 在加强管理的基础上，突出施工过程中的技术创新 |
| 6 | 绿色照明科技示范 | 绿色照明 |
| 7 | 信息化工程示范 | 突出建筑信息模型、遥感数据应用、空间地理信息集成等先进技术 |
| 8 | 建筑产业现代化示范 | 重点为装配式混凝土建筑、钢结构建筑、木结构建筑以及其他工业化建造方式 |

## 3.3　结　束　语

2015 年，生态文明建设提升到更加突出的战略位置，"绿色化"将对生产方式和生活方式产生深远影响，形成了对绿色建筑进一步发展更为有利的政策环境。同时，时代赋予了绿色建筑新的内涵，也对绿色建筑发展提出了新的要求。有理由相信，在国家和地方政策的支持下，在部门管理制度的保障下，我国绿色建筑创新发展还将攀上新的高峰。

**作者：**叶凌　程志军　王清勤（中国建筑科学研究院）

# 4  我国新型建筑工业化发展与展望

## 4  Development and prospect of new building industrialization in China

2015 年是我国新型建筑工业化的发展年，行业关注度不断提高。中国建筑科学研究院、中国建筑股份有限公司、中国建设科技集团股份有限公司等单位发起的建筑工业化产业技术创新战略联盟在 2015 年正式成立并全面开展工作。本文结合行业发展与联盟工作，介绍我国新型建筑工业化的发展情况，并对"十三五"及今后建筑工业化有关工作进行展望。

## 4.1  建筑工业化解析

### 4.1.1  什么是建筑工业化

建筑工业化是指采用减少人工作业的高效建造方式，并以"四节一环保"及提高工程质量为目标的建筑业发展途径。建筑工业化的实施手段主要有标准化、机械化、信息化等。建筑工业化的建造方式主要包括：传统作业方式的工业化改进，如泵送混凝土、新型模板与模架、钢筋集中加工配送、各类新型机械设备等；装配式建筑，如新型装配式混凝土结构、钢结构体系与工业化的外墙及内墙墙板结合、新型木结构等；建筑、精装、厨卫等非结构技术。新型建筑工业化，主要是针对目前国家与建筑业的新形势，继续推广优势技术、产品与作业方式，开发新领域、满足新需求。

### 4.1.2  建筑工业化的发展动力

随着我国人口红利的逐渐消失，劳动力成本快速上升。同时，不断推进的城镇化进程，将维持大量的建设需求。建筑业的劳动力问题不仅是劳动力价格提高，还包括与其他行业竞争劳动力而促进改善作业环境、劳动强度带来的成本提升，甚至要考虑机械化代替劳动力所增加的投入，这些都是推动建筑工业化发展的主要因素。

国家大力推广以"四节一环保"为目标的绿色建筑，建筑业在国家节能减排工作中承担重要任务，社会对空气、噪声等环保问题日益重视，房屋建造质量从可持续发展与综合经济效益两个角度出发均应不断提高，这些都需要通过建筑产业转型升级、推广建筑工业化来实现。

### 4.1.3 政策支持

党的十八大报告提出坚定不移地走"新型工业化道路"；《国家新型城镇化规划（2014—2020 年)》明确提出"强力推进建筑工业化"；《绿色建筑行动方案》（国办发［2013］1 号）也将"推动建筑工业化"作为重点任务；《2014—2015 年节能减排低碳发展行动方案》（国办发［2014］23 号），明确提出要"以住宅为重点，以建筑工业化为核心，加大对建筑部品生产的扶持力度，推进建筑产业现代化"。住房和城乡建设部及各地方政府、行业主管部门也出台多项鼓励发展政策。

### 4.1.4 建筑工业化的促进力量

目前我国建筑工业化最主要的促进力量是住房和城乡建设部及各级地方政府。万科集团为首的房地产公司是近年来装配式混凝土住宅快速发展的原动力，宝业集团等传统产业化单位的加入为行业继续发展提供了支撑，而中建总公司及下属工程局、地方大型总承包单位的加入则将发展带入高潮。中国建筑科学研究院等传统技术优势单位在行业从冷到热的全过程中，在研发、标准等方面提供了坚实的技术支撑，以北京市建筑设计研究院等为代表的设计单位提供了全流程设计服务。同时，针对建筑工业化发展的特点，出现了专业咨询与服务、设备、配套产品的专业技术企业，并不断有其他行业的单位借产业化之机进入建筑业。

## 4.2 发 展 情 况

### 4.2.1 传统作业方式的改进

从新中国成立至今，我国先后形成了装配式混凝土工业建筑、砖混（砌块）空心板建筑、钢结构工业建筑、装配式混凝土大板多高层住宅等工业化建造方式，并在特定时期内发挥重要作用。虽然从 20 世纪 90 年代开始普遍推行现浇混凝土结构，各类工业化建造方式的应用均有所减少，但其积累的技术、经验与人才仍在受益于整个行业。

我国现浇混凝土建造方式的发展源于近 20 年来巨大的工程建设量及农民工进城提供的廉价劳动力。现浇混凝土的发展过程也在不断"工业化"：模板从木模、小钢模发展到全钢（钢木、钢塑）大模板及爬模、滑模等工具模板体系，可达到结构免抹灰的铝模系统应用范围逐渐扩大，超高层建筑施工已应用国际领先的智能化施工装备集成平台；从混凝土现场搅拌到全面应用预拌混凝土、预拌砂浆，自密实混凝土的应用有效降低了作业强度并提高了效率与质量；钢筋焊接网与成型钢筋专业配送的推广应用，实现了节约材料与劳动力的双重效果；混凝土结构本身，高性能外加剂、再生骨料、型钢结构与组合结构等的应用也可提高性能与质量。上述改进都是建筑工业化的建造方式，大多都属于国家标准《绿色建筑评价标准》中鼓励、推荐的技术。

### 4.2.2 装配式混凝土结构发展

装配式混凝土结构是近年来我国建筑工业化发展的热点与焦点。2005 年之后，国内由万科集团、瑞安集团等地产公司发起，在借鉴国外（境外）技术及工程经验基础上，从应用住宅预制外墙挂板开始，成功开发了具有中国特色的高层装配式混凝土住宅结构体系。考虑到我国住宅的建设与居住习惯及与现有设计、施工方式的衔接，装配式混凝土住宅的结构体系大多为剪力墙结构，并采用了"等同现浇"的设计与建造方式。具体为：楼板多采用钢筋桁架叠合楼板或预应力叠合楼板，墙体按技术体系分为三明治承重剪力墙、外模板（PCF）承重剪力墙、无保温承重剪力墙及外挂非承重墙板、嵌入式非承重外墙、预制非承重内墙等。对于承重剪力墙，预制墙板竖向钢筋连接又分为钢筋套筒灌浆、浆锚搭接、机械连接等不同方式。根据装配率的不同，有不同的技术组合，低装配率普遍采用墙体预制技术，高装配率采用墙体＋楼板预制技术。

随着各地方政府在保障房建设中的积极推进及在各项配套政策鼓励、支持下，国内装配式混凝土结构住宅发展迅速。根据不完全统计，2013～2015 年全国每年有 1000 万平方米的装配式住宅建设量。但在这些工程中，实际装配率并不高，真正超过 50% 的墙体、楼板均预制的建筑不会超过 20%，部分建筑甚至只采用了预制楼梯、飘窗。截至 2015 年，全国新建改建的新型预制构件生产线近 50 条，主要生产钢筋桁架楼板与预制墙板，分为全自动与半自动，单条生产线的造价从 500 万元到上亿元。

住宅之外，公共建筑外墙挂板、预制体育场看台等近年来也有较多应用。预应力混凝土双 T 板在从辽宁到浙江的沿海地区工业建筑中广泛应用。

### 4.2.3 钢结构发展

钢结构建筑最易于实现工业化方式建造。发展钢结构是我国建筑工业化发展的关键问题。相比国外钢结构建筑的多种结构体系，我国在技术与规模上都存在较大差距，且有很大的发展空间。

改革开放之前我国钢产量低，相对价格高，此时钢结构主要应用于各类大跨

度工业建筑及少量公共建筑中，钢结构建筑的发展与研发均受到限制。20 世纪
80 年代我国从国外引进工业化轻钢建筑，并在单层工业建筑中普遍应用；自 90
年代开始，国家开始提倡钢结构住宅，从国外引进低层钢结构住宅体系并不断改
进，并用传统钢结构形式建造了一批高层住宅；21 世纪以来，随着国家经济实
力的增长，在大量建设的机场航站楼、高铁站及城市地标建筑中，钢结构占有绝
对比例。

我国钢结构建筑占建筑总量、用钢量占总用钢量两个比例均在 5% 左右，远
低于发达国家水平。钢结构用量少的主要原因在于钢结构住宅还未被社会普遍接
受、总建设量小。2015 年，我国钢产量 33 年来首次下降，钢材价格已达 20 年来
最低水平。在国家化解钢铁产能，关停并转的同时，大力发展钢结构建筑、增加
建筑用钢量成为国家与建筑行业"十三五"重要工作目标，有关部门针对钢结构
建筑的推广鼓励文件正在酝酿中。

### 4.2.4 其他发展

砌体结构也是一种较好的工业化建造方式。我国传统黏土砖砌体结构存在侵
占耕地、破坏环境及现场施工速度慢等劣势，逐渐被各地限制使用。但各类新型
砌体结构，采用友好型材料的其他砌块，仍普遍应用在各类非承重填充墙体。对
于承重砌块建筑，我国经历了 20 世纪末的发展高潮，建设了一批低层住宅，但
近年来由于施工质量问题及高层住宅的发展，应用量有所降低。砌体结构的另一
个发展就是配筋化，采用大型砌块的配筋砌体剪力墙结构在黑龙江近年来也有几
百万平方米的应用，最高高度已达 100 米。

保温结构一体化是一种免拆模现浇混凝土结构，近年来在我国也发展较快，
多种新型自保温模板在工程中推广应用。随着国外木业应用技术的引进及国际合
作的增多，木结构建筑也有一定的研究与工程应用。国外引进的钢结构、混凝土
结构组合的盒子建筑也在部分地区开展应用。除结构技术外，建筑精装工业化、
结构装修分离的 SI 体系也有研究与工程应用。

## 4.3 存 在 问 题

### 4.3.1 政策支持尚不完善

虽然在中央的多个重要文件中均提出推广建筑工业化，但建筑工业化推广的
行业纲领性文件仍未出台。缺少顶层设计，在一定程度上也造成各地推广建筑工
业化的总方针与路线不够明确。以往对于建筑工业化的鼓励政策多为地方政府针
对本地区情况出台，这些政策普遍存在下列问题：

（1）奖励政策力度有限。目前各地的奖励政策基本为按装配式建筑面积奖励3％的容积率（不支付土地出让金或很少的费用），其中只有北京、上海得到真正落地，两地也只有少数项目能够拿到实际补偿。装配式建筑目前仍有一定的增量成本，按400元/m²考虑，则只有土地楼面价达到1.32万元/m²，3％的面积奖励才可带来经济效益，再考虑土建及其他成本，靠奖励政策覆盖增量成本只有在北上广深等地可能性大，这也与行业发展的现实相符。重庆等地有对预制构件生产企业按方量的奖励政策，但从实践及财政资金角度，这种鼓励也是不可持续的。

（2）过分强调装配化及相关指标。将发展建筑工业化等同于装配化，甚至只强调装配式混凝土结构，是目前各地鼓励政策的普遍特点，此种政策一定程度上否定了我国建筑业已取得的成绩。我国的传统现浇混凝土结构建造积累了成熟、丰富的经验，虽然存在重进度、轻质量等种种问题，但在现有行业管理与从业人员技术水平下，靠装配式建筑来普遍提高工程质量也是不现实的。目前在各地强制推广装配式混凝土结构的保障住宅与商品住宅中，大部分开发商仍是应付政策的心理，仅贴着规定的预制率指标实施，甚至出现了下面1/3高度现浇，上面2/3高度预制的建筑。

（3）缺少对于工业化技术的引导。建筑工业化的核心在于减少人工作业、"四节一环保"与提高工程质量，现有政策在过分强调装配的同时，对上述核心要求的规定并不多。合理的发展模式是，通过政策对施工现场的环保、节能、质量、人员提出高要求，并引导行业技术进步与转型升级，淘汰落后技术与模式。在满足政策要求前提下，现浇与预制由实施者自行选择。引导性的政策需要大量的调研与数据为基础，目前这方面工作做得还很不够。

### 4.3.2 行业生产模式不适应

目前行业普遍实施的生产模式是与大量应用现浇混凝土结构、劳动力以农民工为主相适应的。建设周期已压缩到极限，开发商拿地后往往要求快速出图并进场施工，设计时间很短。

发展新型建筑工业化，无论是现浇结构还是装配式结构，都需要建立专业队伍与专业人才，培养产业工人。发展装配式混凝土结构、钢结构，更需要提前从建筑方案开始就全面考虑，不可边建设边设计，设计周期也长于传统现浇结构。设计、施工的分离也决定了设计方无法充分考虑施工制作要求，实际上很多装配式建筑存在施工质量缺陷不仅仅是施工问题，而是设计方案不合理造成的。相比现浇混凝土结构，装配式建筑的推广需要考虑资金提前支付、多方协调等诸多问题。装配式建筑增加的构件、配件采购环节，同样增加了流通与税费，不利于降低造价。发展建筑工业化，推广装配式建筑及其他先进技术，有必要改进现有的行业生产模式。

### 4.3.3 装配式混凝土建筑发展不够均衡

虽然以住宅为主的装配式混凝土建筑近年来在国内飞速发展，但仍存在下列问题。

（1）技术体系仍不完备

由于我国住宅建设的实际情况，装配式剪力墙住宅不得不面对高层甚至100m 建筑的"难题"。我国的高层装配式剪力墙住宅多采用预制与现浇结合的方式，如北京常用的三明治剪力墙为边缘构件现浇、其他部分采用灌浆套筒连接竖向钢筋的预制墙体，此种结构同时具有预制、现浇两种连接方式与施工过程，优点在于方便与传统设计、施工方式衔接，缺点在于手工作业多、施工操作与质量控制难度大、没有充分发挥出装配式结构的优势。相比装配式混凝土剪力墙住宅，框架结构及其他房屋类型的装配式混凝土结构发展并不均衡，国际上应用较多的高装配率低多层建筑在我国的建设量仍很少，无法支撑整个预制混凝土行业的健康发展。

（2）工程建造成本高、综合效益不明显

由于技术体系不完备，结构体系没有充分发挥装配式结构的优势，在工程造价方面很难低于现浇结构。根据各地有关文件及相关测算，采用三明治墙板的剪力墙住宅成本增加 400 元/m² 左右，如协调组织工作不利则还会增加。推广装配式混凝土结构可提高工程质量，但这是建立在完整的产业链基础上的，否则不仅无法提高质量，甚至会因为新工艺的应用带来隐患。造价提高而未取得到相应的综合效益，则会影响装配式混凝土建筑的进一步发展。

（3）基础研究与标准规范支撑不够

目前指导装配式混凝土结构应用的基础性标准《装配式混凝土结构技术规程》JGJ 1—2014 编制工作历时 10 年，主要原因就是基础研究与工程经验总结不够。对于目前高层住宅应用较多的三明治夹心墙板技术，钢筋竖向连接、夹心墙板连接件两个核心应用技术仍需进一步完善。其中钢筋套筒灌浆连接目前已有产品标准与应用技术规程，但浆锚搭接等其他连接方式则缺少标准规范依据；各种夹心墙板连接件的产品标准、应用技术规程目前仍然缺失。将装配式混凝土结构从住宅推广到公共建筑及其他结构类型建筑中，技术研究与标准需要做更多的工作。

（4）行业可持续发展基础不牢

由于前述多种原因，造成行业内企业缺乏持续盈利能力，近年来投资进入装配式混凝土建筑领域的企业经营状况都不乐观。此种情况下造成整个行业可持续发展基础不牢，需要通过培养专业人员、扩展技术路线、改变商业模式等长期工作予以改变。

### 4.3.4 钢结构建筑发展进程相对较慢

（1）工业化程度低

受结构方案选择及构件加工精度影响，国内钢结构建筑施工现场往往需要进行大量焊接作业，劳动力需求量较大、环境污染大，质量难以控制。在国内大型公共建筑中，钢结构、组合结构的应用比较成熟，现场施工装备、劳动力匹配合理。而对于普通钢结构住宅，与装配式混凝土建筑类似，普遍存在建设量小而专业队伍缺乏等问题，还未达到产业化作业水平。

（2）关键产品与技术尚不完善

由于以往建设量相对少，同样要面临我国现浇混凝土剪力墙住宅占绝对比例的局面，发展钢结构建筑的过程中需要进一步完善的产品与技术还很多。钢结构建筑在承重结构上相对成熟，但在"三板"与维护方面则尚存欠缺。"三板"（楼面板、屋面板、墙体板）的设计、施工标准化与防水、隔音、隔热功能，及带来的居住建筑舒适度问题，仍需要进一步改进、提升。防火、耐腐蚀同样是制约钢结构建筑发展的瓶颈性问题，不仅是产品与技术问题，还涉及施工建造、使用维护过程中的管理问题。解决产品、技术问题的同时，建立完善的技术标准体系也十分必要。

（3）未建立成熟的推广应用产业链

由于我国劳动力成本长期处于较低水平，且现浇混凝土结构施工技术处于国际领先，造成钢结构建筑成本长期高于混凝土结构，建设量无法形成规模，体系完善程度、市场认可程度需要进一步提升。我国现有房屋建造模式是在现浇混凝土建筑基础上建立的，而钢结构本身最接近"像造汽车一样造房子"、"把房子当产品卖"，钢结构建设与混凝土结构存在差异，需要建立适应其发展的应用产业链。钢结构建筑领域的优势企业，与开发业主、建筑业企业的联合还不够，应互相融合、共同发展，才能迎来钢结构建筑发展的春天。

## 4.4 建 议 与 展 望

### 4.4.1 培育建筑工业化发展全产业链

如前文所述，建筑工业化不仅包括各类装配式建筑，也包括现浇施工工业化和精装、厨卫工业化。实践表明，建筑工业化必须是全产业链的工业化，建筑从设计出图、生产制造、运输配送、施工安装到验收运营的全过程都要实现工业化。建立了全产业链，才有可能实现建筑工业化发展的标准化、机械化、信息化。

建筑工业化发展以"四节一环保"及提高工程质量为目标，是否能够实现发展目标的主要影响因素为技术方案选择、设计文件（包括方案、施工图、深化等阶段）、施工经验与能力、产品选择等，只有全过程互相协调，才能提高效率、保证质量。对于装配式建筑，设计与施工的互动更为必要，只有设计充分考虑施工与制作，才可带来更大的节约与质量保证。

### 4.4.2　技术体系、建筑类型多样化发展

建筑工业化不仅仅是装配式建筑，这已经是行业的共识。根据不同的建筑类型选择不同的工业化技术体系，以提高企业的市场竞争力。在建筑类型上，住宅之外的其他建筑，如多层停车库、物流库、大型商业中心、各类工业建筑，都可发展各种建筑工业化形式。

发达国家在建筑工业化发展形式与建筑类型方面有较好的经验，可供我们借鉴。具体如装配式混凝土结构停车楼、干式连接墙板结构、各种模块化钢结构住宅、低多层高工业化钢结构建筑等。发展装配式建筑，可直接降低工程造价的主要手段为提高连接施工效率、采用预制预应力混凝土技术，这可作为下一步的重点发展目标，其中开发适用我国的高效装配连接节点是装配式混凝土结构、钢结构都要面对的重要问题。考虑到我国钢铁产能过剩、钢铁价格持续下降的情况下，为各类钢结构建筑的发展提供了机会，同样需要针对建筑类型提出合理的钢结构技术体系。

### 4.4.3　加强技术研发与标准规范编制

从结构新体系，到各环节的细节，发展建筑工业化过程中还有众多的技术问题需要一一攻关。对于现浇混凝土结构，包括新型模架体系研发、成型钢筋应用技术体系建立、高性能混凝土推广等；对于装配式混凝土结构，包括低多层半干式连接墙体结构、预制预应力混凝土结构、村镇房屋装配式结构及相关配件的研发；对于钢结构，包括适用不同建筑类型的新型结构体系、围护系统、连接技术、系统集成等研发；钢结构与预制预应力混凝土楼板结合具有较好的经济效益，在欧美国家有较好的经验，也可作为今后的发展与研发方向。

科技为先，标准先行。近年来完成的系列标准已为大量高层装配式混凝土结构住宅建设提供了可靠保障。在国家标准化改革的新形势下，建筑工业化领域标准化工作要采用新的工作方式，以建立建筑工业化发展标准体系为基础，研制关键标准，在关键规范方面取得突破，并补充产品、方法等配套标准，解决标准领域的制约瓶颈问题，促进行业快速发展。

### 4.4.4 积极推广 EPC 总承包模式

设计、采购、施工一体化的 EPC 总承包模式在产业链整合、专业化服务、设计引领、信息集成及节约综合成本等方面具有显著优势，能够满足建筑工业化发展的内在需求，突破瓶颈问题，可作为下一步发展建筑工业化的可靠实施途径。

目前制约 EPC 发展的主要因素在于政策与资源。政策上我国长期将设计资质与施工资质分离，并形成了事实上由不同单位完成的生产模式。资源上缺少具备 EPC 能力的综合承包商，难以获得业主的充分信任。相信在建筑业新一轮改革浪潮的推动下，政策将不再成为制约因素。以中建总公司为代表的国内施工单位在海外具有丰富的 EPC 总承包经验，在发展行业与商业利益的双重动力下，相信推动 EPC 总承包建筑工业化模式具有广阔的发展空间。

## 4.5　建筑工业化联盟工作

建筑工业化产业技术创新战略联盟是由积极投身于建筑业技术进步，从事建筑工业化领域的研究、施工、设计、生产、服务的企业、大学、科研机构或其他组织机构自愿组成，是在专业化合理分工的基础上，以建筑工业化的技术创新需求为导向，以形成产业核心竞争力为目标，依托于国家引导资金及政策，以多样化、多层次的自主研发与开放合作创新相结合，建立"产、学、研、用"结合的技术创新体系，推动建筑工业化产业自主创新能力健康发展为宗旨的创新合作组织。

联盟的技术创新任务是：建立以企业为主体、产学研用紧密结合、市场化和促进成果转化的有效机制，大力促进建筑工业化技术进步，成为国家技术创新体系的重要组成部分、建筑工业化共性关键技术的研发基地、产学研用紧密结合的纽带和载体、技术创新资源的集成与共享通道。

联盟理事长单位为中国建筑科学研究院，副理事长单位为中国建筑股份有限公司、中国建设科技集团股份有限公司、上海现代建筑设计集团有限公司、同济大学，理事单位 15 家。

"十三五"期间，联盟将联合行业各方力量，在建筑工业化关键结构技术、关键信息化技术、建造与检测技术、混凝土生产线建设配套技术、标准体系与关键标准、综合技术经济分析研究等方面开展研究与产业化工作。欢迎业内和相关骨干企业加入联盟或参与相关工作，共同为建筑工业化产业发展贡献力量。

**作者：** 王俊[1,2]　王晓锋[1,2]（1. 中国建筑科学研究院；2. 建筑工业化产业技术创新战略联盟）

# 5 发展建筑信息模型（BIM）技术是推进绿色建造的重要手段

## 5 The development of BIM technology is important to promote green construction

## 5.1 引　言

我国建筑业是一个传统产业。一方面，是国民经济的支柱产业，规模庞大，从业人员达 4000 多万人，建筑施工企业 70000 多家，勘察设计企业接近 15000 家，支撑着我国每年超过 15 万亿元的大规模建设事业；另一方面，建筑业又是高消耗、高排放产业，建筑业消耗了全国 45% 的水泥，50% 以上的钢材；建造和使用过程中消耗了接近 50% 的能源；与建筑有关的空气污染、光污染等约占环境总体污染的 34%；建筑施工垃圾约占城市垃圾总量的 30%～40%；施工粉尘占城区粉尘排放量的 22%；民用建筑的二次装修又造成大量的资源浪费。这样一个传统产业，总体规模虽大但效益不高，其任何一点技术进步都会形成巨大的经济效益、环境效益和社会效益。目前，业界已经形成共识，推进绿色建造发展是建筑业降低资源消耗、减少建筑垃圾排放、消除环境污染，实现节能减排的重要举措。建筑信息模型 BIM（Building Information Modeling）技术作为建筑业的新技术、新理念和新手段，得到业内的普遍关注，正在引导建筑业传统思维方式、技术手段和商业模式的全面变革，将引发建筑业全产业链的第二次革命。发展 BIM 技术已经成为推进绿色建造的重要手段。

BIM 是工程项目物理和功能特性的数字化表达，是工程项目有关信息的共享知识资源。BIM 的作用是使工程项目信息在规划、设计、施工和运营维护全过程充分共享、无损传递，使工程技术和管理人员能够对各种建筑信息做出高效、正确的理解和应对，为多方参与的协同工作提供坚实基础，并为建设项目从概念到拆除全生命期中各参与方的决策提供可靠依据。BIM 的提出和发展，对建筑业的科技进步产生了重大影响。应用 BIM 技术，可望大幅度提高建筑工程的集成化程度，促进建筑业生产方式的转变，提高投资、设计、施工乃至整个工程生命期的质量和效率，提升科学决策和管理水平。

## 5.2 BIM 对绿色建造的作用与价值分析

BIM 技术是在 CAD 技术基础上发展起来的多维模型信息集成技术，是应对建筑业可持续发展挑战的重要手段。BIM 技术的理念是在 2002 年被首次提出的。BIM 技术对建筑行业技术革新的作用和意义已在全球范围内得到了业界的广泛认可。如果说 CAD 技术的发展和普及应用使设计师甩掉图板是建筑行业信息化的一次革命，那么，BIM 技术的发展和普及应用则是建筑行业的又一次革命。BIM 的作用可归纳为如下几个方面：

### 5.2.1 实现建筑全生命期的信息共享

信息技术发展到今天，工程设计、施工与运行维护的各阶段，以及每一阶段的各专业、各环节都在应用软件辅助专业工作。设计与施工等领域的从业人员面临的主要问题有两个：一是信息共享，二是协同工作。设计、施工与运行维护中信息应用和交换不及时、不准确的问题造成了大量人力物力的浪费和风险的产生。美国的麦克格劳·希尔（McGraw Hill）发布了一个关于建筑业信息互用问题的研究报告 "Interoperability in the Construction Industry"。该报告的统计资料显示，数据互用性不足使建设项目平均增加 3.1% 的成本和 3.3% 的工期延误。BIM 的基本作用之一就是能够有力支持建筑项目信息在规划、设计、建造和运行维护全过程充分共享，无损传递，从而使建筑全生命期得到有效的管理。应用BIM 技术可以使建筑项目的所有参与方（包括政府主管部门、业主、设计团队、施工单位、建筑运营部门等）在项目从概念产生到完全拆除的整个生命期内都能够在模型中操作信息和在信息中操作模型，进行协同工作。不像过去依靠符号文字形式表达的蓝图进行项目建设和运营管理，因为信息共享效率很低，导致难以进行精细管理。

### 5.2.2 实现可持续设计的有效工具

BIM 技术有力地支持建筑安全、美观、舒适、经济，以及节能、节水、节地、节材、环境保护等多方面的分析和模拟，从而容易地做到建筑全生命期全方位可预测、可控制。例如，利用 BIM 技术，可以将设计结果自动读入建筑节能分析软件中进行能耗分析，或读入虚拟施工软件进行虚拟施工，而不像现在需要技术人员花费很大气力在节能分析软件，或在施工模拟软件里首先建立建筑模型；又如，利用 BIM 技术，不仅可以直观地展示设计结果，而且可以直观地展示施工细节，还可以对施工过程进行仿真，以便反映实际过程中的偶然性，增加施工过程的可控性。

### 5.2.3 促进建筑业生产方式的改变

BIM 技术有力地支持设计与施工一体化，减少建筑工程"错、缺、漏、碰"现象的发生，从而可以减少建筑全生命期的浪费，带来巨大的经济和社会效益。英国机场管理局利用 BIM 技术削减希思罗 5 号航站楼百分之十的建造费用。美国斯坦福大学 CIFE 中心根据 32 个项目总结了使用 BIM 技术的以下优势：消除 40％预算外更改；造价估算控制在 3％精确度范围内；造价估算耗费的时间缩短 80％；通过发现和解决冲突，将合同价格降低 10％；项目工期缩短 7％，及早实现投资回报。恒基北京世界金融中心通过 BIM 技术应用在施工图纸中发现了 7753 个冲突，估算这些冲突如果到施工时才发现，会给项目除了造成超过 1000 万人民币的浪费及 3 个月的工期延误外，更会大大地影响项目的质量和开发商的品牌。

### 5.2.4 促进建筑行业的工业化发展

我国建造水平与发达国家相比有较大的差距，主要原因是建筑工业化水平较低所致。制造业的生产效率和质量在近半个世纪得到突飞猛进的发展，生产成本大大降低，其中一个非常重要的因素就是以三维设计为核心的 PDM（Product Data Management，产品数据管理）技术的普及应用。建设项目本质上都是工业化制造和现场施工安装结合的产物，提高工业化制造在建设项目中的比例是建筑行业工业化的发展方向和目标。工业化建造至少要经过设计制图、工厂制造、运输储存、现场装配等主要环节，其中任何一个环节出现问题都会导致工期延误和成本上升，例如：图纸不准确导致现场无法装配，需要装配的部件没有及时到达现场等。BIM 技术不仅为建筑行业工业化解决了信息创建、管理、传递的问题，而且 BIM 三维模型、装配模拟、采购制造运输存放安装的全程跟踪等手段为工业化建造的普及提供了技术保障。同时，工业化还为自动化生产加工奠定了基础，自动化不但能够提高产品质量和效率，而且对于复杂钢结构，利用 BIM 模型数据和数控机床的自动集成，还能完成通过传统的"二维图纸—深化图纸—加工制造"流程很难完成的下料工作。BIM 技术的产业化应用将大大推动和加快建筑行业工业化进程。

### 5.2.5 把建筑产业链紧密联系起来，提高整个行业的竞争力

建筑工程项目的产业链包括业主、勘察、设计、施工、项目管理、监理、部品、材料、设备等，一般项目都有数十个参与方，大型项目的参与方可以达到几百个甚至更多。二维图纸作为产业链成员之间传递沟通信息的载体已经使用了几百年，其弊端也随着项目复杂性和市场竞争的日益加大变得越来越明显。打通产

业链的一个技术关键是信息共享，BIM 就是全球建筑行业专家同仁为解决上述挑战而进行探索的成果。业主是建设项目的所有者，因此自然也是该项目 BIM 过程和模型的所有者，设计和施工是 BIM 的主要参与者、贡献者和使用者，业主要建立完整的可以用于运营的 BIM 模型，必须有设备材料供应商的参与，供应商逐步把产品目前提供的二维图纸资料逐步改进为提供设备的 BIM 模型，供业主、设计、施工直接使用，一方面促进了这三方的工作效率和质量，另一方面对供应商本身产品的销售也提供了更多更好的方式和渠道。

## 5.3　BIM 技术是改造传统的建筑业，促进产业升级的有效高新技术

随着经济的快速发展，我国的城镇化水平正在以每年接近 1％的速度发展，2010 年底已达 47.5％，2013 年底城镇年化率为 53.73％。据统计，我国每年在建工程约 70 多万个，房屋建筑施工面积 70 多亿平方米，竣工面积接近 30 亿平方米，2013 年施工企业完成的建筑行业总产值高达 15.93 万亿元，中国的建筑市场已经成为世界上最大的建筑市场。另有数据预测，按照城镇化发展速度估算，在未来的十年到二十年间，我国还要新建 400 亿平方米的建筑和大量的基础设施，这等于整个瑞士的国土面积，等于纽约市现有的所有建筑物的 40 倍。这为我国建筑行业的持续发展提供了很好机遇，促进了建筑业的发展。

我国建筑行业是一个庞大的产业，但由于长期的过度竞争，建筑企业，特别是设计与施工企业的技术水平低，科技进步投入不足，建筑行业总体规模虽大但经济效益不高。我国建筑施工企业资本金利润率为 8％～10％，而日本公司的资本金利润率为 20％～35％。与美国、英国等发达国家相比劳动生产率存在巨大差距。据有关部门测算，在我国建筑行业经济效益的增长中不到 30％是靠技术进步获得的，远低于 40％的全行业平均水平。建筑业效率低下，粗放型的增长方式没有根本转变，建筑能耗高、能效低是建筑业可持续发展面临的一大问题。建筑业的高速发展消耗了大量的社会资源，与发达国家相比，我国钢材消耗高出 10％～25％，单位建筑面积能耗是发达国家的 2～3 倍。

我国建筑业总体规模虽大但经济效益不高，效率不高，主要原因在于技术手段、生产方式和管理方式落后，如设计中"抛过墙式"的专业协调方式、工程预算中"照图扒筋算量"的核算方式，以及行业管理中设计、施工、运维相互割裂的行业管理方式，直接导致了工程中"错、漏、碰、缺"现象的大量存在。"设计变更"对设计师来说，意味着工作量；对承包商来说，意味着待工、窝工、返工；对发展商来说，意味着工期可能延误、造价可能提高、质量可能降低；对社会来说，意味着人力材料浪费、更多的二氧化碳排放、对可持续发展更大的挑

战。有统计数据表明，有72%的项目超预算，70%的项目超工期，75%不能按时完工的项目至少超出初始合同价格50%，2008年长春市审计局对市政府投资的工程项目审计中，抽查了其中的13个项目，发现变更与签证部分造价占工程总投资的22.23%。

我国建筑设计与施工企业在提高效率和资源节约方面潜力巨大，为突破现代建筑技术尤其是设计与施工技术的瓶颈，推动我国建筑行业的可持续发展，迫切需要利用和发展更先进的技术，BIM技术就是应这样的需求而提出和发展的。BIM是一种应用于工程设计、施工和运维管理的数字化工具，支持项目各种信息的连续应用及实时应用，可以大大提高设计、施工乃至整个工程的质量和效率，显著降低成本。在发达国家和地区，为加速BIM的普及应用，相继推出了各具特色的技术政策和措施。美国是BIM的发源地，BIM研究与应用一直处于领先地位，2007年发布的《美国国家BIM标准第一版第一部分》确定的目标是到2020年以BIM为核心的建筑业信息技术每年为美国节约2000亿美元（相当于美国2008年建筑业产值的15%左右）；2011年英国发布的《政府建筑业战略》为以BIM为核心的建筑业信息技术应用设定的目标是减少整体建筑业成本10%～20%；2012年澳大利亚发布的《国家BIM行动方案》指出，在澳大利亚工程建设行业加快普及应用BIM可以提高6%～9%的生产效率。韩国计划从2016年开始实现全部公共设施项目使用BIM。新加坡计划到2015年建筑工程BIM应用率达到80%。

我们同样可以期望BIM技术的普及应用会带来提高效率和质量，减少资源消耗和浪费的巨大经济和社会效益。为推动BIM的广泛应用，在住建部发布的《2011—2015建筑业信息化发展纲要》中，把BIM作为支撑行业产业升级的核心技术重点发展；住建部在2012年和2013年批准了《建筑信息模型应用统一标准》、《建筑信息模型存储标准》、《建筑工程信息模型编码标准》、《建筑工程设计信息模型交付标准》、《建筑工程施信息模型应用标准》等6本国标的编制计划2013年启动了《关于推进BIM在建筑领域应用的指导意见》制定工作，在预期目标中规定：预期到2016年末，以下新立项项目工程设计、施工中，应用BIM的项目比率达到80%：全部使用国有资金投资的2万平方米以上大型公共建筑；全部使用国有资金投资的10万平方米以上居住建筑；申报绿色建筑的公共建筑和绿色生态示范小区。到2020年末，建筑行业甲级勘察、设计企业以及特级、一级房屋建筑工程施工企业应掌握并实现BIM与企业管理系统和其他信息技术的一体化集成应用；以下新立项项目勘察设计、施工、运营维护中，集成应用BIM的项目比率达到95%：全部使用国有资金投资或者以国有资金投资为主的大中型建筑；申报绿色建筑的公共建筑和绿色生态示范小区；国家科技部于2014年初批准成立了"建筑信息模型（BIM）产业技术创新战略联盟"。

# 5.4 中建的 BIM 探索与实践

中建 BIM 技术研究与应用已经有了一定基础，已成功应用于无锡恒隆广场综合发展项目、深圳机场扩建项目、广州东塔项目、天津 117 项目等重大工程，取得了良好效果。在中建系统的业务范畴内，可望通过 BIM 技术应用，在支撑绿色建筑设计、强化设计协调、减少因"错、缺、漏、碰"导致的设计变更；在支撑工业化建造和绿色施工、优化施工组织方案、提高工程质量、降低工程造价和安全风险；在帮助业主提升对整个项目的掌控能力和科学管理水平、缩短工期，延伸中建服务产品至项目全生命周期；以及在打造"数字中建"品牌，提升中建在行业 BIM 发展中的地位和作用，着眼于建筑全生命期、全产业链，持续、全面地推进 BIM 技术研究、应用和创新体系建设，为中建全产业链的 BIM 技术发展、为打造"数字中建"品牌奠定技术基础。

2012 年是中建全面推广应用 BIM 技术的起步年，首先在总公司层面进行了顶层设计，发布了《关于推进中建 BIM 技术加速发展的若干意见》（以下简称《若干意见》），按照《若干意见》的指导思想和基本原则，中建组织开展了一系列 BIM 技术研发和推广应用工作，也取得了一定成绩与成果。

## 5.4.1 组织机构建设

（1）根据总公司《若干意见》文件的要求，在中建总公司组建了 BIM 技术委员会。中建 BIM 技术委员会作为中建 BIM 技术推广应用的指导、咨询和服务机构，负责统筹推进中建 BIM 技术研发与应用，优化资源配置，促进 BIM 技术在中建的加速发展。

（2）为满足《建筑工程信息模型应用统一标准》、《建筑工程施工信息模型应用标准》等多项国家 BIM 标准编制工作的需要，2012 年 3 月 28 日由中国建筑科学研究院、中国建筑股份有限公司等多家单位在北京发起成立了"中国 BIM 发展联盟"。"中国 BIM 发展联盟"致力于我国 BIM 技术、标准和软件研发，为中国 BIM 技术应用提供支撑平台。

（3）为了更好地组织 BIM 国标和行标的编制工作，由中国 BIM 发展联盟发起，在中国工程建设标准化协会下，组建了 BIM 标准专业委员会（简称"中国 BIM 标委会"），全面负责组织协会级 BIM 标准的研究和编制工作。中建作为中国 BIM 发展联盟的核心成员，是组建中国 BIM 标委会的主要发起单位之一，主要负责施工领域协会级 BIM 标准的编制组织工作。

（4）2012 年 1 月 10 日由中国建筑科学研究院、中国建筑股份有限公司等多家单位发起，由国家科技部批准成立了"建筑信息模型（BIM）产业技术创新战略联盟"。其宗旨是为中国 BIM 的应用提供支撑平台，为全面推动我国 BIM 发展和应用提供技术服务。

### 5.4.2　集成能力建设

（1）城市综合建设项目 BIM 应用研究

2011 年，中建股份设立了"城市综合建设项目 BIM 应用研究"重点项目，2013 年总公司又滚动支持，总计专项经费 1004 万元，子企业配套经费 6170 万元，项目的宗旨是以实现绿色建造、有效节约资源为目标，通过 BIM 技术的研究和应用提高工作效率，有效协调项目参与方，在合理组织施工的前提下实现精细化管理。

（2）基于 BIM 工程仿真与高性能计算技术研究

随着国内各种复杂结构（如体型复杂、超高层、大跨度等）的日益增多，高性能仿真分析在结构设计和施工过程中扮演着越来越重要的角色。国内常用设计软件（如 PKPM、MIDAS、YJK 等）无法很好地满足这种仿真需求，而国外通用有限元软件（如 ABAQUS 和 ANSYS）虽然具有强大的分析功能，但其前处理模块不适用于建筑结构建模，且计算结果无法直接用于工程设计。为解决上述问题，中建技术中心对国内设计软件和国外通用软件进行系统集成和二次开发，研发了一套拥有完整自主知识产权的高性能结构仿真集成系统。该系统能够满足各类复杂、超限结构设计性能模拟分析需求，适用于复杂建筑结构在地震作用下的抗倒塌验算、性能设计以及施工过程模拟等，可为各设计院和施工企业重大工程提供技术支撑。

（3）基于 BIM 技术的建筑工厂化管理系统研究

三局一公司结合北京英特宜家二期项目的管理需求，建立场外预制加工厂，将 BIM 理念、深化设计管理与二维码技术相结合，将深化设计、工厂采购加工、材料控制管理、现场施工管理等各个施工管理环节相结合，探索机电工程施工管理的新模式，通过与清华大学联合研发"基于 BIM 的建筑工厂化管理系统"，为项目机电管线场外预制加工及现场装配、组合服务。

### 5.4.3　标准体系建设

（1）主编、参编 BIM 技术国家标准

在住房和城乡建设部 2012 年 1 月 17 日《关于印发 2012 年工程建设标准规范制订修订计划的通知》（建标〔2012〕5 号）和 2013 年 1 月 14 日《关于印发 2013 年工程建设标准规范制订修订计划的通知》（建标〔2013〕6 号）的两个通知中，共发布了 6 项 BIM 国家标准制订项目，分别是：《建筑工程信息模型应用统一标准》、《建筑工程信息模型存储标准》、《建筑工程信息模型编码标准》、《建筑工程设计信息模型交付标准》、《制造工业工程设计信息模型应用标准》和《建筑工程施工信息模型应用标准》。中建是《建筑工程施工信息模型应用标准》主编单位。同时，中建参与了其他几项 BIM 国标的编制。

（2）组织协调编制施工 BIM 技术协会标准

为配合 BIM 国标《建筑工程信息模型应用统一标准》的编制，中国 BIM 标委会组织开展了 BIM 协会标准的编制工作。BIM 协会标准分"规划与设计阶段 BIM 技术应用标准"和"施工与运维阶段 BIM 技术应用标准"两个系列，其中"施工与运维阶段 BIM 技术应用标准"系列由中建负责组织协调。中建一局、三局一公司、三局安装分别负责《竣工验收管理 BIM 技术应用标准》、《钢结构施工 BIM 技术应用标准》、《机电施工 BIM 技术应用标准》3 本标准的主编工作。

（3）组织编制中建 BIM 技术企业标准

在国家和行业 BIM 标准框架下，结合中建"四位一体"的产业链特点，研究建立符合中建需求的企业级 BIM 应用实施指南，是推进中建 BIM 技术普及应用的一项重要基础工作。中建企业 BIM 实施指南的编制工作首先从设计和施工两个领域开始，在组织起草《BIM 软硬件产品评估研究报告》基础上，编制了中建企业级《建筑工程设计 BIM 应用指南》和《建筑工程施工 BIM 应用指南》，在行业引起了较大反响，并受到好评。

### 5.4.4 示范工程建设

为进一步推进 BIM 技术应用，在 2013 年中建总公司科技推广示范工程计划中，增加了"BIM 类示范工程"，并批准了 25 项 BIM 应用示范工程，在 2014 年中建总公司科技推广示范工程计划中，又增加了 7 项 BIM 应用示范工程，并确定中建技术中心综合实验楼、广州东塔项目为重点示范工程。这些 BIM 示范项目涉及众多工程类型，基本包括了中建承建的各类典型工程，如广州东塔、深圳市城市轨道交通 9 号线、阿布扎比国际机场、宝兰客专 1 标段石鼓山隧道等工程。通过 BIM 示范工程建设，不仅积累了较丰富的 BIM 应用经验，而且也培育了一批 BIM 技术骨干人才，更带动了大量工程的 BIM 应用，到目前为止，仅八个工程局就有超过 640 多项工程在不同程度上应用了 BIM 技术，取得了客观的经济效益，并促进了企业竞争力的提升。几个典型工程的 BIM 应用案例如下。

（1）中建技术中心实验楼工程。是一个典型的投资、设计、施工和运维四位一体工程，具有良好的代表性，虽然工程并不十分复杂，但作为未来国际一流的大结构实验室，通过采取研发与建设同步的策略，量身打造万吨级多功能结构试验机和 25.5m 高反力墙等国际一流试验设施，增加了工程难度。为实现 BIM 模型数据在全过程的无缝连接，项目充分发挥中建"四位一体"的优势，组建由业主方、设计方、施工方和运维方共同参加的 BIM 团队，团队制定统一的 BIM 标准，充分考虑了施工对设计 BIM 模型的合理需求，并对上下游各环节进行需求分析，分专业、分系统建立 BIM 模型，精准执行、协同管理，创新性地解决了设计与施工 BIM 模型共用问题，该工程是我国目前唯一投入使用的从设计开始、到施工和运维全过程应用 BIM 的典型案例。

（2）广州东塔（广州周大福国际金融中心）。位于广州市珠江新城，楼总高度 530m，地下 5 层，地上 111 层，总建筑面积 50.8 万平方米。项目总包方联合广联达软件公司，将 BIM 技术与工程进度动态管理、图纸变更的动态管理、总包各专业工作面动态管理、工程量的自动计算及商务管理、总包对业主和各分包的合约及资金管理融合一体，实现了基于 BIM 的总包项目管理信息化管理。

（3）无锡恒隆广场综合发展项目。占地面积约 3.7 万平方米，地上建筑面积为 24.3 万平方米，地下建筑面积为 14.7 万平方米。该项目机电安装分包 BIM 应用，根据本项目与公司以往同类项目因碰撞问题和工序问题需要返工的量的对比，据估算减少因碰撞和安装工序不合理返工节约的成本大概在总造价的 1% 以上。利用 BIM 技术对水管、风管、母线、桥架等的路由及尺寸进行优化，找出最短的路由最优的尺寸，节省材料的需用量而降低成本达总造价的 3% 以上。BIM 技术与工厂化预制结合，利用 BIM 三维模型，计算出精确的材料需用计划，并进行精确的放样下料，控制材料损耗，避免材料浪费，损耗率控制在 4% 以下，仅此项材料就将节省 7% 以上。

### 5.4.5　人才队伍建设

随着 BIM 技术应用的不断深入，更多企业认识到，掌握 BIM 技术的人才是制约 BIM 技术应用的关键因素。只有让工程技术人员掌握了这项技术并将其应用到工程建设中，才能将其转化为生产力和企业的核心竞争力。因此，各企业都十分重视 BIM 人才培养，纷纷成立 BIM 中心（或 BIM 工作站），组织 BIM 技术应用培训，陆续培训了一批 BIM 人才，截至 2014 年底，仅 8 个工程局就培育了超过 7000 名掌握 BIM 技术的专业技术人员。这批 BIM 人才的成长，为中建全面普及 BIM 技术应用奠定了良好基础。

# 5.5　结　束　语

BIM 技术的应用，目前最大的问题是自主知识产权的应用软件。国外的一些软件开发商已经开发了一些应用软件，并将它们应用在大型工程中。但是，这些软件不仅价格昂贵，而且由于不支持我国规范，难以满足我国的应用需求。由于技术上的难度，我国国内开发的这方面的商业软件还在发展之中，鉴于我国巨大的基本建设规模，有必要开发具有自主知识产权的应用软件，填补我国这一领域的空白，因此有必要通过国家科技支撑计划的支持，迅速获得发展，为在我国建筑行业推广普及 BIM 技术奠定坚实的基础。

虽然 BIM 技术已经在我国开始应用，但可以说仍处于起步阶段，在应用模式、应用标准方面并未有重大突破。目前，BIM 在建筑领域的推广应用还存在着政策法规和标准不完善、发展不平衡、本土应用软件不成熟、技术人才不足等问题，有必要采取切实可行的措施，推进 BIM 在建筑领域的应用。有许多关键技术需要突破：

（1）研究制定符合我国建筑设计、施工、运行管理等各阶段工作流程数据标准，形成完善的建筑全过程建设管理信息标准体系。

（2）开发自主知识产权的面向建筑全生命期的核心软件产品，支撑全行业 BIM 等最新信息技术普及应用。

（3）开展设计阶段 BIM 等最新信息技术在集成应用研究，实现各专业信息高度共享和设计流程的优化，支撑建筑可持续设计。

（4）开展施工阶段 BIM 等最新信息技术集成应用研究，提高工程施工全过程的预见性和管理水平，促进传统的建造方式向精益建造发展。

（5）开展运维管理阶段 BIM 等最新信息技术集成应用研究，实现建筑低能耗和绿色环保的最佳运维模式。

（6）开展 BIM 等最新信息技术在规划、设计、施工及运行维护阶段综合应用研究，推进建筑项目开发全过程的精细化管理，促进建筑业转变传统的生产方式，实现产业技术和管理水平提升。

作者：毛志兵（中国建筑工程总公司）

# 6 绿色生态城区发展现状与趋势

## 6 The current status and development trend of green eco-district

## 6.1 绿色发展宏观背景

### 6.1.1 宏观态势：绿色生态发展成为国际社会普遍共识

从全球视野下来看，当人类社会进入工业文明阶段，将不可避免地遇到经济发展和环境保护的矛盾。城市是人类安居乐业之所，是政治、经济和人民生活的中心，也是现代化前进的主要动力。世界的城市化在 2007 年已经超过 50%，中国也在 2011 年达到这一水平，这标志着世界已经进入到城市时代这一重要发展规律。与此同时，城市化与气候变暖带来的"城市病"等问题也在不同程度得到体现：城市灾害频发，大面积、持久性灰霾严重威胁人体健康；水污染和水资源短缺依然较为严重，城市交通拥堵日益加剧，部分城市中心城区密度过高，房价的过快上涨和投机性炒作大幅增加房地产业风险和社会不稳定性，城市居住空间分异，贫富差距拉大，城市的宜居性遭到空前挑战。依靠资源消耗、以环境破坏为代价的传统经济增长模式受到越来越多的诟病。改变传统发展模式，减少对不可再生的自然资源依赖，实现经济、社会与自然的协调发展成为国际社会普遍共识。

中国的城市发展也必然进行绿色生态转型。一方面是对全球生态城市发展的积极响应，另一方面也是国内资源禀赋条件限制下的必然选择。高速的经济发展和快速的城市化进程已经迅速地改变了中国的产业结构、城乡格局、资源利用和能源消耗结构，对世界能源、资源、生态环境格局产生了巨大的影响。2015 年 9月 25 日，习近平和奥巴马共同发表了《中美元首气候变化联合声明》，体现对全球温室气体排放贡献最大的两个国家的可持续发展和向绿色、低碳、气候适应型经济转型的决心。在 2015 年巴黎气候大会上，习近平主席发表重要讲话大力推进生态文明，中国向世界承诺将于 2030 年左右中国二氧化碳排放达到峰值并争取尽早实现，2030 年单位国内生产总值二氧化碳排放比 2005 年下降 60%～65%，非化石能源占一次能源消费比重达到 20%左右，森林蓄积量比 2005 年增加 45 亿立方米左右。这一目标也奠定了我国绿色生态发展的战略基础[1]。

### 6.1.2 目标引导：生态文明上升为我国基本国策

我国将绿色生态发展作为推动转型发展的重要举措，相继提出一系列发展战略。从 2007 年党的十七大报告首次提出"生态文明"开始，生态文明已成为我国的基本国策，在国家战略和政策方面开始全面推进。2012 年党的十八大报告提出"大力推进生态文明建设"，要求"把生态文明建设放在突出地位，融入经济建设、政治建设、文化建设、社会建设各方面和全过程，努力建设美丽中国，实现中华民族永续发展。"报告将生态文明放在与政治文明、经济、社会和文化发展平等的地位，把生态文明建设摆在"五位一体"的高度来论述。

在 2013 年 12 月召开的中央城镇化工作会议中，提出要着力推进绿色发展、循环发展、低碳发展，为我国绿色生态事业的发展指明了方向，绿色生态发展也成为我国新型城镇化战略的核心举措。

2014 年中共中央和国务院联合颁布了《国家新型城镇化规划（2014—2020年）》，完成了中国新型城镇化发展的顶层设计。其中，强调推动新型城市建设，顺应现代城市发展的新理念、新趋势来指导城市发展。具体来说，就是第一要加快绿色城市建设，第二要推进智慧城市建设，第三要注重人文城市建设，来全面提升城市的内在品质。"绿色城市"、"人文城市"、"智慧城市"成为国家推动新型城镇化建设的三大主题，顺应了城市现代发展趋势，体现了城市发展本质要求，将在未来新型城镇化发展的过程中成为城市建设的指导方向。

在《国家新型城镇化规划（2014—2020 年）》中，要求全面推进绿色城市建设，大幅提高绿色建筑比例，并详细阐述了包括绿色能源、绿色建筑、绿色交通、产业园区循环化改造、城市环境综合整治以及绿色新生活行动等绿色城市和城区的建设重点[2]。

2015 年 10 月，中共中央制定《国民经济和社会发展第十三个五年规划的建议》，提出完善发展理念，牢固树立创新、协调、绿色、开放、共享的发展理念以实现"十三五"时期发展目标，破解发展难题，厚植发展优势。对绿色发展也提出"必须坚持节约资源和保护环境的基本国策，坚持可持续发展，坚定走生产发展、生活富裕、生态良好的文明发展道路，加快建设资源节约型、环境友好型社会，形成人与自然和谐发展现代化建设新格局，推进美丽中国建设，为全球生态安全作出新贡献等"具体要求[3]。

2015 年 12 月，中央城市工作会议时隔 37 年后再度召开，会议将绿色生态发展的理念放在突出地位，提出坚持绿色发展，统筹"生产、生活、生态"三大布局，改善城市生态环境，着力提高城市发展持续性、宜居性，提高新型城镇化水平，走出一条中国特色城市发展道路。国家宏观政策机遇无一不在强调绿色生态发展对于我国城市建设的战略引导作用[4]。

### 6.1.3 政策激励：国家部委积极响应绿色生态要求

随着国家对绿色发展的不断重视，中央国家发改委、住房和城乡建设部、财政部和环保部等相关部委相继出台了一系列政策积极推动绿色生态建设（表1-6-1），包括规划意见、试点示范、技术规范、组织保障等不同类型，以期通过政策引导促进生态城区发展、绿色建筑推广和其他生态技术的应用。提出"十二五"期间完成新建绿色建筑10亿 m²，到2015年末20%的城镇新建建筑达到绿色建筑，到2020年城镇新建建筑中绿色建筑占比达到50%的标准要求；住建部提出"十二五"时期将选择100个城市新建区域按照绿色生态城区标准规划、建设和运行，为生态城区及绿色建筑的发展提出了量化目标和指标。各个部委也相继评选出各类绿色、生态、低碳城区的示范和试点项目，并给予一定的财政支持，鼓励各地相关项目的蓬勃建设。

国家部委近年出台绿色相关政策一览表  表 1-6-1

| 类型 | 具体政策措施 | 时间 | 主导部门 |
|---|---|---|---|
| 规划意见 | 《关于进一步推进公共建筑节能工作的通知》提出到2015年，重点城市公共建筑单位面积能耗下降20%以上。中央财政支持建设公共建筑能耗监测平台，并对改造重点城市给予财政资金补助 | 2011.5 | 财政部、住建部 |
| | 《关于加快推动我国绿色建筑发展的实施意见》提出为推进绿色建筑的规模化发展，鼓励城市新区按照绿色、生态、低碳理念进行规划，发展绿色生态城区，中央财政对经审核满足条件的绿色生态城区给予基准为5000万元的资金补助 | 2012.4 | 财政部、住建部 |
| | 《"十二五"建筑节能专项规划》提出到"十二五"末达到建筑节能形成1.16亿吨标准煤节能能力的总体目标 | 2012.5 | 住建部 |
| | 《绿色建筑行动方案》提出"十二五"期间完成新建绿色建筑10亿 m²，到2015年末20%的城镇新建建筑达到绿色建筑标准要求 | 2013.1 | 发改委、住建部 |
| | 《"十二五"绿色建筑和绿色生态城区发展规划》提出"十二五"时期将选择100个城市新建区域按照绿色生态城区标准规划、建设和运行 | 2013.4 | 住建部 |
| 试点示范 | 与深圳、无锡市政府分别签署共建"国家低碳生态示范市（示范区）"的合作框架协议 | 2010 | 住建部 |
| | 启动国家低碳省区和低碳城市第一批试点工作，选择广东、湖北、辽宁、陕西、云南5个省和天津、重庆、杭州、厦门、深圳、贵阳、南昌、保定8个城市进行首批试点 | 2010.8 | 发改委 |

| 类型 | 具体政策措施 | 时间 | 主导部门 |
|---|---|---|---|
| 试点示范 | 启动可再生能源建筑应用城市示范和农村地区县级示范项目评选，并给予中央财政的支持 | 2010.8 | 财政部、住建部 |
| | 与河北省共同签署《关于推进河北省生态示范城市建设促进城镇化健康发展合作备忘录》，共同推进4个生态示范区建设 | 2010.10 | 住建部 |
| | 《住建部低碳生态试点城（镇）申报管理暂行办法》启动新建低碳生态城镇示范工作 | 2011.6 | 住建部 |
| | 《关于绿色重点小城镇试点示范的实施意见》推进绿色小城镇工作的组织实施和监督考核工作，随后公布了第一批试点示范名单 | 2011.6 | 财政部、住建部、发改委 |
| | 组织推荐2012年园区循环化改造示范试点备选园，中央财政补助资金专项用于园区循环化改造 | 2012.2 | 财政部、发改委 |
| | 启动国家低碳省区和低碳城市第二批试点工作，确立了包括北京、上海、海南和石家庄等29个城市和省区作为试点 | 2012.11 | 发改委 |
| | 评选出8个首批绿色生态示范城区，并给予每个项目5000万至8000万元的补贴资金 | 2012.11 | 财政部、住建部 |
| | 《国家发展改革委关于组织开展循环经济示范城市（县）创建工作的通知》提出到2015年选择100个左右城市（区、县）开展国家循环经济示范城市（县）创建工作 | 2013.9 | 发改委 |
| | 公布第一批小城镇宜居小区示范名单，包括江苏省苏州市吴中区甪直镇龙潭苑、龙潭嘉苑小区，江苏省昆山市陆家镇蒋巷南苑小区等8个小区 | 2015.2 | 住建部 |
| | 启动2015年海绵城市建设试点城市评审工作，包括河北省迁安市、吉林省白城市、江苏省镇江市、浙江省嘉兴市等16座城市入选。中央财政对海绵城市建设试点给予专项资金补助，直辖市每年6亿元，省会城市每年5亿元，其他城市每年4亿元 | 2015.4 | 财政部、住建部、水利部 |
| | 确定了10个城市纳入2015年地下综合管廊试点范围。包括包头、沈阳、哈尔滨、苏州、厦门、十堰、长沙、海口、六盘水、白银。中央财政对地下综合管廊试点城市给予专项资金补助，直辖市每年5亿元，省会城市每年4亿元，其他城市每年3亿元 | 2015.8 | 财政部、住建部 |
| | 评审全国8个低碳城（镇）试点单位的实施方案，包括江苏镇江官塘新城、青岛中德生态园等 | 2015.12 | 发改委 |

| 类型 | 具体政策措施 | 时间 | 主导部门 |
|---|---|---|---|
| 技术规范 | 发布《绿色工业建筑评价导则》规范绿色工业建筑评价标识，指导绿色工业建筑的规划设计、施工验收和运行管理 | 2010.8 | 住建部 |
| | 发布《国家生态建设示范区管理规程》进一步规范国家生态建设示范区创建工作 | 2012.4 | 环保部 |
| | 发布《绿色保障性住房技术导则》提高保障性住房的建设质量和居住品质，规范绿色保障性住房的建设 | 2013.12 | 住建部 |
| | 印发《海绵城市建设绩效评价与考核办法（试行）》，明确海绵城市建设的定量评价和考核目标 | 2015.7 | 住建部 |
| | 发布《被动式超低能耗绿色建筑技术导则（试行）（居住建筑)》，指导被动式超低能耗建筑设计 | 2015.11 | 住建部 |
| | 发布《国家生态文明建设示范区管理规程（试行）》（草案），注重体系的完整性和环境质量改善的核心要求，强调分级管理、全过程管理和动态管理 | 2015.12 | 环保部 |
| | 发布《国家生态文明建设示范县、市指标（试行）》（草案），共设置了42项（示范县）、37项（示范市）建设指标 | 2015.12 | 环保部 |
| 组织保障 | 成立低碳生态城市建设领导小组，组织研究低碳生态城市的发展规划、政策建议、指标体系、示范技术等工作，引导国内低碳生态城市的健康发展 | 2011.1 | 住建部 |
| | 住建部、工业和信息化部共同成立绿色建材推广和应用协调组，以期通过研究解决绿色建材生产和应用中面临的问题，加快绿色建材产业发展，带动建材工业转型升级 | 2013.9 | 住建部、工信部 |

## 6.2 绿色生态城区理论

中国城市转型发展要从高能耗、高排放、高污染向低能耗、低排放、低污染转型；从褐色的工业文明向绿色的生态文明转型；从线性的发展模式向循环的发展模式转型；城乡空间从小汽车主导的无序蔓延、粗放、非均衡向公共交通、慢行交通主导的紧凑、有序、集约、均衡转型；实现产城融合，职住相对平衡[5]。随着绿色生态文明上升到国家的纲领和行动计划，针对绿色生态城市和城区的系统设计也初步建立，主要包括理念、目标、技术、标准、示范五大体系。

### 6.2.1　理念体系：引导绿色生态核心价值观

1971年，联合国教科文组织（UNUSCO）在"人与生物圈（MAB）"计划中首次提出了"生态城市"的概念，明确提出要从生态学的角度用综合生态方法来研究城市。生态城市是一个由自然物质环境和社会人文环境构成的复杂巨系统，是适宜人类工作、生活的聚居地，其发展目标是实现城市内经济、环境和社会的一体化和可持续发展。

对于生态城市，联合国曾经有6项定性的描述作为评价标准，包括有战略规划和生态学理论作指导、工业产品是绿色产品，提倡封闭式循环工艺系统、走有机农业的道路、居住区标准以提高人的寿命为原则、文化历史古迹要保护好，以及自然资源不能破坏，把自然引入城市等。

在中国，建设生态城市是实现城市让生活更美好和可持续发展的必由之路；是未来经济社会发展的一项重要任务，也是各级政府面前迫切需要研究的重大课题。总而言之，发展和建设生态城市是为了让生活更美好，剥离了"使生活更美好"这一主题，任何城市，包括低碳城市和生态城市，都将失去城市发展本身的意义[6]。

具体来说，虽然业界对于绿色城市、生态城市，或者低碳城市等名称尚存有一定争议，但其倡导的核心理念与价值观应该是一致的。普遍来讲包含以下三项：一是自然为本，强调尊重自然，保护环境，节约资源。在城市或城区的建设中要遵循低影响开发的理念，最大限度地避免对自然生态的人为扰动。二是多样循环，绿色生态城市或城区应该多元多样、循环利用，通过提高资源利用效率，减少污染物排放，将废弃物尽可能的循环再生利用，达到和谐共生的目的。三是美丽幸福，绿色生态城市或城区应以人为本，提升宜居环境品质，共同倡导绿色的行为和价值观，从而实现城市让生活更美好这一根本目标（图1-6-1）。

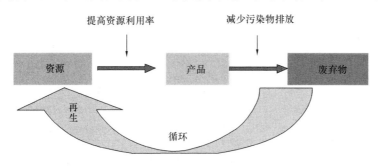

图1-6-1　共生循环的绿色生态城市原理示意图

### 6.2.2　目标体系：中外生态城市目标对比研究

现阶段，建设低碳生态城市正在成为当前世界城市的主流方向，以城市作为单元来实现节能减排应对气候变化的要求日益明确。世界范围来看，生态城市实践的主要内容大体相似。各城市具有独特性，生态城区建设规模、方式、路径各有侧重。

低碳生态城市规划作为各级政府指导和调控城市建设向低碳、生态化发展的基本手段，开始得到越来越多的关注。在中国也有越来越多的城市开始尝试这方面的规划建设实践。截至 2012 年 4 月，提出以"生态城市"或"低碳城市"等生态型的发展模式为城市发展目标的地级（含）以上的城市共有 280 个，占相关城市比例的 97.6%。

中国的绿色生态城市和城区建设与国外的绿色生态城市或城区相比，还有很大的不同，一方面中国还处在高速城镇化的发展阶段，而一些西方发达国家已经处在相对稳定的阶段，有条件关注更精细化的发展设计。从城市建设的规模来看，中国的城区大多尺度很大，大而全；而国外的建设量一般较小，是小而精。中国绿色生态发展策略更多是目标导向，以规划来指导建设，国外多为问题导向。中国的建设理念是理想主义，而国外更强调实用主义。中国的建设主体是政府主导、市场响应、市民有限参与，国外是政府倡导、市场推动、市民广泛参与。中国是自上而下规划引导，国外是突出重点强调实施，中国的城市建设多因人而异，模式相近、新城为主，国外更突出因地制宜，模式多样、新旧结合（表 1-6-2）。

**国内外生态城市建设对比表**  表 1-6-2

|  | 国 内 | 国 外 |
|---|---|---|
| 发展阶段 | 城镇化高速发展阶段 | 城镇化成熟稳定阶段 |
| 地域尺度 | 大而全 | 小而精 |
| 发展策略 | 目标导向 | 问题导向 |
| 建设理念 | 理想主义 | 实用主义 |
| 建设主体 | 政府主导、市场响应、市民有限参与 | 政府倡导、市场推动、市民广泛参与（NGO） |
| 建设手段 | 自上而下、规划引导 | 突出重点、强调实施 |
| 建设模式 | 因人而异、模式相近、新城为主 | 因地制宜、模式多样、新旧结合 |

考虑到中国目前城市和城区的建设阶段及发展水平，通过对比国外生态城市和城区的规划建设，可以借鉴先进的理念以及既有的经验，规避潜在的威胁和挑战。在定性的战略目标及定量的生态指标体系制定中，更能协调先进性和科学性，充分吸取新理念和新技术，同时因地制宜，体现地方特色，实现资源合理利用、环境质量良好、经济持续发展、社会和谐进步的可持续发展目标。

### 6.2.3 技术体系：从单一到集成化的绿色生态技术

随着绿色态城市实践越来越全面，由单一技术向集成协同过渡，城市规划也需要逐步向社会、经济、资源、环境的多维度、多层次和多学科的系统综合方向发展。一般来讲，绿色生态城市规划一般包含以下十个子系统的规划：紧凑混合的土地利用系统；高效便捷的交通系统；低耗清洁的能源系统；循环安全的水系统；减量再生的废弃物系统；和谐宜人的生态环境系统；幸福包容的省社区系统；综合集成的绿色建筑系统；智慧高效的信息系统；以及低碳安全的照明系统。根据实际情况还可以有绿色产业、历史文化等等城市系统。

除了城市规划的集成技术系统之外，绿色生态城市和城区也越来越多地将先进的理念和技术在具体建设实践过程中引入完善，具体包括绿色建筑的被动式技术、城市的生态微循环、提倡分布式可再生能源的微能源、绿色交通中以公共交通为导向的 TOD 开发、海绵城市技术中的低冲击开发，以及废弃物资源化利用的微降解与源分离和城市矿山技术、部分适宜城区可选取的垃圾分区真空管道收集技术、对城区的生态修复、可计量的环境模拟评估技术以及碳排查和碳审计技术等。

上述绿色生态规划和建设的新理念与新技术在整个城市规划建设的规划理念、规划前期、规划中期及规划后期与现行的城市规划体系紧密结合，越来越多的先行城区积极尝试将绿色生态的要求落入到法定规划的实施手段，成为城市规划管理的强效手段，提高绿色生态规划的实施度和操作性，形成集成化生态城市解决方案（图 1-6-2）。

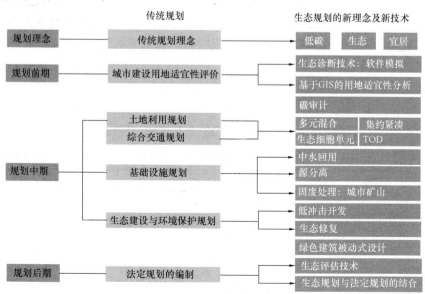

图 1-6-2 融入传统规划中的绿色生态规划新理念与新技术解决方案

### 6.2.4 标准体系：落实标准规范及建设评估指引

标准体系是绿色生态城区重要的理论基础，通过技术导则的规范引导，可以明确城区绿色生态规划建设的目标和方向，选取适当的技术方案，指导具体的开发建设，从而助推城市向绿色生态发展模式的转变。

国外在生态城区评价标准的研究已取得一定进展，目前比较成熟的评价标准体系主要包括美国的 LEED ND，英国的 BREEAM Communities 以及日本的 CASBEE UD。虽然三套评价标准各有侧重，但都是针对尺度和范围相对较小的生态社区，和我国目前较大尺度、功能充分复合的绿色生态城区的开发建设差距较大，在适用性上有一定折扣（表 1-6-3）。

国外生态社区评价标准对比表 表 1-6-3

| LEED ND | BREEAM Communities | CASBEE UD |
|---|---|---|
| 强调实效，条款中多是对具体指标的规定，达到了要求的量值即可得到相应的分数<br><br>LEED-ND 总计 110 分，在满足前提条件的基础上，达到 40 分可通过认证，以铂金、金、银和通过认证四个等级作为标签 | 侧重于过程，鼓励使用某项技术和采取某些技术措施<br><br>在满足强制性条件的基础上，将每一项的得到的分数计重加权得到一个新的分数再进行加和，计重加权的系数根据环境和地理位置由 BRE 明确给出。通过认证的项目按照杰出、优秀、很好、好和通过五个等级划分 | 从建筑性能和环境负荷两方面进行综合评价<br><br>CASBEE for Urban Development 以"建筑环境效益（BEE＝Q/L）"作为其主要评级指标，并明确划定建筑物环境效率综合评价的边界。建筑物环境质量与性能（Q）和建筑物的外部环境负荷（L） |

我国单体的绿色建筑评价标准体系已经较为成熟，但绿色生态城区作为复杂的集成系统，其评价标准虽然一直在积极探索但尚未进行较大规模的推广实施。原住建部副部长仇保兴在 2011 年提出新建绿色生态城区的六大门槛条件，包括拒绝高耗能、高排放的工业项目，紧凑混合的用地模式，绿色交通，可再生能源应用，非传统水源利用，生物多样性保护等。在此基础上，住建部提出 18 项具体的量化指标，成为指导及评价各类绿色生态城区的一般标准（表 1-6-4）。

住建部绿色生态城区考核指标表 表 1-6-4

| 序号 | 指标项 | 控制内容 | 指标赋值 |
|---|---|---|---|
| 1 | 拒绝高耗能、高排放的工业项目 | 有禁止三类工业具体政策<br>二类工业用地比例<br>工业用水重复利用率 | ≤30%<br>≥90% |
| 2 | 紧凑混合用地模式 | 新城建设用地人口密度<br>建成区毛容积率<br>职住平衡指数<br>平均通勤距离 | ≥1万人/平方公里<br>≥1.2<br>≥50%<br>≤3公里 |

| 序号 | 指标项 | 控制内容 | 指标赋值 |
|---|---|---|---|
| 3 | 绿色交通 | 绿色出行比例 | ≥65% |
| | | 路网密度合理，街区长度 | ≤180 米 |
| | | 方便自行车安全出行的三块板道路 | ≥60% |
| 4 | 节能规划 | 可再生能源占比 | ≥20% |
| 5 | 水资源 | 再生利用率 | ≥20% |
| | | 城市污水处理率 | 100% |
| | | 人均综合用水量 | 低于同类地区国家标准下限 |
| | | 绿色建筑比例 | ≥80%，其中公共建筑达到100% |
| 6 | 生物多样性 | 自然湿地等生态保育区净损失 | ≤10% |
| | | 本地植物指数 | ≥0.7 |
| | | 综合物种指数 | ≥0.5 |
| | | 绿化覆盖率 | ≥30% |

近年来，住建部又先后委托编制《绿色生态城区指标体系编制导则》及《绿色生态城区规划编制导则》，北京市也相继出台《北京市绿色生态示范区评价标准》及《北京市绿色生态示范区技术导则》，指导相关规划的编制及示范区的评选和实施评估。2015 年，由住建部批准，中国城市科学研究会主编的《绿色生态城区评价标准》出台征求意见稿，成为国家第一部绿色生态城区的评价标准。

《绿色生态城区评价标准》主要包含土地利用、生态环境、绿色建筑、资源与碳排放、绿色交通、信息化管理、产业与经济、人文、技术创新等九大领域，其中技术创新为统一设置的加分项，旨在鼓励绿色生态城区的技术创新和提高。其余八类指标分别对城区相应功能系统进行评价。每类指标均包括控制项和评分项。每类指标的评分项总分为 100 分。控制项的评定结果为满足或不满足。评分项的评定结果为根据条、款规定确定得分值或不得分。技术创新项的评定结果为某得分值或不得分。

绿色生态城区评价按总得分确定等级，其中总得分为各个专项领域的加权汇总得分。绿色生态城区分为一星级、二星级、三星级 3 个等级。3 个等级的绿色生态城区均应满足本标准所有控制项的要求。当绿色生态城区总得分分别达到 50 分、65 分、80 分时，绿色生态城区等级分别为一星级、二星级、三星级。

《绿色生态城区评价标准》中绿色生态城区的评价分为规划设计评价、实施运管评价两个阶段。既保证了规划阶段的目标导向，又在城区主要基础设施投入使用运行后对实施效果进行运营评估，反馈规划阶段的具体目标[7]。

### 6.2.5 示范体系：以点带面的规模化推广效应

开展示范试点，推广低碳生态低成本、适宜技术的做法，在探索阶段尤为重要。绿色生态城区的示范体系现在还在探索过程中，一些先行先试的案例已经卓有成效。例如深圳针对生态安全格局保护提出的基本生态控制线要求，云南呈贡新城对国外公共交通导向（TOD）开发模式理论的实践应用。还有广东省的绿道建设，一方面有利于生态系统的保留和连通，另一方面为慢行交通体系提供了优质的载体空间。

为了促进绿色生态城区通过试点与示范项目逐步向全国推开，在科学发展观、生态文明和新型城镇化等国家宏观战略的引导下，为积极响应国家及各部委的要求，省市各级地方政府相继出台了一系列政策措施，积极推动城市规划与建设向绿色、生态、低碳、集约的方向发展。其中，绿色建筑和绿色生态城区作为重要的切入点，具有广泛的实施操作性，成为相关政策和激励措施引导的重点。这些政策主要通过直接财政资金补贴、容积率奖励、减免税费、贷款利率优惠、资质评选和示范评优活动中优先或加分等措施来实现（表1-6-5）。激励政策及措施的引导切实地推动了多元化、多样性、可复制、可推广的绿色生态城区示范体系的发展。

部分地区绿色生态建设补贴奖励政策一览表　　　　　　　表1-6-5

| 地区 | 补贴及奖励政策内容 |
| --- | --- |
| 北京市 | 从2013年6月1日起，所有新建建筑采取绿色建筑标准。在中央奖励资金基础上，对绿色建筑标识项目按建筑面积给予奖励资金。奖励标准为二星级标识项目22.5元/平方米，三星级标识项目40元/m²。要求项目获得绿色建筑运营标识认证。对经申报取得北京市绿色生态示范区称号的城区给予基准为500万元的奖励资金。取得北京市绿色生态示范区称号即给予奖励资金300万元。项目开工建设规模达到30%后给予奖励资金200万元 |
| 上海市 | 对二星级以上绿色建筑每平方米最高补贴60元，单个项目最高补贴600万元，保障性住房项目最高可补贴1000万元。同时，依托虹桥商务区等8个低碳实践区和7个低碳新城建设推进绿色建筑 |
| 重庆市 | 取得重庆市绿色建筑竣工标识的工程项目，可向相关部门申请享受国家及有关税收优惠政策 |
| 江苏省 | 从2010年起，对于一星、二星、三星绿色建筑设计分别奖励15、25、35元/m²，对于获评的建筑节能和绿色建筑示范区给予不低于1000万元的补贴。2015年，江苏省开展第一批绿色生态城市评选，获评城市每个奖励5000万元 |
| 山东省 | 对一星级绿色建筑按15元/m²（建筑面积）、二星级30元/m²、三星级50元/m²的标准予以奖励。制定绿色生态示范城区财政奖励政策，对符合条件的绿色生态示范城区给予奖励，2013年及2015年的奖励标准为1000万元，2014年的奖励标准为2000万元。资金将统筹用于绿色生态规划和指标体系制定、绿色建筑评价标识和能效测评、绿色建筑技术研发和推广等 |
| 黑龙江省 | 支持金融机构对购买绿色住宅的消费者在购房贷款利率上给予适当优惠。在土地招拍挂出让规划条件中明确绿色建筑的建设用地比例。对取得绿色建筑标识项目的相关企业，在资质升级、优惠贷款等方面予以优先考虑或加分。在各类评优活动中，绿色建筑项目优先推荐、优先入选或适当加分 |

| 地区 | 补贴及奖励政策内容 |
|---|---|
| 湖南省 | 对取得绿色建筑评价标识的项目，在征收城市基础设施配套费中安排一部分奖励开发商或消费者；对其中的房地产开发项目另给予容积率奖励。对采用地源热泵系统的项目在水资源费征收时给予政策优惠。对因绿色建筑技术而增加的建筑面积，不纳入建筑容积率核算。对实施绿色建筑的相关企业，在企业资质年检、企业资质升级中给予优先考虑或加分 |
| 江西省 | 设立节能减排（建筑节能）专项引导资金（每个区域补贴1500万元），对一、二、三星级绿色建筑分别补贴15、25、35元/m² |
| 内蒙古自治区 | 对于一、二、三星级的绿色建筑，分别减免城市市政配套（150元/m²）的30%、70%、100% |
| 广东省 | 对绿色建筑、可再生能源建筑应用示范项目等予以专项资金补助，单个项目补助额最高200万元。对有重大示范意义的项目给予补助，其中二、三星级绿色建筑分别补贴25、45元/m² |
| 青海省 | 对一、二、三星级绿色建筑项目分别返还30%、50%、70%的城市配套费 |
| 苏州工业园区 | 对一、二、三星级绿色建筑分别奖励5万、20万、100万元；对LEED认证的项目，银奖、金奖、铂金奖分别奖励5万、10万、20万元；可再生能源技术应用给予最高不超过30万奖励 |
| 西安市 | 政府对一、二、三星级绿色建筑分别补贴5、10、20元/m²。对商品房住宅绿色建筑项目，补助奖励资金的30%兑付给建设单位或投资方，70%兑付给购房者 |
| 深圳市 | 市财政部门每年从市建筑节能发展资金中安排不少于3000万用于支持绿色建筑相关项目或活动。用太阳能等可再生能源占建筑能耗50%以上的绿色建筑项目，纳入广州市战略性新兴产业发展专项资金扶持范围，并享受相应的税收优惠 |
| 长沙市 | 对可再生能源建筑应用城市示范项目进行补贴：太阳能光热建筑一体化应用项目按集热器面积补助400元/m²；土壤源、污水源、水源热泵项目按建筑应用面积分别补助40、35、30元/m²；太阳能与地源热泵结合项目按应用建筑面积补助53元/m²；对采用合同能源管理模式的，在原补助标准基础上额外奖励5%。 |
| 南京市 | 对于建筑面积超过1万m²的二星级以上绿色建筑，给予一定容积率奖励。对于符合绿色建筑工程，享受新型墙体材料专项基金全额返退政策。对一般、重点可再生能源应用示范项目进行奖励：太阳能光热项目分别奖励15元/m²、20元/m²；土壤源热泵项目分别奖励50元/m²、70元/m²；地表源热泵项目，分别奖励35元/m²、50元/m² |

# 6.3 绿色生态城区实践

## 6.3.1 国家生态城区建设现状：全面开花，进展各异

住建部推进绿色生态城区分两个阶段：第一阶段在2011年前，通过国际合作及签订部省、部市合作协议的方式（深圳市、无锡市、河北省、上海市），推

进了中新天津生态城、唐山湾生态城12个生态城试点工作。

第二阶段结合生态城市试点情况，为规范工作提出《低碳生态试点城镇申报暂行办法》，推进低碳生态城市试点。2012年9月，住建部进一步加强对低碳生态试点城镇的支持力度，对低碳生态试点城镇和绿色生态城区工作进行了整合。并于2012年10月、11月先后批准了长沙梅溪湖新城、昆明呈贡新区、重庆悦来生态城、池州天堂湖生态城、贵阳中天未来方舟生态城五个新城区为绿色生态示范城区。2013年住建部继续先后两批批注了13个城区为绿色生态示范城区。2014年共有两批27个城区申请，目前待审批[8]（表1-6-6，表1-6-7）。

住建部与地方合作协议确定的低碳生态城试点名单　　　　　表1-6-6

| 合作方式 | 时　间 | 试点名称 |
|---|---|---|
| 住建部与天津市共建 | 2007.11 | 天津中新生态城 |
| 住建部批准设立 | 2009.11 | 合肥滨湖新区 |
| 住建部与深圳市共建 | 2010.1 | 深圳光明新区 |
| | 2010.1 | 深圳坪山新区 |
| 住建部与无锡市共建 | 2010.7 | 无锡太湖新城 |
| 住建部与河北省共建 | 2010.10 | 曹妃甸唐山湾新城 |
| | 2010.10 | 石家庄正定新区 |
| | 2010.10 | 秦皇岛北戴河新区 |
| | 2010.10 | 沧州黄骅新城 |
| | 2011.2 | 涿州生态宜居示范基地 |
| 住建部与上海市共建 | 2011.4 | 上海虹桥商务区 |
| | 2011.4 | 上海南桥新城 |

住建部审批的绿色生态示范城区名单　　　　　表1-6-7

| 审批情况 | 年份 | 绿色生态示范城区项目名称 | |
|---|---|---|---|
| 已批准 | 2012 | 重庆悦来生态城 | 长沙梅溪湖新城 |
| | | 昆明市呈贡新区 | 贵州中天未来方舟生态城 |
| | | 池州天堂湖新区 | |
| | 2013 第一批 | 涿州生态宜居示范基地 | 株洲云龙新城 |
| | | 南京河西新城 | 西安浐灞生态园 |
| | | 肇庆中央生态轴新城 | |
| | 2013 第二批 | 北京市长辛店生态区 | 天津市滨海新区南部新城 |
| | | 上海市虹桥商务区核心区 | 青岛德国生态园 |
| | | 南宁五象新区核心区生态城 | 上海市南桥新城 |
| | | 廊坊大厂潮白新城核心区 | 嘉兴市海盐滨海新城 |

| 审批情况 | 年份 | 绿色生态示范城区项目名称 | |
|---|---|---|---|
| 待审批 | 2014 第一批 | 廊坊市万庄新城 | 南浔城市新区 |
| | | 济源济东新区 | 乐清经济开发区 |
| | | 珠海市横琴新区 | 荆门市漳河新区 |
| | | 云浮西江新城 | 孝感市临空经济区 |
| | | 新余市袁河生态新城 | 钟祥市莫愁湖新区 |
| | | 昆山市花桥经济开发区 | 武汉四新新城 |
| | | 宁波市杭州湾新区中心湖地区 | 长沙大河西先导区洋湖生态新城 |
| | | 台州市仙居新区生态城 | |
| | 2014 第二批 | 北京未来科技城 | 江苏省常州市武进区 |
| | | 北京雁栖湖生态发展示范区 | 浙江省杭州市钱江经济开发区 |
| | | 北京中关村软件园 | 浙江省湖州市安吉科教文新区 |
| | | 吉林省白城市生态新区 | 安徽省铜陵市西湖新区 |
| | | 黑龙江省齐齐哈尔市南苑新城 | 四川省雅安市大兴绿色生态区 |
| | | 上海国际旅游度假区 | 湖北省宜昌市点军生态城 |

2012年4月，《关于加快推动我国绿色建筑发展的实施意见》提出为推进绿色建筑的规模化发展，鼓励城市新区按照绿色、生态、低碳理念进行规划，发展绿色生态城区，中央财政对经审核满足条件的绿色生态城区给予基准为5000万元的资金补助。2012年底，财政部、住建部在已获评试点的城区中批复中新天津生态、唐山市唐山湾生态城、无锡市太湖新城、长沙市梅溪湖新城、深圳市光明新区、重庆市悦来绿色生态城区、贵阳市中天未来方舟生态新区、昆明市呈贡新区8个项目成为全国首批绿色生态示范地区，授予每个项目5000万的补贴资金（图1-6-3）。

在上述政策及资金激励下，各地积极展开绿色生态城区及绿色建筑规模化建设实践。到目前为止，全国已有上百个名目繁多、种类不同、大小各异的绿色生态城区项目。将全国31个省、自治区和直辖市（不包括港澳台地区）作为检索范围，以"生态城"、"绿色新区"等为关键词进行网络检索，可检索到绿色生态新区项目共计139个。

以上述139个新区项目为分析对象，从空间分布情况看，这些新区主要集中环渤海、长三角、珠三角等沿海发达地区和湖南、湖北等中部城市群，一方面表明这些地区经济和政策环境为生态新区的发展提供了良好的土壤；另一方面也充分说明绿色、生态、低碳已成为新兴经济地区的战略发展方向。值得注意的是，近两年西北、西南等一些经济相对落后的地区也开始积极开展绿色生态实践探

| | | | |
|---|---|---|---|
| 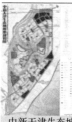<br>中新天津生态城 | • 国际合作，政府主导<br>• 盐碱地利用<br>• 新加坡的邻里单元理念的运用<br>• 选址位于自然条件较差、土壤盐渍化严重、水质型缺水的地区<br>• 以生态修复和保护为目标，建设自然环境与人工环境共熔共生的生态系统<br>• 以生态谷（生态廊道）、生态细胞（生态社区）构成城市基本构架<br>• 以城市直接饮用水为标志，在水质性缺水地区建立中水回用、雨水收集、水体修复为重点的生态循环水系统 | <br>唐山湾生态城 | • 国际合作，部市共建，政府主导<br>• 石油地的利用<br>• 体现"工业—城市—农业"区域经济大循环模式<br>• 选址位于渤海湾滨水带上<br>• 依水展开的城市空间，内湖-内海-外海的水面格局，三面环绿、四面环水的优美环境，流畅的水系和湿地的可持续发育<br>• 强调开发过程中公共空间、半公共空间、半私人空间和私人空间之间的平衡关系 |
| <br>无锡市太湖生态城 | • 部市共建，政府主导<br>• 滨湖生态要素丰富，生态修复<br>• 选址位于太湖滨水带上<br>• 以商务商贸、科教创意和休闲宜居为主要功能特色，是无锡市高端商务、金融机构、企业总部、专业服务机构的集聚区<br>• 具有面向湿地的城市活动和序列景观，及以广场为主体的开放空间体系 | <br>昆明市呈贡新区 | • 建设部试点，政府主导<br>• 以高密度路网、小尺度街区为核心理念的城市道路规划策略，及以TOD为导向的土地开发策略<br>• 新城市主义的低碳交通示范<br>• 选址位于滇池滨水带上，周边有山体地貌特征<br>• 面向西南、辐射东南亚的国际科教文化中心、国际金融商务中心、国际花卉交易中心、泛亚物流枢纽中心 |
| <br>重庆悦来生态城 | • 建设部试点，开发商主导<br>• 山地城市探索低碳生态技术<br>• 新城市主义<br>• 选址位于嘉陵江滨水带上，周边有山体地貌特征<br>• 以高品质居住为主，辅以商业服务、商务办公、科技研发、休闲游憩等城市功能的生态宜居社区<br>• 以TOD公共交通为导向的土地开发策略，以布局紧凑，适宜步行的社区空间为主要特色 | <br>深圳市光明新区 | • 部市共建，政府主导<br>• 综合管沟、低冲击开发、绿色道路、绿道建设，绿建先行典范<br>• 政策机制的保障<br>• 选址位于山体地质地貌带上<br>• 功能复合<br>• 引入综合发展用地、白地等土地开发理念，并对土地兼容的类别、比例、位置提出要求<br>• 在生态指标体系中附加建筑限高、建筑主体高度等空间形态控制要求 |
| <br>贵阳中天未来方舟生态城 | • 开发商主导<br>• 西南地区规模化推进绿色建筑示范<br>• 选址位于滨水带上，周边有山体地貌特征<br>• 以休闲度假、旅游商务、生态居住为主的新兴城市功能区<br>• 以能源、资源高效利用为主线，以绿色建筑为建筑主体，以步行、自行车、公交等绿色交通为交通主体，以TOD为导向的土地利用开发模式，以与自然亲善和谐为主题的生态环境开发 | <br>长沙市梅溪湖新城 | • 开发商主导<br>• 国内首个全面推进绿色学校和绿色教育体系建设的城区<br>• 选址位于梅溪湖滨水带上，周边有山体地貌特征<br>• 中部地区最具竞争力的国际化商务、会展、创新中心；山水城交融的生态宜居新城区<br>• "碳排放总量指标+平行生态规划指标"相结合的生态指标体系<br>• 建立国家级专项科研实验室，对建筑全过程进行能耗数据采集及分析平台建设 |

图 1-6-3　全国首批绿色生态示范区对比分析

索，将生态和环境优势作为城市发展的核心推动力，绿色生态发展不再是发达地区的专利。

从实践类型来看，主要分为择址新建的绿色生态城区、既有地区的绿色生态改造以及灾后重建的绿色生态城区。其中，绝大多数是在既有城区临近择址新建，这一类型的实践受到的现状约束性因素较少，可将绿色生态的理念及技术贯穿在规划、建设、运营整个过程中，全方位地开展建设活动，开发建设见效较快。但投入成本相对较高，人口、产业集聚难度大。相对于建设绿色生态新区，既有绿色生态城区改造的实践需要结合城市更新进行，相对见效缓慢，不易大规模地开展实践，因此除了上海、深圳、北京等少数土地供需矛盾突出的地区，这类实践活动在全国开展较少。但随着城镇化的进程，各级城市的增量发展空间会逐步减少，届时针对既有地区的绿色生态改造将成为主流，应在实践方法和适用技术等方面进行积极探索。

以上面的新建绿色生态城区为例，从建设规模来看，项目用地规模均较大，平均达到近 70km$^2$；平均人口规模超过 40 万，已达一个中等城市的规模；人均建设用地控制在 1km$^2$ 以内，满足相关规范要求和紧凑集约用地的发展原则。从分类统计来看，50km$^2$ 以上规模的新区项目占到近一半，多数为 2012 年以前经济发达地区规划建设的大规模新区；从 2012 年以后，20km$^2$ 以下规模的中小型新区项目明显增多，且中东西各区域均有覆盖，这显示出国家对于新区发展政策引导的积极作用，也体现出了各地方政府发展新区趋于务实和理性。

在开发模式上，目前我国绿色生态城区开发主要采取了政府主导、市场响应、社会有限参与的模式。从其开发主体来看，主要有国际合作、部市共建、城市政府主导和开发商主导四种类型。城市政府主导开发为政府设置管委会或成立城投公司通过招商引资、土地出让、规划建设管理等手段来主导规划建设。这一部分开发模式占到绿色生态新区的多数，部分城市已经建立了完善的新城建设实施方案和工作机制，但也存在一些新城开发仅冠以生态城的名字，但未采用真正的生态理念和技术措施来推动开发建设。开发商主导开发的绿色生态城区多数为生态旅游度假、休闲养生、高端居住类的房地产建设项目。此类项目通常规模较小，很多仅以绿色生态城作为噱头进行宣传和炒作，并不是真正意义的生态城，但其中也不乏部分有远见的开发主体有志于生态城开发建设，大力推动以绿色建筑、低碳社区为主的开发项目[9]。

### 6.3.2 地方绿色生态积极探索：北京市在行动

随着绿色生态发展理念的不断深入和相关政策的相继出台，已经有越来越多的省市开展了绿色生态城区推进的建设实践，江苏省从 2010 年开始，省级节能减排专项引导资金支持内容增加了建筑节能和绿色建筑示范区，鼓励区域的绿色技术集成实践，获评的建筑节能和绿色建筑示范区给予不低于 1000 万元的补贴。山东省从 2013 年开始启动省级绿色生态示范区的评定，2013～2015 年共获评 21 个示范城区，每个城区给予 1000 万～2000 万元的奖励资金。湖北省也从 2014 年起先后评选 14 个绿色生态示范区。先行的各个省市从顶层设计，政策引导方向推进着绿色生态由单体建筑向集中成片的示范区发展。

北京市作为首善之区，近年来也一直致力于对绿色建筑及绿色生态城区的建设的积极探索。自 2013 年制定《北京市绿色生态示范区评价标准》以来，已经于 2014、2015 先后两年评选出 6 个绿色生态示范区以及 4 个绿色生态试点区。下面以北京市为例，重点介绍典型城市通过绿色生态发展思路的延续和系统化的工作举措，在推进路径上，从绿色建筑示范项目到绿色生态示范区，由点到线、由线及面的逐步推进方针。

（1）标准先行：以获批的评价标准作为评审重要技术依据

由于绿色生态城区的规划建设还处在发展的初期阶段，北京市绿色生态示范区规划编制、实施与评价管理中还存在着标准缺失等问题。2013 年，经过明确工作内容和技术路线、确定指标体系和评价类别方式、试点评估等多个工作阶段，北京市规划委员会组织编制了《北京市绿色生态示范区评价标准》和《北京市绿色生态示范区规划技术导则》。通过对国内外相关标准的分析、北京市绿色生态示范试点区的技术要点的提炼，以及北京市在各个领域的现状及问题的挖掘探讨，建立起涵盖绿色生态示范区规划、建设、管理全生命周期的技术引导、监督核查与后期评估机制，以更有效地落实生态策略，总结经验教训。其中，《北京市绿色生态示范区评价标准》是 2014、2015 年北京市绿色生态示范区评价的重要技术依据。

（2）注重落实：多个环节评审综合现场考察强调落地实施

北京市绿色生态示范区评选原则上每年评审一次，评审工作由北京市规划委员会负责组织实施。北京市规划委员会确定的评审委员会按照资料初审、现场核查和专家评审三个环节，综合考虑城区代表性与示范意义、规划编制合理性及可行性、建设进度及资金落实情况、城区能力条件、机制创新程度等因素，择优确定纳入示范的城区。

1）资料初审：申报材料进行初审，符合申报条件的，列入评选范围；由评审委员会结合申报城区自评与评审委员会核查结果确定最终初审得分。

2）现场核查：评审委员会的专家就申报城区系统设计、组织管理、实施推进、特色创新等情况进行现场考察并打分；重点核查用地布局、生态环境、绿色交通、能源利用、水资源利用、绿色建筑等领域的规划建设和实施情况。

3）专家评审：评审委员会的专家通过审查资料、听取汇报、质询、讨论等程序为参选功能区打分；关注申报功能区因地制宜的绿色生态路径及特色和创新点。

与国家绿色生态城区评选相比，北京市增加了资料初审和现场考察环节，在资料初审环节，对照评价标准筛除不符合申报条件城区，对符合申报要求城区进行技术材料打分。在现场考察环节，对申报城区的是否实施或是否具备实施条件作出评判，对已有一定完成度和显现效果的城区适当鼓励。

（3）示范价值：强调北京特色，技术突破与机制创新并重

北京市绿色生态示范区的评选侧重对申报城区示范价值的考量，强调申报城

区在北京市具有示范意义，对同类型城区起到突出示范作用或在政策制定和机制创新上具有推广价值。

最终确定北京未来科技城、北京雁栖湖生态发展示范区、北京中关村软件园为首批北京市绿色生态示范区；北京中关村生命科学园、新首钢高端产业服务区、中关村翠湖科技园为第二批北京市绿色生态示范区。获选示范试区的共同特点包括有完善的绿色生态规划指标体系，倡导绿色建筑和绿色交通，充分利用可再生能源，并循环利用固体废弃物。示范试点城区在创新管理机制、智慧的城市运营系统及低碳生态技术集成方面均进行了有效探索，其经验可在全市甚至全国类似条件城区推广应用。

（4）经验推广：系统设计，扎实推进，持续深化完善

北京市绿色生态示范区工作从政策、标准、技术、管理等多领域全面推进，具有明确的技术标准作为引领，使全市各个功能区在规划建设工作中有章可循。本次绿色生态示范区评选中参评功能区类型多样，包括新建城区与既有城区，有中心城区的核心 CBD，也有远郊区县的生态发展区；既有单项功能为主的科技园区，也有复合功能形态的城市金融商务区（表 1-6-8）。参评功能区多具有完善、科学的顶层设计和指标体系，进行土地、交通、生态环境、资源能源等专项的系统规划，并通过机构设置、配套资金、管理政策等实现组织保障到位，有效扎实地推进实施工作。在规划管理中以绿色建筑为重点突破，强调具体生态指标与控制性详细规划及土地出让条件结合的落地途径，使绿色生态要求进入到法定规划的程序中。同时，部分功能区尚需注重低成本、适宜技术的应用，合理统筹建设时序，加强职住平衡的考虑，在以后的规划建设中持续深化和完善。

北京市绿色生态示范、试点区名单　　　　　　　　　　　表 1-6-8

| 生态城区 | 称号 | 类型 | 总面积 | 核心区面积 | 开工时间 |
|---|---|---|---|---|---|
| 中关村生命科学园<br> | 2015 年绿色生态示范区 | 旧城提升区 | 2.49km² | 一期：1.3km²<br>二期：1.19km² | 一期：2000 年<br>二期：2009 年 |
| 新首钢高端产业综合服务区<br> | 2015 年绿色生态示范区 | 城市更新区 | 8.63km² | — | 2013 年 |

| 生态城区 | 称号 | 类型 | 总面积 | 核心区面积 | 开工时间 |
|---|---|---|---|---|---|
| 中关村翠湖科技园 | 2015 年绿色生态示范区、2014 年绿色生态试点区 | 城市新建区 | 17.53km² | — | 2009 年 |
| 金融街 | 2015 年绿色生态试点区 | 旧城提升区 | 8km² | 2.59km² | 1992 年 |
| 未来科技城 | 2014 年绿色生态示范区 | 城市新建区 | 10km² | — | 2009 年 |
| 雁栖湖 | 2014 年绿色生态示范区 | 城市新建区 | 21km² | 建设面积 8.4km² | 2010 年 |
| 中关村软件园 | 2014 年绿色生态示范区 | 旧城提升区 | 2.6km² | 一期：1.39km² 二期：1.21km² | 一期：2000 年 二期：2011 年 |
| 密云生态商务区 | 2014 年绿色生态试点区 | 城市新建区 | 6.94km² | 2.81km² | 2012 年 |

| 生态城区 | 称号 | 类型 | 总面积 | 核心区面积 | 开工时间 |
|---|---|---|---|---|---|
| 丽泽金融商务区 | 2014年绿色生态试点区 | 城市新建区 | 8.09km² | 2.81km² | 2014年 |

### 6.3.3　绿色生态城区实践总结：成效与问题并存

从住房和城乡建设部调研组组织对获评绿色生态城区进行实地调研情况来看，这些绿色生态城区作为先行先试的实践案例，多数可以满足用地规模合理、土地利用集约和建设周期适宜的基本要求，在已有政策和规划的引导下，大多数已经开展了建设实践的探索，并初步取得了一定的成效，在城区选址、规划编制、机构保障、政策扶持起到了一定的示范作用。

**依托城市，精心选址**　多数绿色生态示范城区的选址均可做到结合城市整体空间拓展，处于城市的主要发展方向上，是城市近期重要开发地区，地理区位、交通条件以及自然本底较好、市场开发潜力大，具备较好的吸引人口集聚的潜力。

**统筹规划，引领发展**　各城区的规划均能按照低碳生态的理念进行编制，通过邀请国内外低碳生态城市、绿色建筑等方面的专业队伍，甚至开展国际咨询完成了城区总体规划、控制性详细规划、城市设计等，并把绿色建筑、可再生能源利用、绿色交通等指标作为控规内容来引导城区发展。

**专设机构，加强组织**　设置专门的组织机构是保障绿色生态城区能够长效、有序发展的重要因素之一。各城市政府为了加快建设绿色生态城区，均成立了相应的管委会，并引入城投公司或房地产公司进行土地的整理、投融资、一级开发，部分城区还通过跨区域合作或专门设置由城市政府主要领导领衔的低碳绿色推进办公室或领导小组，来保障绿色生态城区的有序、健康发展。

**政策扶持，加快推进**　除去贯彻执行国家绿色生态城区相关政策的基础上，各地方针对绿色生态城区的特点出台因地制宜的扶持政策和技术标准，在城市规划管理、土地指标、基础设施建设等方面，制定了相应的扶持政策和相关的技术标准，并动员各级政府和部门，在前期做好充分的可行性研究的基础上，分工负责，加强协调，强力推进绿色生态城区的规划建设。

**渐成规模，示范初显**　多数绿色生态城区或其核心建设区域的用地规模控制在3~10km²，因此相对较为容易形成具有示范效应的建设规模。各地绿色生态城区的规划建设已经普遍展开。各城区都能按照城市综合开发模式，开展规划编制、基础设施建设、环境整治和各类地产项目开发，同时加强低碳生态技术的应用，部分城区主要的河湖景观、城市干道已经形成，建筑量已具有相当规模[10]。

另一方面，尽管绿色生态城区是我国建设生态城市过程中提出的一个更为切合实际的发展目标，但由于宏观指导政策的缺失以及内涵理解上的不充分等原因，在规划建设的实际中依然存在着不少的误区与问题，阻碍了绿色生态城区的发展。

**产业基础薄弱，居民吸引不足** 绿色生态城区多数属于城市重点发展的地区，多数也都定位为城市副中心等，但从实际条件和产业类型而言，部分城区基础薄弱，未能形成有效的"产城融合"支撑，导致"空城"、"睡城"频现。如河北的唐山湾生态城，迫于宏观经济形势影响，产业战略规划基本落空，大量建设停滞，一度被媒体报道为"空城"。天津中新生态城虽然发展势头良好，绿色生态理念在建筑和基础设施建设中积极落实，但大部分并未投入使用，居民入住率较低。

**强调技术全面，缺乏适用分析** 生态城区建设多为系统工程，从规划初期即提出全面推进各个系统建设，在部分城区的实际建设中更是求大求全，缺乏对每项技术系统的适宜性分析，很多技术未考虑地区气候、经济等条件限制，未能体现因地制宜的针对性。如北京雁栖湖生态发展示范区提出13大方面，78项技术，99个示范项目，全面应用绿色生态先进技术。但部分技术成本过高，难以复制推广。考虑到雁栖湖定位为国际会都，将生态技术全面展示宣传有一定现实的示范意义，但其他城区尚需对生态目标及技术集成的设定做审慎分析。

**建设时序不明，低碳行为高碳化** 在绿色生态城区的建设实施过程中，往往缺乏对生态技术时序的设计，实际实施从目标制定的"适度超前"演变为"过度超前"，导致一些低碳的技术产生了高碳的效果。如中新天津生态城的能源资源处理中心，由于建设时序过早，在入住率不高的情况下可供资源化的垃圾、污水等废弃物数量有限，造成了巨大浪费。唐山湾生态城的垃圾真空气力收集系统也面临类似困境，导致无法正常运营。

**强调新建城区，忽视既有改造** 在中国快速城镇化的背景下，绿色生态城区的建设也不可避免地盲目关注大城市，忽视中小城市；过分强调新建城区，而忽视对既有城区的改造。一方面，新建城区多因基础设施配套不足，又缺乏足够产业支撑，造成土地资源的浪费，有潜在的"空城"可能；另一方面，既有城区也面临各种环境问题，亟需提升生态宜居品质。目前部分用地紧张城市，如北京、深圳等地已经开展既有城区提升的实践，如北京首钢工业区改造、中关村软件园生态提升等项目，符合减量、增效、精细化的生态发展趋势。

**规划技术先行，人文建设匮乏** 绿色生态城区的实现除了政府的引导，也需要市民百姓的积极参与，生活方式的转变。在目前的城区建设中，规划技术等硬件设施较为齐备，但对人文和社会的关怀还需进一步加强，真正实现"生态社区"的概念，使居民有共同的生活理念、价值观和归属感，践行低碳行为。广泛推行垃圾分类收集、社区拼车服务、跳蚤市场、绿色宣传等公众参与和人文建设内容。

## 6.4 绿色生态城区展望

### 6.4.1 绿色发展是一个系统工程，具有复杂性和艰巨性等特征

在我国快速城镇化进程中，加快推进绿色生态城区示范工作有助于促进城市转型发展，提高我国城镇化质量的重要手段，具有重大现实意义。但绿色生态城区是一项复杂的系统工程，绿色发展既是一个目标，也是一个过程，目前仍处于起步阶段，未来还需要多部门、多方面的分工协作，开展大量的扶持和引导工作来协同推进。

由于我国城市之间存在发展阶段、地域特征、经济水平等多方面的差异，决定了我国城市走低碳生态发展之路的多样性。而就城市的生态本底而言，中国地形复杂，国土辽阔，不同地理区域具有不同的地质情况、气候条件和资源禀赋等，绿色生态规划应当以复合生态理论支撑，依据不同城市的生态本底诊断结果制定不同的规划导则及发展原则，实现不同的发展模式，体现因地制宜的原则。

### 6.4.2 绿色发展向精细化、本地化、超前性、可操作性过渡

我国已经从城镇化初期进入中后期阶段，一方面，我国大城市的城市空间格局和基本框架经过 30 年快速城镇化的发展和规划建设已经基本定型，大型基础设施也已基本建成或已做出规划；另一方面，城镇化初期大拆大建的弊端已经充分显现，成为资源能源浪费的重要原因。一些低碳生态城市规划盲目关注大城市，忽视中小城镇，或者盲目关注新城开发，忽视建成区的生态改造，是与整个时代及城市化背景相悖的。

由我国城镇化中后期特殊时期的国情决定，绿色发展作为城市转型的出发点也面临经济增速及建设速度放缓的新常态，在此基础上，绿色生态城区的建设应分别从老旧城区改造、新城区发展和绿色建筑单体推进等多个层面，多类型的协同推进，注重精细化设计，体现本地化原则，适当应用超前性，可操作性技术侧路。对于中小尺度地区低碳生态规划及建成区的低碳生态化改造是当前中国进行绿色生态城市规划建设的重中之重，也是未来绿色生态城区实践的发展趋势。

### 6.4.3 绿色发展理念重于技术、机制重于目标、标准重于样板

中国是世界上生态城区建设数量最多、建设规模最大、发展速度最快的国家之一。未来中国仍将是全球生态城建设的核心区域，而中国的绿色生态城区建设经验将推动世界生态城市的发展，目前看来绿色生态的管理和保障机制仍滞后于城市建设的快速发展，也是导致当前中国绿色生态城区实施乏力，操作性不佳的重要原因。树立绿色生态城区的强效保障机制，制定有序发展的绿色生态城区标准规范是在目标确定，示范试点推广基础上的重中之重。

绿色发展最重要的是落实自下而上的绿色生态理念，切勿盲目追求高成本的技术堆砌，绿色生态理念除了贯彻于各项建设中，还应将其逐步引导到居民日常的生活方式中，以此来逐步调整城市的生产结构和消费结构，从根本上改变城市旧有的粗放发展模式。还要转变生产生活方式，树立简约健康的生活观，确定适宜的建设开发定位。倡导绿色生态理念需要政府、企业、公众的共同参与，也是全面推行绿色生态城区的基础[11]。

### 6.4.4 绿色发展需要适时评估，以免得不偿失、事与愿违

绿色生态城区的规划体系和评价标准已在实践探索过程中取得了一定的成效，但对于后评估机制和体系的建立尚显不足。发展过程中有必要通过建立和完善实施考核，引入高新技术手段来辅助规划管理，加强对绿色生态城区规划建设情况的年度动态跟踪、指导和监督，及时发现其中的问题，并进行评估评价和总结推广。除此之外，还应做到充分发挥公共参与的力量，加强绿色生态城区规划和建设的监督和落实。

各地应在进行规划建设的同时注意总结梳理实践过程中的经验和不足，及时发现和纠正出现的问题，并将成熟、适宜的低碳绿色技术进行推广应用，以期更好地促进我国城市的转型发展。通过构建完善的政策体系，引导绿色生态城区在规划、建设、管理的各个环节实现发展目标的统一和相关配套措施的协同推进；同时建立信息公开制度，适时评估绿色生态城市发展需要，以监测反馈绿色发展的目标制定及技术应用，避免陷入事与愿违的误区。

作者：李迅[1]　李冰[2]（1. 中国城市规划设计研究院；2. 中成深科生态技术中心）

**参考文献**

[1] 巴黎气候大会中国承诺. 中国社会科学网 http：//ex. cssn. cn
[2] "国家新型城镇化规划（2014—2020 年）". 中央政府门户网站 www. gov. cn
[3] "国民经济和社会发展第十三个五年规划的建议"，中央政府门户网站 www. gov. cn

［4］ 《中央城市工作会议》. 新华网 http：//news. xinhuanet. com

［5］ 李迅. 生态文明与城市转型//中国城市规划设计研究院三十周年系列讲座与主题笔谈《城事论道》，2014.

［6］ 仇保兴. 我国低碳生态城市建设的形势与任务[J]. 城市规划，2012(12).

［7］ 中国城市科学研究会. "绿色生态城区评价标准(征求意见稿)"，2015.

［8］ 陈志端，李冰. 中国城市规划发展报告 2013-2014[M]. 中国建筑工业出版社，2014.

［9］ 李海龙. 中国生态城建设的现状特征与发展态势——中国百个生态城调查分析[J]. 城市发展研究，2012，19(08)：1-8

［10］ 刘琰. 我国绿色生态城区的发展现状与特征. 建设科技. 2013.31-35

［11］ 中国城市科学研究会. 中国低碳生态城市发展报告 2014[M]. 中国建筑工业出版社，2014.

# 7 建筑室内 PM₂.₅污染现状、控制技术与标准

# 7 The current situation，control technologies and standards of indoor PM₂.₅ pollution

近年来，我国大部分地区雾霾天气频发，大气颗粒物污染严重，引起了科研工作者和公众的广泛关注。2015 年入冬以来，沈阳、北京、长春等城市空气质量多次达到严重污染程度，北京市空气重污染应急指挥部在 2015 年 12 月就发布了 2 次（7 日和 18 日）空气重污染红色预警指令。细颗粒物（PM₂.₅）能够突破鼻腔，深入肺部，甚至渗透进入血液，如果长期暴露在 PM₂.₅污染的环境中，会对人体健康造成伤害，并可能诱发整个人体范围的疾病[1-4]。人们大部分时间都是在室内度过的，所以室内环境 PM₂.₅的相关问题引起了研究人员的重视。国内外很多学者展开了大量的室内外 PM₂.₅相关性的研究[5-7]，随着研究的深入，发现无论室内是否存在污染源（吸烟、烹调等），室内仍有 55%～75% 的 PM₂.₅来自室外[8-10]。室内环境质量是现代建筑的组成要素之一，而室内空气品质是室内环境质量的重要内容[11]。在当前我国雾霾严重的形势下，针对性地采取措施控制室内 PM₂.₅污染，尽可能降低室内 PM₂.₅对人体健康造成的危害，是目前亟需研究和解决的问题。

国家标准《绿色建筑评价标准》GB/T 50378—2014 第 8.1.7 条和 11.2.7 条规定了室内空气中主要污染物浓度不高于现行国家标准《室内空气质量标准》GB/T 18883 中规定的限值，但由于现行国家标准《室内空气质量标准》GB/T 18883 为 2002 年发布，时间较早，尚未规定 PM₂.₅的浓度限值。为鼓励绿色建筑中采取有效的措施控制室内 PM₂.₅浓度，国家标准《绿色建筑评价标准》GB/T 50378—2014 在提高与创新章节的第 11.2.6 条规定"对主要功能房间采取有效的空气处理措施"。该条条文说明中指出，"空气处理措施包括在空气处理机组中设置中效过滤段、在主要功能房间设置空气净化装置等"。可见，作为室内空气品质中的重要构成，建筑室内 PM₂.₅控制不仅越来越受到关注和重视，而且也成了绿色建筑中的重要组成要素。

# 7.1 建筑室内 PM₂.₅污染来源

建筑室内 PM₂.₅的来源可以分为两大类,一是室内 PM₂.₅污染源的释放,二是室外 PM₂.₅污染向室内环境的传输,两者的共同作用决定了室内空气环境中 PM₂.₅的浓度和组成。图 1-7-1 为建筑室内 PM₂.₅的主要来源,其中室内源主要包括人员活动、燃烧、烹饪、设备运行等,室外源主要包括围护结构缝隙穿透、建筑通风和人员携带等。

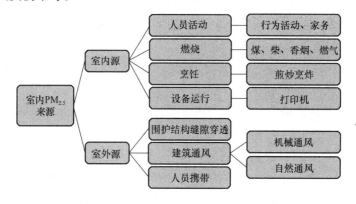

图 1-7-1　建筑室内 PM₂.₅来源

### 7.1.1 室内源

(1) 人员活动

1) 行为活动

人员活动与室内 PM₂.₅的产生和传播密切相关,可能会导致室内 PM₂.₅颗粒物浓度瞬间增加数倍。人员活动产生颗粒物的数量取决于室内的人数、活动类型、活动强度以及地面特性。人的生理活动,如皮肤代谢、咳嗽、打喷嚏、吐痰、说话以及行走都可能产生颗粒物质。

2) 家务活动

家务活动会引起室内 PM₂.₅的二次悬浮,其特点是持续时间短,但是能够导致室内颗粒物浓度瞬间增加数倍[9]。研究显示,普通扫地时 PM₂.₅的发生率为 50μg/min,使用吸尘器时 PM₂.₅的发生率为 70μg/min,掸掉衣物上的灰尘导致的 PM₂.₅的发生率为 90μg/min,折叠衣物会引起颗粒的二次悬浮,PM₂.₅的发生率为 150μg/min[12]。

(2) 燃烧

1) 燃料燃烧

75

室内 $PM_{2.5}$ 的主要污染源之一是暖器、壁炉、火炉、炊事等的燃料燃烧过程，在农村地区尤为明显。木炭燃烧产生的颗粒物不少于 $2.1g/kg$，有的甚至多达 $20g/kg^{[13]}$。以蜂窝煤为燃料取暖时，室内 $PM_{2.5}$ 浓度可达到 $200\mu g/m^3$；以液化气为燃料的住户室内空气中的 $PM_{2.5}$ 浓度为 $71\mu g/m^3$；以木材为燃料的家庭其室内 $PM_{2.5}$ 浓度可达 $212\mu g/m^{3[14]}$。

2）香烟燃烧

香烟释放的烟雾是室内环境中 $PM_{2.5}$ 的主要来源，吸烟所产生的颗粒物大部分都小于 $2.5\mu m^{[15]}$。在有吸烟者的家庭中，香烟烟雾粒子可占室内 $PM_{2.5}$ 的 $54\%^{[16]}$，吸烟家庭室内 $PM_{2.5}$ 浓度可达到室外 $PM_{2.5}$ 浓度的 $180\%^{[17]}$。

3）熏香燃烧

熏香在燃烧过程中会产生多种污染物，特别是多环芳香烃、碳氧化物和颗粒物。不同类型熏香的颗粒发生率差异很大，不同熏香的 $PM_{2.5}$ 计重发生率的变化范围是 $9.8\sim2160mg/h^{[18]}$。

（3）烹饪

烹饪时除所用燃料燃烧引起室内空气中 $PM_{2.5}$ 浓度的增加外，烹饪方式（煎、炒、烹、炸等）也影响着室内 $PM_{2.5}$ 的浓度。烹饪可以使室内 $PM_{2.5}$ 的浓度大幅增加，特别是油炸和烧烤过程使 $PM_{2.5}$ 浓度增加最多[19,20]。

（4）设备运行

打印机和复印件等办公设备的运行和使用也是室内 $PM_{2.5}$ 的主要来源[21]。

### 7.1.2 室外源

虽然 $PM_{2.5}$ 室内源对建筑室内 $PM_{2.5}$ 浓度有很大影响，但是室外环境中的 $PM_{2.5}$ 对室内 $PM_{2.5}$ 浓度的影响更大[8-10]。室外 $PM_{2.5}$ 进入室内的主要途径为空调新风系统[22,23]、自然通风[24,25]、围护结构缝隙穿透[26]以及人员携带（附着于衣物）等[27]。研究显示，对没有空调器的住宅，室外空气中 $PM_{2.5}$ 对建筑围护结构的平均渗透率达 $70\%$；而对有空调器的住宅，平均渗透率也有 $30\%$；对于没有明显室内污染源的住宅，$75\%$ 的 $PM_{2.5}$ 来自室外；对于有明显室内污染源（吸烟、烹饪）的住宅，室内 $PM_{2.5}$ 中仍然有 $55\%\sim60\%$ 来自室外[9]。

因此，当室外为雾霾天气时，必然会对室内空气质量带来不利影响。特别地，当建筑物位于工厂、建筑工地附近或交通繁忙的主干线两侧时，因工业气体排放、扬尘或尾气等明显增加了局部大气中的 $PM_{2.5}$ 浓度，使得相邻建筑物室内 $PM_{2.5}$ 浓度会高于其他地区室内 $PM_{2.5}$ 浓度。此外，气象条件、建筑布局、城市空间形态等均影响着大气 $PM_{2.5}$ 的浓度分布[28-30]，所以同一时刻室外 $PM_{2.5}$ 对室内的影响是有区别的。

## 7.2　我国建筑室内 PM$_{2.5}$污染现状

目前，对建筑室内 PM$_{2.5}$的研究逐渐受到科研工作者的高度关注，但是由于我国对 PM$_{2.5}$的研究起步较晚，所以关于室内 PM$_{2.5}$污染现状的报道还不多。通过梳理 2013 年以来的文献报道，汇总了我国不同城市建筑室内的 PM$_{2.5}$污染情况（表 1-7-1），涵盖了办公建筑、商店建筑、教育建筑和餐厅建筑等。

**2013 年以来文献报道的我国建筑室内 PM$_{2.5}$浓度情况**　　　　表 1-7-1

| 建筑类型 | 地点 | 测试条件 | 测试期间室内外 PM$_{2.5}$浓度均值（范围） | | 室内超标[b]比例/% | 参考文献 |
|---|---|---|---|---|---|---|
| | | | 室内/（$\mu g/m^3$） | 室外[a]/（$\mu g/m^3$） | | |
| 公共场所 | 重庆 | 正常营业 | 211（68～468） | 198（85～402） | — | [31] |
| 办公 | 北京 | 11 楼，无人办公 | 夏季 49<br>冬季 134 | 夏季 104<br>冬季 230 | 27（夏）<br>54（冬） | [32] |
| 办公 | 北京 | 无吸烟，门窗基本关闭 | 85.3（5.91～367） | 124（10.20～710） | 39.5 | [33] |
| 办公 | 北京 | 无人办公，门窗关闭，无空调 | 测点（1）44.38<br>测点（2）26.80 | 测点（1）87.47<br>测点（2）101.05 | — | [34] |
| 办公 | 上海 | 10 楼多个房间，无人办公 | 51（24～105）[c] | 59（35～89） | 0[d] | [35] |
| 办公 | 上海 | 10 楼多个房间，正常办公 | 142（1～649）[c] | 113（108～120） | 52.38[d] | [35] |
| 办公 | 济南 | 10 楼办公室 | 82（5～413） | 105（26～443） | 53.6 | [36] |
| 办公 | 南昌 | 正常营业 | 103.13（27.25～138.84） | 94.95（28.87～161.54） | — | [37] |
| 商场 | 北京 | 正常营业 | 47（9～253） | | — | [38] |
| 商场 | 西安 | 正常营业 | 224（140～252） | 264（235～277） | 71[e] | [39] |
| 餐饮 | 北京 | 正常营业 | 36（12～349） | | | [33] |
| 餐厅 | 南昌 | 正常营业 | 164（38.03～492.73） | 92.09（43.8～196.25） | | [37] |
| 卫生机构 | 南昌 | 正常营业 | 72.55（39.45～258.92） | 77.61（37.17～158.64） | | [37] |
| 学校 | 南昌 | 正常营业 | 63.46（27.72～133.83） | 64.05（33.2～116.4） | | [37] |
| 学校 | 北京 | 无吸烟，门窗基本关闭 | 85.6（2.73～383） | 124（10.20～710） | 41.2 | [33] |
| 教室 | 武汉 | — | 86（83～99）[c] | | | [40] |
| 电子阅览室 | 武汉 | 正常开放 | 92.2（84～108）[c] | | | [40] |

| 建筑类型 | 地点 | 测试条件 | 测试期间室内外 PM$_{2.5}$ 浓度均值（范围） | | 室内超标[b] | 参考文献 |
| --- | --- | --- | --- | --- | --- | --- |
| | | | 室内/（$\mu g/m^3$） | 室外[a]/（$\mu g/m^3$） | 比例/% | |
| 实验室 | 武汉 | — | 83.6（68～100）[c] | — | — | [39] |
| 宿舍 | 武汉 | 正常作息 | 105（84～152）[c] | — | — | [40] |
| 宿舍 | 西安 | 正常作息 | 75.86（68.1～111.5）[c] | 111.7（92.3～154.8）[c] | — | [41] |
| 宾馆 | 北京 | 正常营业 | 70（4～292） | — | — | [38] |
| 住宅 | 北京 | 无吸烟，门窗基本关闭 | 85.5（3.82～338） | 124（10.20～710） | 42.7 | [33] |
| 住宅 | 南京 | 正常作息 | 80（36～292） | 85（42～155） | — | [42] |
| 住宅 | 贵州 | 农村燃煤住宅 | 201.60[c] | 166.65 | | [43] |
| 住宅 | 贵州 | 农村燃柴住宅 | 104.95[c] | 98.79 | | [43] |

注：（a）室内 PM$_{2.5}$ 浓度结果对应的室外 PM$_{2.5}$ 浓度。

（b）"超标"是指室内 PM$_{2.5}$ 浓度大于某浓度值的比例。未特别标注时"超标"的指标浓度为 75$\mu g/m^3$。

（c）取原文多组数值平均值作为均值；多组数值中最小值和最大值作为范围值。

（d）"超标"的指标浓度为 105$\mu g/m^3$。

（e）"超标"的指标浓度为 65$\mu g/m^3$。

表格中"—"代表原文中无此项内容描述。

由表 1-7-1 可知，不同建筑类型、不同城市的室内均存在不同程度的 PM$_{2.5}$ 污染，低时可低于 10$\mu g/m^3$，高时可超过 500$\mu g/m^3$。影响室内 PM$_{2.5}$ 浓度的原因之一是室内的人员活动，测试表明，商场室内颗粒物浓度下午高于上午，其主要原因是商场室内下午人流量比上午大[39]；另外，人员吸烟、打印机等办公设备的使用，也是影响建筑室内 PM$_{2.5}$ 浓度的重要原因。不同的烹饪方式会导致不同的 PM$_{2.5}$ 浓度[44]，火锅或烧烤等餐厨联通的餐饮场所室内 PM$_{2.5}$ 浓度也会比餐厨分开的餐饮场所高[38]。

除上述人为影响外，室外 PM$_{2.5}$ 的污染情况也影响着室内 PM$_{2.5}$ 的浓度。文献 [38] 研究表明，雾霾天气室内 PM$_{2.5}$ 平均浓度比非雾霾天气高 2.5 倍；邻近交通干道的商场室内 PM$_{2.5}$ 浓度是非干道（步行街）的 2.4 倍。图 1-7-2 是对北京两栋办公建筑的无人办公室室内外 PM$_{2.5}$ 进行连续 1 个月的监测结果，图 1-7-2 中测点 1 和测点 2 分别代表两处办公建筑，且测点 1 的外窗气密性低于测点 2，图 1-7-3 为这 2 个测点所代表的不同气密性外窗对室外 PM$_{2.5}$ 的阻隔作用[34]。从图 1-7-2 可见，室内外的 PM$_{2.5}$ 变化趋势相似，即室内 PM$_{2.5}$ 随着室外 PM$_{2.5}$ 浓度的升高而增大，反之亦然；气密性相对较差的测点 1，室内 PM$_{2.5}$ 浓度受室外条件影响较大，表现为当室外 PM$_{2.5}$ 浓度上升时，室内 PM$_{2.5}$ 浓度也会随之大幅上升；而气密性相对较好的测点 2，室内 PM$_{2.5}$ 浓度受室外影响相对较小，表现为室内 PM$_{2.5}$ 浓度随室外 PM$_{2.5}$ 浓度的变化幅度相对较小。由图 1-7-3 可知，当室外 PM$_{2.5}$ 浓度相同时，测点 1 的室内 PM$_{2.5}$ 浓度大于测点 2，即气密性较低的外窗对室外 PM$_{2.5}$ 的阻隔作用弱；若达到相同的室内 PM$_{2.5}$ 浓度限值时，气密性好的外窗能够承受更为严重的污染。

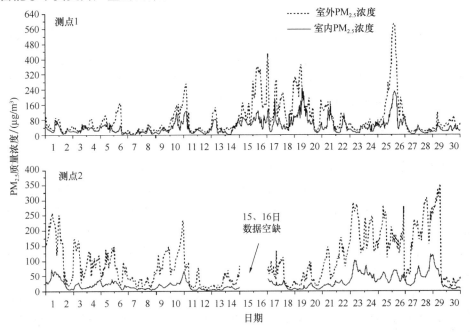

图 1-7-2　北京办公建筑室内外 PM$_{2.5}$ 监测曲线

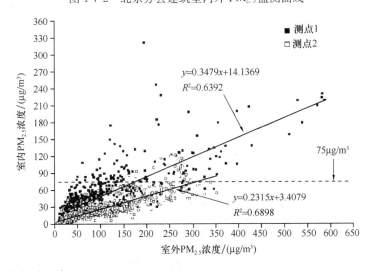

图 1-7-3　外窗对 PM$_{2.5}$ 的阻隔性能

因测试时的室外 PM$_{2.5}$ 污染程度、室内人员数量及活动、房间功能等各不相同，所以测试值仅代表测试时的室内 $PM_{2.5}$ 浓度情况。但从我国建筑室内 $PM_{2.5}$ 污染情况来看，我国各类建筑室内 $PM_{2.5}$ 浓度均偏高，且受室外 $PM_{2.5}$ 条件影响明显。

# 7.3 建筑室内 $PM_{2.5}$ 控制技术

随着生活水平提高，人们更加注重高标准的人居环境，对于绿色建筑，良好的室内空气品质是其必要条件，为保证建筑室内维持较低 $PM_{2.5}$ 浓度水平，需要采取必要的控制措施。根据室内 $PM_{2.5}$ 的来源，可将建筑室内 $PM_{2.5}$ 控制措施分为两类：一类是主动控制措施；另一类是被动控制措施。

### 7.3.1 主动控制

不同的建筑类型和功能空间，具有不同的主动控制方式。对于具有集中通风空调系统的建筑，如办公建筑、商店建筑等，在通风空调系统中设置空气过滤器是降低室内 $PM_{2.5}$ 浓度的主要技术措施；对于住宅等无集中通风系统的建筑，可采用空气净化器降低室内 $PM_{2.5}$ 浓度；对于建筑的餐饮区域，控制厨房油烟在建筑内的扩散和净化后排放是关键。限于篇幅，本节重点论述具有集中通风空调系统建筑的室内 $PM_{2.5}$ 控制。

在通风空调系统 $PM_{2.5}$ 控制设计上，设计参数和设计方法是室内 $PM_{2.5}$ 控制效果的关键。然而，目前我国尚未有建筑室内 $PM_{2.5}$ 控制方法的相关标准和规范，导致室内 $PM_{2.5}$ 控制方法尤其是设计方法不统一，控制效果良莠不齐。由中国建筑科学研究院承担的"十二五"国家科技支撑计划课题"建筑室内颗粒物污染及其复合污染控制关键技术研究（2012BAJ02B02）"（简称"课题组"）对建筑室内 $PM_{2.5}$ 控制技术进行了系统的研究，提出了 $PM_{2.5}$ 室外设计参数确定方法和建筑室内 $PM_{2.5}$ 控制设计方法。

（1） $PM_{2.5}$ 室外设计浓度确定

在进行室内 $PM_{2.5}$ 污染控制时，首先应确定 $PM_{2.5}$ 室外设计浓度，但目前该浓度的确定没有统一标准或方法，也缺乏相关设计指南，这是空气过滤器设计选型环节中需要解决的问题。目前，针对 $PM_{2.5}$ 的空气过滤器设计选型的报道多为研究性文章，给出的 $PM_{2.5}$ 室外计算浓度均为试算值，如年均值、最不利工况值等。在实际应用中，选择最不利工况值，会导致空气过滤器"选型大"，既不经济也可能会增加风机能耗；选择年均值，全年大部分天数室内 $PM_{2.5}$ 浓度超过设计要求[45]。

课题组提出了基于保证率和不保证天数的两种 $PM_{2.5}$ 室外设计浓度的确定方法，供设计选用[45]。这两种方法在一定程度上规范了 $PM_{2.5}$ 室外设计浓度的确定。但由于我国对 $PM_{2.5}$ 的监测起步较晚，可用数据少，在积累一定数据后需对这两种方法给出的 PM$_{2.5}$室外设计浓度值进行更新。

（3）设计方法

对于建筑室内 PM$_{2.5}$污染控制的设计，目前还没有统一的计算方法。一般是根据质量平衡方程建立计算式，但对于设计人员，这种计算方法复杂，所需的参数不易获得。为解决上述问题，课题组研究并提出了符合设计习惯的建筑室内PM$_{2.5}$控制设计计算方法。该方法将单位时间内室内的 PM$_{2.5}$获得量定义为 PM$_{2.5}$负荷，建立了以室内 PM$_{2.5}$负荷等于空气处理设备的 PM$_{2.5}$去除能力为基础理论的平衡方程，将 PM$_{2.5}$污染控制设计计算分成 PM$_{2.5}$负荷计算和 PM$_{2.5}$空气处理设备去除能力计算两部分。其中，建筑 PM$_{2.5}$负荷由三部分构成，分别为：随渗透风进入室内的 PM$_{2.5}$渗透负荷，随新风进入室内的 PM$_{2.5}$新风负荷，以及室内污染源负荷。

### 7.3.2　被动控制

在建筑室内 PM$_{2.5}$控制设计时要考虑随渗透风进入室内的 PM$_{2.5}$渗透负荷，如果通过技术措施使其减小，不仅在一定程度上可以降低空气过滤器的消耗，而且在没有通风空调的建筑中，也可以减少室外 PM$_{2.5}$向室内的穿透。行业标准《民用建筑绿色设计规范》JGJ/T 229－2010 中规定"绿色设计方案的确定宜优先采用被动设计策略"，在建筑室内 PM$_{2.5}$控制方面，也可以采取相关的被动控制措施[34]，降低雾霾天气时室外 PM$_{2.5}$向室内的穿透。

（1）合理提高外窗气密性

以往对外窗气密性的要求主要是从节能的角度提出的，但室外 PM$_{2.5}$可以随着渗透风进入室内，而外窗气密性影响着渗透风量。所以从建筑室内 PM$_{2.5}$控制的角度来看，外窗气密性在降低室内 PM$_{2.5}$浓度上也同样发挥着重要作用。因此，无论新建建筑还是既有建筑改造，为减少室外 PM$_{2.5}$通过外窗缝隙进入室内，可根据当地 PM$_{2.5}$污染情况，合理选择高气密性的外窗。

（2）保证外窗密封条安装质量

外窗的气密性不仅与密封条性能和安装形式有关，还与密封条的安装质量有关。在外窗密封条安装时，需要注意密封条接头处粘合严密。

（3）加强墙体预留孔口密封

现代建筑对施工质量有严格要求，除预留孔口外，墙体几乎不会产生明显的裂缝或孔洞。因此，要加强墙体预留孔口处的密封，例如穿墙预埋件、窗框与外窗洞口间的缝隙、分体空调或抽油烟机与室外连接的管路孔洞、户式燃气炉穿墙或穿窗的烟囱洞口、建筑中的新风口及排风口等。

（4）定期维护

上述被动式措施并不是一劳永逸的。当外窗使用较长时间后，密封胶条会存在老化破损的情况，同样会降低外窗的气密性；随着使用时间增加或管路振动，孔口处的密封也可能出现老化或漏损。所以应对建筑围护结构，特别是密封胶条、孔口密封处进行定期检查，发现问题及时处理，这样才能长久有效地减少室外 $PM_{2.5}$ 通过围护结构缝隙穿透进入室内。

# 7.4  国内外相关标准规范

### 7.4.1  环境 $PM_{2.5}$ 限值标准

（1）中国

我国国家标准《环境空气质量标准》GB 3095—2012 于 2012 年 2 月 29 日发布，2016 年 1 月 1 日起实施。该标准在基本监控项目中增设 $PM_{2.5}$ 年均、日均浓度限值，标准对颗粒物的限值要求见表 1-7-2。

GB 3095—2012 中 $PM_{2.5}$ 浓度限值                     表 1-7-2

| 一级[a] | | 二级[b] | |
|---|---|---|---|
| 年平均/（$\mu g/m^3$） | 24h平均/（$\mu g/m^3$） | 年平均/（$\mu g/m^3$） | 24h平均/（$\mu g/m^3$） |
| 15 | 35 | 35 | 75 |

注：（a）一级适用自然保护区、风景名胜区和其他需要特殊保护的区域。

（b）二级适用居住区、商业交通居民混合区、文化区、工业区和农村地区。

（2）美国

美国环境保护署于 1971 年首次制定发布了《国家环境空气质量标准》（National Ambient Air Quality Standards，NAAQS），此后于 1987、1997、2006 和 2012 年进行了 4 次修订。在 1997 年的 NAAQS 修订中，增加了 $PM_{2.5}$ 的要求。2012 年 NAAQS 修订后对 $PM_{2.5}$ 的限值要求见表 1-7-3。

2012 年版 NAAQS 中的 $PM_{2.5}$ 限值要求                     表 1-7-3

| 标准类别 | 平均时间 | 浓度限值/（$\mu g/m^3$） |
|---|---|---|
| 一级[a] 和二级[b] | 24h | 35 |
| 一级 | 1 年 | 12 |
| 二级 | 1 年 | 15 |

注：（a）一级标准（primary standards）：保护公众健康，包括保护哮喘患者、儿童和老人等敏感人群的健康。

（b）二级标准（secondary standards）：保护社会物质财富，包括对能见度以及动物、作物、植被和建筑物等的保护。

（3）欧盟

2008 年 5 月，欧盟发布《关于欧洲空气质量及更加清洁的空气指令》，规定了 PM$_{2.5}$ 的目标浓度限值、暴露浓度限值和消减目标值（AEI），见表 1-7-4。

欧盟制定的 PM$_{2.5}$ 目标浓度限值、暴露浓度限值和消减目标值　　表 1-7-4

| 限值项目 | 限值/（μg/m³） | 法律性质 | 每年允许超标天数 |
| --- | --- | --- | --- |
| PM$_{2.5}$ 目标浓度限值 | 25 | 2015 年 1 月 1 日起强制施行 | 不允许超标 |
| PM$_{2.5}$ 暴露浓度限值 | 20 | 在 2015 年生效 | 不允许超标 |
| PM$_{2.5}$ 消减目标值 | 18 | 在 2020 年尽可能完成消减量 | 不允许超标 |

（4）世界卫生组织

世界卫生组织（WHO）于 2005 年组织修订了《空气质量指南：2005 年全球更新版》（Air Quality Guidelines：Global Update 2005），提出了 PM$_{2.5}$ 的 3 个过渡时期的目标值，见表 1-7-5。

WHO 制定的 PM$_{2.5}$ 标准值和目标值　　表 1-7-5

| 项目 | | 统计方式 | 限值/（μg/m³） | 选择浓度的依据 |
| --- | --- | --- | --- | --- |
| 目标值 | IT-1 | 年均浓度 | 35 | 相对于标准值而言，在这个水平的长期暴露会增加约 15% 的死亡风险 |
| | | 日均浓度 | 75 | 以已发表的多项研究和 Meta 分析中得出的危险度系数为基础（短期暴露会增加约 5% 的死亡率） |
| | IT-2 | 年均浓度 | 25 | 除了其他健康利益外，与 IT-1 相比，在这个水平的暴露会降低约 6% 的死亡风险 |
| | | 日均浓度 | 50 | 以已发表的多项研究和 Meta 分析中得出的危险系数为基础（短期暴露会增加 2.5% 的死亡率） |
| | IT-3 | 年均浓度 | 15 | 除了其他健康利益外，与 IT-2 相比，在这个水平的暴露会降低约 6% 的死亡风险 |
| | | 日均浓度 | 37.5 | 以已发表的多项研究和 Meta 分析中得出的危险度系数为基础（短期暴露会增加 1.2% 的死亡率） |
| 指导值 | | 年均浓度 | 10 | 对于 PM$_{2.5}$ 的长期暴露，这是一个最低安全水平；在这个水平之上，总死亡率、心肺疾病死亡率和肺癌死亡率会增加（95% 以上可信度） |
| | | 日均浓度 | 25 | 建立在 24h 和年均暴露安全的基础上 |

## 7.4.2　室内 PM$_{2.5}$ 限值标准

（1）中国

我国已颁布和实施多部与室内颗粒物浓度限值有关的标准规范，如国家标准

《室内空气质量标准》GB/T 18883—2002、国家标准《室内空气中可吸入颗粒物卫生标准》GB/T 17095—1997、行业标准《公共场所集中空调通风系统卫生规范》WS 394—2012 等，但由于我国对 $PM_{2.5}$ 的研究起步晚，所以上述发布较早的标准中仅规定了 $PM_{10}$ 的浓度要求。行业标准《建筑通风效果测试与评价标准》JGJ/T 309—2013 于 2013 年 7 月 26 日发布，2014 年 2 月 1 日起执行。该标准适用于民用建筑通风效果的测试与评价，其中规定室内 $PM_{2.5}$ 日平均浓度宜小于 $75\mu g/m^3$。

（2）美国

ASHRAE 发布的《可接受的室内空气质量通风标准》（Ventilation foracceptable indoor air quality）（ANSI/ASHRAE 62.1-2013）中建议的 $PM_{2.5}$ 浓度值为 $15\mu g/m^3$。

（3）加拿大

加拿大《住宅室内空气质量指南》（Residential Indoor Air Quality Guidelines）给出了住宅室内空气污染物最大暴露水平的建议值，2012 版更新时增加了 $PM_{2.5}$ 内容。该指南指出，室内 $PM_{2.5}$ 是无法消除的，因为室内人员的每一个活动都会产生或多或少的 $PM_{2.5}$；同时，对加拿大地区住宅的长期监测发现，一般在室内没有吸烟者的情况下，室内 $PM_{2.5}$ 浓度低于室外水平。因此，该指南并未给出具体的 $PM_{2.5}$ 暴露限值，仅建议住宅室内 $PM_{2.5}$ 水平应尽可能低，且最好低于室外水平。若室内 $PM_{2.5}$ 水平高于室外，需要采取有效措施降低室内 $PM_{2.5}$ 的产生量，如采取炉灶顶部设风扇降低炊事产生的 $PM_{2.5}$、室内禁止吸烟、加强通风等措施。

# 7.5 结 束 语

室内空气品质是绿色建筑中的重要内容，所以需要采取必要措施对建筑室内 $PM_{2.5}$ 进行控制。建筑室内 $PM_{2.5}$ 的控制设计应综合考虑室内 $PM_{2.5}$ 来源，以有效降低室内 $PM_{2.5}$ 的浓度。虽然 $PM_{2.5}$ 的控制技术较为明确，但具体的参数确定、设计方法、标准依据等方面仍有待完善。国家虽然制定了环境空气质量标准，但尚未有建筑室内 $PM_{2.5}$ 控制的相关标准规范，导致建筑室内 $PM_{2.5}$ 控制设计过程中缺少参数依据。国家标准中的过滤器效率，除部分型号的粗效过滤器外均是计数效率[46]，与设计计算中的计重效率有所差别。同时，建筑室内 $PM_{2.5}$ 来源不仅仅是随新风进入室内的，还包括室内源产生、围护结构缝隙穿透等，这些因素在控制设计上需要全面考虑，而且这些因素对建筑室内 $PM_{2.5}$ 的影响需要进一步研究。可见，建筑室内 $PM_{2.5}$ 的控制仍有很多需要深入研究和完善之处。

虽然目前 $PM_{2.5}$ 控制技术较为明确，但从建筑室内 $PM_{2.5}$ 控制设计角度来看，设计参数确定、设计计算方法、标准依据等方面仍有待规范、深入研究和完善之处。建筑室内 PM$_{2.5}$ 控制设计的下一步工作重点可归纳为：（1）建筑室内 PM$_{2.5}$ 的评价方法；（2）PM$_{2.5}$ 室内、室外设计浓度的确定标准；（3）规范建筑室内 PM$_{2.5}$ 控制设计方法；（4）建筑室内 PM$_{2.5}$ 控制的运维与管理策略；（5）创新 PM$_{2.5}$ 控制技术和产品。

**作者：王清勤　李国柱　赵力　孟冲（中国建筑科学研究院）**

## 参考文献

［1］ Janssen N A H，Hoek G，Simic-Lawson M，et al. Black Carbon as an Additional Indicator of the Adverse Health Effects of Airborne Particles Compared with PM$_{10}$ and PM$_{2.5}$［J］. Environmental Health Perspectives，2011，119(12)：1691-1699

［2］ Weichenthal S，Villeneuve P J，Burnett R T，et al. Long-term exposure to fine particulate matter：association with nonaccidental and cardiovascular mortality in the agricultural health study cohort［J］. Environmental Health Perspectives，2014，122(6)：609-615

［3］ Cakmak S，Dales R，Kauri L M，et al. Metal composition of fine particulate air pollution and acute changes in cardiorespiratory physiology［J］ Environmental Pollution，2014，189(12)：208-214

［4］ Kim K H，Kabir E，Kabir S. A review on the human health impact of airborne particulate-matter［J］. Environment International，2015，74：136-143

［5］ Diapouli E，Eleftheriadis K，Karanasiou A A，et al. Indoor and Outdoor Particle Number and Mass Concentrations in Athens. Sources，Sinks and Variability of Aerosol Parameters［J］. Aerosol & Air Quality Research，2011，11(6)：632-642

［6］ Massey D，Masih J，Kulshrestha A，et al. Indoor/outdoor relationship of fine particles less than 2.5 $\mu$m (PM$_{2.5}$) in residential homes locations in central Indian region［J］. Building and Environment，2009，44(10)：2037-2045

［7］ 高军，房艳兵，江畅兴，等. 上海地区冬季住宅室内外颗粒物浓度的相关性［J］. 土木建筑与环境工程，2014，36(2)：110-114

［8］ Cyrys J，Pitz M，Bischof W，et al. Relationship between indoor and outdoor levels of fine particle mass，particle number concentrations and black smoke under different ventilation conditions［J］. Journal of Exposure Analysis and Environmental Epidemiology，2004，14(4)：275-283

［9］ 熊志明，张国强，彭建国，等. 室内可吸入颗粒物污染研究现状［J］. 暖通空调，2004，34(4)：32-36

［10］ Ozkaynak H，Xue J，Spengler J，et al. Personal exposure to airborne particles and metals：results from the Particle TEAM study in Riverside，California［J］. Journal of Exposure Analysis & Environmental Epidemiology，1996，6(1)：57-78

［11］ Li G Z，Wang Q Q，Wang J L. Chinese standard requirements on indoor environmental quality for assessment of energy-efficient buildings[J]. Indoor and Built Environment, 2014, 23(2): 194-200

[12] He C, Morawska L, Hitchins J, et al. Contribution from indoor sources to particle number and mass concentration in residential houses[J]. Atmospheric Environment, 2004, 38 (21): 3405-3415

[13] Dasch J M. Particulate and gaseous emissions from wood-burning fireplaces[J]. Environmental Science Technology, 1982, 16(10): 639-645

[14] 石华东. 室内空气 PM$_{2.5}$ 污染的国内研究现状及综合防控措施[J]. 环境科学与管理, 2012, 37(6): 111-114

[15] Wallace L. Indoor particles: areview[J]. Journal of the Air & Waste Management Association, 1996, 46(2): 98-126

[16] Koutrakis P, Briggs S L K, Leaderer B P. Source apportionment of indoor aerosols in Suffolk and Onondaga Counties[J]. Environment Science and Technology, 1992, 26(3): 521-527

[17] Phillips K, Howard D A, Bentley M C, et al. Assessment of environmental tobacco smoke and respirable suspended particle exposures for nonsmokers in Basel by personal monitoring [J]. Atmospheric Environment, 1999, 33(12): 1889-1904

[18] Lee S C, Wang B. Characteristics of emissions of air pollutants from burning of incense in a large environmental chamber[J]. Atmospheric Environment, 2004, 38(7): 941-951

[19] Wallace L A, Emmerich S J, Howard-Reed C. Source strengths of ultrafine and fine particles due to cooking with a gasstove[J]. Environment Science and Technology, 2004, 38 (8): 2304-2311

[20] Long C M, Suh H H, Koutrakis P. Characterization of indoor particle sources using continuous mass and size monitors[J]. Journal of the Air & Waste Management Association, 2000, 50(7): 1236-1250

[21] 朱维斌, 胡楠, 尹招琴. 室内打印机颗粒污染物特性的测量与分析[J]. 环境科学与技术, 2011, 34(5): 104-107

[22] 樊越胜, 谢伟, 司鹏飞, 等. 空调建筑室内颗粒物浓度变化特征分析[J]. 科学技术与工程, 2012, 12(25): 6373-6377

[23] 曹国庆, 谢慧, 赵申, 等. 公共建筑室内 PM$_{2.5}$ 污染控制策略研究[J]. 建筑科学, 2015, 31(4): 40-44

[24] 韩云龙, 胡永梅, 钱付平, 等. 自然通风室内颗粒物分布特征[J]. 安全与环境学报, 2013, 13(2): 116-120

[25] 金汐, 孟冲. 窗口开启方式对 PM$_{2.5}$ 室内运动影响的探究[J]. 建筑技术, 2014, 45 (11): 1022-1025

[26] 李国柱, 王清勤, 赵力, 等. 建筑围护结构颗粒物穿透及其影响因素[J]. 建筑科学, 2015, 31(s1): 72-76

[27] 张颖, 赵彬, 李先庭. 室内颗粒物的来源和特点研究[J]. 暖通空调, 2005, 35(9):

30-36

[28] 黄巍，龙恩深. 成都 PM$_{2.5}$与气象条件的关系及城市空间形态的影响[J]. 中国环境监测，2014，30(4)：93-99

[29] 吴正旺，马欣，杨鑫. 灰霾天气条件下几种建筑布局中空气污染的 PM$_{2.5}$调查及比较[J]. 华中建筑，2013，31(10)：46-48

[30] 吴志萍，王成，侯晓静，等. 6 种城市绿地空气 PM$_{2.5}$浓度变化规律的研究[J]. 安徽农业大学学报，2008，35(4)：494-498

[31] 徐春雨，王秦，李娜，等. 公共场所室内空气中 PM$_{2.5}$浓度及影响因素分析[J]. 环境与健康杂志，2014，31(11)：993-996

[32] 赵力，陈超，王平，等. 北京市某办公建筑夏冬季室内外 PM$_{2.5}$浓度变化特征[J]. 建筑科学，2015，31(4)：32-39

[33] 张锐，陶晶，魏建荣，等. 室内空气 PM$_{2.5}$污染水平及其分布特征研究[J]. 环境与健康杂志，2014，31(12)：1082-1084

[34] 王清勤，李国柱，孟冲，等. 室外细颗粒物(PM$_{2.5}$)建筑围护结构穿透及被动控制措施[J]. 暖通空调，2015，45(12)：8-13

[35] 项琳琳，刘东，左鑫. 上海市某办公建筑 PM$_{2.5}$浓度分布及影响因素的实测研究[J]. 建筑节能. 2015，43(3)：85-91

[36] 李新伟，张华，张扬，等. 2013 年冬春季济南市某办公场所室内空气颗粒物质量浓度分析[J]. 环境卫生学杂志，2015，5(2)：157-159

[37] 陈陵，范义兵，杨树，等. 南昌市公共场所室内空气 PM$_{2.5}$浓度调查[J]. 卫生研究，2014，43(1)：146-148

[38] 沈凡，贾予平，张屹，等. 北京市冬季公共场所室内 PM$_{2.5}$污染水平及影响因素[J]. 环境与健康杂志，2014，31(3)：262-263

[39] 严丽，刘亮，谢伟，等. 西安市商场建筑室内外颗粒物污染状况调查[J]. 环境工程，2013，31(s1)：642-644

[40] 刘延湘，代会会，刘君侠. 江汉大学校园典型室内空间空气质量分析[J]. 广东化工，2015，42(9)：160-162

[41] 董俊刚，闫增峰，曹军骥. 西安冬季高层公寓室内外颗粒物浓度水平与变化[J]. 科技导报，2015，33(6)：42-45

[42] 王园园，崔亮亮，周连，等. 南京市部分居民室内 PM$_{2.5}$和 PM1.0 污染状况[J]. 环境与健康杂志，2013，30(10)：900-902

[43] 马利英，董泽琴，吴可嘉，等. 贵州农村地区室内空气质量及细颗粒物污染特征[J]. 中国环境监测，2015，31(1)：28-34

[44] 郭华，高枫，董俊刚，等. 公共餐饮建筑室内空气质量测试与分析[J]. 西安建筑科技大学学报(自然科学版)，2013，45(4)：559-564

[45] 王清勤，李国柱，朱荣鑫，等. 空气过滤器设计选型用 PM$_{2.5}$室外设计浓度确定方法[J]. 建筑科学，2015，31(12)：71-77

[46] GB/T 14295-2008，空气过滤器[S]

# 8 被动式超低能耗绿色建筑
## 8 Passive ultra-low energy green building

　　建筑节能和绿色建筑是推进新型城镇化、建设生态文明、全面建成小康社会的重要举措。从世界范围看，发达国家为应对气候变化、实现可持续发展战略，都在不断提高建筑物能效水平，推广超低能耗、近零能耗建筑。2015 年 12 月 3 日，第 21 次联合国气候变化大会（COP21）在巴黎召开，大会首次将建筑单独列为议题，在官方日程中举办为期 1 天的"建筑日"研讨会，来自相关机构的 200 位代表参加会议。会议主办方联合国环境署表示：建筑全寿命期产生的碳排放占全球碳排放总量的 30%，如按现有速度继续增长，到 2050 年，建筑相关碳排放将占全球碳排放总量的 50%，针对建筑物展开专项节能减排工作非常必要。联合国环境署专家表示：通过建筑节能标准不断提升和用于建筑设计阶段的可视化建筑碳排放计算软件不断普及，引导新建建筑和既有建筑逐步提高节能减排性能，使其在规划设计阶段较原有水平降低能源使用 70%～80%，迈向超低能耗建筑，再通过可再生能源满足剩余 20%～30% 的能源需求，最终使新建建筑和既有建筑在 2030～2050 年达到碳中和。考虑到我国目前经济发展水平及建筑业普遍情况，我国推广超低能耗建筑的原则为"被动优先、主动优化、经济实用"，因此我国超低能耗、近零能耗建筑目前也统称为"被动式超低能耗绿色建筑"。本文对国际超低能耗体系、我国推动此类建筑的特殊性及推广情况，以及未来发展重点进行了介绍。

## 8.1 国际被动式超低能耗建筑发展

　　建筑能耗的边界可以划分为两个：第一个边界为建筑能量需求边界，在这个边界上建筑物同室外环境进行能量交换，如太阳辐射和室内得热、围护结构与室外环境之间的能量交换，在这个边界上的能量需求我们定义为负荷，即满足建筑功能和维持室内环境所需要向建筑提供的能量（冷、热、电）；第二个边界是建筑能源使用边界，在这个边界上建筑的电力、供暖、空调等能源系统提供建筑需要的能量所消耗的化石能源（图 1-8-1）。

　　现阶段实现建筑的超低能耗主要在建筑的两个能量边界上采取相应的技术措施，技术措施的侧重点的差异产生了不同的低能耗建筑概念。而被动式低能耗建

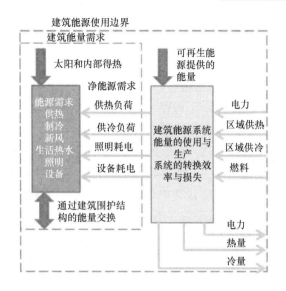

图 1-8-1  建筑能量边界的划分

筑强调在建筑能量需求边界上采取措施最大限度地降低建筑能量需求，最低程度地依赖建筑能源系统，进而降低建筑的能源消耗。被动式超低能耗建筑的理念认为降低能耗的关键在于减低需求，而不是提高能源供应的数量和效率。起源于德国的被动房（Passive House）就是秉承这一理念的高性能建筑标准，德国被动房理念又被其他多个国家学习和借鉴并在世界范围内推广和应用。

### 8.1.1  德国

德国被动房的概念最早源于瑞士隆德大学的 Bo Adamson（1986 年）参加中瑞合作项目工作时，为改善我国长江流域室内建筑环境恶劣的现状提出的解决方案。1988 年被动房概念首次被提出，1991 年第一栋被动房在德国达姆施塔特被建造，经历了 20 多年的发展，德国被动房已经成为具有完备技术体系的自愿性超低能耗建筑标准。目前，已经有 6 万多栋的房屋按照被动房标准建造，其中有约 3 万栋建筑获得了被动房的认证，主要以住宅为主，也有办公、学校、酒店等类型的建筑。

德国被动房研究所（Passive House Institute，PHI）是被动房研究和认证的权威机构，其对被动房的定义为"被动房是一个节能、舒适的建筑节能标准，比既有建筑节能 90% 以上，比新建建筑节能 75% 以上；利用高性能围护结构、太阳得热、热回收等技术使建筑不再需要传统的供热系统，并通过通风系统供应持续的新风。"从定义可以看出，被动房通过采用高性能的围护结构将建筑热需求降低，仅需充分利用太阳能和室内的得热即可解决冬季供暖问题。同时，通过采用高效热回收系统的新风系统向室内提供清洁的新鲜空气，营造良好舒适的室内环境。即使在极端寒冷的前期下，被动房仅需要使用很少的辅助能源就能满足室内舒适度要求。可以看出被动房主要着眼于解决冬季供暖问题，所应用技术也以解决供暖为主，对应用在夏季需要主动供冷的地区的研究较少。

德国被动房的认证要求简洁凝练，其认证的要求为：(1) 供暖能耗：供暖能耗≤15kWh/(m²·a)或热负荷≤ 10W/m²；当采用空调时，对供冷能耗的要求与供暖能耗一致。(2)建筑一次能源用量≤120kWh/(m²·a)。(3)气密性必须满足 $N_{50}$≤0.6（注：即在室内外压差50Pa的条件下，每小时的换气次数不得超过0.6次）。(4) 超温频率≤10%（注：超温频率定义为全年室内温度高于25℃的小时数与全年时间的比值）。被动房认证中仅需要对建筑气密性进行实际测试，其他参数仅通过计算即可，因此被动房并不对建筑实际能源消耗进行要求。在被动房的设计和认证的过程中 PHPP (Passive House Planning Package) 对认证结果的权威性提供了重要的保障，PHPP 是一个能够进行建筑热工、冷热负荷、能耗、通风等计算的工具包，另外 PHI 还对被建筑材料、建筑设备、认证工程师、设计单位、施工单位进行了认证。保证了被动房认证结果的可靠性和权威性。德国被动房标准体系作为被动超低能耗建筑标准体系中最为成熟的一员，在世界范围内受到极大的关注，很多国家都学习和参考德国被动房体系开展适用于本国特色的建筑标准体系的研发和推广。

### 8.1.2 丹麦

由于对全球变暖的担忧和对长期能源供应安全的渴求，20 世纪 90 年代，丹麦政府提出"到 2050 年丹麦将成为化石能源零依赖的国家"。建筑节能被作为实现这一目标的核心手段，丹麦通过提出严格的建筑节能要求，加强对既有建筑改造、税收政策调控等政策措施，建筑能耗大幅下降。近年来，丹麦政府通过不断提高建筑节能标准要求，推进超低能耗建筑的普及，开展建筑节能工作。由丹麦企业主导的主动房（Active House）自愿性超低能耗建筑技术标准在欧洲同样拥有重要的影响力。主动房建筑理念是威卢克斯集团提出了一种应对能源和气候挑战的前瞻性理念该理念倡导建筑应该实现气候平衡、居住舒适、感官优美、具备充足的日光照明和新鲜的空气，即实现能耗效率与最佳室内气候之间的平衡，同时保证建筑以动态方式适应周围环境，实现碳中和。在这一理念指导下，建筑将自主生产能源，以可持续地利用资源，有效改善人们的健康水平和居住舒适度。主动房与被动房相比，在强调降低建筑能量需求的前提下，更强调可再生能源在建筑中的应用。目前，在全球范围内已有建成和在建主动房 40 余栋。并显现出快速增长的态势。另外，2000 年丹麦也引入了被动房的理念，被动房的认证参考了德国被动房的标准和指标，认证由德国被动房研究所的合作单位丹麦被动房研究所负责。

### 8.1.3 瑞士

瑞士政府通过支持研究机构推广超低能耗建筑。Minergie 是由瑞士政府支持的一系列超低能耗建筑技术标准。1994 年 Minergie 的理念被提出，同年两栋示范建筑完成。1997 年 Minergie 理念获得瑞士政府的认可。2001 年参照德国被动房技术体系的 Minergie-P 标准发布。截至 2009 年，约有 15000 栋建筑获得了 Minergie 认证。Minergie 标准体系由 Minergie、Minergie-P、Minergie-A 和 Minergie-ECO 等组成。其中 Minergie-P 标准是在德国被动房技术标准上进行了适当的调整以适合瑞士的气候条件和国情的被动式超低能耗建筑标准，Minergie-P 相比于德国被动房标准，对不同类型建筑的供暖能量需求分别作了详细规定，并对增量成本及热舒适作了规定（表 1-8-1 和表 1-8-2）。

Minergie-P 主要性能要求 表 1-8-1

| 供暖能量需求 kWh/（m² · a） | 不同建筑规定不同，具体数值见表 1-8-2 |
|---|---|
| 一次能源节能率 | >60% |
| 供暖最大负荷 | ≤10W/m² |
| 气密性 | ≤0.6 次/h（50Pa，正负压） |
| 增量成本 | 增量成本≤15%（相比于传统建筑） |
| 新风热回收系统 | 只要求独栋住宅、公寓以及旅馆、室内游泳馆必须配置 |

Minergie-P 不同建筑类型的供暖能量需求规定 表 1-8-2

| 建筑类型 | 居住建筑 | 商场 | 会议室 | 火车站 | 宾馆 | 医院 | 工厂 | 体育建筑 |
|---|---|---|---|---|---|---|---|---|
| 供暖能量需求 kWh/（m² · a） | 30 | 25 | 40 | 25 | 40 | 45 | 15 | 20 |

### 8.1.4 韩国

2014 年 7 月，韩国政府发布《应对气候变化的零能耗建筑行动计划》，完成了世界第一个国家级零能耗建筑研究推广的顶层设计，分析了零能耗建筑推广的障碍，提出零能耗建筑发展目标和具体实施方案，明晰了零能耗建筑财税政策及技术补贴。同时，韩国设立国家重点研究计划，建立国家级科研团队进行零能耗建筑技术的研发，完成示范工程，建立零能耗建筑认证标准。本文针对韩国零能耗建筑发展的现状，对韩国零能耗建筑的定义、发展目标及规划、财税政策、重点研发计划、典型示范项目及认证标准进行了研究。

在韩国，"零能耗建筑"定义为"将建筑围护结构保温性能最大化从而将能量需求降到最低，然后使用可再生能源供能，从而实现能源自给自足的建筑"。

为了加速推动零能耗建筑，韩国将广义的"零能耗建筑"具体划分为三种类别，分别是"低层零能耗建筑"（Low-rise Zero Energy Building）、"高层零能耗建筑"（High-rise Zero Energy Building）以及"零能耗建筑社区"（Zero Energy Building Town）。

（1）"低层零能耗建筑"，指层数小于 8 层，全年供冷、供暖、照明和通风能耗能实现自给自足的建筑。

（2）"高层零能耗建筑"，层数大于等于 8 层，建筑物需要通过最大化的使用自身可提供的可再生能源系统以满足所需的供冷供暖需求，不足的部分可以由附近学校、公园内的可再生能源装置补充。

（3）"零能耗建筑社区"，指高新智能化的零能耗城市，将零能耗建筑的规模从单体建筑扩展到了城市社区。

考虑到当前国家经济技术水平，零能耗建筑的推广实施不能一蹴而就，为此，韩国制定了详细的阶段性发展目标。2009 年 7 月 6 日，韩国政府颁布了"绿色增长国家战略及五年计划"，针对零能耗建筑目标做出三步规划：

（1）到 2012 年，实现低能耗建筑目标，建筑制冷/供暖能耗降低 50%。

（2）到 2017 年，实现被动房建筑目标，建筑制冷/供暖能耗降低 80%。

（3）到 2025 年，全面实现零能耗建筑目标，建筑能耗基本实现供需平衡。

### 8.1.5　其他国家

德国被动房被作为被动式超低能耗建筑理念的重要的参考标准在世界范围内被广泛吸收和应用，除上述的丹麦和瑞士外，其他国家推广被动式超低能耗建筑的方式可以分为三类：第一类为直接应用德国被动房标准，如挪威、新西兰、英国、加拿大等国；第二类为根据本国的气候条件和国情在德国被动房的基础上进行调整，如奥地利、芬兰、意大利等国；第三类国家仅接受被动式理念，针对本国情况重新开发，如美国、瑞士等。

被动式超低能耗建筑作为更高节能性能建筑，是建筑节能的中短期目标，欧美发达国家均将超低能耗建筑作为建筑节能的发展方向和现有节能标准的重要补充。为全面提升建筑能效储备技术和产品。被动式超低能耗建筑是目前欧美建筑节能研发和应用的重要领域，欧美主要国家已经或正在制定适应本国国情的被动式超低能耗建筑技术体系。

## 8.2　我国开展被动式超低能耗建筑应用的特殊国情

中国作为一个历史悠久、国土广袤的多民族发展中大国，在室内环境、建筑特点、居民生活习惯和建筑用能强度等方面与国外相比都有独特之处，且无发达国家成熟经验可供参考，这些都增加了我国被动式超低能耗建筑技术体系的研发难度。

### 8.2.1 室内环境标准和生活习惯

我国是一个发展中国家，经济发展不均衡，不同气候区居住建筑室内环境有着较大的差异，但整体低于发达国家。主要体现在室内温度不达标、新风量不足。欧美发达国家大多严格规定满足用户的新风量，为了保证送风量的稳定，一方面增加建筑的气密性要求，同时使用机械通风保证新风量的供应，在我国开窗是居住建筑获得新风是最普遍的方式，并不对室内新风量进行严格要求。在室内温度方面，我国夏季室内温度显著高于欧美，冬季室内温度普遍偏低，调查表明，冬季严寒和寒冷地区集中供暖的建筑室内温度普遍在18℃以上，但夏热冬冷地区室内温度基本在10℃以下，该地区供暖设施并不普及，室内湿度主要分布在60%～90%，室内湿冷，舒适度差。在夏季，开窗通风是解决室内过热问题的首选，空调系统间歇运行，室内温度偏高，基本分布在25～32℃。

如果我国被动式超低能耗建筑追求欧美的全空间、全时间的高舒适度，对室内环境标准进行大幅度的提升势必导致建筑能耗的快速上升，因此我国被动式低能耗建筑指标体系必须立足于国情，在尊重居民生活习惯和降低建筑能耗的前提下，适当地提高建筑环境标准，营造适合我国居民的健康舒适的室内环境。

### 8.2.2 气候特点

不同于德国的单一气候，我国地域广阔，横跨多个气候带，五大建筑气候分区气候特点差异大，图1-8-2和表1-8-3展示了不同气候区城市间以及中德城市间巨大的气候差异，从气候数据可以看出，对我国不同气候区进行统一的能耗要求是不科学的。从纬度上看，柏林比哈尔滨更靠近北极，但其冬季供暖度日数与沈阳接近，供冷度日数与哈尔滨相近。也就是说，德国相比于我国同纬度的地区气候更加温和，供暖为主而空调需求较小。从数值上看，德国夏季基本无需空调，我国多数地区夏季存在空调需求。而且，从供暖度日数和供冷度日数上来看，我国不同气候区差异大，东西南北的供暖和空调需求极不均衡，因此我国不同气候区气候的差异使得全国无法实施统一的被动式超低能耗建筑能耗指标，德国被动房指标体系更是无法适用。

中德主要城市供暖度日数和供冷度日数       表 1-8-3

| 城市 | 柏林 | 北京 | 哈尔滨 | 沈阳 | 上海 | 广州 |
|---|---|---|---|---|---|---|
| 纬度 | 52.47N | 43.93N | 45.75N | 41.73N | 31.40N | 23.17N |
| HDD18.3 | 3390 | 2830 | 5310 | 3034 | 1599 | 402 |
| CDH26.7 | 234 | 3031 | 691 | 1121 | 4016 | 7622 |

注：HDD18.3：一年中，当某天室外日平均温度低于18.3℃时，将低于18.3℃的度数乘以1天，并将此乘积累加。

CDH26.7：一年中，当某时刻室外温度高于26.7℃时，将高于26.7℃的数值进行累加。

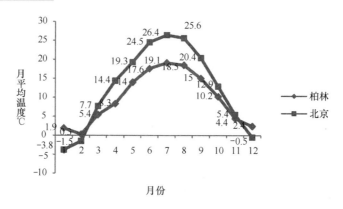

图 1-8-2 北京与柏林月平均温度对比情况

### 8.2.3 建筑特点

我国居住建筑与欧美存在显著差异，国内大型城市新建城镇住宅建筑以高层建筑为主，中小型城市以多层住宅为主，从分布来看，多层住宅是我国住宅的主要形式，高层住宅的比例在不断提升。欧美居住建筑普遍为三层及三层以下的别墅，德国约85％（以面积计算）的居住建筑为三层和三层以下（Villa），15％为中高层公寓（Apartment）。与德国建筑相比我国建筑密度大，容积率高，公共空间面积大，公共外门频繁开启，导致了能耗特点的明显差异。

我国住宅空置率偏高是另一个对被动式超低能耗建筑指标体系产生重要影响的因素，统计数据表明我国住宅的空置率为20％～30％。2007年对北京50个2003～2006年入住的小区调查表明，空置住房占被调查住房的比例高达27.16％，而且空置率从市中心向外逐渐升高的现象明显。空置率过高导致的户间传热损失大和集中设备负荷率低对建筑能耗产生重要的影响，因此我国的被动式超低能耗建筑技术体系应考虑我国独特的建筑特征的影响。

### 8.2.4 建筑能耗特点

不同于发达国家的高舒适度和高保证率下的高能耗，我国建筑能耗特点为低舒适度和低保证率下的低能耗，且我国不同年代建筑能耗强度差异大。统计数据表明，英法德意四国普通居住建筑单位面积能耗为35kgce/（m²·a）[一次能源消耗量约为285kWh/（m²·a）]，我国普通城镇居住建筑单位面积能耗仅为14.5kgce/（m²·a）[一次能源消耗量约为118kWh/（m²·a）]，现有居住建筑的能耗本来就满足德国被动房一次能源消耗≤120kWh/（m²·a）的要求。不可否认，随着生活水平的提高，建筑能耗强度会有所上升，但就现阶段而言，德国被动房指标体系中的一次能源消耗量要求对于我国是不适用的。

# 8.3  中国被动式超低能耗建筑指标体系的建立

在立足于我国基本国情，吸收和借鉴欧洲被动式低能耗建筑体系的基础上，细致分析国内现有被动式超低能耗建筑试点工程，充分考虑经济发展水平、产业情况、建筑特点、居民生活习惯的因素，科学合理地制定了中国被动式超低能耗建筑指标体系。该体系以控制性性能要求作为核心评价标准并推荐对应指标的技术和做法，对室内环境要求、能耗指标等进行了科学严谨的规定。我国被动式超低能耗建筑的定义为"被动式超低能耗建筑指通过最大限度提高建筑围护结构保温隔热性能和气密性，充分利用自然通风、自然采光、太阳辐射和室内非供暖热源得热等被动式技术手段，将供暖和空调需求降到最低，实现舒适的室内环境并与自然和谐共生的建筑。"

## 8.3.1  健康舒适的建筑室内环境标准

营造健康、舒适的室内环境是被动式超低能耗建筑的核心目的之一。就像保温瓶的保温原理一样，被动式超低能耗建筑的高保温性能的外围护结构使室内能够保持适宜的温度。无论是寒冷的冬季还是炎热的夏季，被动式超低能耗建筑通过被动技术措施使室内温度在适宜的范围内波动。在我国传统的习惯中，居民在室外环境适宜时，通过开窗调节室内的环境。在自然通风的环境下，人可以获得满意的舒适度，这也是被动式超低能耗建筑追求的目标，而当室外气象条件无法通过自然通风满足人体的热舒适要求时，主动供冷或供暖系统将启动，用以保持适宜的室内环境。被动式超低能耗建筑通过高效的新风系统能够在室外环境不适宜开启外窗自然通风的时，以极低的能源消耗，在保证室内温度恒定的前提下，提供充足、健康、新鲜的空气，新风量不少于 $30m^3/$（h·人）保证室内良好的空气品质，因此，被动式超低能耗建筑能够提供充足健康的新风。

被动式超低能耗建筑使用被动式技术在所有的气候区都能够营造健康和舒适的室内环境，它通过供暖系统保证冬季室内温度不低于 20℃，在过渡季，通过高性能的外墙和外窗遮阳系统保证室内温度在 20～26℃ 之间波动，在夏季，当室外温度低于 28℃、相对湿度低于 70% 时，通过自然通风保证室内舒适的室内环境，当室外温度高于 28℃ 或相对湿度高于 70% 时以及其他室外环境不适宜自然通风的情况下，主动供冷系统将会启动，使室内温度 ≤26℃，相对湿度 ≤60%。当然，在一些气候区，被动式超低能耗建筑可以不使用主动供暖或供冷系统也可以保证室内有很好的舒适度，当不设供暖设施时，要求过冷小时数 ≤10%；当不设空调设施时，要求过热小时数 ≤10%。例如，在严寒地区，仅通过被动式技术就可以保证夏季室内保持舒适的温度，或是在夏热冬暖气候区，良好的围护结构使得冬季不采用主动供暖系统,改善冬季室内温度偏低的情况。我国被动式超低能耗建筑的室内环境较现有水平有较大的提升,但不盲目追求欧美过高的舒适度和保证率。

注:【过冷小时数】全年室内温度低于20℃的小时数占全年时间的比例;

【过热小时数】全年室内温度高于28℃的小时数占全年时间的比例。

### 8.3.2 科学合理的主要控制性性能指标的制定

控制性性能指标作为被动式超低能耗建筑技术体系的核心,其科学合理对被动式超低能耗建筑的发展有着至关重要的意义。控制性性能指标由单位面积年供暖量和年供冷量要求、气密性要求、供暖空调和照明年一次能源消耗三项指标组成,单位面积年供暖量和供冷量要求主要立足于通过被动技术将建筑物的冷热需求减低到最低,低至仅新风系统即可承担建筑的冷、热负荷,不再需要传统的供热和供冷设施,尤其是集中供热,使被动式超低能耗建筑的经济性产生质的变化。气密性要求主要是保证建筑物在需要时能够与室外环境有良好的隔绝,当建筑的围护结构足够好时,室外空气渗透就成了影响建筑室内环境的主要因素。而良好的气密性可以降低建筑室外环境对室内环境的影响,如在供暖和供冷或当室外 $PM_{2.5}$ 超标时,室内环境需要与室内环境完全隔绝,此时良好的气密性;一次能源消耗指标则是要求建筑物在能量需求极低的前提下,能源消耗最少。根据国内外被动式超低能耗建筑工程实践情况,在考虑技术措施适宜性和气候特点的前提下对我国不同气候区典型城市典型被动式超低能耗建筑进行优化设计,其中年供热量和供冷量的计算结果见图1-8-3。不同气候区典型城市气象参数见表1-8-4。

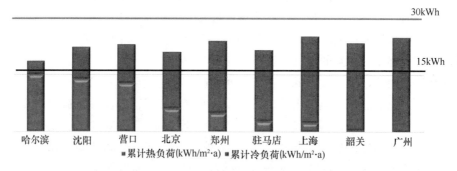

图 1-8-3 我国不同气候区典型城市典型被动式超低能耗建筑年供热量和
供冷量计算结果

不同气候区典型城市气象参数　　　　　　　　表 1-8-4

| 城市 | 哈尔滨 | 沈阳 | 营口 | 北京 | 郑州 | 驻马店 | 上海 | 韶关 | 广州 |
|---|---|---|---|---|---|---|---|---|---|
| 气候分区 | 严寒B区 | 严寒C区 | 寒冷地区 | 寒冷地区 | 寒冷地区 | 夏热冬冷 | 夏热冬冷 | 夏热冬冷 | 夏热冬暖 |
| HDD18 | 5032 | 3929 | 3526 | 2699 | 2106 | 1956 | 1540 | 747 | 373 |
| CDD26 | 14 | 25 | 29 | 94 | 125 | 142 | 199 | 249 | 313 |

从计算结果可以看出，我国绝大多数地区有空调需求，通过采取不同的技术措施，建筑的年供暖量都可以控制在 15kWh/（m²·a）以下，但南方地区年供冷量需求依然较大，在上述研究成果的基础上初步确定了被动式超低能耗建筑的控制性性能指标，主要控制性指标如表 1-8-5 所示。

不同气候区控制性指标要求　　　　　　　　　　表 1-8-5

| 气候区 | 严寒地区 | 寒冷地区 | 夏热冬冷 | 夏热冬暖 | 温和地区 |
|---|---|---|---|---|---|
| 年供暖量［kWh/（m²·a）］ | ≤15 | ≤10 | ≤5 | — | ≤5 |
| 年供冷量［kWh/（m²·a）］ | ≤5 | ≤20 | ≤25 | ≤30 | ≤5 |

注：1. 年供暖量、年供冷量满足表中要求。

2. 年供暖、空调和照明总一次能源消耗量≤45kWh/（m²·a）/［5.6kgce/（m²·a）］。

3. 气密性必须满足 $N_{50}$≤0.6，即在室内外压差 50Pa 的条件下，每小时的换气次数不得超过 0.6 次。

被动式超低能耗建筑作为更高节能性能的建筑，在舒适、健康和节能方面有着独特的优势。通过采用适宜的技术在不同气候区都能提高室内环境并大幅度减少建筑的能源消耗。通过对被动式超低能耗建筑和满足国家标准的新建建筑进行能耗模拟分析计算（计算结果见图 1-8-4 和图 1-8-5）可以看出，在严寒和寒冷地区，被动式超低能耗建筑同执行国家现行建筑节能标准的新建建筑相比，供热需求量降低 75% 以上并大幅减少空调使用的时间，在夏热冬冷和夏热冬暖地区，被动式技术的应用使得冬季在降低供暖能耗的前提下，室内环境大幅度改善，冬季室内温度在 18℃以上。与此同时，夏季空调能耗降低 50% 以上，而在温和地区，被动式超低能耗建筑在不使用主动供暖空调技术的前提下，改善冬夏室内环境，提高建筑舒适度。

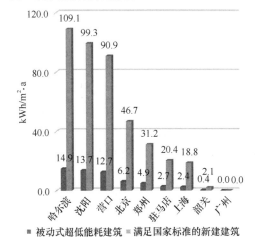

图 1-8-4　年供暖量计算结果

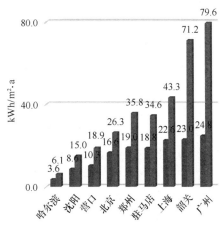

图 1-8-5　年供热量计算结果

但就节能效果、技术难度和经济性而言，被动式超低能耗的推广的次序应该为严寒和寒冷地区、夏热冬冷地区、夏热冬暖地区。

### 8.3.3 主要技术措施

被动式超低能耗建筑的核心要素是以超低的建筑能耗值为约束目标；具有高保温隔热性能和高气密性的外围护结构；高效热回收的新风系统。被动优先、主动优化、使用可再生能源是实现被动式超低能耗建筑的基本路线，它并不是高科技的堆砌，其更重要的内涵是回归建筑的根本，科学规划设计和精细施工，建造高品质的精品建筑。

被动式超低能耗建筑主要依赖高性能围护结构、新风热回收、气密性、可调遮阳等建筑技术，但实现被动式超低能耗的难点主要在技术的适宜性和多种技术的集成，是如何提供一个基于被动式理念的系统解决方案。被动式的核心理念强调直接利用太阳光、风力、地形、植被等场地自然条件，通过优化规划和建筑设计，实现建筑在非机械、不耗能或少耗能的条件下，全部或部分满足建筑供暖、降温及采光等需求，达到降低建筑使用能量需求进而降低能耗，提高室内环境性能的目的。因此，实现被动式超低能耗建筑需要更加科学合理地进行建筑设计，建筑师与暖通工程师的紧密配合，确定合理的建筑方案和设计，利用性能化设计方法提供实现既定目标的系统解决方案，提升建筑设计的科技含量和附加值。

## 8.4 被动式超低能耗建筑能源系统

被动式超低能耗建筑由于良好的围护结构及密闭性设计建造工艺，有效地降低了建筑的冷热负荷需求，这给建筑供能系统带来了新的机遇和挑战，机遇是有效降低了建筑能耗需求，输入的能量可以更小，系统可以更加灵活；挑战是传统的供能系统往往过大，过于复杂，灵活性不足，已经无法满足被动式超低能耗建筑的需求。

因此，各国在发展不同气候区域内的被动式超低能耗建筑的同时，都在不断探索适宜的辅助能源系统，包括太阳能光伏、太阳能光热、可再生能源热泵系统、点源天然气壁炉、电阻加热器、生物质锅炉、小型热电联产等。

经过对国内外被动式超低能耗建筑资料的调研分析，可以知道决定被动式超低能耗建筑能源系统的关键因素有：

➢ 所处气候区域；
➢ 建筑类型；
➢ 当地资源条件。

明确了被动式超低能耗建筑能源系统的决定因素后，结合我国当前被动房建设主要集中在寒冷地区的实际特点，分析寒冷地区被动式超低能耗建筑能源系统，对当前工作最具有实际指导意义。

寒冷地区的被动式超低能耗建筑，同时具有补充冷热负荷的需求，因此，能源系统需要同时考虑辅助冷热源。本文通过对国内外同时具有冷热负荷需求的被动式超低能耗建筑项目进行综合分析，期望为未来我国寒冷地区被动房建设提供参考。

本文以国际能源署联合太阳能供热供冷项目 TASK40 "走向近零能耗太阳能建筑"中调研的 30 个近零能耗建筑为参考，重点分析其中同时具有冷热负荷需求的项目。图 1-8-6 为其全部 30 个监测项目中应用技术方式示意图。

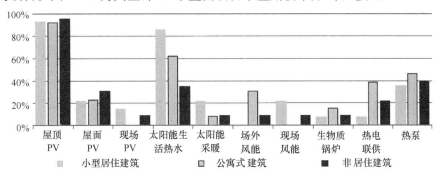

图 1-8-6　不同建筑类型应用技术方式

由图 1-8-6 可知，太阳能光伏发电和太阳能生活热水技术是被动式超低能耗建筑中应用比例最高的技术形式。其中，具有冷热负荷需求的，近似于我国寒冷地区气候条件的项目如表 1-8-6 所示。

具有冷热负荷需求气候区内被动式超低能耗建筑项目应用技术列表　表 1-8-6

| 编号 | 项目名称 | 项目所在地 | 建筑类型 | 净面积（m²） | PV | 辐射供冷 | 辐射供热 | 空气源热泵 | 蒸发冷却 | 太阳能生活热水 | 地源热泵 | 生物质锅炉热电联产 | 生物质锅炉生活热水 |
|---|---|---|---|---|---|---|---|---|---|---|---|---|---|
| 1 | Green Office | 法国巴黎 | 办公楼 | 21807 | √ | √ | √ | √ | √ | √ | √ | √ | |
| 2 | Meridian Building | 新西兰惠灵顿 | 办公楼 | 5246 | √ | | | √ | | √ | | | |
| 3 | Limeil Brevannes | 法国旺代 | 办公楼 | 2935 | √ | √ | √ | | | √ | | | |
| 4 | Pantin Primary School | 法国庞坦 | 学校 | 3560 | √ | | | √ | | √ | | | |
| 5 | Primary School of Laion | 意大利博尔扎诺 | 学校 | 700 | √ | | | √ | | √ | | | |
| 6 | Primary School Hohen Neuendorf | 德国勃兰登堡 | 学校 | 6563 | | | | | | | | √ | √ |
| 7 | Day Care Centre "Die Sprösslinge" | 德国北威州 | 学校 | 969 | √ | √ | √ | | | √ | | | |

续表

| 编号 | 项目名称 | 项目所在地 | 建筑类型 | 净面积（m²） | PV | 辐射供冷 | 辐射供热 | 空气源热泵 | 蒸发冷却 | 太阳能生活热水 | 地源热泵 | 生物质锅炉热电联产 | 生物质锅炉生活热水 |
|---|---|---|---|---|---|---|---|---|---|---|---|---|---|
| 8 | Marché Kempthal | 瑞士苏黎世 | 办公楼 | 1267 | √ | | | √ | | | | | |
| 9 | Kraftwerk B | 瑞士施维茨 | 公寓 | 1403 | √ | | | | | √ | √ | | |
| 10 | EnergyFlexHouse | 丹麦措斯楚普 | 住宅 | 216 | √ | | √ | | | √ | √ | | |
| 11 | "Le Charpak", IESC Cargèse | 法国科西嘉 | 住宅 | 713 | √ | √ | √ | | √ | √ | | | |
| 12 | Leaf House | 意大利安科那 | 住宅 | 477 | √ | √ | √ | | | √ | √ | | |
| 13 | Casa Zero Energy House | 意大利乌迪内 | 住宅 | 378 | √ | √ | √ | | | √ | √ | | |
| 14 | LIMA | 西班牙巴塞罗那 | 住宅 | 45 | √ | √ | √ | √ | | √ | √ | | |
| 15 | Plus Energy Houses Weiz | 澳大利亚格拉茨 | 住宅 | 855.9 | √ | | | √ | | | √ | | |
| 16 | Kleehäuser | 德国巴登符腾堡 | 住宅 | 2520 | √ | | | | | √ | | √ | |
| 17 | Single Family Building（Riehen） | 瑞士巴塞尔 | 住宅 | 315 | √ | | | | | √ | √ | | |

由表 1-8-6 可知，实现被动式超低能耗建筑的近零能耗目标，即实现建筑能量供求平衡，提高可再生能源供给与降低建筑能源需求是两个密不可分的部分。采用光伏发电（PV）几乎是每个项目都需要用到的技术，但是同时采用 PV 也会对建筑设计及外观产生影响，尤其是对非南方向会需要更大的安装面积（北半球），需要的发电量越大，由其带来的增量投资也越大。

太阳能生活热水是一种非常有效的降低能耗的技术方式，尤其对于中小型项目，其灵活紧凑满足了用户需求。但在较大的被动式项目中，太阳能集热器则可由生物质热电联产（CHP）取代。生物质热电联产，具有更好的经济性，可以更稳定地以较小热水管网向较多末端设备供热水。

由于热泵产品不断提升能效和降低价格，使得热泵技术在被动式超低能耗建筑中应用更具有竞争力。而且，不需要在建筑物内储存燃料或建造烟囱，节省了建筑空间。以电力作为驱动能源，也简化了监测管理系统。

虽然图 1-8-6 中，一些项目采用小型风力发电机组，但是在表 1-8-6 寒冷地区被动式超低能耗建筑中，并没有风力发电的应用，这是因为城市地区的低风速和噪声问题，使得风力发电机在较大范围内无法使用。

分析了国外寒冷地区被动式超低能耗建筑能源系统应用技术措施后，对比我国寒冷地区现有项目应用技术情况如表 1-8-7 所示。

寒冷地区被动式超低能耗建筑项目能院校通应用技术列表　　　表 1-8-7

| 编号 | 项目名称 | 项目所在地 | 建筑类型 | 建筑面积（m²） | PV | 辐射供冷 | 辐射供热 | 空气源热泵 | 蒸发冷却 | 太阳能生活热水 | 地源热泵 |
|---|---|---|---|---|---|---|---|---|---|---|---|
| 1 | 威卢克斯（中国）办公楼 | 河北廊坊 | 办公楼 | 2014 | | | | | | √ | √ |
| 2 | 联合国工发组织国际太阳能中心科研教学综合楼 | 甘肃兰州 | 办公楼 | 13977 | √ | | | √ | | √ | √ |
| 3 | 河北省建筑科技研发中心 | 河北石家庄 | 办公楼 | 14120 | √ | √ | √ | | | | √ |
| 4 | 中国建筑科学研究院超低能耗示范楼 | 北京 | 办公楼 | 4025 | √ | √ | √ | √ | √ | √ | √ |
| 5 | 在水一方 C-15 号楼 | 河北秦皇岛 | 高层住宅 | 6377 | | | | √ | | √ | |
| 6 | 辰威丽湾 23 号楼 | 辽宁营口 | 高层住宅 | 9460 | | | | √ | | √ | |

由表 1-8-7 可知，我国现有项目与国际上的同类气候区域内项目应用的技术类型大致相同，但是就具体技术应用仍有区别。首先，目前投入使用的公建，均为示范项目，由于科研及展示的需要，集成了多种能源系统，增量投资估算不具有参考性，项目的经济性较差。其次，由于我国人口众多，新建被动式住宅均为高层密集型的特点，目前已经建成的两个住宅类被动式超低能耗建筑均没有应用 PV 补充建筑能源系统用电，主要原因是由于高层住宅缺乏 PV 安装位置，以及我国住宅分户产权所有，建筑用电系统分户计量，PV 补充用电系统并网及管理问题复杂。第三，我国寒冷地区被动式超低能耗建筑热泵技术应用广泛，地源热泵由于具有能效高，供能稳定等特点，较多地应用于公建中。空气源热泵由于安装灵活及方便管理，责权划分容易，较多地应用在住宅类建筑中。

小型风力发电机，在我国现有被动式超低能耗建筑建设中没有应用，除了上面提到的与国外项目相同的风力及噪声因素外，与我国发电及并网的相关法律法规也有很大关系。

# 8.5 发展展望

## 8.5.1 发展被动式超低能耗建筑是实现可持续发展的必由之路

大力发展被动式超低能耗建筑是中国建筑业同时也是住房城乡建设领域实现可持续发展的必由之路。随着改革开放的不断深入，我们越来越清晰地看到中国建设业在取得的巨大发展及能源消耗所占的比重。中国从 1949 年以前每人每年消耗 100kg 标准煤，1978 年达到了 0.5t，1978～1998 年达到了每人每年 1t，到 2008 年达到了人均 2t 的标准煤，2013 年达到了人均接近 3t 标准煤，能源消耗的总量是巨大的。为此，需要我们进行能源转型，随着建筑节能和可再生能源技术的进步，一定有很大的发展前景。建筑行业在这方面做出了贡献，且得到了世界的承认。

从全球气候变化的角度而言，人类有一个共同的目标，就是从 1895 年到 2100 年全球气候升高不超过 2℃。自 1992 年起，人们开始重视这个问题。1992～2012 年，用了 8 年时间研究和讨论，得出一个结论，从 2012～2100 年全球气候排放的总量为 5000 亿～10000 亿 t，也就是说全球平均每年的排放总量在 60 亿～100 亿 t 左右。实际情况看，2012 年全球排放了 312t，中国排放了 80 亿 t，超过了美国 52 亿 t，中国的人均排放已经达到了 6.4t，超过了世界 4.6t 的平均水平，也接近欧盟的平均水平；2013 年全球气候排放总量 360 亿 t，中国达到 100 亿 t，都已经远远超过了全球允许的排放空间。中国人均排放达到 7.6t，超过了欧洲，我们这方面压力很大。建筑节能作为世界公认的三大节能减排的主要领域之一，潜力最大。所以，发展被动式超低能耗，可以大幅度调整建筑节能的用能结构，从根本上解决这个问题，对世界的能源消耗，对减少全球温室气体排放和气候变化将会做出巨大贡献。

### 8.5.2 积极探索符合中国国情的被动式超低能耗建筑技术

我国地域广阔，各地气候差异大，没有哪个完整的国外经验可以照搬，因此我们要结合中国实际，发展被动式超低能耗技术，积极探索符合中国国情的被动式超低能耗绿色建筑技术。我们学习全人类包括中国古代的理念，学习西方技术，要因地制宜地解决我们的实际问题。中国经过 5000 年的发展，很多理念和技术都不落后，可在结合与因地制宜上并未做得很好。我们国家横跨多个气候带，南北地区的供暖和空调分布极不平衡，与同一纬度的欧洲国家、美国相比，冬季比较寒冷，夏季十分炎热，又是一个发展中国家，各地经济发展不平衡，城市和农村不平衡。受社会经济发展水平影响，我们的居住环境要达到小康水平，要利用各种技术控制和智能化手段，利用自然结合的方式，利用中国高层建筑的特点，这需要一个深入、系统、全面的研究方案。

东西方观点有区别，中国人观察宇宙地球，崇尚天人合一；而西方人更多是分析、采集，将地球作为客观对象认识，充分地发展了他们的特色。这一点我们确实落后西方，所以我们在吸收欧洲被动式绿色节能建筑技术的基础上，立足我国国情，因地制宜地发展我国建筑节能技术，特别是考虑气候特征的因素。现在国内设计的低能耗技术，很多带有机械性，全盘地甚至原汁原味来学习西方的技术，创新不多。为了建立中国被动式超低能耗建筑技术，中国建筑科学研究院、中国被动式超低能耗建筑联盟编制了《被动式超低能耗建筑技术导则》，该导则经过十几次修改，现在基本定稿，即将发布，希望能够指导我国被动式超低能耗建筑这项工作的实施。

发展被动式超低能耗建筑，同时要发展绿色建材来促进符合中国特色的超低能耗建筑的发展。绿色建材和装备技术是发展中国被动式建筑重要的物质基础和手段，被动式建筑需特殊高效的保温材料，高性能的围护结构及热回收的新风系统，很多技术和材料与传统技术要求不一样，我国在这方面与国外还有很大的差距。自 2014 年以来，住建部联合工信部，陆续出台了绿色建材评价的标准办法，促进绿色建材生产和应用的评定方案，绿色建材评价标准管理细则和绿色建材评价技术导则，希望可以从生产、运输、使用、循环整个全过程，对新材料、新方式进行评价。

### 8.5.3　发扬科学精神，扎扎实实地工作

我国的建筑节能工作相较于西方起步得比较晚，起点也比较低，然而我们在绿色建筑方面起步没有那么晚和低，我们在被动式超低能耗建筑方面可以说和西方发达国家基本上处在同步水平，虽然西方人在这方面研究得比较早，工程建设比较好，但真正发展从规模、总量、速度上，中国现在不亚于世界上任何国家，所以我们要抓紧这个机会。可以完全从这次重新起步的机会深入研究，取得创新性的成果。德国的被动式技术也是受到了中国南北窑洞和闽西土楼的理念影响，虽然我们做到了可是没有科学的理论，而西方人有这种特长和认真检测、分析计算制定各种公式。应该说，在开展符合中国实际的超低能耗建筑技术方面，没有哪个国家比我们更有优势。其中，还有无数的"苹果"、"针眼大的窟窿"需要广大建筑技术人员去分析和测试。我们应该根据气候条件，应该研发中国的计算公式。说我们建筑技术发展得很快，但在居住环境技术方面我们还有很大的差距，所以我们又一定要学习国外先进的技术，开放合作，扎扎实实地工作，促进符合中国实际的超低能耗建筑技术达到国际水平，改善中国人民的居住环境，为全面建成小康社会做出我们建筑技术人员的贡献。

建筑节能标准先行，被动式超低能耗建筑作为我国建筑最终迈向零能耗的先导，制定科学的标准是其健康有序发展的先决条件。加强被动式超低能耗建筑的基础性研究工作，包括标准及设计评估工具的开发、技术适宜性的研究、高性能建筑部品和设备的研发工作，为我国逐步提高建筑节能标准，最终迈向建筑零能耗的目标的实现提供技术积累。

*作者：徐伟（中国建筑科学研究院）*

# 9 我国绿色建材及其评价发展概述

## 9 Development and assessment of green building materials in China

## 9.1 绿色建材概念的历史沿革

相当一段时间内我国建材工业面对产能严重过剩、市场需求不旺、下行压力加大的严峻形势，如何尽快有效地改变这一不利局面早已是当务之急。在建材行业推广绿色建材成为社会普遍认同的良方之一。

1988 年在"第一届国际材料研究会"上首次提出"绿色建材"的概念。第二次世界大战后，工业化国家经济的飞速发展造成臭氧层严重破坏，温室效应、酸雨、生态环境恶化等一系列全球环境问题日益突出。特别是两次石油危机，使人们逐步认识到保护人类生存环境的重要性，以及通过每一个人自身的参与，在经济可持续发展的条件下，保障人类生存空间的重要意义。绿色建材是指采用清洁生产技术，少用天然资源和能源，大量使用工业或城市固态废弃物生产的无毒害、无污染、有利于人体健康的建筑材料，它是对人体、周边环境无害的健康、环保、安全（消防）型建筑材料，属"绿色产品"大概念中的一个分支，国际上也称之为生态建材（Eeological Building Materials）、健康建材（Healthy Building Materials）或环保建材（Recyclic Building Materials）。[1]

1992 年，国际学术界明确提出绿色材料的定义："绿色材料是指在原材料获取、产品制造、使用或者再循环以及废料处理等环节中对地球环境负荷为最小和有利于人类健康的材料，也称之为环境调和材料"。[2]这个定义可以归纳为"四个环节、一个目的"，其中"环节"分别是"原材料获取"、"产品制造"、"使用"和"废弃循环"，这些环节基本涵盖了材料的全生命期。"目的"简而言之就是"利于社会，利于人类"。

在我国绿色建材的概念最早在 1999 年召开的"首届全国绿色建材发展与应用研讨会"上提出的，即"绿色建材是指采用清洁生产技术，少用天然资源和能源，大量使用工业或城市固体废弃物生产的无毒害、无污染、无放射性，有利于环境保护和人体健康的建筑材料"。相比前述绿色材料关注全生命期过程，这个绿色建材的概念侧重于从建材产品自身的属性。

随着研究应用的不断深入，绿色建材的内涵不断演变、丰富。随着我国建设工程规模的持续扩大，资源能源压力巨大，行业内节能减排的任务越来越重，相关各方面逐渐聚焦绿色建材的研发、生产与应用。高性能混凝土、高强钢筋、新型墙体材料等一系列代表性绿色建材产品不断发展，成功实现工程应用、推广。2013 年初，国家发展和改革委员会、住房和城乡建设部共同发布的《绿色建筑行动方案》中将大力发展绿色建材作为我国发展绿色建筑的十项任务之一。至 2014 年初，住房和城乡建设部、工业和信息化部联合印发《绿色建材评价标识管理办法》，正式明确了绿色建材的定义：在全生命周期内可减少对天然资源消耗和减轻对生态环境影响，具有"节能、减排、安全、便利和可循环"特征的建材产品。由此，在我国"绿色建材"第一次有了明确了官方定义。同时，这也为我国开展绿色建材推广应用工作奠定了必要的基础前提。

## 9.2 绿色建材在我国研究应用情况

我国在 20 世纪 90 年代初开始着手绿色建材相关工作。在科研方面，国家、地方围绕绿色建筑这一主题开展实施了一系列的重点科研项目，取得了可喜的科研成果。典型的相关科研项目包括：国家"十五"科技攻关计划课题"绿色建材技术及分析评价方法的研究"，国家"十一五"科技支撑计划项目"绿色建材产品标准、评价与认证技术与体系研究"，"十一五"科技支撑计划项目"建筑材料绿色制造共性技术研究"，"十二五"国家科技支撑计划项目"节能绿色建筑材料开发与集成应用示范"、"典型建材产品绿色生产工艺技术与应用示范"和"节能建材成套应用技术研究与示范"等。同时，还针对水泥、混凝土、玻璃等传统大宗建材产品的绿色升级进行一系列的专项研究，包括："十一五"国家科技支撑计划重点项目"高强钢筋和高强高性能混凝土应用关键技术研究"，"十二五"科技支撑计划项目"水泥窑炉粉尘及氮氧化物减排关键材料及技术开发"，"十二五"科技支撑计划项目"典型高性能特种玻璃关键技术研发与示范"等。丰硕的科研成果有利地引导、支撑了我国绿色建材产业的发展进步。一系列传统建材产品被赋予新的产品内涵，实现了产品的绿色化。

### 9.2.1 生态水泥

生态水泥（Ecological Cement），又称绿色水泥（Green Cement）、健康水泥（Healthy Cement）和环保水泥（Recyclic Cement），是指以城市垃圾焚烧灰和下水道污泥等废弃物为主要原料，再添加其他辅助材料，经过煅烧、粉磨形成的新型水硬性胶凝材料。与以石灰石为主要原料生产出的传统水泥相比较，生态水泥的生产可以节约石灰石和黏土等天然原料，同时更有效且合理地处理了污染环境的城市垃圾和工业废弃物（500kg 的废弃物约可生产 1t 的生态水泥），而生产过程中废气和粉尘排放更少。另外，生态水泥产品还可再生循环利用，达到与环境共生的目标，符合可持续发展的方向。

普通硅酸盐水泥的生产需要高品位的石灰石经过高温煅烧才可制成，这一过程还排放与水泥熟料相同重量的 $CO_2$、$SO_2$ 和 $NO_x$ 等有害气体。采用新工艺新技术生产的生态水泥（$C_2S$ 大于 $60\%$）烧制温度相比传统水泥产品可下降 $200℃$，预计每年节省近千万吨标准煤，每年可利用工业废渣约 1 亿吨，$CO_2$ 的总排放量至少会减少 $25\%$。新型生态水泥具有良好的强度、高耐久性和抗化学侵蚀，适用的范围更广，经济和社会效益显著。[4]

### 9.2.2 高性能混凝土

我国正处于工业化和城镇化快速发展的时期，各种建筑和基础设施建设工程量巨大。现代混凝土结构也向着高层、大跨、超深、特种结构等方向发展。国内许多标志性建筑物都采用了高性能混凝土，如上海环球金融中心、广州国际金融中心、天津 117 大厦等。同时，市政工程建筑对混凝土性能提出了更高的要求，如须具有更大的承载力以及能够抵御严寒、炎热、雨雪等较严酷的使用环境。高性能混凝土以其优越的性能广泛应用于道路桥梁等公共设施，已在市政工程领域获得了业界的广泛关注。此外，高性能混凝土也在其他建设行业实现了相当规模的成功应用，其中典型应用工程实例包括三峡工程、青藏铁路、南水北调工程、田湾核电站等。

在已经发布的行业标准《高性能混凝土评价标准》JGJ/T 385—2015 中首次提出了高性能混凝土的标准定义，即"以建设工程设计、施工和使用对混凝土性能特定要求为总体目标，选用优质常规原材料，合理掺加外加剂和矿物掺合料，采用较低水胶比并优化配合比，通过预拌和绿色生产方式以及严格的施工措施，制成具有优异的拌合物性能、力学性能、耐久性能和长期性能的混凝土。"从中不难看出，高性能混凝土是从原材料，到制备，最后再到施工应用，整个全过程都体现绿色化的新型建材。今后，高性能混凝土将作为传统混凝土朝着绿色建材方向发展形成的必然产物，在更广阔的行业范围内获得应用，特别是对于工程质量、应用环境和使用性能有更高、更具体要求的建设工程。

（1）海洋工程。中国有 18000 公里海岸线，沿海城市一直是中国改革开放的重点和经济最发达地区。在《"十二五"海洋科学技术发展规划》中明确支持地区沿海经济发展，这为高耐久性的海工混凝土材料和结构的规模化应用提供了契机。

在海洋工程中，高性能混凝土用于大跨桥梁的建造，有利于延长桥梁的使用年限和获得更好的经济效益。在海港工程中，采用高性能混凝土建造码头、防波堤、护岸、海上钻井平台等，对保证结构安全性和耐久性可发挥重要作用。为了我国海港工程建设发展需要，交通运输部组织制定了《海港工程高性能混凝土质量控制标准》JTS 257-2-2012，为进一步在海洋工程中推广高性能混凝土应用提供了必要的技术支撑。

（2）交通工程。预计到 2020 年，我国要投入 20000 亿人民币用于铁路建设，其中建设 12000km 的高铁客运专线，为了满足高铁工程对混凝土耐久性的特殊要求，将大量适用高性能混凝土。同时，我国道路桥涵工程的耐久性也格外受到重视，高性能混凝土非常适合这类工程采用。这些实际需求为高性能混凝土在交通行业领域的进一步应用创造了有利条件。

（3）水电工程。国家政府大力发展可再生能源，水电工程建设持续保持高速发展，继三峡大坝之后，类似规模的水电工程都在相继规划、设计或已开工建设。水工混凝土的耐久性和安全性长期以来一直受到高度重视，高性能混凝土有良好的应用基础。

（4）核电工程。由于核电工程自身的特殊性，对混凝土结构设施的安全性具有更加具体、更加严苛的要求，高性能混凝土因其自身优异的性能在核电工程中也有应用需求，如用于屏蔽结构的防辐射重混凝土以及用于对安全性和耐久性要求高的安全壳等重要结构。

### 9.2.3 节能玻璃[5]

当前，节能已经成为建材产品首要考虑的要素之一，玻璃作为大宗建材产品之一，如何减少透过玻璃的能量损失已经成为玻璃产品升级换代的关键。据统计，在建筑中门窗玻璃的能耗约占建筑总能耗的 35％左右，因此节能玻璃的应用在建筑节能中具有重要意义。节能玻璃区别于传统玻璃最突出的特点在于：更加优异的保温性和隔热性。门窗用玻璃既要通风换气，又要采光透视，还要密封、保温隔热、节能，借鉴国外发达国家的先进经验，我国近年来研究开发出一批节能玻璃，并实现了成功的工程应用，其中主要产品形式包括中空玻璃、吸热玻璃、低辐射膜玻璃等。

（1）中空玻璃。由美国人于 1865 年发明，是一种良好的隔热、隔声、美观适用、并可降低建筑物自重的新型建筑材料，它是用两片（或三片）玻璃之间（称之为玻璃基片）进行有效支撑，四周采用胶接法进行密封保证始终充满干燥气体，使用高强度高气密性复合粘结剂，将玻璃片与内含干燥剂的铝合金框架粘结，制成的高效节能建筑玻璃，使其具有节能、隔热和防结露三大基本功能的制品。中空玻璃主要用于需要采暖、空调、防止噪声或结露以及需要无直射阳光和特殊光的建筑物上。广泛应用于住宅、饭店、宾馆、办公楼、学校、医院、商店等需要室内空调的场合。

（2）吸热玻璃。是指能吸收大量红外线辐射能而又保持良好的可见光透过率的玻璃。它是在普通钠钙玻璃中引入起着色作用的氧化物，使玻璃着色而具有较高的吸热性能。吸热玻璃与普通平板玻璃相比具有如下特点：一是吸收太阳辐射热；二是吸收太阳可见光；三是具有一定的透明度，能吸收一定的紫外线；四是具有一定的透明度，能清晰地观察室外景物；五是色泽经久不变。鉴于上述特点，吸热玻璃已广泛用于建筑物的门窗。

（3）低辐射玻璃。又称"Low-E 玻璃"，是通过在玻璃表面涂敷低辐射涂层使表面的辐射率低于普通玻璃从而减少热量的损失来达到降低采暖费用实现节能目的。Low-E 玻璃又可以分为高透型 Low-E 玻璃、遮阳型 Low-E 玻璃和双银Low-E 玻璃等。

高透型 Low-E 玻璃有较高的可见光透射率，采光自然，效果通透，适用于外观设计透明、通透、采光自然的建筑物，有效避免"光污染"危害，制作成中空玻璃使用节能效果更加优良。遮阳型 Low-E 玻璃适宜的可见光透过率，对室外的强光具有一定的遮蔽性。从节能效果看，遮阳型不低于高透型，其丰富的装饰性能起到一定的室外实现的遮蔽作用，适用于各类型建筑物；制作成中空玻璃节能效果更加明显。双银 Low-E 玻璃因其膜层中有双层银层面而得名，其属于Low-E 玻璃膜系结构中较复杂的一种，是高级 Low-E 玻璃。它突出了玻璃对太阳热辐射的遮蔽效果，将玻璃的高透光性与太阳热辐射的低透过性巧妙地结合在一起。因此，与普通 Low-E 玻璃比较，在可见光透射率相同的情况下具有更低的太阳能透过率。不受地区限制，适合于不同气候特点的广大地区。

### 9.2.4 新型保温材料

从当前来看，我国的建筑保温材料及相应的标准历经了二三十年的发展，截至现在已形成多样化、系列化、标准化的墙体保温材料体系，多样化的保温材料又演化出多样化的保温体系，相应的标准规范也逐渐成熟，从材料到体系都融合体现了利废、高效、节能等典型的绿色化特征，为我国的建筑节能事业做出了重大的贡献。

我国墙体材料应用技术主要还是以外墙外保温系统为主，即由以下构造组成：粘结层、保温层、保护层、饰面层。其主要的结构构造如图 1-9-1。

（1）新型有机保温材料

有机保温板外保温系统主要包括膨胀聚苯板外保温系统、挤塑板外保温系统、酚醛板外保温系统、聚氨酯板外保温系统。其中，聚氨酯外保温系统作为新型保温材料系统优势明显，聚氨酯硬泡（简称 PU）属于新型的保温材料，其导热系数不大于 $0.023W/(m \cdot K)$，保温性能优异，其材料属于热固性，近年来随着节能目标的提高，PU 板材在墙体保温行业中的平均使用增长速度 $10\%$ 以上。

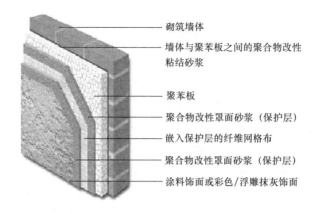

砌筑墙体

墙体与聚苯板之间的聚合物改性
粘结砂浆

聚苯板

聚合物改性罩面砂浆（保护层）

嵌入保护层的纤维网格布

聚合物改性罩面砂浆（保护层）

涂料饰面或彩色/浮雕抹灰饰面

图 1-9-1　典型的外墙外保温系统构造

我国 PU 墙体保温技术基本形成了以现场喷涂 PU 复合保温浆料技术系统、现场喷涂幕墙技术系统、现场浇注 PU 技术系统、PU 板薄抹灰技术系统、保温装饰复合板技术系统为基础技术的 PU 墙体保温技术体系。具有涂料饰面、面砖饰面、仿幕墙饰面、幕墙饰面等多种饰面技术形式，全面适应房地产行业发展需求。这种增长势头仍将持续发展。该类材料行业发展主要以硬质聚氨酯板材为主，其他的喷涂、浇注等使用范围渐渐变小，已逐渐退出市场。

（2）新型无机保温材料

对于无机保温系统，我国正在使用的保温材料和系统包括：泡沫混凝土板保温系统、岩棉保温系统、玻化微珠保温浆料保温系统、泡沫玻璃板外保温系统等，针对无机保温材料，由于其本身的材料局限性，存在着一些天然的缺点，例如导热系数高、吸水率大、密度大、耐冻融性能差等，虽然存在以上缺点但在形成系统后有些区域也可以使用（要保证系统的整体性能符合标准规定的前提下），但近年来随着保温材料防火的重要性，一些诸如泡沫玻璃、发泡陶瓷等新型无机保温材料应运而生，并在国内部分地区试点生产应用，取得了可喜的成效。

（3）新型有机—无机复合材料

该类保温材料主要是胶粉聚苯颗粒保温系统，胶粉聚苯颗粒外保温系统在我国实行节能政策的初期，起到了很好的作用，它的优势包括材料适应性好、吸纳废弃物等，但随着节能技术的发展和节能目标的提高，该系统已经不能完全适应我国的节能要求，但由于其良好的性能在我国南方还有部分使用。

除此之外，随着建筑节能与防火开始并重，各种有机高效保温材料和无机保温材料的复合也开始发展，现在处于研究阶段的主要有：聚氨酯硬泡与玻化微珠的复合、聚氨酯硬泡与泡沫混凝土的复合等，这种材料充分利用有机保温材料的保温性能和防水性能，以及无机保温材料的防火特性和成本低廉的特点，这些复合材料已有部分试点生产应用。

## 9.3 绿色建材发展面临问题[1,6]

应客观承认，我国绿色建材产业仍出于起步阶段，发展相对滞后。从宏观层面分析，制约我国绿色建材产业发展的主要问题包括：

（1）我国绿色建材市场整体发展较慢，绿色建材市场仍处在市场导入期，生产供货能力不足，地区发展不平衡

一方面，绿色建材产品品种、规格、功能还不能满足消费者需求，供使用者选择的余地较小；另一方面，绿色建材产品推广应用还未完全获得使用者的认同，同时出现了发达地区与欠发达地区在开发、应用上的差距。另外，绿色建材市场还未形成生产－销售－服务一条龙配套市场体系。

（2）绿色建材产品在整个建材市场中所占的比重很小

相关资料显示，我国的绿色建材产品占建材产品的比重不到5％，而欧美发达国家的建材产品达到"绿色"标准的已超过90％。就涂料生产来说，我国是拥有几千个生产厂家和数百万吨年产量的涂料大国，但因大部分企业属于技术薄弱、装备简陋、管理落后的小型企业，其中80％的产品仍然是性能差、消耗高、污染重、毒性大的聚乙烯醇及缩甲醛类涂料。这就决定了我国涂料工业与国际先进水平之间必然存在着很大差距。

（3）从事绿色建材产品生产的企业相对较少

虽然绿色建材市场潜在需求巨大，社会各方都积极呼唤建材工业要走绿色建材的发展道路，广大消费者也企盼着绿色建材产品能进入家庭，但事实上，真正投身到绿色建材产品生产中去的生产企业并不多。究其原因，一是企业自身把握市场机会和开发生产绿色建材产品的技术能力不强；二是企业筹资能力有限，难以在资本市场上筹集到企业开发生产绿色建材产品所需的必要资金；三是绿色建材给生产企业带来的吸引力和"诱惑力"不足。

（4）推广应用方面的问题较突出

最突出的矛盾在于缺乏具有公信力的、科学的绿色建材评价制度。以往建材产品绿色不绿色多是有生产方自行宣传，使用者很难鉴别其是否"绿色"，而市场上的"绿色建材产品"鱼目混珠，"假绿色建材"或"伪绿色建材"挫伤了用户对绿色建材产品的信心，导致绿色建材产业发展受阻。由此可见，建立一套科学可信的绿色建材评价制度体系，为生产、应用双方提供一条统一的准绳，已成为我国绿色建材推广应用的当务之急。

再者，因相关标准规范滞后，导致绿色建材发展与应用推广力度不够。科学地确立绿色建材标准体系有利于规范绿色建材发展、引领建材企业转型升级、引领行业进步。可以优先选取技术发展较为成熟、创新水平较高的建材产品和设备

开展绿色建材标准化建设，随着研究的开展和市场的完善，逐步扩展到其他产品。

# 9.4 我国绿色建材评价工作发展进程

如何科学界定绿色建材，是实现我国传统建材产业升级转型的第一步。发达国家为了推进绿色建材产业的发展，制订实施了一系列相关的建材产品的环境标志认证制度，对建材产品本身的使用安全性、环境友好性等提出更加明确、严格的要求。其中，典型的包括德国的"蓝色天使"、北欧的"白天鹅环境标志"、美国的"绿色证章"、日本的"生态标志"等。借鉴国外的成功经验，我国近些年来逐步制订推行了一些与绿色建材产品相关的环境标志认证制度。

### 9.4.1 中国环境标志（十环标志）

作为我国最早推行的环境产品标志，"中国环境标志"（十环标志，见图1-9-2）由环境保护部于1993年10月发布。1994年5月，中国环境标志产品认证委员会（CCEL）成立标志着我国环境标志产品认证工作的正式启动。

中国环境标志是标示在产品或其包装上的一种"证明性商标"。它表明产品不仅质量合格，而且符合特定的环保要求，与同类产品相比，具有低毒少害、节约资源能源等环境优势。

认证产品种类主要包括家具、建筑材料（水性涂料、溶剂型涂料、木地板、粘合剂、壁纸、陶瓷砖、卫生陶瓷、门窗、水泥、混凝土、墙体板材等）、家用电器（冰箱、电视机、洗衣机、空调、节能灯）、日用品、纺织品、汽车、办公设备（计算机、复印机、打印机、传真机等）、油墨、再生鼓粉盒、生态住宅、太阳能（热水系统、集热器）等。

但是，"十环标志"主要强调的是环保方面的绿色，对于建材产品"减少对天然资源消耗"、"安全、便利和可循环"等绿色内涵基本没有体现，所以严格意义上说，这个标志并不是绿色建材标志。

图 1-9-2 中国环境标志

### 9.4.2 绿色建筑选用产品

中国建材检验认证集团（CTC），自"十五"以来进行了绿色建筑选材与绿色建材评价领域相关基础研究工作。2012 年，CTC 完成了国内首部《绿色建筑选用产品技术指南》，旨在使建材行业向集约、绿色和健康的方向发展，宣传推广优秀的环保建材产品。进一步，结合建材产品检验与认证工作，以识别国内外绿色建材产品及优秀供应商为目的，编制了《绿色建筑选用产品导向目录》。通过多种渠道向绿色建筑开发商和建筑师介绍建筑材料新产品、新功能、新应用，共同探讨解决绿色建筑中的实际问题，将最优秀的企业和产品提供给绿色建筑开发商和建筑师，凸显产品高端优势。CTC 将根据绿色建筑对绿色建材的技术要求，结合建筑师的选材行为模式，开发绿色建筑选材软件，并与入选该目录的产品数据库直接对接。

图 1-9-3　绿色建筑选用产品注册商标

为配合绿色建筑产品评价工作，对于符合《绿色建筑选用产品技术指南》的企业产品，可申请"绿色建筑选用产品"证明商标（图 1-9-3）。"绿色建筑选用产品"是 CTC 下辖国家建筑材料测试中心经国家工商总局商标局注册的证明商标，是用于证明建材产品为绿色建筑建设选用特定品质的标志。

### 9.4.3　绿色建筑产品认证

中国建筑科学研究院经住房和城乡建设部推荐，国家认证认可监督管理委员会批准，于 2006 年获得产品认证资质，2011 年通过中国合格评定国家认可委员会认可。

中国建筑科学研究院自"十五"到"十二五"期间，共承担了多项绿色建筑和绿色建材的科研工作，主编了《绿色建筑评价标准》GB/T 50378—2014 等标准规范。结合绿色建筑产品发展需要，中国建筑科学研究院于 2011 年启动了"绿色建设工程产品认证实施规则的研究及编制"课题，于 2012 年启动了"绿色建筑产品认证关键技术和应用研究"课题，这两个课题的研究成果，完成了中国建筑科学研究院《绿色建筑产品认证通则》及保温材料等部分主要材料的绿色建筑产品认证实施细则，奠定了中国建筑科学研究院绿色建筑产品认证的基础，2013 年 3 月，中国建筑科学研究院发出了国内第一张绿色建筑产品认证证书。

中国建筑科学研究院《绿色建筑产品认证通则》的编制依据了《环境标志和声明 Ⅲ型环境声明 原则和程序》GB/T 24025—2009 等标准规范，基于全生命期的概念，从原材料、生产制造、产品性能、废弃后处理回收四个方面评价资源、能源的利用情况，以及由此产生对环境和健康的影响。在保证产品质量的前提下，兼顾产品风险及性能导向原则，产品性能与现场工艺结合原则，地区差异性原则，鼓励创新原则，定性与定量相结合原则。

结合绿色建筑在节能、节地、节水、节材和室内空气质量方面的评价和绿色施工评价，中国建筑科学研究院绿色建筑产品认证（图 1-9-4）的范围包括建筑结构安全产品，如预应力用锚、夹具和连接器、玻璃幕墙支承装置、槽式预埋件、建筑锚栓、钢筋机械连接接头、密封胶、建筑隔震、减震装置；建筑围护结构节能产品如保温材料、墙体保温系统、建筑门窗、建筑砌块；建筑用可再生能源系统如

图 1-9-4  绿色建筑产品认证标志

太阳能热利用装置、水（地）源热泵机组、空气-空气能量回收装置；管道系统产品如塑料管材、管件，检查井盖；室内空气品质保障产品，如空气净化器、空气过滤器等。

### 9.4.4  绿色建材评价标识

"绿色建材评价标识"是我国国家层面首次提出的单独针对建材产品的绿色标识。自 2013 年起，多部位陆续出台关于推广绿色建材的相关文件，体现了国家对绿色建材产业发展的重视，将大力发展绿色建材作为建材行业升级转型的抓手，并成为进一步推进我国绿色建筑发展的基础条件之一。

2013 年 1 月 1 日，国务院办公厅以国办发［2013］1 号转发国家发展改革委、住房城乡建设部制订的《绿色建筑行动方案》，其中重点提及将绿色建材作为重点研发专项加以研究推广，并要求着重发展绿色建材："因地制宜、就地取材，结合当地气候特点和资源禀赋，大力发展安全耐久、节能环保、施工便利的绿色建材。加快发展防火隔热性能好的建筑保温体系和材料，积极发展烧结空心制品、加气混凝土制品、多功能复合一体化墙体材料、一体化屋面、低辐射镀膜玻璃、断桥隔热门窗、遮阳系统等建材。引导高性能混凝土、高强钢的发展利用，到 2015 年末，标准抗压强度 60MPa 以上混凝土用量达到总用量的 10%，屈服强度 400MPa 以上热轧带肋钢筋用量达到总用量的 45%。大力发展预拌混凝土、预拌砂浆。深入推进墙体材料革新，城市城区限制使用黏土制品，县城禁止使用实心黏土砖。发展改革、住房城乡建设、工业和信息化、质检部门要研究建立绿色建材认证制度，编制绿色建材产品目录，引导规范市场消费。质检、住房城乡建设、工业和信息化部门要加强建材生产、流通和使用环节的质量监管和稽查，杜绝性能不达标的建材进入市场。积极支持绿色建材产业发展，组织开展绿色建材产业化示范。"值得注意的是，在其中重点强调建立绿色建材评价认证制

度，这成为开展"绿色建材评价标识"具体工作的原点。

在 2014 年 5 月，为了尽快确立绿色建材评价标识体系，住房城乡建设部、工业和信息化部联合印发《绿色建材评价标识管理办法》，进一步明确了开展绿色建材评价标识工作的目的，即"为加快绿色建材推广应用，规范绿色建材评价标识管理，更好地支撑绿色建筑发展"。随后，为了科学有效地指导开展具体建材产品的评价工作，由两部委牵头，组织了我国建筑、建材行业的相关科研、生产、应用和管理单位编制绿色建材产品目录，并选取了砌体材料、保温材料、预拌混凝土、建筑节能玻璃、陶瓷砖、卫生陶瓷和预拌砂浆这 7 大类在全行业具有代表性的建材产品，作为首批绿色建材评价标识的目标对象，研究编制针对性的绿色建材评价技术导则。期间，组织完成了《绿色建材评价标识管理办法实施细则》（征求意见稿）的编制。2015 年 4 月，两部委联合发文《关于征求对绿色建材评价标识管理办法实施细则（征求意见稿）和部分产品技术导则意见的函》（建科墙函［2015］47 号），向全社会公开征集意见。在征求意见期间，组织《绿色建材评价技术导则》编制成员单位，选取导则中涉及的 7 大类建材产品的代表性企业，进行试点评价工作，通过实际测评，对导则的合理性、可操作性和客观性进行验证与修订。2015 年 10 月 14 日，两部委正式以《住房城乡建设部工业和信息化部关于印发〈绿色建材评价标识管理办法实施细则〉和〈绿色建材评价技术导则（试行）〉的通知》（建科［2015］162 号）发布前述 2 项重要文件。

此外，值得一提的是，在工业和信息化部、住房城乡建设部联合印发《促进绿色建材生产和应用行动方案》的总体要求中重点强调"以绿色建材生产和应用突出问题为导向，明确重点任务，开展专项行动，实现建材工业和建筑业稳增长、调结构、转方式和可持续发展，大力推动绿色建筑发展、绿色城市建设。"并在行动目标中具体明确："到 2018 年，绿色建材生产比重明显提升，发展质量明显改善。绿色建材在行业主营业务收入中占比提高到 20％，品种质量较好满足绿色建筑需要，与 2015 年相比，建材工业单位增加值能耗下降 8％，氮氧化物和粉尘排放总量削减 8％；绿色建材应用占比稳步提高。新建建筑中绿色建材应用比例达到 30％，绿色建筑应用比例达到 50％，试点示范工程应用比例达到 70％，既有建筑改造应用比例提高到 80％。"这也是我国首次在国家政府层面文件中明确量化绿色建材生产应用的预期指标。此外，绿色建材评价标识工作也在该方案中单独作为要点之一明确提出具体要求，具体指明："按照《绿色建材评价标识管理办法》，建立绿色建材评价标识制度。抓紧出台实施细则和各类建材产品的绿色评价技术要求。开展绿色建材星级评价，发布绿色建材产品目录。指导建筑业和消费者选材，促进建设全国统一、开放有序的绿色建材市场。"由此可见，推进绿色建材评价标识工作已经成为国家层面重点关注的工作任务之一。

预计相关具体工作有望于 2016 年内正式启动，届时将有一批企业的产品成为我国首批获得"绿色建材评价标识"的绿色建材。至此，正式拉开我国推广绿色建材生产应用的序幕。

## 9.5　结　语

绿色建筑是我国建筑行业深化发展的重点，而绿色建材是绿色建筑的重要基础，绿色建筑必将由于绿色建材的使用而显著提升内涵水平，新型绿色建材的出现势必引发整个建材工业的革命。随着绿色建材相关具体工作，如绿色建材评价标识工作的深入开展，及时将绿色建材相关具体要求纳入与绿色建筑相关的具体政策、标准中，实现上下游的实际联系，必将促成绿色建筑倒推绿色建材的互动发展模式。

与此同时，住宅产业化已成为未来建筑业的发展发向，绿色建材是住宅产业化发展的必然要求。应在大力发展住宅产业化的过程中尽可能多的鼓励甚至强制采用相关各类绿色建材产品，进一步带动绿色建材产业的市场需求。

**作者：**何更新[1,2]　赵霄龙[1,2]　曹力强[1]（1. 中国建筑科学研究院；2. 中国工程建设标准化协会绿色建筑与生态城区专业委员会绿色建材专业组）

**参考文献**

[1]　朱捍华. 中国绿色建材市场发展问题研究[D]. 武汉：武汉理工大学硕士学位论文，2001.

[2]　陈从喜. 国内外绿色建材开发研究进展[J]. 岩石矿物学杂志，1999，12.

[3]　赵平等. 绿色建筑用建材产品评价及选材技术体系[M]. 北京：中国建材工业出版社，2014.11.

[4]　翁端. 环境材料学[M]. 北京：清华大学出版社，2001.

[5]　刘道春. 节能玻璃领航未来建材市场的主流[J]. 现代技术陶瓷，2004，1.

[6]　刘姗姗. 我国绿色建材发展的探索与研究[J]. 建筑节能与绿色建筑，2015，13.

# 10 国家标准《工业化建筑评价标准》GB/T 51129—2015 简介

## 10 Introduction to the national standard of *Evaluation Standard for Industrialized Building* GB/T 51129—2015

### 10.1 编 制 背 景

近年来，国务院以及住房城乡建设部等部门对推动建筑产业现代化提出了一系列明确要求，全国 30 多个省、区、市纷纷出台了指导意见和鼓励措施，政策红利不断释放，提高了行业各方参与的积极性；建筑设计、构配件生产、安装施工、装备制造和房地产开发等企业积极响应，开展了大量的研发工作，建设了一大批装配式建筑试点、示范工程，初步形成了"政府推动、企业参与"的蓬勃发展态势。基于当前我国建筑产业现代化的发展现状和趋势，迫切需要建立一套适合我国国情的工业化建筑评价体系，制订并实施统一、规范的评价标准，对于引导、促进建筑产业现代化持续健康发展具有十分重要的意义。

根据住房和城乡建设部《关于印发 2013 年工程建设标准规范制订修订计划的通知》（建标〔2013〕6 号）的要求，由住房和城乡建设部住宅产业化促进中心、中国建筑科学研究院会同有关单位开展了《工业化建筑评价标准》的研究和编制工作。经过 2 年多的工作，标准编制工作已经完成，并于 2015 年 8 月 27 日发布，编号为 GB/T 51129—2015，自 2016 年 1 月 1 日起实施。

国家标准《工业化建筑评价标准》GB/T 51129—2015（以下简称《标准》）是总结我国建筑产业现代化方面的实践经验和研究成果，借鉴国际先进经验制定的第一部工业化建筑评价标准。该《标准》是针对我国民用建筑的工业化程度、工业化水平的评价标准，对于规范我国工业化建筑的评价，推进建筑工业化发展，促进建筑产业传统建造方式向现代工业化建造方式转变，具有重要引导和规范作用。

### 10.2 编 制 过 程

2013 年 6 月 17 日，由住房和城乡建设部建筑设计标准化技术委员会在北京主持召开了《标准》编制组成立会暨第一次工作会，宣布了由16家地方行业主管部门、研究机构及企业共同组成标准编制组，并对标准的编制大纲、标准评价体系、评价方法等内容进行了广泛深入的讨论，最终形成了标准编制框架，明确了标准编制工作分工和编制进度计划，正式启动了标准编制工作。

标准编制组赴全国建筑工业化发展较好的地区开展了多次深入调研工作，先后召开了五次编制组工作会议，并且在北京、合肥、沈阳等地针对实际工程项目开展了试评工作，在反复修改、完善标准内容和分值权重后形成了标准的征求意见稿。

2014年9月17日，在国家工程建设标准化信息网上公开征求意见，并向35位专家和企业定向征求意见，共收到100多条反馈意见和建议。编制组对反馈意见进行了梳理、汇总处理，经认真研究、修改，形成了《标准》送审稿。

2014年12月29日，由住房和城乡建设部建筑设计标准化技术委员组织专家委员会在北京主持召开了《标准》审查会，审查专家听取了主编单位代表编制组汇报，并对《标准》送审稿进行了逐条审查，经充分讨论，形成了审查意见。审查专家委员会认为，该《标准》创新性地提出设计阶段评价、建造过程评价、管理和效益评价三部分构成的标准评价体系，符合我国建筑工业化发展的现实要求，《标准》内容全面、系统、科学合理，可操作性强，符合国家现行的技术经济政策，能够满足工业化建筑评价的需要，填补了国内标准的空白，总体上达到了国际先进水平；一致同意《标准》送审稿通过审查。

编制组根据专家审查意见，对《标准》送审稿进行了认真修改和完善，完成了《标准》的报批稿，并上报住房城乡建设部。

## 10.3　主 要 内 容

《标准》由总则、术语、基本规定、设计阶段评价、建造过程评价、管理与效益评价六章组成，包含条文及条文说明。

第1章总则部分，包括《标准》的编制目的、指导思想、适用范围等，明确《标准》的适用范围为民用建筑的工业化程度评价。

第2章术语部分，对"工业化建筑"、"预制率"、"装配率"及"预制构件"等9个专业名词规定了明确定义。

第3章基本规定部分，包括一般规定及评价方法，规定了本《标准》设计和工程项目两阶段评价方法；规定了设计阶段、建造过程、管理与效益三部分权重及总分计算方法；规定了基础项和评分项的关系和基本要求。

第4章设计阶段评价部分，包括基础项和评分项的详细规定，评分项目包括标准化设计评价、主体结构预制率评价、构件及部品装配率评价、建筑集成技术评价、设计深度评价、一体化装修评价及信息化技术应用评价等，规定了各个子项具体内容和分值。

第5章建造过程评价部分，包括基础项和评分项，评分项目包括工厂化制作评价、装配化施工评价、装修工程评价等具体内容和分值规定。

第6章管理与效益评价部分，包括基础项以及信息化管理评分项、综合效益评分项的具体内容规定。

## 10.4　标准尚存在的问题

由于工业化建筑在我国尚处于初级阶段，开展工程实践的企业以及建成的符合评价条件的工程项目还非常有限，国外也没有更多经验可供借鉴，参照系和经验有很大的局限性。因此，该《标准》的编制具有较大的难度和较强的前瞻性、创新性。编制组结合当前建筑工业化发展实际，根据目前掌握的基本情况和对建筑工业化未来发展趋势的理解，从引导、鼓励的角度出发，编制了本标准。因此该《标准》尚存在以下问题：

由于工业化建筑的技术体系和管理方式尚在发展和完善过程中，很多技术和管理问题还需要进一步探索、研究，工业化建筑的门槛还不宜设置太高，但太低会失掉编制标准和推进建筑工业化发展的意义，因此《标准》在部分基础项中规定的量值需要进一步研究和完善。

我国幅员辽阔，各地气候条件、经济技术发展水平等均有很大差异，有些问题很难做到统一，尚需要通过发展和达成统一认识后，才能逐步完善和解决。

《标准》中个别评价要点的可操作性需通过工程实践和评价进一步检验；个别评分项目的分值以及有关权重的确定还带有一定的主观性，尚需要通过工程实践进一步检验，并在以后的《标准》修订中进行完善。

该《标准》目前偏重于装配式混凝土结构建筑，钢结构建筑及其他材料建筑在有关条款上针对性较弱，尚需在以后的标准修订中进行完善。

## 10.5　结　束　语

根据我国建筑产业现代化技术体系、管理水平的发展和进步，组织编制《标准》的配套使用细则，指导评价工作的顺利开展；及时总结《标准》的使用情况和评价工作经验，适时开展《标准》的修订和完善工作，适当扩充《标准》的适用范围，涵盖更多的建筑及结构类型，更加全面地界定工业化建筑的评价参数体系和分值，使评价内容更具有可操作性。

**作者：**叶明[1]　黄小坤[2]（1. 住房和城乡建设部住宅产业化促进中心；2. 中国建筑科学研究院）

# 11 青少年绿色建筑科普教育

## 11 Green building popularization education for teenagers

生态文明建设是我国建成小康社会、实现"双百年"发展目标的重要战略之一。发展绿色建筑是建筑领域践行生态文明建设的具体行动。推动绿色建筑的发展，必须两手抓：一手抓硬件，即开发绿色建筑技术，建造绿色房屋；一手抓软件，即开展相关绿色人文和科普知识教育，改变人们的不健康、错误的传统理念和行为方式，继承和发扬优良的传统理念和行为方式，建设生态文明。青少年是国家发展的未来，开展青少年的科普教育，是发展绿色建筑、建设生态文明的有效保障措施。为此，中国城科会绿色建筑与节能专业委员会（以下简称：中国绿建委）将开展全国青少年绿色、生态、低碳科普教育作为一项重点工作，积极推动地方机构和有关单位，共同开展了一系列有关活动，取得积极成果。

## 11.1 组织开展"全国青少年绿色科普教育系列活动"

为了更好地在青少年中建立"绿色、生态、低碳"行为的意识，普及相关科学技术知识，培养绿色建筑领域的"后续力量"，同时也是履行作为学术性社会团体开展科普教育的职责，中国绿建委决定联合相关单位共同筹划和组织在全国开展青少年绿色、生态、低碳科普教育系列活动，从而扩大绿色建筑的社会影响，实现我国绿色建筑的可持续性发展。

为保证系列活动的顺利开展，组织了来自上海现代建筑设计集团、同济大学、浙江大学、南京工业大学、重庆大学、中国建筑工程总公司、北京城建设计总院、天津市建筑设计院、中国城市建设研究院等单位的专家团队，准备了生动、丰富的宣讲材料和知识竞赛题库，并参加一系列科普教育活动，给同学们讲授相关的科学技术知识和先进理念。

### 11.1.1 全国大学生、高中生绿色建筑知识竞赛

2015 年 6 月 5 日，中国绿建委印发了"关于举办全国大学生、高中生绿色建筑知识竞赛的通知"，公布竞赛活动于 7 与 6 日～10 日在绿建委网站上举行，竞

图 1-11-1　绿色建筑知识竞赛网上注册窗口

赛试题网上公布，参加竞赛的学生在网上注册（图 1-11-1），限时答题，竞赛结果评分为：优、良、差，竞赛结束后获得优、良成绩的学生姓名和所在地区、学校将公布在绿建委网站上，绿建委将向这些同学颁发证书。竞赛活动得到了很多高校在校生的积极响应，有 215 名学生报名注册参加了竞赛，其中有少数高中学生参加。举办绿色建筑知识竞赛的目的是向学生普及绿色建筑知识和绿色生活行为理念，以宣传教育为主，同时考虑竞赛的简便易行，因此，竞赛题采取了选择题的方式。其中，118 名学生获得优、良成绩。

### 11.1.2　全国青年绿色建筑夏令营

2015 年 8 月 15 日～21 日，中国绿建委在江苏南京和浙江长兴成功举办了第一届"全国青年绿色建筑夏令营"（图 1-11-2）。本次夏令营活动得到了朗诗绿色地产的鼎力相助，江苏省绿色建筑工程技术研究中心和朗绿科技有限公司的全力协助，以及江苏省住房城乡建设厅科技发展中心的支持。参加夏令营的 32 位同学来自重庆大学、浙江大学城市学院、安徽建筑大学、天津城建大学、广西大学、山东建筑大学等 11 所高校和浙江省大田中学，他们前期都参加了"全国大学生和高中生绿色建筑知识竞赛"并取得优秀成绩。

在夏令营的组织方、承办方和协办方的共同努力下，为同学们精心安排了参观绿色建筑标识项目、专业科普知识展示和相关生产企业，邀请国家级专家授课，以及绿色建筑设计策划和绿色建筑宣传作品评议等实践活动。此外，还安排了一些知识性与休闲相结合的游览、联谊活动，以满足青年体力充沛、求知欲强的特点，让他们在娱乐和实践中掌握更多绿色建筑知识和绿色生态理念。

（1）参观绿色建筑项目和专

图 1-11-2　全体营员、辅导员与参加
开营仪式的领导合影

业展示

图 1-11-3 参观江苏省绿色建筑与生态
智慧城区展示中心

同学们先后参观了朗诗绿色地产的钟山绿郡和玲珑屿两个住宅项目，均表示第一次看到如此大规模的绿色住宅项目，纷纷感叹大开眼界。参观了江苏省常州市武进绿色建筑示范区凤凰宫（武进影艺厅）三星级绿色公共建筑设计标识项目，以及朗诗绿色人居馆、江苏省绿色建筑与生态智慧城区展示中心（图 1-11-3），更加全面地了解了绿色建筑和生态、智慧城市建设的科普知识。参观绿和环保科技公司建筑垃圾资源化处理工厂，同学们看到了堆积如山的建筑垃圾，通过现代化的生产设备，制造出大批的建筑砌块和道路砖，实现废弃物的再利用和循环经济。

同学们来到了朗诗长兴绿建研发基地，入住朗诗·布鲁克被动式酒店，亲身体验了一次被动式建筑的居住环境。其卓越的保温气密性所带来的隔声效果和舒适性让同学们印象深刻。酒店的管理技术人员向同学们讲解了该项目所采用的绿色技术路线，带领同学们登上楼顶观看采暖制冷通风设备。在基地，同学们还参观了朗诗建筑工法展示厅，认真听取技术人员讲解建筑结构、给排水和通风系统等各细部构造的具体施工做法，不时提出问题。同学们普遍反映是一次难得的学习机会。

（2）绿色建筑课堂

夏令营设置了绿色建筑课堂，邀请了四位国内知名的绿色建筑领域专家，分别围绕"综合解读绿色建筑"、"水资源有效利用"、"绿色建筑智能化运营"和"朗诗的绿色发展之路"等主题，带领同学们从不同角度理解和认识绿色建筑。同学们积极提出问题和个人观点，与专家互动，课堂气氛活跃（图 1-11-4）。

（3）实践活动

夏令营组织了"绿色建筑模拟设计"和"绿色建筑创意宣传作品评议"两项实践活动。"绿色建筑模拟设计"组织学生分成三组，分别模拟在北京、南京或广州设计一栋绿色办公建筑，结合绿色建筑基本理念，充分考虑当地气候特点及建筑功能、环境影响等，以图文并茂的形式展示设计方案，并写明采用的绿色建筑技术措施（图 1-11-5）。各组在规定的时间内完成了设计方案后，分别在台前讲述各自的方案，专家进行了详细点评。同学们反映听了专家的点评受益匪浅。"绿色建筑创意宣传作品评议"是对江苏省"绿色建筑宣传创意竞赛"中的三幅

图 1-11-4　在绿色建筑课堂上营员们认真听讲，积极提问

获奖作品进行评议，从宣传绿色建筑的角度，列出每幅作品的优缺点。在实践活动中，同学们充分展示出对绿色建筑的理解和对绿色建筑技术的了解，以及较高的艺术才能和素养。

为了使夏令营的生活丰富多彩，除专业活动外，还组织安排同学们参观游览了中山陵、明孝陵、南京博物院、秦淮河以及浙江长兴的图影生态湿地文化园。同学们借此机会不但丰富了课外知识，还通过一路上的相互关心、照顾，增进了彼此之间的友情。最后一晚，更是借助联欢晚会热烈气氛的烘托，全体营员都沉浸在欢声笑语中。

夏令营结束后，同学们发来了热情洋溢的体会和收获，一致认为度过了一个难忘的、有意义、有收获的夏令营假期。尽管时间短暂，但拓宽了视野，认识了很多绿色建筑的新技术；获得许多设计灵感，为日后的创作添加了素材；转变了观念，认为绿色建筑，技术是不可或缺的手段，但还应该充分考虑人的主观能动性；不能绝对地用技术创造环境，而应该是用技术改善环境；通过聆听专家的授课以及与同学们的思想碰撞，发现了自身的不足和以后努力的方向；团队实践活动培养了合作意识，与来自各地的同学建立了深厚的友谊。同学们还对夏令营的组织提出了一些很好的建议。

图 1-11-5　同学们分组进行绿色办公建筑模拟设计与方案

### 11.1.3　全国青少年绿色科普教育巡回课堂——做地球绿色使者

联合地方机构和有关单位，在全国各地组织巡回课堂活动，面向大、中、小学生，传授有关绿色、生态和低碳的科学技术知识。为保证活动取得较好成效，绿建委组织专家针对中小学生的特点，编写了浅显易懂的授课内容。为了保证教学效果，专家田炜把准备的课件事先讲给上小学的女儿听，征求女儿的意见，认真修改课件。"全国青少年绿色科普教育巡回课堂——做地球绿色使者"的启动活动于 6 月 6 日在深圳市举行，由深圳市绿色建筑协会承办，作为深圳市节能宣传周的一项公益活动，有 300 多名中小学生和家长参加。浙江大学城市学院的龚敏教授应邀授课，生动形象地为学生及家长们讲述了有关绿色建筑的故事，内容活泼有趣。在普及绿色建筑基本知识的同时，还通过生活中常见的事例，让学生及家长们感受到绿色建筑是与人们生活息息相关的事物。龚敏教授在活动中与主持人密切配合，及时穿插提问，与学生互动，大受孩子们欢迎，甚至有家长也表示，受到一场绿色建筑知识的教育。活动最后，两位小学生代表向参加活动的同学和家长们发出了"做绿色地球使者的绿色生活倡议"，取得了非常好的宣传教育效果。

此后，在重庆大学、同济大学、江苏城乡建设职业学院、桂林理工大学和深圳大学分别举办了巡回课堂活动，邀请专家授课，让同学们拓宽了思路，开阔了视野，像海绵型城市这样的新概念、建筑工业化这样的热点主题，都引起了同学们热烈讨论。同学们反映听了专家的授课，对绿色建筑有了更深刻的认识，学习更有方向；校方反映邀请国内知名专家来学校讲座，有利于拓展学生的知识面，让他们及时了解国内外最新的政策法规和技术方面的知识，对于辅助教学非常有帮助。

　　天津市建筑设计院承办了"建设绿色家园，青少年在行动"2015年天津市全国科普日重点活动暨市青少年校外科普基地签约及授牌仪式，来自天津市各中学的高中、初中学生代表200余人参加。整个活动以倡导绿色行动为中心，通过邀请专家科普讲座、互动问答，播放自主创作拍摄的"创造更美的世界"微电影和"绿色家园"宣传片，参观绿色建筑等丰富多彩的活动内容，将绿色建筑理念、技术和成果展现在广大中学生面前。江苏省住房城乡建设厅科技发展中心在武进青少年活动中心（凤凰谷大剧院）组织巡回课堂，100多名在校职高学生代表参加，专家生动地讲述了"绿色建筑"的基础概念和行为节能的方式方法，通过很多身边的小故事向学生深入浅出地灌输"保护地球环境，需要从我做起"的生态理念。灵活互动的提问环节从最初计划安排的10分钟延长至25分钟，学生们积极踊跃提问，时不时将现场气氛推向高潮。桂林市住建委在桂林理工大学就"绿色、生态、低碳在建设事业中的实践"，在宝贤中学就"整合城市功能空间，打造低碳生活环境"主题组织了两场巡回课堂活动，吸引了600多名师生参加。

　　"全国青少年绿色科普教育巡回课堂——做地球绿色使者"活动先后在六省市组织了8场活动，有近2000名师生参加（图1-11-6）。

图1-11-6　全国青少年绿色科普教育巡回课堂启动活动现场

## 11.2　带动地方绿色校园和绿色科普活动的开展

　　（1）"上海市市民低碳行动——绿色建筑进校园"系列活动启动仪式暨中国绿色校园与绿色建筑知识普及教材丛书《绿色校园与未来》新书发布会于2015年9月25日下午在同济大学综合楼举行。该活动由上海市城乡建设和管理委员会、市发展改革委、市教委共同主办，同济大学与上海市绿色建筑协会共同承办。由各委相关领导、部分高校校长、建筑节能分管负责人，及多所学校的学生代表共 150 余人参加。《绿色校园与未来》1～5 册是中国首部绿色校园与绿色建筑知识普及性教材，由中国绿建委倡导，绿建委绿色校园学组牵头，组织专家和老师编写，中国建筑工业出版社出版（图 1-11-7）。该教材包括第一册：小学低年级；第二册：小学高年级；第三册：初中阶段；第四册：高中阶段；第五册：大学本科阶段。教材从学生的意识、节能、出行、行为、饮食、节材、绿色校园、游戏等多方面辐射学生的衣、食、住、行、用等方面的内容，通过"绿色小故事"、"绿色小贴士"、"绿色实践"、"知识宝库"、"热点争议"、"绿色实验"等栏目的设计，以生动活泼、富于启发的形式，培养学生的绿色生活习惯，从身边做起，带动身边的人一起参与社会的可持续发展建设工作，建立绿色、节能的生活理念，让绿色生活理念从个人影响到家庭，从家庭影响到社区，为共同创建绿色、和谐的理想生活而努力。吴志强教授为在场师生授课讲到："绿色校园，让少年儿童率先享受安全绿色健康的环境；绿色校园，是生态文明的示范基地；绿色校园，让孩子率先在绿色环境中学习善待生态，成为具有可持续发展意识的未来主人和领导者。"会上，与会领导们向编委及学生代表赠书，勉励大家积极开展绿色校园和绿色建筑的学习。

图 1-11-7　绿色校园与绿色建筑知识普及教材《绿色校园与未来》

（2）2015 年 6 月 19 日～20 日在香港城市大学，中国绿色建筑与节能（香港）委员会和香港城市大学共同组织了"中国绿色校园论坛"，来自内地及港澳台地区绿色校园建设领域的 50 多个单位 160 位专家学者及青年学生参加了此次论坛。在分论坛上，特别邀请香港九龙灵光小学的学生展示了他们心中的"幸福绿色大地"，大埔旧墟公立学校的学生介绍了他们"创建"的"绿能图书馆"，很有感染力，充分体现出香港地区在绿色教育方面的高度重视和取得的成果。

（3）福建省海峡绿色建筑发展中心与福建省工程学院于 2015 年 11 月 30 日下午，在福建省建筑科学研究院铁岭基地共同举办"走进绿色建筑"科普教育活动。福建省工程学院组织了 120 余名建筑相关专业大学生参加活动，福建省绿色建筑专家为大学生讲解了绿色建筑科普知识，并带领大学生参观了"福建省绿色与低能耗建筑综合示范楼"，详细介绍了该项目采用的绿色建筑技术，使学生们获得对绿色建筑的感性认知，使课本知识与实际应用实现很好的结合。

（4）2015 年 8 月 11 日～19 日，由绿色校园学组会同其他单位共同主办的"2015 国际大学生绿色建筑领袖实践营（GBLC）"在同济大学举行，吸引了来自同济大学、清华大学、耶鲁大学、康奈尔大学、加州大学伯克利分校和加拿大麦吉尔大学等国内外顶尖名校的精英学生参加。在实践营中活动通过讲座、考察、实践三个环节展开。在考察环节，营员走访了大宁金茂府、国际客运中心、金茂大厦、上海中心大厦等多个优秀案例，通过亲身体验感受绿色建筑。在实践层面，营员们通过一个 workshop 对外滩源区域进行了改造方案设计。通过实践营活动，让营员们深入认识到在全球倡行节能环保时代浪潮下建造绿色建筑的必要性以及可行性，提升了中外青年学子的国际视野，培养了营员们的领导力和跨学科素质，为绿色建筑的未来注入了新的活力。

# 11.3　小　　结

我国有关绿色学校的评选工作已经开展多年，各领域赋予绿色的概念和内涵各有不同，同时也受到当时的外部环境、对事物认知等因素的影响。例如，绿色学校更多强调的是校园环境的建设与改善。随着世界的发展，"绿色"的内涵不断在丰富，习近平总书记将"绿色"列入"十三五"必须坚持的发展理念之一。中国绿建委将组织青少年绿色科普教育系列活动作为一项重要的工作来抓，正是贯彻落实中央生态文明建设战略、宣传绿色发展理念的具体行动。2015 年，这项工作是初步尝试，初见成效。2016 年，中国绿建委将积极与各地方机构，特别是教育主管部门合作，更多地开展类似活动，与学校的教育业务紧密地结合起来。

**作者：**中国城科会绿色建筑与节能专业委员会秘书处

# 12 绿色建筑国际科技合作与交流

## 12 International cooperation and exchanges in scientific technologies of green building

2015 年，中国绿色建筑与节能专业委员会在绿色建筑领域开展了广泛的国际科技合作与交流，包括举办国际会议、开展国际合作项目、共建基地平台、人才培养、交流访问等。积极参与国际合作与交流活动使我国能更广泛地借鉴国外先进经验，以此为基础开发适宜于我国自身条件的绿色建筑技术及产品，这些活动对高效推进我国绿色建筑行业发展起到积极作用。

## 12.1 举办国际会议

### 12.1.1 举办第十一届国际绿色建筑与建筑节能大会

2015 年 3 月 24 日～25 日，第十一届国际绿色建筑与建筑节能大会暨新技术与产品博览会在北京国家会议中心隆重召开（图 1-12-1）。本届大会在国家住房和城乡建设部等国家部委支持下，由中国城市科学研究会、中国绿色建筑与节能专业委员会和中国生态城市研究专业委员会联合主办，并得到国内外多家政府机构、行业内相关协会和组织、知名企业的大力支持。大会已连续成功召开了十届，是中国乃至东南亚最具规模、最专业的绿色建筑领域会展和最权威论坛。

图 1-12-1 第十一届国际绿色建筑与
建筑节能大会会场

大会共安排了开幕 1 个主论坛、37 个分论坛和 1 个博览会。

主论坛由国务院参事、住房和城乡建设部原副部长仇保兴主持，加拿大驻华大使赵朴，欧盟驻华大使史伟，深圳市市委常委、常务副市长吕锐锋，英国贸易投资总署城市再生投资组织主席、中国可持续城市英方特使熊迈克爵士，美国绿色建筑委员会

图 1-12-2 国务院参事、住房和城乡建设部
原副部长仇保兴作主题报告

（USGBC）首席运营官 Mahesh Ramanujam，联合技术建筑及工业系统首席可持续发展官 John Mandyck 出席开幕式并致辞。仇保兴发表题为《新常态　新绿建》的主题报告（图 1-12-2），世界绿建委副主席戴礼翔就如何建立一个成功的绿色建筑行动提出了若干建议。新加坡建设局副局长朱发民介绍了新加坡绿色建筑发展的十年历程，并展望绿色建筑未来的发展趋势。德国联邦环境、自然保护、建设和核反应堆安全部司长 Franzjosef Schafhausen 结合大会主题，介绍了城市化进程中如何提高能源效率。清华大学建筑节能研究中心教授、中国工程院院士江亿分析探讨了实现我国北方城镇供暖节能减排的途径。大连万达商业地产股份有限公司副总裁赖建燕介绍了大型公共建筑的绿色运营。方兴地产（中国）有限公司总裁李从瑞分享了方兴地产绿色实践。

受邀出席开幕式的嘉宾还有微软公司副总裁、新兴市场国家主席兼国家竞争力首席战略官 Orlando Ayala，贵州省人民政府副省长慕德贵，全国政协常委、九三学社中央常务副主席赖明，中城建恒远新型建材有限公司董事长邓兴贵等。以及欧盟驻华代表团、加拿大木业协会、中国绿色建筑与节能（香港）委员会、香港房屋署、美国能源部、法国建筑科学技术中心（CSTB）、爱尔兰大使馆，各省市建委（建设局）及有关建设部门，国内外政府及其科技、发展改革、环保、财政和工业等主管部门、科研机构、设计院和大专院校，国内外智能与绿色建筑领域的技术集成单位等共计 4000 余人。

根据目前国内外建筑节能与绿色建筑的现状和发展方向，24 日下午～25 日全天集中召开"绿色建筑设计理论、技术和实践"；"既有建筑节能改造技术及工程实践"；"绿色建材与外围护结构"、"绿色生态城区"、"绿色建筑运行实效评价与优化"、"供热计量改革与建筑节能"；"香港论坛：高密度城市可持续发展之挑战"；"大数据时代下的绿色建筑新发展"、"中国民族传统建筑的绿色之路"、"绿色建筑与海绵城市实践"、"绿色工业建筑"、"绿色建筑中 BIM 技术的应用"、"建筑废弃物资源化利用"、"绿色建筑智能化与数字技术"、"绿色建筑与室内环境优化"、"绿色校园"、"大型商业与文化建筑的节能运行与监管"、"新加坡——绿建十年"、"中加低碳生态城市技术和木结构建筑应用"、"中英生态城市和绿色建筑研讨会"、"高能效建筑——被动式低能耗建筑技术及解决方案"、"公共建筑能耗和能效信息披露制度建设"、"不锈钢助力绿色建筑与建筑节能发展"、"绿色小城镇评价标准专题论坛"、"中欧生态城市合作"、"中欧生态城市合作分论坛"、"可再生能源在建筑中应用的最新发展"、"低碳城区节能方法探讨及实践案例"、"绿色房地产业的健康发展——房地产健康指数发布"、"多尺度全过程绿色建筑性能优化方法与途径"、"建筑工业化和装配式建筑"、"绿色建筑运营管理"等37个分论坛。

研讨会期间，国内外建设系统政府机构、科研院所和企业代表齐聚一堂，共同交流绿色建筑与建筑节能的最新科技成果、发展趋势、成功案例，研讨绿色建筑与建筑节能技术标准、政策措施、评价体系、检测标识，分享国际国内发展绿色建筑与建筑节能工作新经验，促进我国住房和城乡建设领域的科技创新及绿色建筑与建筑节能的深入开展。

图 1-12-3　新技术与产品博览会

为搭建企业商贸投资推介平台，交流国内外绿色建筑设计理念和产品工艺，完善管理模式，创新投资渠道，"国际绿色建筑与建筑节能新技术与产品博览会"同期召开（图 1-12-3）。展示内容涉及建筑节能、生态环保、智能建筑、既有建筑节能改造、绿色照明、绿色施工、绿色房地产、可再生能源在建筑中的应用、大型公共建筑节能运行管理、新型绿色建材等方面的新技术与产品。

### 12.1.2　举办第七届建筑与环境可持续发展国际会议

2015 年 7 月 27 日至 31 日，第七届建筑与环境可持续发展国际会议（SuDBE 2015）暨中英合作论坛在英国雷丁大学、英国剑桥大学顺利召开（图 1-12-4）。该系列会议从 2003 年至 2015 年已连续成功举办了七届，已成为可持续建筑环境与绿色建筑领域的品牌会议。本次会议由英国雷丁大学、英国剑桥大学和重庆大学、西南绿色建筑基地共同主办，英国建筑科学研究院（BRE）、中国绿色建筑委员会、中国城市规划设计研究院、深圳市建筑科学研究院有限公司、西南地区绿色建筑基地及重庆市绿色建筑委员会等单位参与。来自英国、美国、爱尔兰、荷兰、意大利、土耳其、新西兰、澳大利亚、日本、印度、韩国、中国、中国香港等 20 个国家和地区的 180 余人参会。

第七届建筑与环境可持续发展国际会议（SuDBE 2015）包括"可持续建筑

图 1-12-4  SuDBE2015 参会人员合影留念

环境""低碳与绿色建筑""水与生态环境安全"和"最佳实践与商业机遇"4 个主题，共设立了包括可持续发展、室内空气品质、热舒适、能源系统、通风与可持续发展、建筑围护结构、能源效率、绿色建筑、能源与评估、水资源及废弃物等 10 个专题在内的 12 个技术分会场。会议共收到了论文 150 余篇，特邀 10 位专家分别作大会主题和专题报告，100 余篇论文的作者到会宣读了论文。本次会议主席为英国剑桥大学 Koen Steemers 教授，合作主席为雷丁大学 Built Environment 学院院长 Stuart Green 教授、中国绿色建筑与节能专业委员会副主任委员李百战教授，执行主席为英国雷丁大学姚润明教授。

中国绿色建筑与节能专业委员会主任王有为教授以特邀专家身份作了题为"中国绿色建筑的研究与发展"的大会报告（图 1-12-5）。报告梳理了中国在 2014 年国家层面推进绿色建筑行业发展的大事件，对绿色建筑评价标识整体的发展状况及各项目的技术应用情况进行了介绍，并与世界各主要国家进行对比。在报告中，还结合生态城市建设、大气污染、

图 1-12-5  中国绿色建筑与节能专业委员会
主任王有为教授应邀作大会报告

温室效应、能源规划等问题提出了中国推进绿色城镇化的总体目标和指导思想，并介绍了我国《绿色生态城区评价标准》的基本框架。

来自中国住房和城乡建设部、中国建筑科学研究院、清华大学、哈尔滨工业大学、中国建筑西南设计研究院有限公司等单位的代表参加了本次会议。清华大学李先庭教授作了大会主题报告。

图 1-12-6　中英合作论坛

来自中、英等国的绿色建筑领域的近 50 位专家学者和部分学生代表出席了中英合作论坛（图 1-12-6），论坛由剑桥大学 Koen Steemers 教授和雷丁大学姚润明教授联合主持。Koen Steemers 教授介绍了剑桥大学及其在可持续建筑领域的研究成果；英国建筑研究院 Jaya Skandamoorthy 博士和 Chunli Cao 博士介绍了英国绿色建筑评价标准在中国的推广应用；中国绿色建筑与建筑节能专业委员会副主任委员重庆大学李百战教授介绍了国家级低碳绿色建筑国际研究中心在中、英以及世界范围合作中的重要角色和正在开展的中英重点合作项目；剑桥大学 Alan Short 教授介绍了刚获批准的中英双边合作国家自然科学基金重点研究项目"基于气候适应性理论的城市建筑低碳供冷供热方法和机理（LoHCool）"的研究背景及其目标；中国绿色建筑与建筑节能专业委员会青年委员会主任清华大学林波荣教授介绍了清华大学低碳建筑技术与评价系统的项目示范应用。最后，中英双方围绕未来在城市可持续发展领域的关键技术研究和政策标准制定等方面的合作展开了积极讨论，均对未来的合作前景充满信心。

### 12.1.3　举办 2015 上海绿色建筑国际论坛

2015 年 5 月 7 日，由上海市绿色建筑协会主办，同济大学协办的 2015 上海绿色建筑国际论坛召开。来自国内外近 300 名从事绿色建筑发展的企业代表参加了论坛。中国绿色建筑与节能专业委员会副主任、同济大学副校长吴志强出席会议，并作了"新型城镇化进程中的绿色建筑"的主题报告（图 1-12-7）。

此次论坛以"建筑绿色化、建筑工业化、建筑信息化"为主题。中国工程院院士缪昌文、中国工程院院士肖绪文、同济大学副校长吴志强、美国斯坦福大学马丁·费舍尔（MartinFischer）教授、德国汉堡大学麦克·韦伯

图 1-12-7　中国绿色建筑与节能专业委员会
副主任吴志强作主题报告

（Michael Waibel）博士、德国斯图加特大学迪尔克・施维德（Dirk Schwede）博士、德国海德堡大学能源与环境研究所科研总监伯恩德・弗兰克（Bernd Franke）共七位专家，围绕绿色建筑行业发展重点，聚焦行业热点，分享绿色建筑前言信息，就绿色建筑先进理念、成功案例、创新技术和发展态势进行了交流。上海市人民政府副秘书长黄融希望协会将论坛打造成为不仅是上海地区专业的、高端的国际论坛，也是长三角乃至全国具有影响力的论坛。他表示，上海市政府将以"创新驱动、转型发展"为指导，将建设资源节约型、环境友好型社会作为城市建设发展的重要目标，积极推进绿色建筑发展。发展绿色建筑在思想上要高度重视，认清问题，找准工作方向，寻找适宜上海地区特点的发展之路。

## 12.2 开展国际合作项目

### 12.2.1 国家自然科学基金委员会与英国工程与自然科学研究理事会合作研究项目

2015 年，国家自然科学基金委员会（NSFC）与英国工程与自然科学研究理事会（EPSRC）在低碳城市与绿色建筑领域共同资助中英双边合作研究项目，双方共同研究经费为 1300 万元人民币。经过公开征集，根据中英双方评审专家联合评审结果，并经双方机构共同协商，对表 1-12-1 中所列 4 个项目予以资助，项目执行期为 3 年（2015 年 9 月 1 日～2018 年 8 月 31 日）。

日前，基于气候响应和建筑耦合的低碳城市供暖供冷方法与机理研究等课题已召开中英双方项目研究人员启动会，项目已进入正式研究阶段。

资助项目及中英双方参研单位　　　　　　表 1-12-1

| 项目名称 | 中方申请人 | 中方依托单位 | 英方申请人 | 英方依托单位 |
| --- | --- | --- | --- | --- |
| 低碳化进程中城市多模式交通系统运营关键问题研究 | 刘攀 | 东南大学 | Phil Blythe | Newcastle University |
| 基于能源绩效的历史城市低碳转换机理与规划方法研究 | 刘加平 | 西安建筑科技大学 | AbuBakr Bahaj | University of Southampton |
| 中英低碳建筑整体性能测试与模型研究 | 林波荣 | 清华大学 | Michael Davies | University College London |
| 基于气候响应和建筑耦合的低碳城市供暖供冷方法与机理研究 | 李百战 | 重庆大学 | Alan Short | University of Cambridge |

### 12.2.2 科技部国际合作项目

2015 年科技部国际科技合作重点专项项目"适宜长江流域分散式采暖关键

技术合作研究"启动，该项目由中华人民共和国科学技术部资助，项目参与单位包括重庆大学、英国雷丁大学、芬兰国家技术研究中心等，项目拟对长江流域的供暖技术进行系统研究。

2015 年 11 月 29 日，"长江流域低碳供暖供冷国际研讨会"暨国家自然科学基金国际合作（中英）项目启动会在重庆召开。会议由重庆大学主办，来自住房和城乡建设部、英国总领馆等相关部门，以及重庆大学、英国剑桥大学、英国雷丁大学、英国拉夫堡大学、浙江大学、湖南大学、奥雅纳工程咨询有限公司、重庆建工集团等国内外高校和企业代表三十余人参加了研讨会。会议主要针对长江流域低碳供暖供冷的相关问题进行了介绍与讨论。

# 12.3 共建基地平台

## 12.3.1 教育部"绿色建筑与人居环境营造国际合作联合实验室"

2015 年，依托重庆大学成立了绿色建筑与人居环境营造国际合作联合实验室，该实验室是以"开放、交流、联合"为组建理念的国际合作联合实验室，其建立联合了英国雷丁大学、剑桥大学、拉夫堡大学、伦敦大学学院、美国罗格斯大学、辛辛那提大学、劳伦斯伯克利国家实验室、澳大利亚墨尔本大学、悉尼大学、新西兰惠林顿维多利亚大学 12 家世界知名高校与科研院所。国内支持单位包括中国绿色建筑与节能专业委员会、西南地区绿色建筑推广示范基地、中国建筑科学研究院等。实验室研究方向包括"绿色性能提升与室内环境营造"、"建筑安全与营造绿色化"、"城市生态环境修复"，各合作单位主要研究人员总计达 70 人。联合实验室以引领绿色建筑与人居环境学科方向发展为目标，支撑国际一流学科建设为目的，承担绿色建筑以及人居环境营造领域的国际国内前沿和重大需求科研任务，在基础研究与原始创新方面取得一流成果，汇聚本领域国际一流创新人才，建设创新拔尖人才培养体系，成为绿色建筑领域国际合作与交流的学术中心。此联合实验室分别在重庆大学、英国剑桥大学、雷丁大学挂牌成立实质运行的分中心。

2015 年 10 月 20 日，教育部科技发展中心组织专家对"绿色建筑与人居环境营造国际合作联合实验室"进行了立项论证评审，并一致同意通过立项论证建设，该实验室成为我国此领域的第一个教育部国际合作联合实验室（图 1-12-8）。立项论证专家组由上海交通大学丁文江院士为组长，包括北京大学张远航院士在内的 5 位专家组成。正在重庆大学访问的联合实验室学术委员会委员英国拉夫堡大学教授、皇家工程院 Ronald McCaffer 院士、实验室外方主任英国雷丁大学 Stuart Green 教授、外方副主任剑桥大学 Alan Short 教授、实验室副主任中组部

"千人计划"专家姚润明教授以及"外专千人计划"专家 Andrew Baldwin 教授也出席了会议。教育部科技发展中心贾一伟处长、科技司综合处李楠处长、重庆大学常务副校长张四平等相关单位领导出席立项论证评审会。会后，联合实验室学术委员会主任、重庆大学校长周绪红院士会见了与会的国内外专家和教育部科技司领导。

图 1-12-8 "联合实验室"立项论证评审会议

日前，重庆大学"绿色建筑与人居环境绿色营造国际合作实验室"，作为首批全国十七个之一正式立项建设。国际合作联合实验室是教育部面向国际科学前沿和国家重大需求推出的重要战略计划，是"2011 计划"的国际版、国家重点实验室的升级版和世界一流学科建设的示范版，是提升高等教育质量的战略行动，也是推进世界一流大学和一流学科建设的战略支柱，其重要性不言而喻。

### 12.3.2 "重庆大学—英国伦敦大学学院低碳绿色建筑材料联合实验室"

2015 年重庆大学与英国伦敦大学学院（UCL）签署了"低碳绿色建筑材料联合实验室"合作备忘录，成立了重庆大学—英国伦敦大学学院"低碳绿色建筑材料联合实验室"（图 1-12-9）。本联合实验室依托重庆大学国家级低碳绿色建筑国际联合研究中心成立，由国际联合研究中心、重庆大学材料学院与 UCL 土木、环境、测绘工程系联合共建。该实验室旨在通过创新模式，围绕国家与地区在绿色建筑与材料领域发展的迫切需求，合作开展基础与应用研究以及关键技术研

图 1-12-9 "联合实验室"授牌

发；联合开展人才培养、学术交流等工作。联合实验室由重庆大学、国家级低碳绿色建筑国际联合研究中心授牌成立，已于中英双方建立了实质性运行的研究中心。

其中，国家级低碳绿色建筑国际联合研究中心是由科技部于2012年正式认定的国家级国际联合研究中心，中心主要依托重庆大学、联合英国剑桥大学、英国雷丁大学、英国伦敦大学学院、英国布里斯托大学、英国拉夫堡大学、英国卡迪夫大学、美国麻省理工学院、美国宾州州立大学、美国劳伦斯伯克利国家重点实验室等九所世界一流大学和研究机构共同创建，美国新泽西医科和牙科大学、英国皇家注册设备工程师学会、英国建筑研究院、新西兰惠灵顿大学、澳大利亚墨尔本大学、香港大学、北京大学、清华大学、中国建筑科学研究院等境内外知名高校和研究机构作为合作伙伴参加。中心包括3名英国皇家工程院院士、1名国家外专千人计划学者、3名国际著名学术大师和十余名国际知名学者及其研究团队与重庆大学研究团队组成联合研究队伍，重点围绕国家与地区在绿色建筑与人居环境工程领域发展的迫切需求，合作开展关键领域核心技术的研发和成果推广，合作开展基础与应用研究为政策法规标准与评估体系提供技术支撑。同时，联合开展人才培养、合作办学、学术交流等工作。

# 12.4 培 养 人 才

### 12.4.1 举办第二届"可持续建筑环境与管理"英国暑期培训项目

2015年7月25日～8月17日，国际化人才培养暨第二届"可持续建筑环境与管理"暑期培训项目在英国顺利举行（图1-12-10）。该项目由西南绿色建筑推广示范基地、重庆大学国家级低碳绿色建筑国际联合研究中心、低碳绿色建筑人居环境质量保障"111"引智基地联合英国雷丁大学、剑桥大学、布里斯托大学、英国建筑科学研究院（BRE）等单位，共同策划并顺利实施的培训项目。

图 1-12-10　项目参与师生合影

此次培训由英国文化之旅和"可持续建筑环境与管理"课程培训两部分组成。

本次培训的实践参观环节，让同学们来到了英国建筑研究院科技园（BRE）参观绿色建筑的设计模型，了解建筑的节能减排方式、资源循环利用的设计理念；还让同学们还来到伦敦贝丁顿零能源发展社区（BEDZED）现场考察零能耗建筑项目，亲身体验零能耗建筑居民的生活。

该项目对培养我国在绿色建筑领域具有国际化视野的人才培养提供了很好的平台，参与该培训项目的同学也收获很大，项目将于 2016 年暑期继续开展。

### 12.4.2 开展 2015 年国际化人才培养主题系列活动

2015 年以来，受中国绿色建筑与节能专业委员会副主任委员重庆大学李百战教授邀请，英国剑桥大学建筑系 Alan Short 教授、重庆大学千人计划专家姚润明教授、英国雷丁大学 Sue Grimmond 教授，以及芬兰建筑科学研究院（VTT）Francesco Reda 博士等来到重庆大学，参加重庆大学 2015 年国际化人才培养主题系列活动。先后作了题为《建筑环境领域交叉前沿》、《城市微气候》、《可持续建筑设计》、《建筑与环境领域高水平论文写作》和《城市能源效率可行性评价》的精彩学术报告。该系列讲座分别为"城市与环境"国际讲坛第 96～100 讲（图1-12-11）。在该系列讲座中各位专家紧紧围绕"可持续建筑环境"这一主题，介绍了该领域学术研究与工程应用的前沿，分享了国际领先的研究和应用成果与经验。

图 1-12- 11 "城市与环境"国际讲坛

# 12.5 交 流 访 问

### 12.5.1 代表团 2015 年赴加拿大、美国考察

应加拿大绿色建筑委员会的邀请，中国绿色建筑委员会派沈阳建筑大学冯国

会教授，天津大学朱能教授，上海现代集团技术中心夏麟副总及天津市建筑设计院张津奕副院长等一行 11 人代表团于 6 月 2 日～5 日参加在温哥华举办的加拿大国际绿色建筑大会和博览会（图 1-12-12）。此次大会吸引了来自世界各国的著名专家、学者以及相关行业人员，为各国在绿建领域的研究成果和最新技术提供了展示和交流的平台。代表团在加期间还参观考察了 UBC 大学的学生活动中心、UBC 可持续研究中心（CRIS）、UBC 某工业化建造工地、温哥华速滑馆等项目，并与加拿大木业协会进行了商务交流。同期 6 月 8 日，在美国旧金山伯克利拜访伯克利国家实验室，进行了技术交流和参观学习活动。

图 1-12-12　加拿大国际绿色建筑大会主会场

（1）参加加拿大国际绿色建筑大会和博览会

北美地区是世界上开展绿色建筑与建筑节能工作最早的地区之一，很多实践经验在其他地区得到广泛借鉴与推广。北美地区的北部与我国的三北地区气候条件相近，有许多绿色校园、绿色建筑和建筑节能技术值得学习和推广应用。本次加拿大国际绿色建筑大会和博览会主题是绿色建筑和可持续社区的发展对建设可恢复性城市、提高人们身体素质和促进自然环境再生方面的贡献。大会还集中展示了北美绿色建筑的最新技术、产品。

在主会场开幕式结束后，代表团参观了分会场，主要针对温哥华绿色城市 2020 行动计划，可持续城市以及环境健康方面的主题分会场（图 1-12-13）。温哥华绿色城市 2020 行动计划从 2009 年开始，目的是为了建设一个更加绿色、自然的城市。2010 年，起草了一个绿色行动计划草案，从公众参与的角度最大化的实现绿色城市建设。2011 年 6 月，绿色城市行动计划被采纳，正式开始进行。

图 1-12-13　温哥华绿色行动 2020 计划参会人员合影

温哥华的绿色城市建设不仅仅是要实现一个绿色城市，而是要以温哥华自身为切入点，带动周边城市实现整个大区域的绿色建设，最终实现零碳排、零浪费的健康的城市生态系统。

在可持续发展城市分会场，主要针对环境对与人的健康以及环境自身弹性两方面进行研讨。从食物的生产，水资源的循环使用，原材料的浪费以及能源的成产几方面进行详细讨论。环境是具有流动性的，因此如何利用环境的流动性来使我们的生活环境更加适宜是目前继续解决的重要问题，这种情况在居民聚集的社区极为明显。环境的弹性主要是从气候变化、自然灾害、极冷或极热的恶劣挑起以及人为的致命错误几方面进行避免的。

6月3日～5日参加了加拿大绿色建筑大会以及建筑材料展，大会分了多个分论坛包括可持续城市设计、室内健康、被动房技术、零能耗探究、模拟分析工具使用、LEED标准、材料的全生命周期评价等多个专题（图1-12-14）。由大会的交流信息可见，加拿大的绿色建筑发展仍然处于理念推广、商业推进的发展模式，并不像我国已进入政企结合、全面推进的规模化发展。

图1-12-14　加拿大绿色建筑大会分论坛会场

建筑材料展的会场主要展示内容包括垂直绿化、屋顶绿化产品、LED照明灯具、变色玻璃、地板采暖系统、IES（VE）软件、氡阻隔材料、墙体保温材料、空调风幕以及加拿大绿色建筑协会等相关研究机构（图1-12-15）。

图1-12-15　加拿大绿色建筑大会展示会场

（2）技术交流及参观

1）参观 UBC 大学学生活动中心

6月2日代表团参观了 UBC 大学学生活动中心，该中心是一个刚刚投入运行的 LEED 认证项目，项目主要特色技术包括大量采用了木结构，采用了高性能围护结构（双中空 Low-E 玻璃，固定外遮阳），结合温哥华良好的夏季室外环境，夏季不用使用空调制冷，可以使用吊扇来改善室内舒适环境，良好的采光设计（屋顶设计成锯齿形，采光窗设置在北侧以及大面积玻璃窗），采用屋顶绿化和自动渗灌系统（图 1-12-16）。

图 1-12-16　部分绿色建筑技术

2）参观 UBC 可持续研究中心（CRIS）

位于加拿大温哥华的 UBC 大学是加拿大大学中第一个实施可持续发展政策，并建立了校园可持续发展办公室的大学，是世界上最具可持续发展的大学校园之一，是"可持续发展捐助机构"评出的"大学可持续发展报告卡"中得分最高的学校之一；是加拿大第一个宣布达到"京都议定书"排放标准的大学。

UBC 大学可持续发展研究中心（CRIS）是推进可持续建筑设计的研究机构，该研究中心致力于绿色建筑设计与运营、环境政策以及社区参与。可持续发展互动研究中心大楼是学校为实现大学可持续发展科研和实践一体化目标而推出的 4 大标志性项目之一，旨在为城市可持续发展面临的问题和挑战提供解决方案。它通过可再生垃圾发电自行供电，将收集的雨水净化成饮用水，并就地进行污水处理。这个生态实验室不仅实现零能耗，实际它还额外为校园产生能源。代表团针对这些与可持续研究中心（CRIS）的研究员进行了深入探讨，并进行了实地参观（图 1-12-17）。

3）加拿大木业协会交流

中国代表团于6月3日在加拿大木业协会总部与木业协会总裁保罗·纽曼进行了商务交流，双方就加拿大木结构建筑在中国的推广进行了技术交流，希望在北方地区沈阳建筑大学校区能够合作共建加拿大木结构的示范建筑，同时希望结合我国的绿色建筑标准以及工业化建造的新背景下，能够展开木结构与混凝土结

图1-12-17 参观UBC大学（CRIS）实验室

构的混合结构的技术研究合作（图1-12-18）。

图1-12-18 与加拿大木业协会的合影

随后中国代表团一行参观温哥华速滑馆，温哥华速滑馆于2010年获得LEED银级认证，大量木结构的使用是其最大特点，目前其主要使用功能以划分为两个室内真冰场、8块室内篮球馆、5块排球场和室内健身房等（图1-12-19）。

图1-12-19 温哥华速滑馆

4）伯克利国家实验室参观和技术交流

中国代表团于6月8日在伯克利国家实验室与FLEXLAB执行经理Cindy女士进行交流。Cindy女士介绍该项目的概况和主要研究内容，并参观了他们于2014年刚刚落成的可移动动态实验室，该实验可以实测遮阳、灯光、空调、插座随着环境状况与室内温湿度二氧化浓度采光等环境变化进行节能运行策略后的建筑能耗变化，用于找到通过运行策划实现系统节能 30%～50% 的目标，该实验室同时可以与不能转动的固定实验室进行对比实验。除此之外，该实验室是全球首例能将建筑中主要的能效系统作为一个整体在真实环境中进行测试的基地。

该实验室可以 360° 旋转，能更加真实地模拟测试环境。测试过程中，可根据需要更换窗户、墙体、地板等建筑元素；实验室配备的高精度传感器可感知十分细微的差别，确保实验数据的准确性。

### 12.5.2　代表团参加 2015 年美国绿建大会及美国 4 个国家实验室考察

2015 年 11 月 17 日～24 日，中国绿色建筑委员会召集中国建筑股份有限公司总工程师毛志兵教授、上海现代建筑集团技术中心主任田炜教授、浙江大学建

筑工程学院副院长葛坚教授、中国中建设计集团有限公司（直营总部）总建筑师薛峰教授、中国绿色建筑与节能（香港）委员会秘书长张智栋一行 5 人，应邀赴美参加了美国绿色建筑大会（图 1-12-20），与美国绿建委就合作课题双边交流等问题交换了意见。在美期间，代表团还先后参观了美国能源部四个国家实验室（橡树岭国家实验室 ORNL、可

图 1-12-20　代表团参加美国绿建大会

再生能源实验室 NREL、劳伦斯伯克利实验室 LBNL、西北太平洋实验室 PNNL）、美国科罗拉多大学伯德分校土木环境和建筑工程学院，与美方进行了学术交流，探讨业务合作，了解美国同行在绿色建筑方面的工作进展和研究成果。此外，代表团还参观了作为绿色校园典型代表的斯坦福大学。

（1）参加美国 2015 年绿建大会

在美国绿色建筑大会期间，美国绿委会 Bhatt 先生介绍了美国绿色建筑标准 LEED 已从建筑单体、社区发展到城市，开始研究城市的评估系统，这一系统包括了水、交通、能源、垃圾、基础设施以及社会性方面（如健康、安全、穷人与富人融合居住）。目前的研究进展主要在收集城市基础数据，包括了中国、印度、巴西、阿联酋等国家的城市的数据，其中中国涉及 43 个城市，Bhatt 先生希望从中国绿委会得到信息进行评估，并建议设立课题进行研究，为此，已请他们准备课题建议书提交中方。Whitacker 先生介绍了一种与 LEED 完全不同的新评价系统 WELL BUILDING。WELL BUILDING 是基于建筑物运营的实际效果，更加

关注室内住户的健康，评价因素包括空气、水、营养、采光、舒适和人的心智等7大类指标和102个具体指标。该评价体系中，1/3的指标涉及运营的政策和制度，1/3的指标涉及设计与建造，1/3的指标需要在现场检测。因此，该系统需要到实际建筑物中进行第三方（如绿色建筑认证协会GBCI）检测。WELL系统中有些指标与LEED交叉，因此可以和LEED配合使用。目前，WELL可以免费下载，并在全世界范围内进行评估员WELL AP的培训。中美双方代表均表示今后要进一步加强合作，双方绿委会秘书处要建立定期交流机制。

（2）美国4个国家实验室技术参观

美国国家实验室的使命是通过技术研究，保证国家能源安全、促进经济发展。美国国家实验室体系与我国中科院体系有类似之处，它们均属于美国能源部（DOE）。第一个国家实验室是劳伦斯伯克利实验室。每个实验室一般在4000～5000人，设置10～20个学科部门，每个部门的学科方向均不一样。国家实验室由能源部拨款，但以课题形式进行资助，因此实验室每年须向能源部提出课题申请。实验室项目来源除了能源部以外，也可以基金会项目或与企业的合作项目。代表团本次考察，先后参观了美国能源部的四个重点国家实验室。

1）橡树岭国家实验室

代表团在橡树岭国家实验室报告厅与实验室建筑节能专家进行了学术交流活动。实验室汉克先生作了"Overview of ORNL and building technology program"的报告，Heather Buckeery研究员介绍了3D打印技术与能源集成系统AMIE（Additive Manufacturing Intergrated Energy）。毛志兵总工做了"中国建筑节能现状与对策"的主题报告，从发展绿色建筑、持续提升新建建筑能效、大力推动可再生能源、既有居住建筑节能改造、公共建筑节能、建筑工业化、发展绿色生态城区七个方面系统地介绍了中国建筑能效提升图与对策。双方就国家实验室的运作方式进行了深入的讨论，并就中国绿建委与橡树岭实验室在中美清洁能源中心的平台上开展被动房、预制构件密封连接等领域的研究合作达成了共识。

2）可再生能源实验室

实验室的能源分析师Shanti Pless先生介绍了可再生能源实验室在再生能源领域的工作，主要包括市场和政策、太阳能、风能、太阳能并网、检测五个方面。2014年，在美国新能源城市中，利用可再生能源达到6％，再生能源来自于风能、太阳能、水能和地源热泵。在可再生能源实验室，代表团还参观了ESIF（Energy System Integration Facility）试验大楼。该大楼集成了被动设计和可再生能源的多项绿色技术，尤以天然采光、室内环境监控、自然通风优化控制、可再生能源规模化应用等方面为亮点，获得LEED白金认证。该大楼中的通风优化控制技术，是与科罗拉多大学建筑工程学院联合研究的成果，充分体现了产学研用相结合的研发模式。

3）劳伦斯伯克利国家实验室

劳伦斯伯克利国家实验室（LBNL）位于美国加州大学伯克利分校，在建筑节能领域主要研究成果包括模拟软件 DOE、Low-E 窗、室内环境品质、分布式能源与蓄能以及 20 世纪 80 年代与中国合作制定中国建筑节能标准。目前的科研方向包括照明控制、门窗与遮阳、电网、楼宇自控、软件平台开发、检测平台。在劳伦斯伯克利国家实验室，环境能源科技部门的赖文森教授介绍了他们热岛效应研究组针对夏热地区的冷屋顶在降低城市热岛效应的工作成果，并通过试验数据得出了"冷屋顶是一个经济成本最小的降低城市热岛效应方法"的结论。该课题组目前是与重庆大学、广东省建科院进行合作研究，冯威研究员介绍了环境能

源技术部中国能源研究室与中国合作项目的情况。代表团在劳伦斯伯克利国家实验室现场观摩了 90X 实验楼，它作为大型实景检测平台，可以对遮阳系统、围护结构、屋面材料以及再生能源部件进行对比试验，从而得出材料性能的结论和房屋整体性能评估水准（图 1-12-21）。

图 1-12-21　与 LBNL 研究人员进行交流

4）美国西北太平洋国家实验室

在美国西北太平洋国家实验室，建筑能源标准项目主任刘冰女士介绍了美国建筑节能标准体系的相关情况。根据 2015 年最新的 ASHREA 标准，美国将全美 8 个气候分区细分为 16 个气候分区，原标准仅考虑温度参数，新标准加入了湿度参数，分为湿润区域和干燥区域。新标准进一步细化了原来气候参数，使得节能技术更具有针对性。此外，美国的基本建筑标准和高性能节能标准并存，由联邦各州自行选择。除标准以外，美国协会和学会编制了大量设计指南，指导业主、设计者如何去做。这些指南在协会的网站上可以免费下载，以利于标准的推广，减少用户的投诉。

美国西北太平洋国家实验室的建筑能源分析师 Supriya Goel 介绍了一套基于 Energyplus 建筑能耗评估系统（图 1-12-22），

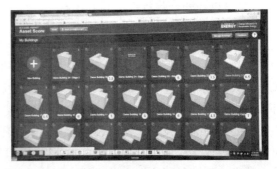

图 1-12-22　美国西北太平洋国家实验室的建筑能耗评估系统

对新建建筑或既有建筑的能耗进行评分，并提出改进的构造措施和材料选择的方法。该评估系统将建筑物的相关信息简化至 20～30 项信息，且对混合功能的建筑分块处理。该评估软件对处理既有城区改造中大量既有建筑节能评估，具有较好的推广意义和实用价值。

### 12.5.3　参加 2015 年度国际可持续能源技术交流会（SET2015）

2015 年 8 月 24 日～31 日，中国建筑科学研究院副院长、中国绿色建筑与节能专业委员会副秘书长王清勤赴英国参加 2015 年度国际可持续能源技术交流会（SET2015），王清勤副院长应邀作了《中国绿色建筑的发展和技术研究》专题报告，介绍了我国绿色建筑发展现状、研究概况和政府政策支撑，重点概述了我国绿色建筑的标准规范、关键技术、产品和设备，以及我国绿色建筑科技项目情况，在剖析绿色建筑在节能减排的重要作用后，展望我国绿色建筑的发展。报告引起了与会国内外专家的共鸣，并就我国绿色建筑发展的相关问题进行交流和讨论。

### 12.5.4　参加 2015 新加坡国际绿色建筑大会暨博览会

中国绿色建筑与节能专业委员会王有为主任应新加坡建设局邀请，于 2015 年 9 月 2 日～6 日赴新加坡参加"2015 新加坡国际绿色建筑大会暨博览会"，在主题综合论坛演讲"绿色、生态、低碳在中国建设事业中的实践"，介绍中国绿色建筑的发展情况，并进行有关建筑工业化考察活动，参观建筑工程和构件生产企业。同期访问了国立新加坡大学建筑学院，探讨开展合作事宜。南京长江都市建筑设计股份有限公司汪杰院长和建学建筑与工程设计所有限公司、广西建筑科学设计研究院的代表同行。

### 12.5.5　参加 2015 年世界绿色建筑大会、世界绿建委会员大会

2015 年 10 月 27 日～31 日，中国建筑科学研究院院长、中国城科会绿色建筑委员会副主任王俊，中国建筑科学研究院副院长、中国城科会绿色建筑委员会副秘书长王清勤应邀出席在香港举办的 2015 年世界绿色建筑大会、世界绿建委会员大会（World GBC Members Day），分别同世界绿色建筑委员会、世界可持续建筑大会组委会、德国绿色建筑委员会、美国

图 1-12-23　中国绿色建筑与节能专业
委员会王有为主任作主题演讲

绿色建筑委员会、澳大利亚绿色建筑委员会、瑞典绿色建筑委员会、香港发展局、香港理工大学等单位就绿色建筑、既有建筑改造及建筑工业化等方面进行交流，积极推动双方进一步的合作。

作者：中国城科会绿色建筑与节能专业委员会

# 13　中国绿色建筑委员会：转变市场，创造更持续的未来

## 13　China Green Building Council: transforming the marketplace & creating a more sustainable future

By Mahesh Ramanujam

Chief Operating Officer, U. S. Green Building Council

President, Green Business Certification Inc.

Sustainability and green building are not new concepts in China. Over the last five years, I have witnessed first-hand the evolution of the green building movement in China and the great accomplishments you have made. The dedication, passion and commitment to sustainability that is present in China is inspiring.

You have positioned yourselves as one of the great world powers. You have continued to adopt disruptive technologies that are transforming the marketplace. You have continuously and consistently made changes in your national policies, applying more stringent regulations. You have built capacity and implemented green building rating systems in projects all over China. As of December 2015, there were almost 4, 000 projects representing over 460 million gross square meters of space under China Green Building Label. One project at a time, you are changing the world.

China has an excellent opportunity to drive sustainability at global scale, creating a more sustainable future, securing the health and wellbeing of millions and further accelerating your position as a global leader. And green development is a major agenda item for President Xi. At this year's COP 21 agreements in Paris, President Xi made a strong commitment, promising that China will contribute to climate change by focusing on green building and transportation sectors.

At USGBC, we say every story about a green building is a story about leaders. Leaders across the globe understand that green building rating systems are powerful market tools that work, enhance a company's triple bottom line and improve health, comfort and wellbeing. China is no exception: leaders across China are committing to building healthier, more sustainable communities where buildings perform at a higher level and human health is prioritized and enhanced. These leaders are raising the bar for the global market, positively impacting the quality of our built space.

But there is work to be done. To continue to develop a sustainable future, China must implement technologies that improve the performance of buildings and communities, adopt smart city and smart grid policies, transition from the concept of greenbuildings to green communities, and continue to incorporate wellness and sustainable sites into their green development.

Your leadership is making sustainability happen on a global scale. You are leading us from the front-and we are incredibly honored to follow in your footsteps. Partnership is the new leadership. Together, China Green Building Council and USGBC are achieving speed to market transformation for the built environment through China Green Building Label and LEED. And by extension, we are strengthening our planet and its people so that we can pass on a legacy of sustainability to our children, their children and generations yet to come. Thank you.

# 第二篇 | 科研篇

"十二五"期间，国家发布《"十二五"绿色建筑科技发展专项规划》，通过国家科技支撑计划，先后启动了"绿色建筑评价体系与标准规范技术研发"、"建筑节能技术支撑体系研究"、"新型预制装配式混凝土建筑技术研究与示范"、"既有建筑绿色化改造关键技术研究与示范"等支撑计划项目48项，投入经费30.7亿元，其中国拨经费12.0亿元。

通过"十二五"国家科技计划项目的实施，我国绿色建筑科技工作突破了技术标准、节能、绿色建造、规划设计新方法、室内外环境保障、高性能结构体系和绿色建材等技术瓶颈，在绿色建造与施工装备、建筑节能、高性能结构体系等方面产出了一大批先进适用技术和装备，取得一批重大科研成果，总体达到国际先进、部分国际领先水平。

为深入实施创新驱动发展战略，全面落实《国家中长期科学和技术发展规划纲要（2006—2020年）》，按照国务院《关于深化中央财政科技计划（专项、基金等）管理改革的方案》的总体要求，科技部在2015年启动"十三五"国家重点研发计划优先启动重点研发任务建议征集工作，要求重点研发专项从基础研究、重大共性关键技术到应用示范的纵向创新链以及横向协作的产业链进行全链条一体化设计，国家科技计划进入了一个新的发展阶段。

为了了解我国当前绿色建筑科研情况，本篇选择了 12 个国家科技支撑计划项目，按照项目立项年度及编号顺序排序，分别从项目研究背景、研究目标、主要任务、取得成果和研究展望等方面进行简要介绍，以期读者对上述项目有一个概括性的了解。

# Part II | Scientific Research

During the 12th Five-year Plan period(2011—2015), China issued *The 12th Five-year Plan for Science and Technology Development Projects of Green Building*, approved National Key Technologies R&D Program of the 12th Five-year Plan, started successively 48 projects of the Key Program including "Technical R&D of Evaluation Systems, Standards and Codes for Green Building,""Research on Support System for Building Energy Efficiency Technologies," "Research and Demonstration of Construction Technologies of New Prefabricated and Assembled Concrete," " Research and Demonstration of Key Technologies of Green Retrofitting for Existing Buildings," with an input of 3. 07 billion RMB Yuan, among which 1. 2 billion RMB Yuan was appropriated from the national treasury.

Through the implementation of the National Key Technologies R&D Program, China has broken through such technical bottlenecks as technical standards, energy efficiency, green construction, new planning and design methods, indoor and outdoor environment guarantee, high-performance structure system and green building materials, produced a multitude of advanced and applicable technologies and equipments in such areas as green construction and construction equipments, building energy efficiency and high-performance structure system, made a number of important scientific achievements, overall reaching the international advanced level and some even occupying the leading position worldwide.

In order to further carry out the strategy of innovation-driven development, fully implement the *National Outline for Medium and*

*Long Term S&T Development (2006—2020)*, and fulfill the general requirements of the *Plan for Deepening the Management Reform of S&T Programs (Special Projects, Funds, etc) funded by the Central Finance* (issued by the State Council), the Ministry of Science and Technology launched the national major R&D programs of the 13th Five-year Plan period (2016—2020) in 2015 to start collecting proposals for major R&D tasks as a matter of priority. The Ministry required that major R&D projects should realize the whole-chain integrated design covering basic research, key and generic technologies, vertical innovation chain of application demonstration, and industrial chain of horizontal collaboration. The National Technologies R&D Program steps into a new development phase.

To demonstrate China's efforts in scientific research on green building, this part introduces 12 projects of the National Key Technologies R&D Program according to their approval years and serial numbers from such aspects as research background, research goals, main tasks, project achievements and research prospects to give readers a general overview of these projects above mentioned.

# 1 夏热冬暖地区建筑节能关键技术集成与示范[❶]

## 1 Integration and demonstration of key technologies of building energy efficiency in hot summer and warm winter areas

## 1.1 背 景

建筑耗能与工业耗能、交通耗能并列成为能源消耗的三大"耗能大户"，据住建部测算，2030年左右，建筑能耗将占总能耗的30%～40%，达到欧美的比例，超过工业成为全社会第一能耗大户。夏热冬暖地区人口约1.5亿，生活水平较高，经济发展快速，国民生产总值GDP约占全国的15%，也是我国能源消耗量较高的地区，开展本地区的建筑节能集成研究与示范是经济社会发展的迫切需要。

夏热冬暖地区位于我国南部，包括海南、台湾、福建南部、广东、广西大部以及云南西南部和元江河谷地区，北回归线横贯其北部，属中南亚热带至热带气候。夏热冬暖地区气候特点与北方气候差异性非常大：夏季漫长，潮湿多雨，一般不进行采暖，建筑的能耗主要是夏季空调能耗，传统建筑非常注重防潮除湿、建筑绿化、自然通风、建筑遮阳、屋面墙体隔热等降温措施。另外，本气候区开展建筑节能的工作比较晚，导致当前国家推广和应用的建筑节能技术和标准等很多是针对我国夏热冬冷、严寒、寒冷等区域，不适宜夏热冬暖地区。因此根据夏热冬暖地区的独特气候特点，开展该地区的建筑节能研究对指导该地区的建筑节能具有重要的指导意义，将大大提高该地区的建筑节能水平。

本项目整合了广东、福建、广西、海南四省的建筑科学研究院、主要高校和建筑龙头企业的研究、开发以及产业化力量，对夏热冬暖地区建筑节能关键技术实行全方位、深层次的联合研究和开发，以期促进整个夏热冬暖地区建筑节能产业的全面升级，提高建筑节能的技术水平；提升建筑节能技术研发单位的自主创新能力，保证夏热冬暖地区的社会经济可持续发展。

❶ 本项目受"十二五"国家科技支撑计划支持，项目编号：2011BAJ01B00。

# 1.2 研 究 内 容

本项目针对夏热冬暖地区的气候特点，通过分析夏热冬暖地区建筑节能现存问题和未来建筑节能技术发展瓶颈，从有集中空调的大型公共建筑、中小型公共建筑、居住建筑，以及建筑的围护结构、空调系统、建筑材料、可再生能源在建筑中的应用等多方面，多角度地开展建筑节能技术的科研工作，重点提出以下五个研究内容。

一是对夏热冬暖地区建筑节能技术的优化与集成研究。包括：室外热环境与建筑能耗相关性及其调节技术研究；室内动态热环境三联控技术研究；建筑非透明围护结构耦合降温技术研究；建筑透明围护结构光热性能一体化技术研究；夏热冬暖地区建筑节能共性技术整体优化研究；夏热冬暖地区建筑节能评价体系研究；夏热冬暖地区建筑节能技术标准化研究。

二是针对夏热冬暖地区的气候特点，以有集中空调的大型公共建筑为研究对象，拟通过开展广泛的调查研究、理论研究、模拟计算、实验研究和现场实测研究，并结合典型示范工程，对建筑幕墙热工性能及空调系统的节能技术问题进行深入的系统研究。将分别进行建筑幕墙节能优化关键技术、大型屋面系统隔热与散热技术、集中空调系统节能关键技术、集中空调系统节能运营与管理技术等的各项研究，解决目前夏热冬暖地区建筑节能领域存在的典型问题，开发关键的应用技术。结合夏热冬暖地区特殊的气候特点，通过一个典型的大型公共建筑示范工程对本项目研究成果的实施和验证，最终建立适合于我国夏热冬暖地区应用的建筑幕墙和集中空调系统节能技术体系。

三是夏热冬暖地区居住建筑低能耗与热环境改善技术研究与示范。研究内容包括夏热冬暖地区居住建筑的室外被动降温技术及其节能效益研究、围护结构节能技术优化研究、室内热环境节能技术研究、节能技术集成应用示范工程以及节能型生态园林新技术的研究。

四是夏热冬暖地区新型节能建材研发与公共建筑被动式节能技术研究及示范。针对夏热冬暖地区气候特点及城市经济发展水平和建筑规模状况，对已有的建筑节能工作和技术研究成果进行示范推广应用及总结，开展夏热冬暖地区新节能新型建材研究、墙体及屋面隔热保温体系及新型节能材料综合应用研究、建筑墙体及门窗隔热保温体系及材料应用研究中小公共建筑屋顶隔热保温体系及材料应用研究、遮阳和采光技术在建筑中的应用研究、自然通风技术在公共建筑中的应用研究等。

五是热带海岛气候建筑节能重点技术与太阳能建筑应用研究及示范。以夏热冬暖地区中热带海岛气候和其他区域的气候差异和居民的行为适应为出发点进行相关建筑节能技术研究。通过分析热带海岛气候下建筑节能的关键环节，从区域规划到单体节能再到重点类型建筑节能进行相对应技术研究，同时针对热带海岛气候下丰富资源与能源条件进行多元建筑应用和研究，并通过软件集成开发进行规模化的示范推广。通过数据调研、实验检测、计算机模拟、软件开发等一系列技术手段填补中国热带海岛型气候下建筑节能专项技术研究的空白，对相关区域的建筑节能工作有更具针对性的指导作用，同时也完善了夏热冬暖地区相关技术体系和标准体系。

## 1.3 研 究 成 果

### 1.3.1 开展了夏热冬暖地区适宜性节能技术集成研究

经过五年的时间，项目组基于整体和局部关系，考虑共性与个性，从不同建筑类型入手，研究关注建设全过程，从设计、施工到运营，完成全过程分阶段关键技术的集成和应用研究。

在夏热冬暖地区建筑节能共性技术集成方面，研究了城市微气候对建筑能耗影响的耦合分析模型、室内动态热环境三联控技术、建筑蒸发降温节能技术研究、建筑节能工程指标体系研究、夏热冬暖公共建筑被动式节能共性技术研究，形成适应本气候区气候特点的建筑节能技术体系。针对夏热冬暖地区经济社会发展的不同水平，开展有区别的建筑节能集成研究和示范，包括适用于大型城市、中小城市、山区城市、滨海城市、经济发达城市和快速发展中的城市等，形成适应本气候区气候特点的建筑节能技术体系。

在大型公共建筑方面，进行了建筑幕墙的遮阳、通风技术和玻璃采光顶隔热散热技术研究，包括单层玻璃和中空玻璃节能分析、超厚夹胶玻璃的光热性能测试和计算方法研究、双层幕墙的隔热性能深入研究，开发了幕墙节能性能软件。进行了反射隔热材料在大型屋面系统中的应用研究。在春夏之交大型公共建筑集中空调系统的节能运行与除湿应用技术的基础研究方面，研究了"回南天"形成的特殊气候条件及其对空调系统的特殊要求，研究开发了一种改善室内空气质量和湿环境的建筑微通风系统，及配套的智能控制器。利用空调焓差实验室模拟"回南天"的气候条件，全面验证了设备的性能和可靠性。探索研究了集中空调系统与自然通风换气相结合的可行性。在大型公共建筑集中空调冷却塔节能技术及其与建筑一体化设计的研究方面，对大型公共建筑集中空调系统运营评价与故障诊断技术、节能操作与管理优化技术进行了研究。进行了集中空调大空间气流组织的实验研究与数值模拟，获得了集中空调大空间气流组织优化技术，进行集中空调大空间气流组织缩小模型实验平台建设。

在中小型公共建筑研究上，研究了夏热冬暖地区中小型公共建筑围护结构隔热节能体系。研究表明本地区传热系数的大小并非是影响外墙传热的主要因素，通过遮阳等措施减少阳光直射东西向外墙及屋顶外表面，对降低东西向外墙、屋顶外表面温度都有显著效果。本气候区内的门窗设计应注重遮阳与通风，不需过度强调传热系数，提出了在夏热冬暖地区门窗材料组合系统的设计指导原则，编写了夏热冬暖地区节能门窗设计指导书。通过对夏热冬暖地区公共建筑被动式节能设计技术研究，得到总平面规划、平面设计、建筑构件与通风设计策略。研究了夏热冬暖地区中小型公共建筑基于室内环境要求的自然采光与人工照明策略，自然通风的设计方法和节能效果。

在居住建筑方面，研究得出夏热冬暖地区住区室外被动降温技术，包括建筑项目迎风面积比、建筑底层的通风架空率、小区围墙的可通风面积比等设计参数的推荐取值范围；各类遮阳设施对改善室外热环境质量和降低热岛强度的影响和建议；提出合理的绿地率指标、绿化覆盖率指标及绿地分布方式。研究得到居住建筑节能 50% 和 60% 的技术指标体系、适合夏热冬暖地区的自保温墙体材料、轻型种植屋面的设计方法、隔热涂料典型使用条件下的等效热阻值及污染修正方法、外窗遮阳采光和通风相互协调的节能设计策略，并开发新型建筑门窗遮阳一体化产品。通过研究电风扇对改善住宅自然通风条件下热舒适度具的影响，得出了采用电风扇/空调联合工作的运行策略及节能效果，确定最优节能运行模式。筛选出与居住建筑相结合的屋顶绿化植物、垂直绿化植物、室内绿化植物和小区园林植物品种，并建立了居住建筑节能型生态园林植物数据库；得出透水铺装结构改善土壤涵养水源的能力和改善室外热环境的程度，并提出设计方法。

在热带海岛气候建筑节能研究方面，调研分析了热带海岛地区民众使用空调、风扇等降温行为特点；建立适宜于海南湿热气候条件下的乡土植物数据库和植物配置模式，总结出植被改善室外热环境的技术措施，建立适宜海南湿热气候特点的建筑密度、建筑布局、架空率等设计因子模型。在自然通风环境营造方面，合理利用海南地理特点，提出在坡地建筑和滨海建筑设计中多利用山谷风和海陆风等通风策略。基于海南地区太阳辐射特性，对不同遮阳参数下建筑各朝向围护结构的辐射得热进行研究，提出海南地区建筑遮阳设施节能率独立核算方法，提出具有地区高度适应性的固定遮阳设施构造技术，减少太阳辐射得热，改善室内通风条件，降低建筑制冷能耗。同时针对性地研发出利用工业及人造轻集料形成一种轻集料混凝土空心砌块，编制形成海南省太阳能热水与酒店建筑一体化设计导则。

### 1.3.2 获得大量的科技成果

项目在研究过程中产出一批软件、标准和专利。申请软件著作权 6 项以上、包括"建筑遮阳大师"、"建筑门窗节能性能标识专用软件"等。制（修）订 24 项技术标准、规范、指南或图集等，包括《夏热冬暖地区居住建筑节能设计标准》、《自保温混凝土复合砌块墙体应用技术规程》、《自保温混凝土复合砌块》、《建筑反射隔热涂料应用技术规程》、《民用建筑能效测评与标识技术规程》、《广东省绿色建筑评价标准》、《〈国家机关办公建筑和大型公共建筑能源审计导则〉广东省实施细则》、《建筑门窗遮阳性能检测方法》、《既有民用建筑节能改造技术规程》、《福建省居住建筑节能设计标准》、《福建省绿色建筑设计规范》、《福建省绿建评价标准》、《城市居住区热环境设计标准》、《建筑热反射涂料节能检测标准》、《海南省公共建筑节能设计标准绿色补充细则》等。申请或获得国家发明专利 13 项以上，包括建筑室内自然通风模型测试系统及测试方法、双冷源除湿空调机组、一种智能化建筑遮阳系统及方法、一种墙体蒸发降温装置、一种新型墙体围护结构表观传热系数现场检测系统的加热装置、外遮阳百叶帘窗、一种煤矸石烧结砖等。

另外，在进行科学研究的同时注重人才的培养，编写建筑节能相关教材或手册 5 套以上；形成创新能力突出的建筑节能技术研究和管理队伍，培养科研骨干或学术带头人 20 人以上。培养夏热冬暖地区建筑节能技术领域的科研骨干和学术带头人 6 人以上。培养相关设计、施工、检测技术人员 200 人以上。在国内外重要学术期刊上发表学术论文 30 篇以上。

### 1.3.3 形成节能技术示范工程 4 个

项目完成 4 个建筑节能示范工程项目，涵盖了目前建筑量最大的几类建筑，包括住宅小区、公共建筑以及商住综合楼等，大部分示范工程已建设完成。示范工程广州珠江新城 B2-10 地块大型办公项目已建成并开始出租，该建筑运用了屋顶绿化、幕墙遮阳通风、可变风量空调系统、排风热回收、太阳能热水、光导管、雨水回收等技术，实现节能率 60% 目标，并已获得的国家三星绿色建筑评价标识。福建龙西小区示范土建建设一、二、三期主体建筑与结构共 15 万 m²，完成了围护结构检测及相关能效测评等工作，节能率达到 60%。广西建筑科学研究设计院危旧房改住房改造项目（建科苑）（公建部分）和广西建筑科学研究设计院产业化基地项目科研实验楼进行了气候适宜性的被动式节能技术设计应用示范。海建商业大厦采用通风模拟、屋顶花园、太阳能热水系统等多种适宜的海南气候特色的建筑节能技术；博乐府致力打造成零碳建筑，采用太阳能发电技术、太阳能烟筒、光导管产品、屋顶绿化、外墙隔热技术等。

# 1.4 总 结

经过近五年的研究，"十二五"国家科技支撑计划支撑项目"夏热冬暖地区建筑节能关键技术集成与示范"梳理了夏热冬暖地区建筑节能技术应用推广的关键技术问题，对夏热冬暖地区的建筑节能优化与集成、幕墙热工性能优化与集中空调系统节能、新型节能建材研发与公共建筑被动式节能技术、居住建筑低能耗与热环境改善技术、热带海岛气候建筑节能重点技术进行了系统研究，形成了一系列研究技术报告、标准规范、图集、专利、软件著作、论文，同时培养了大量的技术人才，推动了夏热冬暖地区的建筑节能技术发展，进一步推广了适宜性的建筑节能技术，取得良好的社会、经济和环境效应，为夏热冬暖的地区节能减排与生态文明建设做出重要贡献。

作者：杨仕超[1] 孟庆林[2] 黄夏东[3] 朱惠英[4] 尹波[5]（1. 广东省建筑科学研究院集团股份有限公司；2. 华南理工大学；3. 福建省建筑科学研究院；4. 广西壮族自治区建筑科学研究设计院；5. 中国建筑科学研究院）

# 2 夏热冬冷地区建筑节能关键技术集成与示范[●]

## 2 Integration and demonstration of key technologies of building energy efficiency in hot summer and cold winter areas

## 2.1 研 究 背 景

中国已进入城镇化快速发展阶段，城市建筑规模以 $5\%\sim8\%$ 的速度持续增长，每年新增建筑面积 $16$ 亿$\sim20$ 亿 $m^2$。随着我国经济增长和人民生活水平的提高，单位建筑面积能耗大幅度增加，我国建筑运行能耗约占社会总能耗的 $30\%$，能耗高、效率低、能源缺的严峻现实已成为制约我国城市发展和社会持续发展的重要因素，迫切需要通过科技创新，突破建筑节能技术瓶颈，缓解能源短缺危机，保障城镇可持续发展。

夏热冬冷地区的主要区域——长江中下游流域是我国经济最发达也是经济和社会发展最活跃的地区之一，人口密集，城市化进程快速，建筑总量和每年新增建筑面积都非常大，对建筑的性能要求较高。另外，夏热冬冷地区的气候特征为夏季高温高湿，冬季阴冷潮湿，且持续时间长，夏季空调和冬季采暖要求都比较高。该地区建筑用能存在诸多问题，如：一次能源匮乏，区域整体用能量大；自然条件下，室内热环境质量普遍较差，大量的建筑必须采用空调设备来改善室内的热舒适性，使建筑能耗大大增加；供热需求迫切，亟需研究开发适合夏热冬冷地区建筑冬季供热的技术与设备；现有空调的除湿模式主要采取冷冻除湿，存在耗能大、舒适性低等问题。因此，针对夏热冬冷地区的特有气候特征开展建筑节能关键技术的集成与示范，开发一系列新型高效的热湿处理与供暖、供热水装备，建立中心城市与城镇建筑节能示范工程，不但具有重要的理论意义和示范带动作用，更能够为我国的建筑节能事业做出切实的贡献。

---

[●] 本项目受"十二五"国家科技支撑计划支持，项目编号：2011BAJ03B00。

# 2.2 项 目 概 况

### 2.2.1 研究目标

通过项目的实施提出一套相对完整的建筑节能关键技术集成体系，研制出一系列建筑节能降耗的集成技术装备，形成一系列建筑节能技术的标准、规范、导则、图集等；建立夏热冬冷地区建筑用能系统测控平台与评价体系；开发出15～20个建筑节能高新技术产品与材料，并进行工程示范；针对不同建筑类型、技术特点的工程示范，实现示范建筑面积 200 万 $m^2$ 上。实现在保证居住者健康舒适的前提下，实现建筑节能 67％以上，推动该地区建筑节能水平的快速提高，为国家的节能减排做出贡献。

### 2.2.2 研究内容

本项目研究气候适应型建筑围护结构节能体系的建立，开发建筑一体化遮阳隔热技术，对各种低成本、低能耗建筑节能关键技术进行集成研究，同时通过研究建筑空间别动式设计技术实现节能。研制开发双高效空调系统，实现冬夏双高效运行，探索夏热冬冷地区新的供暖模式，针对夏天高温高湿的特点，研究开发湿度独立控制的新型空气处理方式，研制新型高效的太阳能利用技术，并实现与建筑一体化，研究浅层地热能集成应用技术及其性能评价方法，根据区域气候特点，研究自然能源综合利用技术，从而实现节能，并从建筑用能系统运行管理、系统优化、能效提升、检测评估等全方面对建筑空调系统深入研究。在集成技术研究的基础上，提炼夏热冬冷地区共性关键技术，建立该地区建筑节能共性技术体系。开展建筑节能技术集成应用工程示范，示范工程总面积不少于 200 万 $m^2$。

# 2.3 阶段性研究成果

### 2.3.1 建筑围护结构节能体系

建筑围护结构是决定建筑能耗的重要因素之一。本项目在建筑围护结构体系方面，研发了集节能、结构与外装饰一体化的预制式建筑围护结构技术：提出了集节能结构与外装饰一体化预制混凝土体系的设计计算方法，攻克了节能结构一体化围护体系在设计、预制构件制作及施工安装等三大技术难点，研发出结构与墙体的一体化预制方法与工艺，形成该体系的制备与施工成套工艺，实现节能预制构件与现浇混凝土的整体完整性和施工经济性，提升住宅产业化、建筑工业化水平，推进住宅产业化进程，可实现建筑外围护结构预制化程度达到 70%。预制式样板墙体如图 2-2-1 所示，成果应用于周康航大型居住社区 C-04-01 地块项目的建设，该地块占地面积 2.5 万 m²，总建筑量超过 5 万 m²，成果总体达到国际先进水平，社会经济效益显著。此外，针对建筑围护结构中的透明部分进行新型高隔热性能的遮阳技术研究，通过建筑外遮阳措施减少太阳辐射得热，降低建筑能耗，研发了可调外遮阳、新型高效通风透光隔声窗等技术及产品，并对相关技术进行了集成与工程示范，示范面积 10 万 m²。

整块墙板外立面　　　　　　　　　　　整块墙板+无机保温体系

图 2-2-1　保温、结构与外装饰一体化的预制式样板墙体

针对夏热冬冷地区建筑节能关键材料和生产技术应用规模不大，节能建材初期成本较高等技术瓶颈，通过研究基于室内外耦合解析的低能耗建筑设计方法及其关键技术，利用区域优势资源生产低成本高性能磷石膏墙体围护材料及其应用技术，并在国家可持续发展示范区钟祥市开发低成本、低能耗的示范建筑。在此基础上，开发出新型超轻质围护结构新材料和磷石膏轻质砌块，并建成规模化的以资源循环利用、节能为特点的建材产品示范生产线 2 条。同时，开展了建筑空间被动式设计与适宜技术集成研究及示范。完善建筑空间被动式设计的标准规范体系，实现具有地方特色的节能建筑材料被动降温关键技术的实施，提高了建筑外保温装饰一体化在夏热冬冷地区应用的适宜性，并制定出保温与装饰一体化评价方法与标准，指导夏热冬冷地区典型区域被动式建筑节能建设。

### 2.3.2　建筑节能关键技术与装备

冷热源的能耗是空调采暖系统能耗的主体，由于夏热冬冷地区现有建筑冷热源技术存在诸多弊端，本项目开展了冬夏兼顾的双高效空调系统关键技术集成与示范。针对夏热冬冷地区建筑间歇负荷的特点与空调模式特性，研究间歇空调系统设计方法与运行模式，建立了间歇空调运行模式方法。开发提升热泵系统冬夏两季高效运行技术，兼顾太阳能和空气能两种低温热源，构建了太阳能—空气复合热源热泵系统，系统平均 COP 高达 4.0；研究利用表面处理技术实现超疏水型换热器抑制空气源热泵结霜和提高除霜效率，并基于超疏水表面结霜特性，提出了可实现热泵机组稳定、高效、连续运行的综合作用除霜方法（图 2-2-2）。开展了过渡季节冷却塔免费供冷技术的适宜性研究，降低大量高品位能源的消耗。

空气的处理方式影响建筑室内的舒适性，同时也制约着建筑冷热能供应系统效率的提升。针对传统定露点控制空调的固有缺陷，发明了一种基于热湿分段的空气处理方法，实现了对空调系统空气处理过程的分段处理。相对于传统空气处理方法，新型空调系统综合效率可提高达 20％以上。在项目组提出的另一种适宜夏热冬冷地区湿热湿冷气候特征的空气处理技术——溶液除湿与热湿独立处理技术的研究中（图 2-2-3），根据溶液除湿和再生特性及性能要求，自主研发了 Z型填料，该填料可望用于溶液除湿空调系统，具有结构简单，性价比高的优点。同时开发热湿解耦独立处理空调系统，研发出独立除湿的辐射顶棚供冷暖技术与装置、通风控湿技术与装置、除湿型模块化新风机组等。

图 2-2-2 抑霜型超疏水翅片换热器　　图 2-2-3 热泵驱动热自平衡型溶液除湿空调机组

项目在针对夏热冬冷地区建筑节能关键技术集成开展深入研究的同时，重点选择关键节能技术进行突破，发展出可实现冬夏双高效的新型建筑冷热源——热源塔热泵技术。该技术可高效解决建筑物夏季制冷、冬季供暖及全年生活热水的需求，并避免现有建筑冷热能供应技术的诸多不足，全年综合一次能源效率达 1.5 以上。在传热传质机理、液气比优化配比、传湿特性及再生方式等方面的理论和实践工作取得了重要突破，为热源塔热泵技术的推广应用奠定了良好的基础。现已申报或授权国家发明专利 23 项，PCT 国际专利 5 项，美国专利 1 项，初步形式了较完整的知识产权体系，相关核心装备已完成样机制备，并在示范工程中得到应用（图 2-2-4、图 2-2-5）。

图 2-2-4 热源塔热泵机组　　图 2-2-5 热源塔热泵溶液再生系统

### 2.3.3 可再生能源与建筑一体化

可再生能源在建筑中的引入，可较大程度地减少建筑对常规能源的消耗。项目通过对太阳能、浅层地热能及自然能源在建筑中的应用研究，形成了可再生能源与建筑一体化技术集成体系。

在太阳能光热光伏等已有技术的基础上，结合建筑、结构设计，形成了太阳能利用与建筑设计、建造一体化的高效节能的综合利用技术，并开发出相应的低成本太阳能集热装备用于建筑中，从而形成了"太阳能利用与建筑一体化集成"的成套技术体系，包括设计、建造、使用及检测等环节。此外，通过研究形成了太阳能与建筑一体化的高效供暖和供热水技术、高效光电光热综合利用技术、被动式太阳能建筑与技术等技术标准，并开展了太阳能与建筑一体化的高效供热水技术、高效光电光热综合利用技术集成两项规模化工程示范。

针对夏热冬冷地区地质和水文特征，研发出高效的利用浅层地热能的供热供冷系统与设备，探索了相关技术的适宜性问题与实用原则；发展出适合夏热冬冷地区的水源热泵的高效换热技术、大温差取热技术及其污垢处理技术，为切实落实水源热泵的广泛应用提供了必要的关键技术。同时，进行了土壤源热泵应用评估研究，制定了基于全生命周期土壤源热泵技术评价指标体系，提出总线式地源热泵系统的高效供冷、供热方式，并研究了总线式地源热泵系统在夏热冬冷地区的优化设计及运行控制方法。

从利用自然资源的角度出发，结合贵州地区的气候特点，开展了间歇模式下围护结构与自然通风技术、经济适宜性空调冷热源与节能技术、空气源热泵双高效利用技术与应用、自然能源及天然冷源利用技术集成、建筑节能技术适宜性研究与工程示范等方面的技术集成研究及工程示范工作，形成了适合贵州地区的建筑节能关键技术，并将研究成果应用于"贵州大学花溪校园扩建工程"中的图书馆和公共教学实验楼，示范工程建筑面积约 11.8 万 $m^2$。

### 2.3.4 建筑节能运行优化与评价

通过研究建筑能耗的实时数据海量存储与数据挖掘技术以及数据指标的体系化，从而建立和完善全面的建筑用能数据指标体系和数据库系统。在此基础上进行用能系统的规划与设计模型建模技术、数据采集系统的合理性设计方法、用能系统分析评价技术系统化与体系化方面的研究和摸索，从而确立了应用于建筑用能系统的规划与设计技术，以及能源优化配储的模型体系和建模方法，开发出能够支撑建筑用能优化及节能技术规模化应用的用能系统能耗评价软件系统，并最终通过示范应用对研究成果进行验证与展示。

结合夏热冬冷地区地理、气候特点，攻克建筑用能特征分析方法、基于物联网的建筑用能在线监测系统、集中空调系统运行仿真与高效调控技术、建筑用能系统能效诊断方法等建筑节能关键技术，形成了完善的建筑用能系统监测与优化控制技术体系。以浙江大学、东南大学等校园为能耗监测对象，开发了建筑节能监控网络与平台及建筑中央空调系统监控平台，提出了基于参数集总的空调系统特征识别建模方法，并对建筑中央空调系统进行了仿真与节能优化（图 2-2-6）。

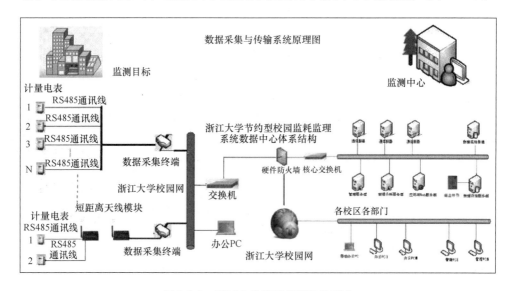

图 2-2-6　浙江大学校园节能监控平台

### 2.3.5　夏热冬冷地区建筑节能共性关键技术体系研究与综合示范

针对城镇区域建筑能源规划方案、建筑节能关键集成技术适宜性评价方法、各种建筑节能技术的实施标准、规范、导则、图集以及建立建筑能耗监控平台等夏热冬冷地区建筑节能共性关键技术开展研究，并结合国家可持续发展实验区的重点工程建设，开展规模化综合工程示范。

针对能源需求发展变化起影响作用的各种因素进行了分析，建立了负荷预测模型，进而对能源需求量做出科学的预测；提出了评价区域能源系统配置合理的多元评价指标，为低碳城市的建设、发展、和示范提供技术支撑。重点开展了相变蓄能、冷却塔免费供冷及夜间通风等节能关键技术在夏热冬冷地区的适宜性研究工作。编制完成了《夏热冬冷地区可再生能源建筑应用工程评价技术细则》、《民用建筑能效测评标识标准》等 20 余项建筑节能技术的设计导则、施工导则，以及相应的施工图集、标准。

以南京青奥会重点工程——青奥城青奥板块建设为示范工程，深入研究该区域建筑节能技术的集成应用与开发，将相关项目研究的建筑节能关键技术应用于工程示范，示范建筑面积超过 53 万 $m^2$。实现整体建筑节能率达到 65%，部分建筑节能率达到 75%。示范工程应用的具体建筑节能技术包括：冷热电三联供、低能耗建筑围护结构体系构建、区域建筑空调系统优化、排风能量回收、可再生能源综合利用、自然通风、区域建筑能耗监测与控制一体化等（图 2-2-7）。

图 2-2-7　南京青奥中心建筑节能关键技术体系综合示范工程

## 2.4　研　究　展　望

本项目对夏热冬冷地区建筑节能关键技术进行了研究与集成示范，研发出一批具有创新性、适宜性的节能关键技术，工程示范建筑面积超过 200 万 m²，显现出巨大的节能潜力，对推动建筑节能技术的创新发展具有非常重要的意义。建筑节能关键技术的示范应用，能够有效节约能耗，带来显著的经济效益。同时，能够提高建筑室内的热舒适性，从经济性和舒适性两方面改善居民生活水平。

当前我国正处于经济高速发展时期，一方面随着城市化进程加速、产业结构调整，居民用房需求不断增加，导致建筑能耗不断增加，另一方面资源相对不足和环境承载能力弱一直是困扰我国经济发展的制约因素，因此，通过项目的研究和成果的示范和推广，提高夏热冬冷地区的建筑节能水平，减少建筑能源消耗，缓解能源紧张局面，可为加快本地区产业结构的优化调整，转变夏热冬冷地区的经济发展方式，改善和提高人们的生活和工作舒适性提供重要的保障。但要彻底解决夏热冬冷地区建筑用能问题，还有很长的路要走。冬夏兼顾的夏热冬冷地区冷热源技术仍需进一步提升，特别是空气源热泵冬季结霜等关系到冬季采暖热源高效运行的关键性问题亟需解决。太阳能与建筑一体化的技术研究仍较薄弱，由于整体上太阳能与建筑两个行业的相互脱节，使太阳能技术孤立于建筑功能、结构、美学等因素之外，影响了太阳能建筑一体化的进程。此外，有必要制定更加有效、更加全面的建筑节能设计标准，更好地贯彻国家有关建筑节能的方针、政策和法规制度，节约能源，保护环境，改善居住建筑热环境，提高采暖和空调的能源利用效率。

作者：张小松　梁彩华（东南大学）

# 3 节能建材成套应用技术研究与示范[1]

## 3 Research and demonstration of applied technologies of energy efficiency building materials

## 3.1 研 究 背 景

建立资源节约型和环境友好型的建材工业新体系是实现我国建筑绿色化、功能化、产业化的重要组成部分，也是实现我国《国家中长期科学和技术发展规划纲要（2006—2020)》对建筑节能与绿色建筑目标要求的重要手段。

2011年，国家科技支撑计划项目"节能建材成套应用技术研究与示范"立项时，面临着若干亟待解决的问题。例如：建材行业面临着资源、能源和环境的严重压力，建筑产业在各产业中造成近50%的$CO_2$排放；建筑节能系统存在安全性低、使用寿命短的问题，保温材料多使用防火等级低的EPS板；节能建材的生产与应用严重脱节，节能设计选材难，新型节能建材产品本地化程度低，成套性、配套性差，推广使用难。

本项目由国家住房和城乡建设部组织，中国建筑材料科学研究总院、西安墙体材料研究设计院、武汉理工大学、中国建筑科学研究院共同承担。在相关单位的紧密配合和研究人员的努力下，项目取得新产品、新材料、新工艺、新装置、计算机软件等42项，建设示范生产线21条，示范工程30项，超额完成目标，取得了良好的经济、社会和环境效益。

## 3.2 项目目标及研究内容

项目以满足建筑材料向"绿色、节能、安全、耐久、本地化"发展为目标，围绕节能烧结类墙体材料、功能化复合墙体板材、高效难燃保温材料、低能耗外窗等主要建筑围护结构材料在特征气候区域的应用技术进行研究和示范，开发固

---

❶ 本项目受"十二五"国家科技支撑计划支持，项目编号：2011BAJ04B00。

体废弃物本地化再生建材利用成套技术，对典型地区的建筑材料生产、使用的能源消耗和碳排放进行全生命周期评价。形成一批节能建材的新材料、新技术，建立一批研发、生产与应用示范基地，全面提升我国节能建材技术水平，为城镇化和城市发展的节能建筑提供重要支撑。

# 3.3　研　究　成　果

### 3.3.1　节能烧结类墙体砌块应用技术

本项目形成烧结保温砌块孔型优化技术，分别可适应严寒地区、夏热冬冷地区及夏热冬暖地区的节能烧结砌块孔型结构；在此基础上，通过原料优化、设备和工艺改造等技术途径，大幅提高了节能烧结砌块的热性能，实现了单一墙体材料满足建筑节能 65% 目标要求，其具体参数如表 2-3-1 所示，所开发的相关墙体等效传热系数较传统烧结多孔砖墙的数值提高了 100%～260%。

**三类节能烧结砌块墙体与现有墙体热工性能比较**　　表 2-3-1

| | 砌体材料 | 等效传热系数（W/m² · K） | 应用地域 |
|---|---|---|---|
| 传统 | 烧结多孔砖墙 | 1.47 | — |
| 本项目 | 29 排孔烧结保温空心砌块墙 | 0.379 | 严寒地区 |
| | 9 排孔烧结保温砌块墙 | 0.581 | 夏热冬冷地区 |
| | 5 排孔节能烧结砌块墙 | 0.658 | 夏热冬暖地区 |

*(a)*

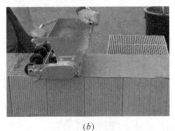

*(b)*

图 2-3-1　两种薄层砌筑施工方法
*(a)* 粘浆法砌筑；*(b)* 铺浆器铺浆法砌筑

配套开发了烧结保温空心砌块薄灰缝施工工艺。该工艺可使砌筑水平灰缝由原有的 7～10mm 降低到 1～2mm，同时采用钢筋混凝土现浇拉结带替代传统墙体拉结筋作用，砌块间竖向灰缝为榫槽咬接，提高了墙体的整体性和力学性能（图 2-3-1）。同时，提出了三类不同热工气候分区节能烧结砌块的节能构造技术，建立节能烧结砌块砌体材料设计计算指标、节能烧结砌块墙体和带壁柱墙高厚比限值，提出配筋烧结砌块砌体、墙-墙、墙-梁、墙-柱及墙-板的构造设计要求，形成《页岩保温砌块 2mm 灰缝精细砌筑施工工法》GJEJGF 063—2012、《烧结页岩空心砌块（砖）墙体构造》DBJT 27-141-13，为成果的应用提供保障（图 2-3-2）。

### 3.3.2 高效难燃保温材料及配套墙体保温系统

项目以提高建筑节能保温墙体的安全性能和长期耐久性为目标，针对有机保温材料防火性能差、燃烧释放有毒气体、不能满足安全防火的要求的问题，提出无机材料改性技术，对酚醛泡沫保温材料进行改性，改善了酚醛材料的力学性能差、掉粉和脱落

图 2-3-2　烧结保温砌块示范生产线

的问题，全面提升有机保温材料的寿命、防火阻燃性能以及建筑施工工艺。

硬质聚氨酯泡沫塑料具有非常优越的绝热性能，但因其价格较高、喷涂施工会对环境造成污染，且聚氨酯泡沫塑料是一种有机高分子可燃材料，在生产、储存以及使用过程中有引发火灾事故的危险，限制了它的使用。项目利用相对价格低廉、防火性能高、耐久和耐候性能强的玻化微珠与聚氨酯进行复合，采用喷涂的工艺途径制备聚氨酯-玻化微珠复合保温材料，其燃烧性能在 B1 级～A2 级之间可调（图 2-3-3），导热系数为 0.030W/(m·K)，体积吸水率 1.1%，该材料保温性能优异，防火等级高，寿命长。同时，为方便现场施工，项目利用不同种类的饰面层作为防护材料制备了保温装饰一体化板材，该板材施工工艺简单、便捷，施工效率高，质量可靠。国家节能和绿色建筑发展的需求，对保温材料提出了高效节能、绿色、环保、安全的要求，推广应用兼具保温和防火功能的

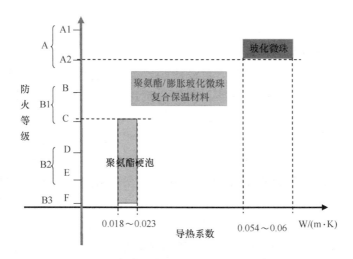

图 2-3-3　复合材料导热系数、燃烧性能设计

复合保温材料是未来保温材料不可逆转的趋势，该成果具有很好的市场应用前景。

### 3.3.3 功能化复合墙体板材应用技术

功能化复合墙体板材是为解决建筑材料低效率、低质量的现场湿作业方式，适应建筑工业化发展趋势而开发的工业化系统。本项目提出 2 大类板材复合技术。

（1）保温材料-饰面材料粘贴工艺。该工艺是以 EPS 板（也适合于 XPS 板等有机板材）为保温材料，以水泥增强板、陶瓷板、金属板等为保护层材料，通过专用粘结剂粘合形成复合板材，以此技术作为出发点，在 EPS 板改性技术的基础上，开发了适合夏热冬冷、夏热冬暖地区气候特点的 EPS 板保温装饰一体化复合板材 IIP 板，板材界面粘结强度达到 0.30MPa，燃烧性能达到 B1 级。

（2）保温材料-饰面材料自粘工艺。该工艺是将聚氨酯保温材料的原材料浇注在以饰面板为底模的模具上发泡、养护、包装得到的一体化板材，该技术无需专门的粘结剂即可完成界面处理，工艺流程简单流畅。

项目通过阻燃技术提升和饰面板材种类的优选，最终形成的主要代表类型有：金属、陶瓷、薄石材、仿石材等多种装饰面的功能化复合墙体板材。相关衍生产品有保温-装饰防水一体化屋面，覆膜改性 PU 板（复合 A1 级防火）等。

### 3.3.4 低能耗玻璃外窗成套应用技术

玻璃外窗是建筑节能系统的重要组成部分，为提高窗系统的节能效果，项目研究了多种节能玻璃、型材和窗系统，解决了相关材料的耐久性问题。开发了具有自主知识产权的镀膜玻璃设计开发平台 GLASCOAT，使产品设计开发时可首先利用软件建立膜系的光学模型，对设计方案进行性能评估，大大减少实验量，显著缩短产品开发周期，降低成本。在此基础上，开展了 Low-E 玻璃膜系与加工技术研究，研制了单点重复测试数值偏差<0.05 的、适用于工业化生产 Low-E 玻璃线的在线检测设备，为产品质量控制提供了保障。通过优化钢化玻璃制造工艺，生产出优质 Low-E 镀膜钢化玻璃，实现弯曲度为 $0.10‰\sim0.70‰$，钢化应力达 160MPa；半钢化真空玻璃传热系数为 $0.57W/(m^2 \cdot K)$，表面应力为 $52\sim56MPa$。钢化玻璃采用铋锌硼系无铅封接，其封接温度低、化学稳定性好、膨胀系数适当，易于制备，可以实现连续化的大规模工业化生产，而且该体系封接玻璃具有光谱选择性吸收特性，适用于加热源为紫外、可见或红外光的光辐射加热封接工艺，可用于电真空器件、电子元器件或真空玻璃绝缘密封或气密性封

接（图2-3-4）。同时，开发出适用于不同气候区域的门窗型材系统，提高了型材的强度及系统的保温隔热效果。考虑到国内遮阳系数检测仅针对玻璃测试的现状，开发了国内首台人工光源门窗遮阳系数检测设备，该设备是国内建筑门窗遮阳系数评价领域内第一台真正意义上的光源设备。

图2-3-4  真空玻璃示范应用——北京核工

### 3.3.5  固体废弃物本地化再生建材利用成套技术

项目针对建筑垃圾、污泥、脱硫石膏、钢渣和高硫石油焦脱硫灰渣等固体废弃物排放巨大、逐年增多，对环境造成巨大危害的现状，研究了利用相关废弃物制备再生建材的关键技术。在污泥超轻骨料的制备过程中，过高的污泥掺量容易导致骨料的粉化或者收缩、烧成制度难以控制等问题，因此，国内外研究者利用污泥制备超轻骨料的生料组成中污泥组分往往只在30%以下，本项目以页岩作为辅助强化原料，利用污泥中的铁氧化物及助熔组分，通过优化预烧焙烧制度，控制烧成工艺，以保证骨料的膨胀与烧结，实现骨料超轻化，所制备的污泥超轻骨料的生料料球中含干化污泥比例为37%，$300\sim500kg/m^3$污泥超轻骨料的筒压强度为1.7MPa，提高了生产过程中污泥的消纳率，成功克服了过高的污泥掺量容易导致骨料的粉化或者收缩、烧成制度难以控制的难题，突破了国内外研究者利用污泥制备超轻骨料的生料组成中污泥组分往往只能在30%以下的技术瓶颈，该成果的推广应用可以很好地解决我国城市污泥处置和消纳难题，为城市环境治理做出良好贡献。项目提出的固体废弃物再生建材安全性测试技术，确定了检测关键指标以及试验方法，形成了我国第一部关于水泥基再生材料的环境安全性检测的标准。除此之外，形成了建筑垃圾再生混凝土的耐久性改善技术、高耐水烟气脱硫石膏产品制备技术等。

### 3.3.6  建材产品LCA基础清单数据库

我国建筑材料LCA研究及应用是LCA学科开展较早，也是较为成熟的方向之一，同时也是绿色建材研究的重要组成部分。近年来，随着人们对建材工业与环境问题关系认识的逐步加深，建材产品LCA案例研究获得了较快的发展，产品领域不断拓展，涉及水泥、玻璃、陶瓷、混凝土、铝材、钢铁、涂料、高分子材料、木质材料、装修材料等主要建筑材料类型，并开始逐渐应用于建筑物

LCA研究，成为绿色建筑评估的基础。但由于受时间、研究基础及研究条件的限制，研究成果仍缺乏系统化、集成化和可操作性，很多基础数据缺乏，使得LCA应用面临诸多困难。该项目系统开展了五类建材产品，包括钢材（棒材、线材、型材）、混凝土（预拌混凝土、现浇混凝土、混凝土结构件）、墙体材料及墙体（实心黏土砖、空心烧结砖、加气混凝土砌块、轻集料混凝土砌块、石膏板材）、门窗（断桥铝合金窗、塑料窗、铝木复合窗、铝塑共挤窗）、保温材料及系统（聚苯板、岩棉板和硬泡聚氨酯板以及其对应组成的薄抹灰外墙外保温系统）共计18种产品以及6个系统（3种外保温系统和3种外墙外保温系统）从材料采集、生产制备、建筑中使用和废弃处置的全生命周期环境影响评价，基于建立的评价方法体系，针对每种产品的不可再生资源消耗（ADP）、能源消耗（PED）、温室效应（GWP）、酸化效应（AP）和富营养化（EP）、可吸入无机物（RI）影响进行特征化表征、清单分析及特征化计算，重点计算了上述产品的生命周期能耗与碳排放，分析了各类建材产品全生命周期中各过程环境影响因素以及对能耗和碳排放贡献率，为产品优化节能减排工艺技术指明了途径。根据对上述产品环境负荷研究结果、不同气候区对建材不同需求和要求的区域化研究，计算和归一化分析得到不同地区不同类型建材产品的环境影响评价结果以及同类建材产品环境负荷的对比结果，进而得到针对寒冷地区、夏热冬冷地区和严寒地区建筑用建材产品的选择指导方案。除此之外项目建立了建材产品全生命周期评价系统、建材产品全生命周期评价指标体系，实现了建筑设计方案的优化和建材产品、材料选型优化，对我国大力发展绿色建筑和推广绿色建材提供数据、方法和自动化工具支持，为绿色建材的生态设计和绿色建筑选材提供基础数据和信息交换，对绿色建筑的发展具有重大意义。

## 3.4　项目的经济、环境、社会效益

### 3.4.1　经济效益、环境效益

项目在节能烧结墙体砌块、复合墙体材料、保温材料、建筑节能玻璃等方面建成21条示范生产线，每年约有30亿元的产值。按照普遍执行的建筑节能65％的标准计算，本项目的成果应用1％左右，每年将可节约能源费用超过100亿元，同时，可减少因建筑能耗带来的 $NO_x$、$SO_2$ 和粉尘排放。

### 3.4.2　社会效益

项目的顺利实施，有力推动了我国节能建筑材料生产、应用领域的发展，为我国"十三五"期间绿色建筑的实施提供了技术支撑。所建立的相关标准，如

《烧结空心砖和空心砌块》GB/T 13545—2014、《绝热用硬质酚醛泡沫制品》GB/T 20974—2014 等使相关产品向高性能、长寿命、安全等进一步发展；"建材产品全生命周期能耗和碳排放数据库"可为企业制定节能减排方案和技术选择提供支撑，也为管理部门及时掌握行业环境负荷状况，制定或调整行业发展政策提供参考。这些成果促进了我国节能建筑材料整体应用水平的提升。

### 3.4.3 推广应用与产业化前景

随着我国城镇化的高速发展，建筑物和构筑物存量年增长速度超过 50%，目前与建设和运行相关的领域能耗已占到我国总能耗的 47%，为此，发展绿色建筑对我国节能减排工作的作用至关重要，而绿色建筑的发展离不开绿色建材。本项目成果解决了我国节能建筑材料在节能、安全、寿命、评价等方面的一系列重大技术问题，并且建立起相关的标准规范及技术文件，为成果的应用和产业化发展提供了极强的竞争能力，市场前景广阔。

**作者：**姚燕[1] 郅晓[1] 邓嫔[1] 肖慧[2] 马保国[3] 骞守卫[3] 刘光华[4] 左岩[4] 赵平[4] 赵霄龙[5] （1. 中国建筑材料集团有限公司；2. 西安墙体材料设计研究院；3. 武汉理工大学；4. 中国建筑材料科学研究总院；5. 中国建筑科学研究院）

# 4 东北严寒地区建筑节能关键技术研究与示范[1]

## 4 Research and demonstration of key technologies of building energy efficiency in northeastern severe cold areas

## 4.1 研 究 背 景

东北严寒地区是全国建筑节能工作开展得最早的地区，尤其是随着"十一五"科技支撑计划的实施，一批科技成果已经在建筑节能工作中发挥作用，但由于东北严寒地区地域广阔，气候特征不同、建筑特点和居民生活习惯差异很大，缺乏与之相适宜的技术体系，导致资源利用和技术选用存在不合理现象。此外，建筑节能单项技术之间缺乏匹配性研究以及主被动式相结合的技术研究，技术产品零散、单一，技术盲目求新、求高，缺乏适用于东北严寒地区成套技术体系的研究，一些影响建筑节能发展的瓶颈问题没有得到突破。因此对东北严寒地区建筑节能相关技术进行深入研究和示范，将会对东北严寒地区建筑节能工作起到实质性的推进作用。

## 4.2 项 目 概 况

### 4.2.1 研究目标

通过研究适合东北严寒地区气候特征、建筑特点和居民生活习惯的建筑节能设计体系、建筑节能适宜性技术体系、产品和技术解决方案，在建筑体系设计、新型围护结构型式、建筑节能材料选择、常规能源与可再生能源互补利用技术、供热计量利用技术、末端设备节能、建筑节能系统及产品的能效指标。深入挖掘现有节能技术和节能产品的节能潜力，提升建筑节能技术应用水平，对寒冷地区

---

❶ 本项目受"十二五"国家科技支撑计划支持，项目编号：2011BAJ05B00。

可再生能源利用进行技术经济综合分析，建立可再生能源规模化应用示范工程。通过以上措施，在执行节能 65％标准的基础上，再增加节能 5％～10 ％。

### 4.2.2　研究内容

课本项目研究内容主要分为五个方面，一是严寒地区建筑节能共性技术及能效提升关键技术研究与示范，包括严寒地区建筑本体优化设计方法研究，严寒地区热计量模式下的采暖系统形式及调节技术研究与示范，严寒地区采暖热源方式及适宜性研究，严寒地区生活热水供应方式研究；二是严寒地区低能耗建筑节能设计及能源互补供热技术研究与示范，严寒地区低能耗建筑节能设计与适宜性技术集成研究，严寒地区建筑用能系统优化配置及应用技术研究，常规能源与可再生能源互补利用的供热技术研究，辽宁省建筑节能相关技术集成与工程示范；三是严寒地区建筑节能型围护结构及土壤源热泵适宜性应用技术研究与示范，适宜于严寒地区粉煤灰蒸压加气混凝土无机自保温砌块及配套专用系列干粉保温砂浆规模化生产技术研发，严寒地区节能型建筑围护结构一体化集成技术研究，严寒地区土壤源热泵综合技术集成研究，相关技术集成与工程示范；四是严寒地区供热系统节能降耗关键技术研究与工程示范，供热系统承载力评估技术研究，新型室内采暖技术研究，能源合理利用的供热技术研究，大型集中供热管网提高可靠性关键技术研究，建筑节能与结构一体化、配套技术集成和工程示范。

## 4.3　阶 段 性 成 果

### 4.3.1　严寒地区建筑节能共性技术及能效提升关键技术研究与示范

用 DeST 模拟软件对赤峰某实测楼栋的耗热量进行模拟计算，与实测值对比，分析气密性对采暖空调能耗的影响（图 2-4-1、图 2-4-2）。结合测试调研和模拟计算，总结不同功能类型建筑的体形系数、围护结构性能、通风换气方式综合优化。建立了反映建筑热特性的供热系统模型。建立了能够反映末端有调控机制后，集中供热系统各个环节属性的数学模型。对赤峰市地板采暖用户进行测试，搭建了地板采暖实验台，模拟分析新型辐射末端的采暖效果、建筑热特性和节能效果。测试赤峰四个供热区域的总供回水温度、流量，测试分析了各单元不均匀情况、楼栋内不均匀情况、耗热量随时间的变化。对热力站内压力损失情况进行测试，对二次网水泵效率进行测试，改造热力站 2 个。提出热源和循环水泵的合理运行调节方案和控制策略。测试了二次管网的运行工况以及庭院管网各支路的不平衡性等，形成了一批节能改造示范工程，包括热力站二次管网局部阻力改造、热力站循环水泵选型改造、热力站供水温度自控项目等。在传统的烟气余热回收设备基础上,采用直燃型吸收式热泵和一种新型的直接接触式换热器,并测试其稳定运行工况及核算能耗情况,形成了一项关于烟气潜热回收的专利,提高了换热系数,降低了换热器阻力。对北京和长春的集中生活热水用户每户用水量、耗气量、耗电量情况调研分析,进行集中生活热水用热效率计算,比较不同热源情况下集中生活热水系统与分散热水系统的经济性。

图 2-4-1 测量一次网温度

图 2-4-2 测量供水温度

### 4.3.2 严寒地区低能耗建筑节能设计及能源互补供热技术研究与示范

设置可以智能控制的通风口,通过调节空气在缓冲腔内的流动,在夏季与冬季分别达到通风、降温与隔热保温的节能效果。重点研发了幕墙内外表皮系统,强调了灵活运用"低技"的材料与技术,整合多种建筑围护体系的优点,集成为具有适应地区经济技术条件的双层幕墙系统。采用绿色软件评估核算,实验室模拟等深入研究,形成具有寒地特色、适应地区经济技术条件的预制装配式外墙系统,实现了饰面材料与聚氨酯发泡物理咬合,攻克了紧固件在板材中的预埋技术,创新开发注塑工艺一次成型产品——新型节能环保聚氨酯硬泡建筑材料。确定太阳能与集中供热联供运行的系统流程及数学模型;完成五个典型地区典型房间联合供暖系统的运行曲线和各个时刻的能量匹配,给出系统根据不同的太阳能条件切换相对应的运行模式及节能比例,确定了蓄热水箱的系统流程与数学模型,完成了水箱与集热器面积的匹配关系图,完成了集热器面积寿命年限内逐年累加吸热量的曲线图以及与水箱体积匹配的经济性分析。对地下水源热泵与燃煤锅炉的负荷最佳分配比例进行计算,采用经济最佳分配比例进行互补供热。设计了一种节能、环保、高效的分布式水源热泵与汽轮机耦合联供供热系统。通过严寒地区太阳能与常规能源联合供热运行的调控模拟研究,推进实现了能量的梯级利用。通过太阳能集热器与土壤源热泵联合供暖设计优化研究,预测了埋管换热器与太阳能集热器在不同的组合模式和负荷分配比例下对系统运行效率的影响,提出了 4 种有效的节能技术措施。建立了能耗数据库的结构框架、构建了大型公共建筑采暖及空调系统、太阳能系统和地源热泵系统和燃气机热泵系统的能耗评价体系，研究了能效评价方法、建筑耗能设备及系统能耗诊断、空调系统节能优化设计及方法。确定了大型公共建筑能耗评价体系的各项评估指标。项目研究成果在辽滨综合写字楼、大连理工大学辽滨分校、辽滨商务中心、沈阳建筑大学中德示范中心等项目（图2-4-3、图2-4-4）中得到应用。

图 2-4-3　辽东湾生态新城示范基地15个节能技术应用示范工程

图 2-4-4　沈阳建筑大学中德节能示范中心工程

### 4.3.3　严寒地区节能型围护结构及土壤源热泵适宜性应用技术研究与示范

分析了各种添加剂对粉煤灰加气混凝土砌块性能影响，完成了粉煤灰蒸压加气混凝土砌块及配套专用系列砂浆的原料配比组成。完成了蒸压粉煤灰加气混凝土砌块的生产工艺，研究成果已应用于新建的两条生产线的生产。完成采用蒸压加气混凝土砌块，分别完成了实验室和实际工程的测定。首次提出通过研究开发专用的配套系列保温用砌筑砂浆与保温抹面砂浆，构成自保温墙体。完成了蒸压加气混凝土自保温节能体系热工性能的分析研究，设计完成了自保温墙体热桥部位的保温形式。完成了墙体自保温系统结构及体系的研究，研究成果已制订地方标准图集2册。实验模拟了多热源群岩土传热过程及群源效应，分析完成了多热源热量内聚作用的严寒地区土壤源热泵系统运行的影响。理论分析研究并提出了土壤源热泵系统分区布井的设计原则，进行了实际工程验证。结合示范工程完成了土壤源热泵设计软件和运行监测软件。研制开发并在新生产线投产，适于寒区的粉煤灰蒸压加气混凝土砌块及配套专用砂浆，以及施工工法和技术规程，完成了长春房地大厦和吉林建筑工程学院建筑教学馆两项示范工程（图 2-4-5、图 2-4-6）建设，进行墙体冬季传热性能动态监测。

图 2-4-5　长春房地大厦示范工程　　　图 2-4-6　吉林建筑工程学院建筑教学馆
示范工程

### 4.3.4　严寒地区供热系统节能降耗关键技术研究与工程示范

计算了典型枝状管网系统和单向环状主干线管网工程实例，建立供热系统承载力提高策略体系，完成了城市热水供热系统承载力评估指标体系，评价数学建模；编制了城市热水供热系统承载力评价软件。开发了严寒地区供热系统承载力提升设备—四通混水器。开展了热管与墙体结合供暖装置的试验研究。调查了哈尔滨市可再生能源和资源，提出基于热泵技术的适合严寒地区的可再生能源合理利供热系统形式，提出一种适合严寒地区的太阳能热泵系统、空气源蓄热式土壤源热泵系统、太阳能季节性蓄热的土壤源热泵和小区换热站相结合的供热方式，探讨了在严寒地区采暖期使用土壤源热泵系统供热（图 2-4-7）。在新建小区引入区域太阳能季节性蓄热热泵系统，提出太阳能季节性蓄热增容既有供热系统。确定了热网故障记录的统计方法，研究了集中供热管网可靠性评价指标与评价方法，提出了多环路环型管网元部件间的当量区的划分方法及可靠性指标计算方法。开发完成了空间管网事故工况水力仿真软件，结合供热管网可靠性理论研究，编制开发了供热管网无故障工作概率指标计算分析软件。研究成果应用到哈尔滨华能供热集团供热管网的改扩建、鸿盛·北山花园小区一期工程等示范工程（图 2-4-8）。

图 2-4-7　太阳能-地源热泵系统　　　　图 2-4-8　伊春五星级欧风林海
　　　　　　示范工程　　　　　　　　　　　　　　国际大酒店示范工程

# 4.4　研　究　展　望

我国东北严寒地区是我国建筑节能工作开展得最早的地区，一批科技成果已经在建筑节能工作中发挥作用。随着东北严寒地区建筑节能关键技术研究与示范项目的研究与实际工程的应用建设，将在各级政府部门和企业的大力支持下继续深入开展，通过总结东北严寒地区建筑节能关键技术研究与示范的研究成果，系统深入研究东北严寒地区建筑节能的各个关键技术环节，从而从建筑本体设计源头降低建筑物的能耗需求，降低建筑用能消耗及对环境造成的污染，扩大东北严寒地区建筑节能研究成果的应用范围，为实现东北严寒地区建筑节能发挥实质性的推进作用，最终实现在东北严寒地区建筑节能减排的目标。

**作者：**冯国会　康智强（沈阳建筑大学）

# 5 新型预制装配式混凝土建筑 技术集成与示范❶

# 5 Integration and demonstration of construction technologies of new prefabricated and assembled concrete

## 5.1 研 究 背 景

中国是当今世界最大的建筑市场。据统计，2014 年房屋竣工面积 42.31 亿 m²；2013 年度全国民用建筑能耗总量为 8 亿万吨标准煤，占全社会终端能耗总量的 22%；每年建筑业从业人员达 4900 万人。2014 年 3 月中央、国务院发布《国家新型城镇化规划（2014～2020 年）》，提出常住人口城镇化率要从 2012 年的 52.6% 提高到 2020 年的 60% 左右。因此，我国工程建设规模在今后相当长一段时间内仍将处于较高水平。

我国建筑业主要采用现场施工为主的传统生产方式，这种生产方式工业化程度不高、设计建造技术比较粗放、建筑产品质量不稳定、建设效率比较低、劳动力需求量大、材料损耗和建筑垃圾量大、资源和能源消耗较大，不能满足建筑节能、环保和建筑业转型升级的可持续发展要求。

党的"十八大"提出了"坚持走中国特色新型工业化、信息化、城镇化、农业现代化道路，推动信息化和工业化深度融合、工业化和城镇化良性互动、城镇化和农业现代化相互协调，促进工业化、信息化、城镇化、农业现代化同步发展。"为了实现建筑产业转型升级，提高建筑工程质量和建设效率、效益，提高材料的使用效率，减少资源和能源消耗，减小劳动力需求，实现建筑产业现代化是必经之路。混凝土结构是我国目前应用量最大的建筑结构技术体系，因此开展"新型预制装配式混凝土建筑技术研究与示范"是实现建筑产业现代化的首选路径，具有十分重要的现实意义。

---

❶ 本项目受"十二五"国家科技支撑计划支持，项目编号：2011BAJ10B00。

# 5.2　课　题　概　况

### 5.2.1　研究目标

项目以装配式框架和剪力墙结构形式为突破口，装配式建筑技术体系研究与规模化工程示范应用紧密结合，以降低建筑业资源能源消耗和环境污染、提高工程建设质量和效率为目标，通过混凝土结构技术的试验、理论研究和工程示范，初步形成新型预制混凝土建筑的技术体系和关键标准规范，推动新型预制装配式混凝土建筑体系在我国的应用，加快建筑工业化、产业现代化进程，提高建筑业经济效益、社会效益和环境效益，促进建筑业转型升级和可持续发展。

通过本项目的实施，推动应用基础研发、专有技术创新、工程示范应用和人才培养，初步建立具有自主知识产权的新型预制装配式混凝土建筑技术体系和标准规范体系。

### 5.2.2　研究内容

项目以新型预制混凝土结构技术体系研发为主线，涵盖建筑设计（含建筑设备）、构配件生产、安装施工、装饰装修以及技术经济政策研究等全产业核心发展问题。

建筑设计是预制混凝土建筑行业中能起到引领、主导地位的重要阶段，项目主要开展新型混凝土预制装配式建筑的集成技术研究，包括新型预置装配式建筑原型设计方案、细部构造及构配件的优化定型技术，提高模数化、标准化、工业化水平。

结构技术体系研究以我国建筑市场常见的框架结构、剪力墙结构和框架-剪力墙结构三种结构形式为主要研究对象，开展钢筋连接技术、混凝土结合面性能的基础研究；开展叠合梁、预制柱、装配式框架节点、装配式整体式剪力墙等构件的基本力学性能研究；开展构件间的不同连接以及整体结构的抗震性能研究；开展结构设计技术和试点工程应用。根据研究成果和工程实践，开展关键标准规范、标准图集的研究和编制。

预制混凝土构件的生产设备、生产工艺、质量控制技术研究是装配式混凝土建筑发展的重要环节。项目开展复合保温外墙板生产成套技术、预制混凝土构件模具设计与加工制作技术、构件生产节能降耗技术及机械化流水线高效生产技术等核心技术研究。

项目同时开展新型装配式建筑的安装施工关键技术问题，提出装配式建筑的施工组织设计和质量控制方法，编制装配式建筑施工质量检查和验收标准。研究内容还包括预制装配式建筑示范工程建设管理模式、行业管理等政策研究，开展示范工程项目可持续性评价和全过程经济性对比研究；研究装配式混凝土建筑结构技术体系、生产技术体系和施工技术体系的集成应用技术，开展规模化应用示范，建立预制装配式建筑工程示范应用基地和示范城市，促进建筑业的节能、节材、环保事业进步，加快混凝土建筑的工业化、产业化发展。

## 5.3 阶段性研究成果

### 5.3.1 新型预制装配式混凝土建筑设计研究

建筑设计是新型预制装配式建筑发展的关键和龙头，为体现工业化的效率，需要在个性化和标准化之间寻求平衡点。本项目重点开展了预制装配式建筑原型设计关键技术、装配式建筑的设备系统集成技术研究等。

原型设计重点将功能空间的细化、厨房模块组合、卫生间模块组合与拆分、入户过渡空间模块组合与拆分、阳台空间模块组合与拆分、墙垛组合、建筑空间模块户型、板式与塔式等常见住宅楼栋形式的套型组合、住宅套型模数化等做了细致的研究，部分研究成果已反映在国家标准《工业化住宅尺寸协调标准》和行业标准《装配式住宅建筑设计规程》中。

装配式建筑的设备系统集成技术研究成果包含"设备管线综合排布技术"、"末端设备布置标准化及设备选择原则"、"预制装配式建筑设备系统安装维护更替技术"，并初步建立可实现装配式集约化、模块化和一体化的设备和部品设备系统形式。

### 5.3.2 新型预制装配式混凝土结构技术研究

混凝土结构技术研究内容围绕促使新型预制装配式混凝土结构的力学性能与现浇结构相接近的目标开展，依托现有标准规范体系，使新型装配式混凝土结构迅速融入设计、生产以及施工等各个环节。

（1）基础研究

钢筋连接和混凝土接缝的性能是装配式混凝土结构的根本，项目开展了钢筋套筒灌浆连接和混凝土结合面直剪试验的研究。研究针对我国生产的不同强度等级、直径的钢筋的套筒灌浆连接、浆锚搭接连接技术，重点完成了粗糙面、键槽、预埋抗剪钢筋三种形式的混凝土结合面直剪试验和理论分析，研究成果已反映在行业标准《装配式混凝土结构技术规程》JGJ 1—2014 和《钢筋套筒灌浆连接应用技术规程》JGJ 355—2015 中。

（2）装配整体式混凝土框架结构研究

新型配筋关键技术研究。装配式框架结构与现行的设计方法相结合产生了叠合梁封闭箍筋难施工、构件连接钢筋多、节点复杂等新难点。项目开展了采用组合封闭箍筋的叠合梁受力性能、大直径大间距配筋梁、柱和节点力学性能等研究。研究成果体现了装配式混凝土结构高效、工业化的优势，研究成果部分体现在《装配式混凝土结构技术规程》JGJ 1—2014 中。在龙信老年公寓试点工程中，应用了钢筋连接、构件连接等技术和预制外挂板的连接与设计技术，检验了项目研究成果的可行性。

（3）装配整体式混凝土剪力墙结构研究

剪力墙结构一直是居住建筑采用的主要结构形式，因此在所有装配式建筑中，装配整体式剪力墙结构在我国的发展速度最快、应用规模最大。项目开展了依托三种钢筋连接技术的装配整体式剪力墙结构的研究工作，包括采用钢筋套筒灌浆连接、钢筋浆锚搭接连接和底部预留后浇区钢筋搭接连接三种形式的剪力墙技术。其中，约束箍筋钢筋浆锚搭接连接技术和底部预留后浇区钢筋搭接连接技术拥有我国自主知识产权，大大降低了成本，提高了效率，促进了装配整体式剪力墙结构的发展。

项目针对上述三种剪力墙技术体系，开展了比较系统的构件及结构体系的抗震性能等多方面研究，取得丰硕的成果。研究成果直接体现行业标准《装配式混凝土结构技术规程》JGJ 1—2014 以及黑龙江、江苏、北京、湖北等地方标准和图集中，是装配整体式混凝土剪力墙结构技术体系应用的技术支撑。

北京京投万科新里程、海门中南世纪城、沈阳中南世纪城等多个试点工程中采用了钢筋套筒灌浆连接、钢筋波纹管浆锚连接、钢筋约束浆锚搭接连接技术以及装配整体式剪力墙结构设计技术等多项成果。海门中南世纪城 96 号楼高度达到 100m，预制率达到 80%，是国内房屋高度和预制率最高的装配整体式剪力墙结构建筑。

（4）框架-剪力墙结构研究

框架-剪力墙结构是框架结构和剪力墙结构技术的联合应用。在本项目启动以前，预制框架-预制剪力墙结构的相关研究几乎处于空白。项目开展了框架-剪力墙（核心筒）结构形式、结构构件连接、结构整体抗震性能的试验与理论研究，形成拥有自主知识产权的核心技术；开展了沈阳建筑大学研究生公寓等试点工程的应用。

### 5.3.3 新型预制装配式混凝土结构配件生产技术研究

新型预制装配式建筑要求生产、施工等阶段精度高、质量好，与 20 世纪 80、90 年代我国发展的预制混凝土结构区别明显，成为新型预制装配式混凝土建筑发展的新难点之一。项目开展了新型工业化构配件生产工艺、养护的节能降耗、生产质量控制技术的研究和构配件标准化定型技术等多方面研究。成果包括研发加工偏差不高于1mm的自动化生产线用高精度模板、新型节能养护窑和用于预制构件出入窑的自动传送设备等,形成了新型预制混凝土构件的设备、生产工艺、质量检验等全套技术。研究成果体现在北京地方标准《预制混凝土构件质量检验标准》和《装配式混凝土结构工程施工与质量验收规程》、国家标准《混凝土结构工程施工质量验收规范》以及《预制混凝土构件深化设计技术指南》中。根据项目研究成果,建立了新型预制构件生产示范基地3个,建设预制外墙板和预制叠合板机械化生产线各1条。

### 5.3.4 新型预制装配式混凝土建筑施工技术及相关技术研究

建筑工业化的革新体现在新型预制装配式混凝土建筑的方方面面,新型预制装配式混凝土建筑的设计、构配件生产之后面临的是安装施工问题。项目通过研究解决了新型装配式建筑的安装施工关键性通用技术,围绕构件吊运、运输、安装、施工验算和安装质量检查及验收多方面开展研究,在国家标准《混凝土结构施工规范》、《混凝土结构工程施工质量验收规范》及行业标准《装配式混凝土结构技术规程》均有体现,保证了装配式住宅建筑安装施工质量和效率。

项目还开展预制装配式建筑示范工程行业管理政策研究。在试点工程中,对设计、施工、构件生产等企业、有关建设行政主管部门等参与方进行案例研究,依据预制装配式建筑示范工程项目可持续性评价结果和示范过程中遇到的问题,主要从行业管理的有关法律、法规和制度等方面,对不适应和阻碍预制装配式建筑发展问题进行分析,并提出相应的建议。

### 5.3.5 示范工程

项目开展了大量示范工程建设,应用和检验项目的研究成果。项目已在哈尔滨、北京、河北、安徽、江苏、广东等地建设示范工程将近150万 m²,涵盖了保障房、商品房、办公楼、商场等新型预制装配式混凝土建筑,对推广新型预制装配式混凝土建筑起到了重要的示范作用。例如沈阳市惠民新城、海门中南世纪城、京投万科新里程、南通中央商务区 A03F 建筑等(图 2-5-1)。

## 5.4 展　望

"十二五"期间,我国建筑工业化的研发进入了快速发展时期,技术水平得到显著提升,标准规范有了初步的基础,产业布局逐步建立,获得了一批创新性研究成果。但仍存在着制约发展的瓶颈问题,主要表现在现有技术体系不完善、

海门中南世纪城 96 号楼试点工程　　　　沈阳建筑大学研究生公寓试点工程

亚泰集团沈阳生产示范基地　　　　京投万科新里程示范工程

图 2-5-1　示范工程

总体成本偏高、工业化建筑的效率和效益优势未能充分体现、相应金属经济政策不协调等方面。

由于缺乏基础理论的研究支撑，目前，预制混凝土核心技术仍然依赖于"现浇结构"的理论和设计体系，局限性较大；标准体系不完善，缺乏完善的通用部品和构配件产品体系，施工技术、施工组织和施工装备相对落后，仍需进行大力研究和开发。

同时，在预制混凝土建筑结构全过程全面推进信息化技术应用，尚存大量研究工作；培养专业化人才队伍、改善企业经营、管理协调模式，增加政府的政策支持等多方面仍显薄弱，需要开展进一步研究工作，以保障建筑产业向现代化的快速健康发展。

作者：黄小坤　李然（中国建筑科学研究院）

# 6 建筑室内健康环境控制与
## 改善关键技术研究与示范❶

# 6 Research and demonstration of key technologies
## of control and improvement
## for indoor environment

## 6.1 研 究 背 景

"十一五"期间，我国开展了国家科技支撑计划重大项目"城镇人居环境改善与保障关键技术研究"。从建筑室内环境、居住区环境和城镇环境三个尺度开展关键技术研究和集成创新，尤其在建筑室内环境方面，系统全面开展了建筑室内光环境、噪声环境、热湿环境、辐射污染、化学污染、生物污染、厨房卫生间污染、自然通风等方面的控制与改善关键技术的研究。总体上我国在建筑室内环境质量保障和改善方面取得了一定的进展。但是，目前我国在室内环境方面仍然存在三个突出问题：

（1）典型污染尚未完全控制：建材和家具用品性污染突出、空气净化技术工程应用不足、颗粒物控制技术相对落后。

（2）新型污染危害逐渐凸显：SVOC 相关研究刚刚起步、电磁辐射控制技术及标准尚未建立。

（3）工程应用尚未规模化推广：室内空气污染系统控制技术不足、综合控制技术体系尚未成熟。

建筑室内健康环境保障与改善已成为一个社会迫切需求、百姓特别关心、政府非常关注的问题。由于目前室内环境污染依然严峻，因此基于"十一五"既有研究基础，亟需加大力度持续、深入地开展室内环境健康保障与改善关键技术系统化、规模化研究，实现建筑室内污染有效控制，实质性推动我国相关产业的健康发展。

❶ 本项目受"十二五"国家科技支撑计划支持，项目编号：2012BAJ02B00。

# 6.2　项　目　概　况

### 6.2.1　研究目标

项目针对我国建筑室内环境甲醛、VOC 等典型污染尚未得到完全控制、SVOC 和 PM$_{2.5}$等新型污染危害逐渐凸显等关系民生的突出问题，以最终实现健康室内环境为总体目标，研发一批新技术并实现工程化，提升室内环境健康设计和咨询水平；建立家具和建材污染标识监管体系、室内环境颗粒物及 SVOC 等控制标准体系，提升行业监管水平；研发若干低污染建材、高效空气净化产品和应用技术等并实现市场化，推动相关传统产业的转型和新兴产业的发展；建设科技示范工程 50 万 m$^2$以上，引领我国城镇健康室内环境的建设。五年内实现建筑室内环境污染水平显著下降，甲醛、VOC 等典型污染问题基本得到解决，SVOC 等新型污染问题得到一定控制，力争实现"让人们呼吸清新的空气"。

### 6.2.2　研究内容

项目主要包括有效控制典型污染、初步控制新型污染 、综合控制示范推广三大主要任务，具体包括：

（1）有效控制典型污染

通过建筑材料、家具污染物散发标识体系、室内空气质量装饰装修设计等关键技术的突破，实现规模化推广应用，从而实现"新装修建筑避免典型污染物超标"；重点开发低能耗、高效率、工程应用性强的室内环境污染治理产品和系统解决方案，并将其与通风系统优化，实现规模化工程应用，解决目前室内空气净化产品或系统开发和工程应用"脱节"、设计与运营"分离"所导致的室内空气净化技术应用效果不佳的难题，从而基本实现"已装修建筑典型污染物得到有效治理"。

（2）初步控制新型污染

研发室内新型或复合污染检测、监测设备和技术，测试我国建筑环境该类污染源特性，初步建立我国 SVOC、电磁辐射等新型或复合污染标识和限量指标体系，研究若干项关键控制技术和产品并实现初步示范应用，解决目前新型污染存在的检测监测技术缺乏、基础数据不足、控制技术和产品缺少等诸多难题，从而实现"建筑新型或复合污染物得到一定控制"。

（3）综合控制示范推广

建立涵盖建筑规划设计、施工验收、运营管理等全寿命周期空气质量综合保障技术体系，并因地制宜的应用于我国上海、重庆、武汉等地区，建设超过 50

万 m² 的健康民居科技示范工程，实现室内空气质量综合保障技术的工程化、规模化应用。

## 6.3 阶段性研究成果

### 6.3.1 典型污染控制

（1）建筑材料典型污染物散发测试设备及其性能标准化研究

针对建筑材料和家具主要污染物散发测试设备性能没有统一规定，且现有可用测试设备成本过高，无法满足测试和标识方法的规模化推广要求的问题，研制了满足 ASTM D 5116 标准要求小型系列室内空气质量测试舱系统，并持续进行了性能优化，能够在一个实验室内进行多个小型测试单元的建造和测试，可根据实际需要增减测试单元的数量，调控更加灵活方便；通过风机和静压箱的配合使用，使常规配件在测试系统中的使用成为可能，保证了常规低压流量计使用的灵活性和可靠性；利用一套温湿度处理系统、空气洁净度处理系统统一调控多个测试单元的供气，采用常规低压流量计监控流量，整套装置的成本降低 70% 以上。该系统使测试舱性能得到明显提高，成本得到显著下降，为散发量测试方法的有效推广奠定了关键基础。

研究建立建筑小型测试舱性能检验标准测试方法，完成了上海市地方标准《建筑材料污染物散发率测试系统性能检定方法》，进一步规范小型测试舱评价方法，解决目前由于小型测试舱缺乏性能鉴定检验方法而导致样品测试结果可靠性不确定、实验室之间比对难执行等问题，从而提高实验室测试能力，更加规范和促进建筑材料散发性能的测试及普及（图 2-6-1）。

第一代产品　　　　　　　　　　　　　　第二代产品

图 2-6-1　小型系列测试舱产品示意图

（2）建筑材料典型污染物散发测评技术及标准化

突破传统建材产品的"含量"测试方法，建立了新的与欧美国家测试方法接轨的有机污染物散发性能测试方法。分别针对涂料、木器漆、壁纸、板材、地板、胶黏剂等建材和家具特点制定和优化了相应的有机污染物散发测试和评价方法。该方法可用于科学合理的检测单位面积建材家具在一定时间内所散发的有机污染物的量，对装修污染的源头控制研究具有极其重要的意义，也是未来编制标准和建立标识制度的核心技术支撑。

基于所形成的测评方法技术核心，先后成功申请了《木制品甲醛和挥发性有机物散发率测试方法—大型测试舱法》、《测试舱法测试建材甲醛和挥发性有机物散发率测试方法》、《低挥发性有机化合物水性内墙涂覆材料》3 项行业标准，《建筑材料污染物散发率测试系统技术要求》1 项地方标准，并参与编制国家强制标准《室内装饰装修材料 木家具中有害物质限量》1 项。

建筑材料典型污染物散发测评技术的标准化普及为室内空气污染预测、建材产品革新提供数据支撑和方法指导，是工程化解决室内空气污染难题的必要前提，有助于加速建立完善科学、指导有力的建筑产品污染水平标识体系，从而保护消费者权益、保障室内空气健康。

（3）面向实际需求的低阻高效净化组件与产品研发

针对现有净化装置普遍存在的运行阻力高、效率低、容尘量小等问题开展研究，开发出新型低阻高效净化组件与产品（图 2-6-2），包括：通过研制 250 目的低阻力蜂窝状活性炭载体及催化氧化甲醛的 Pt/$TiO_2$ 和常温吸附-高效催化氧化苯系物的催化剂粉体，开发出吸附催化复合的蜂窝状净化组件（风速 1m/s，厚度

蜂窝状净化模块及产品      梯度空气过滤器

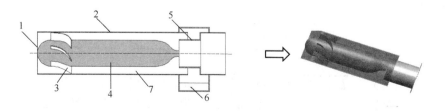

直流式旋风除尘器

图 2-6-2 低阻高效净化组件与产品

1—进风口；2—外筒；3—导流叶片；4—导流体；5—排气管；6—集尘装置；7—环状区域

30mm 时，阻力≤20Pa），已建成新型催化剂粉体和模块批量生产线 1 条，具备年生产 30 万台净化器的能力。在测试不同过滤方式、纤维比表面积等因素对滤料过滤特性的影响的基础上，提出多层滤料梯度复合、粗细颗粒物同时净化的低阻力、大容尘量梯度复合过滤技术（阻力下降 20%，容尘量增加 50%），研制出折叠型梯度空气过滤器样机，并进行了性能测试。针对大颗粒有效分离问题，提出直流式旋风除尘方法，该设备不需人工清灰、频繁清洗，运行维护费用低，用于民用和工业建筑通风中对大颗粒预处理，保护高效过滤器。针对机械新风净化时新风热回收效率低和交叉污染问题，提出基于亲水一憎水性非对称膜的新风全热交换技术，开发了基于高分子膜的全热回收装置，显热与潜热交换效率分别高于 0.7、0.6。

以上技术的研究和净化产品的研制，将解决现有净化产品在实际应用中存在的高能耗、低容尘量等问题，有利于推进净化产品的大面积应用和室内空气品质的显著改善。

### 6.3.2 新型污染控制

（1）建筑室内 $PM_{2.5}$ 污染控制设计方法

我国大部分城市雾霾天气频发，受室外 $PM_{2.5}$ 污染影响，室内 $PM_{2.5}$ 污染同样不容乐观。建筑室内 $PM_{2.5}$ 污染控制急需解决，然而目前尚未有统一的建筑室内 $PM_{2.5}$ 污染控制设计的方法。为有效控制室内 $PM_{2.5}$ 污染，项目组提出了一套建筑室内 $PM_{2.5}$ 污染控制设计方法，包括 $PM_{2.5}$ 室外设计浓度的确定方法、$PM_{2.5}$ 污染控制设计计算方法、空气过滤器选择方案、空气过滤系统节能运行策略等内容。

在 $PM_{2.5}$ 室外设计浓度确定方法方面，提出了基于"不保证天数"的确定方法，避免年均值、日均值或最大值等其他方法导致的室内 $PM_{2.5}$ 控制效果不理想、空气过滤设备选型过大或过小等问题。在设计计算方面，提出了 $PM_{2.5}$ 污染控制设计计算方法，并给出了集中式、半集中式、分散式系统的 $PM_{2.5}$ 污染控制设计计算方法。围绕该项研究内容，得到了建筑室内 $PM_{2.5}$ 浓度理论预测模型，

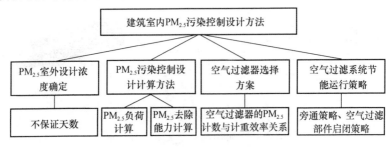

图 2-6-3　建筑室内 $PM_{2.5}$ 控制设计方法

建立了建筑外窗颗粒物渗透性能测试台并获专利授权（ZL 201520154732.6）。

为解决建筑室内 PM$_{2.5}$ 控制过滤器选型的问题，搭建了试验台，为空气过滤器的选择提供了技术参考。围绕该项研究内容，研发了专门的空气处理设备并投入使用，相关技术产品获得专利授权（ZL 201420503724.3 等 3 项）。同时，在系统设计中充分考虑室外环境 PM$_{2.5}$ 污染的波动特点并兼顾通风空调系统的节能运行，提出"系统旁通"、"设备旁通"、"空气过滤部件启闭"等建筑室内 PM$_{2.5}$ 控制系统形式及相应的节能运行策略，开发了相应产品并获专利授权（ZL 201320805136.0）。

建筑室内 PM$_{2.5}$ 污染控制设计方法可操作性强且符合设计习惯。该方法填补了建筑室内 PM$_{2.5}$ 污染控制设计方法的空白，为建筑室内 PM$_{2.5}$ 控制相关技术和标准体系奠定了基础。研究成果可以为建筑室内 PM$_{2.5}$ 污染控制提供技术支撑，对于指导和推进建筑室内 PM$_{2.5}$ 污染控制相关技术的发展具有重要现实意义。

（2）半挥发有机物（SVOC）及其复合污染检测装置研发及控制关键技术

采用流行病学方法和分子毒理学方法，确定了室内 SVOC 污染对人体健康的影响，揭示了 SVOC 诱导哮喘、皮肤过敏性炎症、抑郁症等不良健康效应的分子机理，进一步证明了开展室内 SVOC 及其复合污染检测及控制关键技术研究的重要意义。自主研发了单克隆抗体免疫荧光检测技术、单克隆抗体间接竞争酶联免疫吸附检测技术和无标记电流型免疫传感器，克服了 SVOC 浓度和暴露水平难以快速测试的困难。

将固相微萃取（SPME）技术用于测量气相 SVOC 浓度，基于传质分析建立了快速标定 SPME 采样器的方法和装置，此方法的精度满足 SVOC 气相浓度的现场检测应用要求，且可缩短采样时间、降低成本和简化操作流程。自主开发了一系列快速、准确测定室内材料 SVOC 散发和吸附特性参数的新方法和装置：瞬态法（前期 C-history 法）和 SPME—密闭舱法用于测定 SVOC 材料的散发特性参数（图 2-6-4），Cm-history 法用于测定室内材料对 SVOC 的吸附特性参数，克

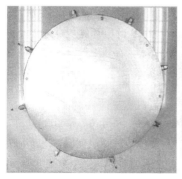

图 2-6-4　SPME—密闭舱法的装置图

服了国际上现有测定方法时间长和测试误差难以确定的不足。

针对现有 SVOC 人体暴露量评估方法（尤其是皮肤暴露量评估）不准确的问题，建立了一系列动态传质模型：气相 SVOC 皮肤暴露瞬态传质模型、人体表面颗粒物沉降速度预测模型，为 SVOC 人体暴露准确评估奠定了基础。通过建立动态传质模型，发展了室内 SVOC 污染扩散、暴露的数值计算方法，在此基础上研发了室内 SVOC 及其复合污染暴露和控制仿真软件，获得软件著作权。以上成果用于朗诗住宅空气质量设计和控制管理示范工程。

（3）建筑室内电磁辐射污染控制关键技术

针对我国建筑室内存在的电磁辐射综合污染问题，全面调查研究国内典型电磁辐射污染源分布及电磁辐射情况，研发建筑室内电磁污染检测设备和防护技术，建设建筑室内电磁辐射污染防护示范工程，为缓解我国日益严重的建筑室内电磁辐射污染，提高城镇人居环境电磁辐射防护水平提供技术支撑。自 2012 年项目启动以来，开发"建筑室内电磁波辐射监测仪器设备"一套，研究提出"中短波广播电磁辐射污染防护技术"、"定向电磁辐射污染防护技术"专项防护技术 2 项，申请"一种用于测量室内电磁辐射的测量装置及其测量方法"等专利 8 项，在北京、郑州等电磁辐射污染严重的居民区建设了示范工程 2 项，示范工程面积达 5000m²。研究成果为缓解我国日益严重的建筑室内电磁辐射污染，提高城镇人居环境电磁辐射防护水平提供了技术支撑。

### 6.3.3　综合控制示范推广

（1）建筑室内空气质量设计规范编制与软件开发

针对我国室内空气污染严重的现状，特别是以长江流域地区气候特点的城市建筑室内环境，重点选择以室内建材、家具引起的甲醛、VOC 类为代表的化学污染物，以及室外灰霾来源 $PM_{2.5}$ 为特征污染物指标，在建筑工程中运用有效的技术方法和管理措施来控制室内目标污染物，用于实现室内空气质量。

通过研究污染物在建筑中的分布规律、暴露水平以及建筑材料污染物释放规律等重点问题，系统考虑建筑材料标准、验收标准（GB 50325）和卫生标准（GB/T 18883）及我国施工技术规范等多个与室内空气质量相关的监管环节，提出室内空气质量设计流程、颗粒物及化学污染物控制设计方法，编制工程建设行业标准《公共建筑室内空气质量设计规范》（图 2-6-5），并开发室内空气质量（IAQ）预评估设计软件（SRIBS IAQ Professional 1.0，软件著作权：2015SR219921）。期望在建筑行业有效推广 IAQ 规范和软件，以解决目前建筑室内空气质量"设计中不能避免污染"这一难题，真正保障广大人民的身心健康，实质性推动建筑业及建筑材料业的可持续发展。研究成果主要在民用建筑规划与设计阶段，服务于建筑装饰装修设计、建筑暖通设计人员。

**工程建设行业标准**

# 公共建筑室内空气质量设计规范

Design Code for Indoor Air Quality of Public Building

**（初稿）**

图 2-6-5 公共建筑室内空气质量设计规范

（2）室内空气质量综合保障示范工程

在上海、武汉、成都、南京等长江流域地区重点城市实施并完成室内空气质量综合保障示范工程共计 67 万 $m^2$，包括上海绿色街区、虹桥绿郡、未来树、武汉绿色街区、成都绿色街区、南京钟山绿郡、长兴布鲁克示范工程项目。

在上海虹桥绿郡、武汉绿色街区、南京钟山绿郡项目进行装饰装修材料气态污染物散发实验室测试选材，并进行建筑 IAQ 专项设计评估和方案优选，从而实现建筑室内空气质量保障性设计。为未来树工程项目编制了《室内空气质量保障绿色施工专项方案》，从施工管理和技术措施两方面落实空气质量专项保障；为成都绿街项目编制了《室内空气质量运营管理导则》，对空气集中处理系统、输配系统、空调水系统以及建筑本体的日常维护检查提出了要求，实现建筑环境质量有效运营管理；在浙江长兴布鲁克项目设计并搭建建筑能源与环境综合监控系统，为运营期间室内空气质量保障的监管提供了平台，形成了成套的技术方案。

通过对示范工程 IAQ 后评估测试和主观问卷调查分析，有效验证了示范工程中 IAQ 综合保障技术与管理体系的可靠性、有效性，促进建筑室内空气质量技术保障体系规模化、系统化推广应用（图 2-6-6）。

图 2-6-6　建筑 IAQ 保障示范工程

# 6.4　研　究　展　望

"十二五"期间，建筑室内健康环境项目针对当前导致建筑室内环境污染的突出问题，形成了一批阶段性创新成果，并得到推广应用。然而，在室内环境领域仍面临一些问题和挑战。传统室内环境标准体系建设不涵盖室内空气污染，导致相关标准组织、标准建设、标准支撑技术不足；传统建筑运营中对于建筑排放，尤其对颗粒物及化学污染关注较少，导致建筑重"节资"，轻"环保"。

因此，下一阶段，应加强以建筑行业为引导的包含室内空气的室内环境标准体系及 TC 组建设；推进颗粒物污染、化学污染等排放的控制；加强科技投入，以解决建筑是满足人员需求这一基本目的为核心的基础之上实现建筑可持续发展为思路，紧密结合行业管理特征，完善"产、学、研、用、管"的科技支撑体系。

**作者：**韩继红　李景广　王琪（上海市建筑科学研究院（集团）有限公司）

# 7 既有建筑绿色化改造关键技术研究与示范❶

# 7 Research and demonstration of key technologies of green retrofitting for existing buildings

## 7.1 背 景

我国的既有建筑面积已达 500 亿 m²，而绝大部分的非绿色"存量"建筑，都存在资源消耗水平偏高、环境负面影响偏大、工作生活环境仍需改善、使用功能有待提升等方面的不足，其绿色化改造工作利国利民，亟待开展，且发展空间广阔，必将大有作为。

我国目前在既有建筑改造、绿色建筑与建筑节能方面已出台一系列相关规定及措施，为相关技术研发和工程实践的开展提供政策保障。在"绿色建筑"和"既有建筑改造"方面我国积累了大量研究成果和工程实践。早在"十五"期间即实施完成了国家科技攻关计划重点项目"绿色建筑关键技术研究"；"十一五"期间，我国又实施完成了"既有建筑综合改造关键技术研究与示范"、"建筑节能关键技术研究与示范"、"城镇人居环境改善与保障关键技术研究"、"现代建筑设计与施工关键技术研究"、"村镇小康住宅关键技术研究与示范"等多个国家科技支撑计划重大（重点）项目。

为满足国计民生重大科技需求，在政策和技术两方面的工作基础之上，科技部、住房城乡建设部组织对国家科技支撑计划项目"既有建筑绿色化改造关键技术研究与示范"进行了可行性论证，项目于 2012 年 5 月 11 日获得科技部立项批复。

## 7.2 研 究 内 容

项目主要开展既有建筑绿色改造综合检测评定技术与推广机制研究、典型气候地区既有居住建筑绿色化改造技术研究与工程示范、城市社区绿色化综合改造

---

❶ 本项目受"十二五"国家科技支撑计划支持，项目编号 2012BAJ06B00。

技术研究及工程示范、大型商业建筑绿色化改造技术研究与工程示范、办公建筑绿色化改造技术研究与工程示范、医院建筑绿色化改造技术研究与工程示范和工业建筑绿色化改造技术研究与工程示范。通过上述七个方面的研究，进一步完善我国既有建筑绿色改造技术、标准和产品体系，为推动既有建筑绿色改造进程、提升人居环境品质、实现建筑节能减排提供科技引领和技术支撑。

# 7.3 主 要 成 果

通过项目的实施，初步形成既有建筑绿色改造标准体系，开发既有建筑改造关键技术和产品，并通过建设示范工程、监理推广平台、出版图书、召开大型交流会等方式对既有建筑绿色化改造研究成果进行推广。

## 7.3.1 既有建筑绿色改造标准

编制国家标准《既有建筑绿色改造评价标准》GB/T 51141—2015，主要技术内容为总则、术语、基本规定、规划与建筑、结构与材料、暖通空调、给水排水、建筑电气、施工管理、运行管理、提高与创新。该标准适用于既有建筑改造为民用建筑的绿色性能评价，对于改扩建项目，扩建面积不应大于改造后建筑总面积的50%。该标准统筹考虑绿色改造的经济可行性、技术先进性和地域适用性，着力构建区别于新建建筑、体现既有建筑绿色改造特点的评价指标体系，以提高既有建筑绿色改造效果。该标准的编制结束我国长期无针对既有建筑特点的绿色评价标准的状况，为既有建筑绿色改造提供技术支撑。

此外，还编制行业标准《既有社区绿色化改造技术规程》、上海市地方标准《既有工业建筑绿色民用化改造技术规程》、深圳市地方标准《深圳市居住社区绿色化综合改造规划设计指引》、协会标准《绿色建筑检测技术标准》CSUS/GBC 05—2014、《既有建筑评定与改造技术规范》和《既有建筑绿色改造技术规程》，初步形成我国既有建筑改造标准体系，为解决目前绿色改造面临的瓶颈问题提供了技术支撑和引导。

## 7.3.2 既有建筑绿色改造关键技术和产品

项目形成针对典型气候地区既有居住建筑、城市社区、大型商业建筑、办公建筑、医院建筑和工业建筑等不同建筑类型的既有建筑进行研究，开发了一系列绿色改造关键技术和产品，很好地支撑了我国既有建筑绿色改造的发展。

（1）既有建筑绿色改造综合检测评定技术

建立既有建筑绿色性能诊断流程和方法，提出了68项诊断指标，涵盖了建筑环境、围护结构、暖通空调系统、给水排水系统、电气与自控系统以及运行管理等六大方面内容。通过现场检测、检查以及数据模拟分析等方式综合分析得到既有建筑综合性能水平，并提供后续的改造措施和建议。研发绿色建筑室内环境综合检测仪（图 2-7-1）、既有建筑绿色改造监测系统、绿色既有建筑无线检测和监测系统，完善了以核查、短时数据检测、长时数据监测为主的诊断手段。申请了国内发明专利"一种嵌入式绿色建筑可视化评价诊断方法"和"一种基于 Zigbee 的绿色建筑综合检测装置"；开发了既有建筑绿色性能诊断软件（图 2-7-2），形成了集技术、标准、软件、装置、专利、专著为一体的既有建筑绿色改造测评诊断成套技术。

 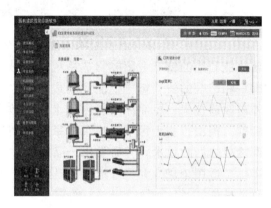

图 2-7-1　绿色建筑室内环境综合检测仪　　图 2-7-2　既有建筑绿色性能诊断软件

构建既有建筑绿色改造效果评估的技术指标体系，主要包括规划与建筑、结构与材料、暖通空调、给水排水、电气、施工管理、运营管理 7 类指标。针对不同建筑类型和气候特点重点考量改造的经济性和技术性能评价，采用层次分析法构建既有建筑绿色化改造潜力评估的技术指标体系，开发既有建筑绿色改造潜力评估系统。开发了既有建筑绿色改造效果评价软件，通过简单流程和操作来完成既有建筑绿色改造的效果分析工作。

（2）典型气候地区既有居住建筑绿色改造技术

提出了既有居住建筑绿色再生设计方法，具体包括功能改造技术、空间整合技术、性能提升技术（图 2-7-3）。提出了精细化检测方法和性能化抗震鉴定实用方法，研发了混凝土墙与砖墙新旧组合墙体连接技术和功能改善与安全性能提升一体化技术，实现了"大震不倒"的设防目标和"全室外加固"的技术途径，为既有居住建筑实现"少加固、不入户、少扰民、不搬迁"的绿色改造模式提供了可靠的技术支撑。提出了砌体结构高效加固和采用新型竹材加固的设计方法；研发了既有居住建筑改造用绿色建筑材料和绿色功能材料，建立了典型气候地区既有居住建筑改造用建材选材策略。

在寒冷和严寒地区既有居住建筑绿色改造方面，提出了基于集热器内剩

图 2-7-3 既有多层住宅增设电梯、加层与抗震加固一体化振动台试验

余热能利用的新型太阳能集热系统防冻技术，以及槽式太阳能集热器与燃气锅炉相结合的新型可再生能源集成供暖系统。提出了寒冷与严寒地区适宜的外窗改造技术、屋面保温与内排水集成改造技术，以满足现行居住建筑节能标准。提出了基于污水源热泵的家用淋浴废水余热回收利用技术以及分体空调冷凝热回收技术，并研发出产品原型，其能效比分别可达 3.0 和 4.0 以上。提出了适用于寒冷和严寒地区的既有住区环境（声环境、风环境、光环境等）改造措施。

在夏热冬冷地区既有居住建筑绿色改造方面，提出了夏热冬冷地区太阳能集热系统优化技术，设计研发了一种模块化集热器系统。提出了外遮阳综合改造技术，并设计研发了一种扇形活动外遮阳装置，降低夏季空调冷负荷 10% 以上。设计研发了集通风与隔声于一体的新型通风窗产品，通风量可达 0.88 次/小时，隔声性能能满足国标 3 级标准。分析了居住建筑供水水质的恶化关键点和恶化周期，提出了供水系统的健康节水改造技术。提出了住区热岛效应影响因素敏感性分析方法及改善措施。

在夏热冬暖地区既有居住建筑绿色改造方面，研发了带空气净化功能且可有效清除有机污染物、降低 $PM_{2.5}$ 的多功能主动式住宅新风净化设备和一体窗，形成了两项发明专利。研发了纳米稀土隔热透明涂料及其制备方法，具有隔热效果好、能使室内温度明显降低、涂层效果美观、成本相对较低等优点。研发了一种适应海绵城市建设需求的高耐久性复掺低品质活性矿物掺合料透水混凝土及其制备方法。研发了包括平面绿化、垂直绿化、复合绿化的新型绿化技术体系，该体系具有隔热效果好、夏季热岛效应明显降低、技术经济性好、利于推广等优点。

（3）城市社区绿色化综合改造技术

在构建城市社区绿色化改造基础信息数字化平台方面，明确了社区绿色化改造全过程信息需求，逐一给出了社区绿色化改造所需的各种信息的获取方法或技术，提出了数据来源策略、来源方式、格式选择及转换要求，实现了扫描数据与主流地理信息系统软件（GIS）的对接，提出了 BIM 信息与 GIS 的对接方法、非空间数据和空间数据处理相关技术，开发形成了城市社区绿色化改造基础信息数字化平台（图 2-7-4），除示范工程外还通过对全国 31 个社区绿色化现状基础信息调查，进一步充实了平台数据库，改进了平台的功能。

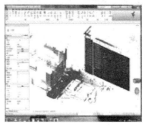

图 2-7-4 社区绿色化改造基础信息平台

在城市社区绿色化改造规划设计技术方面，构建了基于单中心城市模型的用地功能提升解释模型，提出了以平衡规划为核心的社区绿色化改造规划方法，归纳总结了包含"功能匹配度、建筑性能、环境承载力和经济可行性"四个维度的社区改造模式决策框架。规划设计上强调的社区文脉延续，不仅包含可以物化的符号体系的撷取、移植和改造，也强调社区原有社会经济关系的维系；实施上摈弃蓝图—建设模式，转而寻求绿色化运行维护。

在城市社区资源利用优化集成技术方面，提出了既有社区能源利用诊断方法和既有社区能源系统改造规划方法，为既有社区多种能源系统在社区层面综合高效利用提供了规划方法支撑。提出了适宜不同气候区域的既有社区能源系统绿色化改造技术体系，为既有社区能源系统改造设计方案的确定提供了技术支撑。优化集成了针对既有城市社区节水和水资源利用改造设计方法并进行技术评估，除集成现有的既有社区非传统水资源优化利用改造 12 项技术外，提出了场地改造用新型浅草沟技术和道路改造用雨水渗滤暗沟技术两种新型雨水渗滤技术。研究成果形成 5 项专利技术。

在城市社区环境综合改善技术方面，建立社区环境评价指标体系及相应的诊断技术体系。开发完成了城市区域热环境评估模型、室外热环境耦合模拟计算方法以及社区污染物诊断分析模型等创新的评估诊断方法及工具。提出了包括社区综合绿化技术、喷雾降温系统等 15 项室外环境改善技术，形成了城市社区环境综合改善技术体系。研究成果形成 5 项专利技术。

开发了城市社区运营管理监控平台，结合坪地国际低碳城、龙华规划国土信息馆片区、上海钢琴厂社区，在本运营管理监控平台软件上进行监控管理与数据分析展示，并结合城市社区绿色化改造基础信息数字化平台，实现了对上述社区改造前后的全过程监测，能动态监测改造过程的资源消耗、环境影响等，用真实数据来评估社区改造的实际效果。

（4）大型商业建筑绿色改造技术

在大型商业建筑功能提升与环境改善技术方面，构建了既有大型商业建筑绿色改造功能提升评估体系，该体系确立了评价指标项及评价标准，并制定了综合评价等级，突破性地将建筑功能空间提升效果的定性研究转化为定量评价。研究了既有大型商业建筑自然采光引入设计技术，提出自然调光控制条件下的人工照明能耗计算公式，以及分区控制设计方法，并在此基础上提出绿色光环境设计流程。研究影响中庭声环境的空间属性因素和界面因素，通过对声源作用的模拟和空间属性及界面属性的模拟，从而得出中庭声源设计的策略和空间属性的设计策略。基于声源控制、空间属性、界面及声学材料等方面，提出了边庭及中庭空间的声景设计和要点，为中庭声环境控制及声景设计提供依据。

在大型商业建筑能源系统提升与节能技术方面，开发大型商业建筑组合式空气处理机组智能优化控制管理系统，可以方便与楼宇自动控制技术实现集成联网控制，根据商业建筑实时负荷，调整主机和其他空调设备，在保证室内温度和湿度的前提下，尽可能地节约能源。研发了大型商业建筑精细化节能运行管理技术，根据不同气候特征提出相应的系统运行和控制策略，提高商业建筑节能效益，为既有商业建筑的节能改造提供技术参考依据。开发适用于大型商业建筑用能系统动态负荷特性实时监测装置对用能系统进行实时监测，掌握大型商业建筑设备设施的用能规律，形成大型商业建筑设备节能运行技术体系，为我国既有大型商业建筑供能系统的绿色改造和室内空气品质改善提供重要科学依据。

在大型商业建筑绿色改造节材技术方面，开发一种设有约束装置的金属阻尼器，利用耗能钢板平面内受力时初始刚度较大的优点，且通过约束的方式防止耗能钢板的平面外屈曲，保证了阻尼器的耗能能力及稳定性（图 2-7-5）；约束装置独立于耗能板，避免了在耗能钢板上焊接加劲对耗能钢板本身造成损伤。开发一种钢板阻尼墙，可以与原结构形成耗能结构体系，避免结构塑性铰过早的形成，明显提高结构的抗震能力和延性，对提高大型商业建筑的抗震安全性能提供了保障，特别是设防烈度较高的乙类商业建筑。开发型商业建筑结构加固的高强耐久修复材料，适于各种类型大型商业建筑改造的高强早强、与原结构兼容性好、耐久性能好，具备良好施工性能、成本合理的加固材料，适用于喷射施工，无需支模，加固层厚度比常规加大截面可以大大降低（图2-7-6）。

图 2-7-5　防屈曲支撑耗能结构震动台试验　　图 2-7-6　高强早强高耐久性加固材料

（5）办公建筑绿色改造技术

在既有办公建筑的室内环境绿色改造技术方面，开发了既有办公建筑室内空间高效再组织利用和多重利用技术，包括平面空间改造和竖向空间改造，对建筑的原有空间进行改造，进行再组织利用和多重利用，使其具有更强的适应性，以满足使用者需求，达到节约用地的目的。研究了室内环境绿色改造相适应的温湿度控制、照明、采光、降噪等技术，开发了BGL保温隔声一体化浮筑楼板，该楼板能有效解决既有办公建筑中楼上下噪声干扰以及热量损失的问题，该技术已局部应用在张家港大道保温材料有限公司办公楼中，应用效果良好，具有显著的经济、社会和环境效益。

在既有办公建筑绿色改造节能技术方面，开发了质量小于 $180kg/m^3$ 的新一代超轻发泡陶瓷保温板产品，导热系数由 $0.08$ W/m·K 降到 $0.06$ W/m·K 以下，该保温板在保持其优良的防火、抗裂、防渗、耐久性能的同时，较第一代产品保温性能有了较大的改善。开发了建筑用（多仓型）真空绝热板（图2-7-7），具有独立真空分仓结构，可以根据工程需要的面积和形状沿着分仓缝进行裁剪，较好地克服了一般的真空保温板不能裁剪的弱点，具有优异的保温隔热性能，为A级不燃材料，非常适合用于办公建筑等公共建筑的建筑节能改造。开发可拆装中空玻璃内置百叶帘的节能窗，实现建筑遮阳与外窗一体化。开发 ZR90 抗风型百叶帘，大大提高了百叶帘的抗风性能和透光性能，经检测该百叶帘抗风强度达 1200Pa。如图2-7-8所示。研究既有建筑外墙、外窗及屋面节能改造技术并进行经济性分析，找到各种技术在不同气候区应用时的适应性，实现多种节能改造技术的优化组合，避免各种技术的简单堆砌，确定在不同气候区域所适宜的既有办公建筑围护结构一体化综合改造方案。建立空调系统改造实施实验平台，可以实现改造前后系统定流量、变流量及水泵变频的功能切换。

图 2-7-7　多仓型真空绝热保温板　　　　　图 2-7-8　遮阳百叶帘生产线

（6）医院建筑绿色化改造技术

在医疗功能用房布局优化改造设计与装饰装修集约化技术方面，提出医院改造设计采用弹性化设计、营造适度集中与空间舒适设计方法。从功能整合、交通合理、室内舒适、有效管理四个项目中提出了医疗功能布局"适度集中化"评价指标体系，同时分析了弹性改造基础、基本范式与改造模式，提出采用集约化的装饰装修优化设计改善医院环境，提升医院综合性能的策略。

在医院能源系统节能改造与能效提升技术方面，构建了一套适合于我国不同气候区医院建筑，具有较强可操作性的多指标综合评价体系。提供了一套切合当前既有医院建筑能源分项计量的能耗计量模型及指标体系，开发了适用于医院用能特点的能耗监测系统，为下一步医院建筑能耗统计、能耗定额制定提供了实验平台。针对医院建筑多元用能模式，构建适合于目前用能状况的既有医院建筑能源系统绿色节能改造和能效提升的成套技术和方案；提供既有医院建筑能源系统运营调控策略与高效管理模式。提出医院特殊耗能部位能耗显著的解决方案，特别针对大风量、高耗能医疗用房空调系统模式进行优化。

在医院建筑室内环境质量综合改善与安全保障技术方面，构建热舒适评价指标体系，提出了室内热舒适性、气态污染物、细颗粒物和浮游微生物分级要求，以及基于空气中微生物浓度控制普通医疗用房的通风换气次数计算和设计方法，有效保障室内环境质量。以不均匀分布理论与扩大主流区理论结合起来研究洁净功能用房实际所需换气次数下限，提出了出适于工程应用的理论计算方法，研制长效净化节能抑菌空调器（图 2-7-9）。选择细颗粒物、$CO_2$、浮游微生物、TVOC 以及甲醛作为表征性污染物控制指标，开发面向运行阶段的医院建筑室内空气质量通用监测预警平台，确保了监测参数的覆盖性以及代表性。

图 2-7-9　节能抑菌空调器样机

在医院建筑室外环境生态化、人性化改造设计与功能提升技术方面，开展了医院建筑室外环境绿色化综合改造关键技术研究，主要包括室外环境生态化功能分析、室外环境生态化规划设计、室外环境生态化改造技术和室外环境人性化改造技术等关键技术研究。研究了从屋顶到墙体、从广场到天井庭院、从庭院到维护绿化的多视角、全方位的覆盖式绿化技术，在达到美化环境的同时，为病人提供了良好的视觉环境。形成了基于患者人性化需求的室外景观设计技术。

（7）工业建筑绿色改造技术

针对既有工业建筑拆改、功能转变等前期决策难题，利用层次分析和调查问卷提出针对不同决策主体的拆改决策指标体系及应用指南，构建工业建筑民用化改造功能取向适宜性评估指标体系，提出绿色建筑技术选用决策流程及决策阶段的技术要点。

针对不同类型工业建筑的空间特点，并基于对改造目标功能的空间组织需求与功能需求分析，首次将两者进行匹配研究，并关注空间改造对采光通风保温隔热的影响，得到工业建筑改造为不同功能时空间匹配与改造设计要点。结合工业建筑大进深空间和屋面天窗的特点，分别针对单层厂房和多层厂房改造，从自然采光和通风角度进行天窗和中庭的优化分析，形成定量化的采光和通风优化设计要点，可为设计单位进行工业建筑的改造设计提供指导，提升改造项目的室内环境质量。

研发了基于工业建筑特点的围护结构节能改造技术，旨在解决旧工业建筑进行绿色改造时围护结构应用技术问题，将形成围护结构保温产品及适用于工业建筑绿色改造的技术体系，提升改造建筑围护结构性能。基于工业建筑立面特点，提出不同类型工业建筑改造适用的垂直绿化形式，建立垂直绿化案例库，并发明一种新型的模块式垂直绿化装置，强调与围护结构的一体化。

针对工业建筑改造中的大空间空调设计，通过模拟分析研究提出不同改造类型空间的气流组织方式，并基于实验测试得到高大空间喷口送风优化设计参数，为气流组织设计提供基础数据支撑。根据绿色建筑能源管理的特点，研究开发一套能耗监管平台，实现运行记录与物业管理的结合，实施能耗余量控制的运行理念，强化分析统计功能与诊断分析，为运营措施的改进提供指引。

结合工业建筑大屋面特性，从雨水水量平衡、水质处理、雨水处理系统空间设置等角度，构建一套屋面雨水回收利用设计方法。并在考虑雨水回用的条件下，创新地提出了工业建筑屋顶绿化综合改造技术，为既有工业建筑绿色民用化改造的雨水回用系统设计提供了具体操作方法和依据。

通过实验与理论分析，研究耗能减震加固技术在工业建筑改造中的应用，开发基于MATLAB环境的结构消能减震控制仿真平台；研究单层及多层工业建筑室内增层加固技术，对结构选型、基础加固、夹层楼盖、屋盖更新、新型加固材料、可再利用材料的回收利用等进行系统的研究，形成适应既有工业建筑结构特征的绿色改造技术体系，实现改造建筑节材优化的目标（图 2-7-10、图 2-7-11）。

图 2-7-10　上海申都大厦东、南立面垂直绿化　　图 2-7-11　上海申都结构消能减震加固

### 7.3.3　推广示范

通过项目的实施，形成了既有建筑绿色改造推广政策建议、编撰了既有建筑绿色改造相关著作、建立了服务平台并开展了示范工程建设，进一步促进了项目成果的应用和推广。

（1）政策机制

结合前期调研结果，借鉴现有绿色建筑及节能改造政策和推广机制的成熟经验，提出推进我国既有建筑绿色改造工作建议；协助北京市雁栖湖生态示范区、临沂市北城新区、宁波市、乌兰察布市、江苏省等地政府部门起草编制地方性既有建筑绿色改造政策，加快带动区域辐射效应。

（2）著作

出版了《既有建筑改造年鉴》（2012，2013，2014）、《既有办公建筑绿色改造案例》、《申都大厦绿色化改造工程运维实践》、《国外既有建筑绿色改造标准和案例》、《既有建筑绿色化改造诊断技术》等图书，系统总结我国既有建筑改造的研究成果与经验积累，力图形成既有建筑绿色改造系列图书，供广大从事既有建筑绿色改造的人员参考使用（图 2-7-12）。

图 2-7-12　既有建筑绿色改造著作

（3）服务平台

依托中国建筑改造网（http：//www.chinabrn.cn/）在业界较大的影响力和完善的构架，配套建立既有建筑绿色改造信息动态数据库，形成国内首个既有建筑绿色改造网络信息平台。搭建针对北方严寒、寒冷地区的华北地区既有建筑绿色化改造综合服务子平台和针对南方夏热冬冷、夏热冬暖气候区的华东地区既有建筑绿色化改造综合服务子平台，分别对不同气候区提供适宜的包含设计、施工、诊断、检测、绿色咨询、改造融资、运行维护等在内的"一站式"全过程服务。依托两个子服务平台，已在北京、天津、常州、上海、内蒙古等地为多项既有建筑改造项目咨询服务。

（4）工程示范

项目建立了大量的示范工程，成功应用了项目的研究成果，示范工程包括居住建筑、城市社区、商业建筑、办公建筑、医院建筑和工业建筑等多种建筑类型，分布在黑龙江、吉林、北京、天津、河北、山东、上海、江苏、广西、深圳等省市，示范面积超过 150 万 $m^2$，部分示范工程已经获得绿色建筑评价标识，为既有建筑绿色改造提供很好的示范作用（图 2-7-13）。

天津大学生命科学学院办公楼

深圳国际低碳城启动区

南京国际广场购物中心

上海思南公馆二期

上海市胸科医院

上海申都大厦

图 2-7-13　示范工程

# 7.4　研　究　展　望

当前我国新建建筑数量逐渐趋向平稳，新建建筑与既有建筑改造并重推进已成为了我国绿色建筑行业发展的新常态，量大面广的既有建筑绿色改造也将逐步成为我国推进新型城镇化建设的一项重要工作。近年来，随着我国城镇化的快速发展和人民生活水平的不断提高，我国很多老旧城区功能已经跟不上城市发展需求，既有建筑改造也逐渐由单体建筑转向城区功能提升，关注点也由一般的建筑改造转向更高性能目标的既有建筑改造。

国家在《"十二五"绿色建筑科技发展专项规划》中明确部署既有建筑绿色改造技术研究，通过国家科技支撑计划的实施，形成一系列既有建筑绿色改造关键技术、标准规范、专利、设备等成果，为我国推进既有建筑改造提供较好的技术支撑，同时也为我国下一步开展既有建筑改造工作打下了坚实的研究基础。

作者：王俊　王清勤　陈乐端（中国建筑科学研究院）

# 8 绿色建筑规划设计关键技术体系研究与集成示范[❶]

8 Research and integration demonstration
of key technology systems of green building
planning and design

## 8.1 研 究 背 景

绿色建筑是 21 世纪全球建筑可持续发展的总体趋势，是建筑领域理念创新和技术创新的产物，是当前中国快速城市化发展过程中建筑生态转型和模式变革的必然选择。根据 IEA ANNEX-30 的"模拟走向应用"的研究表明，绿色建筑的性能取决于规划设计，40%以上的节能潜力来自于建筑方案初期的规划设计阶段。比利时代尔夫特大学 Pieter de Wilde 博士通过对欧洲 67 座建筑调研，发现所应用的 303 项绿色建筑技术中，57%的技术措施需要在规划设计和方案设计阶段中落实。由于我国建筑设计方法、手段技术较为落后，缺乏自主创新能力，近年来各地重要的大型项目、标志性建筑等高端项目的规划和方案设计大部分为国外建筑设计企业包揽。而由于外国规划、方案设计公司通常不了解我国国情、气候条件、生活和人居习惯以及体质特点，往往盲目照搬国外绿色建筑技术和方法，或仅从视觉审美角度考虑复杂的建筑体形，从而造成很多重大建设项目、标志性建筑、高端建筑在规划设计阶段丧失了较大的节能潜力和性能提升潜力。

本项目由国家住房和城乡建设部组织，上海市建筑科学研究院（集团）有限公司牵头，分五个课题展开研究。其中课题一由深圳市建筑科学研究院股份有限公司承担、课题二由上海市建筑科学研究院（集团）有限公司承担、课题三由清华大学承担、课题四由中国建筑科学研究院承担、课题五由住房和城乡建设部科技发展促进中心承担。在相关单位的紧密配合和研究人员的努力下，项目取得新技术、新方法、导则或指南、计算机软件等 29 项，示范工程 18 项。通过项目研究，形成绿色建筑规划设计的预评估、优化技术体系，科学规范绿色建筑发展的方向性问题，规避不合理的技术应用，引领我国绿色建筑的科学发展。

---

❶ 本项目受"十二五"国家科技支撑计划支持，项目编号 2012BAJ09B00。

## 8.2　项目研究目标及内容

项目从绿色建筑建设的空间维度（从城市片区、建筑群到单体建筑）和绿色建筑建设的时间维度（从规划、设计、运营评估），系统开展绿色建筑规划预评估与诊断技术、规划设计优化应用技术、绿色建筑设计模拟技术、信息交互式设计软件综合应用技术等研究，开展多类型的绿色建筑应用技术集成工程示范，并对不同类型的绿色建筑进行效能评估，验证与提升相关研究成果，通过项目的实施，形成集绿色建筑规划设计的技术方法、标准、软件工具等于一体的一整套绿色建筑规划设计技术体系，将促进我国绿色建筑规划设计产业提升，推动绿色建筑规划设计的科学规范性，整体提升我国绿色建筑的技术能力和科技水平，减少对国外技术、产品的依赖，增强我国绿色建筑在国际上的科技竞争力，驱动城镇化和城市的可持续发展。

项目研究内容包括以下五个课题：

课题一　绿色建筑规划预评估与诊断技术研究

课题二　绿色建筑群规划设计应用技术集成研究

课题三　性能目标导向的绿色建筑设计优化技术研究

课题四　基于建筑信息模型综合规划设计技术研发应用

课题五　绿色建筑规划设计集成技术应用效能评价

## 8.3　研　究　成　果

### 8.3.1　绿色建筑规划预评估与诊断的技术体系

构建城市片区的绿色建筑规划诊断与评估技术体系。提出城市片区绿色建筑规划中的范围和定义，并通过对国内外具有一定权威性的 6 大评估指标体系（397 个指标）中涉及社区和场地环境部分的指标进行对比和分析，提炼出符合我国绿色建筑规划特征的评估体系，指标项共设八大类共 47 项指标。适用于现状分析、概念性规划、城市设计、控制性详细规划等不同阶段。配合开发城市片区绿色建筑规划预评估与诊断软件工具，包括乡土植物信息数据库、绿色建筑规划建设与社会人文需求关系评估软件、城市片区热气候和热岛强度评估软件等。利用计算机辅助、GIS 等技术实现对城市空间形态与城市功能之间关系的定量化，并针对生态规划中的能源、生态环境、绿色建筑、人文等指标进行评估、选择、核算和优化。并在无锡中瑞低碳生态城等示范工程的提升规划设计中应用。

### 8.3.2　建筑群能源资源合理利用相关评价方法

提出了建筑群非传统水资源高效利用和能源高效利用的规划设计方法。水资源规划基于建筑群非传统水源利用平衡模型，定量分析建筑群雨水系统供需平衡与建筑密度、绿地率、屋面收集范围等技术指标的关系，分析了建筑群中水系统供需平衡与建筑群业态分布、中水品质之间的关系。能源规划研究了不同建筑群功能下可再生能源利用率与容积率、建筑密度之间的关系，研究了基于负荷平准化的建筑群功能配比优化方法，研究了不同建筑形态的节能潜力和基于输送半径控制的建筑群集中分散适宜边界，研究了建筑群能源系统评价指标体系，形成了目标导向的建筑群能效提升规划设计评价方法，有助于规划设计师策划出具有能源高效利用潜力的规划设计方案。绿色建筑群能源资源高效应用规划设计方法的应用流程并在虹桥商务区和世博园区进行案例分析，取得较好的应用效果。

### 8.3.3　建筑参数化反向设计优化方法及方案多目标优化软件

建立了基于性能目标导向的绿色建筑参数化反向设计优化方法，开发了整体能量需求预测模型，研究开发了建筑能耗快速预测模型，包括空调、采暖、照明能耗，以及自然采光照明系统、建筑中庭设计等被动式设计方法。以建筑总能耗或单项能耗为适应度目标函数，集成了自动寻优的多岛遗传算法和交互式遗传算法理论，对建筑图形和性能相关参数进行优化，实现满足能耗最低的各种建筑空间几何参数、围护结构热工性能以及空调供暖照明系统参数的最优组合，阶段性地解决了设计行为与性能模拟优化协同工作机制、各预测模型鲁棒性的提升和多尺度多目标参数/模型耦合或解耦等技术难题，建立了建筑造型、空间平面形态和性能参数的优化途径和生成方法，实现在方案阶段绘图软件 Skectchup 上的图形化显示，实现了包括能耗、采光、热体型系数、日照等性能参数的即绘即模拟，并获得了计算机软件著作权（建筑方案多目标优化软件 MOOSAS，Multi-Objective Optimization Software for Architecture Scheme）。所开发软件模拟结果完成了与国际建筑两大能耗模拟软件 EnergyPlus、DeST 的对比，在精度上符合工程需求，速度上则显著提升，为方案阶段的即绘即模拟提供了可能。

### 8.3.4　基于建筑信息模型绿色建筑规划设计与评价软件

建立在自主知识产权图形平台上基于建筑信息模型的三维建筑模型，通过对建筑信息与专业三维实体构件管理，实现模型信息的有效存储和查询方法，定义标准化的数据交换方法。在此基础上通过分析研究绿色建筑规划设计的需求目标，开发了绿色建筑方案设计系列软件，实现软件之间数据共享。在此框架内，开发完善 PKPM 系列的场地优化设计、居住区规划、日照、园林、能耗计算、节能设计、能效测评、自然采光、室内自然通风设计计算和绿色建筑评价软件。将绿色建筑相关软件（能效测评、日照软件、建筑采光等）进行集成，以绿色建筑设计评价标准为基础，同时考虑各地的经济发展和气候特点以及之前的绿色建筑设计经验和资料，考虑经济成本增量，各个软件的计算成果直接被评价软件所采用，方便进行绿色建筑设计。每个软件即可独立使用，也可结合绿色建筑评价过程集成使用。较好地解决了一个软件多用，并能进行结果数据顺利传递的问题。模拟分析结果以动态仿真方式表现，以直观方式提供辅助设计和分析手段。

### 8.3.5 基于 POE 后评价方法的绿色建筑规划设计集成技术应用效能评价体系

从使用者的角度出发，通过对不同建筑气候区、不同类型经过设计并正被使用的绿色建筑关键指标进行系统评价，建立了绿色建筑集成技术应用效能评价体系，并通过示范工程评价进行了试用和验证。在研究建立效能评价指标时，主要考虑使用者行为干扰对绿色建筑规划设计技术使用后的影响因素及其程度，结合基于环境心理学和人体行为学的建筑后评估方法学及其相关测评技术，提出了受使用者干扰的绿色建筑使用后效果评价指标及其评价模型，包括开关窗行为影响、照明行为影响、生活用水行为影响、空调控制行为影响、办公家电试用行为影响等。并在此基础上结合不同时期建筑绿色规划设计技术要点，确定绿色建筑规划设计适用技术体系。

### 8.3.6 示范工程

通过示范工程项目，开展绿色建筑设计专项技术分析与相关测试评估工作。目前已落实示范工程 18 项，包括各类住宅、商业综合体、办公建筑、展览建筑，分布于上海、江苏、北京、深圳、福州等 8 个省市，总建筑面积超过 300 万 $m^2$；其中落实绿色建筑城市片区示范工程 2 项，示范基地面积约 2.6km$^2$。

## 8.4 项 目 效 益

目前我国每年新建建筑约 20 亿 $m^2$，累计城镇建筑面积超过 400 亿 $m^2$，如果未来每年有 10% 的建筑在建筑设计中采用模拟技术优化设计，按照公共建筑节约用电 10kWh/年 $m^2$ 的节能效果估计，每年可减少建筑新增用电 20 亿 kWh，相当于每年可以少建造 60 万 kW 发电厂，每年节约建造发电厂投资 50 亿元/年。

通过项目的实施，在规划阶段提升绿色整体性能，为绿色建筑规划提供科学合理的定位，对场地环境、资源、生态等提供定量分析，为不同尺度的绿色建筑规划提供科学合理、详细的基础信息和依据，提供规范的技术指引，有利提升我国绿色建筑规划生态水平。

拥有自主知识产权的绿色建筑规划设计集成软件产品，既提高了绿色建筑的设计质量，又提高了在该领域的核心竞争力，从而减少对国外软件产品的依赖。

建立的绿色建筑规划设计集成技术应用的效能评价技术体系用于评价绿色建筑规划设计技术的集成应用效果，试图解决针对技术投入使用后集成效果的综合评价，为实现绿色建筑的高效运营提供保障。

**作者：**杨建荣　张颖　高怡（上海市建筑科学研究院（集团）有限公司）

# 9 绿色建筑评价体系与标准
规范技术研发[❶]

9 Technological R & D of evaluation systems,
standards and codes for green building

## 9.1 研 究 背 景

绿色建筑评价体系和绿色建筑标准规范对于我国绿色建筑的持续、快速、协调、健康发展，作用至关重要：绿色建筑评价工作既是绿色建筑性能的衡量尺度，也是绿色建筑品质的保证手段；绿色建筑标准化工作则为绿色建筑全生命期内的规划设计、施工建造、运行维护、拆除与再利用、评价检测等各环节提供基础性的技术保障。

我国高度重视发展绿色建筑，在《中华人民共和国国民经济和社会发展第十二个五年规划纲要》、《国家中长期科学和技术发展规划纲要（2006—2020年）》等重要规划文件均提出发展绿色建筑，还在专门的《"十二五"绿色建筑科技发展专项规划》中将"绿色建筑技术综合评价标准体系研究"明确为重点任务；同时相关部门还在积极制定和酝酿出台国家层面的"绿色建筑行动方案"（已于2013年由国务院办公厅发布）。

然而，绿色建筑评价体系和绿色建筑标准规范也分别面临一系列新的问题亟待解决。对于前者，评价体系的建筑类型覆盖面有限、评价指标的建筑类型针对性不强、评价指标的各阶段全过程控制不够、评价方法的科学性还需提高、评价工作的开展方式过于传统；对于后者，绿色建筑标准体系尚未建立、相关工程建设标准缺项、配套的产品（设备）标准脱节、绿色建筑评价主题标准管理混乱、绿色建筑标准实施能力不强。

针对前述问题，并鉴于我国相关领域的规划及政策措施已发布或即将发布、国家科技计划各关联任务前期已取得丰硕成果、项目承担单位通过产学研结合形成了应用示范及产业化基础等成熟条件，经项目可行性论证、课题评审及预算评审评估等工作，科技部正式立项国家科技支撑计划"绿色建筑评价体系与标准规

---

❶ 本项目受"十二五"国家科技支撑计划支持，项目编号2012BAJ10B00。

范技术研发"项目（编号 2012BAJ10B00），项目组织单位为住房和城乡建设部，项目完成时间为 2015 年 12 月。

## 9.2 项 目 概 况

### 9.2.1 研究目标

项目总体以适应我国绿色建筑发展方向和要求、符合国家产业技术政策和经济发展水平为原则，确立以下三点目标：

（1）建立适合我国国情、具有核心竞争力和自主知识产权的绿色建筑评价体系，全面系统、科学客观、清晰直观、方便易行地反映绿色建筑资源节约、环境保护和用户舒适度水平，既准确衡量绿色建筑性能，又有效保证绿色建筑品质。

（2）建立结构优、层次清、分类明、针对性强的绿色建筑标准规范体系，保证和提高我国绿色建筑标准制修订工作的科学性、前瞻性和计划性，为推广绿色建筑提供重要的技术支撑和保障。

（3）建立因地/用制宜、有机集成、经济便宜、实用高效的绿色建筑标准化技术体系，为绿色建筑产业化提供可复制的工程示范，进一步扩大绿色建筑的覆盖面和受益面。

### 9.2.2 研究内容

围绕前述的绿色建筑评价体系、标准规范体系、标准化技术体系三大目标，项目设置如下课题：

（1）"绿色建筑标准体系与不同气候区不同类型建筑重点标准规范研究"课题（编号 2012BAJ10B01），包括绿色建筑标准规范体系研究、绿色建筑标准规范体系建设方法研究、绿色建筑评价标准研究与编制、绿色商场建筑评价标准研究与编制、绿色医院建筑评价标准研究与编制、建筑绿色运行管理标准研究与编制等研究内容。课题由中国建筑科学研究院承担，住房和城乡建设部标准定额研究所、中国城市科学研究会、北方工业大学等单位参加。

（2）"绿色建筑评价指标体系与综合评价方法研究"课题（编号 2012BAJ10B02），包括绿色建筑评价指标体系及权重研究、绿色建筑综合性能指标水平研究、绿色建筑综合评价方法研究、绿色建筑评价工具开发等研究内容。课题由中国建筑科学研究院承担，中国城市科学研究会、住房和城乡建设部科技发展促进中心等单位参加。

（3）"绿色建筑标准实施测评技术与系统开发"课题（编号 2012BAJ10B03），包括绿色建筑标准实施效果测评指标体系研究、绿色建筑技术经济性评价方法研究、绿色建筑标准实施效果测评方法研究、绿色建筑标准数据库及标准分析系统开发、绿色建筑基础数据库开发、绿色建筑标准实施测评系统平台开发、绿色建筑标准实施测评应用等研究内容。课题由上海市建筑科学研究院（集团）有限公司承担，住房和城乡建设部科技发展促进中心、中国城市科学研究会等单位参加。

（4）"标准化绿色建筑研究与工程示范"课题（编号 2012BAJ10B04），包括绿色住宅标准化技术体系研究、绿色工业化住宅技术研究、标准化绿色建筑工程示范和工业化基地示范等研究内容。课题由中国建筑技术集团有限公司承担，上海建工集团股份有限公司、龙信建设集团有限公司等单位参加。

# 9.3 研 究 成 果

## 9.3.1 标准体系

在顶层设计方面，编制了绿色建筑标准规范体系框图、标准项目表、标准项目内容说明，建立了覆盖建筑全生命期和各有关专业的绿色建筑标准规范体系；此外，确定了体系的 3 个维度（目标、阶段、专业）及 4 个层次（目标层、评价层、实施层、支撑层），通过建立评价模型、引入复杂网络拓扑结构理论，确定了标准体系中标准的制修订方向和优先度系统。此绿色建筑标准规范体系及其建设维护方法，可较好保证绿色建筑标准立项和研制的科学性、前瞻性。

## 9.3.2 技术标准

在技术标准方面，编制完成国家标准 3 部、行业标准 1 部，分别是：

（1）国家标准《绿色建筑评价标准》GB/T 50378—2014。标准共分 11 章，主要技术内容是：总则、术语、基本规定、节地与室外环境、节能与能源利用、节水与水资源利用、节材与材料资源利用、室内环境质量、施工管理、运营管理、提高与创新。新修订的《绿色建筑评价标准》的评价对象范围得到扩展，评价阶段更加明确，评价方法更加科学合理，评价指标体系更加完善，在多个方面具有创新性。

（2）国家标准《绿色商店建筑评价标准》GB/T 51100—2015。标准共分 11 章，主要技术内容是：总则、术语、基本规定、节地与室外环境、节能与能源利用、节水与水资源利用、节材与材料资源利用、室内环境质量、施工管理、运营管理、提高与创新。该标准允许以综合建筑中的商店区域作为评价对象，并要求结合商店建筑的具体业态和规模进行评价，充分考虑了我国国情和商店建筑特点，具有创新性。

（3）国家标准《绿色医院建筑评价标准》GB/T 51153—2015。标准共分 10 章，主要技术内容是：总则、术语、基本规定、场地优化与土地合理利用、节能与能源利用、节水与水资源利用、节材与材料资源利用、室内环境质量、运行管理和创新。该标准的编制以需求为导向，从病人和医护人员两方面考虑人性化环境建设，首次提出国际化的医院能源评价指标，创造性地采用优序对比法这一适合医院实际的方式来确定指标权重。

（4）行业标准《绿色建筑运行维护技术规范》（已报批）。标准共分 7 章，主要技术内容是：总则、术语、基本规定、综合效能调适与交付、运行技术、维护技术、规章制度。该标准构建了绿色建筑综合效能调适体系，提出了低成本/无成本运行维护管理措施，建立了绿色建筑运行管理评价指标体系。

在标准实施文件方面，还编写完成与前述标准配套使用的《绿色建筑评价技术细则》（建科〔2015〕108 号）（ISBN 978-7-112-18379-1）、《绿色商店建筑评价标准实施指南》、《绿色医院建筑评价标准实施指南》、《绿色建筑运行维护技术规范实施指南》等技术文件，可提高绿色建筑标准实施的能力和效果（图2-9-1）。

图 2-9-1　绿色建筑评价技术细则

### 9.3.3　知识产权

在计算机软件方面，开发完成与绿色建筑评价标准配套"绿色建筑评价软件"（2014SR176761）和管理系统，以及用于绿色建筑标准实施测评的"绿色建筑标准分析系统"（2014SR096820）和"绿色建筑标准实施测评系统"（2015SR143316）。其中，"绿色建筑评价软件"提供了智能知识库、产品选型、专项模拟计算工具接口、生成报告书、生成提资清单等高级功能，预设了100余个适用于不同气候、不同建筑类型的绿色建筑方案，并附有大量的国内外绿色建筑设计实例，还加入了多部地方评价标准并支持一个技术路线在不同评价标准的切换（图 2-9-2、图 2-9-3）。

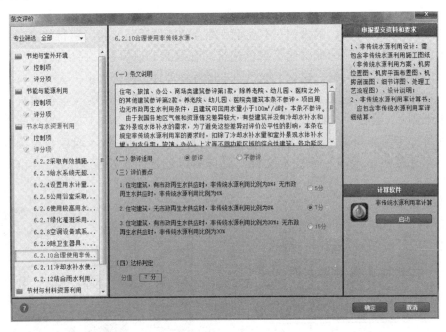

图 2-9-2　绿色建筑评价软件界面

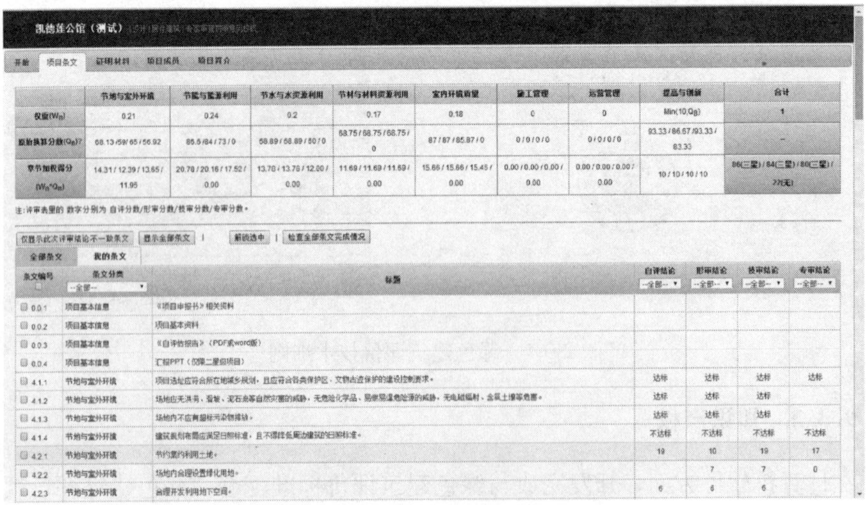

图 2-9-3　绿色建筑标识申报系统界面

在技术专利方面，支撑绿色建筑标准实施和标准化技术的实用新型专利"便携式建筑能耗采集装置"（CN 203706400 U）已获授权，发明专利"一种绿色建筑碳排放评价方法"的申请已获受理。

### 9.3.4　应用示范

在研究成果转化方面，在江苏海门和山东日照分别建成投产了绿色建筑标准化关键构件生产基地，主要生产绿色住宅全装修标准部品部件、结构保温一体化预制墙板以及标准化轻钢构配件；在严寒与寒冷、夏热冬冷、夏热冬暖等不同气候区建设完成了 5 项绿色建筑示范工程总示范建筑面积约 40 万 $m^2$，其中 1 项获得三星级绿色建筑设计标识，1 项获得三星级绿色建筑运行标识，1 项获得二星级绿色建筑设计标识（图 2-9-4）。

图 2-9-4　项目应用示范

### 9.3.5　其他

此外，项目也完成了人才队伍建设、科技论文发表、研究报告编写等其他方面的项目预设目标。

## 9.4　研　究　展　望

项目预期将对经济社会发展或行业技术进步发挥如下支撑作用：

（1）以绿色建筑相关标准和标准化技术体系为推广绿色建筑、转变建筑业发展方式提供重要的技术支撑和保障，促进材料、产品和设备制造业和服务业等关联产业的技术升级更新，从而带动行业技术进步。

（2）以绿色建筑相关标准和标准化技术体系形成良好的技术和市场导向，在国内建筑市场培育具有较大技术附加值的新技术和新产品，推动我国建筑市场乃至全国整体经济结构的调整，从而促进经济社会发展。

（3）以科学合理的绿色建筑评价为抓手大力推广绿色建筑，着力提升建筑使用功能、改善人民群众工作生活环境、降低建筑领域能源资源与生态环境负荷，一方面贯彻落实人本理念、着力保障和改善民生，另一方面积极应对气候变化、实现人类社会可持续发展。

作者：林海燕　程志军　叶凌（中国建筑科学研究院）

# 10  西部生态城镇与绿色建筑技术集成研究与工程示范❶

# 10  Integration research and demonstration of eco-cities，eco-towns and green building technologies in western China

## 10.1  研 究 背 景

西部地区气候寒冷干燥，自然环境恶劣，资源匮乏，经济水平落后，城镇建设现代化进程相对缓慢。西部包含了西北干旱区和青藏高原地区，占国土面积的近三分之一。其中青藏高原的地理范围除青海、西藏行政区外，还包括四川省川西高原及云南西北部的高海拔区域；西北干旱区主要包括新疆，甘肃、宁夏和陕西省的部分地区。项目所涉及地区地形以高原、戈壁、干旱区为主。

本项目结合国家"西部大开发"战略，落实中央西藏工作会议和新疆工作会议精神和国务院《关于支持青海等省藏区经济社会发展的若干意见》以及《青藏高原区域生态建设与环境保护规划（2011—2030 年)》提出的"以维护民族区域社会稳定和保护长江等江河发源地的高原生态屏障为着力点"，解决藏区"生态建设、改善民生、发展经济与维护稳定"的问题，同时还与"西部城镇化建设"的需要及"青藏高原地区牧民定居行动"，"干旱区生态移民"、国家支疆项目《新疆可再生能源供暖空调技术应用研究与示范》重大工程项目相结合，在充分考虑我国西部地区恶劣的自然环境条件下，结合当地生态环境、气候，以及特色人文条件和经济技术水平，进行城镇生态规划、绿色建筑关键技术的研究，并重点进行西部生态城镇和绿色建筑技术集成研究与工程示范。

---

❶  本项目受"十二五"国家科技支撑计划支持，项目编号：2013BAJ03B00。

# 10.2 项 目 概 况

## 10.2.1 研究目标

本项目以"改善居住条件，保护环境、降低建筑能耗、节约资源"为项目的总体目标，围绕"环境、气候、城镇、建筑、能源、人"多个方面，开展西部地区生态城镇建设和绿色建筑关键技术集成及工程应用示范等研究。通过以上研究，形成西部地区生态城镇建设与绿色建筑关键技术集成的完整体系，研究适应不同区域的西部生态城镇建设与绿色建筑建设模式，以及实用于西部地区生态城镇建设与绿色建筑成套技术和实施技术所必须的技术链、产业链；提升西部生态城镇建设与绿色建筑技术集成的创新能力；在西部不同地区分别建立单项技术示范和综合性技术集成示范工程，进行由点到面的技术推广，为进一步促进西部城镇建设、提高人民生活水平、改善西部城镇居住环境质量提供强有力的科技支撑。

## 10.2.2 研究内容

本项目主要任务是研究我国西部地区的生态城镇建设与绿色建筑关键技术集成以及相关技术的示范。设置了以下六个研究任务：

（1）干旱区城镇绿色建筑技术集成研究与示范

针对干旱区城镇绿色建筑特点和要求，重点开展干旱区绿色建筑设计优化与标准、低能耗建筑围护结构集成技术、绿色建筑室内环境控制和改善关键技术、城镇绿色建筑技术集成示范科技攻关，建立干旱区绿色建筑集成技术工程示范区，制定干旱区绿色建筑集成技术地方标准，为西部生态城镇与绿色建筑技术集成提供技术支撑。

（2）干旱区生态城镇规划与地方资源利用研究与示范

以新疆生产建设兵团为试验示范基地，从西北干旱区地理环境、社会经济特点出发，以实现西北干旱区生态城镇建设为目标，主要开展干旱区生态城镇规划研究与示范、干旱区城镇绿化植被与景观生态建设研究与示范、城镇非传统水资源开发利用研究与示范、干旱区本地建材资源开发利用研究与示范等四个专题研究，为干旱区生态城镇发展提供系统性技术、产品与案例支持，促进干旱区城镇的可持续发展

（3）高原生态社区规划与绿色建筑技术集成示范

针对青藏高原地区统筹城乡经济社会发展一体化要求，开展高原生态社区规划及评价体系研究，高原新型绿色建筑材料研究与应用。地方材料与抗震结构体

系关键技术研究，高原生态社区规划及绿色建筑技术集成工程示范，课题研究将提出青藏高原城乡与牧区生态社区规划模式，并制定切实可行的技术方案与规程，形成以节能、节地、绿建为特色的建设模式及其技术体系，为青藏高原统筹城乡一体化建设提供技术支撑和示范样板。

（4）高原气候适应性节能建筑关键技术研究与示范

在青藏高原地区的地理气候、技术经济条件，充分利用丰富的气候资源，围绕气候适宜性开展高原地区节能建筑设计优化与标准研究、高原高热容与低热容新型复合围护结构关键技术研究、高原河谷地区水源热泵技术研究，高原太阳能空气集热器技术等系统的研究，形成研究、应用、标准编制、技术推广的完整体系，为改善高原人民的生活、工作环境，高原建筑节能的健康和可持续发展提供技术支持和示范。

（5）高原室内外环境与污染控制技术研究与示范

根据青藏高原地域、气候以及民族特点、生活习惯等特征，针对目前居住环境存在的问题及安全隐患，对青藏高原生态城镇室内外环境设计与生态植被建设技术进行研究与示范，综合集成开发配套的高原居住区废弃物处理与饮用水安全保障技术，为青藏高原城镇化发展及工程提供科学数据和技术支撑。主要内容：高原生态城镇环境及景观植被建设技术研究与示范，高原建筑室内环境模式与控制技术研究，高原城镇生活废弃物处理技术集成与示范，高原城镇饮水安全保障技术集成与示范。

（6）西部地区建筑太阳能高效利用关键技术研究与示范

基于西部干旱地区的地域特色，本课题主要研究三个方面的内容：一是太阳能跨季储热供暖技术，完成太阳能跨季储热供暖技术研究及关键设备研制；二是建筑太阳能集热模块集成技术的研究及产业化，研究适合于西部地区气候特点和建筑特点的太阳能热利用与建筑一体化集成技术，研制开发适用于西部地区的太阳能集热热管和太阳能集热模块，研究太阳能集热模块、换热器、联箱的生产制造技术及工艺，开发太阳能集热模块等关键产品及部件，建成甘泉堡太阳能热利用产品生产基地，形成年产 30000 套的生产规模；三是太阳能建筑一体化集成应用示范，完成适合于西部地区太阳能建筑一体化技术标准的建立，进行集成应用示范。

### 10.2.3 技术路线

本项目以公共机构环境能源效率综合提升适宜技术研究为基础，通过攻克公共机构能源管理现代信息技术，新型保温节能环保墙材与集成技术、新型高效玻璃与外窗产业化技术等核心应用技术难题，并对公共机构新建建筑绿色建设关键技术和公共机构既有建筑绿色改造成套技术进行技术集成和应用示范，实现公共机构全生命周期的节能、节水、节材、节地和保护环境要求。具体研究路线如图 2-10-1 所示。

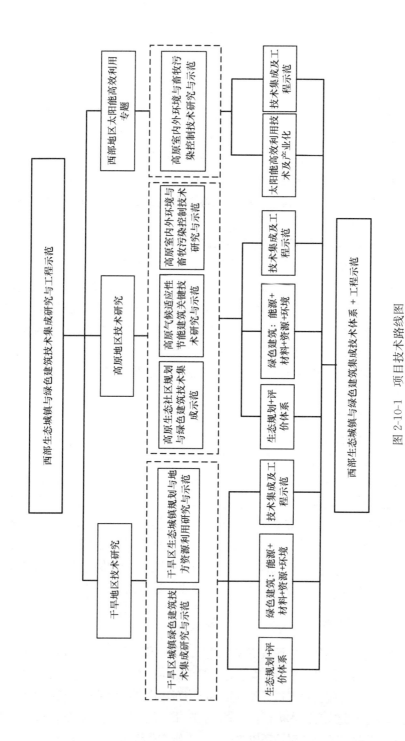

图 2-10-1 项目技术路线图

# 10.3 阶段性研究成果

### 10.3.1 干旱区城镇绿色建筑技术集成研究与示范

建立了月牙湖低层农宅、掌政镇中高层住宅两种干旱区城镇绿色建筑优化形态及其模式，分散型污水处理和雨水收集利用为一体的干旱区绿色建筑节水系统模式；研发了干旱区绿色建筑加湿降尘防风沙窗技术，筛选出了煤矸石页岩多孔砖、轻质隔墙等绿色建筑节能墙体本土化材料和构造一体化技术，绿色建筑节能型保温隔热型屋面构造和保温隔热型地面技术；筛选出管道型双向流全热交换、无管道型壁挂式全热交换、简易管道型三种新风系统，研发出包括温湿度、空气质量、自然通风、天然采光、室内 LED 照明为一体的绿色建筑室内环境集成智能监控系统，建立了干旱地区村镇绿色建筑室内热环境综合评估体系。建成了月牙湖低层农宅和掌政中高层住宅绿色建筑集成技术模式及绿色建筑示范工程，示范面积约 8000m² 以上，达到绿色建筑二星认证。编制出《干旱区农宅绿色建筑评价标准》地方标准 1 项，《干旱区绿色建筑技术集成设计图集》1 部。申请和获得国家专利 4 项，发表论文 12 篇，出版专著 1 部，培养博士生 1 名，硕士研究生 7 名，培养青年技术骨干 10 人，培训技术人员 500 余人。

### 10.3.2 干旱区生态城镇规划与地方资源利用研究与示范

完成了西北干旱地区城镇住区污水资源化、雨水资源化利用的技术体系；以当地工业固体废料为主要原料，开发适用于当地气候特点的满足保温、防火、防风蚀、隔声等围护结构要求的复合新型建材；完成了干旱区生态城镇规划与建设管理试验示范、城镇绿化与生态植被建设（居住区、道路、生态修复）、蒸压粉煤灰砌块和轻质复合墙板新型建材利用以及城镇小型污水资源化与雨水资源化利用技术示范工程。编制了《干旱区生态城镇规划技术导则》、《干旱区城镇生态评价与生态规划技术导则》、《干旱区城镇绿化与景观生态建设技术导则》、《干旱区城镇污水资源化利用技术导则》、《干旱区城镇雨水资源化利用技术导则》等导则 5 项；发表论文 22 篇，专利 7 项，出版专著 4 部，培养研究生 9 名。

### 10.3.3 高原生态社区规划与绿色建筑技术集成示范

研发了生土材料强度优化及施工设备，秸秆纤维复合建筑材料，新型保温墙体材料等系列技术成果。这些新材料、新设备高度适应青藏高原地区实际情况，有利于推广节能、绿色建筑技术体系的推广示范。完成青藏高原农、牧区生态住宅设计图集、青海省绿色建筑设计标准、《青海省海东地区地方绿色建筑设计导则》等系列技术操作规程，其中"青藏特色民居推荐图集系列"获得 2013 年青海省优秀工程设计一等奖。完成湟源县日月藏族乡兔尔干村、平安区三合镇条岭村和互助县蔡家堡乡大庄二村、新添堡村等多处示范工程，建设绿色建筑集成示范房屋，为青藏高原统筹城乡一体化建设提供示范样板。申请专利 5 项，发表论文 15 篇，出版专著 1 部，培养 2 名学术带头人、20 名中青年学术骨干，18 名硕士研究生，培训技术人员 200 余人。

### 10.3.4　高原气候适应性节能建筑关键技术研究与示范

在青藏高原进行了大量建筑用能状况、围护结构建筑材料、建筑节能构造、建筑采暖设备以及室内热环境的测试调研工作，建立了高原建筑调研数据库。根据气象参数对高原建筑气候进行了二级分区，并针提出了不同气候分区对应的节能建筑设计方法。针对高原被动式太阳能建筑用定型相变材料的研制和热工特性研究，并建立的定型相变材料生产线；建立了高原河谷地区地下水地源热泵适应性评价方法和优化运行控制策略。研究成果在川西高原、西藏和青海建设了多项示范工程。编制高原建筑节能相关设计规范和标准 4 本，申请专利 4 项，发表论文 17 篇，出版论著 1 本，培养研究生 10 名。

### 10.3.5　高原室内外环境与污染控制技术研究与示范

完成了西藏典型城镇空间调查，建立了高原城镇多层级空间、环境数据库，构建了高原城镇生态环境技术指标体系，研发了生态环境外部环境建设技术。完成了高原城镇畜牧污染控制与利用技术、高原城镇生活废弃物适地处理技术体系、高原城镇饮用水安全保障技术体系等技术系统的构建工作。完成了高原城镇外部环境设计及建设技术规程、高原城镇绿化技术标准、高原城镇生活垃圾处理技术规程、高原城镇饮水安全保障技术规程等技术规程。

建立了综合试验示范点，完成了城镇绿化模式、垃圾收集模式、畜牧污染控制模式、饮用水保障模式等技术模式的示范工作；开展了室内外环境设计模式等试验示范。在西藏拉萨市达孜县塔杰乡建立了一个城镇畜牧污染控制示范点，完成了城镇绿化模式和畜牧污染控制试验示范。申请专利 1 项，发表论文 19 篇，培养研究生 10 名，培训技术人员 581 人次。

### 10.3.6　西部地区建筑太阳能高效利用关键技术研究与示范

研究开发了六种太阳能跨季储热供暖系统，完成了专用集热模块的热管、集热芯体、集热器的研制和结构设计和样机制作；建成了专用集热器热管芯体加工生产线建设，集热器联箱加工生产线，集热器联箱聚氨酯保温加工生产线。在甘泉堡生产基地已实现专用集热模块年产 30000 块的生产能力。完成了 2 种规格的储热供暖机组的样机研制，并在两个示范工程中进行了应用。形成太阳能跨季储热供暖技术研究开发体系。编制完成《太阳能热利用建筑一体化技术图集》及五项企业标准：《太阳能－浅层土壤复合热源热泵系统设计》、《太阳能－浅层土壤复合热源热泵系统工程施工安装及验收规范》、《太阳能跨季储热地埋蓄热库设计规范》和《太阳能跨季储热地埋蓄热库施工安装规范》、《太阳能供暖机组》。申请专利 10 项，发表论文 4 篇，培养研究生 4 名，培养技术骨干 20 人。

# 10.4 研 究 展 望

通过深入开展西部干旱区及青藏高原生态城镇建和绿色建筑技术相关理论、技术集成和工程实践研究与示范、开发适合西部干旱区及青藏高原低成本、高效率、低污染的绿色建筑技术、材料、设备和产品，有利于提高西部干旱区及青藏高原建筑室内外环境，改善西部干旱区及青藏高原城镇建设所需资源和能源利用结构，降低商品能源的利用率、推广绿色建筑理念、尽早合理有效地缓解西部干旱区及高原人们日益增长的居住环境改善需求与该地区资源与能源供应能力和技术制约之间的矛盾，保护西部地区生态和青藏高原水资源环境。

本项目研究的绿色建筑关键技术全面推广后，在提高建筑环境质量的同时，大幅度降低对材料、水资源、建筑能源的消耗，从而缓解西部地区发展与资源和能源供应的巨大矛盾，实现西部地区建设的可持续发展。项目完成后不仅可以成为西部城镇化建设和绿色建筑技术推广应用一个重要的支撑条件，还可以成为提升西部经济发展的一个新的增长点，带动西部建筑行业转型升级，实现良好的经济效益。

**作者：**冯雅[1] 贺生云[2] 高庆龙[1] （1. 中国建筑西南设计研究院有限公司；2 宁夏大学）

# 11 公共机构绿色节能关键
## 技术研究与示范❶

# 11 Research and demonstrate of key technologies of green and energy efficiency for public institutions

## 11.1 研 究 背 景

节能是我国经济和社会发展的一项长远战略方针，公共机构节能是我国节能工作的重要内容。公共机构包括全部或者部分使用财政性资金的国家机关、事业单位和团体组织。据初步统计，目前全国公共机构超过 190 万家，2010 年消耗能源 1.92 亿吨标煤，占全社会终端能源消费总量的 6.19%，近 5 年平均增长速度达到 8%以上，总体呈较快增长态势。

"十一五"期间，各级公共机构按照国家节能减排的总体部署，认真贯彻实施《节约能源法》和《公共机构节能条例》，逐步加大节能减排工作力度，取得了显著成效。但从整体上看，仍然存在公共机构存量大、基层公共机构条件差、能源资源消耗高、环境品质低、绿色节能技术支撑不足，相关技术措施没有完全和公共机构的特点相结合，缺乏从规划、设计、施工和运行管理全生命周期开展针对公共机构绿色技术核心体系的研究和工程实践等问题。

本项目将在借鉴以往开展的建筑节能、绿色建筑相关研究的基础上，更加突出和关注适宜于公共机构的绿色节能关键技术研究和示范，有效解决公共机构能源资源管理的技术难题，为加强公共机构能源资源管理、创建节约型公共机构、推广公共机构绿色建筑提供有效的技术支撑。

## 11.2 项目目标及研究内容

面向公共机构绿色建筑建设，针对公共机构环境性能差、能源资源管理基础薄弱、公共机构新建绿色建筑和建筑绿色改造技术支撑不足等问题，本项目通过

---

❶ 本项目受"十二五"国家科技支撑计划支持，项目编号：2013BAJ15B00。

分别建立公共机构环境能源效率优化整体解决方案；技术适用、经济合理的绿色节能信息技术支撑体系；绿色建筑高防火性能新型节能墙体与集成技术体系；高效、高安全、低能耗和低维护节能玻璃及外窗体系和玻璃绿色节能生产工艺；以被动式节能为主导的公共机构新建建筑绿色节能技术集成体系；以及公共机构既有建筑绿色改造技术支撑体系，形成涵盖规划、设计、建造、运营管理以及建材生产环节的全生命周期的公共机构绿色节能技术支撑体系。

项目的实施将为加强公共机构能源资源的节约管理、推进公共机构绿色建筑应用奠定坚实的技术基础，有力推动我国节约型公共机构的示范建设，促进公共机构能源资源利用效率的显著提升，带动全社会"两型社会"建设。

## 11.3 阶段性研究成果

### 11.3.1 公共机构环境能源效率综合提升适宜技术研究与应用示范

进行了大量公共机构环境能源效率的现场调研和测试，并结合间接调研数据建立了公共机构环境能源效率数据库，通过分析明确了环境能源效率提升的潜力，为后续研究提供了研究基础。开发了一种基于 Wi-Fi 室内定位技术的人员行为调查方法，采用大数据的研究方法，深入挖掘人员活动规律与环境质量控制、能源消耗和优化设计之间关联，借以提升公共机构环境能源效率。建立了公共机构环境能源效率评价方法和评价体系，综合考虑公共机构环境质量和建筑能耗指标，并通过环境质量和能耗现场测试对三个公共机构办公建筑进行了试评价。编制了公共机构环境能源效率优化设计导则、典型设计图则、运行优化技术手册。在编制的导则和手册指引下，对工业和信息化部综合办公业务楼等两个工程进行了环境能源效率提升优化设计和运行的工程示范，实测运行前后的数据表明，达到了提升环境质量同时降低建筑能耗的目标。

### 11.3.2 公共机构能源管理现代信息技术研究与应用示范

对公共机构节能管理平台信息通信技术、能源数据传输与存储、优化与分析、在线纠错与诊断、节能控制策略等关键技术进行了深入研究。完成了公共机构建筑能耗预测、评估优化方法，节能监测控制技术应用指南以及公共机构节能管理信息平台技术导则。创新性地提出了能耗数据智能采集算法、能耗监管平台数据处理方法和基于智能终端的能耗综合监控方法。开发了公共机构能源管理关键设备及系统。包括系列泛在网关设备，节能信息化管理平台、能源精细化管理系统等平台系统，以及能耗数据纠错与诊断、能耗设备识别辨识软件工具包；在充分调研的基础上，完成了公共机构基础信息数据库能源资源消耗数据库以及综合信息数据库的搭建。节能信息化管理平台已经在广东，广西，甘肃，贵州等省市进行了广泛应用，有 10 万余家公共机构使用该平台。

选择了北京、青岛等 6 家公共机构进行了应用示范。根据示范单位的实际情况，制定了不同的示范技术方案，将研发的相关设备及系统进行了部署及应用，完成了 32 万 $m^2$ 的示范面积。通过应用示范，一方面提高了示范单位的绿色节能效果，另一方面探索了构建大规模可运营的公共机构能源管理体系。

### 11.3.3 新型保温节能环保墙材与集成技术研发及公共机构应用示范

研发出了一种适合公共机构建筑应用的新型保温节能环保墙体材料，利用尾矿固废为主要原料，其耐火等级达到 A 级，导热系数小于 0.06W/（m·K）；利用该新型墙材研制的复合墙体耐火极限达到 4 小时以上，传热系数小于 0.35W/（$m^2$·K），复合墙体抗压强度达到 5MPa 以上，解决了墙体因老化等原因导致的易脱落、耐候性差等问题，该产品获得了《辽宁省工程建设用产品推广应用证书》；入选了《辽宁省重点节能减排技术目录》。研发了复合墙体配套用智能灌注机，解决了密封、清洁、环保、控制等关键问题，实现了自动化连续施工，大大提高了施工效率。完成 1 项辽宁省地方标准《现浇轻质保温复合墙体应用技术规程》（已发布实施），形成了《现浇轻质保温复合墙体构造图集》1 套、公共机构绿色建筑高防火节能墙材与集成技术应用指南 1 项，并将取得的成果应用到实际工程中进行应用示范，示范总面积达到 3.2 万 $m^2$，取得了预期效果。

### 11.3.4 新型高效玻璃与外窗产业化技术研究及公共机构应用示范

开发的新型超白在线 CVD 镀膜高效节能玻璃，加工成中空玻璃后，传热系数可达到 1.305W/（$m^2$·K），可见光透过率 68%，使用寿命可达 30 年，自爆率由 3/1000 降低至 1/10000。具有高效节能，减少室内采光能耗，节能效率持久、使用寿命长，低自爆率、安全可靠等优点，已在工信部综合办公楼进行了应用示范，满足了公共机构建筑高节能性、高采光性、高安全性及低维护性的典型要求。开发了新型高效含氪中空玻璃，传热系数达到 0.74W/（$m^2$·K），可应用于更高节能要求的公共机构建筑，大幅降低公共机构建筑能耗。针对不同气候分区，开展不同类型公共机构的外窗系统选型参照表的研究，为不同地区不同类型公共机构的节能外窗体系选型提供指导性意见。开发了建筑内外气压差连续测试仪，利用检测外窗气密性的原理，建立了外窗体系节能评价方法，对公共机构建筑外窗体系实际能耗监测和评估具有重要的指导意义。

### 11.3.5 公共机构新建建筑绿色建设关键技术研究与示范

针对公共机构新建建筑建设全过程的绿色节能技术建立了研究体系，形成了公共机构绿色节能设计过程关键技术，施工过程工艺工法及运营过程运维管理体系，并运用于示范性项目。完成工信部办公楼、天津南部新城社区文化中心两项示范项目，目前示范项目均已竣工交付使用，并均获得三星级绿色建筑设计标识，绿色建筑运行标识正在申报中。进行国家标准图集《被动式节能建筑构造（第二分册）》、国家标准《国家机关办公区绿色节能运行管理规范》，以及《公共机构新建建筑绿色技术实施指南》、《寒冷地区行政办公楼绿色技术实施指南——以工信部办公楼为例》等相关指南编制工作；获得授权 2 项发明专利已获得授权。

### 11.3.6　公共机构既有建筑绿色改造成套技术研究与示范

对全国 600 多家节约型公共机构示范单位进行资料调研，并对其中东北三省、山东、云南、贵州、河南、北京等省市进行现场调研，调研发现公共机构很少应用节地、节材、室内外环境改善等技术，主要对节能和节水比较关注，现有技术应用与绿色节能技术要求还有一定差距；同时还调研国内外绿色建筑标准情况，分析公共机构绿色改造差异，提出了公共机构绿色节能改造目标；建立了公共机构绿色节能改造技术体系，提出绿色改造技术适宜性筛选方法，对相关技术进行适宜性分析，提出技术清单。开展优化方法及工具文献调研，建立建筑绿色改造技术的优化方法，在此基础上开发典型公共机构建筑绿色改造成套技术方案优化工具，完成软件搭建；建立公共机构建筑绿色改造成套技术研究思路，根据施工难易程度、影响范围等因素进行梯次划分。完成既有公共机构建筑绿色改造评价指标体系、建立指导手册；建立公共机构建筑绿色改造技术应用效果综合评价体系方法，创新性地提出了 Alter 综合效果评估方法；完成公共机构建筑绿色改造应用效果量化分析权重体系建立，将公共机构既有建筑绿色改造分为设计阶段评价和运行阶段评价；开发公共机构建筑绿色改造评价软件。

开展山东省林业厅办公楼和北京林业大学图书馆、公寓等既有建筑绿色节能改造示范项目建设工作，将课题研究成果在示范工程中进行应用。

## 11.4　项目的经济、环境、社会效益

《国家"十二五"科学和技术发展规划》明确提出开展"绿色建筑技术集成示范"等民生科技示范。公共机构建筑具有很强的公益性和公共性，社会关注度高、社会影响大。我国公共机构节能工作开展多年以来，虽然取得了一些成绩，但是仍然缺少典型的技术集成示范项目，国务院《"十二五"节能减排综合性工作方案》也提出"创建节约型公共机构示范单位"的要求。因此，开展以公共机构绿色节能关键技术为支撑的应用示范项目，可以充分展示公共机构绿色技术集

成效果，全面推动公共机构节能减排工作。

本项目实施后，将建成新建建筑绿色集成技术综合示范工程 2 项，示范面积 6 万 m² 以上；建成既有建筑绿色改造集成应用示范工程 2 项，示范面积 3 万 m² 以上；另外还将在基层学校、医院应用环境性能提升技术示范；开通全国公共机构节能管理信息化平台，实现线面组合应用示范（面指部委机关层面，线指省、市、县）；在机关、学校、医院等三类公共机构应用示范公共机构能源管理信息系统，合计超过 30 万 m²；建立新型保温节能环保墙材产品生产线 1 条，产品产业化规模达到年产轻质保温复合墙体 6 万 m³ 以上、年产配套用智能连续灌注施工设备 40 台以上生产能力、年消耗固体工业废弃物 1 万 t 以上；建立节能玻璃材料产业化节能减排示范基地 1 个，节能外窗产业化示范基地 1 个。

这些示范项目的实施将实现公共机构设计、建造、运营、拆除以及应用建材生产等环节直接节能 200t 标煤以上。本项目成果在公共机构的全面推广应用，将有效促进公共机构提升能源资源管理水平，可显著提高公共机构能源资源利用效率，可实现公共机构节能 10% 以上，节能约 1900 万 t 标煤以上，节省公共机构能源费用支出 190 亿元。同时，可带动节能环保相关产业的技术升级和产业发展，具有良好的经济、环境效益和社会效益。

**作者：**宋波[1] 朱晓姣[1] 柳松[1] 庄惟敏[2] 高庆龙[2] 李文杰[3] 吕航[3] 李伟[3] 潘常升[4] 欧阳鑫玉[4] 鲁鹏[5] 有学军[5] 薛峰[6] 李婷[6]（1. 中国建筑科学研究院；2. 清华大学；3. 中国电信股份有限公司北京研究院；4. 集佳绿色建筑科技有限公司；5. 海南中航特玻材料有限公司；6. 中国中建设计集团有限公司）

# 12 绿色机场规划设计、建造及评价关键技术研究❶

## 12 Research on key technologies of planning, design, construction and assessment for green airports

## 12.1 研 究 背 景

20 世纪 90 年代，由于全球环境问题的日益严重和世界各国对环境问题的重视，绿色运动蓬勃兴起。机场作为公共交通基础设施，具有安全要求高、功能分区多、系统复杂、美观舒适度要求高的特点。伴随着城市扩张与机场发展，机场在带动周边区域经济发展的同时，与周边区域的环境冲突也越发明显，于是"绿色机场"成为机场发展的新特点。随着我国航空业的发展，机场尤其是大型城市的机场将向规模型、机场群方向发展。根据我国《全国民用机场布局规划》，到 2020 年，我国民用机场数量将由 2012 年的 183 个发展到 244 个，我国机场快速发展与环境保护将面临更大的挑战。

2006 年，中国民用航空局提出了"绿色机场"理念，并在民航强国战略中明确提出："到 2030 年，全面建成安全、高效、优质、绿色的现代化民用航空体系"；2012 年 7 月、2013 年 1 月，国务院相继发布《关于促进民航业发展的若干意见》（国发〔2012〕24 号）、《促进民航业发展重点工作分工方案》（国办函〔2013〕4 号），要求"切实打造绿色低碳航空，制定实施绿色机场建设标准"。制定并实施绿色机场标准、建设绿色机场已成为国家、行业发展的必然要求，对我国民航业的长期发展具有重要意义和作用。

然而，现有的绿色建筑标准不适用于指导绿色机场建设，导致绿色机场建设存在盲目性并缺乏系统性，缺乏针对机场资源消耗、能效水平与环境影响等至关重要的评估标准指导。有鉴于此，为了推动我国民用机场的绿色与可持续发展，需要针对机场的区域性和功能性，尽快研究并建立绿色机场标准体系，为我国的绿色机场建设、评价提供依据和支撑。

❶ 本项目受国家科技支撑计划支持，项目编号：2014BAJ04B00。

# 12.2 项 目 概 况

## 12.2.1 研究目标

本项目以建设绿色机场、引领中国机场建设为目标，解决绿色机场理论、评价方法、规划设计与建造关键技术等问题。通过绿色机场理论与评价方法研究，建立绿色机场评价与建设标准体系框架；通过基于机场规划设计方法与关键技术研究、基于实时智能的机场飞行区建设信息管理系统关键技术研究以及机场噪声感知与监测关键技术研究，突破绿色机场建设的关键技术瓶颈；通过航站楼高大空间建筑节能优化设计关键技术研究、航站区高效能源系统与环境控制新技术研究以及新型结构体系在机场建筑中应用的适宜性研究，建立大型航站楼绿色建筑关键技术体系与示范。

## 12.2.2 研究内容

针对上述问题，中国民航机场建设集团公司联合北京新机场建设指挥部和清华大学，于 2014 年 9 月～2015 年 12 月开展了"绿色机场规划设计、建造及评价关键技术研究"的第一阶段的研究工作。该研究通过对国内外绿色建筑、生态城市等相关标准的深入分析，以及全国范围的机场调研与测试，提出了符合中国机场特色的绿色机场标准体系建设纲要及框架，对机场绿色规划、绿色评价进行专题研究，并在北京新机场等进行了试点，为后续研究工作奠定了基础，研究成果将为国家、行业制定相关标准提供参考。

## 12.2.3 技术路线

项目组主要从调研分析、理论创新、工程导向和成果转化四个方面开展了系统研究，其技术路线图见图 2-12-1。

（1）通过国内外目前的绿色机场、绿色建筑规划设计领域的技术、标准、专利、软件和相关示范工程的调研，为建立绿色机场评价与建设标准体系框架，规划设计领域的技术框架以及航站楼绿色建设关键技术提供参考。

（2）理论创新将通过集成创新，明确绿色机场的定义与内涵，建立符合我国国情、面向不同维度和不同阶段的绿色机场评价与建设标准体系，重点攻关绿色机场规划设计关键技术体系；通过仿真模拟与各类实验应用，对相关技术和理论体系进行验证。

（3）工程导向是结合示范工程建设，解决绿色机场设计、技术、产品与应用的协调问题以及技术集成优化等难题。

（4）成果转化主要将研究成果以技术体系、技术标准、软件等形式体现，并在机场规划中推广应用；将研究成果以实际项目应用的形式体现，并总结示范经验，优化研究成果，提炼绿色机场规划设计新方法的推广模式和机制。

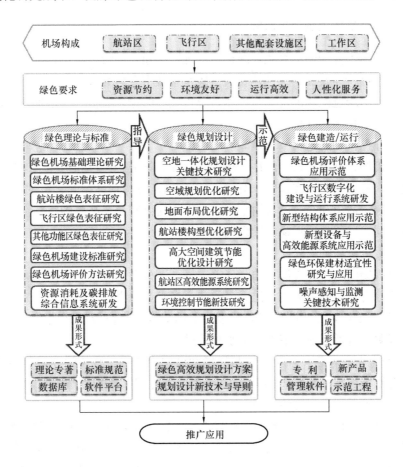

图 2-12-1 技术路线图

## 12.3 阶段性研究成果

### 12.3.1 国内外绿色机场、绿色建筑标准的梳理与启示

项目组对中国、美国、日本、英国、日本和新加坡等国家的绿色机场和绿色建筑发展情况、标准制度的制定与实施情况，绿色机场实践效果等进行了系统的调研梳理与分析，总结国内外绿色机场的经验。研究表明，无论是国家、行业的法规、标准规范，还是国外的相关指标体系、评价标准等，与绿色机场建设所涵

盖的范围与深度要求均相去甚远，难以通过对现行标准规范的归纳、整合形成具有系统性的绿色机场标准。因此，需要针对我国民航业发展的现状与要求，构建具有中国特色的绿色机场标准体系，以指导中国绿色机场的发展。

### 12.3.2 绿色机场理论研究

机场是一个复杂的巨系统，绿色机场理论是建立评价与建设标准的基础。项目组在借鉴可持续发展、绿色建筑、低碳生态城市等研究成果的基础上，结合机场特征，提出绿色机场的定义与内涵，分析机场的绿色表征，并根据机场功能分区，研究提出机场的绿色表征方法。

（1）绿色机场的定义

绿色机场，是指在机场选址、规划、设计、施工、运行和扩建（改造）的全寿命期内，最大限度地实现资源节约、环境友好、运行高效和人性化服务，为人们提供健康、适用和高效的使用空间，为飞机提供安全、高效的运行空间，构建与区域协同发展的交通运输基础设施。

（2）绿色机场的内涵

绿色机场内涵包含资源节约、环境友好、运行高效和人性化四个方面。绿色机场强调综合效益的最大化，注重多领域、多专业的集成优化。

1）资源节约，是指降低资源需求，节约成本，提高资源利用率，优先采用可再生资源，包括节地、节能、节水和节材。

2）环境友好，包括环境适航与环境和谐两个方面。环境适航是指减少净空环境、电磁环境等对机场安全运行的影响，环境和谐是指创造良好的室内外环境，减少机场对周边环境的影响。

3）运行高效，是指机场区域内飞机、设施设备运行高效和流程高效，表现为向旅客和用户提供高效的航空运输服务，减少飞机等待、滑行、起飞的等待时间、滑行距离等，提高设施设备的运行效率，建立便捷、快速、高效的人流、物流和信息流等。

4）人性化服务，是指以人为本，表现为通过人文关怀，为旅客、机场员工以及机场用户等提供高效、优质、便捷的服务和舒适的环境，提升机场服务满意度。

（3）绿色机场表征方法

根据绿色机场的定义与内涵，从节地、节能与能源利用、节水与水资源利用、节材与材料资源、环境保护、科技创新、运行高效与人性化等八个方面提出了绿色机场的表征要素，并在机场全寿命期内的规划设计、施工、运行管理等过程中，采用不同的特征指标来体现。绿色机场建设、运行各阶段的表征要素如表2-12-1所示。

绿色机场表征要素　　　　　　　　　　　　　表 2-12-1

| 序号 | 项目 | 实现途径 | 分项指标 | 重点应用阶段 |
|---|---|---|---|---|
| 1 | 节地 | 通过场址优化、水土保持、减少土石方量、交通规划和跑道—滑行道系统构型 | 功能布局 | 规划、设计 |
| | | | 集约建设 | 规划、设计 |
| | | | 交通设施 | 规划、设计、运营管理 |
| 2 | 节能与能源利用 | 利用场地自然条件，合理考虑建筑朝向，充分利用自然通风和天然采光，减少使用空调和人工照明；有效的遮阳措施；采用高效建筑供能、用能系统和设备；合理的调控措施；使用可再生能源；确定节能指标 | 降低能耗 | 全寿命周期 |
| | | | 提高用能效率 | 设计、施工、运营管理 |
| | | | 使用可再生能源 | 规划、设计、运营管理 |
| 3 | 节水与水资源利用 | 节水规划；通过高质高用、低质低用措施提高水效率；采用节水系统、节水器具和设备，避免管网漏损，空调及能源中心冷却水采用循环水；节水的景观和绿化浇灌设计；雨污水综合利用；确定节水指标 | 节水规划 | 规划 |
| | | | 提高用水效率 | 设计、运营管理 |
| | | | 雨污水综合利用 | 规划、设计、运营管理 |
| 4 | 节材与材料利用 | 采用高性能、低材耗、耐久性好、可循环、可回用和可再生的建材；遵循模数协调原则，减少施工废料；减少不可再生资源的使用。使用绿色建材 | 节材 | 设计、施工、运营管理 |
| | | | 使用绿色建材 | 设计、施工、运营管理 |
| 5 | 环境保护 | 环境生态规划；对环境的负面影响应控制标准允许范围内；减少废水、废气、废物的排放；减少建筑外立面和室外照明引起的光污染；采用雨水回渗措施，维持土壤水生态系统的平衡；优先种植乡土植物 | 光环境 | 规划、设计 |
| | | | 声环境 | 设计、运行管理 |
| | | | 热环境 | 设计、运行管理 |
| | | | 废（水）气及固体废弃物排放 | 规划、设计、施工与运行管理 |
| | | | 室内环境品质 | 设计、施工与运行管理 |
| | | | 无害及资源化处理 | 规划、设计、施工与运行管理 |
| | | | "3R"材料环境生态性能 | 规划、设计、施工与运行管理 |
| 6 | 科技创新 | 计算机模拟优化技术、智能化技术，新技术及技术集成，新材料、新设备 | 智能化 | 设计、运行管理 |
| | | | 技术集成 | 设计 |
| 7 | 运行高效 | 合理规划机场功能区与设施，优化跑道—滑行道布局与运行策略；优化航站楼旅客流程；优化货运流程 | 飞机地面滑行时间 | 设计、运行管理 |
| | | | 航班延误时间 | |
| | | | 货运处理能力 | |

| 序号 | 项目 | 实现途径 | 分项指标 | 重点应用阶段 |
|------|------|----------|----------|--------------|
| 8 | 人性化 | 明晰的标识系统、合理交通组织、无障碍和个性化设计 | 可信赖度 | 设计、运行管理 |
| | | | 保障度 | 设计、运行管理 |
| | | | 感知度 | 设计、运行管理 |
| | | | 关怀度 | 设计、运行管理 |
| | | | 敏感度 | 设计、运行管理 |

### 12.3.3 绿色机场标准体系研究

项目组在分析调研国内外绿色建筑、生态城市的相关标准与指标体系以及国内外机场绿色机场建设管理实践的基础上，结合我国民航发展的要求，构建了符合我国国情的绿色机场标准框架体系。

目前，我国已有成套的机场建设、评价和管理标准，绿色机场标准体系应当融入机场建设程序中，在现行的标准、规范基础上，从资源节约、环境友好、运行高效、科技创新和人性化等方面提出绿色要求。项目组在充分考虑地域特点的基础上，按照机场全寿命期建设、运行要求，充分体现机场功能特征，从标准的类别、阶段和深度三个维度建立绿色机场标准体系。

（1）标准类别。根据适用对象的不同，将绿色机场标准体系划分为建设类、评价类和管理类。其中，建设类标准提出绿色机场建设实施方法和目标指标，用于规范机场在规划设计和施工等阶段的绿色建设；评价类标准针对机场在不同阶段按照建设类标准的执行情况进行评价；管理类标准包括以绿色理念为主体核心的绿色机场运行管理标准，对绿色机场运行进行全过程科学管理。

（2）标准的阶段性。基于民航机场工程基本建设程序，机场建设与运行主要划分为选址、规划、设计、施工、运行管理等阶段，绿色机场标准将为机场全寿命期的每个阶段提供适宜的绿色机场引导或评价。

（3）标准深度。按照标准的要求、深度需要和约束力程度，分为咨询通告、指南、导则、标准、规范等，体现不同工作阶段对标准深度的不同要求。

绿色机场标准包括建设类标准（绿色机场规划导则、设计标准以及施工指南）、评价类标准（绿色机场整体评价标准、区域/系统评价标准）和管理类标准（绿色机场运行管理、能耗计量与生态环境管理指南）。

绿色机场标准体系的建立，将为中国绿色机场标准建设提供依据，为机场建设、节能减排等相关项目的评审、评估提供依据，为绿色机场评价、认证体系的建立奠定基础。绿色机场标准体系的建立有利于推进绿色机场的系统研究。

### 12.3.4 绿色机场规划研究

项目组根据绿色机场标准体系框架，对各类绿色机场标准开展专题研究。其中，绿色机场规划研究，提炼总结近年来机场规划、设计和运行的实践经验，结合机场特点分析归纳绿色机场规划的重点（图 2-12-2）。

图 2-12-2　绿色机场规划设计导则研究技术路线图

绿色机场规划研究重点关注机场规划中存在的主要问题，分别从机场与城市（城市群）协调发展，机场近远期规划，机场各功能区布局，机场交通系统、能源系统、水资源系统规划，机场噪声控制和生态环境规划提出的绿色要求。研究重点包括：

（1）助力城市（城市群）发展的同时，减少对周边环境的影响，同时确保周边环境适合机场发展。

（2）基于机场全寿命期的资源节约、环境友好和运行高效，综合考虑机场近远期规划。

（3）基于资源节约和运行高效，优化机场各功能区布局。

（4）基于资源节约和运行高效，开展交通、能源、水资源等规划。

（5）基于环境友好，开展机场噪声控制和生态规划。

通过绿色机场规划研究，使机场规划与城市总体规划相协调，与城市规划在用地性质、产业布局、城市空间拓展、综合交通规划等方面相衔接；减少机场建设和运行对周边环境的影响，确保机场周边环境满足机场运行和发展的需要；通过合理规划机场功能分区，应实现机场运行效率的最优化和容量的最大化，从整体上降低机场资源消耗。

### 12.3.5 试点与应用

在北京新机场建设指挥部的大力支持下，项目组将北京新机场作为绿色机场标准研究的试点机场，结合前期研究，开展了北京新机场绿色机场研究，并提出了"北京新机场绿色建设指标体系"等。

北京新机场绿色建设指标体系研究，借鉴分析国内外绿色建筑指标体系与生态城市、机场低碳生态指标，充分考虑北京新机场的条件与特色，结合北京新机场建设目标，从资源节约、环境友好、运行高效和人性化服务四个方面，提出具体建设指标 54 项。指标体系阐述了各项指标的制定、含义、国内外水平及其应用，这些指标直接体现了北京新机场绿色建设的目标与路径，细化了机场建设设计指标的结构层级和内容，完善了机场建设指标的研究内容，增强了绿色机场建设的可操作性，为后续绿色机场建设标准研究工作奠定了基础。

## 12.4 研 究 展 望

在开展"绿色机场规划设计、建造及评价关键技术研究"第一阶段研究工作的同时，各地机场为贯彻国家、行业政策要求，也陆续开展了绿色机场相关的研究与实践工作。其中，继昆明长水机场、北京新机场之后，成都新机场、青岛新机场也提出全面建设绿色机场的目标；现有机场则进行了一系列的绿色技术，研究与实践各有侧重，机场普遍提出希望出台相应的行业标准，并推荐适合机场的绿色关键技术，用于指导机场建设、评价和管理。

因此，中国民航机场建设集团公司、北京新机场建设指挥部和清华大学将在国家科技支撑计划的支持下，深入开展"绿色机场规划设计、建造及评价关键技术研究"第二阶段的研究工作，在继续深化绿色机场理论、评价与建设标准研究的同时，突破机场绿色适航关键技术瓶颈和航站楼节能优化设计关键技术，为国家、行业出台相关政策、标准提供参考，为机场绿色建设、评价提供依据。

作者：张雯 肖斌 王建萍 韩黎明 徐军库（中国民航机场建设集团公司）

# 第三篇｜交流篇

2015年，在各地方政府的积极推动下，国家绿色建筑行动方案得到了进一步的落实，绿色建筑的规模进一步扩大，绿色建筑领域的相关工作业绩显著。

本篇收录了北京、天津、上海、重庆、河北、江苏、安徽、福建、湖北、湖南、深圳、宁波和香港特区等地区开展绿色建筑相关工作情况的介绍。通过对这些信息的汇总，可基本了解全国各地绿色建筑发展的概况，取得的主要工作成绩反映在以下几个方面：

一、江苏省在全国率先出台了推动绿色建筑发展的地方法规——《江苏省绿色建筑条例》，将发展绿色建筑纳入法制轨道，明确了政府部门和相关单位的推动绿色建筑发展的法律责任。

二、各地方依据国家标准《绿色建筑评价标准》GB/T 50378 - 2014并结合地方的具体情况，完成了对地方绿色建筑评价标准的修订，绿色建筑标准体系不断得到完善。为了适应绿色建筑全面发展的需要，一些地方开展了"绿色建筑运营管理"、"绿色村镇建筑或农房"、"绿色建材"、"既有建筑绿色改造"等评价标准或导则的研究编制。

三、各地加大了规模化推动绿色建筑发展的力度，经审查确定了若干本地的绿色生态城区示范和低碳示范区，编制了相应的考核指标体系，指导示范区的规划和建设。

四、为适应绿色建筑评价标识项目数量趋势增多，地方评审机构加强了自身能力的建设，组织对评审专家进行培训，如深圳市建立了"绿色建筑评价标识管理平台"，实现在线申报、评审等功能，充分利用绿色建筑大数据。

五、针对部分地区制订了新建建筑全面按照绿色建筑标准设计建造，保障房全面执行绿色建筑一星级标准要求，有更多的地方将绿色建筑标准纳入了建筑工程施工图审查环节，专门编制了《绿色建筑施工图审查要点》，保证了绿色建筑策划方案的落实，也促进了绿色建筑面积的激增。

六、重庆市对绿色建筑评价标识进行了创新，设立了第 3 种标识，即绿色建筑竣工标识，在建筑工程竣工验收后申请，可有效地解决绿色建筑中存在的设计方案不能完全落实，影响绿色建筑效益的现象。

# Part Ⅲ | Experiences

In 2015, thanks to active promotion of local governments, the National Action Plan for Green Building was further implemented, the scale of green building further enlarged, and efforts for green building development made significant achievements.

This part introduces work carried out for green building development in such regions as Beijing, Tianjin, Shanghai, Chongqing, Hebei, Jiangsu, Anhui, Fujian, Hubei, Hunan, Shenzhen, Ningbo and Hong Kong. Through these cases, we can get a general overview of green building development nationwide, whose main achievements are demonstrated in the following aspects:

1. Jiangsu Province took the lead nationwide in issuing local regulations to promote the development of green building called *Regulations for Green Building in Jiangsu Province*, which brought the promotion of green building into legal systems and clarified legal responsibilities of governmental departments and relevant organizations in green building development.

2. Based on the national standard of *Assessment Standard for Green Building* GB/T 50378 - 2014 and meanwhile in full consideration of local conditions, relevant local institutions amended their own evaluation standards for green building, and as a result, the standard systems for green building were continuously improved. To develop green building in a comprehensive way, some local institutions carried out R&D of evaluation standards or guidelines for such areas as "operation management of green building," "green rural buildings or farm houses," "green building materials" and "green retrofitting for existing

buildings. "

3. Many regions strengthened large-scale development of green building, investigated and identified many local green eco-districts and low-carbon districts for demonstration, and developed relevant assessment index systems to guide the planning and construction of the demonstration districts.

4. Local assessment institutions strengthened their own capacity building and organized trainings for assessment experts to meet the increasing number of green building evaluation label projects. For example, Shenzhen built up the "Management Platform for Evaluation and Labeling of Green Building" with such functions as online application and assessment, which made a full use of the big data of green building.

5. Some regions required that new buildings should be designed and constructed strictly according to the standards for green building and affordable housing should fully abided by the one-star standard for green building, therefore, more and more regions brought standards for green building into the examination process of building construction drawing and developed *Examination Points for Construction Drawing of Green Building*, which guaranteed the realization of the planning program for green building and at the same time boosted the sharp increase of the areas of green building.

6. The city of Chongqing innovated the green building evaluation label by establishing the third label, namely, the green building completion label. It is applied after the construction completion acceptance, and thus is an effective way to solve the problem that green building benefits will be affected if the design plan fails to be realized in green building.

# 1　北京市绿色建筑总体情况简介

## 1　General situation of green building in Beijing

## 1.1　建筑业总体情况

2015 年是我国全面深化改革的关键之年，也是"十三五"规划的启动之年。北京市建筑业发展牢牢把握深化改革的方向，深入贯彻落实中央和本市各项工作部署，主动适应经济发展新常态。重点突出工程质量安全管理，提升工程质量安全水平，更加注重行业精细化管理，促进行业提质增效，全面推进建筑节能减排，促进行业绿色发展，积极深化改革创新，推动建筑产业现代化，为推动首都经济社会持续健康发展做出新贡献。2015 年前三季度北京市有资质的施工总承包、专业承包建筑业企业共 3227 家，完成总产值 5796.0 亿元，比上年同期增长 1.5%；建筑企业合同总量为 18408.1 亿元，比上年同期增长 6.3%。9 月末，房屋建筑施工面积 54266.1 万 $m^2$，比上年同期增长 4.3%；房屋竣工面积 3490.9 万 $m^2$，同比下降 20.8%。2015 年 1 月～11 月，完成房地产开发投资 3873.1 亿元，比上年同期增长 11.3%；商品房施工面积为 12765.5 万 $m^2$，比上年同期下降 4.2%；保障性住房完成投资 713.1 亿元，比上年同期增长 27.6%，保障房施工面积为 3753.2 万 $m^2$。

## 1.2　绿色建筑总体情况

2015 年北京市认真贯彻国家节能减排、大气污染防治及推进新型城镇化的有关精神，落实绿色建筑行动方案、"十二五"建筑节能发展规划提出的目标和重点任务，将绿色建筑工作作为"绿色北京"发展战略的重要内容，进一步完善政策标准，健全管理体系，创新工作机制，强化监管措施，推动各项工作取得了显著成效。

2015 年，北京市通过绿色建筑评价标识认证的项目共 41 项（设计标识 38 项，运行标识 3 项），总建筑面积达 420 万 $m^2$，其中公建项目 17 项，总建筑面积达 163.4 万 $m^2$；住宅项目 17 项，总建筑面积达 274.2 万 $m^2$。截至 2015 年 12 月，北京市累计通过绿色建筑评价标识认证的项目达 164 项（设计标识 146 项，运行标识 18 项），总建筑面积达 1663 万 $m^2$，其中公建项目 49 项，总建筑面积达 402.8 万 $m^2$；住宅项目 44 项，总建筑面积达 672.8 万 $m^2$；工业建筑 1 项，总建筑面积 1.4 万 $m^2$。

北京市规划委员会依据《北京市绿色建筑（一星级）施工图审查要点》对 2013 年 6 月 1 日后取得建设规划许可证的项目进行审查，要求新建项目基本达到绿色建筑等级评定一星级以上标准。截至 2015 年 12 月中旬，共有 1956 个项目，约 9250 万 $m^2$ 的新建项目通过了绿色建筑施工图审查，实现了绿色建筑的规模化发展。

## 1.3  发展绿色建筑的政策法规情况

（1）市住建委发布《关于组织申报北京市 2015 年度绿色建筑标识项目奖励资金的通知》（京建发〔2015〕92 号）

为做好 2015 年度绿色建筑标识项目财政奖励资金的具体申报工作，2015 年 3 月 12 日，北京市住房城乡建设委发布《关于组织申报北京市 2015 年度绿色建筑标识项目奖励资金的通知》，按照通知要求 2015 年奖励资金申报工作采用网络系统申报方式。符合《北京市发展绿色建筑推动绿色生态示范区建设奖励资金管理暂行办法》（京财经二〔2014〕665 号）相关要求的标识项目申报单位登录北京市绿色建筑奖励资金申报系统（http：//101.251.112.135：8086/），在线填写《北京市绿色建筑标识项目财政奖励资金申报书》、《北京市绿色建筑财政资金奖励项目年度绿色运营管理报表》，上传绿色建筑标识证书和其他相关证明材料扫描件，完成填报后提交系统自动生成打印并加盖公章的《申报书》、《运营管理报表》和绿色建筑标识证书。2015 年共有 5 个项目申报北京市绿色建筑标识项目奖励资金，申请奖励资金总额 1594.7 万元，奖励面积 98.43 万平方米。

（2）市规划委发布《关于启动 2015 年北京市绿色生态示范区评选工作的通知》（市规发〔2015〕876 号）

为落实《北京市发展绿色建筑推动生态城市建设实施方案》、《北京市发展绿色建筑推动绿色生态示范区建设奖励资金管理暂行办法》，推动绿色生态示范区建设，提高城市生态文明建设水平，北京市规划委员会于 2015 年 6 月发布《关于启动 2015 年北京市绿色生态示范区评选工作的通知》（市规发〔2015〕876 号），正式启动 2015 年北京市绿色生态示范区评选工作。经对申报资料初审、现场核查、专家评审，中关村生命科学园、新首钢综合服务区和中关村翠湖科技园三个功能区获得 2015 年度"北京市绿色生态示范区"称号，金融街获得"北京市绿色生态试点区"称号。

（3）市住建委发布《关于组织开展北京市绿色建筑适用技术（2016）申报工

作的通知》(京建发〔2015〕360 号)

为加快绿色建筑适用技术、材料、产品在我市建设工程中的推广应用与普及，带动和促进一批绿色建筑相关产业发展，2015 年 11 月北京市住建委组织开展《北京市绿色建筑适用技术推广目录（2016）》的征集申报工作。本次征集的绿色建筑适用技术按照应用领域分为绿色建筑节地与室外环境技术、绿色建筑能效提升和能源优化配置技术、绿色建筑水资源综合利用技术、绿色建筑节材和材料资源利用技术、绿色建筑室内环境健康技术、绿色建筑施工与运营管理技术、新型装配式产业化技术和既有建筑绿色化改造技术八个方面。分为绿色建筑技术体系和绿色建筑产品应用技术。按照技术发展的不同阶段分为推广类技术（即经北京地区试点工程检验，适应北京地区地域使用条件，成熟、可靠、经济、安全，应当积极推广应用的技术和产品）、创新类技术（即具有前瞻性、创新性、先进性的技术，和在推广类中重要性能指标居国内领先水平，应当鼓励在本市组织试点示范的技术和产品）。推广类技术的申报主体为经自愿申请、北京市住房和城乡建设科技促进中心同意委托承担申报组织工作的本市和在京相关行业协会。创新类技术的申报主体为持有该项技术的企业。各申报项目经形式审查、专家评审（包括现场勘查）、征求相关政府主管部门及部分企事业单位意见、社会公示等程序，形成《北京市绿色建筑适用技术推广目录（2016）》。

## 1.4　绿色建筑标准和科研情况

### 1.4.1　绿色建筑标准

（1）修订北京市《绿色建筑评价标准》

根据《关于印发 2014 年北京市地方标准制修订项目计划的通知》（京质监标发〔2014〕36 号），《绿色建筑评价标准》纳入 2014 年北京市地方标准一类修订项目计划。标准修订工作在最新修订的国家标准《绿色建筑评价标准》GB 50378—2014 基础上，紧密结合北京市气候、资源、经济发展水平、人居生活特点和节能减排要求，遵循"确保绿色效果、提升建筑品质"的基本原则，合理设置或细化具有北京项目绿色特点的评价指标或内容，确保标准的科学性、适宜性和可操作性。该标准主编单位为北京市住房和城乡建设科技促进中心和北京建筑技术发展有限责任公司。该标准已于 2015 年 10 月 14 日通过北京市质量技术监督局组织的专家组标准审查会。

（2）编制北京市地方标准《绿色建筑工程验收规范》

根据《关于印发 2013 年北京市地方标准制修订增补项目计划的通知》（京质监标发〔2013〕223 号）文件，《绿色建筑工程施工验收规范》纳入计划，作为北京市一类推荐性标准批准起草制定。该标准由北京市住房和城乡建设科技促进中心、北京市建设工程安全质量监督总站、中国建筑业协会、中国建筑科学研究院等多家单位编制。经过2年多的编制工作，《规范》于2015年10月22日通过了由北京市质量技术监督局组织召开的地方标准专家审查会，审查专家一致认为《规范》编制总体上达到国内领先水平。

(3) 启动修编《北京市绿色建筑一星级施工图审查要点》

2015年北京市勘察设计和测绘地理信息管理办公室启动《北京市绿色建筑一星级施工图审查要点》修编工作，依据修订的北京市地方标准《绿色建筑评价标准》，将各评价指标的内容转化为施工图设计文件审查中需审查的内容、审查的方式及审查的技术要求。修编工作包括：按专业明确要审查的图纸文件、形成各专业施工图及创新项的具体审查内容要求和审查方式、编制审查集成表用于自评估和判定等，以适应新的绿色建筑评价要求，指导北京市的绿色建筑施工图审查工作。《审查要点》主要编制单位为中国建筑科学研究院建筑设计院。

### 1.4.2　科研情况

(1) 全球环境基金（GEF）五期"中国城市规模的建筑节能和可再生能源应用项目"

本项目为全球环境基金（GEF）赠款项目，旨在通过支持中国可持续能源议程中三个重要领域的政策改进，解决挑战中国可持续城市化发展的关键问题，包括：①促进低碳宜居城市形态发展；②提高大型公共建筑和商业建筑能源利用效率；③扩大经济可行的屋顶太阳能光伏发电应用。项目整体由住房城乡建设部、北京市、宁波市三个层面构成。北京和宁波优先进行试点，研究成果及试点经验将对住房城乡建设部进行相关国家政策的研究和支持其他城市开展类似研究有重要指导意义。项目执行期五年，2013年开始，2018年结束。本项目通过国际交流合作，积极推进国内外先进理论研究成果和实践经验与建设世界城市发展目标和绿色北京发展战略的结合，从推动城市可持续发展的重要着力点出发，在低碳宜居城市规划、大型公共建筑和商业建筑能源利用效率、全面推进绿色建筑发展、推广应用低碳技术等方面提高北京市绿色建筑和建筑节能建设水平，完善绿色建筑和建筑节能法规、政策、标准等保障体系，为整个国家城市规模的建筑节能和可再生能源发展提供示范经验。

目前，已经开展的子项目包括：《北京市建筑节能管理规定》修订及发布地方性法规调研、开展修订北京市《公共建筑节能设计标准》、北京市《绿色建筑工程施工验收规范》的调研及修订、绿色建筑标识认证信息化平台建设、北京市大型公共建筑能耗比、北京市城市形态研究、修订北京市《绿色建筑评价标准》（DB11/T 825—2011）、建筑室内$PM_{2.5}$控制技术研究、住宅产业现代化全产业链相关支撑政策研究、超低能耗建筑用保温材料及外保温系统技术研究、旧城区绿色节能改造研究与示范、施工现场硬装地面工业化技术研究与推广等。

（2）北京"十三五"期间绿色建筑行动路线图研究课题

为全面调研北京市"十二五"期间绿色建筑发展的工作成效、存在问题和面临的挑战，为"十三五"相关规划及决策提供基础数据和参考，2015年4月北京市住建委启动课题"北京'十三五'期间绿色建筑行动路线图研究"工作。经过前期公开比选确定中国建筑科学研究院作为课题承担单位，实施期限为2015年4月底～2015年11月底。课题立足于北京市绿色建筑向更高水平发展、绿色建筑向精细化管理转变的要求，深入总结了"十二五"期间绿色建筑发展实际成效和问题，紧密结合国家和北京市资源环境宏观政策，着眼长远，面向未来，紧密结合北京市首都功能定位、经济社会转型、城市建设水平全面提升的客观要求，以建设首善之区、打造宜居城市的高标准视角重新审视绿色建筑工作，抓住目前北京市绿色建筑发展的薄弱环节和关键问题，找准方向，清晰思路，借鉴世界发达国家及国内先进省市绿色建筑发展的经验，深入分析"十三五"期间北京市绿色建筑发展的整体需求与目标定位，对"十三五"期间的绿色建筑建设任务进行了分解，对重点发展的领域和空间进行布局，并开展风险评估和保障措施研究，特别是研究市场化、产业化推进绿色建筑发展的策略措施，探索加强绿色建筑能力建设的路径方法，为北京市建立绿色建筑长效管理机制提供科学支撑。

（3）《北京市绿色生态示范城区指标体系评价导则》课题

为配合2015年北京市绿色生态示范区评选工作，完善指标体系，北京市规划委勘办组织开展了《北京市绿色生态示范城区指标体系评价导则》的课题研究。该课题基于全面的现状调研，国内外案例分析，既有工作整理，对绿色生态示范城区指标体系的确定、实施途径、评价方法进行深化研究，优化反馈已有指标体系，为北京市全面推进绿色生态示范城区规划建设提供有益的技术支撑。

导则主要内容包括总则、研究思路、指标评价导则等章节。指标评价导则主要针对指标体系中含有定量评价内容的指标进行评价方法的明确，包含用地布局、生态环境、绿色交通、能源利用、水资源利用、绿色建筑、信息化、创新引领等八大领域的30个具体指标。

（4）《北京市绿色生态示范区指标体系实施与评价》课题

针对北京市绿色生态示范城区在规划、建设以及评选工作中存在的问题，优化评选办法，完善评价流程，助推绿色生态示范区评选工作常态化，使绿色生态示范区评选成为提高城市生态文明建设水平的重要抓手。勘办组织开展《实施与评价》的课题研究旨在为北京市绿色生态示范区评审工作提供扎实可靠的技术基础，全面推动北京市绿色生态示范区建设，为建设资源节约型、环境友好型城市提供具有科学性和可操作性的实践依据，提高城市可持续发展能力，助力北京市全面实现"国际一流、和谐宜居之都"之目标。

《北京市绿色生态示范城区指标体系实施与评价》主要内容包括总则、申报要求、指标体系优化、评审方法优化等章节,优化了《北京市绿色生态示范区评分表》的评价指标和评价方法,完善了现场核查环节及专家评审环节打分表,增加了监督管理环节,更加关注绿色生态示范区在规划建设外的实施手段和运营管理,并对已通过评选的绿色生态示范区建立跟踪监测机制。

## 1.5 地方绿色建筑大事记

2015 年上半年北京汽车产业研发基地用房、中国国家博物馆改扩建工程等 11 个项目获得 2015 年绿色建筑创新奖。

2015 年北京市相继启动低能耗建筑技术、标准研究与示范工作,并与住建部科技促进中心签订《推动超低能耗建筑发展的战略合作协议》,开展《近零能耗居住建筑标准体系》研究工作,启动超低能耗建筑工程示范并实施财政资金奖励政策,计划 2017 年完成 2 万 $m^2$ 超低能耗示范工程。

2015 年 2 月 11 日,北京市住房城乡建设委科技促进中心联合市规划委勘测管办举办了北京市绿色建筑技术依托单位交流培训会。各技术依托单位分别介绍了本单位绿色建筑工作成果,对推动我市绿色建筑的发展建言献策。会议还对北京市绿色建筑评价标识申报系统开展了培训。

2015 年 3 月 10 日,北京市建筑设计研究院有限公司顺利通过"国家住宅产业化基地"的专家论证,成为首批通过"国家住宅产业化基地"论证的设计企业之一。

2015 年 3 月 12 日,市住房城乡建设委发布《关于组织申报北京市 2015 年度绿色建筑标识项目奖励资金的通知》(京建发 [2015] 92 号),启动 2015 年绿色建筑奖励资金申报工作。

2015 年 3 月 19 日,北京市住房和城乡建设科技促进中心组织了 2015 年第一批绿色建筑运行标识项目专业评价会议。此次项目专业评价充分利用北京市绿色建筑评价标识申报系统,实现在线评审。

2015 年 4 月,门头沟区、大兴区庞各庄镇、新首钢高端产业综合服务区、房山区良乡高教园区、西城区牛街街道等 5 家单位入选国家智慧城市 2014 年度新增试点。

2015 年 6 月 1 日,北京市规划委员正式启动 2015 年北京市绿色生态示范区评选工作,共有 5 个功能区申报获得 2015 年度绿色生态示范区称号。

2015 年 8 月 21 日,北京市住房和城乡建设科技促进中心组织召开《北京市绿色建筑评价技术指南》编写工作启动会。编制《评价技术指南》旨在深度解读最新修订的北京市《绿色建筑评价标准》，详细解析条款技术内涵，统一规范评价原则和判断达标要求，同时对各标准条款的技术实施策略和项目材料准备给予技术指引。

2015年9月9日至11日，"第十四届中国国际住宅产业暨建筑工业化产品与设备博览会"在中国国际展览中心隆重召开。北京市住房和城乡建设委组织相关企业组团进行参展，重点展示绿色建筑、住宅产业化、保障房建设实施绿色建筑行动的成果。展会期间，住房城乡建设部陈政高部长到北京展区参观指导。

2015年10月，北京市住房城乡建设委官网全面改版绿色建筑网页，设置相关文件、工作信息、标准规范、标识评审、技术交流、项目展示、电子期刊、国际合作和常见问题九大版块内容，加强绿色建筑的政策、标准、技术宣导力度，打造北京市绿色建筑信息集中发布平台。

2015年10月13日，由北京市住房和城乡建设科技促进中心、GEF五期北京住建委项目办主办的"全球环境基金（GEF）五期'中国城市建筑节能和可再生能源应用项目'建筑室内$PM_{2.5}$控制技术交流论坛"在北京成功召开。参会专家分享和交流了$PM_{2.5}$污染控制现状及趋势、$PM_{2.5}$污染的基础理论研究、$PM_{2.5}$对身体健康的影响、相关标准规范的编制、$PM_{2.5}$污染控制技术、相关产品以及$PM_{2.5}$污染控制工程实践等内容。

2015年11月6日，北京市住建委组织开展《北京市绿色建筑适用技术推广目录（2016）》的征集申报工作，并开发了相应的网上申报系统，申报企业可以在线填报信息上传申报材料，简化了申报程序，提高了工作效率。

2015年11月18日至19日，根据《住房城乡建设部办公厅关于开展2015年度建筑节能与绿色建筑行动实施情况专项检查的通知》（建办科函［2015］987号）要求，住房城乡建设部监督检查第一组对北京市相关工作进行了专项检查。经过项目抽查和资料审核，北京市绿色建筑专项评分为100分。检查组认为北京市绿色建筑发展为全国提供了良好借鉴和示范，同时建议加快建筑节能与绿色建筑方面的立法进程。

2015年12月10日，北京市规划委组织召开"2015年北京市绿色生态示范区评选颁奖会"。中关村生命科学园、新首钢综合服务区和中关村翠湖科技园三个功能区获得2015年度"北京市绿色生态示范区"称号，金融街获得"北京市绿色生态试点区"称号。

2015年12月12日，北京市规划委在《北京日报》刊发了"智慧园区，生态典范"专版，对绿色生态示范区的相关工作进行了宣传。

2015年12月17日，由北京市住房和城乡建设委科促中心和市规划委员会勘办主办的"2015年度北京市绿色建筑评价标识培训会暨绿色建筑发展论坛"在北京永兴花园饭店召开。来自各区、县住房城乡建设委、规划局的主管部门负责人、北京市绿色建筑评价标识专家委员会成员以及有关从事绿色建筑开发、设计、施工、运营、评价工作的专业技术人员共计 350 余人参加了会议。

2015 年北京市住建委共发布《绿色建筑·北京在行动》电子期刊 4 期，积极宣传北京市绿色建筑工作动态、政策措施、技术标准、典型项目、区域示范和先进经验等。

**执笔**：赵丰东[1] 乔渊[1] 叶嘉[2] 胡倩[2]（1. 北京市住房和城乡建设科技促进中心；2. 北京市勘察设计和测绘地理信息管理办公室）

# 2 天津市绿色建筑总体情况简介
## 2 General situation of green building in Tianjin

2015 年，天津市继续深入贯彻执行国务院政府工作报告中有关建筑能效和绿色建筑的要求，落实天津市绿色建筑行动方案，积极响应市委、市政府建设生态城市及美丽天津的战略部署，以绿色建筑产业化为支撑，以中新天津生态城为示范先行，着力加快生态城区建设，实施绿色建筑规模化，全面提升绿色建筑品质，大力推进既有建筑节能改造，保证天津市绿色建筑的有序发展和稳步提升。

## 2.1 建筑业总体情况

2015 年，天津市建筑业继续稳步发展，截至 2015 年 11 月，房屋建筑工程施工总面积 9839.02 万 $m^2$，较 2014 年同期下降 0.17%；房屋建筑工程新开工面积 1679.20$m^2$，较 2014 年同期增长 11.73%。

## 2.2 绿色建筑总体情况

2015 年，天津市通过绿色建筑评价标识的项目共计 48 项，较 2014 年翻了两番。其中公共建筑设计标识共 33 项，一星级 14 项，二星级 12 项，三星级 7 项；住宅建筑设计标识共 14 项，一星级 6 项，二星级 6 项，三星级 2 项；住宅建筑运行标识三星级 1 项。截至 2015 年底，共有 202 项通过绿色建筑标识评价的建筑项目，绿色建筑面积总量达 3200 余万 $m^2$。

### 2.2.1 推动绿色建筑产业化规模化发展

充分发挥中新天津生态城引导作用，推动于家堡金融区、新梅江居住区、武清商务区、蓟县翠屏新城、静海团泊新城等不同产业为依托的规模化绿色建筑项目实施，开工建设 10 片区域绿色建筑项目，区域生态效应凸显。成立了天津市绿色建筑产业技术创新战略联盟，联合高校、科研院所及绿色建筑产业链上的高新科技企业，以绿色建筑产业化规模化为发展主线思路，以天津市绿色建筑产业链为依托，以新梅江居住区、武清商务区等为载体，开展绿色建筑产业化规模化的研究实践。

### 2.2.2　既有建筑节能改造及既有城区绿色改造

积极抓好居住建筑节能改造，改善市民居住条件。自 2012 年天津市探索既有建筑节能改造新模式，采取与旧楼区使用功能综合提升改造相结合，将居住建筑供热计量及节能改造纳入"三管一灶二提升"工程。到 2015 年底，累计完成既有居住建筑节能改造 4320 万 $m^2$，争取国家财政资金补助 13 亿元。此外，创新公共建筑节能改造工作，作为全国四个公共建筑节能改造试点城市之一，积极组织制定公共建筑节能改造技术导则，创建了项目申报、方案编制、专家审查和专项验收的操作模式，已完成公建节能改造 403 万 $m^2$，顺利完成国家下达的任务。

开展既有城区绿色改造，通过政府与私人企业合作，建立旧城区改造的 PPP 融资模式，鼓励和引领旧城区绿色化改造。以新梅江居住区为旧城绿色化改造示范，推动和平区等周边城区按照绿色生态标准进行绿色化改造，实现旧城区居住环境和生态环境的整体提升。

## 2.3　出台绿色建筑的政策法规

颁布《天津市绿色建材和设备评价标识管理办法》。2015 年 3 月 1 日，由天津市墙体材料革新和建筑节能管理中心组织编制的《天津市绿色建材和设备评价标识管理办法》颁布实施。该办法明确规定了天津市绿色建材和设备评价标识的管理部门、评价机构、评价范围、企业申请条件、评价程序等内容，完善了绿色建材和设备评价标识工作的管理体系，建立了绿色建材和设备评价标识的申请办法，为绿色建材和设备的推广应用，以及绿色供应链和绿色建筑的发展提供了政策依据。

## 2.4　绿色建筑标准和科研情况

### 2.4.1　绿色建筑标准

（1）颁布实施《天津市绿色建筑设计标准》DB/T 29—205

天津市城乡建设委员会于 2015 年 5 月 1 日颁布实施了《天津市绿色建筑设计标准》DB/T 29—205，规定了新立项的民用建筑项目应严格执行此标准。按照《天津市绿色建筑设计标准》进行设计的建筑，应至少能够满足修订版国标《绿色建筑评价标准》中一星级设计标识的要求。设计标准的颁布对于天津市达到新建建筑 100％为绿色建筑的目标提供了有力保障，对于落实"天津市绿色建筑行动方案"有着积极重要的意义。

（2）完成《天津市绿色建筑评价标准》DB/T 29—204 的修编

随着新国标的颁布，天津市于 2015 年完成了《天津市绿色建筑评价标准》的修订工作。标准的修编通过开展广泛的调查研究，总结了近年来《天津市绿色建筑评价标准》DB/T 29—204—2010 的实施情况和实践经验，参照了中华人民共和国国家标准《绿色建筑评价标准》GB/T 50378—2014，学习借鉴了有关国外标准，充分考虑了天津市的经济、社会、资源和环境条件，开展了多项专题研究，广泛征求了有关方面的意见，最终完成标准的修编工作。新修订的《天津市绿色建筑评价标准》在与新国标保持一致的基础上，坚持突出天津市地方特色，在施工、运行等方面进行了创新，并适当扩展了标准的适用范围，在条文中加入了对学校、医院、商场等类型建筑的评价要求。此标准将于 2016 年 1 月 1 日正式发布实施。

（3）完成《中新天津生态城绿色建筑评价标准》DB/T 29—192 的修编

为了满足生态城绿色建筑的发展需求，保持生态城绿色建筑评价标准的实用性和先进性，天津市城乡建设委员会组织天津城建大学和天津市建筑设计院等单位，对《中新天津生态城绿色建筑评价标准》DB/T 29—192 进行了修编。在标准修订过程中，深入调研了生态城绿色建筑的发展现状及需求，总结了近年来《中新天津生态城绿色建筑评价标准》DB/T 29—192—2009 的实施情况和实践经验，参照国家标准《绿色建筑评价标准》GB/T 50378—2014，学习借鉴了有关国外标准，充分考虑了生态城的经济、社会、资源和环境条件。新修订的标准具有三大创新之处：一、创造性的采用替换条款的方式，增加了对学校建筑、医院建筑、商场建筑、办公建筑、超高层建筑等特殊类型建筑的评价；二、在标准体例上进行了创新，在保持与新国标对应一致的前提下，满足了生态城标准控制项达到国标一星级的条件；三、标准中引入了生态城能耗基准，更加准确的对建筑的节能效率进行评价，在全国尚属首次。

（4）完成《中新天津生态城绿色建筑设计标准》DB/T 29—195 的修编

为规范天津生态城绿色建筑设计，保证生态城 100％绿色建筑的目标更好的实现，天津市城乡建设委员会、新加坡建设局、生态城建设局组织中国建筑科学研究院完成了对《中新天津生态城绿色建筑设计标准》的全面修订。修订后的标准分专业对绿色建筑的设计阶段进行了划分，并且根据生态城的实际情况规定了模拟边界条件，制定了相关的指标，与生态城评价标准保持了对应。《中新天津生态城绿色建筑设计标准》DB 29—195 为生态城绿色建筑的设计提供了新的导向，同时与评价标准共同发挥作用，推动生态城绿色建筑的进一步发展。

（5）完成《中新天津生态城绿色建筑运营管理导则》的编制

中新天津生态城在规划之初确立了城区 100％绿色建筑的目标，在完成绿色建筑的建造后，绿色建筑的运营对于整个生态城的发展有着至关重要的影响。为规范和引导生态城绿色建筑运营管理的管理行为，在运营阶段有效降低建筑的运行能耗，最大限度地节约资源和保护环境，天津市城乡建设委员会、新加坡建设局、生态城建设局委托天津城建大学、天津市建筑设计院完成了对《中新天津生态城绿色建筑运营管理导则》的编制，导则采用创新的编制体例，将运营管理的内容划分为约束性指标、管理要求、技术要求、行为引导四部分，涵盖了绿色建筑运营管理的方方面面，并且导则还包括"特殊要求"，对特殊类型的建筑、特殊的设备和技术的运营管理做出了要求。《中新天津生态城绿色建筑运营管理导则》是国内首个专门针对绿色建筑运营管理的标准，具有创新性和领先性。

（6）完成《中新天津生态城绿色施工管理规程》的编制

为保障生态城内绿色建筑全生命期内的"绿色"属性，完善生态城绿色建筑标准体系，天津市城乡建设委员会、新加坡建设局、生态城建设局组织完成了《中新天津生态城绿色施工管理规程》的编制。规程总结了生态城近年来绿色建筑的施工相关经验，借鉴了《绿色建筑评价标准》、《天津市绿色建筑评价标准》中有关施工管理的相关内容，与《中新天津生态城绿色建筑评价标准》中的施工部分保持呼应，按照"四节一环保"的原则对生态城绿色建筑的施工管理作出了相关规定。规程的编制对于规范生态城的绿色施工管理具有重要指导价值，同时对于天津市出台绿色施工相关政策标准提供了借鉴。

（7）完成《天津市绿色建筑材料评价技术导则》的编制

《天津市绿色建筑材料评价技术导则》涵盖结构材料、保温材料、建筑门窗、装饰装修材料、建筑钢材、塑料管材、防水材料等7类材料，涉及建筑材料生产、使用和消亡的全寿命期，从能源消耗、资源消耗、环境保护和安全便利等方面给予绿色星级评价。具体评价指标体系由生产能源资源与环境、施工与性能适用两类指标组成。

（8）完成《天津市绿色建筑设备评价技术导则》的编制

《天津市绿色建筑设备评价技术导则》涵盖锅炉、电动压缩式冷水（热泵）机组、溴化锂吸收式（温）水机组、组合式空调机组、风机盘管机组、通风机、散热器、电力变压器、通用照明灯具、电梯、太阳能光伏组（构）件、清水离心泵、冷却塔和太阳能集热器及家用太阳能热水系统等14类设备，涉及建筑设备生产、使用和循环利用的全生命期，从能源消耗、资源消耗、环境保护和安全便利等方面给予绿色星级评价。具体评价指标体系由制造、包装、储存、运输与安装，使用性能和循环利用三类指标组成。

**2.4.2 绿色建筑科研情况**

（1）完成"天津市建筑节能和绿色建筑'十三五'发展规划"的研究

课题在对天津市绿色建筑的发展现状调查结果的基础上，结合国家和天津市下发的城市发展规划与绿色建筑发展的相关文件，总结了"十二五"的相关经验，分析了目前面临的形势及问题，制定出天津市未来建筑节能和绿色建筑发展的规划，提出绿色建筑由单体建筑向规模化、区域性发展转型的战略发展思路，将推动绿色建筑全面普及、重点提升绿色建筑品质、提高农房绿色建设水平等作为重点发展任务。同时，以低能耗和绿色产业为龙头，以中新天津生态城为依托，推进绿色建筑产业化进程，加快区域绿色建筑的发展。

（2）开展"绿色农房适用结构体系和建造技术研究与示范"的课题研究

我国绿色建筑经过多年的发展，已进入快速发展的阶段，但是作为在建筑行业中占较大比重的村镇住房，相关的研究成果却极为稀少。绿色农房对于全面普及绿色建筑，推动农村地区节能环保意义重大。课题通过对绿色农房适用结构体系和建筑技术进行研究示范，意图建立适用于北方地区的绿色农房结构体系，在满足低成本要求的前提下，达到农房的"四节一环保"的要求。绿色农房的建造研究与示范，对我国村镇地区建筑业探索绿色节能环保的发展模式，推广绿色农房建设具有重要的意义。

（3）开展"天津既有居住建筑绿色化改造被动式关键技术研究"课题研究

天津市近年来将既有建筑的绿色化改造作为节能工作的重点任务之一，并制定了到 2017 年底完成 4400 万 $m^2$ 具有改造价值的非节能居住建筑的节能改造的目标任务。开展对天津既有居住建筑绿色化改造被动式关键技术的研究，通过对现有国内外技术的优化，结合天津市的实际情况及发展需要，研究并推广适用于天津市的既有居住建筑改造关键技术。此研究对于加快居住建筑节能改造，改善市民居住条件，探索天津市既有建筑节能改造新模式，完成天津市居住建筑绿色化改造任务，具有重要的指导作用。

# 2.5　绿色建筑大事记

2014 年 12 月 23 日，天津绿色建筑产业技术创新战略联盟在天津城建大学成立。天津绿色建筑产业技术创新战略联盟由天津市科学技术委员会组织推动，由天津城建大学牵头，天津市绿色建筑领域的高校、科研院所、设计单位、施工单位、管理咨询单位、科技小巨人等 32 家企业共同组成，覆盖了绿色建筑的完整产业链。联盟的成立，将推动天津、环渤海，乃至全国的绿色建筑领域科技创新资源汇聚，建立以企业为主体、研发机构为依托、市场为导向、产学研相结合的技术研发、创新、转化体系，为推动天津地区绿色建筑领域产业与技术持续健康发展，提升天津地区绿色建筑领域自主创新能力，发挥重要作用。

2015 年 7 月 16 日，《暖通空调》杂志社联合绿色建筑青年委员会、天津生态城绿色建筑研究院（北方地区绿色建筑基地）、中国勘察设计协会建筑环境与设备分会天津市委员会，在天津市共同举办"绿色建筑设计与运营技术论坛"，近300人莅临。此次论坛邀请到的绿色建筑领域的相关专家对绿色建筑的政策与案例进行了解析，特别是对新常态下绿色建筑发展的思考进行了剖析，并从建筑被动式技术、主动式技术、运营管理与成本三个方面深入解析了多个绿色建筑典型案例。

2015年9月15日，第六届中国（天津滨海）国际生态城市论坛在滨海新区举行，此届论坛的年度主题为"生态城市与可持续发展"。论坛由国家发改委、住房城乡建设部、天津市政府、中国国际经济交流中心主办，滨海新区政府承办，论坛规模达1500人。同期举行的五场分论坛，分别以生态文明建设与城市创新治理、城市矿山资源创新应用、20世纪建筑遗产保护与城市创新发展、京津冀协同发展下的绿色金融创新、互联网＋背景下的智慧城市与绿色建筑为主题，众多知名专家学者受邀参加研讨。此外，本届论坛还推出城市与全球可持续发展目标（SDG）高级别圆桌会议、新能源主题推介会等8场招商对接活动。

2015年10月18日，天津市首个绿色建筑科普基地——天津市建筑设计院综合楼投入使用，同时"建设绿色家园，青少年在行动"2015年天津市全国科普日重点活动在天津市建筑设计院举办。

2015年11月24日，第四届严寒、寒冷地区绿色建筑联盟大会暨绿色建筑技术论坛在天津滨海新区召开。此次大会由中国城市科学研究会绿色建筑与节能专业委员会主办、天津生态城绿色建筑研究院承办。会议以"推广被动房和建筑工业化，促进绿色建筑规模发展"为主题，就绿色建筑和工业化发展总体情况、适合中国的被动房设计、新加坡绿色建筑发展十年历程与展望、严寒寒冷地区绿色建筑性能后评估研究、被动式低能耗建筑技术体系及天津生态城实施评估、天津生态城绿色建筑集群建设经验等进行了交流与讨论。

2015年12月9日，中英城市再生与绿色建筑研讨会在天津举行，此次研讨会以"城市再生及绿色建筑"为主题，围绕城市再生及绿色建筑领域的新技术、新理念进行探讨，旨在推动中英两国在城市再生及绿色建筑等领域的交流和发展，为两国未来城市建设提供更进一步的发展机会，加强英国设计事务所与本市开发商及设计单位的合作。2015年天津和英国在建筑领域的合作伙伴关系有了长足发展，未来双方将在建筑领域特别是绿色建筑有更广泛的交流与合作。

**执笔：王建廷　程响（天津市绿色建筑委员会）**

# 3 河北省绿色建筑总体情况简介

## 3 General situation of green building in Hebei

## 3.1 绿色建筑总体情况

截至 2015 年底，河北省累计获得绿色建筑评价标识的项目 182 个，建筑面积 1890.82 万 m²，位居全国前列。本年度获得标识项目 45 个，面积 333.35 万 m²。

2015 年，绿色建筑项目继续保持快速增长，全省执行绿色建筑标准项目 236 个、建筑面积 1055.55 万 m²。其中，政府投资公益性建筑 105 个、面积 154.44 万 m²；大型公共建筑 34 个、面积 275.49 万 m²；保障性住房 18 个、面积 76.57 万 m²；其他建筑项目 79 个、面积 549.09 万 m²。绿色建筑占比达 25% 以上。

秦皇岛市所有城镇，邯郸、承德两市县城以上民用建筑，已全部按绿色建筑标准建设；廊坊、唐山两市 10 万 m² 以上住宅小区，全部执行绿色建筑标准。2015 年 11 月 13 日，石家庄市住房城乡建设局印发《关于加强建筑节能工作的通知》，明确自 2016 年 1 月 1 日起，"主城区内的新建建筑均要按不低于一星级绿色建筑的标准进行设计和建设。"绿色建筑的规模化发展，有力地促进了新型城镇化品质的提高。

## 3.2 发展绿色建筑的政策法规情况

(1) 2015 年 2 月 13 日，河北省住房和城乡建设厅印发了《关于印发 2015 年全省建筑节能与科技工作要点的通知》。全省建筑节能与科技工作总体要求中指出：认真贯彻落实中央、省委关于能源生产和消费革命的要求，围绕开展绿色建筑行动、创建建筑节能省总体目标，围绕住房城乡建设事业发展需要，大力推进绿色建筑发展，实施"建筑能效提升工程"；大力推进建设科技进步，充分发挥科技对提升行业发展水平的支撑和引领作用。经过一年的努力，建筑能效要有新提高，绿色建筑要有新突破，既有建筑节能改造要有新拓展。要基本完成创建建筑节能省的任务，进一步推动建筑领域能源消费革命；努力提高全省住房城乡建设事业科技发展水平。

（2）2015 年 3 月 13 日，河北省人民政府印发了《关于推进住宅产业现代化的指导意见》。意见指出：2015~2016 年作为试点期，初步建立河北省住宅产业现代化标准规范体系，培育 4 个省级住宅产业现代化综合试点城市，各设区市和省直管县（市）至少建成 1 条预制混凝土构件生产线，并成为省级住宅产业现代化基地。到 2016 年底，全省住宅产业现代化项目开工面积达到 200 万 $m^2$，单体预制装配率达到 30%以上。2017~2020 年作为推广期，建立河北省住宅产业现代化的建造体系、技术保障体系和标准规范体系。创建 3 个以上国家级住宅产业现代化综合试点城市。县级市和环京津县（市）完成预制混凝土构件生产线建设并投产。到 2020 年底，综合试点城市 40%以上的新建住宅项目采用住宅产业现代化方式建设，其他设区市达到 20%以上。

（3）2015 年 3 月 16 日，河北省住房和城乡建设厅印发了《关于进一步加强建筑节能和绿色建筑项目监管工作的通知》。通知中指出：要把绿色建筑执行政策标准情况纳入建筑节能监管范围。要进一步强化建设各方主体责任和加强建设全过程监督管理，建筑节能管理机构要定期对绿色建筑各项标准措施落实情况进行检查，对擅自变更绿色建筑设计要求的，要及时予以纠正；对违反相关管理制度、工程建设强制性标准的，要追究责任，依法处理。各级住建主管部门要积极开展对绿色建筑相关人员政策、法规、业务、技术等的培训，工程质量监督机构监督有关责任主体严格落实绿色建筑相关规范、标准，确保工程建设达到绿色建筑项目要求。

（4）2015 年 9 月 23 日，河北省住房和城乡建设厅印发了《关于市级及高校能耗监测平台与省级能耗监测平台对接并传输数据的通知》。通知中指出：省级公共建筑能耗监测平台软件建设已进入安装调试阶段，已具备与市级及高校公共建筑能耗监测平台对接的条件，决定开展市级及高校平台与省级平台对接并进行数据传输工作。各市级及高校平台对接省级平台，其所有监测终端在线监测数据，按照要求上传至省级平台。

（5）2015 年 12 月 18 日，河北省住房和城乡建设厅印发了《关于加强太阳能光电建筑应用推广工作的通知》。通知中指出：为贯彻实施《可再生能源法》，落实我省节能减排战略部署，要推进全省太阳能光电建筑应用步伐。太阳能光电建筑应用是促进建筑节能的重要内容，是发展绿色建筑的重要技术措施，能够降低化石能源消耗、改善建筑用能结构。住房和城乡建设领域是太阳能光电技术应用的重要领域，利用太阳能光电技术，可解决建筑物、城市广场、道路及偏远地区的照明、景观等用能需求，是替代常规能源的有效途径。加强太阳能光电建筑应用工作，有利于拓展省内应用市场，促进河北省光伏产业实现较大较快发展，有利于加快节能减排，促进大气污染防治工作。工作重点主要包括：加大规划引导力度、扩大太阳能光电建筑应用的范围、选择太阳能光电建筑应用适用技术、鼓励太阳能光电建筑的一体化建设和大力推进光伏照明。

## 3.3 绿色建筑标准和科研情况

### 3.3.1 编制绿色建筑相关标准

（1）2015 年 5 月 1 日，由住建部科技发展促进中心和河北省建筑科学研究院会同有关单位编制的河北省工程建设标准《被动式低能耗居住建筑节能设计标准》实施，这是中国第一部此类建筑节能设计标准。《被动式低能耗居住建筑节能设计标准》是为应对全球气候变化、保护环境、大幅度降低居住建筑的采暖和制冷能耗以及建筑物的总能耗、显著改善居住建筑的室内环境、节约资源和能源而编制的。该标准是世界范围内继瑞典《被动房低能耗住宅规范》后的第二个有关被动式低能耗建筑的标准，它的实施标志着我国被动式低能耗建筑的发展趋于规范化、标准化，标志着我国被动式低能耗建筑发展过程中新的里程碑。

（2）2015 年 7 月 1 日，河北省《居住建筑节能设计标准》（节能 75%）正式实施，这标志着河北省成为继北京、天津之后第三个推行 75% 居住建筑节能设计标准的省份，开始步入 75% 住宅建筑节能新时代。自 2014 年 10 月 1 日起，保定、唐山两市已率先实施 75% 居住建筑节能标准。保定市新建保障性住房、建筑面积 10 万 m² 及以上的住宅小区，唐山市中心区建筑面积超过 10 万 m² 的住宅小区，全部执行建筑节能 75% 标准，为全省探索了经验，打下了基础。廊坊市决定 2016 年起在所有城区实施 75% 居住建筑节能标准。

（3）2015 年 12 月 3 日，由河北省建设工程安全生产监督管理办公室编制的《建筑工程绿色施工示范工程技术标准》DB13(J)/T 200—2015 获批，自 2016 年 2 月 1 日起实施。该标准的实施将会加强绿色施工示范工程推动工作，充分调动建筑工程专业技术人员积极性，提高绿色施工示范工程创建水平，使绿色施工管理工作进一步制度化、规范化、科学化。

（4）2015 年 12 月 15 日，由河北省建筑科学院研究院会同有关单位编制的河北省《绿色建筑评价标准》DB13(J)/T 113—2015 获得批准，自 2016 年 3 月 1 日起实施。新版的河北省《绿色建筑评价标准》在国家新版绿色建筑评价标准的基础上，充分结合了河北省实际情况，突出了地方特色，内容全面，可操作性强，技术先进，指标合理。

（5）根据绿色建筑发展的需要，河北省还于 2015 年立项了多部技术标准，目前在编标准有《河北省绿色建筑设计标准》、《河北省绿色建筑运营标准》、《被动式低能耗建筑施工及验收规程》、《村镇绿色建筑体系评估标准》、《绿色建材评价标准》等。

### 3.3.2 绿色建筑科研情况

（1）开展《华北地区新农村绿色小康住宅技术集成与综合示范》课题研究

本课题为"十二五"国家科技支撑计划课题，是针对华北地区冬季气候寒冷、地震灾害多发、光照比较充足的自然条件，结合目前新农村建设特点，选择要求"四节一环保"的村镇住宅区，进行新农村绿色小康住宅技术集成与示范，形成村镇绿色建筑产业化模式。

（2）开展《河北省生态城区绿色建筑建设技术导则》课题研究

本课题有助于推动河北省绿色生态城区建设，加强对生态城区发展绿色建筑的指导，对进一步推进河北省绿色建筑快速健康规模化发展，促进低碳生态城市建设具有重要意义。

（3）开展《河北省发展被动式低能耗建筑的可行性研究及建议》课题研究

本课题从建设被动式低能耗建筑的关键技术入手，对被动式低能耗建筑的建设标准及核心技术进行较为全面的介绍和总结，在此基础上对河北省的实际情况进行分析，从环境气候条件、建筑类型适用性、居民生活习惯、政策可行性、技术可行性和经济可行性六大方面分析了河北省的实际情况，对发展被动式低能耗建筑的自身条件及可行性进行分析和论述，并找出存在的问题，根据存在的问题提出一些合理的发展被动式低能耗建筑的实施策略。

（4）开展《被动式低能耗建筑外围护结构保温体系研究》课题研究

本课题通过对被动式低能耗建筑外围护结构保温体系的研究，可为河北省乃至全国被动式低能耗建筑的保温系统材料选择，保温系统的设计、施工等提供技术参考；对推动被动式低能耗建筑外围护结构保温相关材料的创新升级，实现国内被动式低能耗建筑的精细化设计与施工，全面提升建筑质量，缓解供暖社会矛盾和节能减排压力，促进其在我国的本土化、规模化发展具有一定的理论指导意义和工程应用价值。

（5）开展《河北省生态城区既有建筑绿色化改造研究》课题研究

本课题针对河北省生态城区中的既有建筑绿色化改造的特点和难点展开研究，通过研究将形成一套符合河北省生态城区建设实际的较为合理、科学的既有建筑绿色化改造技术手册，引导生态城区既有建筑绿色化改造工作的开展，推动既有建筑绿色化改造规模化的进程和新兴产业发展，为实现河北省节能减排目标，积极应对气候变化、改善民生提供科技引领和技术支撑。

（6）开展《河北省绿色农房关键技术与发展机制研究》课题研究

本课题针对本地区推动绿色农房建设存在的主要问题，结合本地区自然、地理、气候等特点和经济社会发展水平，总结应用成熟、经济可行的绿色建设技术和基层工作经验，制定本地区绿色农房建设技术指南。研究适合河北省发展现状的绿色农房关键技术，提出绿色农房发展机制，能够真正惠及广大农村居民，同时也能为政府管理部门制定相关政策提供参考。

（7）开展《绿色建筑施工图审查要点》课题研究

本课题统筹把握绿色建筑的整体性和可操作性，将通过对绿色建筑的施工图设计进行系统化的规范和约束，达到指导河北省绿色建筑审查工作的技术要求，以期能积极促进绿色建筑事业的健康稳定发展。

（8）开展《河北省绿色建筑评价标识申报系统》建设研究

该系统的建立可以实现绿色建筑标识申报信息化，网上在线实现项目注册、资料整理、资料提交、邮件收发、项目管理、团队管理等绿建申报全过程；实现异地异时远程评审，评审专家在异地进行项目评审，提高评审效率；对全部项目的构成情况及节水率、节能率和增量成本等各类数据进行统计分析，实现建筑信息大数据共享。

## 3.4　地方绿色建筑大事记

2015年，河北省有3项绿色建筑评价标识项目获得2015年度全国绿色建筑创新奖，获奖等级分别是：中煤张家口煤矿机械有限责任公司装备产业园获一等奖；迁安市马兰庄新农村示范区住宅（一期、二期）和河北师范大学图书馆、博物馆、公共教学楼获二等奖。

2015年4月15日，河北省墙材革新和建筑节能管理办公室组织了新版国家《绿色建筑评价标准》GB/T 50378—2014宣贯培训会。解析标准的主要技术内容，明确绿色建筑申报主体、评价标识申报条件、评审和管理要求；结合典型案例分析绿色建筑项目申报与评审要点及经验交流。帮助绿色建筑从业人员及时学习、准确理解并全面掌握绿色建筑新标准的主要内容和相关技术规定与要求，把握绿色建筑设计、验收、评价工作关键技术要点，切实提高绿色建筑节能效果。

2015年9月19日～21日，为加快全省建筑节能新技术新产品推广应用步伐，推进建筑节能事业发展，经省政府批准，河北省住房和城乡建设厅在高碑店市举办"第三届中国（高碑店）国际门窗博览会"，同期举办"河北省建筑节能新技术新产品展览会"。此次展览会汇集了全省范围内所有建筑节能新产品和新技术，全方位展现河北省建筑节能新技术和产品应用的最新成果，有100余家河北省建筑节能企业参展。

2015年10月14日，河北省建筑节能与绿色建筑观摩座谈会暨住宅产业现代化工作现场会在保定召开。副省长姜德果出席会议并要求：要下大气力抓好建筑节能、绿色建筑工作，探索实行75%居住建筑节能标准，促进绿色建筑规模化发展，抓好可再生能源建筑应用，扎实推进既有居住建筑供热计量及节能改造。

要开展建筑节能关键技术攻关创新，扩大推广范围，最大限度降低成本。要积极推进住宅产业现代化，完善政策措施，制定发展规划和具体实施意见；要支持国家和省级住宅产业现代化基地建设，培育一批有实力、竞争力的企业；要搞好示范项目，总结推广试点经验，加强宣传和业务培训，为全面推开奠定基础。

2015年11月13日、12月10日，河北省新型墙体材料（技术）下乡宣传千里行活动分别在容城县和任县举行。2015年河北省开展了关停取缔实心黏土砖瓦窑专项行动，2780余座砖瓦窑退出了河北的历史舞台。为解决关停取缔砖瓦窑以后农村墙材替代问题，实现农宅保温节能，省住房城乡建设厅决定在全省范围内开展新型墙体材料和技术下乡宣传千里行活动。

**执笔：**赵士永[1]　程才实[2]　李志清[2]　郑鉴[2]　康熙[1]　牛思佳[1]（1. 河北省建筑科学研究院；2. 河北省住房和城乡建设厅）

# 4 上海市绿色建筑总体情况简介

# 4 General situation of green building in Shanghai

## 4.1 上海市建筑业发展情况概述

2015 年，上海市总报建项目共 6046 项，总建筑面积 10145 万 m²。其中公共建筑 475 项，建筑面积 1587 万 m²，占报建项目总建筑面积的 15.65%；住宅建筑 205 项，建筑面积 2389 万 m²，占报建项目总建筑面积的 23.55%；其他类型建筑 501 项，建筑面积 1403 万 m²，占报建项目总建筑面积的 13.84%。

## 4.2 绿色建筑总体情况

### 4.2.1 绿色建筑标识评价情况

2015 年全年，上海市通过绿色建筑评价标识认证的项目共计 129 个，同比增长 84.3%，总申报面积 1247.8 万 m²，同比增长 85.9%，其中公共建筑三星级项目 33 个、住宅建筑三星级项目 3 个、公共建筑二星级项目 43 个、住宅建筑二星级项目 24 个、公共建筑一星级项目 17 个、住宅建筑一星级项目 9 个。公共建筑总申报面积 880.9 万 m²，住宅建筑总申报面积 366.9 万 m²。此外，经施工图审查通过的绿色建筑项目面积约为 1400 万 m²。截至 2015 年底，上海市历年绿色建筑标识项目总面积约为 4076.97 万 m²。

### 4.2.2 建筑节能发展情况

2015 年，全面建成全国首个公共建筑能耗监测平台，实现 1 个市级平台、17 个区级分平台、1 个市级机关分平台联网；依托平台编制发布了《2014 年度上海市国家机关办公建筑和大型公共建筑能耗监测情况报告》；在全国率先完成 400 万 m² 公共建筑节能改造，改造后平均单位建筑面积能耗下降 25.1%，顺利通过了住建部节能改造示范城市任务目标验收；全面推广合同能源管理模式，开展了国家机关和大型公建能源审计；积极推动了国家级可再生能源示范县建设。

# 4.3　发展绿色建筑的政策法规情况

### 4.3.1　印发《关于进一步强化绿色建筑发展推进力度提升建筑性能的若干规定》

为贯彻落实好住房城乡建设部"全国工程质量治理二年行动方案"及《上海市绿色建筑发展三年行动计划（2014－2016）》（沪府办发［2014］32号）的要求，进一步加强绿色建筑、装配式建筑发展，全面提升建筑质量和品质，经市政府同意，制定印发该规定。

### 4.3.2　印发《上海市推进建筑信息模型技术应用三年行动计划(2015—2017)》

为贯彻落实《上海市人民政府办公厅转发市建设管理委关于在本市推进建筑信息模型技术应用指导意见的通知》（沪府办发［2014］58号），上海市建筑信息模型技术应用推广联席会议办公室会同各成员单位研究制定了《上海市推进建筑信息模型技术应用三年行动计划（2015—2017）》。

### 4.3.3　联合发布《2014年度上海市国家机关办公建筑和大型公共建筑能耗监测平台能耗监测情况报告》

根据《上海市建筑节能条例》和《关于加快推进本市国家机关办公建筑和大型公共建筑能耗监测系统建设实施意见的通知》，上海市住房和城乡建设管理委员会（原上海市城乡建设和管理委员会）和上海市发展和改革委员会联合发布该报告。

# 4.4　绿色建筑标准和科研情况

### 4.4.1　绿色建筑和建筑节能相关新增标准

（1）《太阳能热水系统应用技术规程》DG/TJ 08—2004A—2014

上海市工程建设规范《太阳能热水系统应用技术规程》，自2015年4月1日起实施。本规程适用于新建、扩建和改建的建筑中采用太阳能热水系统的工程。在制定该规程过程中注意贯彻国家和本市有关建筑节能法规和政策，充分利用太阳能资源，规范太阳能热水系统的规划、设计、施工安装、质量验收、运行维护，实现与建筑一体化。

（2）《可再生能源建筑应用测试评价标准》DG/TJ 08—2162—2015

上海市工程建设规范《可再生能源建筑应用测试评价标准》，自 2015 年 8 月 1 日起实施。本标准适用于本市新建、改建和扩建工程中的建筑应用地源热泵系统、太阳能热水系统、太阳能光伏系统的性能指标的测试与评价。在制定该规程过程中注意贯彻国家在建筑中应用再生能源、环境保护的法规和政策，增强社会应用可再生能源的意识，规范可再生能源建筑应用工程测试方法，促进本市可再生能源建筑应用事业的健康发展。

（3）《民用建筑外保温材料防火技术规程》DGJ 08—2164—2015

上海市工程建设规范《民用建筑外保温材料防火技术规程》，自 2015 年 10 月 1 日起实施。本规程适用于新建、扩建和改建的民用建筑外墙和屋面保温材料设计、施工和验收。即有建筑节能改造在技术条件相同的情况下，也应按照本规程要求执行。在制定该规程过程中贯彻国家和本市有关民用建筑外保温工程的法律法规与方针政策，规范民用建筑外保温材料的防火安全应用。

（4）《全装修住宅室内装修设计标准》DG/TJ 08—2178—2015

上海市工程建设规范《全装修住宅室内装修设计标准》，自 2015 年 12 月 1 日起实施。本标准适用于本市新建的全装修商品住宅的室内装修设计。该标准为推进本市全装修住宅产业的发展，满足广大居民对居住功能、环境、设施等方面的基本需求，明确了本市全装修住宅室内装修设计的基本要求，规范全装修住宅内装修设计，保证本市全装修住宅产品的质量。

（5）《混凝土生产回收水应用技术规程》DG/TJ 08—2181—2015

上海市工程建设规范《混凝土生产回收水应用技术规程》，自 2016 年 1 月 1 日起实施。本规程适用于可掺用生产回收水的预拌混凝土以及混凝土制品和构件的生产。本规程为规范节约水资源，合理、有效地在混凝土中应用生产回收水，保证混凝土质量，做到安全适用、技术先进、经济合理和可持续发展。

### 4.4.2 绿色建筑科研项目情况

（1）2015 年上海立项的绿色建筑相关科研项目

经上海市住房和城乡建设管理委员会批复同意，立项的绿色建筑相关科研项目共 15 项，包括：《装配式混凝土双肢剪力墙抗震性能与设计方法研究》、《上海地区装配式建筑标准体系研究》、《保护环境区域的地下空间开发关键技术研究》、《上海地区 BIM 技术应用标准体系研究》、《"住宅设计标准"比较研究》、《上海地区商业建筑绿色改造适用技术体系研究》、《结构混凝土抗压轻度检测技术研究》、《公共租赁住房绿色运营研究与应用》、《上海地区绿色施工评价体系研究与应用》、《上海地区绿色住宅室内空气净化系统关键技术研究》、《上海既有居住小区绿色化改造研究》项目等。

（2）2015 年上海市绿色建筑协会开展的课题研究项目

• 受上海市人民代表大会城乡建设和环境保护委员会和上海市住房和城乡建设管理委员会委托，开展《上海市绿色建筑立法调研课题》研究，对上海市绿色建筑立法的必要性、可行性及针对性进行研究和论证，目前该课题已完成结题。

• 受市住房城乡建设管理委委托完成《上海绿色建筑发展报告（2014）》编制工作，该报告全面展示了上海绿色建筑发展取得的阶段性成果，系统总结上海地区绿色建筑的技术成果和实践经验，并对绿色建筑的未来发展态势进行了展望。

• 受市住房城乡建设管理委委托开展《BIM 技术能力建设研究》工作，根据本市 BIM 技术应用能力现状，提出 BIM 技术应用能力建设的提升路径及实施方案。该课题目前已结题。

• 受上海市奉贤区南桥镇政府委托，组织上海市建筑科学研究院和同济大学共同开展产业园区产业链的相关咨询研究工作，对城区建设、发展模式、产业链特点以及可行性等进行研究，为区县产业转型升级、城镇化改造提供支持。

## 4.5 上海市绿色建筑大事记

2015 年 1 月 5 日，上海市多部门联合成立了上海市建筑信息模型技术应用推广联席会议。联席会议办公室设在上海市住房和城乡建设管理委员会。

2015 年 3 月 26 日，上海市绿色建筑协会组织召开了第四届第三次会员大会，会上成立了上海市绿色建筑协会建筑绿化专业委员会和上海市绿色建筑协会节水与水资源利用专业委员会成立。

2015 年 5 月 7 日，上海市绿色建筑协会举办了上海绿色建筑国际论坛。论坛以"建筑工业化、建筑信息化、建筑绿色化"为主题，邀请了来自美国、德国等海外和全国各地七位知名院士、专家进行交流，来自国内外近 300 名从事绿色建筑发展的企业代表参加了此次论坛。

2015 年 6 月 3 日，上海市住房和城乡建设管理委员会发布《上海绿色建筑发展报告 2014》。该报告全面系统地展现了 2014 年度上海地区绿色建筑发展全貌和成果，以及对 2015 年上海市绿色建筑工作目标及重点任务的展望。

2015 年 6 月 8 日，在上海市住房和城乡建设管理委员会的支持下，上海市绿色建筑协会组建成立上海建筑信息模型技术应用推广中心。协助上海市建筑信息模型技术应用推广联席会议办公室开展上海市 BIM 技术应用推广工作。

2015 年 7 月，上海绿色建筑协会创办了协会会刊《上海绿色建筑》，努力实现政府、行业、企业间的互动，展示会员单位先进发展理念，分享业内专家观点，集中展示优秀项目和"四新"成果。

2015 年 8 月，华东地区绿色建筑基地编制发布了《华东地区绿色建筑地图》，通过对基地绿色建筑项目情况的详细介绍，帮助参观者合理安排参观路线，更为便捷地了解基地各单位绿色建筑项目特点，向社会各界展示华东地区绿色建筑示范项目和技术产品。

2015 年 9 月 25 日，正式启动"上海市市民低碳行动——绿色建筑进校园系列活动"。该活动由上海市住房和城乡建设管理委员会、上海市发展和改革委员会、上海市教育委员会共同主办，上海市绿色建筑协会和同济大学承办。

2015 年 10 月，上海市绿色建筑协会开展的"上海绿色建筑贡献奖"评选，经专业委员会、专家、协会秘书处评审，以及副会长函审，共有 31 家会员单位、23 个项目及 6 位个人荣获了年度贡献奖荣誉。

2015 年 11 月 4～6 日，上海市绿色建筑协会举办"2015 中国上海绿色建筑与建筑节能科技周"，期间举办了 GBC2015 上海国际绿色建筑与节能展览会及 16 场系列专业分论坛。本次展览面积达 3.5 万 m²，400 余家国内外企业参展，51 个国家及地区的 25374 名观众前来参观。

2015 年 11 月 26 日，组织开展"上海市市民低碳行动——绿色建筑进校园系列活动"之一"绿色校园建设和运营管理专题培训会"，面向各高校基础建设部门及各区县教育局节能工作负责人进行了宣讲。

2015 年 12 月 16 日，受上海市人民代表大会城乡建设和环境保护委员会和上海市住房和城乡建设管理委员会委托，上海市绿色建筑协会开展的《上海市绿色建筑立法调研课题》顺利完成结题。

**执笔：**上海市绿色建筑协会

# 5 江苏省绿色建筑总体情况简介

## 5 General situation of green building in Jiangsu

## 5.1 绿色建筑总体情况

截至 2015 年 12 月底，江苏省累计获得绿色建筑评价标识的项目达 1059 项，总建筑面积 11132.82 万 $m^2$，其中公建项目 597 项，总建筑面积 3825 万 $m^2$；住宅项目 459 项，总建筑面积 7295.1 万 $m^2$；工业建筑 3 项，建筑面积 12.7 万 $m^2$。

2015 年，江苏省获得绿色建筑评价标识的项目共计 494 项，总建筑面积 5077 万 $m^2$。其中公建项目 304 项，总建筑面积 1968.11 万 $m^2$；住宅项目 190 项，总建筑面积 3109.33 万 $m^2$。一星级项目 228 项，总建筑面积 2662.37 万 $m^2$；二星级项目 228 项，总建筑面积 2173.22 万 $m^2$；三星级项目 38 项，总建筑面积 241.85 万 $m^2$。设计标识 475 项，总建筑面积 4781.65 万 $m^2$；运行标识 19 项，总建筑面积 295.79 万 $m^2$。

其中，由江苏省绿色建筑评价标识管理办公室组织评价的项目共计 414 项，总建筑面积 4430.07 万 $m^2$，其中公建项目 249 项，总建筑面积 1629.28 万 $m^2$；住宅项目 165 项，总建筑面积 2800.79 万 $m^2$。一星级项目 215 项，总建筑面积 2502.15 万 $m^2$；二星级项目 199 项，总建筑面积 1927.92 万 $m^2$。设计标识 398 项，总建筑面积 4178.06 万 $m^2$；运行标识 16 项，总建筑面积 252.01 万 $m^2$。

## 5.2 发展绿色建筑的政策法规情况

《江苏省绿色建筑发展条例》（以下简称《条例》）于 2015 年 3 月 27 日经江苏省十二届人大常委会第十五次会议审议通过，于 2015 年 7 月 1 日起正式实施，这是国内首部促进绿色建筑发展的地方性法规。

《条例》包括三个方面的核心内容。一是新建民用建筑全面达到一星级绿色建筑标准的基本要求，围绕这个基本要求，《条例》制定了从项目立项、土地出让、规划审批、设计审查、竣工验收、房产销售等一系列具体制度。二是单体建筑绿色向区域绿色发展的要求，推动各部门积极配合，共同参与绿色建筑发展。三是进一步强化公共建筑节能运行管理的要求。针对建筑节能运行管理这个薄弱环节,《条例》对主管部门职责和公共建筑产权单位或使用单位的义务,重新进行了梳理和明确,确立了建筑能耗统计、能源设计、能源公示、能耗定额管理等制度。

## 5.3　绿色建筑标准和科研情况

### 5.3.1　《江苏省绿色建筑设计和技术标准体系研究》

该课题在对江苏省绿色建筑标准体系和适用技术研究的基础上,根据国家标准《绿色建筑评价标准》GB/T 50378—2014 和江苏省全面推广一星级绿色建筑的基本目标,编制了《江苏省绿色建筑设计标准》,将适宜在江苏地区应用的绿色建筑技术措施进行了固化和具体化,有利于专业人员直接按条文进行绿色建筑设计。将绿色建筑的要求全面纳入工程建设强制性管理,使绿色建筑事后评价模式转变为事前控制模式。

其次,结合江苏多年推进建筑节能工作的实践经验,以绿色建筑设计标准为基础,编制了《江苏省民用建筑设计方案绿色设计文件编制深度规定(试行)》、《江苏省民用建筑设计方案绿色设计文件技术审查要点(试行)》、《江苏省民用建筑施工图绿色设计文件编制深度规定》、《江苏省民用建筑施工图绿色设计文件审查要点》等技术文件。

通过该课题的研究,系统构建了方案设计、施工图设计两个阶段的绿色设计审查制度,明确了规划主管部门和建设主管部门分别应承担的审查内容,将复杂多元、柔性可选、综合评分式的绿色建筑星级标识评价,转换成简便易行、刚性严格的设计审查,实现了强制审查内容与一星级技术要求有效对接,确保可以达到国家绿色建筑评价标准一星级的指标要求,形成了具有江苏特色的绿色设计、技术审查管理体系。

### 5.3.2　《绿色建筑工程施工质量验收规范》

2015 年 10 月 22 日,江苏省《绿色建筑工程施工质量验收规范》通过省住房和城乡建设厅组织的专家审查。该规范是全国首部通过审查的绿色建筑验收规范,对江苏省绿色建筑闭合监管将起到重要的作用。

该规范的制定贯彻了《江苏省绿色建筑发展条例》的要求,以绿色建筑分部工程的验收取代建筑节能分部工程的验收,增加了供暖工程、通风与空调工程、建筑电气工程、监测与控制工程、给水排水工程、室内环境、场地与室外环境、景观环境工程、可再生能源系统等内容,紧密结合江苏省施工质量验收的实际情况,技术要求明确、合理,可操作性强。

### 5.3.3 《绿色建筑室内环境检测技术标准》

2015 年 10 月 23 日，江苏省《绿色建筑室内环境检测技术标准》通过省住房和城乡建设厅组织的专家审查。该标准根据江苏省全面推进绿色建筑的政策要求，结合江苏省绿色建筑室内环境质量检测的实际情况编制，包括室内空气质量、室内热湿环境、室内声环境、室内光环境、室内通风效果和室内可吸入颗粒物浓度等内容，适用于江苏省新建、扩建和改建绿色建筑中的室内环境检测，为准确判断绿色建筑的室内环境质量，规范绿色建筑室内环境的检测技术提供了技术依据，科学合理，要求明确，可操作性强。

### 5.3.4 《江苏省建筑节能与绿色建筑示范区综合监管体系研究与信息化建设》

该课题研究基于集成化开发的平台应用支撑技术，包括数据交换平台、GIS 平台、pdf 归档转换、LBS 平台、PAD 应用与物联网技术等在内的应用支撑技术集成环境。建立了示范区主题库、单体项目主题库、参建主体主题库、信用主题库等四大数据库，并与相关部门建立数据关联。开发统一的管理信息平台，包括示范区立项管理、单体项目实施监察、示范区过程管理、示范区验收评估和示范区并联监管子系统。

该课题的研究，规范了示范区管理流程、提高了示范区管理效率、降低了示范区管理成本，实现了示范区管理过程标准化、管理精细化、评价指标化、工作高效化、监管数字化、决策科学化。

## 5.4  地方绿色建筑大事记

2015 年 3 月 27 日，《江苏省绿色建筑发展条例》（以下简称《条例》）经江苏省十二届人大常委会第十五次会议审议通过，于 2015 年 7 月 1 日起正式实施。

2015 年 5 月 20 日，江苏省住房和城乡建设厅科技发展中心与武进绿色建筑产业集聚示范区管委会签订全面战略合作框架协议。

根据协议，双方将共建江苏省绿色建筑会议展览中心，推动"互联网＋展览"在绿色建筑产业中的应用，实现绿色建筑产业线上交易、线下展览的良性互动；共同推动成立江苏省绿色建筑产业技术研究院，构建绿色建筑产学研用协同创新平台；合力对接和引进国内外优质项目，有效带动绿色建筑产业健康发展；共同加快武进绿色建筑示范城区建设；共同夯实武进区争创省级建筑产业现代化示范城市、示范基地和示范项目基础；共同提升武进区工程建设标准化水平；共同申报各类科技项目和示范工程；共同提升产业国际化水平，增强产业发展核心竞争力，为全省的绿色建筑产业发展做出示范引领作用。

2015 年 9 月 16 日，由住房和城乡建设部建筑节能与科技司主办，江苏省住房和城乡建设厅科技发展中心承办的"中德合作提高城镇化能效技术与示范座谈会"在南京饭店召开。江苏省内各地建设主管部门、被动房和低碳示范城市项目以及相关科研、设计、咨询单位近百位代表参加。

此次座谈会介绍被动式超低能耗绿色建筑技术以及德国低碳生态城市基础设施能效提升的实践经验。演讲嘉宾和代表分别围绕"提升中国建筑能效——被动式低能耗建筑技术"和"城市基础设施能效——来自德国的技术解决方案"两个主题展开了热烈交流。

2015 年 10 月 15～16 日，由住房城乡建设部建筑节能与科技司主办，中国建筑科学研究院和江苏省住房城乡建设厅科技发展中心承办的国家标准《绿色建筑评价标准》（GB/T 50378—2014）及《绿色建筑评价技术细则 2015》培训班在江苏省会议中心（南京）成功举办。此次培训会议，共有 800 多位参会代表，分别来自河南、广西、黑龙江、甘肃、海南、福建等 25 个省市、自治区以及香港理工大学。这是《绿色建筑评价技术细则 2015》发布实施以来，住房城乡建设部主办的全国首期培训班，也是迄今会场规模最大的一期绿色建筑评价标准培训会议。

2015 年 11 月 25～27 日，由江苏省住房和城乡建设厅科技发展中心和武进区人民政府、江苏省绿色建筑技术工程研究中心共同承办的《第八届江苏省国际绿色建筑大会暨绿色建筑新技术与产品展览会》在武进江苏省绿色建筑会议展览中心圆满召开。

大会邀请了住房和城乡建设部原副部长仇保兴先生、联合国原副秘书长沙祖康先生、中国工程院王超院士、国际室内空气质量和气候学会创始人 Jan Sundell 教授到会围绕国内国际最前沿的绿色话题作主题报告。同期举办了海绵城市、建筑产业现代化、互联网＋背景下的绿色产业发展、绿色建材、立体绿化、建筑能源服务、智慧城市、绿色生态城区规划建设等十个专业论坛，以及绿色校园观摩交流会等，七十多位业内知名专家学者到会研讨交流，参会代表共 2000 多人。

2015 年 10 月 24 日，组团参加第五届夏热冬冷地区绿建联盟大会，并主办了可再生能源应用分论坛，发表专业论文 8 篇，并荣获大会优秀论文奖一、二、三等奖各一项。

**执笔：**江苏省绿色建筑委员会

# 6 安徽省绿色建筑总体情况简介

## 6 General situation of green building in Anhui

### 6.1 建筑业总体情况

2015 年，安徽省贯彻党的十八大精神，认真落实生态文明建设、《国家新型城镇化规划（2014－2020 年)》、新型城镇化试点省和安徽省主体功能区规划等战略部署，把尊重自然、顺应自然、保护自然的理念全面融入城乡建设活动，确定绿色规划引领、绿色城市建设、绿色村镇建设、绿色建筑推广、城市智慧管理、绿色生活倡导六大行动，推动城乡建设方式根本转变，促进城乡建设可持续发展，各项工作扎实推进，住房城乡建设事业呈现出稳中有进、全面提升的良好态势。2015 年前三季度，安徽省建筑业总产值 4198.22 亿元，同比增长 5.59%；房地产开发投资 3272.4 亿元，增长 3.0%；商品房销售面积 4079.7 万 $m^2$，降幅比上半年收窄 4.9 个百分点；商品房销售额 2230.6 亿元，收窄 6 个百分点。家具、建筑及装潢材料零售额分别增长 27% 和 16%。

### 6.2 绿色建筑总体情况

#### 6.2.1 绿色建筑快速发展

《安徽省绿色建筑行动实施方案》（皖政办［2013］37 号）实施以来，安徽省通过明确将保障性住房、政府投资公共建筑、大型公共建筑列入绿色建筑强制推广范围，建立完善绿色建筑标准体系，开展绿色建筑评价标识，设立绿色建筑专项资金 5000 万元引导绿色建筑发展，将绿色建筑行动目标完成情况和措施落实情况纳入省政府对各市政府节能目标责任评价考核体系等措施，大力推动绿色建筑快速发展，取得了显著成效。

截至 2015 年底，绿色建筑强制推广面积达 6215.6 万 $m^2$；90 个项目列入省绿色建筑示范，建筑面积 1173.0 万 $m^2$；86 个项目获得绿色建筑星级评价标识，总建筑面积 1469.1 万 $m^2$，其中公共建筑 38 项，建筑面积达 373 万 $m^2$；住宅建筑 47 项，总建筑面积达 1060.2 万 $m^2$；工业建筑 1 项，建筑面积 9.22 万 $m^2$。

2015 年，25 个项目列入安徽省绿色建筑示范项目，总示范建筑面积 297.5 万 m²；开展绿色建筑评价标识认证 40 项，建筑面积达 659.2 万 m²，其中公共建筑 20 项，建筑面积达 194.5 万 m²；住宅建筑 19 项，建筑面积达 455.5 多万 m²，工业建筑 1 项，建筑面积 9.22 万 m²。

### 6.2.2 绿色生态示范城区创建踊跃

截至 2015 年底，池州市天堂湖新区、合肥市滨湖新区、芜湖市城东新区、宁国市港口生态工业园区、铜陵市西湖新区、宣城市彩金湖新区、马鞍山市郑蒲港新区现代产业园、淮南市山南新区等 13 个新区开展了省级绿色生态城区建设，规模化推广绿色建筑面积超过 3103.8 万 m²。其中，池州市天堂湖新区成功入选"国家绿色生态示范城区"，合肥市滨湖新区入选"中美低碳生态试点城市"。

### 6.2.3 新建建筑节能成效显著

2015 年，全省城镇新增建筑面积达 7703.9 万 m²，其中，新增居住建筑 6007.1 万 m²，新增公共建筑 1696.8 万 m²。全省新建建筑节能标准设计执行率达到 100%，施工执行率达到 100%，共形成节能能力 264.9 万吨标准煤，其中居住建筑形成节能能力 101.2 万吨标准煤，公共建筑形成节能能力 71.3 万吨标准煤，可再生能源形成节能能力 92.4 万吨标准煤。

### 6.2.4 节能监管体系日趋完善

以政府机关办公建筑和大型公共建筑为突破口，大力推进省级建筑能耗监管体系建设，进一步完善"安徽省公共建筑能耗监管平台"建设，搭建全省统一的"云平台"，积极推行"数据租赁"模式，破解运维难题，不断扩大接入建筑数量，丰富建筑类型，已陆续接入运行了国家机关办公、高校、医院、企业等 300 多栋建筑并发挥节能效益。"数据租赁"模式列入住房城乡建设部 2015 年智慧城市试点中唯一"建筑节能与能源管理"领域的专项试点，经验做法被《2015 年智慧城市创建案例》吸纳汇编。同时，通过积极争取国家项目资金支持，"安徽工程大学、滁州第二人民医院"等四个项目列入国家公共建筑能效提升工程示范储备，示范面积 74.78 万 m²，争取国家资金支持 1495.6 万元。

### 6.2.5 可再生能源建筑持续规模化发展

开展了地热能建筑应用项目调研分析，在广泛听取各地及相关省直部门意见的基础上，安徽省住房和城乡建设厅、发展和改革委员会、财政厅、国土资源厅出台了《推进浅层地热能在建筑中规模化应用实施方案》（建科〔2015〕276号），加强推进浅层地热能推广应用。扎实推进 7 市 10 县 4 镇国家可再生能源建筑应用示范城市（县、镇）试点示范工作，积累了宝贵的工作经验、探索了有效的推广模式，积极完善政策体系、配套能力建设，促进了可再生能源在建筑中规模化应用。截至 2015 年底，安徽省推广太阳能光热建筑应用面积超过 2 亿 $m^2$，太阳能光伏建筑应用装机容量超过 250MW，浅层地热能建筑应用面积超过 1000 万 $m^2$。

### 6.2.6 加快推进建筑产业现代化

通过强化组织协调，组建建筑产业现代化专家委员会；加强监督考核，将建筑产业现代化工作纳入各市政府节能目标责任评价考核体系和全省建筑节能专项检查内容；培育市场实施主体，指导中铁四局、马钢等本省传统建筑业企业转型发展，推动产业布局和产业体系的完善；健全标准技术体系；狠抓试点项目建设等措施，加快推进建筑产业现代化，初步形成了"省级层面指导、市级层面主导、企业为实施主体"的发展格局。截至 2015 年底，全省预制构件年产能超过 800 万 $m^2$，创建了合肥、蚌埠、滁州、芜湖、六安、马鞍山等 6 个城市开展省级建筑产业现代化试点城市，评定了中铁四局、马钢等 12 个省级建筑产业现代化示范基地，全省累计建设建筑产业现代化试点项目 500 万 $m^2$。

## 6.3 发展绿色建筑的政策法规情况

（1）《关于印发推进浅层地热能在建筑中规模化应用实施方案的通知》（建科 [2015] 276 号）

2015 年 12 月 8 日，安徽省住房和城乡建设厅、发展和改革委员会、财政厅、国土资源厅印发《推进浅层地热能在建筑中规模化应用实施方案》，明确以调整建筑用能结构、促进节能减排为目标，坚持"政府引导、市场主导，因地制宜、示范推进"的原则，加快培育浅层地热能设备制造、节能服务等相关产业。率先在政府投资的公共建筑中示范应用，引导社会投资的公共建筑和居住建筑广泛应用，实现浅层地热能在建筑中规模化应用，促进城乡建设绿色发展。要求单体建筑面积 2 万 $m^2$ 以上且有集中供暖制冷需求的政府投资的公共建筑率先应用地源热泵技术进行供暖制冷。

（2）《安徽省人民政府办公厅转发省住房城乡建设厅关于推进城乡建设绿色发展意见的通知》（皖政办秘 [2015] 75 号）

2015 年 10 月 19 日，安徽省人民政府办公厅印发了《关于推进城乡建设绿色发展的意见》，其中绿色建筑推广行动目标为：到 2017 年，城镇新建建筑节能标准设计、施工执行率达到 100%，可再生能源建筑应用比例达到 60%。到 2020 年，城镇新建建筑能效比 2011 年提高 20%，大型公共建筑和公共机构实现能耗监管全覆盖。开展绿色生态城市综合试点，推动绿色建筑由单体示范转向区域示范。推广建筑节能、节水、节地、节材和保护环境的适宜技术，提升绿色施工水平。到 2017 年，新建建筑按绿色建筑标准设计建造比例达到 30％以上。到 2020 年，达到 60％以上。到 2017 年，政府投资的新建建筑全部实施全装修，设区城市新建住宅中全装修比例达到 20％以上；全省采用建筑产业现代化方式建造的建筑面积累计达到 1500 万 $m^2$ 以上。到 2020 年，建筑产业现代化一体化产业链基本形成，装配式施工能力大幅提升。

（3）《关于在保障性住房和政府投资公共建筑全面推进绿色建筑行动的通知》（建科〔2015〕140 号）

2015 年 7 月 3 日，安徽省住房和城乡建设厅、发展和改革委员会、财政厅、机关事务管理局出台《关于在保障性住房和政府投资公共建筑全面推进绿色建筑行动的通知》，要求全省保障性住房和政府投资公共建筑全面执行绿色建筑标准。各级发展改革部门要严格按照国务院和省政府关于投资体制改革的有关要求，加强对保障性住房和政府投资公共建筑项目的审批管理，在初步设计方案审查和节能审查时落实绿色建筑的有关要求，严格执行绿色建筑标准规范，并将绿色建筑增量成本列入投资概算。

（4）《关于印发安徽省绿色建筑行动协调小组成员单位名单的通知》（建科函〔2014〕1980 号）

2014 年 12 月 18 日，出台《关于印发安徽省绿色建筑行动协调小组成员单位名单的通知》，成立了 20 多个省直厅局参加的绿色建筑行动协调小组，负责组织实施全省绿色建筑行动年度工作计划，协调解决工作中的重大问题。协调小组办公室设在省住房和城乡建设厅，负责落实协调小组决议；研究提出绿色建筑发展规划和政策措施；组织实施建筑节能与绿色建筑重点项目；落实年度工作任务并进行分解等有关工作。

（5）《安徽省人民政府办公厅关于加快推进建筑产业现代化的指导意见》（皖政办〔2014〕36 号）

2014 年 12 月 3 日，安徽省人民政府办公厅印发《关于加快推进建筑产业现代化的指导意见》，主要目标为：到 2015 年末，初步建立适应建筑产业现代化发展的技术、标准和管理体系，全省采用建筑产业现代化方式建造的建筑面积累计达到 500 万 $m^2$，创建 5 个以上建筑产业现代化综合试点城市；综合试点城市当年保障性住房和棚户区改造安置住房采用建筑产业现代化方式建造比例达到 20％以上，其他设区城市以 10 万 $m^2$ 以上保障性安居工程为主，选择 2～3 个工程开展建筑产业现代化试点。到 2017 年末，全省采用建筑产业现代化方式建造的建筑面积累计达到 1500 万 $m^2$；创建 10 个以上建筑产业现代化示范基地、20 个以上建筑产业现代化龙头企业；综合试点城市当年保障性住房和棚户区改造安置住房采用建筑产业现代化方式建造比例达到 40% 以上，其他设区城市达到 20% 以上。

# 6.4　绿色建筑标准和科研情况

（1）《建筑遮阳工程技术规程》DB34/T 5029—2015

本规程对建筑遮阳工程材料、设计、施工、验收等方面进行了系统规范，提出了永久性遮阳和临时性遮阳理念，增加了绿色遮阳和建筑玻璃贴膜等遮阳技术要求。

（2）《安徽省绿色建筑检测技术标准》DB34/T 5009—2014

本标准规定了绿色建筑技术的检测内容、检测方法、抽样数量等检测技术要求，为绿色建筑检测提供了依据。

（3）《太阳能光伏与建筑一体化技术规程》DB 34/5006—2014

本规程对太阳能光伏与建筑一体化系统选型设计、现场施工安装、工程验收、运行维护等作出明确要求，对促进太阳能光伏建筑一体化，促进可再生能源建筑应用具有重要意义。

（4）《安徽省建筑工程绿色施工技术导则（试行）》（建科〔2014〕124 号）

《安徽省建筑工程绿色施工技术导则（试行）》于 2014 年 8 月 6 日印发，为推动绿色建筑发展，提高安徽省绿色建筑施工水平起到了积极作用。

（5）《安徽省绿色建筑工程监理导则》（建市〔2014〕90 号）

《安徽省绿色建筑工程监理导则》于 2014 年 5 月 4 日印发，规范了绿色建筑工程监理与相关服务行为，提高了绿色建筑工程监理与相关服务水平。

（6）《安徽省绿色建筑施工图审查要点（试行）》（建质〔2014〕6 号）

《安徽省绿色建筑施工图审查要点（试行）》于 2014 年 1 月 10 日正式发布实施。为做好绿色建筑行动实施，进一步加强安徽省绿色建筑施工图审查工作奠定了基础。

# 6.5　地方绿色建筑大事记

2015 年 1 月 13 日，安徽省建筑节能与科技协会会同安徽省房地产业协会在芜湖市召开建筑产业现代化技术交流会，交流研讨建筑产业现代化政策措施、先进技术和实践经验。

2015 年 1 月 28 日，安徽省建筑节能与科技协会举办"绿色建筑 BIM 技术交流及现场观摩会"，推广 BIM 技术应用，全省各地市建设行政主管部门及设计、高校、施工单位共计 300 余位技术人员参加技术交流和观摩会。

2015 年 2 月 16 日，安徽省住房和城乡建设厅印发《关于成立安徽省建筑产业现代化专家委员会的通知》，成立建筑产业现代化专家委员会。

2015 年 3 月，合肥市入选中欧低碳生态城市合作项目综合试点城市，成为全国首批 10 个试点示范城市之一。

2015 年 4 月，安徽省滁州市、亳州市、宿州市、金寨县、定远县等 5 个城市（县）为国家智慧城市 2014 年度新增试点，太和县列入阜阳市扩大范围试点，安徽省安泰科技股份有限公司申报的建筑节能与能源管理项目为国家智慧城市 2014 年度专项试点。

2015 年 4 月 2 日，安徽省住房和城乡建设厅在合肥市召开"全省浅层地热能在建筑中推广应用工作座谈会"，研讨推进浅层地热能在建筑中规模化应用工作。

2015 年 4 月 21 日，安徽省住房和城乡建设厅在滁州市召开全省建筑节能与科技工作会议，总结交流 2014 年全省建筑节能与科技工作经验和做法，部署 2015 年重点工作。

2015 年 4 月 28 日，安徽省住房和城乡建设厅在合肥市召开全省建筑产业现代化宣贯推进会，解读建筑产业现代化有关政策，交流省内外经验做法，并对下一步全省建筑产业现代化的深入推进做安排部署。

2015 年 5 月 16 日，安徽省住房和城乡建设厅与六安市人民政府签订了推进六安城乡建设绿色发展框架合作协议。

2015 年 6 月 19 日，安徽省住房和城乡建设厅组织召开"安徽省智慧城市建设专题研讨会"，总结智慧城市试点经验，强化顶层设计和指导服务，推进智慧城市建设。

2015 年 7 月 2 日，安徽省政协、安徽省人民政府召开"推进建筑产业现代化"对口协商会，形成了《关于推进建筑产业现代化的若干建议》，提出从加大宣传力度、建立协同机制、强化技术支撑、健全法规体系、抓好试点示范、培育产业集聚、培养专业人才等方面加快推进建筑产业现代化意见。

2015 年 7 月 3 日，安徽省住房和城乡建设厅、省发展改革委、省财政厅、省机关事务管理局联合发文《关于在保障性住房和政府投资公共建筑全面推进绿色建筑行动的通知》，在全省保障性住房和政府投资公共建筑全面推进绿色建筑行动。

2015 年 7 月 9 日，安徽省住房和城乡建设厅在合肥召开全省绿色建筑行动实施推进会，部署在保障性住房和政府投资公共建筑中全面推进绿色建筑行动。

2015 年 8 月 21 日，安徽省住房和城乡建设厅在合肥市组织召开建筑产业现代化专家委员会第一次全体会议，研讨"十三五"建筑产业现代化政策、技术、标准等。

2015 年 9 月 22 日，安徽省住房和城乡建设厅组织有关专家召开智慧城市建设工作研讨会。

2015年10月30日，安徽省住房和城乡建设厅在合肥召开新闻发布会，解读《关于转发省住房城乡建设厅推进城乡建设绿色发展的意见》（皖政办秘〔2015〕175号），部署推进相关工作。

2015年11月，安徽省住房和城乡建设厅启动了2015年度全省建筑节能与绿色建筑实施情况专项检查，将绿色建筑强制推广纳入检查内容。

2015年12月8日，安徽省住房和城乡建设厅、发展和改革委员会、财政厅、国土资源厅印发《推进浅层地热能在建筑中规模化应用实施方案》（建科〔2015〕276号）。

**执笔：**刘兰　叶长青　魏放（安徽省建筑节能与科技协会）

# 7 福建省绿色建筑总体情况简介

## 7 General situation of green building in Fujian

## 7.1 绿色建筑总体情况

截至 2015 年 12 月，福建省通过绿色建筑评价标识认证的项目共计 37 项，总建筑面积达 536.43 万 $m^2$，其中公建项目 23 项，总建筑面积达 274.17 万 $m^2$；住宅项目 14 项，总建筑面积达 262.26 万 $m^2$。福建省累计通过绿色建筑评价标识认证的项目达 90 项，总建筑面积达 1365.7 万 $m^2$，其中公建项目 49 项，总建筑面积达 661.64 万 $m^2$；住宅项目 42 项，总建筑面积达 704.06 万 $m^2$。

截至 2015 年 12 月，通过福建省地方绿色建筑标识评定机构（福建省绿色建筑发展中心、厦门市绿建委）认证的项目共计 27 项，总建筑面积达 317.88 万 $m^2$，其中公建项目 16 项，总建筑面积达 146.78 万 $m^2$；住宅项目 11 项，总建筑面积达 171.10 万 $m^2$。

## 7.2 发展绿色建筑的政策法规情况

（1）《福建省新型城镇化规划（2014—2020)》（闽委发［2014］11 号）

文件提出，实施绿色建筑行动计划，完善绿色建筑标准及认证体系，扩大强制执行范围，到 2020 年末，城镇绿色建筑占新建建筑比例达 50%。

（2）厦门市建设局、财政局关于印发《厦门市绿色建筑财政奖励暂行管理办法》的通知（厦建科［2015］40 号）

文件提出，对开发建设绿色建筑的建设单位给予市级财政奖励。奖励标准为：一星级绿色建筑（住宅）每平方米 30 元；二星级每平方米 45 元；三星级每平方米 80 元；除住宅、财政投融资项目外的星级绿色建筑每平方米 20 元。对购买二、三星级绿色建筑商品住房的业主给予返还契税的奖励。对购买二星级绿色建筑商品住房的业主给予返还 20% 契税，购买三星级绿色建筑商品住房的业主给予返还 40% 契税的奖励，契税奖励实行先征后奖原则。

## 7.3 绿色建筑标准和科研情况

(1)《福建省绿色建筑施工图审查要点》

该要点适用于福建省新建、改建、扩建民用绿色公共建筑和居住建筑（不含保障性住房）的施工图审查。绿色保障性住房，鼓励按本要点中的居住建筑条款审查，也可按住房和城乡建设部《绿色保障性住房技术导则》条款审查。

(2)《福建省绿色建筑适宜技术及产品推广目录》

推广墙体节能技术、门窗节能技术、屋面节能技术、空调节能技术、电气节能技术、新型节水和排水技术、建筑绿化与透水铺装技术、建筑节材技术、可再生能源利用技术、计算机模拟优化设计技术等 10 类 45 项技术和产品。每项技术和产品内容包括技术简介、主要技术指标、依据标准及规范、适用范围、典型工程应用及技术服务单位等内容。

(3)《福建省民用建筑围护结构节能工程做法及数据》

该图集充分考虑福建省的气候特点和建筑节能产业状况，提供了福建省围护结构常见的构造作法、门窗与节能材料的热工性能参数及数据等，供建筑节能设计、施工图审查、施工、监理工作参照使用。

## 7.4 地方绿色建筑大事记

2015 年 4 月 23 日，为进一步推动绿色建筑发展，解决现行绿色建筑专项施工图审查中存在的问题，福建省海峡绿色建筑发展中心和福建省绿色建筑创新联盟在福州组织召开了全省绿色建筑专项图审座谈会。

2015 年 5 月 14～15 日，由福建省住房和城乡建设厅主办，福建省建筑科学研究院、福建省海峡绿色建筑中心协办的"绿色公共建筑现场观摩会"在福州召开。本次会议旨在宣贯福建省绿色建筑相关政策、建设流程及适宜性技术，分享并组织福建省优秀绿色公共建筑示范项目的现场考察。

2015 年 9 月 18 日，由福建省绿色建筑创新联盟和德国工商大会广州代表处共同组织的"中德节能福建福州专场合作交流会"在福建省建筑科学研究院铁岭基地召开。本次交流会为中德两国建筑节能和绿色建筑服务企业搭建了务实交流的合作平台，促进了两国在技术推广应用、节能服务模式创新等方面的相互借鉴和学习，为中德两国建筑节能服务产业间的交流打开了良好局面。

2015 年 11 月 30 日，在国家绿建委的倡导下，福建省海峡绿色建筑发展中心与福建省工程学院在福建省建筑科学研究院铁岭基地共同举办"走进绿色建筑"

科普教育活动。本次活动是福建省首次尝试在大学生中开展绿色建筑宣传教育，号召他们建立绿色思维方式，树立"节水、节能、绿色、环保"的意识，加强对发展绿色建筑的社会责任感，在未来从业中践行可持续发展理念。

执笔：黄夏东　胡达明（福建省海峡绿色建筑发展中心）

# 8 湖北省绿色建筑总体情况简介

## 8 General situation of green building in Hubei

## 8.1 建筑业总体情况

湖北省建筑业总产值、本年新签合同额、房屋施工面积及房屋竣工面积均保持平稳增长。截至 2015 年底，全省累计建成节能建筑 39537.14 万 m²，占全省城镇建筑总量的比例由"十一五"末的 15.69% 上升到 36.62%。其中，"十二五"新增节能建筑面积 24697.14 万 m²，2015 年新增节能建筑 5418.07 万 m²。积极开展低能耗建筑试点。从 2012 年开始在武汉城市圈开展节能 65% 低能耗居住建筑试点，2015 年起在全省县以上城区全面执行。目前，已累计建成 6818.03 万 m²，占"十二五"新增居住建筑总量的 36.73%，完成既有居住建筑节能改造 194.04 万 m²，公共建筑节能改造 442.21 万 m²。

## 8.2 绿色建筑总体情况

2015 年，湖北省通过绿色建筑评价标识认证的项目共计 75 项，总建筑面积达 560.08 万 m²，其中公建项目 39 项，总建筑面积达 236.41 万 m²，住宅项目 36 项，总建筑面积达 323.67 万 m²。

截至 2015 年 12 月份，湖北省累计通过绿色建筑评价标识认证的项目达 190 项，总建筑面积达 1786.19m²，其中公共建筑 84 项，住宅建筑 106 项；一星级 82 项，二星级 92 项，三星级 16 项。

## 8.3 发展绿色建筑的政策法规情况

(1) 印发《关于开展绿色建筑省级认定工作的通知》（鄂建办 [2014] 72 号）

文件要求自 2015 年 3 月 1 日起，全省市、州、直管市中心城区新建国家机关办公建筑、政府投资的公益性建筑、各类大型公共建筑（单体建筑面积 2 万 m² 及以上）和规划批准面积 20 万 m² 以上的居住区以及武汉、襄阳、宜昌市中心城区的保障性住房应按照《湖北省绿色建筑省级认定技术条件》（试行）进行项目设计、审查、施工、监理、验收、备案。2016 年 1 月 1 日起，全省市、州、县中心城区新建国家机关办公建筑、政府投资的公益性建筑、各类大中型公共建筑（单体建筑面积 5000m² 及以上）和规划批准面积 10 万 m² 以上的居住区以及市、州中心城区的保障性住房应按《湖北省绿色建筑省级认定技术条件》（试行）进行项目设计、审查、施工、监理、验收、备案。2017 年 1 月 1 日起，全省城镇新建各类民用建筑应按《湖北省绿色建筑省级认定技术条件》（试行）进行项目设计、审查、施工、监理、验收、备案。

（2）印发《关于申报 2015 年绿色生态城区和绿色建筑省级示范项目的通知》（鄂建文〔2015〕40 号）

为贯彻落实省人民政府办公厅《关于印发湖北省绿色建筑行动实施方案的通知》（鄂政办发〔2013〕59 号）要求，加快推进绿色生态城区建设，促进绿色建筑规模化发展，湖北省住建厅、发改委、财政厅组织开展 2015 年绿色生态城区和绿色建筑省级示范项目的申报工作，省级示范分为：绿色生态城区示范、绿色建筑集中示范、高星级绿色建筑项目示范等三类。10 月，印发了《湖北省住房和城乡建设厅、湖北省发展和改革委员会、湖北省财政厅关于公布 2015 年省级绿色生态城区和绿色建筑示范创建项目的通知》，确定了 2015 年省级绿色生态城区示范创建项目 6 个，绿色建筑集中示范创建项目 11 个，高星级绿色建筑示范创建项目 2 个。

（3）印发《关于推进建筑业绿色施工管理工作的通知》（鄂建办〔2015〕206 号）

文件要求各相关单位提高对绿色施工重要性的认识，加强对建筑工程绿色施工管理，扎实开展绿色施工示范工程创建并建立绿色施工示范工程激励机制。

（4）印发《关于推进预拌混凝土和预拌砂浆绿色生产防止扬尘污染的通知》（鄂建办〔2015〕64 号）

为贯彻落实《省人民政府关于贯彻落实国务院大气污染防治行动计划的实施意见》（鄂政发〔2014〕6 号）的精神，根据《2015"环保世纪行"城市扬尘治理方案》（鄂建办〔2015〕158 号）的要求，加快改善空气质量，强化监督管理，促进预拌行业绿色发展，要求各相关单位提高对预拌混凝土和预拌砂浆绿色生产重要性的认识，加强预拌混凝土和预拌砂浆生产、运输、存储环节的管控，落实推进预拌混凝土和预拌砂浆绿色生产的各项措施并强化监督管理。

## 8.4  绿色建筑标准和科研情况

### 8.4.1  绿色建筑标准

正在组织编制湖北省地方标准《EPS 空心模块工业建筑低能耗围护结构技术

规程》、《EPS模块保温系统技术规程》、《EPS模块现浇混凝土结构低层低能耗房屋技术规程》，以满足建造低能耗工业建筑（厂房、库房等）对新技术和新材料的需求，实现由居住建筑节能向工业建筑（厂房、库房等）节能领域的跨越，保证工程质量，降低建造成本，淘汰落后产能，规范装配式低能耗工业建筑（厂房、库房等）的建设行为，做到保温与结构一体化，建筑保温与建筑结构同寿命，同时提高节能建筑保温系统的保温隔热性、耐久性、防火安全性和易施工。

### 8.4.2 科研情况

2015年，在绿色建筑方面开展了大量的研究，目前正在进行的科研课题如表3-8-1所示。

湖北省2015年绿色建筑相关科研情况       表3-8-1

| 序号 | 项 目 名 称 |
| --- | --- |
| 1 | 《高性能砂加气混凝土砌块（梁和板）的开发及产业化》 |
| 2 | 《页岩陶粒混凝土应用于预制装配式混凝土结构的试验研究与工程应用》 |
| 3 | 《页岩陶粒材料在建筑产业化项目中的应用研究》 |
| 4 | 《夏热冬冷地区相变保温砂浆的湿热性能实验研究》 |
| 5 | 《冬冷夏热地区住宅建筑节能型窗型设计研究》 |
| 6 | 《应对气候变化的绿色建筑发展策略研究》 |
| 7 | 《绿色建筑技术经济分析模型研发与评价》 |
| 8 | 《办公建筑绿色运行管理方法、节能综合效率计算和雨水收集系统计算方法研究》 |
| 9 | 《新型相变墙体在建筑节能中的应用》 |
| 10 | 《湖北省绿色建筑星级标识评审管理系统》 |
| 11 | 《武汉市公共建筑基准能耗模拟与测定应用研究—以法开署贷款项目为例》 |
| 12 | 《大型地源热泵项目地下热失衡分析及应对措施研究》 |
| 13 | 《公共建筑节能诊断与节能改造关键技术研究》 |
| 14 | 《地下波纹管换热装置的研究与应用》 |

## 8.5 地方绿色建筑大事记

2015年，湖北省住房城乡建设厅在武昌组织召开了13次绿色建筑评价标识评审会。

2015年3月24～25日，省绿色建筑与节能专业委员会组织多名成员参加第十一届国际绿色建筑与建筑节能大会暨新技术与产品博览会。

2015年10月23～24日，省绿色建筑与节能专业委员会组织多名成员参加第五届夏热冬冷地区绿色建筑联盟大会。

2015 年 11 月 5~6 日，省绿色建筑与节能专业委员会组织省内的相关专家参加由中国被动式超低能耗绿色建筑联盟牵头主办的"2015 年全国被动式超低能耗建筑大会暨第二届被动式超低能耗绿色建筑技术国际研讨会"。

执笔：唐小虎　丁云（湖北省土木建筑学会绿色建筑与节能专业委员会）

# 9 湖南省绿色建筑总体情况简介

## 9 General situation of green building in Hu'nan

## 9.1 建筑业总体情况

2015 年前三季度，湖南省建筑业企业（具有资质等级的总承包和专业承包建筑业企业，不含劳务分包建筑业企业，下同）2057 家，比去年同期减少 12 家，其中有业务量的企业占 96.6%。建筑业完成总产值 4402.88 亿元，同比增长 10.7%，增幅分别较上半年、一季度和去年同期回落 2.6 个、6.4 个和 5.3 个百分点，呈持续回落态势。

(1) 市州建筑业总产值增幅有涨有落。从 14 个市州来看，除张家界总产值同比下降 9.04% 外，其余 13 个市州建筑业总产值呈不同程度增长，7 个市的增速高于湖南省平均水平。与上半年比较，娄底、湘潭、永州、株洲、常德、怀化、湘西自治州分别上升 8.45、6.24、2.43、2.12、1.46、1.42 和 0.71 个百分点；张家界、长沙、岳阳、邵阳、衡阳、益阳和郴州建筑业总产值增幅回落。

(2) 总承包合同额增幅有所回升。前三季度，具有建筑业资质等级的总承包合同额 11826.0 亿元，同比增长 10.5%，增幅比去年同期低 3.3 个百分点，比上半年提高 1.2 个百分点。其中，本年新签合同额 4789.8 亿元，较上半年提高 3.7 个百分点。

(3) 房屋建筑施工面积增幅持续下滑。前三季度，房屋施工面积 4109.6 万 $m^2$，同比增长 2.9%，增幅比去年同期低 5.7 个百分点，比上半年下滑 2.9 个百分点，这是从今年一季度开始连续第 3 个季度下降。其中，本年新开工面积下降 10.6%，比上半年低 2 个百分点。

(4) 竣工产值和竣工面积增幅回落明显。前三季度，竣工产值 2258.6 亿元，同比增长 14.6%，增幅比去年同期回落 5.0 个百分点，比上半年回落 4.2 个百分点。房屋竣工面积 1040.6 万 $m^2$，增长 11.3%，增幅比上半年下降 6.3 个百分点，其中，住宅房屋竣工面积 755.81 万 $m^2$，增长 18.2%，增幅比上半年下降 7.4 个百分点。

## 9.2 绿色建筑总体情况

2015 年，通过绿色建筑标识认证的项目 78 项。湖南省绿专委自承担绿建项目组织评审工作以来，制定并完善相关制度，每月召开 2～3 次项目评审会，加快评审速度，通过认证的项目共计 70 项，总建筑面积达 726.28 万 m²，其中公建项目 51 项，总建筑面积达 363.85 万 m²；住宅项目 27 项，总建筑面积达 363.43 万 m²；其中一星级 61 个，二星级 14 个，三星级 3 个。截至 2015 年 12 月，已有 203 个项目列入湖南省绿色建筑创建计划。在加快绿色建筑数量发展的同时，省绿专委总结评审经验，经多次内部讨论，并组织部分评审专家制订了《湖南省绿色建筑评审申报材料要求》、《湖南省绿色建筑评审技术要点》等文件，进一步规范申报材料要求，提升绿建项目的申报质量。

## 9.3 发展绿色建筑的政策法规情况

（1）长沙市人民政府关于印发《长沙市绿色建筑项目管理规定》的通知

2015 年 4 月 2 日，长沙市人民政府印发《长沙市绿色建筑项目管理规定》，自 2015 年 7 月 1 日起施行。《规定》适用于全市行政区域内政府投资的办公建筑、学校、保障性住房，社会投资的 2 万 m² 以上的办公建筑、商场、旅馆以及 20 万 m² 以上的居住小区项目。

适用范围内的建筑工程应按照《长沙市绿色建筑设计基本规定》《长沙市绿色建筑基本技术审查要点》《长沙市绿色建筑施工管理基本规定》《长沙市绿色建筑竣工验收基本规定》《长沙市绿色建筑运营管理基本规定》的规定和要求进行规划、设计、建造和运营。

（2）《关于促进房地产市场平稳健康发展的通知》

2015 年 5 月 19 日，长沙市政府办公厅印发《关于促进房地产市场平稳健康发展的通知》，据通知，即日起，二手房交易个人所得税核定征收税率下调至 1%；在长沙购买绿色建筑、产业化住宅、全装修普通商品住宅，可按 60 元/m² 标准获得补贴。长沙县、望城区、浏阳市、宁乡县可参照执行。

## 9.4 绿色建筑标准和科研情况

2015 年，组织编制绿色建筑相关标准和技术规程，主要包括《湖南省绿色建筑评价标准》（修订）、《湖南省大型公建和保障性住房绿色建筑标准化文件》编制、《湘江新区绿色校园建设技术导则》、《湘江新区居住建筑节能 65% 设计导则》、《湖南省绿色建筑发展研究报告》、《湖南省建筑节能工程施工质量验收规范》、《湖南省绿色物业运营管理导则》、《长沙市绿色建筑基本技术文件》等，为我省设计、咨询、施工、建设单位提供了技术支撑，完善了包括绿色施工、绿色运营在内的绿色建筑标准体系建设。

## 9.5  地方绿色建筑大事记

2015 年 4 月 16 日，"节能减排评价与推广平台"典型示范项目工作交流会在长沙召开，以长株潭城市群为试点进行有效的尝试和探索，总结先进经验，发挥引领示范作用，并加强节能减排领域内深层次的紧密合作，更好地为推进长株潭城市群节能减排财政政策综合示范工作整体进展做出新的贡献。

2015 年 4 月 17~18 日，由中华人民共和国教育部批准，湖南大学主办的"可持续城市与建筑发展国际学术研讨会"在长沙举行。

2015 年 4 月 24 日，湖南省建筑节能与科技工作会议在长沙召开，要求做好建筑节能工作，发展绿色建筑已经成为各地政府节能目标责任完成情况的考核指标。

2015 年 5 月，积极配合组织国家《绿色建筑评价标准》及绿色建筑相关技术培训的宣贯工作。

2015 年 6 月，湖南省绿专委主任委员殷昆仑、副主任委员徐峰、秘书长王柏俊、副秘书长曹峰一行 4 人赴福建省福州市、浙江省杭州市进行考察调研，并与福建省海峡绿色建筑发展中心、浙江省绿色建筑与建筑节能协会等业内同行开展了交流座谈活动。

2015 年 6 月 13 日，2015 年湖南省节能宣传周在湖南师范大学启幕。全省各市州住建局等部门进行绿色建筑系列推广活动，如"怀化市绿色建筑节能宣传周"等。

2015 年 7 月 17 日，由省住房城乡建设厅建筑节能与科技处组织的地方标准《湖南省绿色建筑评价标准》（修订）送审稿专家评审会在衡阳市召开。

2015 年 9 月，湖南省可再生能源建筑应用示范地区 2015 年第二季度工作调度会在株洲云龙召开，要求各示范地区要抓紧项目实施，务必按照国家住建部、财政部要求进行项目测评和完成示范验收。

2015 年 10 月，组织参加"第五届夏热冬冷地区绿色建筑联盟大会"，省绿专委主任委员殷昆仑应邀参加了本次会议，并做了"湖南省绿色建筑发展综述"的主题报告。

2015 年 11 月 3 日，湖南省住房和城乡建设厅批准《绿色建筑评价标准》为湖南省工程建设推荐性地方标准，编号为 DBJ43/T 314—2015，自 2015 年 12 月

10 日起在全省范围内执行，原《湖南省绿色建筑评价标准》DBJ43/T 004—2010 同时作废。

2015 年 11 月 20～22 日，2015 中国（湖南）住宅产业化与绿色建筑发展论坛暨新技术产品博览会在湖南国际会展中心顺利举办。此次大会集产品技术展示、会议论坛、学术交流、技术推广、产品发布、项目推介、对接洽谈、科学普及于一体，旨在集中展示住宅产业化与绿色建筑领域的新技术、新产品、新成果，提升产业发展水平，促进产业结构转型升级，打造产业发展权威交流与合作平台。

**执笔**：王柏俊（湖南省建设科技与建筑节能协会绿色建筑专业委员会）

# 10 重庆市绿色建筑总体情况简介

## 10 General situation of green building in Chongqing

2015 年，重庆市本着"坚定可持续发展，全面推进绿色建筑"的发展理念，坚持完善重庆市绿色建筑标准法规体系建设、全面推动重庆市绿色建筑评价标识服务、扩大绿色建筑社会影响的工作宗旨，进一步促进了重庆市绿色建筑行业的积极蓬勃发展。主要围绕绿色建筑评价标识、绿色建筑标准法规建设、科研创新发展、国际合作交流、推动区域绿色建筑发展等五个方面开展了卓有成效的工作。

## 10.1 建筑业总体情况

2015 上半年，重庆建筑业实现稳定健康发展，全市建筑企业完成总产值和固定资产投资变动趋势高度一致。按行业类型看，房屋建筑项目建设进度放缓，其他类型建筑项目建设蓬勃发展；按项目建设地址看，在外省项目建设逐渐冷却，市内项目建设持续升温；按五大功能区域看，都市功能区域表现乏力，其余功能区域成全市建筑业发展之主推手；按历史数据看，工程竣工周期"来袭"，呈现出新项目开工不足，后续增长乏力的行业整体趋势。

其中，重庆市房地产开发上半年完成投资 1715.82 亿元，同比增长 10.5%，占年度目标任务 3000 亿元的 57.2%，占重庆市固定资产投资 6298.92 亿元的 27.2%。重庆市房地产业实现增加值 400.36 亿元，同比增长 6.1%，占地区生产总值（GDP）的 5.5%。

截至 2015 年 11 月，与 2014 年相比，重庆市房地产开发继续去年下半年的低迷趋势。完成房地产开发投资 3358 亿元，同比增长 3.3%；施工面积 28116 万 m²，同比增长 1%；新开工面积 5165 万 m²，同比降低 9.2%；竣工面积 3649 万 m²，同比增长 31.7%；销售面积 4601 万 m²，同比增长 6.3%，受市场低迷的影响，投资增幅下降明显，新开工面积下滑。

## 10.2 绿色建筑发展总体情况

### 10.2.1 绿色建筑评价标识

重庆市绿色建筑评价标识工作自 2011 年开始，截至 2015 年 4 月共完成绿色建筑评价标识项目 62 个，其中地方组织完成 57 个绿色建筑项目，国家标准组织完成 5 个项目，项目总面积为 966.7 万 $m^2$。2014 版重庆《绿色建筑评价标准》自 2015 年 5 月开始执行，共完成 18 个项目，其中地方组织完成 15 个绿色建筑项目，国家标准组织完成 3 个项目，申报项目总面积为 319.9 万 $m^2$。重庆市绿色建筑评价标识项目总计 80 个，项目总面积为 1286.6 万 $m^2$。

根据 2013 年 9 月中共重庆市委四届三次全会将重庆划分的都市功能核心区、都市功能拓展区、城市发展新区、渝东北生态涵养发展区、渝东南生态保护发展区五个功能区域的分布，都市功能核心区和都市功能拓展区是重庆市主城区，也是绿色建筑标识申报项目最多的功能区，组织完成了 65 个项目，其中银级项目 21 个，金级项目 38 个，铂金级项目 6 个；申报项目总面积为 1059.4 万 $m^2$。城市发展新区组织完成了 9 个项目，其中银级项目 4 个，金级项目 5 个；申报项目总面积为 176.1 万 $m^2$。渝东北生态涵养发展区组织完成了 6 个项目，其中银级项目 2 个，金级项目 3 个，铂金级项目 1 个；申报项目总面积为 59.9 万 $m^2$。渝东南生态保护发展区暂时还没有项目申报。

2015 年，重庆市绿色建筑评价标识项目共计 25 个项目、总建筑面积为 451.78 万 $m^2$。

### 10.2.2　培训交流宣传

为进一步强化绿色建筑的技术推广，加强全社会对绿色建筑的认识和理解，2015 年来，重庆市分别组织开展了新国标《绿色建筑评价标准》GB 50378—2014 西南地区培训会、《综合医院通风设计规范》标准解读会和 2015 年度重庆市《绿色建筑评价技术细则》培训会，夯实了绿色建筑行业发展的理论基础。先后组织参与了"2015 年度中国建筑 HVAC 系统节能解决方案论坛总第十二站"、"2015 第七届中国地源热泵行业高层论坛暨 2015 第二届中国地源热泵行业产品与技术博览会"、"第六届海内外中华青年材料科学技术研讨会暨第十五届全国青年材料科学技术研讨会"、"第五届夏热冬冷地区绿色建筑联盟大会"、"沪渝两地绿色建筑技术发展论坛"等系列宣传推广和学术论坛，进一步扩大重庆市绿色建筑的发展影响。

### 10.2.3　西南地区绿色建筑基地建设

重庆市绿色建筑专业委员会作为西南地区绿色建筑基地依托单位，不断完善基地建设，在以下三个方面完成了有效的工作。

基地制度机构建设

(1) 发布了《关于推进西南地区绿色建筑基地建设工作的通知》，确定了基地成员单位与首批分部建设单位，并形成了西南地区绿色建筑基地联络表。

（2）完成了西南地区绿色建筑基地四川、贵州、云南基地分部建设。其中四川分部由四川省建筑设计研究院牵头，联合中国建筑西南设计研究院有限公司、四川省大卫设计公司组成；云南分部由云南省绿色建筑协会牵头，联合昆明万科房地产开发有限公司、云南省城乡规划设计研究院等共同组建；贵州分部由贵州大学绿色建筑节能研究中心牵头，中天城投集团股份有限公司、贵州新能源开发投资股份有限公司等共同组成基地成员。

基地培训交流宣传

（1）2015 年 5 月 26 日，基地在重庆大学成功举办了 2015 年度重庆市绿色建筑评价技术细则培训会，吸引了重庆市 68 家设计科研机构、企事业单位约 300 余人参加。

（2）2015 年，基地成功组织了十余次成员单位交流活动，并加强了西南地区内省市间的发展绿色建筑的工作技术调研和交流，为基地的建设探索了全新的发展模式。赴北京与北京清华同衡规划设计研究院有限公司、清华大学建筑设计研究院有限公司、清华大学林波荣教授开展了深入的调研交流活动，进一步加强了基地成员单位的自身实力建设。组织成员单位参加多场专业论坛，进行技术交流、研讨。

（3）2015 年 12 月 26 日，基地召开 2015 年度总结大会，对基地的工作进行了认真总结并提出 2016 年工作计划。同期还举办了"提高建筑性能、推动绿色建筑行动"主题论坛。

工程示范中心建设

为了推动适宜绿色建筑技术的应用，结合地区绿色建筑项目，根据"可参观、可感知、可实践"的选择原则，整理了首批示范项目和技术内容，挑选了具有国家三星级、二星级绿色建筑设计评价标识的办公建筑、医院建筑等六个示范项目，确定展示方案和路线，完成了西南地区绿色建筑基地首批示范项目展示路线图，推动了绿色建筑示范展示中心的建设。

### 10.2.4 国际绿色建筑合作交流中心建设

为进一步推动我国绿色建筑国际化合作的深层次发展，重庆市进一步大力开展绿色建筑国际交流中心建设。目前，已拥有科技部"低碳绿色建筑国际联合研究中心"、教育部、国家外专局"低碳绿色建筑人居环境质量保障创新引智基地"（简称"111"引智基地）和教育部"绿色建筑与人居环境营造国际合作联合实验室"，初步建设成为西南地区绿色建筑国际交流中心，并进行了多次国际合作与会议交流。

（1）2015 年 7 月 28～31 日，西南地区绿色建筑基地组织，重庆、四川、贵州、云南四省市的 20 余名代表参加了在英国雷丁大学和剑桥大学隆重召开的第七届"建筑与环境可持续发展国际会议（SuDBE2015）暨中英合作论坛"。

（2）2015 年 10 月 20 日，西南地区绿色建筑基地联合基地成员单位申请了教育部"绿色建筑与人居环境营造国际合作联合实验室"，经过专家组现场考察和质询讨论，一致同意通过立项建设论证。

（3）2015 年 6 月 9～12 日，重庆市代表应邀参加了由 IEEE 工业应用学会和电力电子学会主办、在悉尼希尔顿酒店召开的"电力电子与驱动系统国际会议（IEEE The International Conference on Power Electronics and Drive System）"。会议主题就能源应用管理涉及的电能质量及可再生能源技术等多方面进行研讨。

## 10.3　发展绿色建筑的政策法规情况

2015 年，重庆市前后发布了《关于开展 2015 年建筑节能与绿色建筑工作专项检查的通知》、《关于印发〈重庆市绿色生态住宅小区评价管理办法〉的通知》、《关于印发重庆市绿色建筑项目补助资金管理办法的通知》、《关于征求〈既有居住建筑节能改造技术规程〉（征求意见稿）意见的通知》、《关于发布〈绿色生态住宅（绿色建筑）小区建设技术规程〉的通知》、《关于印发重庆市建筑能效（绿色建筑）测评与标识管理办法的通知》、《关于发布〈绿色建筑设计标准〉的通知》、《关于开展 2015 年绿色建筑与建筑节能产业化示范基地申报工作的通知》、《关于强化重庆市绿色建筑标识评审过程建设的通知》、《关于组织编制"重庆市绿色建筑评价标识"评审资料分析报告模板的通知》、《关于明确重庆市绿色建筑评价标识实施与管理相关意见的通知》、《关于组织编制〈重庆市乡土植物目录〉的通知》、《关于组织收集中水应用的投资和运行成本数据的通知》、《关于组织整理绿色建材应用相关资料的通知》等技术发展规范文件，不断完善评价体系，促进绿色建筑科学发展。

## 10.4　绿色建筑标准与科研情况

### 10.4.1　绿色建筑标准

为进一步加强绿色建筑发展的规范性建设，根据工作部署，2015 年重庆市组织完成了《重庆市绿色建筑评价技术细则（2015 版）》、《重庆市绿色建筑项目补助资金管理办法》、《重庆市绿色生态住宅小区评价管理办法》、《绿色生态住宅（绿色建筑）小区建设技术规程》、《建设工程绿色施工规程（征求意见稿）》、《绿色建筑检测标准》、《既有居住建筑节能改造技术规程》（征求意见稿）、《重庆市建筑能效（绿色建筑）测评与标识管理办法》、《绿色医院建筑评价标准》（征求意见稿)、《重庆市绿色保障性住房技术导则》、《绿色低碳生态城区评价标准》、《绿色工业建筑技术与评价导则》的编写与实施，正在组织实施《重庆市绿色建筑评价技术指南》的编写工作。

### 10.4.2 课题研究

2015年，重庆市在基础科学研究、国家科技支撑计划课题、国际科技合作计划等方面开展了卓有成效的科学研究，并完成了行业发展分析报告与《重庆市绿色建筑评价技术指南》的编写。

（1）在基础科学研究方面，联合进行了"座舱空气质量与热舒适的系统实验评估准则"（973计划）课题的研究。

（2）在科技支撑计划课题方面，联合开展了"建筑室内空气污染监测及运营管理技术研究"、"高原建筑室内环境模式与控制技术研究"、"西部内陆地区室内环境对人体健康的影响及评估"、"夏热冬冷地区能源自维持住宅示范工程建模、测试及技术集成"等课题的研究。

2015年5月6日，"十二五"国家科技支撑计划"建筑室内健康环境控制与改善关键技术研究与示范"项目2015年度检查报告会暨结题预备会议在大连理工大学国际会议中心召开。重庆大学承担了该项目的课题六"建筑室内空气污染监测及运营技术管理研究"，课题负责人重庆大学城市建设与环境工程学院院长李百战教授等一行7人参加了此次会议。李百战教授对课题的进展和成果进行了汇报，得到了专家组的一致肯定。

2015年9月23日，"十二五"国家科技支撑计划项目"农村能源自维持住宅关键技术集成研究与示范"（2013BAL01B00）中期检查会在北京市西城区中国职工之家饭店召开。项目承担单位重庆大学、重庆市绿色建筑专业委员会的研究团队负责人参加了本次会议。

（3）在国际科技合作计划项目方面，联合开展了"适宜长江流域分散式采暖关键技术合作研究"、"建筑围护结构体系关键技术研究（中美项目）"等课题的研究。

（4）完成了《重庆市绿色建筑发展情况》、《2015版〈公共建筑节能设计标准〉实施分析》、《重庆市典型公共建筑节能改造技术分析与研究》等有关行业发展的分析报告。

## 10.5 地方绿色建筑大事记

2015年，重庆市组织完成了《重庆市绿色建筑评价技术细则（2015版）》、《重庆市绿色建筑项目补助资金管理办法》、《重庆市绿色保障性住房技术导则》、

《绿色低碳生态城区评价标准》、《绿色工业建筑技术与评价导则》。

2015 年 1 月 11～14 日，新国标《绿色建筑评价标准》GB 50378—2014 西南地区培训会在重庆举行。

2015 年 3 月 24～25 日，重庆市绿色建筑专业委员会组织西南地区绿色建筑基地成员单位共同参加"第十一届国际绿色建筑与建筑节能大会暨新技术与产品博览会"。

2015 年 5 月 26 日，西南地区绿色建筑基地在重庆大学举办 2015 年度重庆市绿色建筑评价技术细则培训会。

2015 年 7 月 28～31 日，重庆市联合四川、贵州、云南等 20 余名代表参加了在英国雷丁大学和剑桥大学隆重召开的第七届"建筑与环境可持续发展国际会议（SuDBE2015）暨中英合作论坛"。

2015 年 10 月，重庆市绿色建筑专业委员会积极组织参加第五届夏热冬冷地区绿色建筑联盟大会。

2015 年 12 月 26 日，"西南地区绿色建筑基地 2015 年度工作总结会议暨主题论坛"于重庆市北部新区中冶赛迪大厦召开。

执笔：李百战　丁勇　沈舒伟　唐浩　洪玲笑　郭玲珑　张永红（重庆大学，重庆市绿色建筑专业委员会）

# 11 深圳市绿色建筑总体情况简介

## 11 General situation of green building in Shenzhen

### 11.1 建筑业总体情况

2014 年，深圳市全年生产总值 16001.98 亿元，比上年增长 8.8%。其中，建筑业增加值 466.12 亿元，比上年增长 1.6%。"十二五"期间，深圳市建筑规模稳步增长，截至 2014 年底，全市民用建筑面积达 6.15 亿 $m^2$，其中居住建筑面积约 4.76 亿 $m^2$，公共建筑面积约 1.39 亿 $m^2$。2015 年 1～9 月份，报建工程建筑面积 1840 万 $m^2$。

### 11.2 绿色建筑总体情况

绿色低碳是人类的共同语言，也是城市实现有质量、可持续发展的必由之路。为贯彻落实党中央推进生态文明建设、建设美丽中国的重要战略决策，深圳大力发展绿色建筑和建筑节能，大胆探索，勇于创新，在城市建设领域走出了一条节约资源和保护环境的可持续发展之路。

自《深圳市绿色建筑促进办法》颁布实施以来，全市所有新建民用建筑率先全面执行绿色建筑标准。截至 2015 年 12 月，全市已有 320 个项目获得绿色建筑评价标识，总建筑面积超过 3314 万 $m^2$。2015 年新增绿色建筑评价标识项目 112 个，建筑面积 1137 万 $m^2$，其中 31 个项目获得国家二星级以上绿色建筑标识、9 个项目获得深圳金级以上绿色建筑标识，省住建厅和市政府下达的绿色建筑年度建设任务均可望超额完成。累计已有 32 个项目获得国家三星级绿色建筑标识、6 个项目获得深圳市铂金级绿色建筑标识（均最高等级），绿色建筑项目总量及规模继续居于全国各大城市最前列。另外，全市已有 8 个项目荣获全国绿色建筑创新奖。深圳机场 T3 航站楼成为全国最大的绿色空港，深圳证券交易所大厦成为最高等级的绿色建筑。光明新区作为国家首个绿色建筑示范区和首批绿色生态城区，荣获"欧盟支持亚洲可持续发展计划—中国可持续建筑示范项目"荣誉称号；前海深港合作区正努力打造具有国际水准的"高星级绿色建筑规模化示范区"。

持续推进国家机关办公建筑和大型公共建筑节能监管体系建设试点城市等 5 个国家示范城市建设工作。现已建立覆盖全市的大型公建能耗监测平台,实现 500 栋大型公建在线能耗监测,组织 146 栋公共建筑实施节能改造,完成 250 栋建筑太阳能热水系统应用示范项目,建成 5 个建筑废弃物综合利用项目。随着建设领域全寿命期内各项绿色举措的逐步落实,节能减排成效日益彰显。

## 11.3  发展绿色建筑的政策法规情况

(1) 发布《关于加快推进深圳住宅产业化的指导意见(试行)》、《深圳市住宅产业化试点项目技术要求》、《深圳市住宅产业化项目单体建筑预制率和装配率计算细则(试行)》

为进一步推动深圳住宅产业化发展,促进全市住宅建设与管理方式的改革与创新,提高住宅建设的水平与质量,实现打造"深圳质量、深圳标准"的战略目标,深圳市先后发布了一系列文件,并开设建设科技讲堂等培训,指导全市建设管理部门工作人员和技术人员深入理解准确把握住宅产业化的政策法规和技术要点。

(2) 完成《深圳市建筑节能与绿色建筑"十三五"规划(2016-2020 年)(征求意见稿)》、《深圳市建筑工业化"十三五"专项规划(2016-2020 年)(征求意见稿)》

为贯彻落实国家、广东省和深圳市相关发展战略部署和有关法律法规政策要求,加快推进深圳市建筑工业化的发展,根据《深圳市国民经济和社会发展第十三个五年规划编制工作方案》(深府办函〔2014〕84 号),深圳市住房和建设局组织编制《深圳市建筑节能与绿色建筑"十三五"规划(2016-2020 年)》和《深圳市建筑工业化"十三五"专项规划(2016-2020 年)》,目前均已形成征求意见稿。

## 11.4  绿色建筑标准和科研情况

(1) 编制《深圳市既有居住社区绿色化改造规划设计指引》、《深圳市绿色工业建筑设计标准(电子信息类)》、《深圳市公共建筑能耗限额标准》

为规范深圳市既有居住社区绿色化改造工作、工业建筑"绿色化"规划设计,提高深圳市公共建筑使用过程中的能源利用效率,深圳市住房和建设局委托深圳市建筑科学研究院股份有限公司等单位编制了《深圳市既有居住社区绿色化改造规划设计指引》、《深圳市绿色工业建筑设计标准(电子信息类)》、《深圳市公共建筑能耗限额标准》,目前均已形成征求意见稿。

（2）编制《深圳市绿色建筑案例选编－2015 版》

近几年，深圳市绿色建筑项目的数量和面积均增长了一倍左右。深圳绿色建筑已经进入全面性、规模化、法治化的快速发展阶段。行业需要更全面、更详实的《深圳绿色建筑案例选编》来指导今后的绿色建筑工作。《深圳绿色建筑案例选编－2015 版》全面回顾了深圳市绿色建筑的发展成果，记录、总结政府及企事业单位的绿色建筑工作，从而为绿色建筑的设计和建设提供实例参考和经验借鉴，更好地推动深圳绿色建筑规模化发展。

（3）编制《深圳市绿色建筑认证专家培训教材》

根据《绿色建筑评价标准》GB/T 50378—2014 及深圳市相关绿色建筑评价政策或指标，编制了《深圳市绿色建筑认证专家培训教材》。主要内容包括绿色建筑评价标识相关法规解析；绿色建筑认证步骤和要求；以项目案例讲解为前导，结合规范标准、技术应用、认证过程全方位讲解。为行业提供一个综合性的绿色建筑评价参考读本。

（4）搭建"深圳市绿色建筑评价标识管理平台工程"

为提升深圳市绿色建筑标识评价工作的信息化水平，减少大量纸质资料的重复递送，提高绿色建筑申报效率，研发了深圳市绿色建筑标识评价系统。本系统供标识申报单位免费使用，申报单位可在系统中进行项目绿色建筑星级自评估，并在系统中无纸化地完成绿色建筑施工图审查、区住建局绿色建筑专业初审及市促进中心绿色建筑标识申报全部工作。审图公司和区建设局也可免费使用本系统进行在线技术审查工作。

# 11.5　地方绿色建筑大事记

2015 年 1 月 29～31 日，为宣贯新修订的国家《绿色建筑评价标准》，由深圳市绿色建筑协会和"南方地区绿色建筑基地"的依托单位——深圳建科院共同承办的"新国标南方地区培训"在深圳科学馆举行。来自广东、广西、福建、湖南、海南等省份，以及香港、澳门特别行政区的 130 余位绿色建筑相关单位代表参加了此次培训。

2015 年 3 月，国家住建部批准深圳华阳国际工程设计有限公司为国家住宅产业化基地。该项目成为全国首个设计类产业化基地，标志着深圳市建筑产业化技术研发能力和创新水平领跑全国。

2015 年 3 月 24 日，中国城科会绿色建筑与节能专业委员会第一届委员会第八次全体会议在京召开，深圳市绿色建筑协会以优异的工作表现获得中国绿建委颁发的"先进集体"殊荣，王向昱秘书长获得"先进个人"称号。

2015 年 3 月 24～25 日，深圳第九次以市政府名义组团参加"第十一届国际绿色建筑与建筑节能大会暨新技术与产品博览会"，深圳展区主题为"深圳质量、绿色发展"，主要展示深圳建筑节能及绿色建筑的重要成果，精彩丰富的展示内容受到国家部委领导的一致好评。

展会期间，深圳还发布了全国首个绿色建筑 LOGO。国务院参事、中国城市科学研究会理事长仇保兴，深圳市委常委、常务副市长吕锐锋共同为深圳绿色建筑 LOGO 发布仪式揭幕。

2015 年 6 月 6 日，由深圳市住建局、中国绿建委主办，深圳市绿色建筑协会与深圳市建设科技促进中心共同承办的"2015 年节能宣传周暨全国青少年科普教育巡回课堂——做绿色地球使者"活动，在深圳市中心书城南区大台阶举行隆重的启动仪式。浙江大学城市学院建筑系教授龚敏作了题为"有关绿色建筑的故事"的精彩分享，现场小朋友认真听讲，争相发言，场面火爆，为该活动在全国普及开了好头。

2015 年 6 月 17 日，由国家发展和改革委员会为指导、深圳市人民政府与相关单位联合主办的"第三届深圳国际低碳城论坛"拉开帷幕。该论坛旨在探讨城市绿色低碳转型发展的目标路径，展现和交流各界应对气候变化具体行动，吸引了来自近 50 个国家与地区的政府机关、国际组织、跨国公司、著名智库和科研机构 1500 余名嘉宾参加。

2015 年 6 月 18 日，作为"第三届深圳国际低碳城论坛"的重要分论坛之一，由深圳建科院、万科集团承办，深圳市绿色建筑协会与南方地区绿色建筑基地协办的"绿色建筑分论坛"在深圳国际低碳城会展中心开坛。200 多位来自美国、德国、日本、荷兰及国内多个城市的政要、机构代表、学者、企业家共聚一堂，围绕绿色建筑最新技术、产业园区建设等内容分享经验和独到见解。

2015 年 7 月 19～26 日，由中国城市科学研究会生态城市研究专业委员会主办，深圳市绿色建筑协会、中国绿色建筑与节能（香港）委员会、中国绿色建筑与节能（澳门）协会、深圳市建筑科学研究院股份有限公司共同承办的"第五届全国绿色生态城市青年夏令营"在深、港、澳三地隆重举行。八天的夏令营行程饱满、内容丰富，三地行业专家的精彩讲座、绿建示范项目的参观，以及企业职业化培训等精彩活动，开阔了学生们的视野，帮助他们在绿色建筑职业道路上提早迈出可贵的一步，反响热烈。

2015 年 7～8 月间，结合广东省住建厅 2015 年度建筑节能和绿色建筑工作要点、市政府 2015 年重点工作安排，深圳市住房和建设局组织开展了 2015 年度全市建筑节能和绿色建筑专项检查暨保障性住房执行建筑节能和绿色建筑标准情况专项督查。

2015 年 9 月 9 日，第十四届中国国际住宅产业暨建筑工业化产品与设备博览会在京开幕，"深圳市保障性住房工业化产品 2015"发布会在深圳展厅举行。住房和城乡建设部副部长王宁、深圳市人民政府副秘书长许重光共同发布"深圳市保障性住房工业化产品 2015",并为《深圳市保障性住房标准化设计图集》揭幕。市住房和建设局局长杨胜军、副巡视员钟晓鸿作为主办单位代表参会。

2015 年 9 月 19～20 日,深圳市住建局在深圳大学组织开展全市范围内的《绿色建筑评价标准》GB/T 50378—2014 宣贯培训活动。本次活动由深圳市建设科技促进中心承办,深圳市绿色建筑协会和深圳大学协办,来自全市建设管理部门、建筑工程建设单位和设计单位以及审图机构等行业领导、专家和工程技术人员约 700 人参加。

2015 年 11 月 16～21 日,为期 6 天的"第十七届中国国际高新技术成果交易会"在深圳会展中心正式拉开帷幕。由深圳市住建局、深圳市建筑工务署作为指导单位,深圳市绿色建筑协会与深圳市建设科技促进中心作为合作组织单位,继续在高交会上推出"绿色建筑主题展"。本届展览以"推进建筑产业现代化,开创绿色建筑新时代"为主题,通过展板、模型等形式,生动而形象地展示了"BIM 革新"、"住宅产业化"、"智慧建筑"、"大数据技术运用"、"智慧建设与生活系列"五大主题内容。

2015 年 11 月 19 日,深圳市住建局和深圳市万科房地产有限公司签订合作推进建筑工业化框架协议书,共同推进深圳建筑业转型升级。根据协议书,万科将在其开发的建设项目中大力推行建筑工业化,自 2016 年起,连续三年每年在深开工的工业化项目面积达到 20 万 $m^2$ 以上。

2015 年 12 月 10 日,由中国绿建委和深圳市绿色建筑协会主办,深圳大学建筑与城市规划学院、深圳大学土木工程学院、深圳建科院共同承办的"全国青少年绿色科普教育巡回课堂——绿色建筑走进深圳大学"大型教学活动在深圳大学科技楼举行。本次活动以"绿建未来,梦想前行"为主题,来自深圳大学、深圳职业技术学院的 200 余名学生,以及深圳从事绿色建筑事业的 50 余名专业技术人员参加了此次活动。

2015 年 12 月 11 日,"2015 年度绿色建筑专业高、中级专业技术资格评审会议"在深圳建科大楼召开,深圳市人力资源和社会保障局领导到会给予动员和鼓励,中国绿建委继续给予大力支持。

执笔:王向昱[1] 谢容容[1] 谢东[2] 许媛媛[2] (1. 深圳市绿色建筑协会;2. 深圳市建设科技促进中心)

# 12 宁波市绿色建筑总体情况简介

## 12 General situation of green building in Ningbo

2015 年是宁波市绿色建筑规模化推进工作的关键之年，在过去的一年里，市住建委在相关部门配合下，始终坚持规模化推进绿色建筑的政策导向，服务于大局，在实践中推进绿色建筑发展的顶层设计到具体项目落地实施等各项工作，均取得了一定的成效。

## 12.1 绿色建筑总体情况

### 12.1.1 组建宁波市绿色建筑评价标识专家委员会

2015 年 4 月，宁波市绿色建筑与节能工作组成功举办了"宁波市绿色建筑与节能专家库成员培训班"，涵盖绿色建筑评价标识所需的规划、建筑、景观、结构、给排水、建筑物理、建筑材料、暖通、电气、施工等各个专业共 108 人参加了培训并通过考核取得证书。

宁波市绿色建筑评价标识专家委员会共由 141 名专家组成。

### 12.1.2 满足绿色建筑地方设计标准项目总体情况

宁波市自 2013 年底开始推行绿色建筑预评估制度（节能评估的必要内容），与此同时自 2014 年 1 月 1 日起，颁布实施《民用建筑绿色设计标准》，对绿色建筑设计进行了强制约束。根据统计，2014 年～2015 年 11 月，通过民用建筑节能评估审查的 351 个项目，其中预评估达到绿色建筑一、二星级设计标识的项目 233 个，建筑面积为 1503.1 万 m²，包括保障性住房项目 27 个，建筑面积 145.9 万 m²，政府投资公益性建筑项目 62 个，建筑面积 122.7 万 m²，大型公共建筑项目 60 个，建筑面积 367.4 万 m²，其他类建筑项目 74 个，建筑面积 867.1 万 m²。

### 12.1.3 取得绿色建筑标识认证项目总体情况

截至 2015 年 12 月，宁波市累计通过绿色建筑评价标识认证的项目达 36 项，总建筑面积达 289.54 万 m²，其中公建项目 19 项，总建筑面积达 105.64 万 m²；

住宅项目 17 项，总建筑面积达 183.9 万 m²。综上，宁波市建设单位申请标识认证的积极性尚有待提高，需进一步引导。2015 年通过绿色建筑评价标识认证的项目共计 17 项，总建筑面积达 114.14 万 m²，其中公建项目 10 项，总建筑面积达 65.9 万 m²；住宅项目 7 项，总建筑面积达 48.24 万 m²。其中，通过地方绿色建筑标识评定机构认证的项目共计 14 项，总建筑面积达 106.97 万 m²，其中公建项目 10 项，总建筑面积达 65.9 万 m²；住宅项目 4 项，总建筑面积达 41.07 万 m²。

### 12.1.4 绿色生态城区推进情况

宁波市积极发展绿色生态区建设，已启动实施了象山县大目湾低碳生态新城、宁波东钱湖新城核心区和慈溪南部新城 3 个低碳示范区，其中象山县大目湾新城还列入住建部低碳生态建设试点和 GEF 赠款的世界银行低碳城市规划建设项目。

## 12.2 发展绿色建筑的政策法规情况

### 12.2.1 绿色建筑强制性政策

（1）2013 年启动《宁波市民用建筑节能管理办法》修订，并于 2015 年 3 月 1 日颁布实施。重点纳入的绿色建筑相关内容为绿色建筑工程项目的设计单位、节能评估机构、施工图审查机构、施工单位、监理单位，应当按照国家和地方绿色建筑设计标准和评价标准的要求进行设计、节能评估、施工图审查、施工、监理。启动《宁波市民用建筑节能管理办法》宣贯会，重点围绕《宁波市人民政府办公厅印发关于加快推进宁波市绿色建筑发展的若干意见的通知》及《宁波市人民政府办公厅关于印发宁波市绿色建筑行动实施方案的通知》内容，宣传宁波市绿色建筑发展情况、可再生能源建筑应用情况、能耗监测及分项计量实情况，并于 2015 年 6 月成功组织宁波市南部三县市区宣贯会议。

（2）税收及金融政策。鼓励住宅类绿色建筑向全装修方向发展。加大对二星级以上且全装修住宅类绿色建筑的奖励力度。促进个性化装修和产业化装修相统一。对实施全装修的二星级以上绿色建筑，允许装修与住宅分别订立合同，装修成本可不计入房价。创新绿色建筑激励引导政策，积极研究自愿实施绿色建筑标识的财政鼓励与税费优惠等激励政策，切实提高建设单位与投资方积极性；开展绿色建筑容积率奖励和配套费减免等政策试点；加快研究并出台绿色建筑购买优惠政策，使购房者得益，例如对于二星级以上住宅，公积金贷款上限提高 20% 等。

（3）土地出让、容积率奖励及价格政策。对因绿色建筑技术而增加的建筑面积，修订容积率计算规则以激励绿色建筑发展，例如墙保温层不计入房屋建筑面积测算、因绿色建筑技术而增加的设备阳台面积折算、立体绿化（垂直绿化）的绿化率折算规则等；公共建筑达到二星级以上绿色建筑标准的，执行峰谷分时电价；采用浅层地温能供暖制冷的企业参照清洁能源锅炉采暖价格收取采暖费等。相关政策文件的草稿已经草拟，现阶段正处于各部门对接过程中。

### 12.2.2　绿色建筑发展专项技术政策

（1）2015年10月22日，市住房和城乡建设委员会转发住房城乡建设部《关于推进建筑信息模型应用指导意见的通知》，认真贯彻落实住房城乡建设部和浙江省住房城乡建设厅关于推进建筑信息模型技术应用的精神和要求，重点结合宁波市建筑信息模型技术应用的实际情况，针对形成推进BIM技术应用指导意见以及三年规划（2016～2018），积极准备筹建宁波市BIM技术应用课题组、专家队伍及推广中心等协调推进组织，开展BIM技术应用试点、示范，研究探索相应激励措施，营造良好氛围，分阶段、有步骤地推进宁波市BIM技术应用。

（2）2015年6月15日，市政府办公厅下发了《关于加快推进新型建筑工业化若干意见的通知》。《通知》阐述了加快推进新型建筑工业化的重要意义、指导思想、基本原则，并提出了推进新型建筑工业化项目建设、培育新型建筑工业化主体、形成新型建筑工业化技术支撑体系、建立新型建筑工业化政策保障体系等四个方面的工作目标及工作举措。

（3）2015年10月10日，市住建委出台了《宁波市新型建筑工业化装配式混凝土建筑工程质量安全管理工作要点（试行版）》（甬建发〔2015〕188号）。目的是进一步推进宁波市新型建筑工业化发展，保障装配式混凝土建筑建设工程的质量和安全。

（4）2015年12月1日起，开始执行《宁波市住宅工业化标准体系图集》（2015甬J—03）。该图集由宁波工程学院、宁波市房屋建筑设计研究院有限公司等单位主编，以住宅的标准化户型和标准化构件为基础，为进一步加快推进宁波市新型建筑工业化发展提供技术支撑。

（5）2015年11月3日，市住建委组织召开了《宁波市新型工业化建筑技术导则》审查验收会。《导则》由国家土建结构预制装配化工程研究中心宁波分中心、宁波工程学院、宁波市房屋建筑设计研究院有限公司主编，宁波东部新城开发投资有限公司、宁波市建工集团、宁波市建设集团、宁波普利凯建筑科技有限公司、宁波市建筑工程质量安全监督总站、宁波华聪建筑信息科技有限公司、宁波万科房地产开发有限公司等单位共同参与编制。《导则》根据宁波市现有条件状况和已有技术经验，总结出涵盖设计、施工、构件生产、验收等各方面的技术标准，用于指导宁波市工业化建筑工程项目的具体实施。

### 12.2.3　绿色建筑全过程闭合监管体系

作为"宁波市规模化推进绿色建筑发展咨询服务"的子项任务，项目咨询单位根据宁波低碳城市建筑节能和可再生能源应用项目领导小组办公室的要求，重点针对"绿色建筑建设全过程监督机制策略"，结合宁波建筑节能监管的实际情况，提出了从项目立项－节能评估－施工图审查－施工－验收闭合体系的建设全过程监督机制策略，并制定了相应的政策文件。考虑到现阶段宁波市规模化推进绿色建筑的紧迫性，兼顾现阶段发展情况，将绿色建筑全过程闭合监管机制分解为短期、中期、长期三个目标，分步骤予以实施。一年内实现基于节能评估－施工图审查－设计标识的阶段性闭合监管机制，两年内实现基于"按图施工－墙改基金返退－能效测评"的过程监管机制，三到五年内实现基于"多规融合"框架体系下的建设全过程监管机制。

基于宁波市绿色建筑建设全过程监督机制的目标和实施策略，项目咨询单位草拟了《宁波市民用建筑节能评估技术及管理审查实施细则》，针对绿色建筑全过程闭合监管机制的短期目标，构建基于节能评估－施工图审查环节的阶段性闭合监管机制，强化设计阶段绿色建筑的闭合监管。

## 12.3　绿色建筑标准和科研情况

### 12.3.1　绿色建筑技术标准体系

基本建立绿色建筑全生命期技术标准体系，具体如下：
- 《宁波市绿色建筑评价实施细则》（修订）；
- 《宁波市绿色施工导则》；
- 《宁波市绿色建筑运行维护技术实施细则》；
- 《宁波市绿色建筑检测及验收实施细则》；
- 《宁波市绿色建筑技术图集》（系列）。

### 12.3.2　开展绿色建筑相关调研

（1）结合 GEF 中国城市规模建筑节能和可再生能源项目"规模化推进绿色建筑发展"项目，开展了绿色建筑发展实地调研，采取召开行业座谈（主管部门、房产企业、施工企业、勘察设计协会、审图专委会、节能评估专委会、物业协会、绿色建筑设备供应商等行业座谈）、交流学习（先后到杭州、深圳、南京、北京等地并于各地绿色建筑管理组织机构进行交流学习）、问卷调研等形式，对宁波市开展绿色建筑（建筑节能）工作的情况进行了一次摸底调研，为后期相关政策的制定打下了坚实的基础。

（2）对76个宁波及周边城市绿色建筑项目进行实地调研。调研对象分为公共建筑和居住建筑两类，从场地环境及室外、建筑本体及室内、设备间和地下室、施工及运行管理四个方面出发，系统分析了调研样本的绿色建筑技术采用和落实情况，并对各技术的运行效果进行研究，分别提出了适用于公共建筑和居住建筑的绿色建筑技术，在此基础上编制了适宜技术指南和绿色建筑技术图集。

（2）为了筛选适宜宁波市的绿色建筑技术和产品，市住房和城乡委员会面向社会发布了关于征集《宁波市绿色建筑适宜技术体系及推广目录》的通知，分别于2014年12月17日、2015年9月8日组织召集了宁波市及周边地区各材料及设备厂商代表，就绿色建筑适宜技术体系及推广目录等问题举行座谈会。

（3）中共宁波市委办公厅及人民政府办公厅下达市级重点调研课题——"基于多规融合"的宁波市绿色建筑发展策略研究，紧密围绕《宁波市人民政府关于推进"多规融合"工作的实施意见》（征求意见稿）及《宁波市绿色建筑行动实施方案》（甬政办发〔2014〕165号）两个纲领性文件，全面分析和统筹宁波市绿色建筑在"多规融合"框架体系下的主要内容、规划目标和重点、管理实施机制等，强化"多规融合"顶层设计，率先探索实现城市总体规划、土地利用总体规划、环境（节能减排）功能区划的"三规融合"，重点建立规划、国土、发改、住建委等跨部门信息的互联互通，建立绿色建筑的全过程闭合监管长效机制，以一体化的空间规划来调控和引导城市的可持续发展。为此，自2014年8月起，相关机构对宁波市发改委、市国土局、市规划局、市住建委等相关处室进行了针对性的座谈调研，明确短期内多规融合框架下绿色建筑发展的基本目标，重点完善节能评估－施工图审查环节把控。

（4）基于机关办公建筑绿色改造技术研究课题需要，2015年9月，由宁波华聪建筑节能科技有限公司与中国建筑科学研究院上海分院组成的项目小组对宁波市机关事务管理局推荐的12家公共机构和其中1个课题成果试点应用项目展开了调研工作。调研对象以市新、老三区的机关办公建筑为主，在区域选择上兼顾周边地区如梅山岛，在项目选择上兼顾学校、医院、博物馆等建筑类型。调研组通过项目现场踏勘和项目资料如各专业竣工图纸、能耗记录、设备台账、运行记录等的收集，初步掌握了调研对象的场地与室内环境、建筑与设备情况、建筑物的运行现状与存在的问题等，为今后的课题研究提前做好了准备工作。

### 12.3.3 GEF课题"宁波市规模化推进绿色建筑发展咨询服务"研究进展

"宁波市规模化推进绿色建筑发展"项目属于世界银行全球环境基金（GEF）赠款项目，由国家住房和城乡建设部、北京市、宁波市共同实施。项目下设16

个子项课题。目标是通过该项目实施，为宁波市规模化推进绿色建筑的发展提供政策体系、技术标准、配套产业发展和培训体系等方面的支撑，也为其他城市绿色建筑发展提供示范和借鉴经验。

（1）现阶段主要技术和政策成果。截至 2015 年 7 月，形成的相关技术及政策成果主要有：《宁波市绿色建筑行动实施方案》（甬政办发〔2014〕165 号）；《宁波市绿色建筑发展若干意见》（甬政办发〔2014〕154 号）；《关于调整绿色建筑商品房预售条件的通知》（甬建发〔2014〕164 号）；《宁波市绿色建筑评价实施细则（试行）》（2014 甬 SS—01）；《非黏土烧结多孔砖（废渣）墙体建筑构造》（2015 甬 J01）；《宁波市住房和城乡建设委员会关于征集〈宁波市绿色建筑适宜技术体系及推广目录〉的通知》（甬建发〔2015〕89 号）。

（2）已经提交的技术和政策成果。《宁波市民用建筑绿色设计实施细则》（报审稿）；《宁波市民用建筑节能评估技术及管理审查实施细则》（报审稿）；《宁波市绿色建筑适宜技术指南及推广目录》（报审稿）；《宁波市绿色施工导则》（报审稿）；《宁波市绿色建筑运营管理技术导则》（报审稿）；《宁波市绿色建筑检测验收实施细则》（报审稿）；《宁波市绿色建筑雨水回用系统图集》（报审稿）；《宁波市立体绿化植物配置与建筑构造图集》（报审稿）；《宁波市屋面太阳能光伏发电系统设计与安装》（报审稿）；《夹心保温墙建筑与结构构造》（报审稿，国家标准图集）。

### 12.3.4 宁波市机关建筑绿色化改造研究课题

课题重点研究既有机关办公建筑场地环境提升技术、围护结构节能改造技术、设备系统提升技术、节水改造技术、室内环境提升技术等，结合当地气候以及机关办公建筑特点，构建完善既有机关办公建筑绿色化改造技术体系，并根据当地经济发展条件和产业链情况，在实际调研分析的基础上，选择技术产品成熟、投入成本低、改造效果明显、当地或就近区域有相关产品支撑的经济适用型绿色化改造技术。课题重要成果《宁波市机关办公建筑绿色化改造指南》将由市住建委和机关事务管理局联合发布，为业主以及改造服务公司等提供技术依据，从根本上推动宁波市既有机关办公建筑绿色化改造工作的发展。

### 12.3.5 宁波市绿色建筑十三五专项规划

"十二五"期间，全市上下牢牢把握"稳重求进、进中求好"的工作主基调，深入实施"六个加快发展战略"，着力稳增长、提效益、惠民生，经济运行总体保持了平稳增长态势，产业发展基本稳定，质量效益继续提高，创新驱动动力增强，民生福祉持续改善，为实现"两个基本"、"建设四好示范区"奠定了坚实基础。2015 年初，由宁波市住建委科技处牵头，宁波大学、宁波华聪建筑节能科技有限公司等单位联合承担起草《宁波市绿色建筑十三五专项规划》。

# 12.4 地方绿色建筑大事记

2015年3月1日,宁波市人民政府令第216号《宁波市民用建筑节能管理办法》开始施行。

2015年3月,基于规模化推进绿色建筑,重点落实设计阶段绿色建筑的闭合监管的要求,由宁波市房屋建筑设计研究院有限公司、浙江大学建筑设计研究院有限公司、宁波华聪建筑节能科技有限公司申请立项《基于规模化推进宁波市绿色建筑发展的民用建筑建筑绿色设计研究》。

2015年3月,宁波市六区建成区范围118个点位的土壤氡浓度测量全部完成。在本次测量范围内,土壤氡浓度水平符合《民用建筑工程室内环境污染控制规范》GB 50325—2010标准中的相关要求,并由环保监测中心出具了《宁波市六区土壤氡浓度调查报告》。

2015年4月,宁波市绿色建筑与节能工作组成功举办了"宁波市绿色建筑与节能专家库成员培训班"。

2015年4月,宁波市绿色建筑与节能工作组组织参观考察深圳市万科住宅产业化研究基地、万科总部、深圳市民中心及深圳建筑科学研究院。

2015年4月28日,宁波市绿色建筑与节能工作组印发了"宁波市绿色建筑与节能第一期简报",介绍宁波市绿色建筑总体推进情况及绿色建筑大事记,加大绿色建筑的宣传力度,倡导公众对绿色建筑的认知度。

2015年6月,启动全市范围内绿色建筑及建筑节能宣贯活动。

2015年6月15日,发布《关于加快推进新型建筑工业化若干意见的通知》。

2015年7月,启动第二阶段宁波市各县(市)区绿色建筑摸底调研,主要针对各县市区建设管理科部门落实宁波市绿色建筑行动实施情况进行调研。

2015年8月,宁波市委办公厅启动"基于多规融合策略下规模化推进绿色建筑"重点调研。

2015年9月25日,宁波市低碳城市建筑节能和可再生能源应用项目领导小组办公室组织专家对宁波华聪建筑节能科技有限公司、中国建筑科学研究院上海分院和宁波诺丁汉大学联合承担的"宁波市规模化推进绿色建筑发展咨询服务"子项目《宁波市绿色建筑建设全过程监督机制策略研究》进行结题验收。

2015年10月10日,颁布《宁波市新型建筑工业化装配式混凝土建筑工程质量安全管理工作要点(试行版)》。

2015年10月30日至11月2日,第二十届中国宁波国际住宅产品博览会在宁波国际会展中心举行。本届住博会以"推进新型建筑工业化,促进绿色建筑发展"为主题。

2015 年 11 月 22 日，由宁波市科协、住建委和勘察设计协会共同主办的"绿色建筑与建筑节能科普宣传"活动在江东区世纪东方商业广场举行。

2015 年 12 月 1 日，《宁波市住宅工业化标准体系图集》开始施行。

2015 年 12 月 3 日，宁波市低碳城市建筑节能和可再生能源应用项目领导小组办公室组织专家对宁波华聪建筑节能科技有限公司、中国建筑科学研究院上海分院和宁波诺丁汉大学联合承担的"宁波市规模化推进绿色建筑发展咨询服务"子项目《宁波市绿色建筑适宜技术体系及推广目录》进行结题验收。

2015 年 12 月 5 日，《宁波市绿色施工导则》、《宁波市绿色建筑运行维护技术实施细则》、《宁波市绿色建筑检测及验收实施细则》报审。《宁波市绿色施工导则》、《宁波市绿色建筑运行维护技术实施细则》、《宁波市绿色建筑检测及验收实施细则》作为"宁波市规模化推进绿色建筑发展咨询服务"的子项目报审。

2015 年 12 月 5 日，《宁波市绿色建筑设计实施细则》报审。该《实施细则》是《基于规模化推进宁波市绿色建筑发展的民用建筑建筑绿色设计研究》课题的重要成果。

**执笔：**宁波市绿色建筑与建筑节能工作组

# 13 香港特别行政区绿色建筑总体情况简介

## 13 General situation of green building in Hong Kong

### 13.1 绿色建筑总体情况

截至 2015 年底，香港地区已获得绿色建筑评价标识 15 项。其中 10 项为居住项目，5 项为公共建筑。按所获标识的星级划分：三星级评价标识 14 项，二星级评价标识 1 项。

### 13.2 发展绿色建筑的政策法规情况

2015 年 1 月，香港特别行政区政府发布的《二〇一五年施政报告》将绿色建筑与节能明确纳入其中。施政报告中提出政府将在未来 5 年内将政府建筑物的用电量减少 5%，并与各界合作，加强推行低碳宜居的建筑环境。

2015 年 5 月，香港特别行政区政府环境局发布《香港都市节能蓝图 2015－2025＋》（以下简称《节能蓝图》）。《节能蓝图》提出以 2005 年为基准年，于 2025 年之前达成能源强度减少 40% 的目标。为了达到此目的，政府四管齐下：由政府牵头带动作示范；提高新建与现有建筑物的能源效率；协助商界、机构和市民选购具有能源效率的电器和车辆；推动全民节能生活模式。未来新建政府建筑及公共建筑均以高等级的绿色建筑为目标，以此政府带头推动节约能源和绿色建筑发展。目前已经实施《建筑物能源效率条例》、《建筑物（能源效率）规例》、《能源效率（产品标签）条例》，奠定了绿色建筑发展法律基础。

### 13.3 绿色建筑标准和科研情况

#### 13.3.1 绿色建筑标准工作

（1）修订《绿色建筑评价标准（香港版）》

中国绿色建筑与节能（香港）委员会编制了《绿色建筑评价标准（香港版）》（以下简称《香港版》）。《香港版》以国家《绿色建筑评价标准》（GB/T 50378—

2014）要求为基础，结合香港实际情况，编制了符合香港特别行政区绿色建筑发展特色的绿色建筑评价标准。目前《香港版》已经过专家委员会认可，预计2016年正式实施。

（2）参与编制《绿色建筑评价标准（澳门版）》

中国绿色建筑与节能（香港）委员会协助中国绿色建筑与节能（澳门）协会编制了《绿色建筑评价标准（澳门版）》。

（3）参与《绿色生态城区评价标准》编制工作。

### 13.3.2 绿色建筑科研情况

绿色建筑研究主要由香港大学、香港中文大学及香港城市大学的研究团队负责开展，近期主要工作包括：

（1）用于可再生能源的可变轮距水轮发电机研发

本项目根据不同的工作原理设计了一种全新的水轮发电机。该发电机可以在水湍流/平流中产生可再生能源发电，适合安装在如香港、北京、深圳、上海等高密度城市。研究设计的水轮发电机原型在香港房屋署及有利建筑有限公司进行了测试。

（2）可持续发展实践社区

可持续发展实践社区将高等院校的教职员工及学生联系起来，在校园内推广绿色教育理念及绿色校园建设实践。主要任务包括：开展多种形式的可持续发展相关课外活动、在大学生课程大纲中加入可持续发展内容、开展相关课题研究等。

（3）基于传感器的建筑信息模型（BIM）在绿色建筑管理中的应用

本研究对工业基础类（IFC）进行扩展，将传感器实时数据整合到建筑信息模型中，通过机器学习及可视化技术，实现绿色建筑绩效的实时管理及问题自动诊断，为绿色建筑管理单位提供了决策支持。

（4）减少固体垃圾试点研究

本项目以某高等院校为研究对象，通过固体垃圾审计发现固体废物管理中存在的问题，通过科普教育、信息反馈、设施优化等途径达到减少校内固体垃圾排放的目的。

（5）固体及液体垃圾除臭研究。

（6）环保型建筑及结构涂料研究。

## 13.4 地方绿色建筑大事记

2015年3月，香港地区代表团赴北京参加第十一届国际绿色建筑与节能大会暨新技术与产品博览会。来自香港特区政府部门、香港绿建委、香港绿色建筑议会、房地产开发单位、设计单位、施工企业、高等院校等机构的近40名代表参加了本次大会，与国内外同行进行了交流。

2015年3月23日，为了促进各地分会与国内外同行的交流与合作，中国绿色建筑与节能（香港）委员会在北京国家会议中心举办了由香港建造业议会赞助的绿色建筑发展交流分享会。来自北京、深圳、黑龙江、厦门、浙江、广西、河南、重庆、香港、澳门、加拿大等地区和国家的近70名代表参加了本次交流分享会，就加强各机构之间的合作交换了意见。

2015年3月24日，在第十一届国际绿色建筑与建筑节能大会期间，中国绿色建筑与节能（香港）委员会及香港绿色建筑议会联合承办了"香港论坛：高密度城市可持续发展之挑战"。香港房屋署副署长冯宜萱、恒基兆业地产副总经理吴树强、奥雅纳香港公司董事郑世友、深圳市建筑科学研究院叶青院长、香港建造业议会李俊晖经理、香港绿色建筑业会张孝威副主席、邱万鸿董事、盈电工程有限公司陈紫鸣执行董事及中国绿色建筑与节能（香港）委员会梁以德主任作主题演讲。

2015年3月24日，香港恒基兆业地产有限公司以其在推动绿色建筑发展的突出贡献，与其他9家建筑机构及房地产企业共同获得了中国绿色建筑与节能委员会"2015年度全国绿色建筑先锋奖"。

2015年6月19～20日，中国绿色建筑与节能专业委员会、中国绿色建筑与节能专业委员会绿色校园学组、中国绿色建筑与节能（香港）委员会、中国绿色建筑与节能（澳门）协会、香港城市大学在香港城市大学联合举办"中国绿色校园论坛"。来自中国内地及港澳台地区绿色校园建设领域的50多个单位160位专家学者及青年学生参加了此次论坛。本次论坛的内容主要包括绿色校园建设及绿色教育理念等，设一个主论坛、两个分论坛，并安排了绿色校园参观。

2015年7月19～26日，由中国城市科学研究会生态城市研究专业委员会主办，深圳市绿色建筑协会、中国绿色建筑与节能（香港）委员会、中国绿色建筑与节能（澳门）协会、深圳市建筑科学研究院股份有限公司共同承办的"第五届全国绿色生态城市青年夏令营"在深港两地举办。本次夏令营为期8天，跨越深圳、香港、澳门三地，共有海内外10所高校的20余名学生参加。

2015年9月12日，43名中学生组成9支"青年绿建大使"队伍，在香港立法会综合大楼参与香港绿色建筑周2015的重点活动"青年绿建论坛"。在本次论坛上，9支队伍按照真实的立法会会议程序及规则，分别扮演政府官员、立法会主席、立法会议员，就政府土地出让条款中是否应该加入绿建环评要求进行了一场模拟辩论。参加本次论坛的同学通过研讨会、项目考察认识了绿色建筑，在辩论中展现了良好的分析能力及辩论技巧，提高了可持续发展意识。

2015 年 10 月 29～30 日，2015 年度世界绿色建筑委员会全球大会（WorldGBC Congress 2015）在香港九龙东皇冠假日酒店召开，主题为"破格思考：未来城市可持续发展之路"。在第一天"从国际视野看未来可持续发展"的主题演讲中，香港特区政府环境局局长黄锦星先生、中国城市科学研究会理事长仇保兴博士、加拿大温哥华市副市长惠绮文女士分享了各地政府针对未来可持续城市发展的政策及经验。第二天，大会嘉宾围绕"实现可持续发展：建筑信息模型（BIM）"及"可持续发展社区之房屋设计"两个主题进行了主题演讲及分组讨论。来自超过 30 个国家的逾 400 名政府官员、业界领袖及业界人士参与了本次大会。共有 49 位国际及本地演讲者在 3 个主题演讲及 12 个分组讨论环节上，就全球绿色建筑等多个领域进行了演讲，覆盖了政府政策、科学研究、评级系统及最佳实践案例分享等。

2015 年 11 月 30 日，主题为"环境及可持续发展"的"香港建造业 2030 年远景咨询论坛"在湾仔中环广场成功举办。来自政府、房地产开发商、施工企业、设计单位、工程咨询公司及高等院校的近百名代表参与了本次论坛。中国绿色建筑与节能（香港）委员会梁以德主任在论坛上作了主题发言并参与了讨论。参会代表就香港绿色建筑发展面临的机遇及挑战进行了热烈而深入的讨论，为未来 15 年香港绿色建筑发展规划提供了意见及建议。

2015 年，为了进一步推动绿色建筑发展，宣传绿色建筑新技术与理念，中国绿色建筑与节能（香港）委员会共组织了七批次绿色建筑示范项目参观学习活动。本年度参观的项目包括启德启晴邨、深圳龙跃居、深圳湾科技生态园、香港机电工程署总部大楼、香港苏豪智选假日酒店、木棉花酒店、零碳天地、香港城市大学创意媒体中心等项目，吸引了房地产开发商、设计单位、施工企业、政府部门及高等院校的代表参加。

**执笔：梁以德[1] 骆晓伟[2]（1. 中国绿色建筑与节能（香港）委员会；2. 香港城市大学）**

# 第四篇 ｜ 实 践 篇

　　2015 年，我国绿色建筑依旧表现出良好的增长态势，全年共评出 1441 项绿色建筑标识，建筑面积为 16549 万平方米。本篇从 2015 年获得绿色建筑设计标识、绿色建筑运营标识以及绿色生态城区项目中，遴选了部分典型案例分别从项目背景、绿色建筑特点及经济社会效益等方面进行介绍。

　　本篇选取了 10 个获得绿色建筑标识的项目（包括设计标识与运行标识），涉及办公建筑、酒店建筑、商业建筑、居住建筑和工业建筑等建筑类型，其中包括中国建筑科学研究院近零能耗示范楼项目，该项目集成展示世界前沿的建筑节能和绿色建筑技术；工业和信息化部综合办公业务楼，该项目为国家"十二五"支撑计划"公共机构新建建筑绿色建设关键技术研究与示范"课题的示范项目；长安铃木重庆第二工厂项目一期，该项目获得三星级绿色工业建筑标识。另外选取了 6 个优秀生态城区项目案例，其中包括天津城市"十二五"规划的重点区域天津解放南路地区新八大里片区，该项目为城市中心开发与改造并存的绿色、健康、智慧的生态城区；北京市中关村生命科学园绿色生态园区，该园区以"绿色、健康、活力"为特色，打造"绿色健康"的生命园区、"业城融合"的活力园区、"智慧科技"的示范园区、"综合运营"的先导园区。

鉴于案例数量有限，本篇案例虽无法完全展现我国绿色建筑技术的精髓，但力求涵盖不同气候区、多种建筑类型，体现"因地制宜和经济适用"的原则，以期给读者一些启示与思考。

# Part Ⅳ | Engineering Practice

Green building maintained a sound growing trend in 2015, with 1, 441 new green building labels of 16, 549m². This part introduces several typical projects with green building design labels or operation labels as well as green eco-districts from such aspects as project background, green building features and economic and social benefits.

This part discusses 10 projects with green building labels (green building design label and operation label), covering such building types as office building, hotel building, commercial building, residential building and industrial building. These projects include CABR Nearly Zero Energy Building, demonstrating world-leading technologies of building energy efficiency and green building; the comprehensive office building of the Ministry of Industry and Information Technology, a demonstration project of the National Key Technologies R&D Program of the 12th Five-year Plan "Research and demonstration of key technologies of new green construction of public institutions;" No. 2 Plant Project (Phase Ⅰ) of Chongqing Chang' an Suzuki Automobile Co., Ltd, obtaining 3-star green industrial building label. Besides, this part also introduces 6 outstanding eco-districts including Xinbadali Community on Jiefangnan Road in Tianjin (a key area of Tianjin 12th Five-year Plan), developing and retrofitting green, healthy and smart eco-districts for the city center; Green Eco-park of Zhongguancun Life Science Park in Beijing with features of "green, healthy and Vigorous," building up a "green and healthy" Life Park, an "industry-city-integrated" Vigor Park, a "smart and scientific" Demonstration Park and a "comprehensive operation" Pilot Park.

With limited numbers of cases, this part may not fully demonstrate the essence of China green building technologies but nevertheless manages to cover diversified building types in different climate zones so as to showcase the rules of "consideration of local conditions, affordability and applicability," which may provide some inspirations and ideas for readers.

# 1 中国建筑科学研究院近零能耗示范楼

## 1 CABR Nearly Zero Energy Building

## 1.1 项 目 背 景

受经济增长和人民生活水平不断提高影响，我国"供暖南下，供冷北上"的现象逐渐强化，建筑能源系统使用时间不断增长，建筑能耗不断增加。国际主要发达国家，其建筑能耗都远高于工业能耗和交通能耗，为第一大能耗，因此，主要发达国家都提出了 2020、2030、2050 年的（近）零能耗建筑发展目标。

在 2009 年中美联合成立的中美清洁能源联合研究中心（CERC）工作框架下，建筑节能作为 3 个主要工作领域之一，聚焦于集成使用高性能围护结构、可再生能源系统、新型暖通空调系统、蓄能技术、智能控制技术，推动建筑物迈向超低能耗、零能耗成为建筑节能工作组的工作目标。通过 2011～2013 年的前期研究，中美双方科学家以中国建筑科学研究院近零能耗示范建筑（图 4-1-1）为载体，开展了近零能耗建筑的方案讨论优化、系统设计、施工验收和运行调试相关工作。

图 4-1-1　CABR 近零能耗示范楼概览

# 1.2 项 目 简 介

中国建筑科学研究院超低能耗示范楼（以下简称"建研院示范楼"）位于北京市朝阳区北三环中国建筑科学研究院内，地上 4 层，局部 2 层，建筑面积 4025m²，主要用于办公和会议。建筑所属建筑气候区为寒冷地区，冬季满足保温、防寒、防冻等要求，夏季兼顾防热（图 4-1-2～图 4-1-4）。

图 4-1-2　CABR 近零能耗示范楼鸟瞰图

图 4-1-3　CABR 近零能耗示范楼主立面

北京地区气候的主要特点是四季分明。春季干旱，夏季炎热多雨，秋季天高气爽，冬季寒冷干燥。年平均气温为 11～13℃，年极端最高气温 43.5℃，最低气温为－27.4℃。盛夏平均气温接近 26℃，高温持久稳定，昼夜温差小。隆冬

图 4-1-4　CABR 近零能耗示范楼实景

平均气温为−4℃以下。冬季盛行西北风，夏季盛行东南风。当大风出现时常伴随浮尘、扬沙、沙暴天气，空气质量不理想。北京地区太阳能资源比较丰富，太阳总辐射较强，年平均日照时数在 2000～2800h 之间。有利于太阳能建筑应用。

　　建研院示范楼面向中国建筑节能技术发展的核心问题，在设计和建造过程中秉承了"被动优先、主动优化、经济实用"的原则，以先进建筑能源技术为主线，以实际数据为评价，集成展示世界前沿的建筑节能和绿色建筑技术，力争打造成为中国建筑节能科技未来发展的标志性项目。

　　建研院示范楼重点从建筑设计、围护结构、能源系统、可再生能源利用、高效照明、能源管理与楼宇控制、室内空气品质以及机电系统调试等方面，集成了三十余项前沿技术。并设立了"冬季不使用传统能源供热，夏季供冷能耗降低 50％，照明能耗降低 75％"的近零能耗建筑能耗控制指标。控制指标达到"国内领先、国际一流"水平。

　　建研院示范楼是一个"多位一体"的工程，从建设、设计、施工、运行管理到使用单位，建研院的各相关部门都积极参与了建设工作，在方案设计、施工图、施工调试、科研工作和运行管理各阶段发挥主观能动性，履行各自职责（图 4-1-5）。

　　在各方的积极配合下，建研院示范楼于 2014 年 5 月竣工，2014 年 6 月正式启用。在启用以后，仍不断进行机电系统的调试和运行优化工作。项目的时间安排如图 4-1-6 所示。

　　2014 年 7 月 11 日，全国政协副主席、国家科技部部长万钢与美国能源部部长厄尼斯·莫尼兹、美国新任驻华大使马克斯·博卡斯，参观了中美清洁能源联合研究中心建筑节能示范工程"CABR 近零能耗示范建筑"并出席揭牌仪式（图

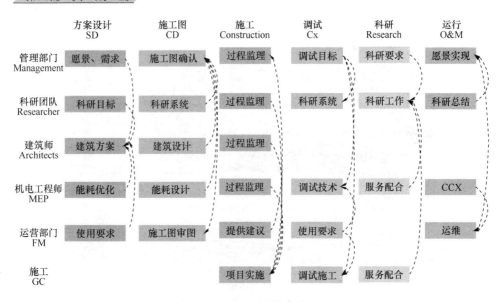

图 4-1-5 CABR 设计建造流程

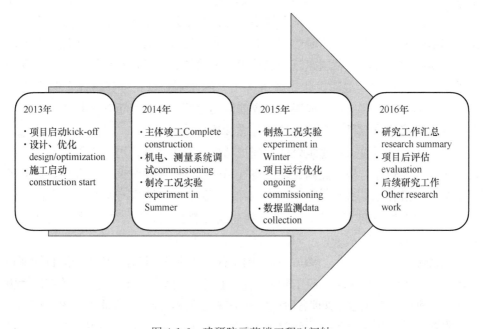

图 4-1-6 建研院示范楼工程时间轴

4-1-7)。

中方参与单位：中国建筑科学研究院

美方参与单位：美国劳伦斯伯克利国家实验室、美国橡树岭国家实验室、美国 3M 公司、美国 CLIMATE MASTER 公司、美国 LUTRON 公司、美国陶氏

图 4-1-7 示范楼揭牌仪式

化学公司等。

建研院示范楼以近零能耗和绿色建筑三星级为建设和示范目标，力争实现最大可能的建筑节能、健康舒适的室内环境和与生态环境的和谐共生。

# 1.3 技 术 体 系

## 1.3.1 指标体系

建研院示范楼制定了一套完整的示范目标和指标，如表 4-1-1 所示。

建研院示范楼指标体系 表 4-1-1

| 指标类型 | 指标 | 目标值 | 说明 |
|---|---|---|---|
| 一般指标 | 面积 | 4025m² | 办公、会议功能 |
| | 使用人数 | 容纳 180～200 人 | |
| | 层数 | 主体 4 层，局部 2 层 | |
| 能源指标<br>Energy<br>indicator | 能耗水平 | 25kWh/（m²·a） | 含采暖、空调、照明 |
| | 节能率 | ＞92％ | |
| | 最大空调功率 | 30～40W/m² | |
| | 最大供热功率 | ＜15W/m² | |
| | 可再生能源替代率（电） | 2％ | |
| | 可再生能源替代率（冷） | 40％ | |
| | 照明功率密度 | 4W/m² | |

续表

| 指标类型 | 指标 | 目标值 | 说明 |
|---|---|---|---|
| 舒适度指标<br>Comfort<br>indicator | 温度 | 20～26℃ | |
| | 湿度 | 35%～60% | 非自然通风、工作时间 |
| | $PM_{2.5}$ | $35\mu g/m^3$ | |
| | $CO_2$ | 800ppm | 非自然通风、工作时间 |
| 其他指标<br>Others | 楼控点数量 | 1500 点 | |
| | Wi-Fi 覆盖 | 100% | |

### 1.3.2 设计方法

近零能耗建筑的设计需要改变传统设计专业分工、逐步深化、线性迭代的设计过程，项目采用一体化设计方法来进行近零能耗建筑的设计组织工作，以最大限度地降低建筑能源消耗为目标，在建造成本、时间限制、技术可行性、持有成本、建筑耐久性、设计建造水平等约束下，进行优化决策的设计过程（图 4-1-8）。在近零能耗建筑设计中，建研院示范楼高效地解决了以下关键问题：

➢ 建筑形态与技术方案之间关联约束更强；
➢ 设计重点从满足功能向满足性能转变；
➢ 新技术新工艺的广泛应用；
➢ 设计、建造、调试、运行的关系更加紧密；
➢ 不同设计方案的权衡优化；
➢ 设计复杂性增加带来的时间、管理成本增加。

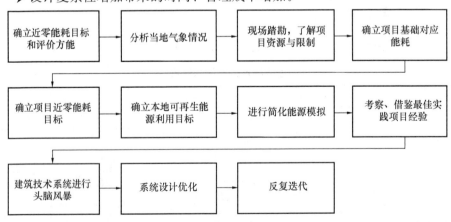

图 4-1-8 建研院示范楼建筑设计实现过程

建研院示范楼主要技术分别为：STP 外保温围护结构体系、Low-E 真空玻璃＋中置遮阳、高效照明与控制系统、温湿度独立控制系统、地源热泵系统、中高温太阳能集热系统、能量回收利用系统、能源管理平台、近零能耗建筑施工工法及过程管理、室内空气品质控制与 $PM_{2.5}$ 防控。在节水、节地、节材、室内环境质量控制方面也以绿色建筑三星为建设目标。

### 1.3.3 技术体系

（1）高性能围护结构

围护结构采用超薄真空绝热板，将无机保温芯材与高阻隔薄膜通过抽真空封装技术复合而成，防火等级达到 A 级，导热系数小于 $0.005W/(m \cdot K)$。外墙综合传热系数不高于 $0.20W/(m^2 \cdot K)$。近零能耗建筑采用 3 玻真空玻璃铝包木外窗，内设中置电动百叶遮阳系统，传热系数不高于 $1.1W/(m^2 \cdot K)$，完全关闭时 SHGC 值不高于 $0.3$。外窗在空气阻隔胶带和涂层的综合作用下，大幅提高建筑气密、水密及保温性能。中置遮阳系统可根据室外和室内环境变化，自动升降百叶及调节遮阳角度。

（2）能源系统和可再生能源利用

建研院示范楼的能源系统由一个基本系统和一个选择系统组成。基本系统用于保证项目的基本制冷及供热需求，选择系统则是科研性的，用于展示和实验（图 4-1-9、图 4-1-10）。

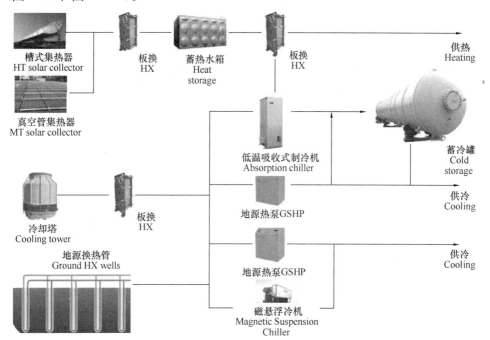

图 4-1-9　建研院示范楼能源系统

建研院示范楼的夏季制冷和冬季采暖采取太阳能空调和地源热泵系统联合运行的形式。屋面布置了 144 组真空玻璃管中温集热器，结合 2 组可实现自动追日

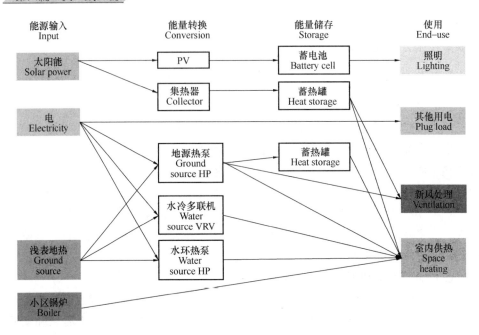

图 4-1-10　建研院示范楼能源站能流简图

的高温槽式集热器，共同提供项目所需要的热源。示范楼设置 1 台制冷量为 35kW 的单效吸收式机组，1 台制冷量为 50kW 的低温冷水地源热泵用于处理新风负荷，另 1 台 100kW 的高温冷水地源热泵机组为辐射末端提供所需冷热水。项目分别设置了蓄冷、蓄热水箱，可以有效降低由于太阳能不稳定带来的不利影响，蓄冷水箱实现夜间利用峰谷电价蓄冷后昼间直接供冷，蓄热水箱中热水根据不同温度条件直接和间接给楼内供暖。示范楼北侧和南侧空地设置 70 口总长 5000m 的垂直土壤源地埋管换热器，冬季从土壤取热，夏季向土壤蓄热，提供建筑所需的冷热源。

　　在水冷多联空调及直流无刷风机盘管等常规空调末端之外，建研院示范楼在 2 层和 3 层采用温湿度独立控制空调系统，房间内分别采用顶棚辐射和地板辐射。全楼均设置新风机组，并配备全热回收，新风经集中处理后送入室内，负责处理室内潜热负荷和部分显热负荷。室内辐射末端负责处理主要显热负荷，冷热水温度可以得到一定程度的优化，这样在保证良好空气品质的同时，实现了建筑室内环境的高舒适度和系统整体节能。

　　（3）智能照明系统

　　建研院示范楼屋顶设有光导管，通过采光罩高效采集室外自然光，从黎明到黄昏室内均可保持明亮。照明大量用高效 LED 灯具，光效不低于 100lm/W，并配置高度智能化的控制系统，与占空传感器、照度传感器和电动遮阳百叶联动，可根据室外日照和室内照度的变化，调整室内光源功率，在降低室内负荷与利用自然采光之间寻求节能空间（图4-1-11）。

图 4-1-11 建研院示范楼室内照明实景

建研院示范楼还展示了国际领先的 PoE 互联照明概念，采取 IEEE802.3AT 协议，利用 CAT5 网线同时实现供电与控制两项功能，照明控制软件也同时具备照明能源管理功能。

建研院示范楼采用 2 套智能照明控制系统。分别对示范楼 1、4 层和 2、3 层进行智能照明控制。2、3 层采用自动感应式控制，即人来灯开，人走灯灭的感应系统，4 层展示会议室采用多种模式切换的自动控制方式，普通办公室采用人员感应，结合室外自然光，人员占空状态等自动调光的控制策略。同时智能照明系统通过不同接口方式集成到楼宇控制系统中。

（4）能源管理平台

建研院示范楼搭建了能耗监测平台（图 4-1-12），对楼内所有用电设备、用能设备、光伏发电系统、用水进行了分类分项计量与监测。示范楼能源管理平台截至 2015 年底共计对能源站、末端空调系统、照明和插座在内的用电设备、支路等共 68 路进行了计量，对 10 个典型房间的照明用电进行了详细计量和监测；对各台冷机、空调设备等共 40 路供冷热支路进行了用热计量；并对可再生能源地源热泵系统、太阳能系统、光伏发电系统的产能和用能进行了计量与监控。

该能耗监测平台可实现对楼内所有计算数据的实时展示、分析、打印、下载和报表生成等功能。

（5）楼宇自控系统

建研院示范楼要求实现快速、准确地对每个监测点数据的实时读取和存储展示及分析，要求通过对数据的监测、统计、分析，实现各机电设备及其设备之间的自动、优化运行，完成整个系统的优化运行，在保证室内环境舒适度的情况下，最终实现（近）零能耗。

建研院示范楼 BAS 集成了包括暖通空调系统、照明系统、气象站、能源管理

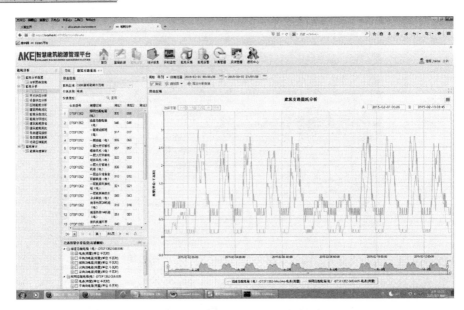

图 4-1-12　建研院示范楼能耗监测平台数据分析界面

系统和典型房间在内的 5 个子系统。暖通空调系统、典型房间等实现自动控制，照明系统、能源管理系统和气象站系统采用远程监测管理功能（图 4-1-13～图 4-1-15）。

智能建筑系统集成
Integration of information system

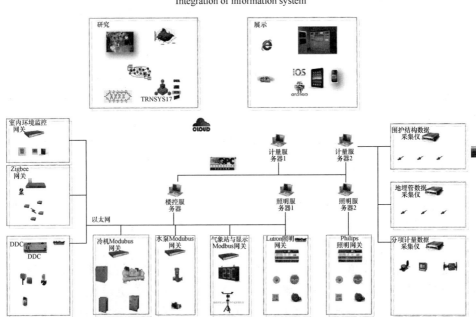

图 4-1-13　建研院示范楼建筑监控系统构架

**326**

图 4-1-14  建研院示范楼建筑监控系统集成界面

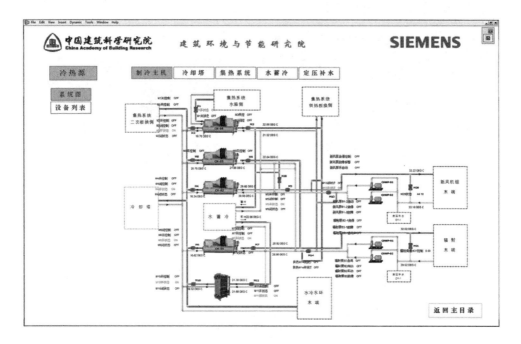

图 4-1-15  建研院示范楼能源站控制界面

　　冷热源系统冷机设备主要为标准 Modbus 协议，或同时具有 BACnet 协议。冷热源站管网设置多达 200 多个监测点，温度、湿度、压力、流量等监测信号完备，相关阀门全部采用电动阀门，冷热源站供冷季和供暖季采用全自动控制运行。

末端系统机组较为独立，新风机组根据室内 $CO_2$ 浓度实现机组的自动启停控制和新风量的 PID 调节。

房间照明系统由照明子系统独立控制，实现在 BAS 系统的远程数据监测和管理。BAS 系统典型房间可实现对典型房间内温湿度、照度和 $PM_{2.5}$ 等参数进行监测，并根据这些参数自动调整新风机组的运行策略和参数设定。

（6）环境监测系统

建研院示范楼屋面设立了独立的气象站用来测量室外环境参数（图 4-1-16），实时对外发布，同时这些气象参数也参与能源系统的控制与管理。气象站安装的各类传感器设备包括：室外温度传感器、室外湿度传感器、室外 $PM_{2.5}$ 传感器、室外辐照度、室外风速和风向传感器。

图 4-1-16　建研院示范楼室外气象站

# 1.4　项目实施效果

项目运行时需要面对有效管理及促进行为节能的调整，如员工需适应辐射空调降温慢和运行稳定的特点。为此管理部门特意编制了使用手册，强调节能运行和管理，设置了多款"强条"，如空调开启时杜绝开窗，室温设置限制，和人走灯灭等。

建研院示范楼运行一年以来的能耗监测结果显示，其建筑物全年供热、供冷、照明能源消耗可以不高于 $23kW \cdot h/(m^2 \cdot 年)$ 以内，比北京地区同类办公建筑能耗降低 75% 以上。实现了既定的能耗控制目标（图 4-1-17、图 4-1-18）。

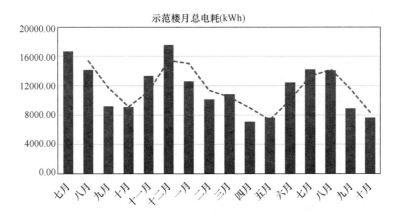

图 4-1-17  建研院示范楼月总电耗（2014.7～2015.10）

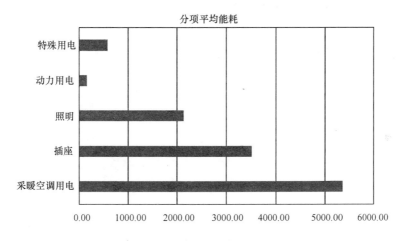

图 4-1-18  建研院示范楼分项电耗（2014.7～2015.10）

# 1.5  总  结

通过不断提升建筑节能标准，逐步迈向超低能耗建筑和零能耗建筑，是我国建筑节能工作的目标和方向。随着我国建筑节能工作的持续深入和国际先进建筑节能理念和技术的引入，国内被动式超低能耗绿色建筑的技术研究持续推动，示范工程已陆续涌现。如何进一步提升绿色建筑的节能性能，使其达到超低能耗、零能耗将是建筑领域节能减排、应对气候变化的重点工作。

建研院示范楼单位面积增量成本不高于 1000 元/m²，是同等需求和水平的建筑增量比例的 15% 以内，其增量成本回收期约为 5～8 年。随着项目使用的节能技术市场未来不断扩大，其经济成本也必将逐步降低，回收期将进一步缩短。

基于建研院示范楼的成功实施，由中国建筑科学研究院牵头各技术领域负责单位，于 2014 年 12 月 9 日在北京成立了"中国被动式超低能耗建筑联盟"。中国被动式超低能耗建筑联盟的成立旨在推动中国被动式超低能耗建筑产业的发展，引领中国建筑节能发展新的方向。联盟的宗旨是凝聚中国被动式超低能耗建筑产业链上下游资源，确保行业的可持续健康发展，建立产业标准、认证体系，提升中国被动式超低能耗建筑产业化能力，促进联盟成员之间的协作、创新与联动。

在以建研院示范楼为代表的一批示范建筑实施经验的基础上，住房和城乡建设部委托中国建筑科学研究院开展《被动式超低能耗绿色建筑技术导则》和国家标准《近零能耗建筑技术标准》编制。国家级标准和技术导则的编制将对全国层面推动相关工作起到重要引导和支撑作用。

作者：吴剑林（中国建筑科学研究院）

# 2 工业和信息化部综合办公业务楼

2 Comprehensive office building of the Ministry of Industry and Information Technology

## 2.1 项 目 背 景

工业和信息化部综合办公业务楼项目是"公共机构新建建筑绿色建设关键技术研究与示范"课题的示范项目，根据课题的研究内容，在典型公共机构绿色节能技术集成优化研究方面，对典型公共机构的日常使用及运营维护的用能特征进行分析，总结归纳和集成适宜的绿色节能技术。

项目在设计与施工过程中应用了大量的绿色设计与绿色施工技术以及绿色节能技术，探索了高效可行的绿色节能技术，是公共机构新建建筑的绿色节能发展的范例，并于 2013 年 10 月获得绿色建筑三星级设计标识。

## 2.2 项 目 简 介

工业和信息化部综合办公业务楼位于北京市西长安街 13 号，总建筑面积 62745.67m²，其中地下建筑面积 29855.07m²，地上建筑面积 32890.60m²，开工日期为 2012 年 11 月 15 日，竣工日期为 2014 年 10 月 1 日，总工期 685 天；地上 6 层，地下 3 层，室外地面至檐口高度 22.70m。设计标高±0.00 相当于海拔标高 47.20m。基础结构形式为柱下独立基础、墙下条基及局部筏板基础，主体结构形式为框架结构，建筑耐火等级二级，建筑主要功能为办公、会议、地下车库、人防、相关配套设施等。

建筑基本的平面格局为"合院式"（图 4-2-1），以西长安街主入口为中心，形成贯穿用地南北向轴线为主、东西向轴线为辅的层进式轴线关系。在轴线上分别布置主办公区，辅助办公区及会议中心。各层房间环绕内庭院布置地下部分为三层，包括餐厅、档案库、汇聚机房、互联互通平台、设备机房等办公辅助用房以及地下停车库。

图 4-2-1　项目效果图及实景

# 2.3　技术应用

### 2.3.1　照明优化与节能

（1）照明优化过程（以一层大厅为例）

一层大厅地面总面积为 $1253m^2$，大部分为两层，中间有一条连廊连接左右，大堂两边各有一个一层高的的电梯厅，照明参数的选择和总体目标为：主色温 4000K，显色指数 Ra＞80，平均照度 200ILux，目标功率密度 $10W/m^2$，照度分布见图 4-2-2。

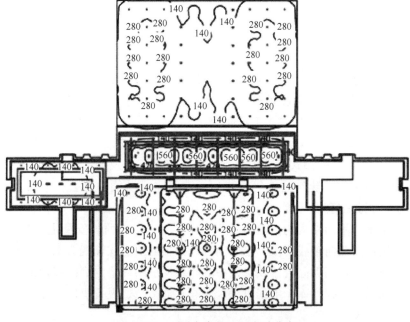

图 4-2-2　一层大堂地面照度总分布

332

　　系统应根据办公楼的实际情况和需求进行合理的管理区域的划分（图 4-2-3）。每个管理分区内的控制箱数量应根据现场实际的设备回路数量等来确定。根据不同场合、不同的人流量，进行时间段、工作模式的细分，把不必要的照明关掉，在需要时又能够自动开启。同时，系统还能充分实现不同工作场合下的多种照明工作模式，在保证必要照明的同时，有效减少灯具的工作时间，节省不必要的能源开支。

大堂：一层顶部

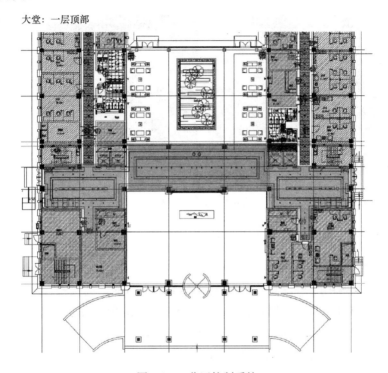

图 4-2-3　分区控制系统

（2）施工期间地下导光照明技术应用

　　北京 12 月份上午 11 点晴天室外照度值约 48Klux，室内进口材料导光管漫射器下方 3m 处测得的照度值约为 47lux；国产材料导光管漫射器下方 3m 处测得的照度值约 38lux。该照度值能满足一般的作业要求，每套可覆盖的工作面积约 10m²。如果选用直径 500mm 的导光管，可覆盖的照明面积大约 100m²。如果管道的传输距离短，转弯少，进口和国产材料的照明效率差别小，如果距离长，转弯多，则光衰比较明显。根据研究测试，直管每米衰减 4%，每增加一个弯头衰减 10%。

　　标准管和标准管、光导管和采光器的连接采用螺纹两端拧合的方式，标准管采用卡扣式缝合，无需胶带密封，既简化安装工艺，有利于导光管的拆装及循环利用，又能够有效地减少连接处的缝隙，避免导光管内部落灰，影响使用效果。

办公楼工程建设期间安装了 6 套直径 260mm 的导光管，为保证导光管采光时间，导光管安装于建筑西侧，将首层室外太阳光引入负一层地下空间，导光管在室外的长度为 2m，弯头 2 个，漫射器安装在地下空间的顶板（图 4-2-4）。测试显示，采光罩的透光系数 89%；漫射器的透光系数 86%；国产材料导光管的反射率 85%；进口材料导光管的反射率 95%。据测算，采用光导技术每年可节约日间照明费用 147.83 万元。

图 4-2-4 导光管现场安装

### 2.3.2 外窗高气密性防水构造施工

（1）主要技术内容

项目创新采用了一种提升防水性能并兼具外窗节能、高气密性的构造。该技术要求改变副框位置，使副框周边包裹保温材料，避免"热桥"，从而降低室内与室外的热交换，减少不必要的冷热损失。在主框与副框之间增加胶条，提高气密性，不仅提高了外窗的保温隔热性能，也很好地阻隔了噪声传导，起到了隔声降噪的作用（图 4-2-5）。

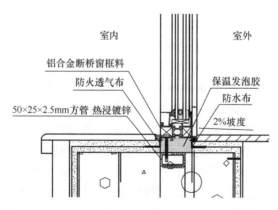

图 4-2-5 外窗高气密性防水构造节点示意

门窗防水密封带能够有效地密封门窗的连接缝，使得室外的水不会通过门窗缝渗透到室内侧。同时由于具有可延展性，能够随着建筑的热胀冷缩进行调整，保证密封效果长时间不变。门窗防水密封带的表面印有菱形花纹以增大摩擦力，可以在其表面涂抹砂浆或涂料，因此在建筑完工后不会在建筑表面发现门窗防水密封带的痕迹。门窗防水密封带表面的内侧有 20mm 宽的自粘胶条，可以粘接在窗框上，方便施工时的操作，内侧其余部位用硅酮结构密封胶粘贴于墙体基层。在窗框周圈粘贴防水密封带，安装在外窗外侧周圈时，采用不透水不透气的防水密封带，当里外均安装时，里侧应采用不透水可透气的防水密封带。

（2）实际应用分析

安装时要将粘接平面进行清扫，量取所要密封的缝隙长度，裁剪超过该长度 100mm 的防水密封带，然后将防水密封带的胶粘条粘接在门框或者窗框上。之后将结构胶以条状挤压到粘接表面，平行挤压 2 条或以上，然后将门窗防水密封带粘接到平面上。在边角上门窗防水密封带要层叠并压实，防止翘起或者堆积，门窗防水密封带根据现场实际情况进行调整，要保证防水密封带在纵向方向能够完全覆盖住需要密封的缝隙。

国产化防水密封带比较国外同类产品成本降低一半，单价 4～5 元/m，粘接在门框或者窗框上 5mm，可视主框合页转轴距边的大小而定粘贴宽度，当有明副框时，也可粘贴在副框上。有明副框时，主副框之间固定处有橡胶垫，外侧缝隙通过打发泡胶封闭，里侧打密封胶封堵，副框小于主框，且齐主框里侧边向外偏 5mm，便于解决副框施工误差和角码固定。窗框上的保护膜粘贴应距外边缘 5mm，需在厂家加工制作时提出要求。

### 2.3.3  新型工具式可调节楼梯钢模板

（1）主要技术内容

使用钢板材、槽钢、角钢等材料制作的模板强度高、刚度好，根据不同楼梯踏步设计参数，确定最佳楼梯踏步变动范围，通过各部件连接处开槽、成孔，实现每一个踏步挡板可以上下前后调节位置，并满足每一个踏步变动范围；通过工具化各部件，以标准楼梯为基准，扩展非标准部件；全部采用螺栓连接代替焊接技术，楼梯可灵活组装、拆解，一般楼梯规格均适用；组装后可利用塔吊进行垂直运输，整体吊装，整体拆除。确保位置准确，达到施工和设计要求目的。

利用螺栓连接解决了楼梯模板焊接定型，各部件位置相对固定不变的问题，采用 16♯槽钢作为模板支架，两侧末端通过 10mm 厚"L"形连接板与横向短槽钢支架螺栓固定，形成模板支架架构。楼梯钢模板各功能部件如图 4-2-6 的①～⑥所示，其中模板支架部件通过连接角钢部件与踏步挡板部件采用 40mm 长 8.8级螺栓（含平垫）连接，达到楼梯模板可在操作面——被散拼成整体使用，可拆解成每个单体部件搬运；也可在使用前现场组装完毕后再整体吊装、整体拆除，实现了楼梯钢模板的工具化。

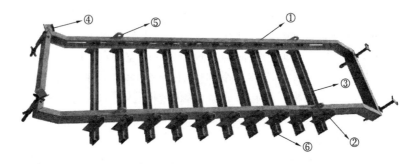

图 4-2-6　新型工具式可调节楼梯钢模板设计

（①-支架；②-挡板连接角钢；③-踏步挡板；④-可调支托；⑤-吊耳；⑥-挡板接长端）

可调节性设计：模板支架部件上开有调节螺栓位置的活动槽，实现踏步挡板的间距可调节性；利用不等边角钢 L100×63×7 把楼梯踏步挡板与支架连接（图 4-2-7），采用 100mm 宽角钢是为了增加两个连接螺栓的距离，有利于平衡踏步混凝土浇筑过程产生的侧压力。在挡板连接角钢短边上开长度为 100mm 的活动槽，赋予螺栓一段可调节位置的活动范围；在挡板连接角钢长边上开三排孔，排距 65mm，呈 151°夹角（同楼梯斜角），增加调节能力。根据楼梯踏步高度和宽度不同，通过调节楼梯踏步挡板之间的间距和高度，调节楼梯斜率，满足不同规格的楼梯模板施工，实现了楼梯钢模板的可调节性。

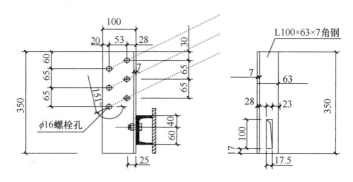

图 4-2-7　挡板连接角钢

（2）具体实施方式与技术指标

按楼梯设计图纸，不同规格楼梯均绘制模板组装工况图，每跑配备两个工人组装。搭设胎架用于组装模板，吊起方便；模板放置在胎架上的斜度与实际工作时相同，便于组装和检查，方便清理和起吊工作（图 4-2-8）。优先施工楼梯模板、钢筋，验收合格后吊装工具式可调节楼梯钢模板，将"L"型楼梯钢踏板挂件安放在钢模板上，作为人员上下通道使用。安全起吊，人工就位，模板两端支撑采用100×（板厚－2）×（板厚－2）的自制混凝土垫块，调节螺杆使楼梯模板标高到位，端部设置水平钢管支撑。

图 4-2-8　模板预拼装

防止混凝土浇筑过程中产生的水平推力造成模板移位。楼梯侧面木模板采用"步步紧"隔二布一直接固定于钢模板上，侧模板封板严密，防止漏浆造成质量缺陷。复核底模标高、定位尺寸、拼缝，全面拉线检查侧模线条的顺直、严密性，踏步钢模的定位、步高、步宽、长度以及与端部木模板的对接，验收合格后方可进入下一道工序施工。自上而下浇筑楼梯混凝土，以踏步挡板下边缘齐平为准，找平楼梯踏步面层。待混凝土强度达到1.2MPa，且不会因拆除造成棱角损坏时，方可拆除模板踏步钢模板及侧板。拆下的模板，要及时进行板面清理，涂刷脱模剂，放置在专制搭设的胎架上备用。

（3）经济及环境效益分析

新型工具式可调节楼梯钢模板为可调节、工具式的，通用性较好，一次投入费用不大，周转次数多，扩展性较好，在每跑梯段宽度增大时，可采取在踢板模板一端补板方式解决，可大大提高使用率。针对本工程不同种类的楼梯模板，从材料成本、加工费以及使用效果等方面与传统木模板进行效益对比分析：通过对比分析，节约资金8563.1元。若将新型工具式可调节楼梯钢模板周转5个工程，其各个工程的楼梯规模相当，均按照95跑计算，则新型工具式可调节楼梯钢模板费用为32000＋88＋22.5＝32110.5元。

采用钢制模板代替木模板，降低了木材的消耗；施工周转次数多，使用寿命长；能满足施工人员上下通行，配置"L"型楼梯钢踏板挂件后与结构楼梯有机结合，可作为安全疏散通道，代替在结构外搭设的上下马道，减少设施投入；"L"型楼梯钢踏板挂件采用废弃的钢筋与角钢焊接，有效地利用资源，减少材料的投入。采用钢制模板代替了每步楼梯木模的制作，极大地减少了木工锯的使用频率，节约了用电量。螺栓调节方式相对木模的人工制作、安装，减少了劳动力的投入和劳动强度，节约了人力资源。

### 2.3.4　多功能夹芯结构复合墙体

（1）主要技术内容

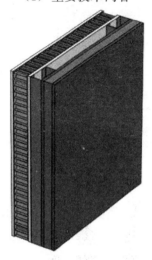

以夹芯结构作为围护结构基础，将传统的砌体、钢筋混凝土、隔断、幕墙等各类内外墙围护结构的优点吸收至该墙体并加以延伸，来满足建筑物对围护结构保温隔热、隔声防火等各种不同要求。夹芯结构复合墙体属于一种三明治夹芯结构，结构分为三层：中间是以轻钢龙骨作为结构支撑，连接墙体。龙骨的两面分别安装轻质复合面板，中间夹以优质芯材（图4-2-9）。本项目采用的夹芯结构复合墙体敷面板主要选用石膏板、玻镁板、硅酸钙板。芯材采用膨胀珍珠岩压块或阻燃防霉级蜂巢结构复合板等复合材料。龙骨两面可以采用单层结构、双层结构或者多层结构。

（2）技术指标

图4-2-9　夹芯结构复合墙体示意

夹芯结构复合墙体的芯材选用优质膨胀珍珠岩压块可以有效实现隔热保温，其传热系数 $0.036\sim0.045\mathrm{W/(m^2\cdot K)}$；选用阻燃防霉蜂巢结构时，可在复合板内填充微粉相变蓄能材料，相变蓄能焓 120kJ/kg，相变温度 $26.5\sim28.5℃$，蓄能量 $120\sim960\mathrm{kJ/m^2}$，大大提高了工作环境舒适度。

（3）经济及环境效益分析

多功能夹芯结构复合墙体具有不燃烧、不吸水、不下垂、导热系数稳定，环保无毒轻质、防火、隔声保温等综合性能。采用集成化装配双墙结构体系使施工更加快速便捷，可广泛适用于改造、新建，以及加层等项目。生产和使用过程均为零甲醛排放，其环保性能可达欧盟 E1 级标准，该复合墙体材料是一种节水、节地、节电、节资、节材的绿色建材。同时多功能夹芯结构复合墙体可广泛适用于改造、新建，以及加层等绿建项目的内墙、外墙及屋面安装，以及对不同地理环境和建筑使用功能有保温隔热、隔声防火等各种要求的建筑物。

### 2.3.5　屋顶节能降温涂料应用

（1）主要技术内容

屋顶节能降温涂料采用一种水性丙烯散热降温涂料，具有明显降温效果，融反射、辐射和隔热三种降温机理于一体。涂料采用水性丙烯酸乳液为成膜基料，添加多种具有反射、辐射和隔热功能的填料，辅以多种功能性助剂，环境友好，具有高强耐候性。优良的太阳热反射比、半球发射率及隔热性能，保证了该涂料在夏季时能显著降低混凝土、金属、木材以及泡沫塑料等被涂敷物的表面及内部温度，可广泛应用于建筑屋顶、油气和化工原料储罐、粮库等领域，起到理想的节能降温效果。

（2）经济及环境效果分析

节能降温涂料不仅能够较大地节约建筑空调降温用电，单位施工面使用的材料也比较少，可以有效地降低建筑材料的消耗。以施工屋面 $5000m^2$ 为例，造价增加 30 元/$m^2$，合计 15 万元，单位面积节约制冷用电 $5.5kW \cdot h/m^2$，全年可节约 3.6 万 $kW \cdot h$，节约电费支出 2.8 万元/a，相当于减排二氧化碳 33t/a，回收期仅为 5 年。

节能降温涂料不仅包含涂料本身的制备工艺以及原材料的绿色环保，更重要的还是涂料本身的功能化给予建筑物带来的节能环保功能。

## 2.4  总    结

项目采用绿色施工技术措施 14 大类，126 项，应用科技 10 项新技术中的 10 大项 26 小项，创新技术 15 项，节约了能耗、材料、水资源等，节约成本 160.7 万元。项目已获得北京市科技成果鉴定、省部级科技奖、第三批全国建筑业绿色施工示范工程等奖励。

作者：何杰    薛峰    李婷（中国中建设计集团有限公司）

# 3 中建新塘（天津）南部新城社区
## 文化活动中心
# 3 Southern New Town Community Culture
## Activity Center in Tianjin

## 3.1 项 目 简 介

中建新塘（天津）南部新城社区文化活动中心项目（图 4-3-1）为国家科技支撑计划"公共机构新建建筑绿色建设关键技术研究与示范"（2015BAJ15B05）示范项目，位于南部新城东南海河南岸景观公园内。西部及东部为公园绿地环绕，北侧为学校用地，南侧为市政道路。周边地块均为公建用地，项目位置视野开阔，景观宜人，已于 2015 年 1 月获得绿色建筑三星级设计标识。

图 4-3-1　中建新塘（天津）南部新城社区文化活动中心项目

项目总用地面积 10590.1m²，其中可用地面积 10590.1m²，总建筑面积 8719.3m²，其中地上建筑面积 7131.5m²，地下建筑面积 1587.8m²，容积率 0.7，建筑密度 26%，绿地率 35%，建筑层数地上 4 层，地下 1 层，建筑高度 20.4m。

# 3.2 绿色建筑特征

南部新城社区文化活动中心大楼方案设计全面展现了建筑节能的前瞻性、低碳性、经济性和人文性，把地源热泵、余热利用、雨水收集、空气质量监控、节能控制及能量计量系统全部融合应用于该建筑中（图4-3-2）。

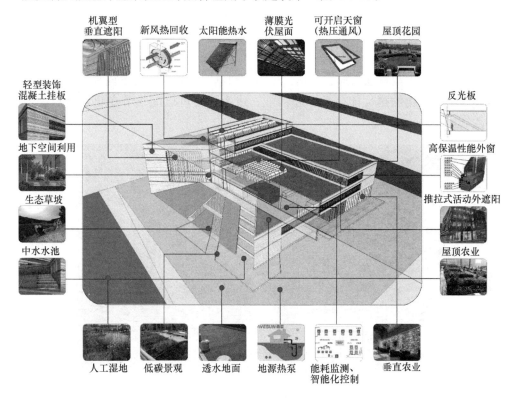

图 4-3-2　项目绿色技术集成示意

## 3.2.1　节地与室外环境

项目性质为文化建筑，主要出入口距邻近公交交通站点距离≤500m。地下设置地下车库、健身用房和设备用房，并设计下沉庭院为地下功能提供采光。

项目屋顶均设屋顶绿化，屋顶绿化面积占屋顶可绿化面积的比例不小于70%，在首层东南侧设置垂直绿化。设计中本地植物选择耐寒耐旱耐盐碱植物，采用乔、灌、藤、草复层绿化。西侧设置覆土草坡，建筑与西侧景观公园相融合。参考"天津市城市绿化树种分类应用指南"选择，草本选择冷季型多年生草本植物。本地植物指数达到100%。室外铺装采用透水砖铺地，停车采用空透比例大于40%的植草砖，景观绿地采用乔灌草复层绿化，透水地面面积为45%。

### 3.2.2　节能与能源利用

项目建筑主体平面布局为东南朝向,北侧建筑为 4 层,南侧为 2 层,有利于阻挡冬季西北风,并引入夏季东南风。项目东、西、南向外墙采用 200 厚蒸压加气混凝土砌块,100 厚岩棉保温,外挂轻型混凝土挂板(又称宝贵石,见图 4-3-3),传热系数 0.32W/(m² · K);北向外墙采用 200 厚蒸压砂加气混凝土砌块,100 厚岩棉保温,外挂轻型混凝土挂板,传热系数 0.31W/(m² · K)。宝贵石,采用水泥石粉制作,不但可以模拟石材效果,降低成本,而且可以变废料为原料,并利用宝贵石可塑性强的特点,将其表面设计为 30°倾角的齿条状肌理。利用不同季节的太阳高度角形成蓄热(冬季)和遮阳(夏季)的不同模式,从而实现建筑围护结构的热性能与季节相匹配,成为一种可以随季节变化自身温度的外衣。

图 4-3-3　宝贵石

针对东西南三面墙体,该设计使得冷空气可以从板间缝隙进入,经层间设置的深色金属吸热后,形成通风腔,通过热压通风带走表面的热量,夏季降低建筑表面温度,从而降低空调能耗。针对北侧墙体,将板间缝隙用镀锌铁板密封,形成封闭的空腔,大幅降低北侧建筑围护结构的传热系数,提高隔热性能,降低采暖能耗(图 4-3-4)。

外窗采用聚氨酯框单框双玻双银 Low-E 玻璃外窗,$K=1.5$W/(m² · K);幕墙采用隐框双玻双银 Low-E 玻璃,$K=1.8$W/(m² · K);天窗采用 Low-E 中空玻璃,$K=1.8$W/(m² · K);屋面采用混凝土屋面,150 厚岩棉保温板,$K=0.3$W/(m² · K)。

项目使用高效节能光源灯具,开敞式灯具的效率不小于 75%,格栅灯具的

针对夏季空调能耗　　　　针对冬季采暖能耗

黑色金属吸热
墙体
保温
宝贵石

镀锌铁板密封

东、西、南侧外墙不做密封措施，通过热压通风原理，带走外墙表面热量，减少夏季空调能耗

北侧外墙做密封措施，增加空气层，提升保温性能。拟采用尺寸为450mm×2700mm的宝贵石。两块宝贵石之间采用镀锌铁板密封。

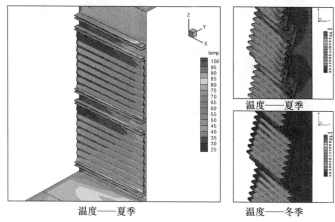

温度——夏季　　　　温度——夏季　　　　温度——冬季

图 4-3-4　宝贵石节能作用分析

效率不小于 60%，透明保护罩灯具效率不小于 65%。各类房间的照度值及功率密度皆满足《建筑照明设计标准》GB 50034 规定的目标值。

项目制冷机房设置冷热量计量表，对空调制冷制热量进行计量。安装一套能耗监测计量系统，并上传至上级系统，并可根据结果分析及优化能源使用状况。分室设置温控器实现分室控制，将新风系统按照使用功能及时间进行设置，制冷机多台设置，水泵变频。设置排风热回收机组对新风进行预冷预热，并设置 $CO_2$ 传感器电动风机变频器根据室内 $CO_2$ 浓度调节新风量。全空气空调系统实现全新风或可调新风比的运行。

项目在展厅采光顶设置了建筑一体化的 CIS 透光薄膜电池组件光伏发电系统（图 4-3-5）。天窗安装 BIPV 光伏构件 231 块，合计安装功率 12.705kW。经过 PVSYST 软件模拟，年均发电量 16102kWh。所提供的能源将达到总能耗 3%，可有效提高项目可再生能源数量。

采用地源热泵供冷供热，且采用槽式集热器的太阳能供暖系统作为辅助并同

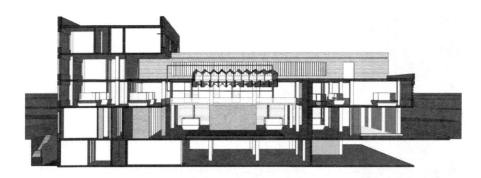

图 4-3-5　光伏发电系统示意

时提供生活热水。可再生能源利用率大于 15%。设计特点有：

（1）设有新风热回收装置。将排风能量与新风进行热交换，然后将新风送入室内，可节省新风负荷 60% 以上。

（2）春秋季免费冷热源的能源方式。将地埋管与室内末端相连，在不经热泵机组的情况下，向室内提供免费的冷热源。当空调末端停开时，对应的机房内水泵降速运转，达到节能的目的。

（3）各房间风机盘管及组合式空调机组均设有温控器，可实现带时控的分室控温。用自控方式进行行为节能，实现营业前预冷预热，下班后自停的功能。

（4）风量耗电输热比约为 0.018，满足要求。

### 3.2.3　节水与水资源利用

项目排水采用雨污分流、污废合流制排水系统，污废水经化粪池处理后排入市政污水管网。污水量按照生活用水量的 100% 计算（不含景观、浇灌水量），则最高污水量为 13.20m³/d。地上建筑采取重力自流方式，地下室集水坑内污废水采用潜水泵抽升的方式排出室外，地下室卫生间污水经一体化提升设备排出室外，地下室厨房污水经隔油提升一体化设备排出室外。生活污水经室外化粪池处理后排至污水管网。雨水为外排重力流方式。降雨历时 5 分钟，设计重现期 2 年，降雨强度 3.48L/(s·100m²)。屋面雨水由雨水斗收集后，经雨水立管重力排至室外雨水管道，最终排入市政雨水管网。

项目利用市政中水系统，室内冲厕用水、室外绿化、景观水池用水采用中水。各用水部位 100%设置了计量水表。通过总水表、分级水表的设置，满足水量平衡测试及合理用水分析要求。水表采用远传数字水表，用水数据传入楼宇自控系统，实现用水 100%计量，并选用高性能、零泄漏阀门及高灵敏度水表。冲厕、绿化、景观采用中水，用水量达到总用水量 60%以上。

项目针对乔灌草等绿化类型设置不同的喷灌形式，如：草坪和灌木采用微喷灌，对于乔木采用涌泉型喷头等。针对不同绿化类型确定各自浇灌水量。同时选用了兼具渗透和排放两种功能的渗透性排水管。设置透水地面、下凹绿地、景观水体等加强雨水拦截、下渗。屋面雨水经过收集过滤提供给景观水池。下沉庭院雨水采用潜水泵抽升的方式排出室外，降雨历时 5 分钟，设计重现期 50 年，降雨强度 6.77L/(s·100m²)。庭院雨水由集水坑收集后，经压力提升排至室外雨水管道，最终排入市政雨水管网。因地制宜地采取有效的雨水入渗措施。

### 3.2.4 节材与材料资源利用

天津地区尤其是滨海新区属于近海地区多盐碱地且易受腐蚀性环境的影响，建筑物主体结构考虑防腐蚀性能采用耐腐蚀混凝土。

项目建筑造型简洁，体形系数为 0.22。项目现浇混凝土和砂浆 100%采用预拌混凝土和预拌砂浆。项目采用可再循环材料包括钢材、玻璃、铝合金型材、铝合金遮阳，可再循环材料使用重量占所用建筑材料总重量的 10%。土建与装修工程一体化设计施工，避免重复装修。建筑内墙采用轻质隔墙，可变换功能的室内空间，50%以上采用轻质隔墙。

### 3.2.5 室内环境质量

建筑总平面布局和建筑朝向为南北朝向，幕墙具有可开启部分或设有通风换气装置。建筑层数与空间布局通过 CFD 模拟进行优化，项目达到在自然通风条件下，保证主要功能房间换气次数不低于 2 次/h。每个房间设置风机盘管，单独设置温控器。能够独立开启与控制。

项目用地的西侧，是一个优美的景观公园。因此，建筑的西侧做了 45°倾角向公园打开，并设置了玻璃幕。在玻璃幕外侧选用了垂直式机翼型电动遮阳百叶（图 4-3-6）。叶片采用金属穿孔板构成的单片半棱形叶片，叶片呈弧形，在 0°～120°可调，通过机械联动的方式变换角度进行遮阳和光线调节。同时南侧及东侧外窗设置反光板，改善室内自然采光效果。项目北侧设计下沉庭院采光，改善了地下空间采光效果。

图 4-3-6　电动遮阳百叶

项目新风机组回风口设置 $CO_2$ 传感器，对室内主要功能空间的二氧化碳、空气污染物的浓度进行数据采集和分析。能够实现污染物浓度超标实时报警。能够检测进、排风设备的工作状态，并与室内空气污染监测系统关联，实现自动通风调节。根据 $CO_2$ 浓度联动变频器自动调节新风量。

### 3.2.6　运营管理

项目安装一套能耗监测计量系统，能耗监测系统应按上一级数据中心要求自动、定时发送能耗数据信息。对电力、照明、空调等设备的能耗进行连续监测，有监测记录并上传至上级系统，并可根据结果分析及优化能源使用状况。

能耗采集的范围及采集方式如下：

（1）给排水系统：市政给水的接户处、自备水源及采用地下水处设置数字水表；建筑内部结合用水点分布情况设置考核计量水表；

（2）暖通空调系统：热力入口处设置热量表，自建热（冷）源及换热（冷）站设置热（冷）量表；

（3）电气系统：在高压侧设置能耗计量装置，同时在低压侧设置低压总能耗计量装置，出线柜设置分项能耗计量装置。电类分项计量系统设置照明及插座总能耗、空调及供暖用电、动力和特殊用电分项能耗、热源、热力站用电能耗的总能耗及一级子项分项能耗。各能耗计量数据可采用加法或减法原则得出各项分项能耗数据。

项目采用楼宇自控系统自动控制本建筑暖通及给排水设备。同时项目设置一套智能照明控制系统，自动实现建筑内照明节能运行。

# 3.3 建筑能耗分析

项目 2015 年 5 月开始运营使用并根据运行情况开展相关数据的测试、能耗分析及运行调试的准备。综合测评中获得 5～7 月的各项用电系统耗电量逐时记录，进行统计，得到各项耗电量的统计分析（表 4-3-1～表 4-3-3 和图 4-3-7）。

2015 年 5 月各项能耗耗电量统计　　　　　　　　表 4-3-1

| 系统划分 | 照明插座 | 空调用电 | 电梯 | 给排水泵 | 其他 | 总计 |
|---|---|---|---|---|---|---|
| 耗电量（kWh） | 11546.52 | 3444.70 | 112.80 | 132.11 | 2074.23 | 17310.36 |
| 耗电量占比（%） | 66.70 | 19.90 | 0.65 | 0.76 | 11.98 | 100.00 |
| 折标量（tce） | 4.66 | 1.39 | 0.05 | 0.05 | 0.84 | 6.99 |
| 单耗（kWh/m²） | 1.17 | 0.35 | 0.01 | 0.01 | 0.21 | 1.75 |
| 同类地区指标定额（kWh/m²） | 2 | | 0.25 | 0.08 | 2.91 | |

2015 年 6 月各项能耗耗电量统计　　　　　　　　表 4-3-2

| 系统划分 | 照明插座 | 空调用电 | 电梯 | 给排水泵 | 其他 | 总计 |
|---|---|---|---|---|---|---|
| 耗电量（kWh） | 9904.93 | 13355.00 | 118.63 | 119.87 | 2403.84 | 25902.27 |
| 耗电量占比（%） | 38.24 | 51.56 | 0.46 | 0.46 | 9.28 | 100.00 |
| 折标量（tce） | 4.00 | 5.40 | 0.05 | 0.05 | 0.97 | 10.46 |
| 单耗（kWh/m²） | 1.00 | 1.35 | 0.01 | 0.01 | 0.24 | 2.63 |
| 同类地区指标定额（kWh/m²） | 2 | | 0.25 | 0.08 | 2.91 | |

2015 年 7 月各项能耗耗电量统计　　　　　　　　表 4-3-3

| 系统划分 | 照明插座 | 空调用电 | 电梯 | 给排水泵 | 其他 | 总计 |
|---|---|---|---|---|---|---|
| 耗电量（kWh） | 15776.08 | 18248.51 | 110.15 | 118.08 | 2690.08 | 36942.90 |
| 耗电量占比（%） | 42.70 | 49.40 | 0.30 | 0.32 | 7.28 | 100.00 |
| 折标量（tce） | 6.37 | 7.37 | 0.04 | 0.05 | 1.09 | 14.92 |
| 单耗（kWh/m²） | 1.60 | 1.85 | 0.01 | 0.01 | 0.27 | 3.74 |
| 同类地区指标定额（kWh/m²） | 2 | | 0.25 | 0.08 | 2.91 | |

注：1. 同类地区定额指标参考清华大学建筑节能研究中心刘烨编著《公共建筑用能定额指标研究》。

2. 耗电量折标系数按照 1kW·h 折合成 0.404kgce 标准煤。

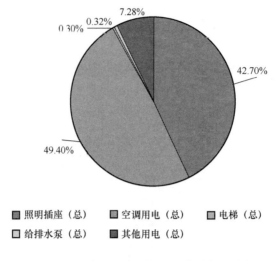

图 4-3-7 2015 年 7 月各项耗电量占总耗电量占比

项目对用能管理、能耗现状、能源计量及统计、主要用能设备运行效率、已有节能措施等都做了详细的现场踏勘、数据采集、设备测试以及对比分析，得到了如下结论：

（1）5~7 月建筑耗电量逐月增加，空调能耗变化很大，其他耗电量较稳定。

（2）以 7 月运行数据为例，空调系统在总能耗中占比最大为 49.4%。在使用过程中，机组的运行效率有待结合冬季测试结果进一步深入测评。照明系统耗电量占总耗电量的 42.7%，小于同类地区指标定额。但与此同时需要加强工作人员的节能意识，如多使用自然光、室内无人时随手关灯等。对照明系统进行分区控制也是减少照明能耗的有效手段。

（3）给排水泵、电梯、其他用电耗电量单耗均小于同类地区指标定额。

（4）项目的能源管理能够融入日常管理之中，节能管理较为有序。能够进行各项能耗统计和用能分析，并能按期形成能源消耗报告。

## 3.4 总 结

项目在设计过程中，结合当地特色，在建筑设计中充分考虑自然通风、自然采光等多种被动式节能技术，将绿色建筑技术与建筑形体有机结合，体现了绿色建筑的宗旨。此外在建筑表皮材料及构造上形成了高效热性能的围护结构体系，大大降低了冬夏两季的空调能耗。在运行过程中，注重各种数据的收集、分析，采用实用并具推广意义的绿色节能技术，有较强的示范意义。

**作者：** 李婷 薛峰 何杰（中国中建设计集团有限公司）

# 4 北京用友软件园2号研发中心

## 4 No. 2 R & D Center of Beijing yongyou Software Park

## 4.1 项 目 简 介

用友软件园位于北京中关村永丰产业基地西南端,东邻永丰路,北与北清路接壤,是亚太地区最大的管理软件产业园区。其中,2号研发中心位于用友软件园一期中区内部,主要功能为办公,并设有员工餐厅和地下停车库。项目已于2016年2月获得绿色建筑三星级标识。

用友软件园2号研发中心于2011年1月26日正式启用,共有楼宇7栋,分别为A、B、C、D、E、F、G,房屋结构为钢筋混凝土框架剪力墙结构,地下1层,地上4层,建筑总面积为67869.82m²,其中地上建筑面积44988.61m²,地下建筑面积22881.21m²(图4-4-1、图4-4-2)。

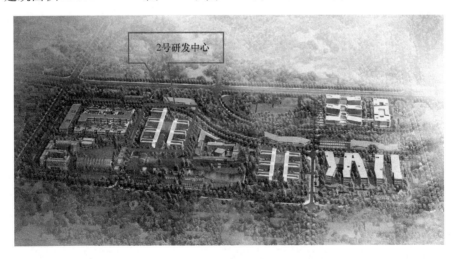

图 4-4-1  用友软件园全景

项目从前期方案阶段便有意识地走绿色建筑技术路线,采取"因地制宜"策略,将可持续发展的理念贯穿于规划设计、建筑设计、建材选择、施工、物业管

图 4-4-2 2 号研发中心全景

理过程，营造出人与自然、资源与环境、人与室内环境的和谐发展。

项目位于寒冷地区，建筑的节能保温设计是重点考虑的问题。在建筑的设计方面严格控制建筑的体型系数、窗墙比等参数，建筑单体造型简约，选用节能清水混凝土砌块；办公空间采用开敞式设计，中庭设置采光天窗，走廊采用大面积玻璃，建筑南北侧设有 4 个下沉庭院，最大限度利用自然通风、自然采光；通过采用地源热泵系统、冰蓄冷技术、排风热回收技术，设置可调节外遮阳，有效的节约建筑运行费用；综合运用自建中水、雨水等大量的绿色生态技术。为了优化建筑实际运行状态，用友工程部在运行期间进行了一系列的节能改造，主要包括一期建筑群的用电计量、冷热量计量、节能灯具改造、风盘照明的控制、机房空调循环泵变频改造、增加空调系统气候补偿系统、空调管网的平衡调节、空气质量监测控制等，并设置了园区能效管理平台。

## 4.2 主 要 技 术 措 施

### 4.2.1 节地与室外环境

项目建筑布局设计合理，2 号研发中心总平面采用"主"字型布局，将贯通南北的走廊和公共活动采光中庭布置在纵向主轴上（"主"字的一竖笔"I"），将对采光和通风要求较高的办公区域布置在横向分支上（"主"字的三横笔"一"）；结合园区道路和场地条件从保证采光、优化夏季通风、阻挡冬季冷风的角度出发，"主"字建筑非严格坐南朝北，而是逆时针旋转了 20°，从而实现夏季西南风以更短的路径从南立面和西立面的开启扇穿过办公区，同时兼顾南北走廊的自然通风，该角度调整结合东侧"C"字和西侧"Ɔ"的半围合建筑布局，形成 6 个活动庭院，这 6 个庭院在夏季和过渡季引入西南风，从而营造舒适室外条件、冬季利用建筑本体阻挡寒冷北风。

通过以上综合考虑优化后的平面布局，在夏季时场地内人员活动高度的风速小于2.8m/s；冬季时场地内人员活动高度的风速小于3.8m/s，不影响冬季的人员出行；同时保证各建筑迎背风面压差较大，在2.0～6.0Pa之间，具有形成良好室内自然通风的先决条件。

景观绿化选用适宜北京当地气候和土壤条件的乡土植物，且包含乔、灌木的复层绿化，节省养护开支。主要种植的树种有合欢、玉兰、丁香、紫叶李、金银木等，绿地率为35%。场地内采用大面积绿地、透水铺装和人工湖体等改善室外热环境（图4-4-3），项目透水地面面积与室外地面总面积之比超过40%，可以有效缓解热岛效应。

图4-4-3 景观湖体

项目为节约用地，起到合理开发利用地下空间的目的，建筑地下一层，建筑面积为22881.21m²，地下空间主要功能为人防、设备用房（风机、水泵、中水）、变配电室、汽车库、物业管理、库房，地下面积与建筑占地面积比例为188.87%。

项目区域交通便利，距主出入口500m步行距离内，有2个公交站：永澄路口东站、赵庄子北站，共有4条公交路线：543、544、642、449路。同时2号研发中心北侧北清路上还有在建的地铁16号线"永丰站"。园区内部设有室外绿化停车位及室内自行车停车间。

### 4.2.2 节能与能源利用

建筑立面设计采用形似数字马赛克式的窗布置方式简洁而现代，体现出建筑的使用性质。外墙采用清水混凝土节能保温砌块、铝合金玻璃幕墙、铝合金窗三种材质，并以节能保温砌块为主。外墙采用清水混凝土砌块加55mm厚挤塑聚苯板，屋顶采用 60mm 厚挤塑聚苯板，架空楼板采用 60mm 厚挤塑聚苯板，外窗和幕墙采用 8＋12＋8 中空玻璃。

项目共采用了 30000m² 节能砌块，墙体砌筑采用两层砌块中间夹一层聚苯保温板的方式，外侧砌块厚度为 90mm，聚苯板厚度为 55mm，内侧砌块厚度为190mm。经测算，该节能砌块的应用可使总体冷热负荷降低 7％。

建筑冷热源均来自一期能源中心，能源中心采用三工况地源热泵机组（4 台LWP4200 型）＋冰蓄冷装置（冰球蓄冰）＋离心式冷水机组＋燃气锅炉的复合式系统（图 4-4-4、图 4-4-5）。

图 4-4-4　地源热泵机组　　　　　　　　图 4-4-5　冰蓄冷系统

夏季供冷：以三工况地源热泵＋冰蓄冷装置为主，离心式冷水机组调峰运行。

冬季供暖：以三工况地源热泵为主，燃气锅炉调峰运行。

地源热泵系统室外地埋孔占地面积约 2 万 m²，分 A、B、C、D 四个区，共计地埋孔 616 个，分别布置在室外停车场、绿地和水景人工湖下，换热孔径150mm，孔深 120m。

项目生活热水由能源中心提供，冬季主要依靠在下班之后或在夜里之间电价低谷期内制取，并储存于热水箱内；春秋过渡季节由热泵机组制取生活热水；夏季在热泵机组制冷的同时，通过热回收系统，自动回收热泵机组冷凝热，实现随时免费加热生活卫生热水，最大限度地节约生活卫生热水加热费用。

2 号研发中心地上办公区域采用两管制风机盘管加新风机组的空调系统形式，新风机组置于新风机房内，分层、分区设置。地上各层的新风机组为新风、排风热回收式，选用转轮式全热交换器。项目共采用 28 台全热回收新风处理机组，总新风量为 177000m³/h，冬季新风加湿采用湿膜加湿，热回收效率大于 60％。

用友软件园一期在 2014 年进行了能源管控平台系统的改造建设，主要服务于园区内能源计量监测、数据分析、远程设备管理、能耗控制策略、能耗数据统计、能源优化管理建筑或设备节能指标的在线考核等专业化体系的建立，并建立数据分析、监测制度，能源利用状况报告制度，实现向用能设备要效益的目标。

2号研发中心最初投入运行时，在一般办公及管理用房等处采用 T5 管稀土三基色高效细管荧光灯，光源色温为3000K，显色指数 Ra＞80。随着运行使用，部分灯具衰减老化，物业管理及工程部结合园区 2014 年的节能改造，更换了灯具，同时增加和升级了部分区域的灯具（选用雷士照明生产的 28W 三基色T5 灯，色温 6500K），功能区的照明功率密度值满足国家标准的目标值要求（图4-4-6）。

图 4-4-6　开敞办公区室内环境

项目采用能耗分析软件 e-QUEST对建筑进行全年 8760 小时的能耗模拟。经模拟计算，除去室内设备能耗，参照建筑单位面积年能耗为 104.95kW·h/m²，而设计建筑单位面积年能耗为81.65kW·h/m²，设计建筑总能耗为参照建筑总能耗的 77.8％。以 2013 年实际运营数据为例，实际运行建筑单位面积年能耗为 81.85kW·h/m²，实际建筑总能耗为参照建筑总能耗的 78％。从能耗模拟和实际数据分析来看，项目节能效果显著。

### 4.2.3　节水与水资源利用

用友软件园水综合利用主要包括雨水回收利用及雨水渗透、污水的处理及回用、市政中水、人工湖水体循环生态处理（图 4-4-7）。整个园区内建立一个独立的水循环和水利用系统，尽量做到污废水零排放。

项目设置了雨水收集系统，回收雨水重力排入景观湖体，雨水处理工艺采用生态砾池为主的处理工艺，循环管道设自动清洗过滤器。用友软件园内生态砾池雨水处理工艺设备为 4 套，每套处理能力为 70m³/h，一期设两套（图 4-4-8、图4-4-9）。

用友软件园一期在运营初期自建中水处理站，共设十套地下式毛管渗滤系统（图 4-4-10），收集建筑污水，经处理后用于 5 号研发中心 B 座室内冲厕，2 号研发中心设计初期也考虑沿用之前的中水处理工艺，处理后用于办公楼室内冲厕。但是，随着园区投入运营后，使用建筑面积和入住人数的增加，初期建成的中水处理系统逐渐出现使用问题，尤其是水质在后期运行中难以保证、处理水量达不到设计目标，为保证用水需求物业部门暂时将中水管网转换到了市政给水供应，待市政中水水源达到后再切换到市政中水使用。

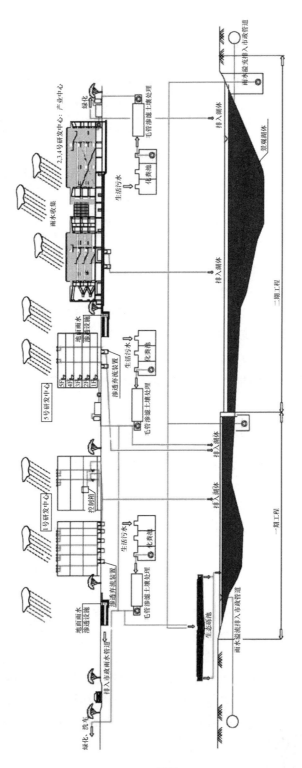

图 4-4-7 水资源综合利用系统原理图

图 4-4-8 庭院雨水渗滤系统

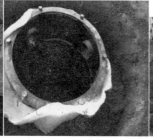

图 4-4-9 渗透沟与浅沟

图 4-4-10 毛管渗滤处理装置

### 4.2.4 节材与材料资源利用

2号研发中心为钢筋混凝土框架剪力墙结构，建筑造型简约，无装饰性构件。项目室内装修与土建、结构等进行一体化设计，在装修时不破坏和拆除已有建筑构件，避免了材料装修的浪费。

建筑材料本地化控制在于减少材料运输过程的资源，降低对环境的污染，项目主要采用北京、河北等的建筑材料，施工现场500km以内生产的建筑材料占建筑总材料比例的99.12%。项目大量使用钢材、铝合金型材及玻璃等可循环材料，其使用重量占所用建筑材料总重量的比例为10.70%。项目采用的所有石膏板都是以废弃物（脱硫石膏）为原料生产的建筑材料，废弃物掺量大于90%。

项目主要功能空间为办公，大部分为开敞式设计，部分设置了玻璃等灵活隔断，减少重新装修时的材料浪费和垃圾产生，建筑灵活隔断面积占可变换功能的65.9%。

### 4.2.5 室内环境质量

2号研发中心位于用友软件园一期园区内部，建筑间距布置合理，自身日照情况良好，且周边无居住建筑。项目建筑层数较低，均为南北朝向，采用了大面积玻璃幕墙、采光中庭、贯穿南北的采光走廊、玻璃隔断等，使得内部获得良好的日照和采光，采光走廊与中庭见图4-4-11、图4-4-12。

图 4-4-11 采光走廊　　　　　　　　图 4-4-12 采光中庭

项目各楼层内房间布局和窗口位置的安排较合理，在夏季主导风向情况下，各层主要功能空间均能形成较为良好的贯穿式自然通风。主要功能空间室内自然通风状况良好，室内空气龄大部分小于 700s，即换气次数大于 5 次/h，空气清新度较好，均可以较好地利用自然通风改善室内环境。

结合用友软件园一期运营期间的节能改造，为了减少建筑夏季太阳辐射得热，在 2 号研发中心 D、E、F、G 座西侧安装室外电动百叶窗（图 4-4-13）。电动百叶窗可以根据阳光入射角度的变化，自由调整百叶帘片角度，叶片可以在任何角度叠加，不仅可以减少炫光，还能实现自然采光和自然通风，是一项绿色低碳环保的节能措施。项目户外遮阳百叶窗可以有效减少办公室内的太阳辐射，节省空调能耗，降低长期的运营成本。

为改善办公楼室内的空气品质，在 E 座、F 座一层人员密度变化大的区域安装了 $CO_2$ 红外检测

图 4-4-13 电动可调节外遮阳

仪，其中，中小型会议室、办公区各安装 1 台，大型会议室及大开间办公区域各安装 2 台。测量数据远传至能源管控平台（图 4-4-14），并与新风机组联动，当 $CO_2$ 浓度达到 800ppm 以上时，新风机组自动开启运行。地下车库出入口附近及靠近停车位的部分立柱上安装了 CO 浓度传感器，测量数据远传至能源管控平台，同时与车库通风系统联动，浓度超标时启动车库通风降低 CO 浓度，使得 CO 浓度控制在合理范围内。

### 4.2.6 运营管理

项目物业管理公司为深圳市开元国际物业管理有限公司北京上地分公司。物业单位建立了完善的节能、节水等资源节约与绿化管理制度，明确各工作岗位的任务和责任，使管理制度化、落实到人。

园区能源中心由北京华清安泰新能源科技开发有限公司进行日常运营及维护。用友网络科技股份有限公司与北京华清安泰新能源科技开发有限公司签订的《用友软件园能源中心运行管理委托协议》中包含能源费用考核，将管理业绩与节约资源、提高经济效益挂钩。

项目智能系统周全完备，包括安防监控系统、一卡通系统、火灾自动报警系统、综合布线系统、有线电视系统、楼宇自动化系统、热泵机房空调自控系统、能源管控系统等。

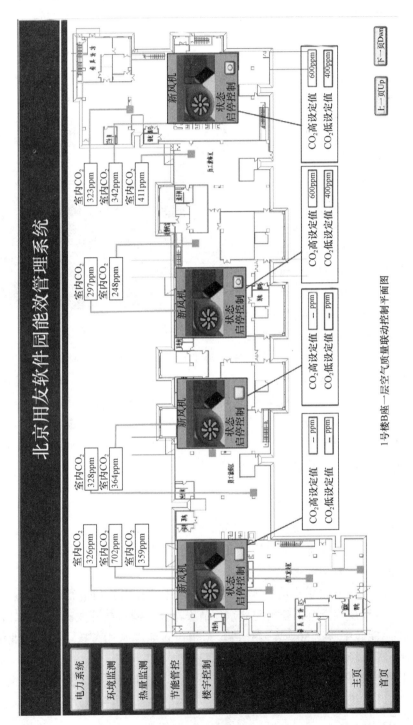

图 4-4-14　室内 $CO_2$ 浓度自动监控系统

项目投入运行期间以来，物业管理部门对空调通风系统等设备进行定期清洗、维护和保养，定期清洗系统的过滤网和过滤器，保证送风、送水管道的通畅。

为营造绿色建筑的良好的环境氛围，增强职工节约资源的意识，达到垃圾"减量化、资源化、无害化"目的。项目在建筑入口、电梯厅等处设置了分类收集垃圾桶，在餐厅附近设置了饮料瓶回收机。物业部门对生活垃圾进行日产日清，每日消杀，无异味、无遗撒。

## 4.3　实　施　效　果

项目通过综合利用高效围护结构、地源热泵空调系统、低照明功率密度、自然采光、能效管理系统等，大大降低了运行能耗。用友软件园 2 号研发中心 2013 年总用电量为 457.7 万 kWh，能源中心耗电量为 154.4 万 kWh，数据中心总用电量为 56.4 万 kWh，因此，扣除数据中心后 2 号研发中心办公用电量为 555.7 万 kWh。按照建筑面积 6.79 万 $m^2$ 进行计算，单位面积耗电量指标为 81.85kWh/($m^2$·a)；与参考建筑单位面积能耗 104.95kWh/($m^2$·a)相比，节电率为 22.0%，实际建筑能耗是参考建筑能耗的 78.0%；与北京市公共建筑能耗统计的平均耗电量指标 101.17kWh/($m^2$·a)相比，项目的节电率为 19.1%。

用友软件园 2 号研发中心 2013 年办公总用水量为 3.2 万 $m^3$，空调系统和生活热水耗水量为 1.6 万 $m^3$，则单位面积用水量为 0.72$m^3$/($m^2$·a)。与设计年总用水量 7.3 万 $m^3$ 相比，项目全年的综合节水率为 33.4%；与北京市公共建筑能耗统计的平均耗水量指标 1.284$m^3$/($m^2$·a)相比，项目的节水率为 43.9%。

## 4.4　成　本　增　量　分　析

项目采用了一系列节能节水的生态技术，并于 2014 年实施了节能改造，采用的关键技术和增量成本见表 4-4-1。项目为实现国家绿色建筑三星级而增加的初投资成本为 937.99 万元，单位面积增量为 138.2 元/$m^2$。

通过采用地源热泵、节能灯具、排风热回收技术、能耗监测系统等节能措施，项目年节电量约为 161.8 万 kWh，节约费用约为 145.3 万元；通过节水器具、雨水回收利用等节水措施，项目年节水量约为 2.1 万 $m^3$，节约费用为 17.1 万元。因此，项目节约运行费用为 162.4 万元/年。经计算，项目绿色建筑增量的静态回收期为 6 年左右。

项目增量成本　　　　　　　　　　　　　表 4-4-1

| 为实现绿色建筑而采取的关键技术/产品名称措施 | 单价 | | 应用量 | 应用面积（m²） | 增量成本（万元） | 备注 |
|---|---|---|---|---|---|---|
| 节能灯具 | 160 | 元/套 | 1120 套 | — | 17.92 | 运营期间进行改造 |
| 能耗监测系统 | 50 | 万元 | 一期共用一套系统 | — | 50.00 | 运营期间进行改造 |
| 室内空气质量监控系统 | 2000 | 元/个 | 25 个 | — | 5.00 | 运营期间进行改造 |
| 现场检测 | 5 | 万元 | — | — | 5.00 | |
| 雨水回收利用系统 | 90 | 万元 | — | — | 90.00 | 按照建筑面积进行折算 |
| 地源热泵系统 | 110 | 元/m² | 一期共用能源中心 | 67869.82 | 746.57 | 按照建筑面积进行折算 |
| 可调外遮阳 | 2901 | 元/个 | 81 个 | — | 23.5 | |
| 合计 | | | | | 937.99 | |

# 4.5 总 结

用友软件园 2 号研发中心已平稳运行五年有余，期间积累的运营管理经验分享如下：

（1）高度重视。用友公司董事会对园区运营提出的方针是绿色、节能、环保，给园区运营团队提供了强大的支持，从而为园区的良好运行打下了良好的基础。

（2）专业化。为保证园区地源热泵系统可靠运行，园区委托了专业化的机房运行管理单位并按能源消耗指标进行考核，保证了系统运行策略的完全实施。

（3）制度化管理。园区制定了严格的节能管理规定，对水、电、气进行重点管控，特别是对员工的用电、用水及空调末端的日常运行严格按制度进行管理，有效地节省了园区能源消耗；园区制定了月报管理制度，要求物业公司每月及时上报能源管理情况及上月能源消耗情况，对每月的能源消耗进行同比与环比，发现存在的问题并及时改进。

（4）创新思维。为及时了解园区能源消耗情况并对园区主要耗能设备进行管控，园区提出了建设一个能源管控平台的想法，经论证后园区在 2014 年实施了该项目，现已投入使用并取得良好成效。

相关建议如下：

（1）新建项目应在前期考虑按照绿色建筑标准进行建设，以避免后续运营改造带来的成本上升；

（2）新建项目建议设置能源管控平台，对建筑的日常能源消耗进行节能管控；

（3）建筑外立面适当增加可调外遮阳设施，可取得非常明显的节能效果；

（4）政府继续加大对绿色建筑日常运营的支持力度，以取得持续的推广效果。

用友软件园作为亚太地区最大的管理软件产业园区，建筑具有区域自主成果创新的宣传功能作用。通过该项目经验成果的扩散，以及项目的公开展示和宣传作用，展示了用友软件园的绿色理念和成果，为绿色园区的绿色运营和管理提供了可借鉴的经验；同时也让人们更形象、更深刻地认识到绿色建筑能带来的舒适性的提高，从而引导建筑设计向良性、环保、可持续方向发展；为绿色建筑技术的推广起到积极的作用，对促进绿色建筑技术的健康发展起到重要的技术示范作用。

**作者：** 李莹莹[1] 黄贵[2] 杜海龙[1] （1. 北京艾科城工程技术有限公司；2. 用友网络科技股份有限公司）

# 5 博思格建筑系统（西安）有限公司新建办公楼

## 5 New office building of BlueScope Buildings System (Xi′an) Co. , Ltd

## 5.1 项 目 简 介

博思格建筑系统（西安）有限公司是博思格集团在中国投资建设的第十个工厂，项目总投资 4.05 亿元人民币，注册资本 1.35 亿元人民币。项目选址于陕西省西安市高新技术产业开发区锦业二路以南、经三十二路以东、经三十路以西、纬八路，占地面积 126666.7m²，建筑面积 52120.83m²，建设周期为 2011 年 11 月至 2013 年 5 月。

博思格西安工厂是国内首家实现全过程绿色运营的绿色三星级工厂，截至 2015 年底，该项目已获得包括中国绿色建筑三星级设计标识、中国绿色工业建筑三星级设计及运行标识、美国 LEED 认证铂金奖及金奖、世界环保大会国际碳金奖、鲁班奖、住建部绿色施工示范工程、全国绿色建筑创新奖、中国钢结构金奖、陕西省绿色施工示范工程、长安杯、雁塔杯在内十多项大奖。2015 年，博思格西安项目入围住建部"2015 年科学计划项目—绿色建筑示范工程（项目编号：S1A2015020）—期评选"。

博思格建筑系统（西安）有限公司新建办公楼作为行政办公楼，与生产厂房、室外堆场等工业建筑同期完工。项目于 2015 年获美国 LEED 认证铂金奖，中国绿色建筑三星级标识申报中。

项目总占地面积为 14123.38m²。其中，办公楼占地 3072.97m²，建筑形式为多层钢结构办公楼，建筑面积 9128.99m²；室外地面面积 11050.41m²，绿地面积 5302.80m²（图 4-5-1），地下一层、地上二层并配备屋顶花园的全钢结构办公楼。地下一层设置包括空调机房、消防水箱、配电室等多功能房间及员工停车场。地上一层为行政办公室，二层为工程设计部。屋顶种植屋面设为员工休闲区及空调新风、消防排烟设备间（图 4-5-2、图 4-5-3）。

图 4-5-1 项目实景图

图 4-5-2 博思格西安工厂办公楼正面

图 4-5-3 博思格西安工厂办公楼侧面

## 5.2 主 要 技 术 措 施

### 5.2.1 全过程的绿色建筑

项目建设综合采用了建筑、结构、工艺、设备及装修一体化设计和施工，尤其重视前期方案确定和设计阶段，将绿色建筑策略在项目建设全过程无缝整合。

可行性研究阶段：设定绿色建筑目标，申请绿色建筑专项资金；

初步设计阶段：建立绿色建筑专家团队进行方案探索，并对所有参与设计的人员进行绿色建筑培训；

设计阶段：甄选绿色建筑技术，确定绿色建筑策略，实施全寿命周期分析；

施工阶段：对施工单位进行绿色建筑培训，确定绿色施工方案，并设立绿色专员专项负责绿色化施工；

调试阶段：聘请具有资质的绿色建筑调试团队，对项目的空调、照明、电气系统运行调试，确保系统达到最佳工作状态；

运营阶段：通过智能数据采集系统实时监控厂区各项能耗指标。

### 5.2.2　节地与室外环境

（1）合理选用废弃场地进行建设

立项初期，该项目建设单位在建设用地范围内打水井检测地下水质。经检测发现 7 眼水井中 3 眼井水水样六价铬超过《地下水质量标准》GB/T 14848—93 Ⅳ类水标准（Ⅳ类地下水六价铬≤0.1mg/L）。以节约土地资源为目的，建设单位聘请当地环保局在建设用地对已污染地下水连续抽水作业并填充清洁地下水，直至水质达标，满足环境评价要求，才开始建设。

（2）预先规划避免重复施工

项目施工前已调查清楚地下各种设施，并做好了保护计划，保证施工过程中不破坏场地周边的各类管道、管线。并根据现场实际情况，做好土方开挖、回填的平衡策划，避免倒运。项目施工前做好内部管道规划，隔油池、化粪池、污水、雨水管道提前铺设，施工期间即可使用。厂区道路采取永临结合的方式对施工图中的道路先行施工，道路两侧设置绿色排水沟。

（3）增大室外透水地面面积

项目总占地面积为 14123.38m²。其中，办公楼占地 3072.97m²，室外地面面积 11050.41m²，自然裸露地面、公共绿地、绿化地面和植草砖等镂空面积共计 5302.80m²。室外透水地面面积比 47.99%。

图 4-5-4　种植屋面

（4）充分开发地下资源

办公楼设计地下室用于地源热泵空调机房、消防室、配电室及车库。地下室建筑面积 3022m²，占总建筑占地面积的 98.34%。

（5）种植屋面

办公楼屋顶设计为屋顶花园，增加场地绿化面积的同时，增强建筑物的保温隔热性能，也为员工提供了多样化的休息空间（图 4-5-4）。

### 5.2.3　节能与能源利用

（1）充分利用自然光源

自然光是取之不尽的清洁能源，利用自然光源实现日间照明，从而达到节约建筑运营电能消耗目的的技术种类多样。该项目依照建筑内部不同功能区域的特点和自身结构设计的实际情况分别选用了光导管照明和采光天窗照明。

考虑到停车库不需要高亮度照明的特点，办公楼地下室采用了光导管照明系统用作日间照明。结合地下车库结构设计，该项目共安装使用了 24 套，进深 9～14m 的光导管（图 4-5-5）。该光导管反射涂层的一次反射率高达 99.7%，充分满足车库照明需求，节约日间车库照明电耗。项目屋面铺设了 10 个采光天窗，均匀分布于办公楼二层主通道上部（图 4-5-6）。玻璃天窗采用传热系统 1.72W/(m² · K)，12mm 厚夹胶双层玻璃，在保证充足光照的同时减少通过天窗散失的建筑能耗。

图 4-5-5　地下室光导管分布

图 4-5-6　屋面采光窗分布

（2）地源热泵空调及新风预热系统

根据该项目所处的地理位置特点，空调系统选用了地源热作为冷热交换媒介，提供冬季供暖及夏季制冷主要能量来源。位于办公楼前及室外停车场地下的 U 型地埋管道共 218 个，采用同程式布置，管间距 5m，井深 100m。由于该项目空调系统室内末端夏季总冷负荷为 1067kW，冬季总热负荷为 605.85kW，空调机组主机选用 2 台满液式地源热泵设备，每台额定制冷量为 479kW。

办公楼新风系统采用热回收空气处理机组，全楼共设新风空调系统 4 个，每层 2 个，设新风机段、排风机段、过滤段及盘管段。额定热回收效率为 65%。

（3）高性能围护结构

建筑物向外散失的总热量中，约有 70%～80% 是通过围护结构的传热散失的，因此做好屋墙面的保温隔热是围护结构建筑节能的重要部分。

该项目办公楼外形设计简洁，线条流畅，无多余装饰性构造。通过降低建筑物的体形系数，减少通过围护结构散失的建筑能耗。办公楼外墙面采用 80mm 厚聚氨酯发泡夹芯保温板＋（12＋12）厚石膏板，传热系数 $K = 0.28W/(m^2 \cdot K)$，能有效降低建筑室内外能量交换。

为了在保证建筑室内空气质量的同时，减少通过玻璃门窗及幕墙散失的建筑能耗，该项目办公楼设计开窗率为 40.43%，半隐框玻璃幕墙可开启面积比率为 9.1%。围护结构窗户及幕墙均选用 6＋12A＋6 中空充气镀膜 Low-E 双钢化玻璃，传热系数为 $1.60W/(m^2 \cdot K)$。外窗气密性等级为 6 级。

低体形系数建筑外形、高性能屋墙面材料、合理的开窗率、低传热系数玻璃幕墙及高气密性建筑外窗的综合应用，使得该项目办公楼既满足了建筑充足的室内外空气流通要求，又达到了减少通过建筑能耗的目的。

（4）智能照明控制系统

智能照明控制在现代建筑中已经应用得非常普遍，该项目智能照明控制系统的特点在于，依据使用区域功能性的不同，采用多种技术联合控制灯光照明。如，根据红外感应人体热源实现档案室、茶水间等非长时间人员滞留的区域；根据日光照度感应办公室窗边、采光天窗下办公区通道等可用充足日光替代电力照明的区域；在设计有大面积采光窗户且使用不频繁的区域，如楼梯间，根据办公时间开启/关闭照明系统，开启状态下使用红外感应分段控制，人走灯灭。

### 5.2.4　节水与水资源利用

（1）预先埋设雨污水管道

项目设计阶段预先做好厂区雨、污水管道规划，施工阶段提前建设化粪池等地下管网，解决施工现场雨污水排放问题。此外，施工期间在建筑基础地面及施工路面边界设置水沟和集水池，雨水及污水通过排水沟沉淀、净化，径流至澄清池和沉淀池，用于现场工程车辆清洗及扬尘控制洒水（图 4-5-7）。

（2）雨水收集系统

项目采用了雨水收集系统，收集办公楼屋面雨水。办公楼屋面雨水、办公楼北侧生产厂房屋面雨水，与厂区洗浴废水回收系统处理后的中水混合，进入地埋式一体化雨水处理设备净化，得到达标的中水，用作场地绿化灌溉（图 4-5-8）。

图 4-5-7　雨、污水管网规划

图 4-5-8　雨水净化处理模块

（3）非传统水源利用

该项目绿化灌溉使用厂区处理达标的中水。除地面绿化外，办公楼屋顶花园也一并划入中水灌溉管网。项目非传统水源利用率高达 42.74%。

### 5.2.5　节材与材料资源利用

#### 5.2.5.1　全钢结构建筑

钢结构建筑是非常优秀的绿色建筑材料，自重轻、强度高、寿命长、材料可重复使用，相比混凝土建筑大量减少了建筑物自重和材料消耗。该项目办公楼为全钢结构建筑。并从以下几个方面做了结构优化：

（1）考虑抗风柱及防火墙处钢柱承重，以减少部分屋面梁的跨度。

（2）考虑采用连续搭接檩条，以减少檩条的厚度。

（3）楼层按组合楼盖设计，考虑钢梁与混凝土的组合作用。用美国 RAM-STEEL 软件进行自动优化设计。

（4）支撑系统采用空间计算，减少内部的部分柱间支撑。

（5）根据实际加工能力，考虑 H 型钢腹板屈曲后强度利用，依据力学计算，减小了部分梁柱的腹板厚度。

（6）依据弯矩包络图，调整了钢梁及钢柱的截面高度和板件尺寸。

#### 5.2.5.2　可再循环材料使用

该项目可再利用、可循环材料回收再利用重量 969.4t，可再利用、可循环材料回收总重量 659.8t，回收利用率为 68%。厂区围墙用原址旧建筑拆除砖块砌成。

#### 5.2.5.3　土建装修一体化设计

室内装修设计与建筑设计一体化完成。机电安装采用管线综合布置技术，优化了安装工程的预留、预埋、管线路径等方案，减少不必要的材料浪费。装饰贴面材料在施工前进行总体排版策划，减少非整块材料的数量。木制品及木装饰用料采用人造板材，并在工厂订制。厂区路面采用永临结合方式施工，道路基层施工前期完成，表面覆盖后做施工道路使用，竣工前完成路面表层施工。

#### 5.2.5.4　灵活隔断

该项目办公楼为全钢结构建筑，建筑形式为大空间，建成后地上二层的主要使用功能为办公和会议用，故地上部分各功能区隔断采用石膏板分隔，可自由变换功能。

#### 5.2.5.5　就近取材

施工现场 500km 以内生产的建筑材料使用重量为 11768t，占所有建筑材料总量的 84.25%。

### 5.2.6 室内环境质量

（1）通风空调系统

该项目办公楼开窗率为 40.43%，半隐框玻璃幕墙可开启面积比率为 9.1%，充足的开窗率保证了建筑室内外空气流通。

办公楼采用集中空调供暖制冷，可分区控制，满足不同功能房间、不同人群需要。新风系统经预热送入室内，减少空调能耗的同时，降低新风与空调出风口温差带来的人体不舒适感。另外，风机盘管式空调系统末端，可减少建筑空调系统噪声对室内环境的影响。

（2）照明及采光设计

办公楼照明选用自然采光与灯管照明相结合的方式。自然采光的光线来源于：建筑墙面开窗、办公楼二层屋面天窗、地下室光导管照明。电力照明在满足室内照度要求的条件下，采用防眩光格栅灯具，提供舒适的照明光线。采光玻璃选用中空充气双层镀膜 Low-E 玻璃，给室内带来柔和的自然光。屋顶采光天窗下部设置进深 2200mm 的漫反射区域，防止夏日太阳光直射入室内。所有采光窗均安装了遮阳窗帘，避免了阳光的直射及反射对视觉造成的不舒适感觉。

（3）室内温湿度及 $CO_2$ 浓度监测

为了保证员工拥有舒适的工作环境，该项目设置监测系统，实时监测建筑各功能房间温湿度及 $CO_2$ 浓度，超限报警。

（4）符合人体工学的办公环境

办公楼设计建筑开窗时，充分考虑到室内房间及办公位的位置规划，保证 95% 工位拥有自然视野。办公家具选用认证的符合人体工学的高品质产品。在办公楼二层视野开阔的玻璃幕墙前开辟员工休息区。使用 CRI 认证的地毯铺设办公楼地面。

（5）低 VOC 材料

包含内墙乳胶漆、细木工板、大理石、地毯粘合剂等在内的建筑装修材料均使用经过专业检测机构检验的低 VOC 产品。

### 5.2.7 能源与水资源管理系统

该项目设有绿色建筑综合能源及水资源利用采集管理系统。该能源管理系统根据企业运营情况量身定制，将全厂的工艺能耗和建筑能耗区分，再将建筑能耗中，地源热泵机组、雨水回收系统、照明、插座等进行区分，做到分类分项实时计量。企业可通过该系统实现给水排水、暖通、电气、动力等系统的过程数据采集、处理、统计、分析，实时监测企业各种能源的详细使用情况。通过该系统提供数据分析，能对每个工位以及主要耗能设备进行实时监控，实现能源与水资源的合理利用（图4-5-9）。

图4-5-9　能源与水资源数据采集展示屏

### 5.2.8　绿色建筑展厅

该项目特设绿色建筑展厅，专项展示各项绿色技术的集中应用。采用实物、展板、沙盘、音视频资料等素材，利用交互与联动控制技术、三维虚拟技术、多媒体技术、灯光控制等手段，全方位演绎项目建设中采用的绿色技术应用亮点。

### 5.2.9　运营管理优化

该企业制定了《能源管理制度》、《节能环保责任制》及《合理化建议管理制度》，设立公司节能管理机构，总经理对节能环保结果负直接责任，明确各部门的职责，将节能环保的任务分配到每个部门，并对员工提出的合理化建议进行适当奖励。

在实际运行管理过程中，设置专人负责设施的检查和维护，定期对能耗数据进行收集、处理和分析，发现异常及时分析原因并向相关部门提出解决方案，根据能耗数据的分析结果向公司管理层提出优化改善运营的建议。

## 5.3　实　施　效　果

通过以上各种绿色技术的实施，相比同等规模的兄弟企业，该项目办公楼节能节水节电数据如下：

采用以上各种节能技术后，相比不采用绿色技术的普通建筑能耗，该项目办公楼节能25％（图4-5-10）。

采用绿色节水措施后，该项目实际用水量小于其他三个厂的办公楼，用水最少月份（10月）比松江节水64％，比天津节水67％（图4-5-11）。

采用智能照明控制系统、自然采光、地下室光导管照明系统后，该项目办公楼12个月累计用电总量比兄弟单位节约43％（图4-5-12）。

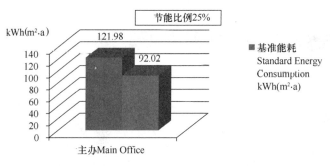

图 4-5-10　博思格西安工厂办公楼能耗

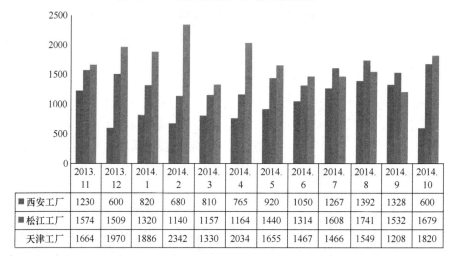

| | 2013.11 | 2013.12 | 2014.1 | 2014.2 | 2014.3 | 2014.4 | 2014.5 | 2014.6 | 2014.7 | 2014.8 | 2014.9 | 2014.10 |
|---|---|---|---|---|---|---|---|---|---|---|---|---|
| ■西安工厂 | 1230 | 600 | 820 | 680 | 810 | 765 | 920 | 1050 | 1267 | 1392 | 1328 | 600 |
| ■松江工厂 | 1574 | 1509 | 1320 | 1140 | 1157 | 1164 | 1440 | 1314 | 1608 | 1741 | 1532 | 1679 |
| 天津工厂 | 1664 | 1970 | 1886 | 2342 | 1330 | 2034 | 1655 | 1467 | 1466 | 1549 | 1208 | 1820 |

图 4-5-11　博思格西安工厂办公楼年度用水量

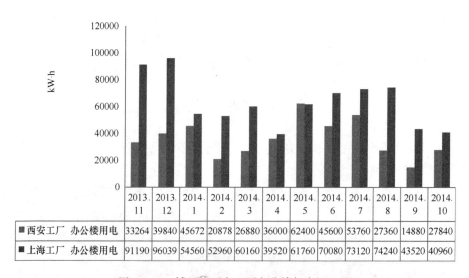

| | 2013.11 | 2013.12 | 2014.1 | 2014.2 | 2014.3 | 2014.4 | 2014.5 | 2014.6 | 2014.7 | 2014.8 | 2014.9 | 2014.10 |
|---|---|---|---|---|---|---|---|---|---|---|---|---|
| ■西安工厂 办公楼用电 | 33264 | 39840 | 45672 | 20878 | 26880 | 36000 | 62400 | 45600 | 53760 | 27360 | 14880 | 27840 |
| ■上海工厂 办公楼用电 | 91190 | 96039 | 54560 | 52960 | 60160 | 39520 | 61760 | 70080 | 73120 | 74240 | 43520 | 40960 |

图 4-5-12　博思格西安工厂办公楼年度用电量

## 5.4 成本增量分析

该项目使用的绿色技术投资增量为人民币 1311.8 万元，单位面积增量成本为 1457 元。年节省运行费用 184 万元，投资回收期 7.1 年（图 4-5-13）。

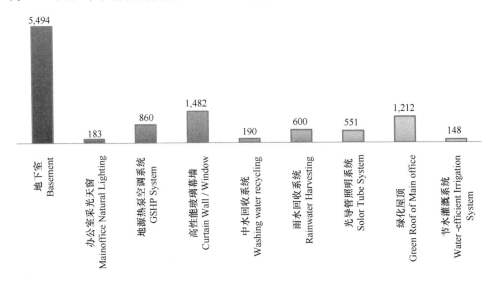

图 4-5-13　博思格西安工厂办公楼各项绿色技术投资增量

## 5.5 总　结

博思格西安工厂是一座集工业与民用综合一体的绿色建筑群体，办公楼与生产车间互为载体，共享绿色技术资源。从规划、设计、施工、调试到投产运营全过程始终秉持绿色理念，将绿色建筑节能环保的宗旨淋漓尽致地体现在每一个重要阶段中，真实地实现了全过程绿色化建设。

在市场上种类繁多的绿色技术中，建设单位依据自身建筑特点，合理选择投资少、收益高的绿色技术，尽可能将投资增量减到最低。

该项目办公楼通过使用采光窗、光导管、太阳能热水器等多种方式广泛使用可再生能源；采用地源热泵技术降低建筑空调能耗和运营费用，减少污染物排放；采用雨水收集系统回收处理，节约灌溉用水；采用全钢结构建筑设计、使用可回收材料产品等方式节约资源；采用能耗采集系统实时监控运行数据，优化管理，节约运营费用。

除此之外，博思格预制钢结构建筑，施工周期短，建筑隔热保温性能强，通过优化结构设计，可将用钢量减少到最低。建设单位不仅选用了高品质的预制钢结构作为项目建筑主体，更将钢材应用于附属建筑、室内隔板甚至装饰装潢等方面。将钢材在绿色建筑中的优势全面体现在项目的每个细节。

在绿色、环保、节能、可持续发展的同时，建设单位注重安全理念和人文关怀：开展安全生产竞赛、定期举办全员安全培训、开通班车、开办厂内食堂、选择符合人体工学的世界一流办公家具、开辟员工休息活动区等，努力给员工创造出一个安全、便捷、舒适、健康的工作环境。

作者：王惠　张伟（博思格建筑系统（西安）有限公司）

# 6 大连高新万达广场

## 6 Gaoxin Wanda Plaza in Dalian

## 6.1 项 目 简 介

大连高新万达广场大商业项目（图 4-6-1）位于大连市高新园区黄浦路南侧，七贤东路东侧。总用地面积 5.80 万 $m^2$，总建筑面积 28.32 万 $m^2$，大商业部分面积 21.10 万 $m^2$，建筑基底面积 4.03 万 $m^2$。地上建筑由一座六层购物中心（大商业）、两栋高层公寓和两栋两层商业（独立商铺）组成，地下室包括一个两层车库和一个大型超市。该项目是万达集团在大连建设的顶级商业综合体项目，在规划设计中，通过建筑功能分区实现综合体中不同业态的划分与互动，以全新理念打造的商业室内步行街，使商业中心内的各主力店和中小店铺有机相连，引导商业中心顾客合理流动，满足消费者休闲、购物、娱乐为一体的"一站式消费"需求。项目已于 2014 年 12 月获得绿色建筑二星级标识。

图 4-6-1 大连高新万达广场大商业项目

## 6.2　主要技术措施

项目在建设之初就确立了集环保、节能、健康于一体的绿色生态建筑目标，在规划、设计、施工、运行整个过程中，严格遵循"四节一环保"的理念，坚持"被动优先、主动优化"的技术路线，根据项目的实际特点，将多种绿色建筑技术有机结合，在同类功能建筑中具有广泛的推广价值。

### 6.2.1　创新技术应用

项目主要采用了自然采光优化、自然通风优化、排风热回收系统、中水收集回用系统、太阳能热水系统、楼宇自控系统、能耗分项计量系统等多种绿色建筑技术，并将其有效结合在一起。

（1）自然采光优化

图 4-6-2　步行街中庭采光

天然采光照明相对于人工照明，不仅节约能源，室内的光照舒适度也更好。加强建筑天然采光的方法主要有两种，一是减少采光进深，主要体现在设置中庭或减少房间跨度等；二是加强围护结构的天然光透过性能。项目采用两种方法结合的方式来加强室内采光效果，即步行街顶部天窗采用高可见光透过率的玻璃，能有效改善步行街自然采光效果，同时 1～3 层步行街两侧的功能空间也可得到一定的日光补偿，在白天可以有效降低照明能耗（图 4-6-2）。

（2）自然通风优化

自然通风不仅能够提高室内舒适度，还能够相应降低建筑耗能，在过渡季起到部分或全部取代空调的作用。项目步行街上方采光天窗设有可开启部分，利用热压产生拔风效果，过渡季可减少建筑能耗，图 4-6-3 所示为步行街采光天窗可开启示意图。

（3）排风热回收系统

项目在百货、室内步行街店铺、走廊等区域采用了热回收系统，约占整个商场面积的 50％。上述部位的新风由全热交换型热回收机组提供，占整个商场总新风量的 35％，热回收机组效率为 60％。排风热回收装置置于屋面，同时纳入 BA 系统控制，能够对比排风温度与室外温度差值，实现经济高效运行（图 4-6-4）。

图 4-6-3　步行街天窗可开启

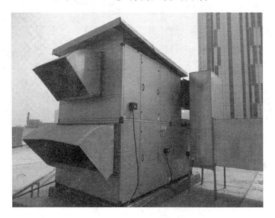

图 4-6-4　屋顶热回收机组

（4）中水收集回用系统

项目收集除冲厕、厨房排水外的卫生间盥洗、淋浴、洗衣、冷凝等排水，经中水站沉淀、过滤、消毒处理之后用于绿化、道路冲洗及水景补水。经统计发现，项目全年中水使用量为 $186m^3$。图 4-6-5 所示为中水机房照片。

图 4-6-5　中水系统过滤除味计过滤消毒装置

（5）太阳能热水系统

项目热水采用太阳能直接换热及电热水锅炉辅助加热系统设备（图4-6-6、图4-6-7），主要用于商管及影城的淋浴、盥洗。共计28处用水点，每个用水量为50L/h。系统采用30组太阳能集热器，每组50支真空集热管，同时选用一台60kW立式电锅炉辅助加热，确保阴雨天时热源系统正常运行。太阳能集热循环采用循环控制仪控制，补充加热采用温控仪控制，生活热水供水增压循环泵采用变频控制，热水水循环泵采用定时、定温控制。项目2014年7月～2015年6月太阳能热水系统运行记录见图4-6-8。

图4-6-6 太阳能集热器      图4-6-7 太阳能热水箱

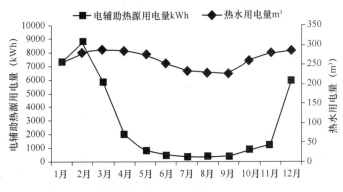

图4-6-8 太阳能热水系统运行记录

通过分析2014年7月～2015年6月的热水系统运行记录，项目商管及影城热水使用量为3156$m^3$/a，与设计年用水量3413$m^3$/a相比，略有降低但差距不大。根据运行记录，项目进出水温差约30℃，经计算，项目生活热水需热量约110460kW·h，通过电辅助热源提供的热量为34315kW·h，则项目实际太阳能保证率为69%。系统全年节电76145kW·h，可实现减排$CO_2$为46.4t，$SO_2$为2.92t。

（6）楼宇自控系统

项目楼宇自控系统设计合理，完善，对空调机组、送排风系统、给排水系统及冷热源机组等实行全时间的自动监测和控制。项目关注室内空气品质，监测参数为室内 $CO_2$ 浓度、温度、湿度及地下车库 CO 浓度。组合式空调机组根据回风温度调节水阀开度及风机运行频率，控制室内温度，根据室内 $CO_2$ 浓度通过调节新回风阀开度调节新回风比例，确保室内空气质量。新风机根据室内 $CO_2$ 浓度调节新风量。地下车库的排风机与 CO 浓度传感器联动，确保地下车库的空气质量。通过楼宇自控系统，可以有效地管理相互关联的设备，集中监控，大力节省人力，帮助正确掌握建筑设备的运转状态、事故状态、负荷的变动等，实现系统的节能运行。

（7）能耗计量平台

项目根据建筑的功能、归属等情况，对照明、电梯、空调、给水排水等系统的用电能耗进行了分项、分区、分户的计量。公共区域的用电，按照明、动力两大类来分项计量；照明用电分别按普通照明、应急照明、室外景观照明等几类来分别计量；暖通空调系统部分按冷机、水泵、空调末端等几类分别计量，动力部分按给排水系统、电梯系统、其他动力等来分项计量。

（8）建筑节能设计

项目通过优化围护结构热工性能、提高空调采暖系统能效比、采用排风热回收技术、全空气系统过渡季全新风运行、节能灯具、中庭设计电动百叶内遮阳、立面设计可开启外窗等多种节能技术，经模拟计算可知，该建筑的能耗设计值相对公建节能标准参考建筑节能了 24.4％（图 4-6-9）。

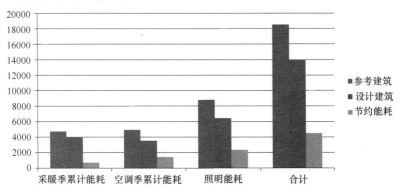

图 4-6-9　建筑能耗模拟结果对比

### 6.2.2　节地与室外环境

项目用地原址为空地，场地周边无文物、自然水系、湿地等保护区，亦无电磁辐射及土壤氡浓度污染。科研院所、高等院校集中；交通方便，距离出入口周围步行距离 500m 的范围内有 2 个公交站，途经公交车主要有 28 路、202 路、3路等。自然环境优美，主要采用乔灌木复层绿化，绿化物种主要为白皮松、国槐、栾树、紫叶李、龙柏球、黄杨球、金叶女贞球、铺地柏等。

项目为节约土地，充分利用地下建筑面积，设置了两层地下空间，主要用途为超市、地下车库及设备用房等，地下建筑面积与建筑占地面积之比可达277%。

项目室外噪声情况良好，根据运营期间实际检测数据，室外昼间噪声为57dB，夜间噪声为55dB，都能够满足《声环境质量标准》GB 3096—2008的3类地区标准。

### 6.2.3 节能与能源利用

（1）围护结构节能

项目屋面采用聚氨酯复合板（50.0mm）保温，外墙采用矿（岩）棉或玻璃棉板（80.0mm）或聚氨酯复合板（45.0mm）保温，主要围护结构热工性能均满足公建标准的要求。

（2）空调系统

为方便后期的维护管理，考虑项目实际业态分布，项目分设三套冷热源系统：冷源方面，共设三个冷水机房，分别为大商业、百货、超市供冷，选用冷水机组的COP均高于《公共建筑节能设计标准》的要求；热源为城市集中供热管网提供的95/70℃热水，经设于地下二层的三个换热站换热后分别为超市、百货、大商业提供60/50℃热水。在输配系统方面，空调末端均为两管制，水系统竖向不分区。项目根据业态大小特点，对于超市、百货、主力店、影厅及售票大厅等大空间均采用低速全空气系统，过渡季节可以实现全新风运行；对于室内步行街店铺、一环外店及走廊等小空间采用吊柜式机组＋新风系统。

（3）照明系统

公共场所选择三基色高效荧光灯，主要功能空间均选用节能筒灯、T8节能灯、日光灯等节能灯具（图4-6-10、图4-6-11），主要功能空间照明功率密度均满足《建筑照明设计标准》GB 50034—2004的目标值要求，节约照明能耗。

图4-6-10　地下车库照明效果　　　　图4-6-11　步行街照明效果

### 6.2.4 节水与水资源利用

项目给水来自市政自来水管网，超市全部采用二次加压供水，其他部门地下二层至地上一层利用市政水压直接供水，地上一层以上采用二次加压供水；热水采用太阳能及电热水锅炉辅助加热系统设备；公共卫生间污废水为分流制系统，污水排入室外化粪池经处理后排入市政排水管道，废水排入中水间处理后供绿化及冲洗使用。

（1）节水器具使用

项目室内的用水末端主要是卫生间用水。卫生间均采用节水卫生器具，例如感应式的水龙头、感应式小便池、脚踏自延时式冲水阀等，节水器具满足《节水型生活用水器具》CJ/T 164 及《节水型产品技术条件与管理通则》GB/T 18870 的要求。

（2）漏损率控制

通过多种手段有效地控制管网的漏损，减小在输配过程中的水资源消耗。设计阶段，根据管径和管道压力选择管道的连接方式、阀门类型、分级设置计量水表。在施工阶段，通过管道试验、阀门试验、系统灌水试验等方式确保施工质量。运行阶段通过比较各级水表之间的数据可以快速确定管网的漏损情况及漏损点的大概位置，有效控制管网漏损率。对比分析 2014 年用水量数据，大商业部分漏损率基本控制在了 2% 以内。

### 6.2.5 节材与材料资源利用

项目外立面无大量装饰性构件；土建与装修一体化设计施工，不破坏和拆除已有的建筑构件及设施，避免重复装修。

（1）灵活隔断

建筑室内平面多采用灵活隔断，采用玻璃隔断和轻质龙骨石膏板隔断进行不同功能区域分割，尽可能减少空间重新布置时再装修对建筑构件的破坏节约材料。灵活隔断既能打破固有格局、区分不同性质的空间，又能使空间环境富于变化、实现空间之间的相互交流。百货、超市、主力店等采用更优于灵活隔断的大开间设计，避免室内空间重新布置时对建筑构件的破坏，节约材料，同时为使用期间构配件的替换和将来建筑拆除后构配件的再利用创造条件，经统计，其灵活隔断比例为 73.4%。

（2）本地建材应用

从尽可能降低建材运输能耗的角度出发，项目尽可能采用本地建材，预拌混凝土、模板、石材等均采用本地建材。据统计项目采用本地建材 29.90 万 t，项目采用建材总重量 31.35 万 t，95.36% 的建材选用本地建材。

（3）可再循环材料应用

项目从材料循环利用角度出发，尽量多地使用可再循环材料，减小建筑材料对资源和环境的影响，主要包括钢材、玻璃、铝材等。建筑采用可再循环材料共计3.32万t，所用建筑材料总质量31.35万t，项目可再循环材料使用率达到10.58%。

### 6.2.6 室内环境质量

项目采用集中空调房间内的温度、湿度、风速、新风量等参数均满足相关规范要求。对于百货、超市、步行街等主要功能空间照明设计均满足《建筑照明设计标准》要求，室内空气质量均满足相关规范要求。项目屋面采用聚氨酯复合板（50.0mm）保温，外墙采用矿（岩）棉或玻璃棉板（80.0mm）或聚氨酯复合板（45.0mm）保温，经过防结露计算，均不会发生结露现象。项目主要出入口、电梯、卫生间、停车位等均设置无障碍设施（图4-6-12、图4-6-13）。

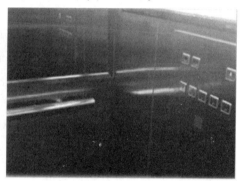

图4-6-12　无障碍卫生间　　　　　　　　　图4-6-13　无障碍电梯

主要设备机房均设置在地下空间，远离功能空间，且均采取相应的降噪处理措施：新风空调机、冷却塔及水泵均采用减振基础（图4-6-14），机房采用吸声材料进行隔声，风机进出口采用消音器，吊顶式空调机由产品厂家配套减振吊架。

图4-6-14　冷却塔现场减振措施

## 6.3 实 施 效 果

### 6.3.1 用能分析

项目能够实现对能耗的分项计量，项目主要用能区块包含空调采暖用电、商铺用电、动力用电、特殊设备用电及照明用电五大块。根据 2014 年全年用电能耗的分析，不计入冬季为市政集中供暖能耗，项目全年用电量 17334MW・h，单位面积建筑能耗 82.15kW・h/(m²・a)。

### 6.3.2 用水分析

项目用水主要分为大商业用水、超市用水、百货用水三大块，根据 2014 年全年各用途用水量的分析，项目全年用水量 20.74 万 m³，其中中水用水 186m³，漏损率 1.32%。

### 6.3.3 成本增量分析

项目绿色建筑增量成本共计 976 万元，单位面积增量成本为 46.2 元/m²，年节约运行费用 80.7 万元，即静态回收期为 12.1 年。各项绿色建筑技术成本详见表 4-6-1。

项目成本增量统计 表 4-6-1

| 绿色建筑技术 | 增量成本（万元） | 应用情况 |
|---|---|---|
| 中水回用系统 | 320 | 用于室外绿化灌溉、道路浇洒 |
| 太阳能热水系统 | 150 | 用于商管及影城热水用水 |
| LED 节能灯具 | 370 | 用于室内公共空间及地下车库 |
| 排风热回收机组 | 16 | 用于室内公共空间 |
| 室内空气品质监控系统 | 120 | 用于室内公共空间及地下车库 |

## 6.4 总 结

大连高新万达广场大商业项目是以商业、休闲为主要功能的高档城市综合体，从商业、道路、环境、公用设施配套多方面出发，营造出更加人性化、生态化、艺术化的综合性商业体。项目将作为城市的一个场景融入城市之中，参与城市意向与功能的塑造，创造有序而和谐的生活环境，营造"优雅的城市生活"。

项目从规划入手，总体考虑，充分利用土地、合理组织自然采光、通风、降低能耗，力求布局合理、空间紧凑，环境宜人。在节能、中水利用、空调末端调节设备及高效运营、智能化管理体系等方面都有很大的突破，有很好的推广价值。

项目利用自身设计、建造、运营一体化的优势，在整个建造过程中将绿色设计、绿色施工、绿色运营良好地结合在一起。通过对于绿色建筑技术的深入分析和合理应用，达到了节约能源、保护环境、可持续发展的目的。以低成本、被动式技术为主，将工作重点放在建筑全寿命期的优化设计和技术落实上，积极倡导"绿色建筑"理念，运用科学手段推进建筑节能降耗，探索与自然和谐、可持续发展的绿色建筑模式，带头做资源节约型、环境友好型企业，为实现节能减排做出了榜样。

**作者：**黄瑶（北京清华同衡规划设计研究院有限公司）

# 7 三亚长岛旅业酒店

## 7 Sanya Changdao Lyu′ye Hotel

## 7.1 项 目 简 介

三亚长岛旅业酒店项目（三亚海棠湾喜来登度假酒店、三亚御海棠豪华精选度假酒店）位于海南省三亚市海棠湾 B1 区 7 号地块，主要由喜来登度假酒店、豪华精选度假酒店、后勤区及别墅组成。项目总用地面积 19.26 万 m²，建筑总占地面积 2.3 万 m²，总建筑面积 10.89 万 m²，地下建筑面积 5.42 万 m²，绿地率 60.3%。建筑高度 27.6m，其中地上 6 层，地下 3 层（图 4-7-1）。

项目总投资 2.14 亿元，于 2011 年 8 月 8 日竣工。2012 年 1 月该项目获得绿色建筑设计标识三星级认证，于 2015 年 12 月获得绿色建筑三星级标识认证。

图 4-7-1　建筑总平面效果图

## 7.2 主 要 技 术 措 施

### 7.2.1　生态绿化设计

项目由于是五星级酒店，场地绿化率高达 62%。种植植物采用适应三亚当地气候的植物，并采用乔木、灌木和地被相结合的复层绿化形式。种植植物包括大王棕、老人葵、面包树、柳叶榕、黄槿、旅人蕉、高山榕、散尾葵、鱼骨葵、霸王棕等。不仅可以美化场地环境，还可以改善场地雨水渗透功能，调节场地微气候。

在喜来登度假酒店、宴会厅和海边餐厅屋顶进行了绿化设计，绿化面积为2925.54m²，占屋顶可绿化面积的比例为47.96%。主要种植锡兰叶、棕竹、朱槿和蜘蛛兰等乡土植物（图4-7-2）。

图 4-7-2　屋顶绿化

### 7.2.2　被动节能设计

项目考虑三亚夏热冬暖的气候特点，围护结构设计重视夏季的隔热需求。项目外墙采用厚度250mm的钢筋混凝土；屋顶采用厚度40mm聚苯乙烯泡沫塑料；外窗采用铝合金无色透明中空玻璃，酒店客房采用阳台自遮阳和内遮阳设计（图4-7-3）。围护结构设计满足节能标准要求，采用的材料也符合当地材料使用要求。

图 4-7-3　围护结构遮阳

项目所属气候为热带季风气候，全年高温，分雨、旱两季。夏季为西南季风，冬季为东北季风。项目根据本地气候和夏季主导风向，主要朝向选择朝向南北向或接近南北向，主要朝向避免夏季东西向日晒；建筑群体组合合理设计，建筑间距综合考虑日照、通风等因素；建筑之间形成气流通道，主导风可顺畅到达各建筑物，有效地利用了建筑向阳面和背阴面形成风压差。建筑周围立面的通风口开启较多，建筑外窗可开启面积大于30％，南北两侧风口位置对称分布，室内空间通透，易形成"穿堂风"，有利于室内自然通风和采光（图4-7-4）。

图 4-7-4　酒店大堂

项目酒店设置大面积外窗，可有效改善室内的自然采光效果。宴会厅等区域采用下沉式庭院设计，可提高该区域的采光，减少人工照明的使用（图4-7-5）。

图 4-7-5　室内自然采光效果及下沉式庭院

### 7.2.3　太阳能热水系统

项目采用太阳能热水集中供水系统，供酒店客房和后勤厨房用热水，辅助热源采用螺杆式热回收机组提供的热水。在屋顶设置总面积为980.66m²的真空管集热器，集热效率50％，太阳能集热系统采用强制循环间接加热系统，在地下水泵房设置集中热水箱，热水箱容积为180m³（图4-7-6）。该系统设置热量表对集热器提供的热水量进行计量，2014全年太阳能热水系统提供的热水量占建筑年热水需求量的比例为26.08％。

图 4-7-6　太阳能热水图

### 7.2.4　非传统水源利用

项目采用了中水和雨水利用系统。中水方面，采用市政提供的中水，主要用于部分区域室外绿化浇洒和景观补水。雨水为收集场地和屋面的雨水，经过滤、消毒处理达标后用于其他部分室外绿化浇洒、道路冲洗和地库冲洗。非传统水源的利用率达到 38.76%（图 4-7-7）。

图 4-7-7　中水、雨水机房

### 7.2.5　高效空调冷源

项目位于夏热冬暖气候区，项目设置空调系统在夏季制冷。选用 2 台制冷量为 2637kW 的封闭型离心式冷水机组和 2 台制冷量为 1301kW 的全热回收螺杆冷水机组（当其中一台检修时，其他设备至少满足 75% 的冷量需求），提供 7～12℃冷冻水。离心式冷水机组其中一台为无极变频型，一台为定频；全热回收螺杆冷水机组为双机头 12.5%～100% 的 8 级调节型。机组采用台数和变频运行控制策略，机组的部分负荷系数均满足标准的要求，在部分负荷下仍能高效运行。

全热回收螺杆冷水机组提供的热水作为太阳能热水系统的辅助热源，可有效提供其能源的综合利用效率（图 4-7-8）。

图 4-7-8　高效空调冷源

### 7.2.6　排风热回收系统

项目喜来登度假酒店、豪华精选度假酒店客房区域共采用 10 台全热交换器进行排风热回收，总风量为 85000m³/h；豪华精选度假酒店内的全日餐厅、后勤南区的多功能餐厅、男女更衣室、后勤北区的小型会议室、宴会厅以及员工餐厅采用柜式显热回收型空调机组进行排风热回收，共设置 14 台机组，总风量为 373400m³/h。热回收装置的额定热回收效率均不低于 60%。

### 7.2.7　智能化系统

项目智能化系统主要包括楼宇设备自动控制系统、空气质量监测系统、能源监测系统、酒店客房控制系统、视频监控系统和综合布线系统等。系统功能完善，如楼宇设备自动控制系统对各冷水机组、空调机组、通风机、照明系统和给排水水泵等进行运行状态和参数的监测、控制；空气质量监测系统设置在多功能厅等人员密集场所和地下车库，对室内的空气质量进行监测和联动控制；能源监测系统记录冷热源机组、太阳能热水系统等的能耗；酒店客房控制系统监测各客房的人员状态、室内温度、风速等参数状态等（图 4-7-9）。

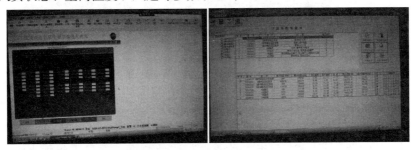

图 4-7-9　楼宇设备自动控制系统和能源监测系统

# 7.3 实 施 效 果

项目 2014 年 5 月到 2015 年 4 月的全年实际运行能耗为 10324.14MWh，单位面积能耗指标为 86.68kWh/m²，节能率为 63.18％（表 4-7-1 及图 4-7-10、图 4-7-11）。

实际建筑全年能耗（2014.5～2015.4）  表 4-7-1

|  | 照明 | 空调 | 动力 | 特殊用电 | 总和 |
|---|---|---|---|---|---|
| 全年能耗（MWh） | 2996.68 | 4074.48 | 868.32 | 2384.67 | 10324.14 |
| 百分比 | 29.03％ | 39.47％ | 8.41％ | 23.10 | 100.0％ |

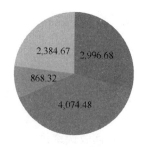

■照明、插座　■空调系统　■动力系统　■特殊用电

图 4-7-10　建筑实际运行全年能耗构成

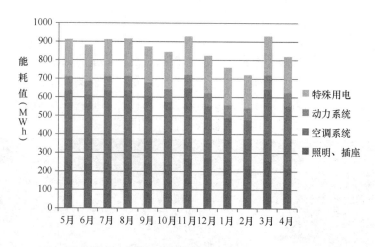

图 4-7-11　建筑运行逐月能耗（2014.5～2015.4）

根据 2014 年 5 月～2015 年 4 月的水表统计数据，项目每年雨水利用量为 49396m³，每年中水利用量为 127267m³，每年非传统水源利用量为 176663m³，

非传统水源的利用率达到 38.76%。（表 4-7-2 及图 4-7-12～图 4-7-14）

实际建筑全年水耗（2014.5～2015.4） 表 4-7-2

| | 1 月 | 2 月 | 3 月 | 4 月 | 5 月 | 6 月 | 7 月 | 8 月 | 9 月 | 10 月 | 11 月 | 12 月 | 合计 |
|---|---|---|---|---|---|---|---|---|---|---|---|---|---|
| 雨水 | 5479 | 3674 | 4266 | 4806 | 2910 | 2061 | 3784 | 5842 | 5387 | 3230 | 4599 | 3358 | 49396 |
| 中水 | 14181 | 10965 | 12751 | 11148 | 10236 | 10542 | 13701 | 6762 | 4009 | 9602 | 11515 | 11855 | 127267 |
| 非传统水源利用量 | 19660 | 14639 | 17017 | 15954 | 13146 | 12603 | 17485 | 12604 | 9396 | 12832 | 16114 | 15213 | 176663 |
| 总生活用水量 | 34403 | 39501 | 52364 | 36909 | 39588 | 41377 | 34533 | 33917 | 29095 | 32847 | 39716 | 41529 | 455779 |

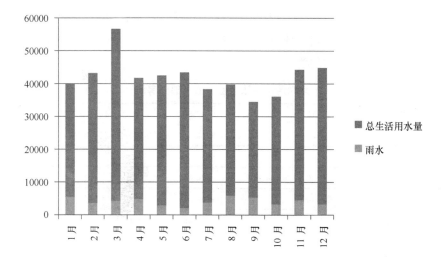

图 4-7-12　雨水用水量与总生活用水量比

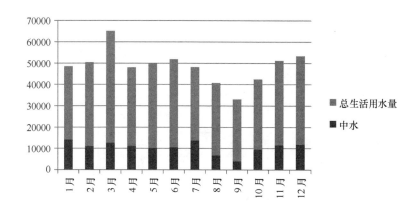

图 4-7-13　中水用水量与总生活用水量比

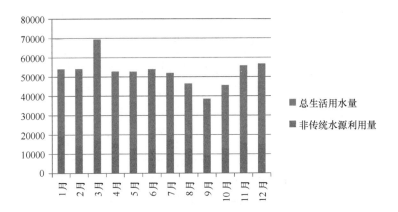

图 4-7-14　非传统水源利用量与总生活用水量比

室内污染物浓度检测：项目投入使用后，进行了室内污染物浓度检查，检测结果符合绿色建筑标准的要求（表 4-7-3）。

室内污染物浓度检测值（部分房间）　　　　　　　表 4-7-3

| 房间类型 | 氨<br>（mg/m³） | 氡<br>（Bq/m³） | 甲醛<br>（mg/m³） | 苯<br>（mg/m³） | TVOC<br>（mg/m³） | 污染物浓度<br>是否超标 |
|---|---|---|---|---|---|---|
| 喜来登 3018 房间 | 0.1 | 0.01 | 0.05 | 0.1 | 94 | 否 |
| 喜来登 3026 房间 | 0.1 | 0.01 | 0.06 | 0.2 | 94 | 否 |
| 喜来登 4029 房间 | 0.1 | 0.02 | 0.05 | 0.1 | 67 | 否 |
| 喜来登 4056 房间 | 0.1 | 0.01 | 0.05 | 0.1 | 42 | 否 |
| 喜来登 5021 房间 | 0.1 | 0.00 | 0.05 | 0.2 | 79 | 否 |
| 喜来登 5063 房间 | 0.1 | 0.02 | 0.06 | 0.1 | 25 | 否 |
| 喜来登 6030 房间 | 0.1 | 0.00 | 0.05 | 0.1 | 64 | 否 |
| 喜来登 6083 房间 | 0.1 | 0.02 | 0.05 | 0.1 | 96 | 否 |
| 喜来登 7017 房间 | 0.1 | 0.01 | 0.05 | 0.1 | 58 | 否 |
| 喜来登 7075 房间 | 0.1 | 0.00 | 0.05 | 0.1 | 37 | 否 |
| 5 号别墅客厅 | 0.1 | 0.01 | 0.05 | 0.1 | 54 | 否 |
| 豪华精选度假酒店 310 号<br>房间（卧室） | 0.4 | 0.04 | 0.08 | 0.2 | 47 | 否 |
| 豪华精选度假酒店 331 号<br>房间（卧室） | 0.5 | 0.04 | 0.07 | 0.1 | 64 | 否 |
| 喜来登度假酒店 4008 号<br>房间 | 未检出 | 未检出 | 0.041 | 0.039 | 29.6 | 否 |
| 喜来登度假酒店 4002 号<br>房间 | 未检出 | 未检出 | 0.046 | 0.050 | 未检出 | 否 |

| 房间类型 | 氨<br>（mg/m³） | 氡<br>（Bq/m³） | 甲醛<br>（mg/m³） | 苯<br>（mg/m³） | TVOC<br>（mg/m³） | 污染物浓度<br>是否超标 |
|---|---|---|---|---|---|---|
| 豪华精选度假酒店 801 号房间（卧室） | 未检出 | 未检出 | 0.049 | 0.035 | 29.6 | 否 |
| 豪华精选度假酒店 101 号房间（卧室） | 0.151 | 未检出 | 0.042 | 0.043 | 未检出 | 否 |
| 豪华精选度假酒店 108 号房间（卧室） | 0.150 | 未检出 | 0.038 | 0.041 | 29.6 | 否 |
| 标准要求 | ≤0.6 | ≤0.09 | ≤0.1 | ≤0.2 | ≤400 | — |

室内噪声检测值：项目选取多个典型房间进行背景噪声的检测，均符合绿色建筑标准的要求（表 4-7-4）。

**室内背景噪声检测值表**　　　　　　　　　　　　表 4-7-4

| 检验点 | 昼间 dB（A） | 夜间 dB（A） |
|---|---|---|
| 喜来登度假酒店 4008 号房间 | 32.3 | 31.4 |
| 喜来登度假酒店 4003 号房间 | 36.3 | 33.8 |
| 喜来登度假酒店 4002 号房间 | 34.3 | 29.6 |
| 豪华精选度假酒店 801 号房间（卧室） | 38.2 | 28.3 |
| 豪华精选度假酒店 101 号房间（卧室） | 25.4 | 22.3 |
| 豪华精选度假酒店 108 号房间（卧室） | 26.4 | 23.4 |
| 标准要求 | ≤40 | ≤35 |

## 7.4 成本增量分析

项目增量成本主要包括雨水回收及处理系统、节水灌溉系统、节水器具、太阳能热水系统、节能灯具、室内空气质量监测系统等。总增量成本为 1673.77 万元，单位面积质量成本为 153.68 元。该项目年可节约运行费用为 349.25 万元，静态投资回收期为 4.79 年。

## 7.5 总　结

项目根据宾馆建筑的建筑特性和海南省的气候特点设计并采用了相关绿色建筑技术体系。在运行将近四年的时间里，通过高效的物业管理使设备合理地运行，有效地节约了资源，保护了环境并减少了污染，为人们提供了健康、适用和高效的使用空间，与自然和谐共生。

　　该项目作为海南省第一个公共建筑运营三星级项目，其采用的相关绿色建筑技术具有一定的借鉴意义，并为推动该区域的绿色建筑发展起了良好的示范作用。

　　**作者：**张强阶[1]　李兆皇[1]　高海军[2]　李鹤[2]　郭鸣[2]　王龙[3]　孙屹林[3]　邵怡[3]（1. 三亚长岛旅业有限公司；2. 建学建筑与工程设计所有限公司；3. 中国建筑科学研究院上海分院）

# 8 包头万郡·大都城

## 8 Wanjun Big City Community in Baotou

## 8.1 项 目 简 介

万郡·大都城住宅小区位于内蒙古包头市，项目区位东临奥林匹克公园，西至四道沙河景观长廊带，南靠包头市生态湿地公园，北接文化路。项目周边既有生态公园的建设实施（赛罕塔拉生态园，奥林匹克公园，四道沙河景观长廊），又有奥林匹克公园休闲健身设施配套，具有极好的人文景观资源。项目由四个地块构成，且用地东西短而南北长，小区中心设置带状绿化及交通系统，沿南北向贯穿四个地块，分四期建设（图 4-8-1）。

一期工程：7 栋 24～33 层住宅楼、2 栋 1～2 层商铺、一栋 3 层会馆、2 个地下汽车库，总建筑面积 27.61 万 m²。交付使用近两年来已被住房和城乡建设部授予"省地节能环保型住宅国家康居示范工程"以及"规划设计金奖"、"建筑设计金奖"、"施工组织管理金奖"、"住宅产业成套技术推广金奖"，并荣获了中国钢结构优质工程最高荣誉——中国钢结构金奖，项目于 2015 年 12 月获得绿色建筑二星级标识。

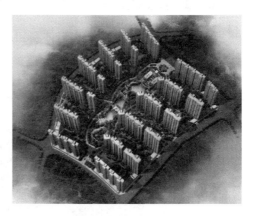

图 4-8-1　项目鸟瞰图

二期工程：8 栋 30～33 层住宅楼、2 栋 1～2 层商铺、3 个地下汽车库，总建筑面积：29.80 万 m²。目前 8～11 号楼已交付使用；12～15 号楼正在施工，采用钢框架钢支撑组合的双重抗侧力结构体系；2013 年，二期工程获得绿色建筑二星级设计标识。

三期、四期工程：12 栋 28～34 层住宅楼、2 栋 1～2 层商铺、4 个地下汽车库，1 个少儿培训中心和 1 座垃圾站，总建筑面积 40.13 万 m²，2015 年已开工建设。

# 8.2　主要技术措施

万郡·大都城住宅小区项目全部采用钢结构装配体系，总建筑面积近百万平方米。项目采用的钢结构住宅体系在节地、节材以及施工中的节能、节水等方面有着诸多一般钢筋混凝土建筑所不可比拟的亮点，此外还采用了其他适宜性的绿色技术措施，如雨水收集系统、直饮水系统、绿化节水灌溉、透水铺装地面等。

## 8.2.1　建筑节地

对于建筑节地，主要考察在相同建筑面积情况下不同结构体系提供的有效建筑使用面积的多少，并以此作为反映建筑对土地资源消耗的状况。所以建筑节地也就是在提供合理的建筑功能要求的基础上减少对土地资源的占用。在相同建筑设计方案中钢结构住宅能够比钢筋混凝土结构住宅获得更多的有效建筑使用面积。万郡·大都城高层钢结构住宅比钢筋混凝土高层住宅的得房率提高 5%～10%，其节地效果十分明显。

## 8.2.2　合理利用地下空间

项目采用钢结构装配式构造体系和选用高强度建筑材料，使得地下空间利用率大大提高。经测算：相同面积的地下室停车位的设置数量较普通钢混建筑增加 3%～5%；在满足相同停车功能的条件下较普通钢混建筑层高降低 3%～5%，且较普通高层钢混结构住宅地下空间更加开敞，使用更加方便（图 4-8-2）。

图 4-8-2　地下停车位

### 8.2.3 场地布局优化设计

项目位于内蒙古包头市，属严寒地区，因此冬季风环境是项目设计之初的考虑重点，即避免冷风渗透，加强保温节能。同时对小区的声环境进行优化模拟分析，获得了良好的效果（图4-8-3、图4-8-4）。

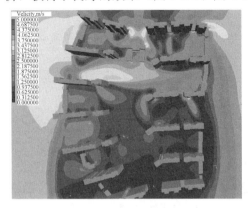 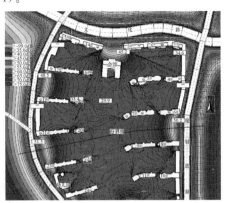

图 4-8-3　小区风环境模拟　　　　　图 4-8-4　小区声环境模拟

### 8.2.4 高效保温构造体系

项目结合钢结构体系，开发了 CCA 板灌浆墙的构造体系，该体系建筑外墙采用新型装配式建材及保温材料与施工工艺，即 280 型 CCA 板内部灌保温浆料，外贴保温岩棉。整体外墙的传热系数约为 $0.33W/(m^2 \cdot K)$，具有优良的保温隔热性能。

### 8.2.5 高效能设备和系统

采用市政热电厂集中供暖，每台散热器前安装温度调节装置，每户安装热量表进行计量。每户的主要卧室、客厅自然通风良好，卫生间设有通风换气设施。卫生间和厨房采用有组织的机械排风，优化室内环境。地下室设备用房和汽车库均设有机械通风系统。供暖热水循环水泵输热能耗比（EHR）经计算为 0.0043。

项目在公共场所和部位的照明设计采用高效光源、高效灯具和低损耗镇流器等附件，设置照明声控、光控、定时等自控装置。

### 8.2.6 水资源综合利用

包头属于严重缺水地区，该项目所处区域降雨量小于 400mm/年，而且冰冻期长达 5 个月以上。基于以上气候特征，项目制定了较为合理的水资源综合规划与利用方案。

首先，对于生活给水系统的水源、用水量、供水方式等进行了详细的规划。

排水系统采用雨、废、污水完全分流制。给排水设计中采取有效措施避免管网漏损造成浪费；每户设置分户水表计量；采用 3L/6L 两档节水型坐便器，淋浴龙头、水龙头等，且均建议住户选用节水型龙头，以达到节水目的。其次，项目设计了适宜的雨水综合利用系统，即通过场地地势布置雨水收集管网，收集项目场地内的雨水至沉淀池处理后送至小区中央的景观旱溪内，作为绿化灌溉的补充水源。最后，项目场地内尽量使用透水铺装，如草地、植草砖等，使雨水尽可能入渗储存于地下而减少外排。根据实际情况与计算分析得出，项目外排径流量与开发前保持不变。

### 8.2.7 建筑节材与减排

#### 8.2.7.1 建筑结构体系节材

项目采用全钢结构框架—支撑体系、钢管束混凝土剪力墙组合结构体系，在满足整体建筑结构的抗震性能前提下，实现建筑工业化、标准化和产业化生产。项目采用矩形钢管混凝土柱、钢管束混凝土剪力墙，有效地提高了整体结构的抗震性能、抗侧刚度和抗火性能，同时减小了框架柱和墙体的截面，不但节省了大量的建筑材料和天然矿产资源，而且提高住房的有效使用面积。

项目全部使用商品混凝土与商品砂浆、可卸式钢筋桁架楼承板和多项钢结构住宅产业化新技术、新设备、新材料和新工艺。

（1）装配式复合墙材：外墙采用抗渗、保温、防火、节能和环保的 280 厚 CCA 板夹芯灌浆墙体：内侧采用 7mm 厚中密度 CCA 板，外侧采用 10mm 厚高密度 CCA 板，龙骨选用 280mm 的开孔龙骨。外板内紧贴 100 厚岩棉保温板，在两层 CCA 板间填充 EPS 轻质混凝土。该墙体具有保温性能强、隔声性能好的优点。比传统住宅墙体更薄，更轻，而且还可以避免传统住宅墙体渗漏、开裂等质量问题。项目选用工业化和标准化产品，现场装配更为节能、节材，且与主体钢结构配合度更好（图 4-8-5）。

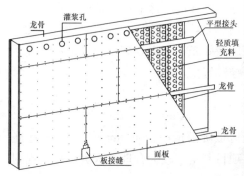

图 4-8-5 装配式复合墙材构造示意图及现场施工

（2）可卸装配式钢筋桁架楼承板

项目楼承板为工厂加工制作，现场安装，端头竖向筋与钢梁焊接，栓钉采用栓钉焊机现场焊接，按照设计配筋进行钢筋绑扎（图 4-8-6、图 4-8-7）。具有以下优点：

> 浇筑混凝土楼板时不需模板及脚手架；
> 简化了钢筋绑扎，现场废料少；
> 安装快捷，施工质量可靠；
> 板底镀锌钢板拆除后，可直接作抹灰，不需吊顶；
> 与普通整浇楼板相比，不但模板工程和钢筋绑扎工程得到了简化，而且减少常规浇灌混凝土的支模和支撑，节能、节水、节材、节时，实现产业化和标准化绿色施工。

图 4-8-6　钢筋桁架楼承板铺设　　　　图 4-8-7　拆除镀锌底板后的楼层板

### 8.2.7.2　全生命周期的减排分析

在项目使用钢结构体系的情况下，可循环材料比例约为 14.33％，降低了项目全生命周期内的碳排放量。表 4-8-1 是该项目与一般混凝土结构住宅碳排放量的计算结果比较。

项目钢结构方案与混凝土方案碳排放计算分析表　　　　表 4-8-1

| 材料 | 钢结构方案 | | | 混凝土结构方案 | | |
|---|---|---|---|---|---|---|
| | 总用量 | 耗能（MJ） | $CO_2$ 排放量（t） | 总用量 | 耗能（MJ） | $CO_2$ 排放量（t） |
| 混凝土（m³） | 18592.4 | 53547305 | 8193.18 | 26233.78 | 72806716.2 | 11002.8 |
| 水泥（t） | 1939.8 | 10668900 | 1745.82 | 1377.66 | 7577130 | 1239.8 |

| 材料 | 钢结构方案 | | | 混凝土结构方案 | | |
|---|---|---|---|---|---|---|
| | 总用量 | 耗能（MJ） | $CO_2$ 排放量（t） | 总用量 | 耗能（MJ） | $CO_2$ 排放量（t） |
| 砂（t） | 2761.1 | 502520.2 | 33.1332 | 3444.2 | 626844.4 | 41.33 |
| 碎石（t） | 3100.8 | 496128 | 34.1088 | 3100.8 | 496128 | 34.1 |
| 钢筋（t） | 2498.78 | 50725234 | 2298.87 | 3607.45 | 73231235 | 3318.8 |
| 型钢（t） | 1985.93 | 26412869 | 2780.302 | 0 | 0 | 0 |
| 砖（t） | 219.7 | 432809 | 35.152 | 859 | 1692230 | 137.44 |
| 混凝土砌块（t） | 383.65 | 460380 | 38.365 | 4053.9 | 4864680 | 405.39 |
| EPS材料（t） | 5.92 | 83116.8 | 7.0448 | 10.8 | 151632 | 12.852 |
| CCA板（m²） | 90188 | 547441.1 | 143.94 | 0 | 0 | 0 |
| 合计 | | 143876703 | 15309.92 | | 161446595 | 16192.7 |
| 单位面积能耗（MJ/m²） | 3211.2 | | | 3602.19 | | |
| 单位面积 $CO_2$（t/m²） | 0.342 | | | 0.361 | | |

### 8.2.8 建筑绿色施工

项目在施工期间，采取了一系列的绿色施工措施，例如防尘、降噪、控制光污染、废物回收利用等，从而使项目在施工期间节能、节水效果显著。

（1）施工阶段用电分析

根据钢结构工厂施工记录每吨钢结构用电107.33度，折合11.56kW·h/m²；施工现场自2010年10月2日开工起至2013年5月30日竣工，共用电4037690度，折合14.84kW·h/m²，两项共计：26.4kW·h/m²。一般钢筋混凝土高层住宅建设施工阶段由于现场施工机具较多，用电约42kW·h/m²。钢结构高层住宅较一般钢筋混凝土高层住宅施工中约节约用电37%，建设施工期间节能优势明显（图4-8-8）。

（2）施工阶段用水分析

根据施工记录及现场调查计算得到，项目自2010年10月2日开工起至2013年5月30日竣工，共用水115113.75m³，折合0.42m³/m²。一般钢筋混凝土高层住宅建设施工阶段由于现场湿作业较多，用水约2.5m³/m²。钢结构高层住宅较一般钢筋混凝土高层住宅施工中约节约用水83.2%，所以项目建设施工阶段节水优势十分明显（图4-8-9）。

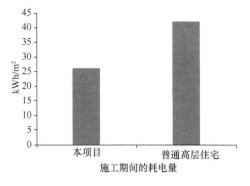
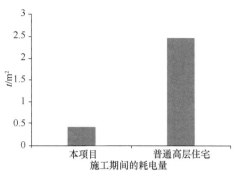

图 4-8-8　施工阶段用电统计　　　　　图 4-8-9　施工阶段用水统计

### 8.2.9　室内环境质量

卧室、起居室（厅）、书房、厨房均设置外窗，房间的采光系数不低于现行国家标准。

在自然通风条件下，房间的屋顶和东、西外墙内表面的最高温度符合现行国家标准《民用建筑热工设计规范》GB 50176 的要求。

住宅分户墙空气声隔声性能检验结果 $D_{nt,w}=50dB$ 达到《民用建筑隔声设计规范》GB 50118—2010 中住宅建筑相邻两户房间空气声隔声性能的高要求标准。楼板撞击声隔声性能检验结果 $L_{nt,w}=60dB$ 达到《民用建筑隔声设计规范》GB 50118—2010 中住宅建筑分户楼板撞击声隔声性能的高要求标准。

建筑围护结构采用轻钢龙骨及 CCA 板灌浆墙绿色环保，100% 不含对人体有害的石棉、苯及甲醛等有害物质，为室内环境的安全性提供可靠的保证．

### 8.2.10　现代化的物业管理

#### 8.2.10.1　管理系统

项目物业采用现代化管理模式，智能化系统的设计提供了技术支持，主要有七大管理系统：

（1）可视对讲系统；

（2）一卡通管理系统；

（3）电子巡查系统；

（4）智能监控系统；

（5）防盗报警系统；

（6）三网合一（采用 GPON 技术实现电话、电视和宽带的光纤接入，具有先进的通信功能）；

（7）IC 卡三表计量等。

#### 8.2.10.2　绿色垃圾回收处理

项目建设有垃圾回收处理站，将投入密封垃圾容器中的垃圾收集到垃圾房，对可回收的垃圾由物资回收公司进行分类，对可再利用或可再生的材料进行有效的回收处理。对不可回收的垃圾采用 HYX 密闭旋转垃圾贮存设备进行压缩减容后送市垃圾中转站统一处理。对厨余垃圾采用 HYCYW 厨余生化处理设备，其工作流程为：将小区居民产生的厨余垃圾投入设备，经微生物菌群分解，代谢出水、气体和生物热能。一般经过 6～24h 有机垃圾减量达到 99％以上，无残留物排放。

## 8.3　实　施　效　果

### 8.3.1　绿化浇灌与雨水收集量

项目一期绿化灌溉用水量在 2015 年 1～6 月逐渐增加，在 7～10 月基本稳定在 85m³ 左右，在 11～12 月又迅速降低，与气候变化密切相关。项目于 2015 年实施雨水收集，除去冰冻期外每月收集的雨水经简单处理后储存于景观旱溪之中（图 4-8-10）。

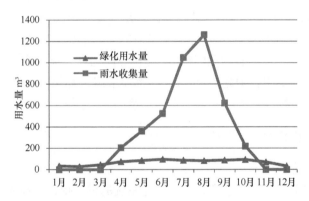

图 4-8-10　项目绿化灌溉、雨水收集量逐月变化情况

### 8.3.2　室内环境质量分析

（1）构件隔声性能检测

项目建成后，选取了典型户型进行了隔墙隔声量与楼板撞击声隔声的检测。室内客厅与卧室间隔墙的空气声隔声性能达到了 50dB，层间楼板的计权标准化撞击声隔声为 60dB，均达到了标准要求的高限，说明项目的装配式墙体的隔声性能优异。

（2）室内背景噪声检测

对项目声环境最不利房间（3号楼1单元2801室）进行了室内背景噪声检测（表4-8-2）。

项目声环境最不利室内背景声检测结果　　　　表4-8-2

| 检测项目 | 检测结果（dB） | | 参考限值（dB） |
|---|---|---|---|
| 昼间 Leq 值<br>dB（A） | 卧室 | 34 | ≤50 |
| | 客厅 | 37.8 | ≤50 |
| 夜间 Leq 值<br>dB（A） | 卧室 | 30.8 | ≤45 |
| | 客厅 | 31.4 | ≤45 |

（3）室内污染物浓度检测

另外，项目建成后随机抽取了4栋1903室内污染物浓度进行了检测（表4-8-3）。

项目室内污染物检测结果　　　　表4-8-3

| 序号 | 检测项目 | 标准值 | 实测结果 | 结论 |
|---|---|---|---|---|
| 1 | 甲醛（单位 mg/m³） | ≤0.1 | 0.06 | 合格 |
| 2 | 苯（单位 mg/m³） | ≤0.11 | 未检出 | 合格 |
| 3 | TVOC（单位 mg/m³） | ≤0.6 | 0.01 | 合格 |
| 4 | 氨（单位 mg/m³） | ≤0.2 | 0.12 | 合格 |
| 5 | 氡（单位 Bq/m³） | ≤400 | 62 | 合格 |

## 8.4　总　　结

住宅产业化技术充分体现了建筑低碳环保、节能减排和可持续发展的理念，可推动建设由粗放型逐步向集约型的转变，有利于住宅产业的技术更新，增加住宅建设的科技含量、提高住宅建设的质量和效益。万郡·大都城住宅小区项目的建设，充分利用了钢结构住宅施工周期短、得房率高、节能环保等优势，营造了舒适安全的生活空间。

**作者：**许常学[1]　扈军[2]（1. 万郡房地产（包头）有限公司；2. 浙江大学城市学院）

# 9 北京万科长阳半岛

## 9 Vanke Changyang Peninsula project in Beijing

## 9.1 项 目 简 介

项目位于北京房山区长阳镇起步区 1 号地，场地内地势基本平坦，周边交通条件便利，邻近城铁站。项目属新建住宅商品房，主要由高层住宅、多层住宅、配套设施、地下车库等组成。项目总用地面积 15.4 万 m²，建筑总面积 38.3 万 m²，其中地上建筑面积 33.7 万 m²，地下建筑面积 4.6 万 m²。地上以高层住宅为主，层数主要有 9 层、18 层、21 层、28 层，住宅地下 2 层，停车库地下 1 层，地下空间主要功能为停车库及设备用房。项目于 2010 年 5 月开始施工，2013 年 4 月后分批交付（图 4-9-1）。

图 4-9-1 鸟瞰图

项目分 2 期进行建设，其中一期为 04 地块 1~7 号楼、11 地块 1~7 号楼，总用地面积 9.4 万 m²，建筑面积约 22.5 万 m²，于 2011 年 2 月获得绿色建筑三星级设计标识，为北京地区第一个住宅类绿色建筑三星级设计标识。二期为 03 地块 1~7 号楼，10 地块 1~9 号楼，总用地面积 6.0 万 m²，总建筑面积 15.8 万 m²，于 2011 年 12 月获得绿色建筑三星级设计标识。项目 03 地块 1~7 号楼、04 地块 1~7 号楼、10 地块 1~9 号楼和 11 地块 1~7 号楼，于 2015 年 1 月获得绿色建筑三星级标识。

# 9.2  主要技术措施

项目针对北京地区特有的气候特点，重视与自然环境协调和谐统一，通过绿色建筑系统技术的研究，优先选择适宜、成熟、低成本技术，以较小的增量成本达到较好的节地、节能、节水、节材效果，创造了舒适的室内外环境。

## 9.2.1  节地与室外环境

小区内按规划要求配建了幼儿园、卫生服务站、邮政所、菜市场、室内文体活动中心等公共设施。居住区东北侧紧邻地铁站，距离小区不同出入口 500m 范围内共有 5 个公交站，对外交通较为便利（图 4-9-2）。

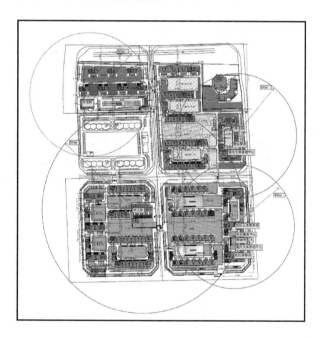

图 4-9-2  公建配套设施分布

通过风环境模拟得出，小区内 1.5m 高度区域最大风速小于 5m/s，冬季工况下住区内人员主要活动区域风速放大系数均小于 2，除直接迎风面建筑外，建筑前后的风压差满足不高于 5Pa 的要求（图 4-9-3）。夏季及过渡季节，住区内无明显无风及涡旋区，住区内自然通风情况良好，有利于灰尘及污染区的消散。

项目主要种植了香椿、合欢、杜仲、垂柳、国槐、紫叶李、榆叶梅、二月兰等乡土植物，乔木总计 2708 株，每 100m² 乔木量 3.71 株。室外透水地面主要为

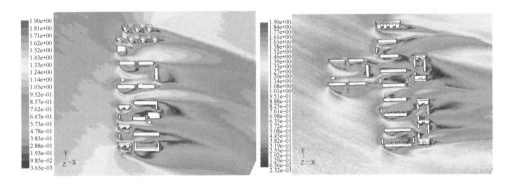

图 4-9-3　冬季工况下 1.5m 高度小区内风速放大系数分布

绿地。大部分绿地为实土绿化，局部绿地为地下车库顶板上覆土绿化，覆土深度大于 1.5m。室外透水面积比约 57.46％（图 4-9-4）。

图 4-9-4　居住区内种植乡土植物

### 9.2.2　节能与能源利用

项目住宅建筑围护结构热工性能均达到北京市居住建筑节能 65％的标准要求。工业化住宅采用预制夹芯保温板做法，夹芯保温层为 50 厚挤塑聚苯板；非工业化住宅采用 100 厚聚苯板外保温。外窗选用 6＋12A＋6 中空玻璃断热铝合金窗。构造设计上对阳台、雨篷、女儿墙等易产生热桥处均做了保温处理。

住宅设计各主要功能房间外窗可开启面积占所在房间地面面积的比值均在 5％以上，自然通风效果良好。住宅朝向主要为南北向，均满足大寒日 2 小时的日照标准（图 4-9-5）。

项目采用地板辐射供暖系统，楼内采暖系统采用共用立管系统，设计楼栋热计量装置，按双管系统设计。每户在暖井内设置分户热计量表一套，并设锁闭调节阀（图 4-9-6）。

<table>
<tr><td>图 4-9-5　建筑南立面</td><td>图 4-9-6　管井及其内部的热计量表</td></tr>
</table>

项目的电梯厅、楼梯间、走廊等公共场所采用高效光源、高效节能灯具，照明采用声光控延时开关；疏散指示照明采用 LED 光源；地下车库采用 T8 节能灯，直管式荧光灯均采用电子镇流器，补偿后功率因数大于 0.9；楼梯间与室外联通，利用自然采光；部分住宅地下区域开设天井，直接利用自然采光。电梯、水泵、风机等设备均采用节能型产品及节能措施。

采用太阳集热器集中布置于建筑屋顶、蓄热水箱置于各户卫生间的"集中集热、分户蓄热和计量"形式（图 4-9-7）。项目总户数为 3493 户；采用太阳能热水用户 1870 户；太阳能热水用户比例为 53.5%。

图 4-9-7　屋顶太阳能集热板

### 9.2.3　节水与水资源利用

本工程采用分质供水方案，冲厕、绿化灌溉、道路清洗等采用市政中水，即城市再生水源。其余供水水源采用市政给水。

给水水源为市政给水，供水压力为 0.20MPa；给水系统分为低、中、高区。低区由市政给水直接供给（配套商业及住宅低区），中、高区由水泵房内变频泵组供给。低区为 4 层及以下，中区为住宅 5～9 层，高区从 10～19 层。每户设水表一块，水表均为 IC 卡水表，水表口径均为 DN15（图 4-9-8）。节水器具使用率 100%。

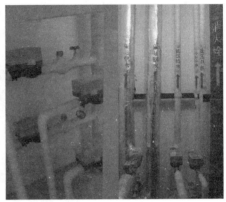

图 4-9-8　各种管线、阀门及计量表具

绿化采用微喷灌的节水灌溉方式（图 4-9-9）；项目中采用绿地、镂空面积大于 40% 的植草砖作为渗水铺装，保障雨水回渗地下，补充涵养地下水资源。

图 4-9-9　移动式喷灌

### 9.2.4　节材与材料资源利用

本工程钢筋大量采用高强度钢筋，节省大量钢材。其中，3 号地块采用 HRB400 级钢筋占整个钢筋用量的 82%；10 号地块采用 HRB400 级钢筋占整个钢筋用量的 99.41%。4 号和 11 号地块采用 HRB400 级钢筋占整个钢筋用量的 81%；

本工程所采用的混凝土材料均为预拌混凝土，砂浆均为商品砂浆。与现场搅拌混凝土相比，预拌混凝土节省水泥 10％～15％，砂石 5％～7％。与现场搅拌砂浆相比，商品砂浆节约 30％～40％的砂浆量。

本工程 11-4 号、11-5 号、11-6 号和 11-7 号这四栋楼地上结构采用预制装配式混凝土结构体系。与传统工艺建造的住宅相比，在品质方面也大为提升，避免了传统工艺中常见而难以根治的渗漏、开裂、空鼓、房间尺寸偏差等质量通病。同时，提高工业化程度后，大量节省了能耗和物耗。与传统建筑相比，能够节省用水量 19.34％，节省电量 2.9％；减少大量现场垃圾量，如废钢筋 40.63％，废木料 52.31％，废砖块 55.32％。

### 9.2.5　室内环境质量

项目每套住宅均有 1 个及以上的居住空间满足日照标准要求。房间采光良好，主要窗地面积比均高于 1/7，符合《建筑采光设计标准》GB 50033 的规定。居住空间通风开口面积与房间地面面积比均大于 5％。

住宅楼板采用浮筑楼板与地板采暖相结合的做法，外窗采用隔声量≥30dB 的中空断热铝合金窗等隔声措施，满足《绿色建筑评价标准》4.5.3 项允许噪声级和隔声量的各项要求。

项目室内采暖系统：卫生间采用散热器，散热器供水支管需安装高阻恒温阀；其余采用低温热水地板辐射供暖系统，设置温度自动调控装置，起居室设置温度传感点，与集配器供水主管上电动阀连锁（图 4-9-10）。

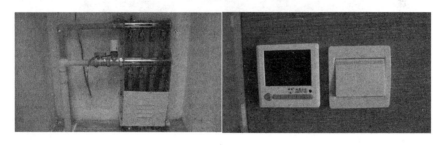

图 4-9-10　户内分集水器及温控面板

### 9.2.6　运营管理

项目制定了较为完备的物业管理制度，包括节能、节水、垃圾分类回收：对垃圾实行 100％的分类回收（图 4-9-11）。

智能化设计包含下列部分：

安全防范：住宅报警、访客对讲、周界防范报警系统、电子巡更系统、闭路电视监控系统。管理与设备监控：车辆出入与停车管理、紧急广播与背景音乐、公共设备监控（包括：a.给排水设备故障报警；蓄水池（含消防水池）、污水池的超高水位报警；饮用蓄水池过滤、杀菌设备的故障报警。b. 电梯故障报警、求救信号指示或语音对讲）。

图 4-9-11 垃圾分类小屋及内景

信息网络：宽带接入网、有线电视网、电话网。每种网络各自成系统（图 4-9-12）。

图 4-9-12 中控室

## 9.3 实 施 效 果

项目通过严格按照施工图节能设计的要求进行了保温材料和门窗产品的采购，相关检测报告证明材料的保温性能符合或优于施工图节能设计要求，外围护结构节能率达到 70%。

住宅居住空间采用复合木地板面层，楼板撞击声压级小于 70dB；外窗采用 35dB 以上隔声保温窗；检测报告符合要求，保证住宅具有优质、安静的声环境。地板采暖使室内的热舒适度大大提高，并节省了采暖能耗。

通过采用市政再生水冲厕、绿化灌溉、道路浇洒等措施，使非传统水源利用达到标准要求。通过集中设置太阳能集热板，节省了屋顶占用面积，太阳能系统提供热水量占热水总需求量的比例大于 50％。

现浇混凝土全部采用预拌混凝土，砂浆全部采用商品砂浆。与现场搅拌混凝土相比，预拌混凝土节省水泥 10％～15％，砂石 5％～7％。与现场搅拌砂浆相比，商品砂浆节约 30％～40％的砂浆量。

采用工业化技术建造的 11-4 号、11-5 号、11-6 号和 11-7 号这四栋楼与传统工艺建造的住宅相比，在品质方面也大为提升。传统工艺中常见而难以根治的渗漏、开裂、空鼓、房间尺寸偏差等质量通病，在产业化住宅 11-4 号、11-5 号、11-6 号和 11-7 号这四栋楼中几乎降为零，居住舒适度更高。此外，产业化住宅 11-4 号、11-5 号、11-6 号和 11-7 号这四栋楼建造效率也显著提升，比相同建筑规模同等高度的传统建筑建造效率提升约 20％。

# 9.4 增量成本分析

项目的节能节水节材效果估算：

（1）外围护结构节能 70％

与北京市住宅建筑节能 65％的标准相比，每平方米每年节约 1.24kg 标准煤/每年，整个小区（03 地块，04 地块，10 地块，11 地块）每年节约 475 吨标准煤，相当于 119 万度电。

（2）采用太阳能热水系统：

项目总户数为 3493 户，采用太阳能热水用户 1870 户；采用太阳能热水系统整个小区每年节约近 270 万度电。

（3）采用市政再生水冲厕、灌溉：

降低市政给水用量，每年节约市政给水约 15.2 万 m³。

（4）采用高强度钢：

高层受力筋大量采用了三级钢 HRB400，且其含量达到总受力钢筋的 81％。与 HRB335 钢材相比可节约钢材 10％～14％。本工程用 HRB400 钢筋代替 HRB335 钢筋，节省 10％以上的钢材，即 350t 钢材。

（5）采用建筑工业化技术：

11-4 号、11-5 号、11-6 号和 11～7 号这四栋楼提高工业化程度后，大量节省了能耗和物耗。与传统建筑相比，该四栋产业化住宅楼能够节省用水量 19.34％，节省电量 2.9％；减少大量现场垃圾量，如废钢筋 40.63％，废木料 52.31％，废砖块 55.32％。

项目主要采用的绿色建筑技术措施为：加强外墙保温、加强屋面保温、采用 6＋9A＋6＋9A＋6 三玻二中空断热铝合金窗，楼板采用 5 厚发泡橡胶减震垫层、太阳能热水系统、除醛涂料等，总增量成本约 3474.02 万元，按照总建筑面积 38.27 万 m² 计算，单位面积增量成本为 90.78 元。经过测算，静态回收期约为 7.7 年，动态投资回收期为 8 年。

# 9.5 总 结

项目针对北京地区特有的气候特点，重视与自然环境协调和谐统一，通过绿色建筑系统技术的研究，优先选择适宜、成熟、低成本技术，以较小的增量成本达到较好的节地节能节水节材效果，创造舒适的室内外环境。

通过对规划布局、自然通风、自然采光等被动技术，以及照明节能、结构节材、可再生能源建筑一体化等符合北京地区气候特点的各项绿色建筑适宜技术进行了系统的研究与实践应用，不仅在技术效益、经济效益、环境效益、社会效益、市场需求和应用前景等方面具有很强的适应性，而且具有广泛的推广价值。

项目通过对绿色建筑系统技术的研究与实际应用，总结出一套符合北京地区自然与气候特点的绿色建筑技术体系及其低成本应用模式，不但可直接在北京地区广泛推广与应用，而且对全国绿色建筑技术的发展产生一定的影响。同时在一定程度上带动北方地区绿色建筑产业的发展，促进其技术的完善与提高及经济性的改善，为社会提供舒适健康、经济可行的建筑示范产品，为建设资源节约型环境友好型社会做出贡献。

住宅建筑采用集中加分散的太阳能热水系统，对太阳能热水在北方地区更加合理有效的运用进行了深入的探索，并对如何使太阳能热水满足高层住宅的需求进行了有效的尝试，对太阳能热水的推广应用提供了实践经验。

提高建筑的工业化水平，能够大量节省能耗和物耗。按照项目的建设规模，如果新开工的住宅项目都能采用北京万科的产业化建造模式，每年将减少废钢筋 5.4 万 t，减少废木材 1.7 万 t，减少废砖头 1.3 万 t，节约用水 1400 万 m³，节约施工用电 256 万度。这项技术对住宅工业化的推广应用提供了不可或缺的经验。

**作者：** 许荷　曾宇　李建琳　赵彦革　裴智超　吴燕（中国建筑科学研究院建筑设计院）

# 10 长安铃木重庆第二工厂项目一期（即 YAE 和 YL1 轿车建设项目）

## 10 NO.2 Plant Project（Phase Ⅰ）of Chongqing Chang'an Suzuki Automobile Co.，Ltd（YAE and YL1 Car Construction Project）

## 10.1 项 目 简 介

长安铃木重庆第二工厂项目一期规划建设 25 万辆整车生产基地，其中第一阶段工程已经顺利结束，实现年产整车 10 万辆。项目地块面积 555.56 亩，投资 22.25 亿元，建设周期历时两年，于 2013 年 12 月竣工投产，已于 2015 年 1 月获得绿色工业建筑三星级标识。

### 10.1.1 地理位置与交通运输

项目地处重庆市巴南区经济园区天明汽摩产业园内，距原长安铃木一工厂直线距离 500m；距巴南区鱼洞镇 3km；距重庆市区 28km，新鱼（洞）珞（璜）公路从厂区东南端边缘通过，沿公路向西 12km 可达川黔铁路珞璜（镇）站，往东 6km 可沿内环快速路接入重庆高速路网；厂区北濒长江，西邻佛耳岩滚装码头，公路、水路和铁路运输都十分便利。

### 10.1.2 建设内容与规划指标

项目一期工程的主要建设内容有：冲压车间、焊接车间、涂装车间、总装车间、技术中心以及与其配套的公用站房、污水处理站、变电站、测试道路等其他辅助设施。项目规划充分考虑了分期建设的合理衔接，避免重复建设造成投资浪费，项目的总体布局见图 4-10-1，其中框选部分为一期项目。

### 10.1.3 建筑类型及分区功能

项目的工业建筑以单层为主，同时结合生产工艺采用联合厂房形式。建筑耐火等级为二级，耐久年限 50 年，屋面防水等级为Ⅱ级，抗震设防烈度为 6 度。项目按照建筑物使用功能、工艺要求、节能要求以及对建筑层数、层高和总高度等要求进

图 4-10-1 长安铃木重庆第二工厂总体布局

行规范设计。项目主要建筑单体的外形实景及内部结构见图 4-10-2～图 4-10-5。

图 4-10-2 冲焊联合厂房 　　　　　　　图 4-10-3 公用站房

图 4-10-4 焊接厂房 　　　　　　　　图 4-10-5 冲压车间

## 10.2 主要技术措施

项目从前期规划设计到后期施工均按照绿色工厂的理念来执行，并全面体现长安铃木"少、小、轻、短、美"的企业建设理念。在满足功能的前提下，做到占地少、体积小、用材轻、物流短和整体美的五个结合，这不仅是长安铃木在绿色、环保、经济方面的自身理念，同时也是对国家绿色建筑评价的完美诠释。

### 10.2.1 节地

项目按照"一次规划，分期实施"的原则进行总图的规划布置，合理规划布置各建（构）筑物、室外堆场，通过采用合理的建筑间距，有效整合零散空间；厂房根据工艺要求有效采用不规则形体设计，具体见图 4-10-6。

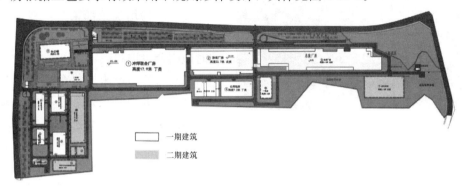

图 4-10-6　项目一二期规划及不规则厂房设计示意图

厂区总图及道路规划按照功能分区，考虑实现生产工艺流程合理、物流顺畅、单向物流、运输路线短捷和人流、物流分开的原则进行各厂房、公用站房以及其他附属设施等总平面布置。厂区内道路采用方格式路网，以适应工厂大量物料运输的要求，厂区内主要运输物流设计见图 4-10-7。

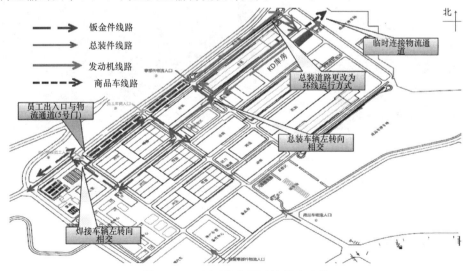

图 4-10-7　厂区内主要运输物流示意

### 10.2.2　节能

项目在总图规划、建筑设计、生产流程、工艺设备等多方面进行节能设计和节能产品的合理选用，同时实现能源分级、分项计量与管理，满足项目投产后的整体运行具有良好的节能效益，主要技术措施如下：

图 4-10-8　顶部增加自然采光

（1）公用站房集中布置，并靠近用能负荷中心，减少管线损失，实现节能、经济运行；

（2）厂房增加顶部采光，有效利用自然采光，减少厂房内照明的能耗，同时照明分段控制；

（3）对公用设施进行合理的调节控制措施，并合理设定运行数值，减少能源浪费；

（4）有效利用工艺过程中产生的余热，合理回收能源物质；

（5）项目采用先进的能源分项计量与管理系统，应用于各个生产车间、站房、技术中心等，对其电力、天然气、蒸汽、热水等的能源消耗状况实行监测、记录和管理。

上述后四项技术在项目现场的应用分别见图 4-10-8～图 4-10-11。

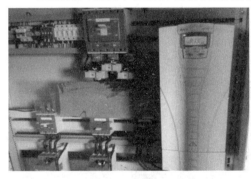 

图 4-10-9　公用设施的变频调节控制　　　　图 4-10-10　废气处理及余热回收设备

该项目实际运行后的单车工业建筑能耗为 54.35kgce/台，单车综合能耗为 246.60kgce/台。

### 10.2.3　节水

厂区设置中水回用系统，中水系统水源由生产污废水、生活污水、部分空调

| 电能能耗统计 | | | | |
|---|---|---|---|---|
| 时间 | 技术中心 | | 总装课 | |
| | 小计 | | 总装配电室 | |
| | 高压 | 低压 | 高压 | 低压 |
| 2015-8-25 0.00 | 0 | 7.09 | 40 | 47 |
| 2015-8-25 1.00 | 50 | 6.58 | 40 | 39 |
| 2015-8-25 2.00 | 100 | 6.36 | 40 | 38 |
| 2015-8-25 3.00 | 0 | 6.53 | 40 | 37 |
| 2015-8-25 4.00 | 0 | 6.51 | 40 | 37 |
| 2015-8-25 5.00 | 0 | 6.67 | 40 | 38 |
| 2015-8-25 6.00 | 0 | 7.04 | 40 | 32 |
| 2015-8-25 7.00 | 50 | 7.16 | 40 | 49 |
| 2015-8-25 8.00 | 100 | 6.73 | 240 | 240 |
| 2015-8-25 9.00 | 100 | 6.47 | 260 | 261 |
| 2015-8-25 10.00 | 0 | 6.41 | 280 | 276 |
| 2015-8-25 11.00 | 0 | 7.05 | 280 | 282 |
| 合计 | 300 | 80.6 | 1380 | 1376 |
| 最大值 | 100 | 7.16 | 280 | 282 |
| 最小值 | 0 | 6.36 | 40 | 32 |
| 平均值 | 25 | 6.72 | 115.00 | 114.67 |

图 4-10-11　能源监控与分项计量

冷凝水等再经处理后从而达到规定水质标准的水提供；采用节水型设备、变频水泵；严格控制管网漏损；采用逆流补水工艺，冷却水采用循环冷却，合理利用天然冷源；用水计量实现分级计量，二级水表计量实现 100%，三级计量满足 80% 的需求；项目全厂单位产品取水量 $4.88m^3$/台，单位产品废水产生量 $3.56m^3$/台，水重复利用率 96.93%；涂装车间单位产品取水量 $0.027m^3/m^2$，单位产品废水产生量 $0.036m^3/m^2$，水重复利用率 95.23%。

### 10.2.4　节材

在节材方面，项目全面贯彻按照"工艺、建筑、结构、设备一体化"设计和"建筑土建与室内外装修一体化"设计的理念实施，避免二次装修；主要厂房采用轻钢结构形式，主结构采用高强度钢材，高强度钢的用钢量占总量的比例达 71.76%。

另外，在建筑材料的选用方面，包括使用预拌砂浆、蒸压加气混凝土砌块、保温装饰一体化外墙板、岩棉防火板等国家推荐的优良产品，从而在整个施工和运行的过程中都体现环保节约的建设理念，所用混凝土均以当地电厂粉煤灰为骨料制作。该项目用钢量整体处于同行业先进水平，主要建筑单体的用钢量为 $88kg/m^2$，可循环材料用量比例为 16.56%。

### 10.2.5　室内外环境保护与职业健康

（1）室外环境与污染物控制

项目制定了严格的水、固、气污染物控制措施及危险废弃物的处置措施，在做到严格控制污染物排放的前提下尽可能实现废弃物回收利用。

项目的污废水通过厂区废水处理站进行深度处理后，部分采用中水回用系统实现水资源的二次利用，最终达标排放。

项目生产产生的各种废气排放均完全满足国家及重庆市相关大气污染物排放标准的要求，对于涂装车间的废气排放，一方面通过采用水性环保型涂装工艺，从原材料减少涂料VOC（挥发性有机污染物）的产生量，另一方面通过采用废气处理装置进行高温焚烧处理，并回收其中部分热源实现能源二次利用。

项目的固废及危险废弃物均委托专业第三方统一外运，全程接受重庆市环保局的监督检查，在污染物的暂存、运输和包装过程中做到分类、密封处理，杜绝二次污染。项目的各项废弃物排放均符合相关要求。

（2）室内环境与职业健康

项目工作场所的环境及人员健康防护设施等按照规范要求设计，主要针对通风环境、危害物质接触限值以及噪声振动等方面进行设备的选型和相关防护设施的配套设计，并结合目视化要求和危险源警示标识等手段进行人性化管理，通过职工定期职业健康检查等手段全面控制职业病危害。

# 10.3　实　施　效　果

项目经过接近两年的运行实践表明，针对绿色工业建筑所关注的主要评价指标而言，项目从"节地、节能、节水和节材"四个方面均表现出此项目已处于国内绿色工业建筑评价的先进水平，项目各项指标已经详细列于前面；为进一步体现项目所处的行业整体水平，将其与同行业其他项目进行了对比，结果如下。

### 10.3.1　节地指标

由表4-10-1可知，长安铃木二工厂项目在单台设备投资、单台用地面积和单台建筑面积与体积等方面显著优越于同类其他三个项目，节地效果非常明显。

长安铃木二工厂与同类项目用地指标对比　　　　　　　　表4-10-1

| 项　目 | 纲领（万辆） | 投资量（万元） | | 用地面积 | | 建筑面积 | |
|---|---|---|---|---|---|---|---|
| | | 总投资 | 单台投资（万） | 总用地面积（亩） | 用地面积（m²/台） | 建筑面积（m²/台） | 建筑体积（m³/台） |
| 本项目 | 25 | 136485.8 | 0.55 | 460.00 | 1.23 | 0.50 | 3.750 |
| 重庆某项目 | 45 | 833000.0 | 1.85 | 1530.00 | 2.28 | 1.01 | 8.99 |
| 杭州项目 | 25 | 578274.2 | 2.31 | 2100.00 | 2.77 | 1.47 | 11.35 |
| 河北某项目 | 15 | 55870.0 | 0.37 | 666.27 | 2.96 | 0.84 | 10.52 |

### 10.3.2 节能指标

经与中国第十三届科博会能源战略论坛—汽车制造业能耗统计数据、中国汽车工业年鉴2014—汽车工业主要经济效益指标、《清洁生产标准汽车制造业（涂装）》HJ/T 293—2006对比，长安铃木二工厂项目各项节能指标均达到领先水平，见表4-10-2。

长安铃木二工厂项目能耗数据对比 表 4-10-2

| 对比项目 | 长安铃木二工厂 | 对比数据 | 结论 |
|---|---|---|---|
| 单位产品综合能耗（kg 标煤/台） | 244.6 | 407～735 | 领先 |
| 万元产值能耗（标煤/万元） | 25 | 34.42kg | 领先 |
| 单位面积涂装电耗（kWh/m²） | 2.29 | ≤20 为一级水平 | 领先 |

### 10.3.3 节水指标

项目将耗水量最大的涂装车间与 HJ/T 293—2006《清洁生产标准汽车制造业（涂装）》的相关用水量数据进行对比，结果见表4-10-3。

长安铃木二工厂项目水耗数据对比结果表 表 4-10-3

| 对比项目 | 长安铃木二工厂 | 对比数据 | 结论 |
|---|---|---|---|
| 涂装新鲜水耗量（m³/m²） | 0.027 | ≤0.1 为一级水平 | 领先 |
| 涂装水循环利用率（%） | 95.15% | ≥85 为一级水平 | 领先 |
| 涂装废水产生量（m³/m²） | 0.036 | ≤0.09 为一级水平 | 领先 |
| $COD_{CR}$产生量/（g/m²） | 27.25 | ≤100 为一级水平 | 领先 |
| 总磷产生量（g/m²） | 0.52 | ≤5 为一级水平 | 领先 |

# 10.4　成本增量分析

该项目在实施初期就将实现绿色工业建筑的理念贯穿于整个工程建设过程中，同时为实现打造环境友好型工厂的根本目的，在工艺技术的确定、设备选型以及其他技术的综合运用上均进行了必要的前期投入，为实现绿色建筑单位面积增量成本为40.84元/m²，其中各项技术的投入及运行节约效益见表4-10-4。

各主要绿色节能技术增量成本及效益统计 表 4-10-4

| 技术名称 | 新增成本（万元） | 节约成本（万元/年） | 静态投资回收期（年） | 备注 |
|---|---|---|---|---|
| 能源管理系统 | 135 | — | — | 仅含管理平台费用 |

续表

| 技术名称 | 新增成本<br>（万元） | 节约成本<br>（万元/年） | 静态投资回<br>收期（年） | 备注 |
|---|---|---|---|---|
| 工业废水再生系统 | 185.27 | 23.11 | 8.02 | 按水费2.3元/m³计 |
| 逆流供水技术 | 3 | 18.4 | 0.16 | |
| 流量调节措施 | 146.38 | 40.7 | 3.59 | 按电费0.83元/(kW·h)计 |
| 合计 | 469.65 | 82.21 | | |

### 10.4.1 能源管理系统

长安铃木二工厂项目已建立能源在线监测管理系统，对厂区各区域、各时段的用能进行在线监测和计量，实现了各用能单元的能耗智能化管理，系统主要由后台主控系统、数据传输系统和数据采集系统三个子系统构成，监测数据通过数据采集系统采集后经传输系统到达后台控制系统，后台控制系统做相应数据处理和显示。

系统可满足电力及其他各类能源管理工作需要，实时显示工厂各类能源的运行画面、实时监测各工厂各类能源参数，从而对工厂各类能源回路用电量进行记录、统计、查询、报表分析。

### 10.4.2 工业废水再生系统

项目采用了工业废水再生回用系统。各车间的生产废水、生活污废水等经收集后，分别排放至废水处理站进行处理，然后进行回用。处理后的再生水用于冲厕或其他杂用，同时采用RO系统将部分再生水处理后用于涂装车间各纯水用水点，大大减少了新鲜水的使用量，直接采用再生水制备的纯水水质指标经检测完全满足涂装车间纯水的使用需求。

项目采用工业废水再生回用系统技术后，需额外增加再生水深度处理设备及相应的管道及附属设备等，产生的增量投入仅为185.27万元，每年可实现的再生水用水量达到100485m³。

### 10.4.3 逆流供水技术

对于汽车整车生产项目而言，厂区耗水最大的车间应属涂装车间，而涂装车间的前处理电泳工序则是用水最大的工序。该项目涂装前处理电泳采用逆向补水新技术，即根据每个工序对水质的需求，将后续工序的冲洗水再逐级逆流至前序工序进行冲洗，实现一次冲洗水的多次利用，可大幅度减少新鲜水的消耗量，节约前处理日常连续工艺用水的50%，每年可节约用水量80000m³。

### 10.4.4　有效的流量调节措施

长安铃木二工厂项目在设备的选型上，除考虑设备本身的节能效益外，还通过有效调节控制设备的运行参数来实现整个工业过程运行能耗的进一步降低。其中，在车间空调的风机盘管采用多档位控制，根据工艺和外部环境的需求，通过档位切换来达到风量调节和节能目的；对于循环水泵、冷冻水泵等则采用变频器控制，在满足工艺要求条件下控制水泵以最经济的速度运行，进而达到节能的目的。

该项目在各主要车间、站房和试验室等均不同程度采用了变频控制技术，由此而增加的增量成本仅为 146.38 万元，每年可节约用电 49 万 kW·h。

# 10.5　总　　结

长安铃木重庆第二工厂项目一期（即 YAE 和 YL1 轿车建设项目）在实施过程中，全面按照国家绿色工业建筑的实施要求进行，同时结合重庆长安铃木汽车有限公司"占地少、能耗小、用材轻、物流短和整体美"的"少、小、轻、短、美"五字理念为根本出发点，通过总图规划、各专业绿色节能设计、材料优选、节能设备优选以及系统运行的整体控制和能源管理等全方位的角度来满足绿色工业建筑的整体要求。

重庆长安铃木汽车有限公司后续正在通过科学的管理，标准化流程的实施来继续完善项目的后期运营管理。通过与其他同类项目的对比显示，该项目在"四节二保"方面的效益显著，各项指标均处于国内同行业的先进水平，为国内汽车整车制造企业在绿色工业建筑的实施手段上提供了可参照的模板，也将更加有力地推进国内汽车整车制造行业在绿色节能方面的前进步伐。

*作者：*龚雄杰　谭华平　王建胜　白云（重庆同乘工程咨询设计有限责任公司）

# 11 天津解放南路地区新八大里片区
## 11 Xinbadali Community on Jiefangnan Road in Tianjin

## 11.1 总 体 情 况

### 11.1.1 区位条件

新八大里片区紧邻海河、复兴河，城市快速路（黑牛城道）南北两侧，交通便捷。连接天津市文化中心、解放南路生态城区、天钢柳林城市副中心三大区域，地理位置十分重要。黑牛城道是中心城区快速环线的重要组成部分，是滨海新区、天津机场、蓟县等地区与主城连接的重要通道，区位优势明显（图 4-11-1）。

整个新八大里规划区域位于解放南路生态城区北部，以黑牛城道为轴，东触海河，西抵解放南路，南邻复兴河，北至大沽南路，占地面积 268hm²，规划新

图 4-11-1　新八大里区位图

建建筑面积 258 万 m²，保留建筑 30.6 万 m²。

### 11.1.2 气候条件

规划区域位于天津市河西区。天津地处北方寒冷地区，四季分明：春季干旱多风；夏季炎热多雨；秋季冷暖适中；冬季寒冷干燥。由于受季风环流影响，风向随季节变化明显，为季风性气候。冬季盛行西北风，夏季盛行东南风，春、秋季节以西南风或东南风为主，全年主导风向为西南风。全年平均气温约为 12℃，其中 7 月平均温度 28℃，1 月平均温度 −2℃，采暖期为每年的 11 月 15 日至次年 3 月 15 日，制冷期一般为 6 月上旬至 9 月中旬。全年降水量较少且分配不均，年平均降水量为 550mm 左右，平均降水日数为 64～72 天，主要集中在 6～8 月，占全年降水总量的 75%。

### 11.1.3 目标定位

作为天津城市"十二五"规划的重点区域，新八大里所在的解放南路地区是继中新生态城之后天津市在城市中心区域重点建设的又一个生态城区。解放南路地区生态规划目标为建设城市中心开发与改造并存的绿色、健康、智慧的生态城区，并构建了完整的生态规划指标体系。新八大里规划区域总体规划目标为通过打造繁华都市街区、优美滨水空间、特色景观大道，使该地区成为集企业办公、商业休闲、宜居社区功能为一体的城市中心商务区。

### 11.1.4 城区特色

位于天津河西区的尖山"八大里"，是指 20 世纪 50 年代后期落成的红星里、红升里、红霞里、红山里、曙光里、红光里、金星里、光明里共 8 个统一规划建成的居住小区。"八大里"不仅仅是一个名字和地理位置，更是天津卫的一种历史记忆。随着岁月的侵袭，已经承载了 60 年城市发展历史，曾经风光一时的"八大里"居住区于 2012 年开始拆迁。

新八大里位于老八大里东侧的复兴河北岸，规划区域共分为相互毗邻的八宗地块，未来将成为河西区新兴的居住区和商业中心之一。而因为与老八大里隔街相望，这八宗地块的名称沿袭了城市历史，被冠以"新八大里"的称谓。

该区域原址工业用地面积 131hm²，轧一钢厂、第二冶金机械厂等 30 多家工业企业现已大部分外迁，土地经整理可用于开发建设（图 4-11-2）。规划保留区域内建成年代较新的住宅建筑以及具有保留价值的公共建筑和厂房建筑（图 4-11-3）。除道路和水域外，区域内共整理用地 153hm²，保留用地 50hm²，经土地整理后具备整体开发建设的条件。河西"新八大里"板块以其地理位置的优越性和稀缺性，在城市更新中可谓备受瞩目。

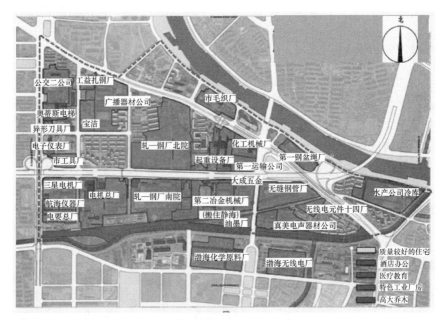

图 4-11-2　新八大里原址用地功能分布

图 4-11-3　规划保留的既有建筑

# 11.2　绿色生态城区内涵

### 11.2.1　指标建立

新八大里生态专项规划是在总体规划和城市设计的基础上完成的，是解放南路地区生态规划在本区域的深化和细化。遵循可持续理念，生态规划根据总体规划定位，兼顾新区建设和既有区域改造，确定适宜的实施策略，将包括解放南路生态规划指标体系中的生态环保、绿色开发、民生保障、智慧生活 4 个方面的生态指标逐一落实，在街坊、建筑层面分别予以控制，满足区域整体指标要求。生态专项规划确立了可持续设计、可再生能源和绿色建筑三个重点研究内容，体现了既有城区的绿色有机更新。

### 11.2.2　可持续设计

生态规划建立既有城区更新的可持续设计方法，分析天津市的气候特征与城区环境条件，通过太阳辐射、风环境、资源能源等气候与资源条件针对研究区域进行分析，确定研究区域在城市规划层面应重点注意的因素。根据既有城区特征，并以城市规划与城市设计方案为基础，通过对区域太阳辐射分析、区域通风分析优化建筑布局，提高室外环境的舒适度，确定适宜的规划布局与城市设计方案。利用可持续设计方法和计算机模拟分析手段在规划阶段优化地块空间布局，具有创新性（图 4-11-4）。

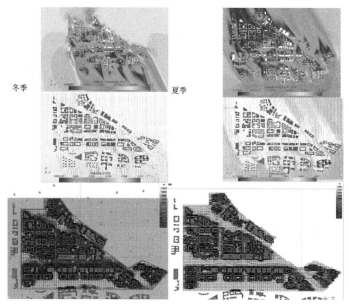

冬季　　　　夏季

图 4-11-4　可持续设计辅助优化规划空间布局

### 11.2.3 可再生能源应用

根据天津市地源热泵系统适应性分区，新八大里地区处于埋管地源热泵适宜区，且区域南侧复兴河公园为地源热泵的采用提供了较好的自然资源条件。生态规划进行了可再生能源供冷供热专项研究。负荷计算上摒弃了规划阶段的指标估算法，根据方案构建模型，模拟计算逐时冷、热负荷及全年能耗，为方案分析提供准确依据。根据业态特征、负荷分布、使用规律等因素分析区域能源形式，确定商业、办公采用集中冷热源形式；居住及学校、幼儿园采用集中供热、分散供冷形式；对于建设周期不一致或有特殊要求的建筑建议自建冷热源。综合考虑资源条件、可实施性等因素，规划沿黑牛城道两侧办公、商业、文化、配套建筑的冷热源由集中能源站提供；一里、六里商业办公自建冷热源；所有公寓、教育建筑均由市政热网供热，分体空调供冷。针对集中能源站，引入多因素评价法综合评价各种可行方案的经济性、节能环保性、能源利用率、实施难度以及能源利用方式，得到适用于项目的最优方案为垂直埋管地源热泵系统。

综合考虑建筑规划、管网实施可能性及最佳供冷半径等因素，规划两座集中能源站，分别结合2里和4里的地下空间设置（图4-11-5）。技术方案为带有冷热调峰的地源热泵系统。能源站与单体建筑采用间接连接方式，一次管网敷设于黑牛城道辅道，地源侧管道通过地下空间进入能源站。该项目的实施可实现可再生能源贡献率71.26%，大幅减少一次能源的消耗和污染物排放，为生态城区的建设提供重要保障。

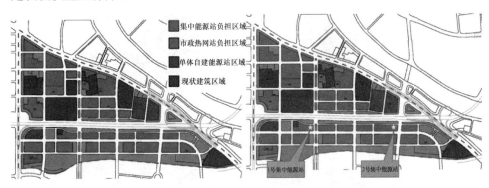

集中能源站负担区域
市政热网站负担区域
单体自建能源站区域
现状建筑区域

1号集中能源站　2号集中能源站

图 4-11-5　可再生能源供冷供热规划专项研究

### 11.2.4 绿色建筑实施

通过分析既有城区特征，绿色建筑实施规划首先根据研究区域的气候条件、太阳辐射、城市通风、资源能源等情况，结合绿色建筑评价标准，确定绿色建筑的规划原则，然后进行绿色建筑达标预评估，确定研究区域绿色建筑的总体规划目标。以规划目标为指导，确定各类建筑的绿色建筑达标等级。拟定区域内的绿色建筑实施策略和设计策略并提出具体的绿色设计要求及合理的绿色技术措施。针对既有建筑进行绿色化改造分析，确定其改造方案及实施技术措施建议。

新八大里地区的绿色建筑实施目标从示范性、可实施性和经济性等方面综合考虑，通过分析绿色建筑发展趋势和项目现状条件等，确定了区域内建筑 100% 达到绿色建筑标准的目标。其中 12 层以下且主要朝向为南北向的住宅建筑、教育类建筑、采用区域能源站集中供冷、供热的商业和办公建筑达到二星级绿色建筑标准，地标性建筑达到绿色建筑三星级标准。规划结果显示，新八大里地区内所有建筑均达到绿色建筑标准，其中二星级及以上的绿色建筑面积 79.3 万 m²，占区域新建建筑面积比例 30.7%（图 4-11-6）。

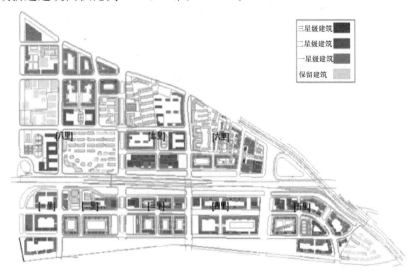

图 4-11-6　绿色建筑实施规划

生态规划针对达到绿色建筑不同星级标准的住宅建筑、教育类建筑、商业、办公建筑，以及保留建筑分别提出绿色建筑技术措施，指导绿色建筑的实施。经测算，整个区域绿色建筑单位建筑面积平均增量成本约 25~36 元/m²。从节能减排角度，本区域年节水量约 56 万 m³，年节能量约 2.1 万 MWh，年二氧化碳减排量约 1.5 万 t，绿色建筑实施的静态投资回收期约为 2~6 年。

### 11.2.5　废弃物及污水处理手段

区域内固体废物、危险废物及生活垃圾经分类收集、统一外运处置，进行无害处理。按照生态规划指标的要求，生活垃圾收集间隔小于 24 小时。污水由市政管网收集进入纪庄子污水处理厂进行集中处理，经深度处理达到回用标准，由城市中水管网输送回用，成为城市再生水水源。

### 11.2.6 绿色交通规划

区域范围内公交站点较为密集，轨道交通现状仅有地铁 1 号线，在大沽南路沿线共有 3 个站点：土城站、陈塘庄站和复兴门站。均位于区域范围边缘，地铁覆盖程度不足。区域规划设置两条轨道交通——地铁 11 号线和 12 号线，共设置 3 个站点，分别位于三里、四里和八里，位置结合地下空间整体考虑。绿色交通规划使区域内 500m 公交站点覆盖率达和轨道交通站点 800m 步行距离比例均达到生态规划指标要求（图 4-11-7）。

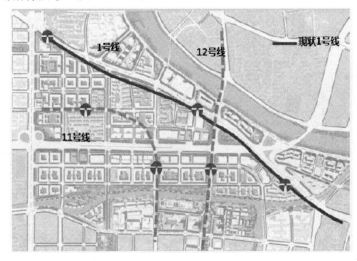

图 4-11-7 轨道交通站点示意图

### 11.2.7 水资源保护及利用

生态规划根据既有城区的水资源现状和区域规划情况，通过水量平衡分析确定水资源的可利用方式，通过技术经济比较分析确定适宜的雨污水利用方案。基于低影响开发的雨洪控制理念，通过分析区域更新前后的雨洪条件，确定海绵城市设计目标、设计策略、雨洪控制方案及绿色雨水基础设施布局建议。结合道路景观设计设置植草沟、雨水花园、生态雨水沟、透水铺装地面等；利用雨水补充复兴河及其他景观水体；结合公建、住宅小区景观规划以及建筑单体设计设置雨水花园、透水铺装地面等，减缓城市内涝，并使雨水得到资源化利用。区域内雨水入渗与收集利用率达到 50% 以上。

### 11.2.8 网络及数字化建设

网络及数字化技术对城市可持续发展的引领和支撑作用逐渐显现，"智慧城市"成为生态城市发展的新方向。新八大里生态规划中的智慧生活指标体系包括

4个方面共14项指标。其中，要求用户光纤可接入率、无线网络覆盖率、景观照明智能化监控管理系统覆盖率、家庭智能电表安装率、用电信息采集覆盖率、公共建筑能耗监测系统覆盖率、公交站牌电子化率、城区交通诱导系统安装率、住区电梯远程监测率、住区安全监控传感器安装率指标均达到100%。通过网络及数字化城市管理，实现城区居民生活的安全、便捷和高效。

### 11.2.9　既有建筑改造

保留电机总厂等具有一定工业建成历史、能够反映天津工业发展、在工业建筑设计上具有一定代表性的建筑物、构筑物，通过改造转换为创意园区的文化、商业、办公等类型的建筑，在改造过程中注重绿色化的有机更新（图4-11-8、图4-11-9）。

图4-11-8　既有建筑绿色化改造措施

图4-11-9　既有建筑改造效果

## 11.3 管理政策及技术保障

新八大里地区生态专项规划在规划过程中与城市管理部门、城市运营商、开发商等进行了多次沟通和讨论，与市政、交通、景观及地下空间等相关专项规划进行了多层次和全方位对接。各专项规划之间的相互衔接体现了整合规划设计的原则，为指标体系的实施奠定了基础。生态专项规划成果于 2014 年 8 月编制完成，2014 年 11 月获得天津市规划局批复。在城市设计阶段已按照可持续设计结果进行了规划方案优化，在各地块土地出让条件中明确了生态规划指标、绿色建筑目标和可再生能源应用的相关要求。在单体建筑设计阶段，按照绿色建筑要求，从节地、节能、节水、节材、室内环境和运行管理 6 个方面进行全过程整合设计，将绿色建筑目标贯穿于区域规划到建筑单体设计的全过程，政府主管部门将对项目进行备案与监督，确保生态规划目标的实现。2015 年复兴河开放式公园示范区已建成，各地块建筑单体已全面展开施工，其中四里、五里主体建筑已经封顶（图 4-11-10），三个地块即将进入绿色建筑设计标识申报的专家评审阶段。生态规划中的各项要求将推动形成政府主导、设计引领、开发实施、后期检验四位一体的长效机制。

图 4-11-10　新建住宅绿色建筑

## 11.4 总 结

新八大里生态专项规划是对解放南路整个区域生态规划的深化和细化，应用计算机模拟辅助设计的手段优化建筑规划布局，体现了可持续规划理念的设计新方法，具有创新性；基于可再生能源条件的供冷、供热技术方案体现了节能、减排、低碳的理念，具有可实施性；规划针对区域总体结构、建筑功能进行了详细研究，提出的绿色建筑目标符合上位规划要求，实施策略和技术措施具有较好的可操作性（图 4-11-11）。

图 4-11-11 新八大里规划效果鸟瞰图

2015 年末，中国城镇化水平接近 60%。随着城市存量土地逐渐减少，城市规划逐渐由增量规划转向存量规划，城市建设开始从大规模重建走向小尺度更新。城市既有城区的更新是城市更新的重要环节和基点，其关系到城市功能、结构和形象的定位，是城市更新中颇为复杂的类型，既有城区的更新改建成为我国当前建设的新趋势。随着由增量土地建设向存量区域更新的新的城市更新模式转变，我国城区更新在更新理念、更新方式、更新机制等方面应做出适时调整，及时进行更为深入系统的研究，探寻新形势下城市既有城区更新的生态可持续发展之路。

**作者：**张津奕　李旭东　王砚　芦岩　宋晨　陈彦熹（天津市建筑设计院）

# 12 北京市中关村生命科学园绿色生态园区

## 12 Green Eco-park of Zhongguancun Life Science Park in Beijing

## 12.1 总 体 情 况

中关村生命科学园位于北京市区西北部（图 4-12-1），昌平区回龙观镇及海淀区永丰乡交界处，一二期总占地面积 2.49km²，是中关村科技园区的重要组成部分，已形成生物制药和医疗器械、生物技术服务、生物农业、生物环保、生物保健品、医疗健康等六大特色产业，是具有专业园区特色的国家级生命科学、生

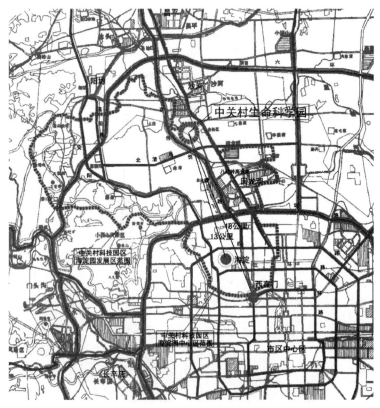

图 4-12-1　中关村生命科学园区位图

物技术和新医药产业的创新基地。自建园至今十多年来，中关村生命科学园始终坚持"政府主导、企业化运作"的发展思路，以"绿色、健康、活力"为特色，打造"绿色健康"的生命园区、"业城融合"的活力园区、"智慧科技"的示范园区、"综合运营"的先导园区。园区现已成为高端人才聚集、以拥有自主知识产权为主的高新技术研发基地和生物技术成果转化与实验室经济的示范区，截至2014年底，中关村生命科学园引入各种生物技术研发机构和企业数量累计达230余家，园区已引入项目总投资230亿元，实现技工贸总收入390亿元；工业总产值36亿元，成为促进中国生物技术产业发展、推动北京市经济增长的重要基地。中关村生命科学园正在成为生命健康领域创新服务与产业组织的领导者和国内领先的、有全球影响力的生命健康产业园区。

中关村生命科学园作为北京市及中关村第一代科技产业园区，于2001年3月开始全面建设。园区自规划建设之初，就引入"绿色海绵"的理念，始终坚持规划统领，指导开发建设的全过程，形成以绿色海绵的生态基底、功能完备的开放共享空间、交通体系的网络覆盖、绿色低碳的资源利用、园区产业聚集低碳发展、健康运营的平台服务六大建设特色，是北京地区首个区域级"海绵城市"理念的落地项目（图4-12-2、图4-12-3）。

图 4-12-2　中关村生命科学园

图 4-12-3　中关村生命科学园实景

在当前北京市总体推行减量规划、既有城区梳理、创新发展、生态化发展的大背景下，科技园区的发展也在逐步向知识密集、复合功能、绿色低碳、产城融合的第四代产业园区转型升级。中关村生命科学园作为城市既有功能区，如何进行资源的再挖掘，推进园区创新发展，探索生态可持续发展的模式，实现"三生融合"、"多规合一"的绿色发展之路，带动园区建设和运营管理的全面创新，成为北京市、昌平区以及中关村在实践国家生态文明在产业园区可持续发展运营方面有待系统思考的一项重要课题。

## 12.2　绿色生态城区内涵

中关村生命科学园根据自身发展特点与使命，通过对园区原有规划与建设的实施评估，以及园区生态诊断分析评估，结合北京市绿色生态示范区的要求与发展趋势，构建了园区的生态指标体系，确立了相关控制指标，提出"健康环境、健康出行、健康运营"三大园区提升主题，从土地利用、生态环境、绿色交通、低碳能源、水资源利用、固废利用、绿色建筑、智慧管理八个方面开展了园区生态提升规划与实施建设方案。中关村生命科学园整体生态环境的优化，提升了园区的空间与服务品质，构建了昌平区绿色生态科技示范园，形成与"国内领先、国际一流"园区建设相适应的生态环境保障体系。

### 12.2.1　园区生态诊断与评估

中关村生命科学园按照绿色、生态、低碳理念，通过实地调研及考察对园区土地利用、绿色交通、配套设施、安全格局、城市环境、能源利用、水资源利用、固体废弃物利用、绿色建筑、园区产业等专题进行资料搜集、量化与模拟技术分析，对园区开展了全面且系统的生态诊断与评估，总结园区现状问题并得出生态提升方向（图 4-12-4）。

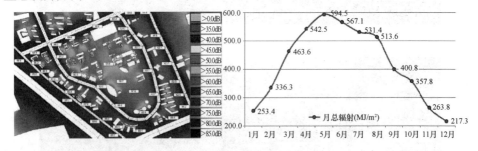

图 4-12-4　中关村生命科学园生态诊断专项（物理环境、能用资源利用）

经过生态诊断的现状评估，可见园区在地块连通性、生态景观、水资源利用、能源资源，以及产业培育等方面发展优势明显，但园区对外交通、水系统循环利用、固废资源、绿地景观和园区的智慧管理存在较大的提升空间。园区的生态诊断与评估是对现状情况的梳理与总结，为下一步的生态提升规划与实施奠定了基础。

### 12. 2. 2  园区生态指标体系

中关村生命科学园根据园区建设定位、发展愿景和实施内容，按照前瞻性、特色与共性相结合、定量和定性相结合、可操作性、动态化等指标选取原则，参考国内相关园区研究建立的指标体系，并增加反应中关村生命科学园发展特殊要求的指标，共同构成中关村生命科学园绿色生态示范区指标体系。

中关村生命科学园绿色生态园区指标体系主要从规划、建设和管理的过程出发，将指标体系分为目标层、路径层和指标项三层结构，共由 4 个一级目标、10 个二级目标和 44 项具体指标构成。按照实现目标分为资源利用、环境友好、绿色低碳、智慧管理四类，以契合绿色生态园区的内涵。资源利用类指标针对用地集约性、能源、固废、水资源的利用，环境友好类指标针对自然生态承载力，评估园区环境质量，并倡导采用绿色的生产和消费方式，绿色低碳类指标针对绿色建筑和绿色交通，促进园区的绿色建筑发展和公共交通便捷，创造宜业的人居环境，智慧管理类指标主要评价园区的智慧管理平台建设与公众满意度。路径层是指实现以上四个目标的重点领域和关键工程，主要包括集约用地、能源、固废利用、水资源、自然环境、物理环境、绿色建筑、绿色交通、创新监管、公众参与。针对每一个路径，分别设计过程控制指标和结果考核指标，这也是本指标体系的特点，实现指标的分阶段、全过程的监管和控制，增加可操作性（图 4-12-5）。

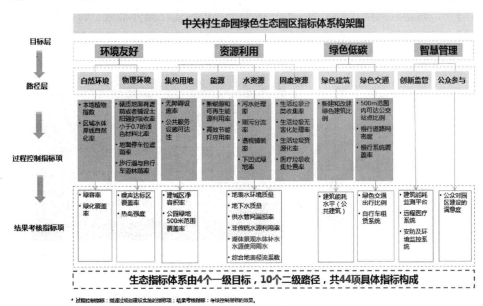

图 4-12-5  中关村生命科学园绿色生态园区指标体系

中关村生命科学园绿色生态园区指标体系通过研究生命科学园现状与发展趋势、运营特点、规划要素,结合生态专项内容,提炼生态园区关注的生态指标项,确定中关村生命科学园可量化、可操作并具有纲领意义的控制指标,对未来园区生态建设提出量化目标,并作为政府制定政策、编制规划、出台标准、实施考核与评估的技术依据与基础,为中关村生命科学园生态理念与生态项目的先行先试提供规范及指引。

### 12.2.3 园区生态专项提升规划

中关村生命科学园生态专项提升规划,以绿色、生态、低碳理念为指导,对水资源综合利用、固体废弃物资源化利用、低碳能源利用、绿地景观化、综合交通系统、绿色建筑、园区智慧管理等方面进行可实施性专项研究,落实指标体系提出的具体绿色生态目标,提出各个领域的专项发展目标和实施策略。

（1）景观环境规划

中关村生命科学园生态环境建设以"建设生态基底,形成生态循环"为发展目标。

强调园区建设与生态环境相协调,人与自然相和谐,环境的设计突出人文关怀,注重人与自然的交流互动,构建功能完善、布局合理的城市景观绿地系统,在绿色生态原则下修复生态环境、调节区域微气候、丰富生物多样性,提升绿地系统的固碳能力,增强园区的生态功能,形成生态环境的良性循环。

通过前期对场地声环境、光环境、热环境和风环境的调研,结合软件辅助模拟分析,确定区内物理环境的主要影响因子,提出优化提升措施,营造舒适宜人的城市物理环境。实现有效控制噪声污染及缓解"热岛效应"的综合目标（图4-12-6）。

图 4-12-6　园区绿地景观规划

（2）绿色交通规划

中关村生命科学园绿色交通建设以"优化路网,交通减碳,绿色出行"为发展目标。合理规划园区内部路网，发展清洁公交系统，减少跨区域出行实现交通减碳，鼓励绿色出行，构建园区绿色出行支撑系统。发展与改善慢行交通系统环境，构建便捷通畅的非机动化交通网络，营造舒适宜人的非机动化交通设施与环境，提供安全、便捷、舒适、优美的慢行出行环境，满足健身休闲及日常通勤等出行需求。营造良好的绿色交通环境，强调道路生态化利用（图4-12-7）。

图 4-12-7　园区绿色交通规划

（3）低碳能源利用规划

中关村生命科学园低碳能源建设以"优化能源利用结构，提高能效"发展目标。建设低能耗建筑，建设采用各种建筑节能先进技术的综合试点示范工程，加强能源梯级利用，增强居民节能意识，加强能耗监测，充分利用新能源技术、建筑节能技术，提高能源利用效率，降低能源消耗。推广可再生能源的使用，努力开发利用丰富的太阳能等可再生能源，形成与常规能源相互衔接、相互补充的能源利用模式，提高用能效率（图4-12-8）。

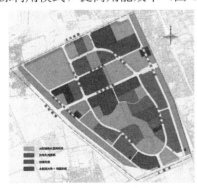

图 4-12-8　园区低碳能源利用规划

（4）固体废弃物资源化利用规划

中关村生命科学园固体废弃物资源化利用以"减量化、无害化、资源化"为发展目标。园区提倡绿色消费，减少废弃物的产生；控制生活垃圾分类收集率，有效控制有害废弃物的产生；以可持续回收利用为核心，最大化废弃物的再利用（图 4-12-9）。

图 4-12-9 园区固废利用规划

（5）水资源循环利用规划

中关村生命科学园水资源利用以"节约用水，再生水回用，保护水环境"为发展目标。园区提倡节水设施的使用，以水资源可持续利用为核心，利用低冲击开发的理念，促进雨水涵养与利用、污水处理与再利用，提高可再生水利用效率，全面保护水环境（图 4-12-10）。

图 4-12-10 园区水资源利用规划

（6）绿色建筑规划

中关村生命科学园绿色建筑建设以"示范领先，绿色发展"为发展目标。秉承"本土、低成本、精宜"绿色理念，遵循"被动优先、主动补充、建改结合"的原则，提升生命园整体建筑品质和居住环境。充分考虑区域气候特点和资源潜力，基于生态诊断，结合既有建筑和新建规划的整体条件，推荐低成本、适宜性的绿色建筑改造技术方案，强调既有建筑的合理化绿色改造，同时积极推广新建建筑的高星级建设，实现园区内既有和新建建筑的 100％覆盖率，成为北京市建筑节能与绿色建筑的先进示范园区（图 4-12-11）。

图 4-12-11 园区绿色建筑规划

（7）智慧园区管理规划

中关村生命科学园智慧管理平台建设以"智能化、数字化、信息化"为发展目标。利用信息化手段，建立独立的业务系统，辅助园区处理事务性业务，提高工作处理能力，提高日常工作效率；利用网络技术、互联网等技术，以互联互通、资源共享为核心建立服务平台，为入园企业提供了数字化服务体系；利用下一代互联网、物联网、云计算等战略性新兴技术，应用智慧化思想，建设全面感知－主动识别－智能干预－优化改善的智慧化体系（图 4-12-12）。

图 4-12-12 园区智慧管理规划

## 12.2.4 园区生态专项工程实施

中关村生命科学园按照"生态诊断—指标体系—提升规划—专项实施"的全过程闭合式实施路径，通过几大专项规划设计指导 36 项绿色生态提升工程实施落地，并按期分步实施，对于重点成熟技术规模化推广，对于创新性技术采用点线示范、后期规模化应用等多种工程组织方案。其中重点工程包括：园区新建项目绿色建筑全覆盖、可再生能源系统、慢行系统规划、绿色通勤、低碳交通、水资源低冲击系统、智慧园区管理平台工程等；园区同时结合各项示范工程设计生态展示游线，集中对绿色建筑、低冲击开发、智慧园区管理平台、生态环境等进行集中技术展示，形成公众宣传和展示，推动园区入园企业共同开展绿色园区建设（图 4-12-13～图 4-12-15）。

图 4-12-13　生命广场和北大国际医院

图 4-12-14　园区静思湖湖体优化配置后实景

图 4-12-15　园区慢行系统和雨水花园

## 12.3  总  结

中关村生命园在建设过程中深入园区绿色生态实施，结合创新、协调、绿色、开放、共享的原则，树立了园区创新生态发展观，园区的发展也在逐步由绿色建设转入健康运营，通过创新机制、创新技术、创新资源、创新推广四个方向持续推进园区生态化建设：

（1）创新机制，市场化模式推进可持续发展。将园区的发展与规划管理部门对接，推进生态规划法定化工作的开展，规范和引导入园企业积极参与园区生态化建设，利用园区产业、技术、运营三大服务平台，通过业主委员会联合入园企业，创新园区运营管理模式，以市场化的方式实现园区运营管理的可持续发展。

（2）创新技术，推进园区产业技术发展。积极应用入园企业创新技术（如碧水源-污水处理、北大医院-远程医疗），推动园区生态化建设，园区生态建设为新产品、新技术的试验提供应用平台，推进园区生态、健康、智慧相关产业进步。

（3）创新资源，市场资源推动园区建设。积极引入市场资源，创新合作方式（与戴姆勒汽车公司合作 Car2Share 项目；昌平供电公司电动车充电桩工程），市场化方式建设园区，引入创新资源，减少园区基础设施投资，为园区生态化建设和运营的创新探索提供了试验平台。

（4）创新推广，提升区域科技园区发展水平。发挥中关村资源，结合《中关村生命园区域合作方案》，与北京房山区、天津静海等地区开展园区区域合作，推广和扩散园的生态化建设模式和经验，带动更多科技产业园区的生态可持续发展，发挥中关村的品牌效力。

中关村生命科学园绿色生态园区的建设是个系统工程，涉及基础建设，建筑单体，市政系统，园区运营，产业支撑等多个方面。园区建设在目标设定之初就提出系统规划、统筹实施的整体技术路线，从生态诊断发现问题、生态指标体系统筹整体工作目标、然后按照实际情况进行中长期的工程实施计划，系统有序地推进园区生态的提升工作。同时结合智慧园区、制度建设等相关园区平台和能力建设，形成绿色园区长期可持续发展的机制支持和政策保障。

通过中关村生命科学园的创新发展与实践，可以总结创新科技园区发展的驱动力是以园区发展为基础、以产业发展为主线、以科技金融为突破，达到产城结合、产融结合和产服结合。中关村生命科学园正在一步步将蓝图变成现实，发展成为产城融合、高效智能、低碳乐活的国际化示范园区，和服务北京、带动周边、面向全球的科技创新引擎。

作者：吴茜[1]  姜洁芸[1]  徐小伟[1]  柏雪梅[2]  金克强[2]  康国飞[2]  张力[2]（1. 深圳市建筑科学研究院股份有限公司；2. 北京中关村生命科学园发展有限责任公司）

# 13 河北怀来燕山文化新城

# 13 Huailai Yanshan Cultural New Town in Hebei

## 13.1 总 体 情 况

燕山文化新城项目规划区位于河北省怀来县，由土木镇、狼山乡及北辛堡镇组成。其地处怀来县最东部，距县城沙城镇 25km，毗邻官厅水库（图 4-13-1）。东与北京延庆县下营村接壤，西邻狼山乡，东南连东花园镇，南邻小南辛堡镇，北接存瑞镇。燕山文化新城总规划面积约 90km²，核心规划范围约为 45km²，其中，除交通、铁路、已建区、林地和自然山体外的可建设面积为 15~20km²。

图 4-13-1 燕山文化新城区位图

新城属冀西北山间盆地地区，所处区域属东亚大陆性季风气候中温带亚干旱区。其主要特征是气候多变，四季分明，光照充足，雨热同季。春季多受冷空气影响，干旱少雨，多大风天气；夏季温暖湿润，降雨增多；秋季天气晴朗；冬季少雪。全城光照充足，温度日差较大，属长日照地区。受自西向东走向的河川谷地影响，风向以西北风为主，年无霜期 140 天左右。全城年平均气温 9.0℃。全城年平均降水量 413.3mm，降水主要受地形影响，南北两山偏多，年均 420~480mm，河川区较少，官厅水库以东最少，年均 400mm 以下。燕山文化新城多年平均径流量为 1.15 亿 m³。河流的补水主要靠雨水的补给。每年 7 月至 10 月的径流量为全年的 53.8%。除雨水补给外，河流还受季节性融雪水和地下水补充。新城地下水分布广泛，资源较丰富。新城地下水的补给主要有两种方式，一是大气降水直接入渗，二是高山水蒸气直接在岩石中凝结。

新城区域自秦设上谷郡以来，迄今已有 2200 余年的历史。县境内自然景观和人文景观交相辉映。新城内文物古迹有元代的古驿站遗址——燕长城遗址、明长城遗址及北辛堡古墓群等。

目标定位：燕山文化新城立足首都经济圈，建立以人为本、合理布局、生态文明、文化传承的文化魅力新城，遵循区域自然历史文化禀赋，体现区域差异性，提倡形态多样性，发展官厅湖北岸有历史记忆、文化脉络、地域风貌、民族特点的文化城镇与生态城镇。

# 13.2　绿色生态城区内涵

当前，生态城市已成为全球趋势，在欧洲、北美、澳大利亚、日韩等地区低碳生态成为城市发展的大趋势。生态城市建设是人类文明进步的标志，是城市发展的方向，生态文明也成为中国国家战略导向。可以说，生态文明建设是我国推进新型城镇化全面建设小康社会的重要举措。

在中国，生态城市建设起步较晚，总结起来我国低碳生态城市建设主要是走国际合作道路。例如中新天津生态城、中欧生态城市合作试点示范等。燕山文化新城就是在多方合作共同努力下走中德生态城市国际合作路线来践行低碳生态技术与理念。

开展燕山文化新城低碳生态建设有利于保护生态格局，发挥生态效能，打造京西北地区的"生态屏障"。怀来县政府县领导为建设宜居宜业的"首都后花园"，开展关停整顿煤炭市场、取缔分散燃煤供热锅炉、积极发展风能、太阳能等新能源等多项措施与工程。

## 13.2.1　生态指标体系

如何评判一座新城为低碳生态的，如何考量规划方案和重点项目推进实施的意义，需要一个指标体系。燕山文化新城绿色生态指标体系参考国际领先生态城市指标，以国外先进经验为基础，把握怀来特色，进行深度调研。构建生态安全持续、生产集约低碳、生活宜居和谐的三大系统六大专项共 22 项考核评价指标（图 4-13-2、图 4-13-3），并确定六大核心指标。新城在可再生能源利用、本地植物指数领域特色鲜明，具有一定的代表性和示范意义。

## 13.2.2　生态专项规划

### 13.2.2.1　紧凑空间规划

燕山文化新城空间规划的目标是形成紧凑、高效、集约、低碳的空间发展模

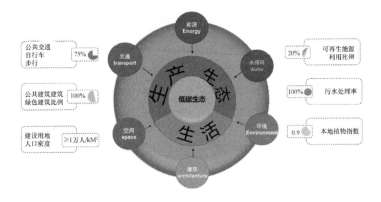

图 4-13-2 燕山文化新城生态指标体系框架与六大核心指标

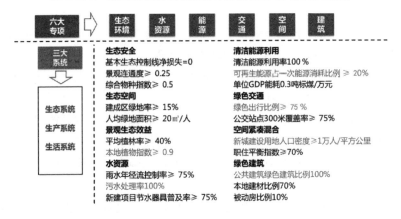

图 4-13-3 燕山文化新城生态指标体系

式（图 4-13-4）。主要通过土地集约利用和空间结构优化两方面制定规划策略。

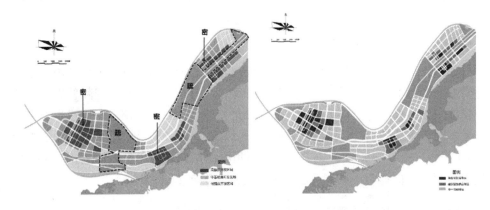

图 4-13-4 集约紧凑的空间发展与混合开发示意

策略一：缩减人均建设用地指标，形成集约紧凑的空间发展模式。为响应国家土地集约利用的政策，应适当缩减人均建设用地指标，将新城总规中的人均建

设用地 $121m^2/$人调整为 $89m^2/$人，增大核心区的人口密度和土地利用率，从而满足国家绿色生态城区评定标准中"建设用地人口密度≥1万人/$km^2$"，即"人均建设用地指标≤$100m^2/$人"的要求。

策略二：加大核心区路网密度，扩展绿地和绿廊面积，以城市绿廊保证组团发展，打造疏密有致的城市空间形态。利用中心公园和官厅公园两块城市绿廊，控制土木组团、狼山组团、北辛堡组团核心区的空间增长边界，充分挖潜核心区的土地利用潜力，保证绿廊的生态服务功能，形成燕山文化新城"一轴、两心、三片区"的空间结构。

策略三：提高城市土地混合开发，提高土地综合利用效率，增强城市活力。功能混用式开发，指工作、居住、商业、教育、服务等多种资源在某一特定区域的有机融合，是对土地使用多样化的表现。功能混用通过对用地的综合开发，减少居民出行需求；通过公交设施的有效使用，达到减少使用小汽车的目的。在新城总规的基础上，增加混合功能街区数量，重点提升地铁站点、重要景观核心区和新区公共中心周边的混合街区比例，使混合功能街区比例大于50%。

策略四：提高公共设施的公交可达性和社区中心的步行可达性，实现绿色出行。着重提升社区中心的功能综合度和功能等级，以方便居民日常生活。社区中心设置行政管理、文化、体育、教育、医疗、商业、金融、社区服务、绿地、市政公用等社区级设施。社区各组团内部应根据非机动出行可达性的需求特征，合理确定最小用地尺度，保证社区中心 600m 步行可达性比例不小于80%。同时，加强对各种交通方式的整合，建立能够进行便捷换乘的立体式交通枢纽，以促进人们对"公交＋慢行"出行方式的选择。

### 13.2.2.2 绿色交通

为了加强新城与主城区、东花园和北京市的高效快速链接。规划区间公交主线，站间距 $800\sim1500m$。同时，三个片区各自规划一条公交环线以方便组团内的公共交通出行（图 4-13-5）。

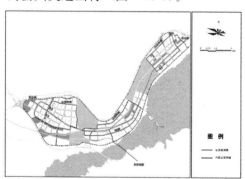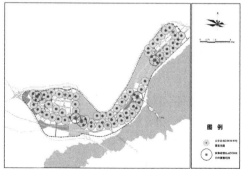

图 4-13-5 燕山文化新城公共交通规划

　　根据《城市道路公共交通站、场、厂工程设计规范》（征求意见稿2011），至规划期末，规划建设三处公交首站，1处公交枢纽站，一处公交停保场。通过以上规划设置方案，未来新城300m公交站点覆盖率达70％以上。

　　新城为未来旅游观光的游客提供自行车游览线路，建设完整、清晰的慢行表示系统。并结合客运站点、公交站点、大型居住区、大型公建、休闲旅游点设置自行车租赁点，建设自行车租赁系统。

### 13.2.2.3 生态环境

　　本次规划基于对燕山山脉与官厅水库之间区域自然生态要素（水系统、森林、生物）、乡土人文景观（农田、风景名胜）和基础设施（公路、铁路）的保护规划分析，构建高、中、低不同安全水平下的生态安全格局（图4-13-6）。

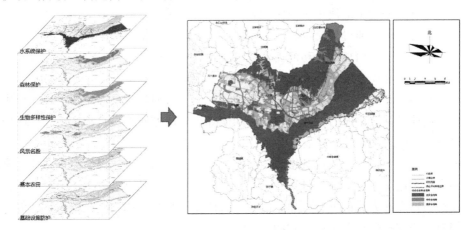

图 4-13-6　燕山文化新城综合生态安全格局构建

　　划定基本生态控制线，确定森林保护区、基本农田保护区、风景名胜区、水系统保护区（官厅水库、河流、沟渠）的保护控制范围。在区域生态安全格局下，建立生态廊道，提升景观连通性；运用"斑块—廊道—基质"模型构建新城景观生态系统结构，加强景观连通性，充分发挥景观生态系统的生态系统服务功能。

　　规划新城绿地系统由公园绿地、防护绿地、广场用地、生态用地组成。建成区绿地率≥15％，人均绿地面积≥20m²/人。提高燕山文化新城绿地系统的植林率，增加本地植物的使用比例，从而增加绿地系统的生物多样性和碳汇能力。通过规划实践新城本地植物指数≥0.9。

### 13.2.2.4 水资源利用

　　规划区内地表水源保护区、地下水源保护区的水质应符合国家标准的相关规定。合理规划场地内沟渠水网系统，提高水系统连通性和流动性。结合现有河渠水系统，规划湿地公园，营造湿地生态系统。规划新城优化供水系统，普及使用节水设备，采用分质供水体系，规划市政管线采用新型管材或综合管沟提高管网输水率（图 4-13-7）。

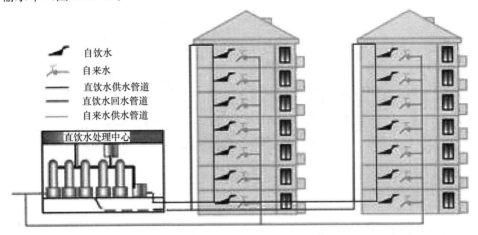

图 4-13-7 分质供水示意

新城污水近中期送往县城污水处理厂统一处理，并同时预留远景污水处理设施建设用地两处，一处位于东部北辛堡片区，按处理规模 0.7 万 m³/d、用地面积 1hm² 预留；另一处位于西南部规划区外，按规模 2.8 万 m³/d、用地面积 4.5hm² 预留。

充分利用水系和绿地系统规划三级雨水收集廊道和三级雨水滞留池系统，形成片区绿网，截留雨水，建设生态新城。

利用现有河渠，规划一级雨水收集廊道，同时可作为片区游憩廊道，也作为两栖类生物迁徙廊道；在狼山和土木组团规划两条二级雨水收集廊道，同时作为片区游憩绿地，也作为两栖类生物迁徙廊道；利用街道防护绿地规划三级雨水收集廊道，同时作为小区级游憩绿地，两栖类、昆虫类生物迁徙廊道。

### 13.2.2.5 绿色建筑

根据绿色建筑星级目标评定体系，对每个地块的绿色建筑星级的用地性质、区位条件、开发强度和生态基底潜力影响因子分析并进行加权打分，得出不同地块的绿色建筑星级评定综合得分。选取教育和文化设施如学校、幼儿园、图书馆、博物馆作为示范项目，"四和家苑"作为示范引领性被动式建筑社区，充分结合德国最强被动房技术体系进行建设（图 4-13-8）。

（1）新建建筑中绿色建筑的比例

新建建筑全面执行一星级及以上的评价标准，其中二星级及以上绿色建筑达到 40％以上。竣工验收后一年，40％的项目达到绿色建筑运营标识标准。突出绿色学校、绿色医院创建率 100％，并且全部达到绿建二星级以上标准；绿色施工比例 100％绿色建筑细化目标，并且有 30％的新建建筑不仅达到绿建标准，同

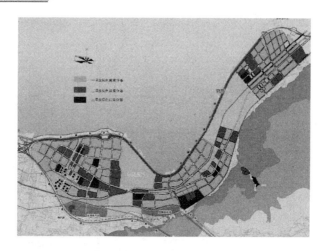

图 4-13-8 绿色建筑星级分布

时还达到德国 DGNB 绿建标准。

（2）被动式建筑节能技术

非机械电气设备干预手段实现建筑能耗降低的节能技术总体达到 10％以上，在燕山文化新城建设中德被动式低能耗建筑示范工程，打造核心示范项目。选取政府投资的公建类项目，建成全国被动式低能耗建筑的示范项目，对于准备开工建设的"四和家苑"居住区项目和教育、文化设施如学校、图书馆、博物馆等可以作为示范项目，将被动式低能耗建筑技术引进燕山文化新城，并在新城全面推广。

（3）绿色施工示范工程

施工过程中制定并实施保护环境的具体措施，按照这些措施评出的示范工程比例≥10％。施工过程中制定并实施保护环境的具体措施，控制由于施工引起的大气污染、土壤污染、噪声影响、水污染、光污染以及对场地周边区域的影响。建筑施工兼顾土方平衡和施工道路等设施在运营过程中的使用。在保证工程安全与质量的前提下，制定节材措施。根据工程所在地的水资源状况，制定节水措施。进行施工节能策划，确定目标，制定节能措施。制定临时用地指标、施工总平面布置规划及临时用地节地措施等。

**13.2.2.6 清洁能源利用**

基于本地无常规能源资源，但有丰富的太阳能、风能以及有限地热能特点，提出尽可能利用本地能源资源，实现本地能源资源最大化利用，建成国内太阳能综合利用示范基地、风光互补充电站示范基地以及"零能耗园区"示范基地，到规划末期实现可再生能源消费比重将大于 20％目标（图 4-13-9）。

（1）充分利用规划区太阳能资源

在规划区普及太阳能热水工程。12 层及以下居住建筑、学校建筑、工业建

446

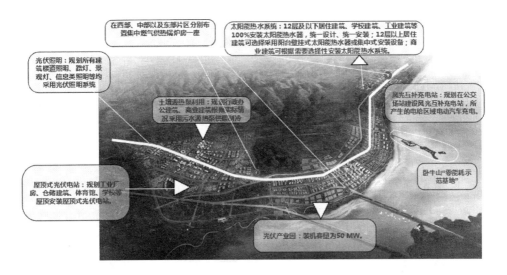

图 4-13-9　燕山文化新城能源规划方案

筑等 100％安装太阳能热水器，统一设计、统一安装；12 层以上居住建筑可选择采用阳台壁挂式太阳能热水器或集中式安装设备；商业建筑可根据需要选择性安装太阳能热水系统。

在规划区建设光伏产业园。规划用地 2km²，建筑面积为 100 万 m²，总投资为 130 亿元，建设期为 2016～2025 年。装机容量为 50MW。

推广屋顶式光伏电站。规划工业厂房、仓储建筑、体育馆、学校等屋顶安装屋顶式光伏电站，安装面积占此类建筑屋顶面积的 30％左右。

普及光伏照明：规划所有建筑楼道照明、路灯、景观灯、信息类照明等均采用光伏照明系统。

（2）建设风光互补充电站示范工程

规划在公交场站建设风光互补充电站，所产生的电给区域电动汽车充电。

（3）卧牛山建设"零能耗示范区"

卧牛山总用地 34.52hm²，用电负荷为 11.96MW；生活热水负荷为 0.95MW；采暖负荷为 17.8MW，供冷负荷为 14MW，同时还有少量用气需求。为了满足卧牛山能耗，卧牛山能源主要采取如下几种方式：所有热水需求由太阳能热水系统提供，大概需要 1.27 万 m² 集热器面积；在卧牛山建设沼气池，沼气池材料可来自于本规划区的柴薪和林木以及有机餐余垃圾，沼气池所产生的沼气给整个项目提供炊事用气，多余沼气可用来发电；太阳能热水系统与地源热泵系统相结合给卧牛山供暖、制冷；所有建筑楼道照明、路灯、景观灯、候车亭、信息类照明等均采用光伏照明系统；空闲屋顶尽可能安装光伏发电系统；项目南侧安装风力发电机给整个项目供电，共安装 8 台 1.5MW 风机。

## 13.3 管理体制及政策法规

新城实施建设的有序推进离不开建立良好平台机制，通过建立城市生态三级管控体系建设城市生态示范项目点线面工程，有序推进新城各个开发建设工程项目（图4-13-10）。

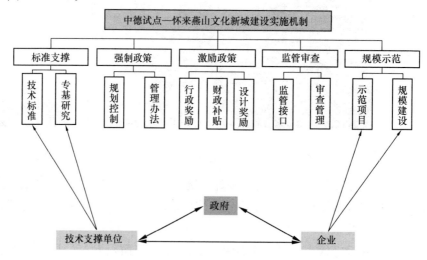

图4-13-10 怀来燕山文化新城建设实施机制

低碳生态城市的建设需要一定的资金和人力资本支撑，包括绿色建筑示范项目投资、基础设施和配套能力建设、行政管理体系成立等方面。新城建设能否顺利展开，存在一定的资金保障风险。应对措施如下：

（1）针对国家及省级的多项政策进行分析，对比其他省、市清洁能源相关领域的资金政策，挑选出近期适合新城重点申请的11条资金政策；

（2）对国家和地方补助资金进行合理的调拨，成立以"政府带头、市场主导"的多层面融资渠道；

（3）加强对专项资金的管理和监督制度，确保专项资金对绿色建筑增量成本补助、核心示范项目落实、城市基础设施工程建设等重点领域的定向支撑。

## 13.4 总 结

新城开发建设往往面临缺乏成熟的行业标准、缺乏专业技术与人才储备等问题，尤其是资金投入不足问题更是突出。新城在征地拆迁安置、市政基础设施建设等方面均需庞大的资金支撑，同时核心区建设又以公益性事业为主，投入与产出可能会出现较大的缺额，资金平衡运转预测比较艰难，压力与负累比较沉重，同时也存在部门联动乏力。

　　绿色生态新城的愿景实现离不开可再生能源战略、绿色交通体系的建立、高端技术与适宜技术的协同应用、绿色建筑的政策性推动、强调自然生态环境修复和建设、垃圾资源化与推崇循环经济、较为高端的产业定位，同时还需强调市场运作的重要性、强调政策与制度创新、对市民进行生态理念的宣教推广、强调公众参与、强调社会的和谐与活力等。

　　**作者：**王文静　孙江宁　李海龙　张超　舒华（中国城市科学研究会生态城市规划建设中心）

# 14 苏州市昆山花桥低碳国际商务城

## 14 Huaqiao Low-carbon International Service Business Park in Suzhou

## 14.1 项 目 背 景

昆山花桥低碳国际商务城（以下简称"商务城"）地处苏沪交界处的昆山花桥经济开发区，这里是昆山市调整产业结构、转变发展方式的重点推进区。

商务城所在的昆山是苏南小城镇快速发展的代表，短短 20 年从农业县发展成市域面积 931km²，常住人口 165.87 万，城市化率 79.25％的现代化大城市。然而快速城镇化也带来一系列问题：长期高速的经济发展消耗了大量资源能源，资源紧缺问题日益凸显。在新型城镇化战略框架和特殊区位条件下，区域发展遭遇同质化竞争，迫切需要寻求差异化发展路径。

## 14.2 总 体 情 况

商务城规划总用地面积 50km²，规划人口 30 万，重点发展现代服务业。商务城以金融服务外包作为战略性主导产业，规划包含综合功能区、产业发展区、滨江服务区及生活配套区四大功能区域。昆山市委市政府计划"举全市之力，把商务城建成现代化、全国一流的现代服务业集聚区"。作为江苏省转型发展实验区，商务城明确了低碳生态城市的发展战略，以解决发展中面临的资源能源瓶颈问题。有别于国内其他低碳生态城市的创建思路，商务城的工作重点在于通过城市规划和建设管理推动低碳排放，实施过程侧重于城市基础设施建设以及城市运行管理过程的低碳化、生态化。商务城的低碳城市建设是在新型城镇化战略背景下对低碳城市的规划、建设和运营管理方式的探索，其目的是构建一种可复制、可市场化、便于操作管理的低碳城市规划建设模式，为新型城镇化进程提供参考样板。花桥国际商务城规划范围及用地性质见图4-14-1。

居住用地
商住混合用地
低密度办公用地
商业金融业用地
商办混合用地(高密度)
文化娱乐用地
医疗卫生用地
教育用地
旅游服务(保留村落)
综合用地
工业用地
物流仓储用地
外移外包产业用地
对外交通用地
市政设施用地
公共绿地
防护绿地
生态农业用地
发展备用地
水域

图 4-14-1　花桥国际商务城规划范围及用地性质示意

## 14.3　规划和重点项目

### 14.3.1　顶层设计和低碳规划

商务城通过整合的、跨层的规划组织设计，对低碳建设涉及的各个专题进行了深入研究，以具体的指标、可量化的碳减排目标、科学化的评估、实际的规划实施体系、示范项目和推进机制等，把低碳城市规划建设从原来各自分散、缺乏承接执行能力的状态，转化为规划、建设和管理通盘考虑的模式，有效地实现了低碳城市建设的目标（图 4-14-2、图 4-14-3）。

规划建设研究突破传统的以空间、形态和区位为主导的城市规划方法，以资源节约、循环经济及生态系统维护为规划原则，进行系统化的总体规划设计。研究重点包括五个方面：分析影响城市能源和资源使用效益的决定因素和碳排放因素；确立低碳城市建设的分项技术策略；建立量化指标以评估规划方案；考虑指标体系与建设管理环节的衔接；在规划建设管理体系中落实低碳城市建设思路（图 4-14-4）。

### 14.3.2　建筑能源规划

建筑能源规划采用目标引导、模型决策、地块落实的技术路径，具有决策科学、目标与措施内在统一的特点。规划方案以太阳能、浅层地热能等为主要的可

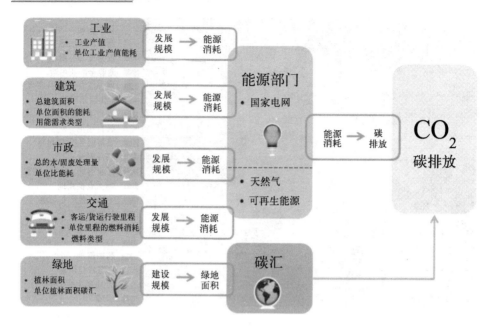

图 4-14-2　城市碳减排情景分析

再生能源利用形式，引入高效率能源系统，改善能源结构；以可再生能源利用为基础，结合热电厂冷热联供，规划建设一批区域能源供应系统，降低能源消耗；引入合同能源管理机制，建立城市能源公共供应平台和管理平台，促进建筑能源管理模式的变革，切实提高建筑能源系统的运行效率（图 4-14-5）。

根据规划，商务城建设了中国国际采购中心屋面太阳能光伏发电站（并网

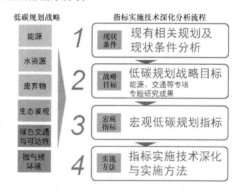

图 4-14-3　低碳城市规划方法

光伏发电示范项目，光伏设备安装面积 17700m²，总装机容量达 2500kWp，见图 4-14-6）、商务城建筑能耗监测中心等项目（以部分公建项目为试点，启动楼宇能耗在线实时监测，见图4-14-7）。按规划效益预测，通过因地制宜地应用节能减排技术，建筑能耗下降幅度可达 29%，$CO_2$ 减排幅度达到 30.31%。

### 14.3.3　绿色交通规划和项目

绿色交通规划坚持土地开发与交通系统协调发展的模式，以减少出行距离和提高交通效率；坚持围绕轨道等五大公共交通网络，发展多层次公共交通体系，提供绿色出行环境；坚持提升交通软、硬件水平，为绿色交通发展提供良好保

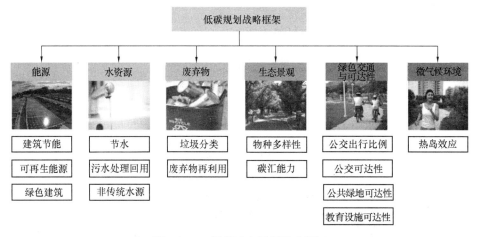

图 4-14-4　低碳城市规划战略框架

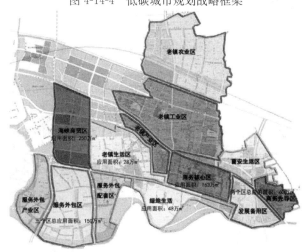

图 4-14-5　商务城可再生能源应用规划

图 4-14-6　中国国际采购中心太阳能光伏发电站

图 4-14-7　建筑能耗信息监测中心系统架构

障。绿色交通规划方案包括建立功能强大的对外公共客运交通体系、与绿色交通相匹配的道路网络系统、方便快捷、多式联运的客运交通枢纽系统、分层分级的常规公交网络、便于借还的公共自行车系统（图 4-14-8）、安全舒适的慢行交通系统、先进的城市智能交通系统、先进的城市物流系统和大力发展绿色交通工具九大举措。

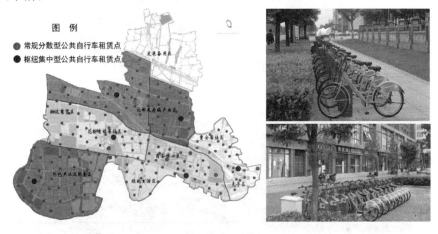

图 4-14-8　公共自行车租赁点规划及实景

商务城现已建成包含长途客运、城际高铁、轨道交通等在内的多方式、多层次绿色交通体系，并成为全国第一家建立公共自行车交通系统的省级开发区。绿色交通指标在国内同类城市处于中上水平。绿色交通系统建成后，交通碳排放可减少 30%～40%，年排放总量可控制在 4 万 t 左右。

### 14.3.4 水资源综合利用规划和项目

水资源综合利用规划以"低冲击开发"为导向，剖析总体规划和其他专项规划的设计意图，并借鉴国内外发展经验，对总体规划进行深入的优化和补充（图4-14-9、图4-14-10）。规划包括五方面内容：预测区域节水需水量，评价本地水资源量；建立供水管网监测及压力调节系统；建立集中二次加压供水系统；建立城市再生水回用系统；全面采取雨水入渗措施，实施雨水回用。

图 4-14-9　再生水利用规划

图 4-14-10　管网监测及压力调节系统规划

商务城全面开展了雨水入渗措施（图 4-14-11），新建污水处理厂综合考虑了污水管网优化、污水处理工艺选择，以及中水回用。研究分析"水的社会循环"各阶段的碳排放量，提出按规划实施，节约自来水 $1m^3$ 可减少 $CO_2$ 排放量为 1.0657kg。

图 4-14-11　商务城雨水入渗措施实景

### 14.3.5　生态景观规划和项目

生态景观规划以城市绿地景观系统的特色构建为途径，结合生态本底条件，依托自然资源，建设"江、水、城、林"相依，"水、绿、城"交融的绿色生态空间，塑造"城市—自然—人文"和谐相融的地域特征。规划了"一片、一环、三廊、六带、四脉、八园"的生态景观系统；以天福生态休闲片区为代表的特色景观风貌片区；包含河流湿地、城市道路和滨江景观带在内的特色景观外环及其他特色景观节点空间。根据规划，商务城确定了太湖·吴淞江流域生态湿地修复项目作为重点工程，该项目已完成一期工程，并启动了基于"基质、廊道、斑块"生态理论的吴淞江流域水网系统的生态修复专项规划（图 4-14-12）。未来，天福国家湿地公园将成为商务城最大的生态景区和湿地公园（图 4-14-13）。

### 14.3.6　其他规划和项目

商务城的地下空间规划、低碳产业发展规划、智慧城市规划和绿色建筑技术导则分别对地下空间开发利用和指引、低碳产业定位和发展途径、智慧城市建设系统、绿色建筑设计技术要求进行了规划研究，帮助低碳城市规划建设梳理了一批重点项目。绿地大道综合管廊总长约 3.7km，集中敷设了高压、中压，弱电，给水等各类管线（除雨污水和燃气，见图 4-14-14）。花桥人才公寓采用绿色设计理念，公共服务设施完备，江苏省首批保障房绿色建筑项目，见图 4-14-15。天

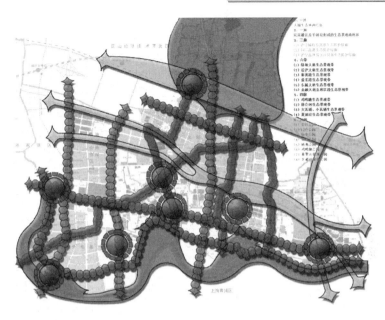

图 4-14-12 生态景观规划结构

福村农村建筑节能与抗震加固改造的重点示范工程，见图 4-14-16。

图 4-14-13 天福国家湿地公园

图 4-14-14 绿地大道综合管廊

图 4-14-15 花桥人才公寓

图 4-14-16 天福村改造后的农房实景

### 14.3.7　规划成果

商务城的低碳城市规划研究分三个阶段，历时两年形成了包括 1 个低碳城市规划、8 个低碳系列专项规划的研究成果，成果内容涵盖低碳规划战略、低碳规划指标体系、规划图则与规划设计指引、低碳城市规划实施推机制和重点示范项目建设研究（表 4-14-1）。

花桥国际商务城低碳城市规划指标体系 表 4-14-1

| 序号 | 一级指标 | 二级指标 | |
| --- | --- | --- | --- |
| 1 | 公交出行比例 | 绿色交通出行总指标划分 | 慢行交通（步行＋自行车）出行比例为 45％ |
| | | | 公共交通出行比例为 40％ |
| | | | 小汽车出行比例为 15％ |
| | | 对外出行方式比例划分 | 公共交通出行占 70％～80％ |
| | | | 小汽车出行比例为 20％～30％ |
| | | 内部出行方式比例划分 | 绿色交通出行（慢行交通＋公共交通）达 90％ |
| | | | 公共交通出行占 40％以上 |
| 2 | 交通碳排放指标 | 绿色交通系统实施后，在现有发展趋势上减少 30％～40％ | |
| 3 | 公交可达性 | 100％的居住人口到达公共交通站点的距离≤500m | |
| | | 4 分钟（300m）内可以到达公交站点或者是公共自行车租赁点 | |
| | | 绿地大道以北 312 国道以南片区，公交站点 400m 覆盖率 100％ | |
| | | 其他区域公交站点 400m 覆盖率达到 90％ | |
| | | 公共自行车租赁点 400m 覆盖率达到 100％ | |
| 4 | 公共绿地可达性 | 100％的居住人口步行到达公共绿地的距离≤500m | |
| 5 | 教育设施可达性 | 小学可达性：100％的居住人口步行到达小学的距离≤500m | |
| | | 幼托可达性：100％的居住人口步行到达幼托的距离≤500m | |
| 6 | 绿地碳汇能力 | 植林率≥45％ | |
| 7 | 物种多样性 | 乡土物种比例≥70％ | |
| 8 | 热岛效应 | 住区室外日平均热岛强度≤1.5℃ | |
| 9 | 生活垃圾分类 | 生活垃圾分类收集 100％ | |
| 10 | 废弃物再利用 | 生活垃圾再回收率≥60％ | |
| | | 餐饮垃圾再利用率 100％ | |
| | | 建筑垃圾再利用率≥75％ | |
| 11 | 建筑节能 | 新建建筑在现有规范基础上再节能≥30％ | |
| 12 | 可再生能源 | 新建建筑可再生能源供给建筑能源需求的比例≥15％ | |

| 序号 | 一级指标 | 二级指标 |
|---|---|---|
| 13 | 绿色建筑 | 新建政府办公建筑、金融外包服务区大型公共建筑及其他区域标志性建筑全部达到国家三星级绿色建筑标准 |
| | | 其他新建公共建筑达到二星级国家绿色建筑标准 |
| | | 新建居住建筑达到二星级国家绿色建筑标准 |
| | | 新建动迁小区达到一星级国家绿色建筑标准 |
| 14 | 节水 | 新建建筑节水器具普及率100% |
| | | 管网漏损率≤5% |
| 15 | 污水再生利用 | 污水再生利用率≥29% |
| 16 | 污水集中处理率 | 污水集中处理率100% |
| 17 | 非传统水资源利用 | 非传统水资源利用率≥26% |

## 14.4　关键举措和成效评估

（1）重视社会参与

规划阶段重视政产学研及社会公众的参与，实现了社会各界对低碳城市建设工作的认同，提高了后期运营效率。

（2）落实规划成果

在低碳城市规划成果基础上，完成了各片区的控制性详细规划编制，将低碳规划指标落实到控规中，形成具体的规划实施要求，并在地块规划设计和土地出让条件中明确。

（3）重视政策保障

出台了建筑节能和绿色建筑管理办法、绿色建筑项目实施管理办法、可再生能源示范项目实施管理办法、加强绿色施工管理意见等一系列政策措施（图4-14-17）。

（4）完善技术支撑

依托商务城低碳研究中心、江苏省绿色建筑工程技术研究中心分中心等5大技术平台，全面推进商务城建设。

（5）创新工作机制

项目的绿建任务落实到分管领导和专项联系人，职能科室对项目进行全过程跟踪服务，确保目标实现。职能部门实行半月会商制、月度例会制，统筹推进绿建工作（图4-14-18）。

（6）注重合作交流

与芬兰国际技术研究中心、日本立教大学等国外机构合作，研究绿建和节能

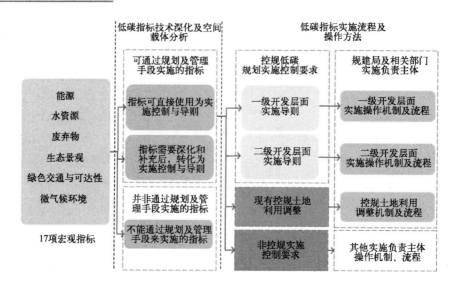

图 4-14-17 低碳城市规划指标实施流程及操作方法

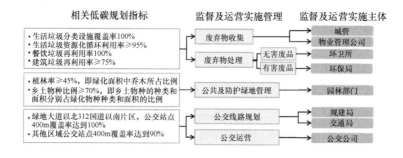

图 4-14-18 低碳城市规划指标实施及监管主体分解

技术并实施示范工程。积极举办和参与低碳生态城市、绿色建筑相关活动。

商务城低碳城市顶层设计科学，规划工作扎实，建设思路创新，在绿色建筑区域示范、可再生能源建筑规模化发展、既有建筑节能改造、公共建筑节能运行管理、节约型城乡建设重点工程建设等方面形成了相应成果，并在社会、经济和环境方面取得了明显成效（表 4-14-2）。

**商务城规划建设成效**　　　　表 4-14-2

| | |
|---|---|
| 建设成果 | 已建在建绿色建筑面积达 370 万 m²，其中 21 个项目已获得绿色建筑设计标识；<br><br>商务城是国内投放公共自行车规模最大的园区之一，近远期租赁点工 220 个，累计投放规模达 10380 辆，据统计，单辆自行车日最高周转次数达 6 次；<br><br>金融服务外包区已完成 3.3km 综合管廊工程；全区 4919 套路灯设备 100% 为高效型节能灯；全区有 62 个小区和企业采用无负压二次增压供水，共安装设备 135 套 |

| 社会效益 | | 2011 年以来先后荣获"联合国环境规划优秀示范园区"、"中国人居环境示范奖"、"国家智慧城市试点城市"称号,并成功举办了"生态城市中国行"活动;<br>2010~2013 年,商务城连续获得江苏省"建筑节能和绿色建筑示范区"、"绿色建筑和生态城区区域集成示范",住房城乡建设部"绿色建筑示范创建区"示范称号 |
|---|---|---|
| 经济效益 | 居住建筑 | 设备节能和高效空调无增量成本,碳减排比例为 9.91%,碳减排效率最高;<br>有增量成本的技术中,太阳能热水器碳减排效率最高,增量成本占 20.39%,减排比例达 62.19% |
| | 公共建筑 | 设备节能和高效空调无增量成本,碳减排比例为 17.71%,碳减排效率最高;<br>有增量成本的技术中,碳减排效率最高是太阳能热水器,其次是围护结构 |
| | 合同能源管理 | 若能源管理合同期限为 10 年,实施能源管理的内部收益率为 11.4% |
| | 总结 | 若运行周期为 20 年,通过实施各项低碳技术,社会内部收益率为 15.6% |
| 环境效益 | | 按照商务城低碳规划内容实施,2025 年低碳情景相比基准情景碳减排量为 64.38 万 t $CO_2$,碳减排比例为 18.43% |

# 14.5 总　结

花桥国际商务城的低碳生态城市实践,是在快速城镇化背景下建设低碳生态城市的优秀蓝本,侧重于城市基础设施建设、城市运行管理过程的低碳化、生态化,重点在城市规划和建设管理等方面推动商务城的低碳排放,较全面体现了低碳生态城市规划建设的各方面工作。商务城将进一步深入研究低碳生态城市规划与建设的科学性、合理性,继续加大低碳城市实践与建设力度,达至一个可复制、可市场化、可操作管理的低碳城市规划建设模式,为我国的"C 模式"发展提供一种借鉴。

*作者:* 李湘琳　祝一波(江苏省住房和城乡建设厅科技发展中心)

# 15　长沙市梅溪湖新城

15　Meixi Lake New City in Changsha

## 15.1　总　体　情　况

长沙大河西先导区位于长沙市湘江以西、河西新城的西南部（图 4-15-1）。项目区所属亚热带季风气候，气候温和，降水充沛，雨热同期，四季分明。区域年平均气温 17.2℃，年积温为 5457℃，年均降水量 1358.6～1552.5mm。

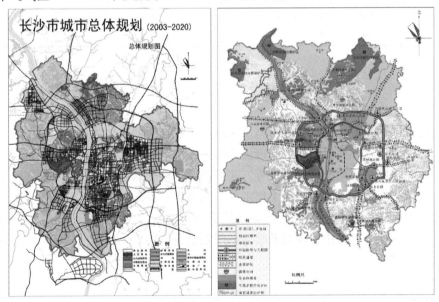

图 4-15-1　长沙大河西先导区区位

梅溪湖片区为大河西先导区的核心，规划面积约为 7.6km² （图 4-15-2），其范围北起枫林路、南接桃花岭景区界线、东起二环线、西至绕城高速，总建筑面积约 1040 万 m²。

作为一座国际化新城、科技创新城、绿色生态城和可持续之城，梅溪湖新城旨在树立绿色、循环、低碳发展理念，且生态城总体战略定位为：

➢中国国家级绿色低碳示范新城；

➢华中地区两型社会的新城典范；

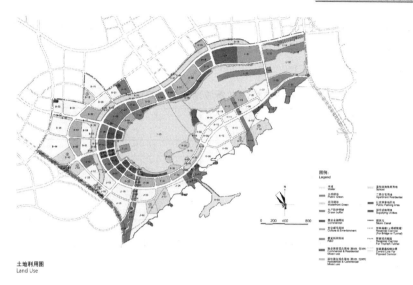

图 4-15-2　梅溪湖新城土地利用规划

➤湖南省和长株潭最具国际化水平、科技创新、以人为本、生态宜居、可持续发展的活力新城。

梅溪湖新城充分发挥"先导"、"示范"作用，充分利用河西先导区创新资源密集、产业特色鲜明、创新环境优越、生态环境良好的基础，打造活力与魅力并存的先行区，且相关特色如下：

➤以指标化的目标体系构建"两型"社会标准；
➤以新型化的产业体系引领"两型"社会发展；
➤以生态型的人居环境奠定"两型"社会基础；
➤以公平化的社会服务丰富"两型"社会内涵；
➤以集约化的空间布局构筑"两型"社会载体；
➤以一体化的区域交通促进"两型"社会建设；
➤以改革创新体制机制实现"两型"社会蓝图。

同时，梅溪湖新城亦充分利用交通基础设施带来的协同机遇，有效利用土地，通过生态水系规划，优化湖泊和湖泊沿岸的效益，同时规划国内首个全面推进绿色学校和绿色教育体系建设的城区。

# 15.2　绿色生态城区规划

## 15.2.1　生态指标体系

梅溪湖新城生态规划指标实施技术体系采取"总量目标＋平行规划"型的生

态规划技术实施体系。该技术体系既明确梅溪湖新城区碳排放量的总体指导目标值，直观地体现梅溪湖新城中国国家级绿色低碳示范新城和华中地区两型社会的新城典范的定位表 4-15-1）。

长沙市梅溪湖新城预期达到的目标　　表 4-15-1

| 属性 | 二氧化碳排放（万 t） | 能耗（kWh） | 水耗（万 t） | 生活垃圾排放（万 t） |
|------|------|------|------|------|
| 减量 | 27.23 | 6946.25 | 227 | 2.3 |
| 减排比例 | 26%（相比 2009 年国家平均碳排水平） | 11%（相比于长沙市能耗现状） | 10%（相比于《城市给水工程规划规范》中建设用地用水量） | 30%（相比于 2008 年长沙市城市日人均生活排放量） |

生态规划实施技术体系的总体目标为人均碳排放量，平行分类包括城区规划、建筑、能源、水资源、生态环境、交通、固体废弃物和绿色人文 8 个方面。该体系包含 1 个总指标和 47 个分指标，共计 48 个指标，其中 19 个控制性指标和 29 个引导性指标，既约束绿色城区建设行为，确保目标的实现，同时进行一定引导，能够使绿色生态城区建设技术实现多样性和创新性。

### 15.2.2　土地利用规划

为推动集约用地新城土地利用规划强调混合用地，且合理进行水平面的多功能用地混合和地下空间开发。以交通的可达性及地块的功能设置为依据，规划出不同的地下开发强度，且包括地下公共停车场、地下独立停车场、地下商业及公共空间、地下混合功能空间（图 4-15-3）。

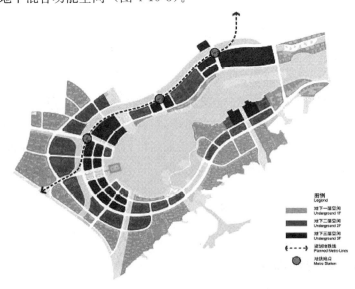

图 4-15-3　新城核心区地下开发总规划

### 15.2.3 能源规划

能源规划目的主要为了降低能源的碳排放，年二氧化碳排放控制在 55 万 t 以内，且规划主要通过能源节约、可再生能源利用和区域能源规划三个方面实现碳排放目标。

规划要求土地出让时严格落实各地块的可再生能源利用指标。同时，要求居住建筑十二层及以下全部采用太阳能热水。同时对梅溪湖新城区商住混合、商业金融和科研教育用地考虑区域能源供应（图 4-15-4）。

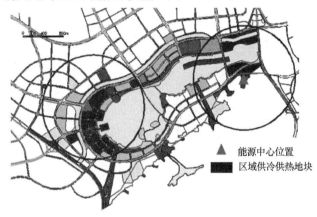

图 4-15-4 梅溪湖新城区区域供冷供热区块

### 15.2.4 绿色建筑

建筑专项规划总体目标为年碳排放量不高于 6.81 万 t $CO_2e$/年，实现绿色建筑规模化发展，具体从绿色建筑、建筑节材、绿色施工和建筑管理几方面来进行控制。且规划要求城区内所有建筑全面执行绿色建筑标准，且规划绿色建筑二星及以上比例达到现在的 33.1%。同时规划拟出让土地方案时，规划建设主管部门出具的拟出让地块《规划设计条件》中应明确项目应达到的绿色建筑标准。

梅溪湖新城区内全装修住宅户型实施多样化，为满足不同客户群需求，规划选择高端居住功能区域部分项目作为住宅产业化重要试点区域（图 4-15-5），对该部分建筑进行全装修。

### 15.2.5 交通规划

公交线路网布局主要根据公交需求预测来规划，且对公交线网的规模、结构和走向进行确定，以方便居民的正常出行，据系统计算主要布设 11 条。

同时规划梅溪湖新城实现城区公交站点 500m 范围内覆盖面积达到 100%，且城区居民在 500m 步行范围内可搭乘公交出行。

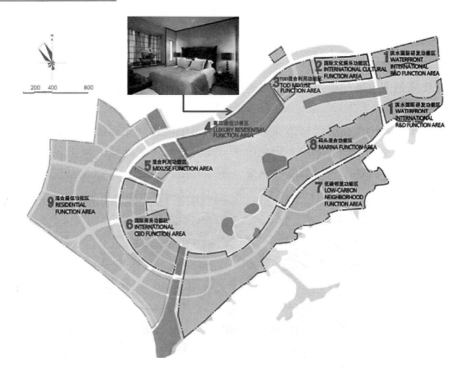

图 4-15-5 住宅产业化试点区

为进一步推动绿色出行，梅溪湖新城规划系统的步行道和自行车道与各地铁站、居住区、商业区紧密相连（图 4-15-6），以构筑高品质的慢行空间，积极向绿色交通友好型城市发展。

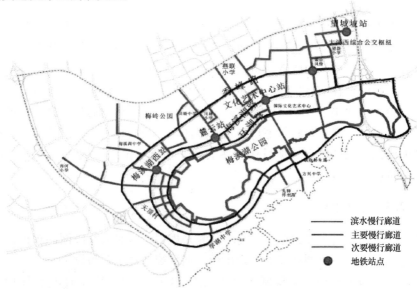

图 4-15-6 梅溪湖片区慢行系统布设图

### 15.2.6 水资源规划

水资源规划着重强调非传统水源利用与水资源节约。梅溪湖新城通过对屋面雨水、部分地面雨水和部分建筑内的优质杂排水的收集回用，其非传统水源利用率可达到 10.3%。其次，通过室内节水、室外节水、供水管网漏损和用水分项计量实施，实现新城水资源的节约控制。

### 15.2.7 生态环境规划

梅溪湖新城区应重点保护整体景观风貌与生态环境不受破坏，根据"开发性保护为主"的原则进行建设。梅溪湖新城区应充分利用示范区优越的自然地貌、滨湖景观，打造湄湖沿岸的生态区片，为城区创造良好的自然生态环境与景观碳汇系统。因此在规划建设过程中，城区内的自然地貌不应受到破坏，根据规划，考虑道路的建设影响，城区内河道的驳岸和湿地基本上 100%保护。

其次，规划园区绿地设计及建设应以本地物种为主，植物配置优先使用成本低、适应性强、本地特色鲜明的乡土树种，本地植物指数不低于 0.8。场地内 70%树种和植物数量的产地距场地的运输距离在 500km 以内，保留利用场地内胸径大于 100mm 的成年树木。

### 15.2.8 绿色人文规划

规划推动建立社区门户网站集群，以通过 Internet 多种途径为广大市民提供便利服务，且实现政务公开、便民服务、爱心超市、网上购物、社区论坛等功能。

其次，梅溪湖新城的目标是建成"两型社会"的示范城区，并且在规划中居住用地的比重就超过 70%。住宅和居住区将是生态城中量最大的建筑类型，其生态性能直接影响到生态城的环保、节约资源等方面的效果。所以，绿色社区的创建是梅溪湖新城建立"两型社会"的重要工程。同时，创建全国首批绿色学校示范工程，成立"绿色学校"领导机构，制定"绿色学校"计划以及"绿色学校"管理，为学校绿色化发展奠定示范基础（图 4-15-7）。

### 15.2.9 碳排放量控制

梅溪湖新城区的碳排放来源包括能源、交通、水资源和固体废物，而景观可形成一定的固碳量。表 4-15-2 列出了梅溪湖新城区采用完整生态规划指标技术体系后，城区内的二氧化碳排放总量。根据阿特金斯规划的城区建成后总人口为 17.8 万人，可计算出人均碳排放量为 $4.1\sim4.25t\text{-}CO_2e/$年，达到并低于预期期望的 $4.3t\text{-}CO_2e/$年的人均碳排量。但要达到此要求，需要梅溪湖新城区采用完整

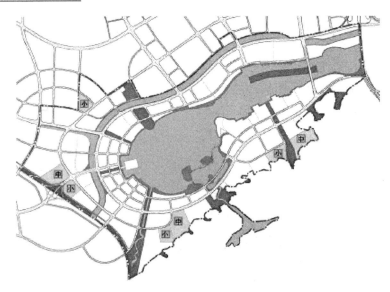

图 4-15-7　绿色学校创建点

的生态规划指标实施技术体系。

梅溪湖新城区低碳碳排放量核算　　　　　　　　　　　　　　　　表 4-15-2

| 来源 | 碳排放量<br>（万 t-$CO_2$e/年） | 城区总碳排放量<br>（万 t-$CO_2$e/年） | 人均碳排放量<br>（t-$CO_2$e/年） |
|---|---|---|---|
| 建筑 | 6.81 | | |
| 能源 | 54.71 | | |
| 交通 | 15.11 | 72.29～75.64 | 4.1～4.25 |
| 水资源 | 2.20 | | |
| 景观 | −9.10～−5.75 | | |
| 固体废物 | 2.56 | | |

# 15.3　管理体制及政策法规

## 15.3.1　组织机构

　　梅溪湖新城绿色生态城区规划建设工作由长沙大河西先导区管理委员会和金茂（长沙）投资有限公司主导。长沙大河西先导区管委会统一制定绿色生态改革政策和实施方案，统一进行生态实施的系列审批、检查工作。金茂（长沙）投资有限公司作为该项目的一级开发商，积极履行与长沙大河西先导区管理委员会开发协议要求，充分理解和接受梅溪湖片区"未来河西城市中心"和"国际服务和科技创新城"的高端定位，突出生态、节能、创新、科技的理念，使之成为长株潭、湖南"3+5"城市群乃至中部地区最具竞争力的国际化商务、创新中心和山水交融的生态宜居新城区，并制定完善的组织机构，落实各项工作。

### 15.3.2　政策措施

全面落实城市发展总目标和各分项目标，以创新性政策促进总体规划实施，以规划指标体系检验总体规划实施，建立包括地方立法、公共政策、公众参与的综合规划管治体系。

（1）大河西先导区绿色建筑和绿色生态城区奖励

获得财政部、住房和城乡建设部绿色生态城区标志认证书，在国家政策补贴资金基础上，先导区奖励5000万元；获得住房和城乡建设部或湖南省住房和城乡建设厅绿色建筑标识认证书，先导区对应给予二星级、三星级奖励25元/m²（建筑面积），并根据国家相关政策做相应调整。

（2）先导区财政支持

先导区规划范围内的地方财政收入市级所得部分实行"核定基数、超收留用"，支持先导区基础设施建设。市财政2008年起5年内每年安排5亿元以上专项资金用于先导区建设。

（3）长沙市可再生能源建筑应用专项补贴资金管理办法

太阳能光热建筑一体化应用项目按集热器面积予以补助，补助标准为400元/m²。

土壤源热泵项目按建筑应用面积予以补助，补助标准为40元/m²。

污水源热泵项目按建筑应用面积予以补助，补助标准为35元/m²。

水源热泵项目按建筑应用面积予以补助，补助标准为30元/m²。

太阳能与地源热泵结合系统项目按应用建筑面积予以补助，补助标准为53元/m²。

提供制冷、供热和生活热水三种功能的地源热泵系统项目按全额补助，只提供一种功能的项目按50%补助，提供两种功能的项目按70%补助。

对可再生能源建筑应用示范项目采用合同能源管理模式的，在原补助标准基础上额外奖励5%。

（4）全装修住宅奖励

全装修住宅容积率的奖励幅度为承诺实施全装修住宅建筑面积的3.0%～5.0%；全装修集成住宅容积率的奖励标准可在上述的基础上再增加1.0%。

### 15.3.3　技术标准

2008年1月，长沙市决定在河西的大片区域建设"两型社会"综合配套改革试验区的先导区。作为长株潭"两型"试验区建设的重中之重，长沙"大河西"先导区肩担历史重任。为了更好地指导长沙"大河西"先导区的发展建设，需要在重点领域和关键环节尽快取得大的突破，并对长株潭城市群乃至全国产生引领示范作用。受市政府委托，长沙市建设委员会委托研究单位对长沙"大河西"先导区城市建设发展战略进行了研究，形成了一系列的技术指导文件（表4-15-3）。

大河西发展建设指导文件　　　　　　　　表 4-15-3

| 序号 | 发展建设指导文件名称 |
| --- | --- |
| 1 | 长沙大河西两型社会城乡建设行动纲领 |
| 2 | 长沙大河西建设绿色建筑的实施方案 |
| 3 | 长沙大河西建设绿色市政的实施方案 |
| 4 | 长沙市大河西地区农村可再生能源利用 |
| 5 | 长沙大河西先导区绿色道路规划后评估 |

梅溪湖片区是长沙大河西先导区重点开发区域，定位为"未来河西城市中心"和"国际服务和科技创新城"，在遵循长沙市和大河西有关"两型社会"政策、技术要求下，结合梅溪湖新城高端定位，制定了更高的、更加有针对性的技术标准体系（表4-15-4）。

梅溪湖新城绿色生态实施相关地方技术标准　　　　表 4-15-4

| 序号 | 技术标准名称 |
| --- | --- |
| 1 | 《梅溪湖新城低碳生态规划指标体系》 |
| 2 | 《梅溪湖新城低碳生态规划技术体系》 |
| 3 | 《梅溪湖新城绿色建筑设计导则》 |
| 4 | 《梅溪湖新城绿色施工导则》 |
| 5 | 《梅溪湖新城绿色营销指南》 |
| 6 | 《梅溪湖新城绿色运营指南》 |

## 15.4　总　　结

梅溪湖新城在规划设计之初便融入了绿色生态理念，制定了一系列的绿色生态技术和管理相关的指导文件和导则，指导梅溪湖新城规划、建设、运营每个环节，通过政府、开发商、规划设计、咨询人员等多方单位的共同参与，确保绿色生态理念落地，目前绿色生态建设工作有序进行，已经显露出产业健全、出行便捷、环节友好、生态宜居的高端国际化的城市面貌。

　　此外，结合多年的绿色生态建设经验，将绿色生态技术的落实难易情况进行总结，以期供其他绿色生态城区项目进行参考。具体来说较容易实施的绿色生态技术包括：（1）总体规划中明确的绿色生态技术较易于实施；（2）已有相关标准或规范引导的绿色生态技术较易于实施；（3）已有相关职能部门进行监管的绿色生态指标易于实施；较难实施绿色生态技术包括：（1）现阶段技术水平不匹配或投入成本较高的绿色生态技术难实施；（2）未结合项目实际情况，盲目提出高标准要求的技术较难实施。

　　作者：湛江平　李芳艳　马素贞（中国建筑科学研究院上海分院）

# 16 桂林市临桂新区（中心区）

# 16 Lingui New District (the Central Area) in Guilin

## 16.1 总 体 情 况

桂林市位于广西壮族自治区东北部，北接湖南，东邻贺州地区，西面及南面与柳州地区相连，是珠三角经济圈、长株潭经济圈和成渝经济圈联系北部湾经济圈的重要节点。桂林占据广西北部中心城市的区位优势，两江国际机场（两江国际机场是空客 A380 备降机场）、铁路和高速公路连接区内外。

临桂新区位于桂林市西郊距桂林市中心区约 10km，地属临桂县，距湘、粤、黔、桂四省省会（首府）城市约四小时车程，桂林两江国际机场、湘桂铁路、桂海高速公路、机场专用公路、广州至成都 321 国道、桂林至浮石 20171 省道在县城内交汇，形成东通广东，北上湖南，西达四川，南至北海、湛江的交通网络（图 4-16-1）。

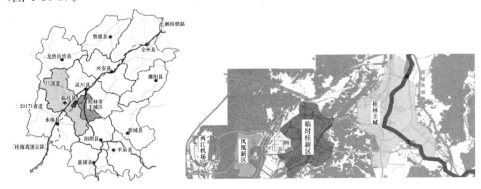

图 4-16-1 临桂新区区位图

临桂新区地处低纬度地区，属中亚热带季风气候。因受太阳强热辐射和季风环流影响，四季分明，热量丰富，雨量充沛，气候温和湿润。夏长而湿，酷暑鲜见，间有冰雹；冬短而干，严寒稀少，偶降小雪；春秋相当，秋温略高于春温，冬夏季风交替规律明显。

《桂林市城市总体规划（2011—2020 年）》在新的发展形势和要求下进一步拉大了城市建设框架，提出桂林主城区按照"多中心、分散组团式"进行布局，严格控制旧城的开发强度；城市建设主要是向西发展，适度发展东部组团，控制向北扩大。

临桂新区作为桂林市向西发展的重要战略基地，将承担桂林市产业发展和规划区建设的空间载体作用，是桂林市向西发展的建设区域，也是桂林市未来经济发展的增长极。临桂新区（中心区）的定位为，桂林市新的政务、经济、旅游、文化、商务中心，城乡一体化试验区，现代服务业基地，城市金融商贸中心。

# 16.2　绿色生态城区规划

临桂新区（中心区）规划总用地面积 1343.87hm²，其中城市建设用地 1250.74hm²，水域及其他用地 93.13hm²，人口规模约 13.5 万人。规划通过分期开发将规划区建设成为交通便捷、环境优美，体现桂林"山—水—城"的城市特色的生态城区和以行政办公、商务办公、商业金融、文化休闲、居住为主的多功能、复合型和谐城区。

临桂新区（中心区）在规划中贯彻集约用地、能源节约、环境保护、生态安全等原则，融入资源节约、环境友好、社会和谐、经济可持续等理念，尊重山水文化格局，打造"真山、真水、真林"的生态宜居之城。

临桂新区（中心区）在规划建设中从产业与经济、土地与空间利用、能源、水资源、交通、生态环境、固体废弃物、信息化、人文十个板块提出生态城区指标建设要求，共计 1 个总指标和 43 个分指标（图 4-16-2）。为实现生态建设

图 4-16-2　生态建设内容

目标，要求落实控制性指标 18 个，引导性指标落实 7 个指标。

## 16.2.1　产业与经济规划

产业与经济发展方面，规划区大力发展第三产业，积极构建以现代服务业为核心的新城经济模式，努力提高三次产业的关联度和产业的综合化水平；重点选择生态旅游、商务会展、社会化养老服务三个方向进行创新试点，围绕"旅游主体产业、旅游延伸产业和旅游支撑产业"三大板块，实现"食、住、行、游、

购、娱、文、史、展、养、学、研"等旅游产业。

规划区依托自然景观条件和较强的旅游发展基础，发展高端服务业、高新技术产业和新兴产业；行政办公区位于西城大道以东、山水大道的两侧，在此发展大型商业、酒店等服务功能；在商业片区南侧，发展旅游文化服务业进行文化会展、主题体育休闲等功能的布局（图 4-16-3）。

图 4-16-3　功能区产业结合

### 16.2.2　土地利用规划

通过功能空间的梳理与组织，形成"一心，两带，双核双轴，九区"的空间布局（图 4-16-4）。

"一心"指位于西城大道以西、山水大道以北的绿化核心。绿化核心是临桂片区的空间组织核心元素，通过曲折蜿蜒的水系，带状、片状的绿地，通过绿化系统组织起整个城市的空间脉络。

"两带"一是生态功能带：生态功能带与水系结合，溶入相关城市功能，形成收放有致的空间序列、串联不同主题的城市功能区；二是绿化休闲带：通过引挖渠引水，将现状植被、散落水塘和湿地联结，形成环网状绿地系统，恢复形成一条与东西向生态功能带互补的南北向绿化休闲带。

双核双轴。"双核"分别是围绕行政中心形成的新区主核，集商贸、商业和文化功能为一体的新区副核；"双轴"东西、南北两条发展轴构成十字状的发展轴。它们分别是自临桂县老城核心区，沿世纪大道向西发散的生长轴线；以及沿西城大道呈南北向的发展轴。

"九区"指规划区内行政办公、商业、生态公园、站前服务、旅游文化和生活居住 9 个功能片区。

图 4-16-4　土地利用规划

通过 TOD 导向的模式、功能空间的复合利用、地上地下一体化开发，实现高效灵活的土地空间利用。

### 16.2.3　绿色交通规划

为实现绿色化交通，规划确立公共交通的主导地位，对外加强与城市干线公交系统的联系（图 4-16-5）；内部公交系统站点 300m 覆盖率达到 80％，500m 覆盖率达到 100％；创造了适宜步行和非机动交通的设施环境，步行和非机动交通分担率不低于 40％；个体机动交通分担率低于 20％；此外，还建立以交通管理、

图 4-16-5　公共交通规划

475

出行信息服务、公共交通运营、电子收费、货运管理和紧急事件管理为主要服务功能的信息化、智能化交通系统。

### 16.2.4　绿色建筑规划

生态城以发展绿色建筑、提升城区建筑品质为总体目标。通过大力发展绿色建筑，实现全寿命周期的节地、节能、节水、节材和环境保护目标。

临桂新区（中心区）内建筑全面执行绿色建筑标准，二星及以上绿色建筑比例不低于30%（图4-16-6）；进行绿色改造的建筑面积比例达到30%；设一个绿色建筑集成示范中心，以对绿色建筑技术示范与展示，引领新区建筑的绿色、低碳、生态化发展；50%以上的新建建筑，其能耗比现行国家批准或备案的节能标准规定值低10%；合理使用本地绿色建筑材料，促进当地经济的发展，建筑融入本地文化和产业特色文化，打造区域特色建筑风格。

图例
　一星级
　二星级
　三星级

图4-16-6　绿色建筑星级规划布局

### 16.2.5　能源资源规划

积极发展清洁能源，推广太阳能热水系统和太阳能光伏，并合理使用各类热泵系统，实现部分住宅、医院、酒店、商业等建筑采用可再生能源。针对规划区居住建筑的整体布局，有效运用各类太阳能热水系统（图4-16-7）。重视被动式节能设计，提高常规采暖空调系统能源的利用效率，重视绿色照明，强调总量控制、能源梯级利用，以实现常规能源的优化利用。

结合新区市政设计，建立屋面—路面—雨水管道、绿地—景观河渠—区域河道的雨水集蓄、利用系统（图4-16-8）；经处理后的雨水直接进入水体，作为生态补水，用于景观用水及绿化浇灌用水和其他杂用水；结合雨水径流控制规划，增加雨水入渗量，涵养水源，减少城市洪涝。雨水收集回用，通过雨水调蓄池或

图 4-16-7 可再生能源规划图

生态滞留系统收集雨水，净化后用于水景补水、绿化浇灌或道路冲洗等。

加强新区固体废物的收集、利用规划，加强源头控制，促进减量化。强化企业管理，启动垃圾分类收集；加强循环利用，促进资源化。建立电子废物、旧家具处置体系；加强危险废物处理处置，提高生活垃圾处理水平，按照国家相关规范合理处置工业固体废物；完善固废管理体制，加强固废监管队伍建设，建立固废管理信息系统，提高整体监管水平。

图 4-16-8 雨水利用规划

### 16.2.6 生态景观规划

以现有山水格局为依托，规划形成山、水、城、林为一体的"林环城，山环城，水环城"心肺状的绿地系统（图 4-16-9）；按照 500m 服务半径，合理布局连续、开放的公园绿地系统，通过乔木、灌木、草本植物的复层绿化，形成空间层次多样，植物种类丰富的植物群落；道路、公园、防护绿地等景观设计应融合本地文化特色，塑造具有本地气息、别具一格的文化景观；而在植物配置上，优先使用成本低、适应性强、本地特色鲜明的乡土树种。

采用立体绿化（图 4-16-10），增加绿量和视觉上的美学效果，使有限的绿地发挥更大的生态效益和景观效益，还能为市民提供休闲放松的场所，起到遮阴覆

477

图 4-16-9　绿地系统规划

图 4-16-10　采用屋顶绿化项目分布

盖、净化空气调节小气候等作用。规划鼓励各类公共建筑进行屋顶绿化和墙面垂直绿化，既能增加绿化面积，又可以改善屋顶和墙壁的保温隔热效果，还可有效截留雨水。

利用现状水体、沟渠、植被等生态资源，土坡生态护岸和立体式石砌生态护岸相结合，结合景观设计，搭配挺水植物为主导的水生植物群落，营造滨水空间，达到净化水质、保护水体生态环境与美化景观效果的双重功效（图 4-16-11）。

图 4-16-11　生态驳岸岸线规划

### 16.2.7　规划管理和碳排放控制

建立良好的社区管理机制，以增强住户对社区的归属感和凝聚力，减少不必要的开支，提高城区形象与口碑。同时城区还应加强宣传管理，使公民能够认识和行使自己的环保权利和责任，通过政府与民间组织公众的合作，把环境管理纳入社区管理，建立社区层面的公众参与机制，让环保走进每个人的生活，加强居民的环境意识和文明素质，推动大众对环保的参与。

规划区将碳排放总量控制作为总体目标，从交通、建筑、资源能源等方面减碳，并以平面和立体相结合的绿化方式增加碳汇。通过低碳目标分解，加强评价考核，强化节能减排目标的约束性作用，增强可持续发展能力。

# 16.3　建　设　保　障

根据临桂新区管委会常务会议 2013 年第八次会议纪要精神，积极稳妥有序地开展临桂新区国家绿色生态城区建设申报及建设工作。经研究决定，成立临桂新区管委会国家绿色生态城建设工作领导小组，以指导临桂新区的生态建设。

临桂新区管理委员会组织机构设置见图 4-16-12，其中办公室、规划环保部、建设管理部、土地利用管理部、综合管理服务部和信息中心是临桂新区（中心区）生态建设的主要管理部门。

桂林市临桂新区城市建设投资有限公司（下称新城投公司）是经市人民政府批准成立，经市人民政府授权桂林市临桂新区管理委员会投资设立的国有独资有

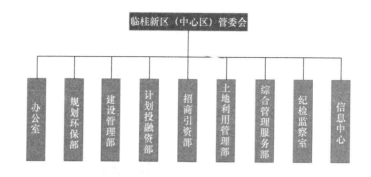

图 4-16-12 临桂新区管理委员会组织机构设置

限责任公司。新城投公司以国家经济政策为导向，按照市场配置原则，进行资本运作和投资经营，筹集资金，加快临桂新区建设步伐，通过运营国有资本、优化资源配置，提高国有资产营运效率，实现国有资产的保值增值。

临桂新区还设置了行政政策、奖励政策，简化编制程序，加快审批进度，鼓励绿色生态项目的引进，以奖励激发开发商和民众建设、购买绿色建筑的热情，推动绿色建筑市场化推广。

此外，依托国家、广西区、桂林市生态建设技术标准，临桂新区发展编制了临桂新区（中心区）绿色生态建设技术标准，以指导规划区绿色生态建设。结合临桂新区（中心区）指标体系，还编制了指标体系部门操作指南，对建设项目实施效果执行情况与预期应用效果进行考核评价，对完成情况较差的项目改进，情节严重予以惩罚，考核结果与部门和个人的绩效挂钩。

## 16.4 总 结

生态城区的建设不仅仅是工程和技术的问题，还需要良好的机制保障。临桂新区的绿色生态建设，从规划、技术、管理等多方面进行指导和规范，保障了生态建设的有序高效推进，值得其他生态城区学习借鉴。

临桂新区国家绿色生态城建设工作领导小组、临桂新区建设管理委员会，临桂新区城市建设投资有限公司等机构的设置，有效保障了绿色生态建设的组织基础。临桂新区管委会在控制性详细规划的修编之际意识到绿色生态理念融入的必要性，因此委托了规划设计机构和生态规划咨询机构共同协作，编制了控制性详细规划的生态优化方案，生态规划及多个专项规划。控制性详细规划生态优化方案侧重在土地空间利用、交通、市政基础设施等方面融入集约用地、混合开发、TOD 模式等绿色生态理念，并将部分生态指标（如绿色建筑星级要求）纳入土地出让条件，以确保生态要求的落实。生态规划和专项规划则为生态建设的各个方面提供了更为细致的规划引导，确保各项工程都能实现资源节约和环境友好的目标。此外，绿色生态的相关要求和指标，还被分解到管委会各部门，由管委会负责监督落实，以确保绿色生态建设的稳步推进。

**作者：**房佳琳　李芳艳　马素贞（中国建筑科学研究院上海分院）

附录篇

Appendix

# 附录 1  中国绿色建筑委员会简介

## Appendix 1  Brief introduction to China Green Building Council

中国城市科学研究会绿色建筑与节能专业委员会（简称：中国绿色建筑委员会，英文名称 China Green Building Council，缩写为 China GBC）于 2008 年 3 月正式成立，是经中国科协批准，民政部登记注册的中国城市科学研究会的分支机构，是研究适合我国国情的绿色建筑与建筑节能的理论与技术集成系统、协助政府推动我国绿色建筑发展的学术团体。

成员来自科研、高校、设计、房地产开发、建筑施工、制造业及行业管理部门等企事业单位中从事绿色建筑和建筑节能研究与实践的专家、学者和专业技术人员。本会的宗旨：坚持科学发展观，促进学术繁荣；面向经济建设，深入研究社会主义市场经济条件下发展绿色建筑与建筑节能的理论与政策，努力创建适应中国国情的绿色建筑与建筑节能的科学体系，提高我国在快速城镇化过程中资源能源利用效率，保障和改善人居环境，积极参与国际学术交流，推动绿色建筑与建筑节能的技术进步，促进绿色建筑科技人才成长，发挥桥梁与纽带作用，为促进我国绿色建筑与建筑节能事业的发展做出贡献。

本会的办会原则：产学研结合、务实创新、服务行业、民主协商。

本会的主要业务范围：从事绿色建筑与节能理论研究，开展学术交流和国际合作，组织专业技术培训，编辑出版专业书刊，开展宣传教育活动，普及绿色建筑的相关知识，为政府主管部门和企业提供咨询服务。

### 一、中国绿色建筑委员会（以姓氏笔画排序）

主　　任　王有为　中国建筑科学研究院顾问总工
副 主 任　王　俊　中国建筑科学研究院院长
　　　　　王建国　东南大学建筑学院院长
　　　　　毛志兵　中国建筑工程总公司总工程师
　　　　　叶　青　深圳市建筑科学研究院院长
　　　　　江　亿　中国工程院院士，清华大学教授
　　　　　李百战　重庆大学城市建设与环境工程学院院长
　　　　　吴志强　同济大学副校长

张　桦　上海现代建筑设计（集团）有限公司总裁

张燕平　上海市建筑科学研究院院长

林海燕　中国建筑科学研究院副院长

项　勤　杭州市人大常委会副主任、财经委主任

修　龙　中国建筑设计研究院（集团）院长

徐永模　中国建筑材料联合会副会长

涂逢祥　中国建筑业协会建筑节能专业委员会名誉会长

黄　艳　北京市规划委员会主任

副秘书长　王清勤　中国建筑科学研究院副院长

尹　波　中国建筑科学研究院科技处副处长

李　萍　原建设部建筑节能中心副主任

李丛笑　中建科技集团有限公司副总经理

邹燕青　中国建筑节能协会常务副秘书长

主任助理　戈　亮

通讯地址：北京市三里河路 9 号建设部北配楼南楼 214 室　100835

电话：010-58934866　88385280　传真：010-88385280

Email：Chinagbc2008@chinagbc.org.cn

## 二、地方绿色建筑委员会

广西建设科技协会绿色建筑分会

会　长　广西建筑科学研究设计院院长　彭红圃

秘书长　广西建筑科学研究设计院副院长　朱惠英

通讯地址：南宁市北大南路 17 号　530011

深圳市绿色建筑协会

会　长　深圳市建筑科学研究院院长　叶　青

秘书长　深圳市建筑科学研究院　王向昱

通讯地址：深圳福田区上步中路 1043 号深勘大厦 1008 室　518028

中国绿色建筑委员会江苏委员会（江苏省建筑节能协会）

会　长　江苏省住房和城乡建设厅科技处原处长　陈继东

秘书长　江苏省建筑科学研究院有限公司总经理　刘永刚

通讯地址：南京市北京西路 12 号　210017

新疆土木建筑学会绿色建筑专业委员会

主　任　新疆建筑科技发展中心主任　刘　劲

秘书长　新疆建筑勘察设计院研究院副总工　张洪洲

通讯地址：乌鲁木齐市光明路 26 号建设广场写字楼 8 层　830002

四川省土木建筑学会绿色建筑专业委员会

　　　主　任　　四川省建筑科学研究院院长　王德华

　　　秘书长　　四川省建筑科学研究院建筑节能研究所所长　于　忠

　　　通讯地址：成都市一环路北三段 55 号　610081

厦门市土木建筑学会绿色建筑委员会

　　　主　任　　厦门市建设与管理局副局长　林树枝

　　　秘书长　　厦门市建设与管理局副处长　何汉峰

　　　通讯地址：福州北大路 242 号　350001

福建省土木建筑学会绿色建筑与建筑节能专业委员会

　　　主　任　　福建省建筑设计研究院总建筑师　梁章旋

　　　秘书长　　福建省建筑科学研究院绿色建筑与建筑节能研究所所长　黄夏冬

　　　通讯地址：福州市通湖路 188 号　350001

　　　　　　　　福州市杨桥中路 162 号　350025

山东省建设科技协会绿色建筑专业委员会

　　　主　任　　山东省建筑科学研究院院长　李明海

　　　秘书长　　山东省建筑科学研究院院长助理　王　昭

　　　通讯地址：济南市无影山路 29 号　250031

辽宁省建筑节能环保协会绿色建筑委员会

　　　主　任　　沈阳建筑大学副校长　石铁矛

　　　秘书长　　辽宁省建筑节能环保协会副秘书长　孙　凯

　　　通讯地址：沈阳市和平区太原北街 2 号综合办公楼 C109　110001

天津市城市科学研究会绿色建筑专业委员会

　　　主　任　　天津市城市科学研究会会长　王家瑜

　　常务副主任　天津市城市科学研究会秘书长　王明浩

　　　秘书长　　天津市城市建设学院副校长　王建廷

　　　通讯地址：天津市河西区南昌路 116 号　300203

　　　　　　　　天津市西青区津静公路　300384

河北省城科会绿色建筑与低碳城市委员会

　　　主　任　　河北工程大学建筑学院院长　刘立钧

　　常务副主任　河北省城市科学研究会秘书长　路春艳

　　　秘书长　　邯郸市城市科学研究会会长　申有顺

　　　通讯地址：石家庄市长丰路 4 号　050051

　　　　　　　　邯郸市展览南路 1 号　056002

中国绿色建筑与节能（香港）委员会

主　任　　　香港城市大学教授　梁以德

秘书长　　　香港城市大学助理教授　骆晓伟

通讯地址：九龍達之路

重庆市建筑节能协会绿色建筑专业委员会

主　任　　　　　重庆大学城市建设与环境工程学院院长　李百战

秘书长　　　　　重庆市建筑节能协会秘书长　曹　勇

常务副秘书长　重庆大学城市建设与环境工程学院教授　丁　勇

通讯地址：　　　重庆市沙坪坝　400045

重庆市渝北区华怡路 23 号　401147

湖北省土木建筑学会绿色建筑专业委员会

主　任　　　湖北省建筑科学研究设计院院长　饶　钢

秘书长　　　湖北省建筑科学研究设计院所长　唐小虎

通讯地址：武汉市武昌区中南路 16 号　430071

上海绿色建筑协会

会　长　　　甘忠泽

秘书长　　　许解良

通讯地址：上海市宛平南路 75 号　200032

安徽省建筑节能与科技协会

会　长　　　安徽省住建厅建筑节能与科技处处长　刘　兰

秘书长　　　安徽省住建厅建筑节能与科技处　叶长青

通讯地址：合肥市环城南路 28 号　230001

郑州市城科会绿色建筑专业委员会

主　任　　　郑州市城市科学研究会理事长　魏深义

秘书长　　　郑州市城市科学研究会秘书长　高玉楼

通讯地址：郑州市淮海西路 10 号 B 楼二楼东　450006

广东省建筑节能协会绿色建筑专业委员会

主　任　　　广东省建筑科学研究院副院长　杨仕超

秘书长　　　广东省建筑科学研究院节能所所长　吴培浩

通讯地址：广州市先烈东路 212 号　510500

海南省建设科技委绿色建筑委员会

主　任　　　海南华磊建筑设计咨询有限公司董事长、高级建筑师　于　瑞

秘书长　　　中国建筑科学研究院海南分院总工程师　胡家僖

通讯地址：海口市海甸岛沿江三东路金谷大厦　570208

内蒙古绿色建筑协会

会　长　　　内蒙古自治区住房和城乡建设厅厅长　范　勇

秘书长　　　内蒙古城市规划市政设计研究院院长　杨永胜

　　　　通讯地址：呼和浩特市如意开发区四维路 9 号　010070

陕西省建筑节能协会

　　　会　长　　　陕西省住房和城乡建设厅副巡视员　潘正成

　　　秘书长　　　陕西省住房和城乡建设厅建筑节能与科技处处长　杨庆康

　　　　通讯地址：西安新城大院省政府大楼 9 楼　700004

河南省生态城市与绿色建筑委员会

　　　主　任　　　河南省城市科学研究会理事长　蒋书铭

　　　秘书长　　　郑州市城市科学研究会秘书长　高玉楼

　　　　通讯地址：郑州市金水路 102 号　450003

浙江省绿色建筑与建筑节能行业协会

　　　会　长　　　浙江省住建厅纪检组原副组长　段苏明

　　　秘书长　　　浙江省建筑科学设计研究院有限公司副总经理　林　奕

　　　　通讯地址：杭州市下城区安吉路 20 号　310006

中国建筑绿色建筑与节能委员会

　　　会　长　　　中国建筑工程总公司总经理　官　庆

　　　副会长　　　中国建筑工程总公司总工程师　毛志兵

　　　秘书长　　　中国建筑工程总公司科技与设计管理部副总经理　蒋立红

　　　　通讯地址：北京市海淀区三里河路 15 号中建大厦 B 座 8001 室　100037

宁波市绿色建筑与建筑节能工作组

　　　组　长　　　宁波市住建委科技处处长　张顺宝

　　　常务副组长　宁波市城市科学研究会副会长　陈鸣达

　　　　通讯地址：　宁波市江东区松下街 595 号　315040

湖南省建设科技与建筑节能协会绿色建筑专业委员会

　　　主　任　　　湖南省建筑设计院总建筑师　殷昆仑

　　　秘书长　　　长沙绿建节能技术有限公司总经理　王柏俊

　　　　通讯地址：长沙市人民中路 65 号　410011

　　　　　　　　　长沙市韶山中路 438 号璟泰楼 5 楼　410007

黑龙江省土木建筑学会绿色建筑专业委员会

　　　主　任　　　哈尔滨工业大学教授　康　健

　　　常务副主任　哈尔滨工业大学建筑学院副院长　金　虹

　　　秘书长　　　哈尔滨工业大学建筑学院教师　赵运铎

　　　　通讯地址：　哈尔滨市南岗区西大直街 66 号　150006

中国绿色建筑与节能（澳门）协会

　　　会　长　　　四方发展集团有限公司主席　卓重贤

理事长　　汇博顾问有限公司理事总经理　李加行
通讯地址：澳门罗理基博士大马路第一国际商业中心 1606 室

## 三、绿色建筑青年委员会

主　任　清华大学建筑学院教授　林波荣
副主任　上海市建筑科学研究院新技术事业部所长　杨建荣
　　　　江苏省绿色建筑工程技术中心总经理　张　赟
　　　　哈尔滨工业大学建筑学院教授　孙　澄
　　　　重庆大学城市建设与环境工程学院副教授　李　楠
　　　　华东建筑设计研究院有限公司技术中心总师助理　夏　麟
　　　　中国建筑科学研究院上海分院副院长　张　崟
　　　　浙江大学城市学院副教授　田轶威
秘书长　浙江大学城市学院副教授　田轶威（兼）

## 四、绿色建筑专业学组

绿色工业建筑学组
　　组　长：机械工业第六设计研究院副总经理　李国顺
　　副组长：中国建筑科学研究院净化空调技术中心主任　孙　宁
绿色智能组
　　组　长：同济大学同科学院电子与信息技术系主任　程大章
　　副组长：中国建筑科学研究院顾问副总工　方天培
绿色人文组
　　组　长：住建部科技与产业化发展中心绿色建筑评价标识管理办公室主任
　　　　　　宋　凌
　　副组长：厦门市建设与管理局副局长　林树枝
绿色建筑规划设计组
　　组　长：上海现代设计集团有限公司总裁　张　桦
　　副组长：深圳市建筑科学研究院院长　叶　青
　　　　　　浙江省建筑设计研究院院长　施祖元
绿色建材组
　　组　长：中国建筑材料联合会副会长　徐永模
　　副组长：中国建筑科学研究院建筑材料研究所所长　赵霄龙
　　　　　　上海市建筑科学研究院总工程师　汪　维

绿色公共建筑组

    组　长：中国建筑科学研究院建筑环境与节能研究院院长　徐　伟

    副组长：招商局地产控股股份有限公司副总经理　王　立

绿色建筑理论与实践组

    组　长：清华大学建筑学院教授　袁　镔

    副组长：中国建筑设计研究院国家住宅与居住环境工程技术研究中心主任
           仲继寿

           华中科技大学建筑与城市规划学院院长　李保峰

绿色产业组

    组　长：住房和城乡建设部科技发展促进中心副主任　梁俊强

    副组长：深圳市拓日新能源科技股份有限公司董事长　陈五奎

绿色施工组

    组　长：中国土木工程学会咨询工作委员会执行会长　孙振声

    副组长：天津建工集团总工程师　胡德均

           中国建筑工程总公司总工程师　毛志兵

绿色建筑政策法规组

    组　长：住房和城乡建设部科技与产业化发展中心副主任　姜中桥

    副组长：清华大学工程管理系主任　方东平

绿色校园组

    组　长：同济大学副校长　吴志强

    副组长：沈阳建筑大学副校长　石铁矛

           苏州大学金螳螂建筑与城市环境学院院长　吴永发

绿色建筑工业化组

    组　长：万科企业股份有限公司建筑研究中心总经理　王　蕴

    副组长：中国建筑科学研究院建筑结构研究所所长　王翠坤

绿色建筑检测学组

    组　长：国家建筑工程质量监督检测中心总工程师　邸小坛

    副组长：广东省建筑科学研究院副院长　杨仕超

绿色房地产组

    组　长：中海房地产有限公司总建筑师　罗　亮

    副组长：上海绿地集团总建筑师　胡　京

           保利房地产集团股份有限公司副总经理　余　英

湿地与立体绿化组

    组　长：住房和城乡建设部城市建设司副司长　陈蓁蓁

    副组长：世界屋顶绿化协会副主席　张佐双

绿色轨道交通建筑组

  组　长：北京城建设计研究总院院长　王汉军

  副组长：北京城建设计研究总院总工程师　杨秀仁

      中建一局（集团）有限公司副总工程师　黄常波

绿色小城镇组

  组　长：清华大学建筑学院副院长　朱颖心

  副组长：中国城科会绿色建筑研究中心主任　李丛笑

      清华大学建筑学院教授　杨旭东

绿色物业与运营组

  组　长：天津城市建设学院副院长　王建廷

  副组长：新加坡建设局国际开发署署长　许麟济

      天津天房物业有限公司董事长　张伟杰

      中国建筑科学研究院环境与节能工程院副院长　路　宾

      广州粤华物业有限公司董事长、总经理　李健辉

      天津市建筑设计院总工程师　刘建华

绿色建筑软件和应用组

  组　长：建研科技股份有限公司总工程师　金新阳

  副组长：清华大学教授　张智慧

建筑废弃物资源化利用组

  组　长：深圳信息职业技术学院校长　邢　锋

  副组长：中城建恒远新型建材有限公司董事长　邓兴贵

      深圳市华威环保建材有限公司研究所主任　李文龙


## 五、绿色建筑基地

北方地区绿色建筑基地

  依托单位：中新（天津）生态城管理委员会

华东地区绿色建筑基地

  依托单位：上海市绿色建筑协会

南方地区绿色建筑基地

  依托单位：深圳市建筑科学研究院有限公司

西南地区绿色建筑基地

  依托单位：重庆市绿色建筑专业委员会

# 附录 2 中国城市科学研究会绿色建筑研究中心简介

## Appendix 2 Brief introduction to CSUS Green Building Research Center

中国城市科学研究会绿色建筑研究中心（CSUS Green Building Research Center，缩写为 CSUS-GBRC）成立于 2009 年 7 月，是中国城市科学研究会直属的经住房和城乡建设部授权的权威绿色建筑评价机构，同时也是面向市场提供绿色建筑相关技术服务的综合性技术服务机构。

绿色建筑研究中心主要业务有：经住房和城乡建设部授权，在全国范围内进行一星级、二星级和三星级绿色建筑标识评价（包括民用建筑绿色建筑标识评价、绿色工业建筑标识评价、住建部绿色施工科技示范工程评价等）；协助地方绿色建筑评价机构，开展绿色建筑一、二星级标识评价工作；参与并推动绿色额建筑标准化研究；广泛开展绿色建筑相关课题研究；绿色建筑专项咨询；绿色建筑相关技术合作；绿色建筑技术教育培训等。

绿色建筑标识评审方面：截至 2015 年 12 月 31 日，绿色建筑标识评审方面：共组织开展 1158 个绿色建筑标识的评审工作（包括 35 个绿色建筑运营项目），在全国开展了 33 个绿色工业建筑的标识评审工作（包括 7 个绿色工业建筑运营项目），协助香港、澳门地区绿建委，开展地方绿色建筑标识评价工作。

住建部绿色施工科技示范工程评价方面：与土木工程学会咨询委员会、中国绿色建筑专业委员会共同组织了 85 项绿色施工科技示范工程的立项评审。

信息化方面：中心组织开发的绿色建筑在线评审信息化平台（www.gbonline.org）自 2014 年初投入使用以来，累计在线评审项目数量达到 287 个，受到申报单位、评审专家的一致好评，市场普及率和用户数量处于全国领先。

科研及标准制定方面：完成住房和城乡建设部《绿色建筑效果后评估与调研》课题；完成铁道部（现为国家铁路局）《绿色铁路客站标准及评价体系研究》课题，参与《绿色铁路客站评价标准》的编制；参与《绿色建筑评价标准》GB/T 50378－2014 的编写及标准配套的技术细则、实施指南的撰写；参与《绿色工业建筑评价标准》的编制及标准配套的技术细则、实施指南的撰写；参与《绿色建筑评价标准（香港版）》、《绿色小城镇评价标准》、《既有建筑绿色改造评价标准》等标准的编制工作。积极拓展与国际绿色建筑评价机构的科研合作，促进国内绿色建筑相关标准的修订、编制及专项内容的研究。

　　绿色建筑研究中心依托中国绿色建筑与节能专业委员会、中国建筑科学研究院，有效整合资源，充分发挥有关机构、部门的专家队伍优势和技术支撑作用，按照住房和城乡建设部相关文件要求开展绿色建筑评价工作，确保评价工作的科学性、公正性、公平性，已经成为我国绿色建筑评价工作的重要力量，并将在满足市场需求、规范绿色建筑评价行为、引导绿色建筑实施等方面发挥积极作用。随着互联网浪潮的来临，绿色建筑研究中心将加大在绿色建筑互联网应用方面的投入，积极促进绿色建筑设计、咨询、评价、运维、改造等环节的触网与深入应用整合，将以开放的心态，广泛接纳相关合作方，共同提升绿色建筑行业整体效率。

　　联系地址：北京市海淀区首体南路 9 号主语国际 7 号楼 1201 室（100048）

　　电话：010-68720069

　　传真：010-68722119

　　E-mail：gbrc@csus-gbrc.org

　　网址：http://www.csus-gbrc.org

# 附录3 绿色建筑联盟简介

## Appendix 3 Brief introduction to Green Building Alliance

**1 热带及亚热带地区绿色建筑联盟**

为了探讨热带及亚热带地区绿色建筑发展面临的共性问题，推动热带及亚热带地区绿色建筑的快速深入发展，在中国绿色建筑委员会和新加坡绿色建筑协会的倡议下，2010年12月6日至7日，新加坡、马来西亚、印度尼西亚等热带及亚热带地区国家和中国内地及港澳台地区的近300名专家、学者汇聚深圳，隆重召开热带及亚热带地区绿色建筑联盟成立大会，并同期举办第一届热带及亚热带地区绿色建筑技术论坛，分享绿色建筑成果和经验。深圳市副市长张文、中国绿色建筑委员会主任王有为、新加坡绿色建筑委员会第一副主席戴礼翔分别致辞，宣告联盟正式成立。国家住房和城乡建设部仇保兴副部长在大会上作专题报告。

第二届热带及亚热带地区绿色建筑联盟大会于2011年9月13日至16日在新加坡召开。李百战副主任率团参会并代表中国绿建委致辞，与会专家主要围绕热带、亚热带地区绿色建筑设计、遮阳技术、自然通风与湿度控制、立体绿化和建筑碳排放计算等五个主题进行了交流研讨。

第三届热带及亚热带地区绿色建筑联盟大会于2012年7月4日至6日在马来西亚首都吉隆坡国际会议中心成功举行。本届大会的主题是"自然热带、真正创新"，上午为大会综合论坛，下午分设5个分论坛：建筑仿生、热带创新、绿色管理、绿色收益和绿色建筑案例。

第四届热带及亚热带绿色建筑联盟大会暨海峡绿色建筑与建筑节能研讨会于2013年6月19日至20日在福州召开。大会围绕"因地制宜·绿色生态"的主题展开24场精彩报告。

第五届热带及亚热带绿色建筑联盟大会（即夏热冬暖地区绿色建筑技术论坛）于2015年12月3日至4日在南宁举行，来自夏热冬暖地区的建设主管部门负责人、国内绿色建筑领域专家、学者和专业技术人员近400人参加会议。本次大会的主题是"生态绿城·和谐人居"，设"绿色建筑技术与实践"及"绿色生态城区建设与实践"2场分论坛，邀请了18位演讲嘉宾进行交流研讨。在会上举行了会旗交接仪式，广东省建筑科学研究院副院长杨仕超代表广东省建筑节能协会绿色建筑专业委员会接过下届大会的承办权。

### 2 夏热冬冷地区绿色建筑联盟

在中国绿色建筑与节能委员会的积极倡议和各相关地区的共同响应下，2011年10月在江苏南京联合成立了"夏热冬冷地区绿色建筑委员会联盟"并召开了"第一届夏热冬冷地区绿色建筑技术论坛"。该联盟已成为研究探讨相同气候区域绿色建筑共性问题及加强国内国际相关机构和组织交流与合作的重要平台，并对推动夏热冬冷地区绿色建筑与建筑节能工作的健康发展产生深远的影响。

第二届夏热冬冷地区绿色建筑联盟大会于2012年9月13日至14日在上海举行。此次大会以"研发适宜技术、推进绿色产业、注重运行实效"为主题，展示作为配合会议的实体呈现，总结优秀案例与运营效果，健康推进夏热冬冷地区建筑节能技术的发展与实际应用。

第三届夏热冬冷地区绿色建筑联盟大会于2013年10月25日在重庆召开。大会邀请了包括英国工程院院士、联合国教科文组织副主席、美国总统顾问、国际著名期刊主编在内的，来自美国、英国、芬兰、日本、丹麦、葡萄牙、新西兰、塞尔维亚、埃及、韩国以及中国香港等近20个国家和地区的100余位（其中境外专家40余位）知名专家及建筑领域知名企业代表共计400余名出席。

第四届夏热冬冷地区绿色建筑联盟大会于2014年11月6日在湖北武汉召开。本届大会的主题为"以人为本，建设低碳城镇，全面发展绿色建筑"，大会设"综合论坛"和"绿色生态城镇建设"、"绿色建材发展应用"、"长江流域采暖探讨、绿色建筑设计研究"、"既有建筑绿色改造绿色施工技术实践"4个分论坛。

第五届夏热冬冷地区绿色建筑联盟大会于2015年10月23日至24日在浙江绍兴召开，有来自19个省市和境外的680余位代表参加。此次大会以"新型建筑工业化促绿色建筑发展"为主题，设置了新型建筑工业化、绿色建筑技术与产品、建筑可再生能源应用、绿色校园、绿色建筑实践5个专业6个分论坛。邀请了董石麟院士、吴硕贤院士、杨贵庆教授、王有为主任和日本吉野教授在综合论坛作精彩演讲。大会共收集论文127篇，评选出获奖优秀论文45篇并在大会上向获奖作者颁发了证书，获奖论文在中国建筑工业出版社汇编出版。大会同期还举办了新型建筑工业化和夏热冬冷地区绿色建筑与建筑节能产业成果展，50余家企业参展。组织与会代表参观了国家建筑工业化示范基地长江精工钢结构集团和宝业集团的测试研发机构、生产车间和示范建筑。大会综合论坛结束后举行了会旗交接仪式，安徽省建筑节能与科技协会常务副会长、安徽省建筑科学研究设计院院长项炳泉接过会旗后向与会代表发出了诚挚的邀请，明年大会再相聚。

### 3 严寒和寒冷地区绿色建筑联盟

"严寒和寒冷地区绿色建筑联盟"是我国继"热带及亚热带地区绿色建筑联盟"和"夏热冬冷地区绿色建筑联盟"之后成立的第三个区域型绿色建筑联盟。

标志着我国绿色建筑发展从南到北进入了全面区域合作的新阶段。严寒和寒冷地区绿色建筑联盟成立大会暨第一届严寒寒冷地区绿色建筑技术论坛"于 2012 年 9 月 27 日至 28 日在天津市隆重举行。来自国内严寒和寒冷地区 16 个省、市、区和加拿大、英国等国家绿色建筑领域的代表 300 余人参加了大会，共同见证严寒和寒冷地区绿色建筑联盟的成立。

第二届严寒和寒冷地区绿色建筑联盟大会于 2013 年 9 月 23 日在沈阳建筑大学举行。大会设两个分论坛：公共机构绿色建造技术理论与实践；北方绿色建筑青年设计师论坛，有 12 位国内专业人士和两位芬兰专家在分论坛演讲。

第三届严寒和寒冷地区绿色建筑联盟大会于 2014 年 8 月 28 日至 29 日在呼和浩特市成功举行。大会设立"综合论坛"及"绿色建筑设计、运营技术交流"和"地方绿色建筑协会经验交流"两个分论坛。

第四届严寒和寒冷地区绿色建筑联盟大会暨绿色建筑技术论坛于 2015 年 11 月 24 日至 25 日在天津中新生态城举行。此次大会邀请了中国城市科学研究会、新加坡建设局、德国被动房研究所及北方地区各省市建设主管部门领导，从事绿色建筑和建筑节能的专家、学者，以及来自绿色建筑行业相关科研机构、大专院校、绿色建筑项目设计和建设单位、房地产开发、勘察设计、施工监理、物业运营等有关企业、相关建材产品和设备生产商等代表共计 300 余人参加大会。大会围绕绿色建筑综合技术、被动房及建筑工业化、绿色建筑发展经验交流等议题进行了研讨交流。大会还组织了天津生态城运维中心、第三社区中心、动漫园能源站、公屋展示中心、环卫之家等绿色建筑示范项目的参观考察。利用会间晚上时间专门组织了绿色建筑技术沙龙活动，围绕"BIM 在绿色建筑中的应用"和"新风系统在被动房中的应用"热点问题深入探讨。在会旗交接仪式上，陕西省建筑科学研究院高宗祺院长代表下届大会承办方接过了会旗。

# 附录 4　2015 年度绿色建筑标识项目统计表

# Appendix 4　List of green building labeling projects in 2015

## 2015 年度绿色建筑设计标识项目统计表

| 序号 | 项目类型 | 项 目 名 称 | 星级 |
|---|---|---|---|
| 1 | | 宁波凯德孙家地块（一期二期） | ★ |
| 2 | | 盐城向阳水岸花园经适房二期（2、3、8、11、14、17、18 号楼） | ★ |
| 3 | | 中海·国际社区 B1-1 地块 | ★ |
| 4 | | 常州市聚通豪庭 1～6 号楼 | ★ |
| 5 | | 常州花语馨苑 1～11 号楼 | ★ |
| 6 | | 常州锦绣华府 1～3、5～8 号楼 | ★ |
| 7 | | 昆山华润国际社区 3、6、7、10、11 栋 | ★ |
| 8 | | 沛县煤电公司友谊新村（1 号、2 号、3 号、4 号、5 号、6 号） | ★ |
| 9 | | 苏州工业园区菁华公寓 | ★ |
| 10 | | 苏州工业园区菁汇公寓 | ★ |
| 11 | | 昆山可逸兰亭住宅一期 B 区及 C 区 | ★ |
| 12 | | 盐城阜宁协鑫馥桂园高层 | ★ |
| 13 | 住宅建筑 | 盐城阜宁冠城华府住宅小区一期 | ★ |
| 14 | | 江苏金桥盐化集团棚户区改造工程——幸福家园 1～20 号楼项目 | ★ |
| 15 | | 盱眙五洲国际广场 B 地块 1～4 号楼 | ★ |
| 16 | | 盐城呈祥公寓 | ★ |
| 17 | | 连云港徐圩新区公共租赁住房项目 | ★ |
| 18 | | 镇江市金山水城三期西地块（1～15、18～22 号楼） | ★ |
| 19 | | 苏州新国都电子技术有限公司花桥基地宿舍楼 | ★ |
| 20 | | 镇江丹阳练湖路公共租赁房（1～8 号楼） | ★ |
| 21 | | 中海·国际社区 B1-2 地块 | ★ |
| 22 | | 红谷滩凤凰洲紫瑞国际 1 号住宅楼 | ★ |
| 23 | | 南昌力高 | ★ |
| 24 | | 长沙和泓·梅溪四季住宅小区 1-1～1-8 号楼 | ★ |
| 25 | | 长沙中铁·梅溪青秀 B32 地块 1～8 号楼 | ★ |

| 序号 | 项目类型 | 项 目 名 称 | 星级 |
|------|----------|-------------|------|
| 26 | | 长沙通用时代·国际社区二期 | ★ |
| 27 | | 株洲市职教城学府港湾住宅小区（1～10 号楼） | ★ |
| 28 | | 兰州市榆中县 2014 年公共租赁住房项目 | ★ |
| 29 | | 武威市民勤县 2014 年祥和小区 F 区廉租住房建设项目 | ★ |
| 30 | | 武威市天祝县 2014 年隆裕苑一区公共租赁住房建设项目 10 号楼 | ★ |
| 31 | | 天津瑞景花园住宅小区二期（7～14 号楼）项目 | ★ |
| 32 | | 深圳市福盈中央山花园（居建部分） | ★ |
| 33 | | 深圳市正兆景嘉园 | ★ |
| 34 | | 上海南桥新城金昊雅苑配套回迁安置房（南块、北块） | ★ |
| 35 | | 南桥新城金水丽苑配套动迁安置房 | ★ |
| 36 | | 惠州博罗新怡·美丽家园 1、3 号楼 | ★ |
| 37 | | 德州万达住宅 A、B 区 1～12 号楼项目 | ★ |
| 38 | | 大连（华润）开发区南部滨海新区 3-8 号地块 G1～G5 号楼 | ★ |
| 39 | | 南昌万科城 C33 地块（1、2、6、7、9、10、15、16、18、19、22、23、27、28 号楼）、C37 地块（2、3、5～12、15～31 号楼） | ★ |
| 40 | | 哈尔滨哈南万达广场 A 地块 C、D 组团住宅 | ★ |
| 41 | 住宅建筑 | 盘锦万达广场 A-2-1 地块 A1～A5 号住宅楼 | ★ |
| 42 | | 烟台芝罘万达广场南区 B、C、D 组团住宅 | ★ |
| 43 | | 武汉龙城地标"摩卡小镇"三期居住小区 | ★ |
| 44 | | 当代武汉汉阳满庭春 MOMΛ 项目 | ★ |
| 45 | | 襄阳清河庄园 6 号楼 | ★ |
| 46 | | 天门学府名居 1～4 号楼 | ★ |
| 47 | | 武汉中交·江锦湾 1～9 号楼住宅项目 | ★ |
| 48 | | 荆门汉通楚天城 C 组团一期 58、59、68～70 号楼住宅项目 | ★ |
| 49 | | 湖北孝感·高新嘉园 6 号楼 | ★ |
| 50 | | 兰州石油化工公司文化街区二期工程项目 801、806 号楼 | ★ |
| 51 | | 山丹县银海花园朗晴名居东区综合楼项目（住宅部分） | ★ |
| 52 | | 清远美林湖水镇 G 区 | ★ |
| 53 | | 广州碧桂园·山海湾项目（7～16、34～42 号楼） | ★ |
| 54 | | 太原市小店区嘉节村普通商品住房项目（太原保利香槟国际西区）1、2、6、7、10、11 号楼地下车库一工程 | ★ |
| 55 | | 晋中万科悦府（朗润园）花墅 H1～H7、雅居 Y1～Y9 住宅楼及地下车库项目 | ★ |

| 序号 | 项目类型 | 项 目 名 称 | 星级 |
|---|---|---|---|
| 56 | | 深圳市盛隆兴移动互联网厂区宿舍楼 | ★ |
| 57 | | 深圳市坤宜福苑 1～10 号楼 | ★ |
| 58 | | 绿地·云玺 468（1～4）号楼 | ★ |
| 59 | | 南充上海滩花园二区 1～5 号楼、7～11 号楼 | ★ |
| 60 | | 重庆巴南万达广场一期工程 A 地块住宅 | ★ |
| 61 | | 徐州绿地商务城 B1-123 地块高层住宅 | ★ |
| 62 | | 徐州市贾汪区泉城花都 A 地块（1-21 号） | ★ |
| 63 | | 太仓市浏河闸北小区拆迁安置房一期 | ★ |
| 64 | | 宜兴清华科技园配套工程（1～3、5～7 号楼）项目 | ★ |
| 65 | | 徐州沛县北孔庄小区二期 | ★ |
| 66 | | 泰州青年南路旧城改造安置区 | ★ |
| 67 | | 南京鸿云坊住宅小区 | ★ |
| 68 | | 淮安东方世纪城二期 | ★ |
| 69 | | 淮安盱眙大桐学林华府·农贸商城 A1、A3、A5～A10 号楼 | ★ |
| 70 | | 淮安盱眙沙岗人家保障性住房 | ★ |
| 71 | | 淮安塞纳摩尔 8～12、15～19 号楼 | ★ |
| 72 | 住宅建筑 | 无锡保利飞马纺机住宅项目 | ★ |
| 73 | | 无锡仙河苑五期征地拆迁安置房项目（1～14 号楼） | ★ |
| 74 | | 太仓书香苑住宅小区 | ★ |
| 75 | | 苏州长兴村十三号 B 地块项目 | ★ |
| 76 | | 正荣润园 | ★ |
| 77 | | 保利金香槟花园 1～16 号住宅及地下室 | ★ |
| 78 | | 当代满庭春 MOMA 1～3、5～7、15～18 号住宅楼、8～13 号商住楼及地下室 | ★ |
| 79 | | 滨海公寓保障性安居工程 | ★ |
| 80 | | 后溪花园保障性安居工程 | ★ |
| 81 | | 温州·灵昆新市镇一期工程 | ★ |
| 82 | | 台州湾·月湖雅苑一期工程（住宅、幼儿园） | ★ |
| 83 | | 济宁新世纪 100 社区 1～27 号楼 | ★ |
| 84 | | 济宁清泉美景 1～3、5～6 号楼 | ★ |
| 85 | | 济宁冠鲁·明德花园一期 1～9，二期 10-1、10-2、11～20 号楼 | ★ |
| 86 | | 济南西客站安置一区 12-2 地块 1～11 号住宅楼 | ★ |
| 87 | | 长沙东方明珠三期 A 组团 3～6 号楼 | ★ |

| 序号 | 项目类型 | 项　目　名　称 | 星级 |
|---|---|---|---|
| 88 | | 长沙梅溪湖金茂悦一期住宅 1～10 号楼 | ★ |
| 89 | | 开封西湖水岸 1～4 号楼 | ★ |
| 90 | | 上饶万达广场 15～26 号住宅楼 | ★ |
| 91 | | 台州经开万达广场南区住宅（5～12 号楼） | ★ |
| 92 | | 东莞厚街万达广场住宅 8～12、14～25 号楼 | ★ |
| 93 | | 长沙金科·世界城住宅（含配套）项目 | ★ |
| 94 | | 武汉万科·嘉园一期、三期项目 | ★ |
| 95 | | 晋江万达广场 14、15 号住宅楼 | ★ |
| 96 | | 福州正荣·御品中央住宅部分 | ★ |
| 97 | | 宁德霞浦正阳首府 I 期 | ★ |
| 98 | | 三明碧桂园一期 1～9 号高层住宅楼 | ★ |
| 99 | | 三明碧桂园 10～20、22～24 号高层住宅楼 | ★ |
| 100 | | 合肥华润·熙云府 1～3、5～12、15～19 号楼 | ★ |
| 101 | | 贵阳小河·国际动漫城 E、F、G 栋塔楼 | ★ |
| 102 | | 福泉花园城市综合体中心城·天街 2 号楼 | ★ |
| 103 | | 兴义商城 4、5、8 号楼塔楼 | ★ |
| 104 | 住宅建筑 | 深圳市尖岗山名苑二期住宅 | ★ |
| 105 | | 深圳市康达尔山海上园一期 | ★ |
| 106 | | 深圳市花语馨花园 | ★ |
| 107 | | 万科金域学府·翰江一期（南坪 M 分区 M1-3-1/05 地块） | ★ |
| 108 | | 新加坡·南京生态科技岛一期经济适用住房 | ★ |
| 109 | | 靖江市滨江新城同康花苑（南区）项目 | ★ |
| 110 | | 徐州凯旋门 B 地块 | ★ |
| 111 | | 无锡 XDG-2013-56 地块 1～6 号楼 | ★ |
| 112 | | 常州市武进经发区职工宿舍北区 1～14 号宿舍楼 | ★ |
| 113 | | 无锡圆融广场 B 地块住宅项目 | ★ |
| 114 | | 镇江新区平昌新城 A7 地块安置房项目 | ★ |
| 115 | | 长沙绿地·海外滩 S5 地块 1～25 号楼 | ★ |
| 116 | | 柳州市乐民小区项目 | ★ |
| 117 | | 柳州市阳和小区保障房 1、2 号楼 | ★ |
| 118 | | 柳州市杨柳新居（一期）3、4 号楼 | ★ |
| 119 | | 玉林市 2013 年市直廉租公租住房建设项目（1、2 号楼廉租住房部分） | ★ |
| 120 | | 南宁青秀万达广场东地块东 1、2 组团住宅 | ★ |

| 序号 | 项目类型 | 项目名称 | 星级 |
|---|---|---|---|
| 121 | | 宜州市广维小学教师公共租赁住房项目 | ★ |
| 122 | | 西安曲江紫金城一期（1、2、6、7、11号楼） | ★ |
| 123 | | 西安远景城1～7号楼 | ★ |
| 124 | | 西安高新华府（1～3、5～7号楼） | ★ |
| 125 | | 西安·国宾中央区项目一期A2地块（12～14、16、17、19～21、27号）、E1地块（25号）住宅楼 | ★ |
| 126 | | 西安天地源·丹轩坊B地块三期居住建筑项目（4～6号楼） | ★ |
| 127 | | 西安海亮新英里DK1地块一期项目（4、5号楼） | ★ |
| 128 | | 西安海亮新英里DK1地块二期（6～11、13号楼及地下车库）项目 | ★ |
| 129 | | 西安阳光台365（东区15、17、19、21～23、28～31号楼）项目 | ★ |
| 130 | | 西安华远锦悦（1～3号住宅楼）项目 | ★ |
| 131 | | 钟祥鑫泰国际1～18号楼 | ★ |
| 132 | | 十堰泰山·绿谷3～6号楼 | ★ |
| 133 | | 泉州东海湾·御花园 | ★ |
| 134 | | 深圳市南方科技大学绿色生态校园建设项目学生书院及院士楼 | ★ |
| 135 | | 深圳市南方科技大学绿色生态校园建设项目教师公寓 | ★ |
| 136 | 住宅建筑 | 深圳市天峦湖花园一期 | ★ |
| 137 | | 深圳市宝翠苑 | ★ |
| 138 | | 深圳市中熙香山美林苑 | ★ |
| 139 | | 温州市核心区黄屿单元F-10地块项目 | ★ |
| 140 | | 塘下中心区B-2-1地块（翡翠花园） | ★ |
| 141 | | 遵义家诚国际广场（一期）A、B、C栋 | ★ |
| 142 | | 兰州碧桂园·城市花园1～10号楼住宅项目 | ★ |
| 143 | | 明光市祁仓路东、柳湾路南公租房1～9号楼 | ★ |
| 144 | | 合肥万达文旅新城二期1、3、5～7、9～12、15～23、25～27号楼 | ★ |
| 145 | | 郑州绿地滨湖国际城五区 | ★ |
| 146 | | 郑州绿地滨湖国际城七区 | ★ |
| 147 | | 开封祥康佳苑 | ★ |
| 148 | | 沧州孔雀城一期4～6、9号住宅楼 | ★ |
| 149 | | 沧州献县凤凰城·凤栖园一期1、2、15～17号住宅楼 | ★ |
| 150 | | 贵阳红星利尔广场暨红星美凯龙全球家居生活广场C区A、B栋 | ★ |
| 151 | | 毕节黔西阳光杜鹃花城B区城市综合体2、3、4号楼塔楼 | ★ |
| 152 | | 合肥宝能城一期住宅10～13、15～23、25～30号楼 | ★ |

| 序号 | 项目类型 | 项　目　名　称 | 星级 |
|---|---|---|---|
| 153 | | 合肥高速时代城 B 地块 10～12、15～22 号楼 | ★ |
| 154 | | 合肥华润凯旋门三期 1～3、11、12 号楼 | ★ |
| 155 | | 淮北宝厦丽景新城一丽景苑居住建筑项目 6～13、15～23、25～27 号楼 | ★ |
| 156 | | 华远·北京澜悦（1～8 号住宅楼）项目 | ★ |
| 157 | | 中国-马来西亚钦州产业园区启动区产业工人公共租赁房建设项目 | ★ |
| 158 | | 钦州市公共租赁住房安惠三园 | ★ |
| 159 | | 武汉万科鲩子湖城中村改造 K4 地块项目 | ★ |
| 160 | | 武汉万科鲩子湖城中村改造 K8 地块项目 | ★ |
| 161 | | 天津津南区八里台示范小城镇三期安置区（翰文苑）项目 | ★ |
| 162 | | 连云港茗泰花园保障房（公租房地块） | ★ |
| 163 | | 无锡华润橡树湾一期 1～5 号楼住宅项目 | ★ |
| 164 | | 杭政储出〔2013〕52 号地块 1～10 号商品住宅楼 | ★ |
| 165 | | 成都绿地城 2 号地块住宅（1～19 号楼） | ★ |
| 166 | | 绿地东村 7 号地块住宅（1～5 号楼） | ★ |
| 167 | | 成都万科金域缇香一期 2、9、11-14 号楼，二期 1、3、5、7、9 号楼 | ★ |
| 168 | | 南充上海滩花园三区 2～9 号楼 | ★ |
| 169 | 住宅建筑 | 万科溉澜溪项目一期（1-1 号，1-2 号，3-1 号，3-2 号，3-3 号，3-4 号，12-1 号，12-2 号楼） | ★ |
| 170 | | 福州万科广场（A 地块）7～9 号楼 | ★ |
| 171 | | 南昌万科金色名郡（1、2 号楼） | ★ |
| 172 | | 湘潭万达广场 B 地块 A 区（1～4 号楼）、B 区（5～7 号楼）住宅 | ★ |
| 173 | | 开封绿地城一期（1～8 号楼）住宅项目 | ★ |
| 174 | | 九江万达广场项目 C、D 住宅 | ★ |
| 175 | | 烟台华润中心凯旋门项目 1.1 期住宅 1～4 号楼 | ★ |
| 176 | | 德州绿岛华府 1～4、6～9、11、12 号楼 | ★ |
| 177 | | 临沂恒大华府 5～9 号住宅项目 | ★ |
| 178 | | 淄博国信公馆 10～16 号楼 | ★ |
| 179 | | 上海市杨浦区 109 街坊（一期）动迁安置房项目（1～8 号楼） | ★ |
| 180 | | 上海马陆金沙湾 2 号地块动迁配套商品房项目（1～17、19～22 号楼） | ★ |
| 181 | | 上海杨浦区 358 街坊动迁安置房（一期） | ★ |
| 182 | | 西安华远海蓝城四期（25～28 号住宅楼） | ★ |
| 183 | | 西安绿地·国港城一期（B、C 区） | ★ |
| 184 | | 西安李家庄村棚户区改造项目 2～4、6 号楼 | ★ |

续表

| 序号 | 项目类型 | 项目名称 | 星级 |
|---|---|---|---|
| 185 | | 西安国营黄河机器制造厂200间住宅小区 | ★ |
| 186 | | 西安依云曲江项目一期（1～9号楼） | ★ |
| 187 | | 西安浐灞袁雒村（欧罗巴小镇）综合改造项目一期（A1～A10、B1～B10号楼） | ★ |
| 188 | | 西安丰登路2号高层住宅楼项目 | ★ |
| 189 | | 西安曲江·华著中城二期（14～18、20～26号楼、A、B地块地库） | ★ |
| 190 | | 西安金色悦府（18～28号楼） | ★ |
| 191 | | 西安白桦林·明天北地块项目（15～21号楼） | ★ |
| 192 | | 西安恒基·碧翠锦华综合住宅项目三期（27～32号楼） | ★ |
| 193 | | 安康兴华名城2、3、6～11号楼 | ★ |
| 194 | | 松原奥林匹克花园三期项目 | ★ |
| 195 | | 白城市民主家园廉租住房1～3、3A、5～11、13号楼 | ★ |
| 196 | | 白城市新城家园小区B、C、D区项目 | ★ |
| 197 | | 通化佐安河口地块（滨东佳园） | ★ |
| 198 | | 开封郑开橄榄城二期A区、B区项目 | ★ |
| 199 | | 开封松森·大河柳苑（B区）项目 | ★ |
| 200 | 住宅建筑 | 兰州市城关区九州22号地块公租房项目（二期）4、5号楼和地下车库项目 | ★ |
| 201 | | 邯郸民馨苑廉租项目 | ★ |
| 202 | | 邯郸民悦苑保障性住房项目 | ★ |
| 203 | | 邯郸肥乡县东方城住宅小区C4、C5号住宅楼 | ★ |
| 204 | | 邯郸肥乡县东森佳苑6、8、10号住宅楼 | ★ |
| 205 | | 邯郸万嘉新居公共租赁住房 | ★ |
| 206 | | 中国金州体育城城市综合体A4地块3～6号楼 | ★ |
| 207 | | 长沙振业城一期高层1～4号楼 | ★ |
| 208 | | 长沙中建梅溪湖壹号二期2B地块G12～G16栋、2C地块G21～G26栋 | ★ |
| 209 | | 长沙北大资源·时光住宅小区4～9号楼 | ★ |
| 210 | | 南丹高中教师公租房 | ★ |
| 211 | | 南宁绿地国际花都房地产项目1～18号楼 | ★ |
| 212 | | 建阳建发悦城一区G1号楼-G12号楼 | ★ |
| 213 | | 合肥滨湖万科城（1～22号楼） | ★ |
| 214 | | 合肥佳源巴黎都市凯旋宫1～15号楼 | ★ |
| 215 | | 南漳世纪名都城A区9、12～15号住宅楼 | ★ |

| 序号 | 项目类型 | 项 目 名 称 | 星级 |
|------|----------|-------------|------|
| 216 | | 武汉国博新城 C 区—C3 地块 1、2 号楼项目 | ★ |
| 217 | | 深圳市壹方商业中心（住宅 1～7 座） | ★ |
| 218 | | 深圳市南方科技大学和深圳大学新校区拆迁安置项目商住综合区一期工程 | ★ |
| 219 | | 深圳市深业世纪工业中心 A 栋 | ★ |
| 220 | | 深圳市坪山新区牛角龙村改造项目 01-02 地块项目 | ★ |
| 221 | | 深圳市坪山新区牛角龙村改造项目 01-04 地块项目 | ★ |
| 222 | | 深圳市佳兆业山海苑 | ★ |
| 223 | | 深圳市保利悦都花园（住宅） | ★ |
| 224 | | 深圳市赤湾海鹏阁 | ★ |
| 225 | | 深圳市宏发嘉域花园一期、二期（住宅部分） | ★ |
| 226 | | 天津解放南路地区 27 号地安置商品房雅湖里项目 | ★ |
| 227 | | 上实泉州海上海项目 C-8-2 地块住宅（1～3、5、7～10 号楼） | ★ |
| 228 | | 杭政储出［2013］15 号地块商品住宅（设配套用房） | ★ |
| 229 | | 杭政储出［2013］16 号地块商品住宅（设配套用房） | ★ |
| 230 | | 温州三江立体城（瓯北 2013-1 号-2 地块 2）房地产项目 | ★ |
| 231 | | 温州三江立体城（2013-1 号-2 地块 3）房地产项目 | ★ |
| 232 | 住宅建筑 | 金科西永项目 L46/03 和 L48-1/03 地块（居住建筑） | ★ |
| 233 | | 永川"金科·公园王府"（居住建筑：1～5 号、6-1 号、6-2 号、7-1 号、7-2 号、8～9 号、11～31 号楼） | ★ |
| 234 | | "金科蔡家项目南区、西区"（住宅建筑部分） | ★ |
| 235 | | 镇海新城书香丽景二期拆迁安置小区工程 | ★ |
| 236 | | 南昌华南城 F02 地块  5～30 号住宅、地下室 | ★ |
| 237 | | 南昌恒大帝景 1～17 号住宅楼 | ★ |
| 238 | | 温州苍南天和家园三期 1～10 号住宅楼 | ★ |
| 239 | | 温州苍南瑞和家园 1～12 号住宅楼 | ★ |
| 240 | | 梅州万达广场 D 区住宅（D-1～D-3、D-5～D-10 号楼） | ★ |
| 241 | | 昆山万达广场 B 区住宅 1～4 号楼 | ★ |
| 242 | | 牡丹江万达广场 A 区住宅 | ★ |
| 243 | | 徐州铜山万达广场北区 1～12 号楼住宅 | ★ |
| 244 | | 中共桂林市委党校改扩建项目 1～3 号、5～9 号、11 号宿舍楼、16 号后勤楼 | ★ |
| 245 | | 龙岩中航紫金·云熙 1～20 号楼 | ★ |
| 246 | | 扎赉特旗阿敏河下游 1、2 号地块棚户区改造住宅小区项目 | ★ |

续表

| 序号 | 项目类型 | 项 目 名 称 | 星级 |
|------|----------|-------------|------|
| 247 | | 佳木斯万达广场万达华府 1～11 号楼 | ★ |
| 248 | | 长沙金科·东方大院（五期）高层住宅 5-1、5-2、5-3 号楼 | ★ |
| 249 | | 大连市七贤岭南部疗养区原辽化、石化疗养院南区地块 | ★ |
| 250 | | 沈阳越秀·星汇云锦花园项目 1～14 号楼 | ★ |
| 251 | | 上海杨浦区 106 街坊动迁安置房一期 | ★ |
| 252 | | 合肥文一名门首府（高层住宅）23、25～33、35～37、39、40 号楼 | ★ |
| 253 | | 西安·鼎正景园项目（1～14、17、19、20 号住宅楼） | ★ |
| 254 | | 西安·二十四城三期（24～28 号楼） | ★ |
| 255 | | 西安东方米兰国际城 1～17、19、20 号楼 | ★ |
| 256 | | 华远西安海蓝城五期（4～6、10～12、16～18、22～24 号楼） | ★ |
| 257 | | 西安立丰国际广场（西南地块 3～6 号楼、10～11 号楼） | ★ |
| 258 | | 西安三迪·曲江香颂枫丹（一期 A 区 3～5 号楼） | ★ |
| 259 | | 西安水利坊（1～5、9 号楼） | ★ |
| 260 | | 西安唐延·九珺（1～9 号楼） | ★ |
| 261 | | 西安天地源·曲江香都 A 区二期（19～22、24、25 号楼）项目 | ★ |
| 262 | | 西安·世融嘉境 5～10、14 号住宅楼 | ★ |
| 263 | 住宅建筑 | 西安·生力小区项目（1～8 号楼及地下车库） | ★ |
| 264 | | 西安范南村城中村改造（一期）1～5、7～12 号楼 | ★ |
| 265 | | 西安东风仪表厂三期高层 2、3 号住宅楼项目 | ★ |
| 266 | | 公主岭市华宇蓝山尚城三期 | ★ |
| 267 | | 白城华兴家园小区二期 | ★ |
| 268 | | 白城华兴·三合家园 | ★ |
| 269 | | 长春信达·东湾半岛 A 组团 | ★ |
| 270 | | 开阳·麒龙城市广场 B1-1、B1-2 号楼 | ★ |
| 271 | | 都匀市天源广场城市综合体 3～6 号楼 | ★ |
| 272 | | 武汉正阳大悦城 1～3、5～8 号楼 | ★ |
| 273 | | 郑州保利海上五月花紫薇园 | ★ |
| 274 | | 郑州保利海上五月花茉莉园 | ★ |
| 275 | | 郑州保利海上五月花百合园 | ★ |
| 276 | | 郑州保利海上五月花玫瑰园 | ★ |
| 277 | | 南京保利仙林湖 G37 地块项目 | ★ |
| 278 | | 徐州凯旋门 A 地块 | ★ |
| 279 | | 盐城滨海华芳国际商住楼三期（20～25 号楼） | ★ |

| 序号 | 项目类型 | 项 目 名 称 | 星级 |
|---|---|---|---|
| 280 | | 泰州茂业天地豪园 | ★ |
| 281 | | 盐城格林春天住宅小区 | ★ |
| 282 | | 镇江市二道沟片区城中村改造项目（润康城）（1～3、5～11号楼） | ★ |
| 283 | | 镇江市京口区谏壁街道华诚新村二区一期安置房项目 | ★ |
| 284 | | 昆山茗景苑九期A地块 | ★ |
| 285 | | 苏州市太仓城乡一体化科教新城东仓花园五期公寓式农民安置房项目 | ★ |
| 286 | | 灵昆新市镇二期工程 | ★ |
| 287 | | 佛山市顺德区绿地商业中心1、2、3座住宅楼 | ★ |
| 288 | | 梅河口清华园 | ★ |
| 289 | | 梅河口东方米兰住宅小区 | ★ |
| 290 | | 长春新星宇·和韵一期、二期1～7、10～13号楼 | ★ |
| 291 | | 延吉万达广场住宅A区1～3号楼 | ★ |
| 292 | | 九台市华恒·南山公馆一期 | ★ |
| 293 | | 延吉市清水湾小区 | ★ |
| 294 | | 开封龙成御苑二期经济适用房项目 | ★ |
| 295 | | 开封御都国际一期 | ★ |
| 296 | 住宅建筑 | 天津泰达MSD高尚生活组团2号地4、10～13号楼 | ★ |
| 297 | | 天津天保金海岸D06地块住宅项目（1～9号楼） | ★ |
| 298 | | 上海市横沙乡公共租赁房1～4号楼 | ★ |
| 299 | | 天津市解放南路馨竹苑1～5号楼、秀竹苑1～8号楼项目 | ★ |
| 300 | | 南宁江南电力新城项目 | ★ |
| 301 | | 中海·国际社区B1-6地块 | ★★ |
| 302 | | 太仓市香缇雅苑二期（11、12号楼） | ★★ |
| 303 | | 南通万达华府1～8号楼 | ★★ |
| 304 | | 南通万科濠河传奇1～3、5～11号楼 | ★★ |
| 305 | | 无锡万达文化旅游城C1C2地块1～13号楼 | ★★ |
| 306 | | 无锡万达科教园葛埭B1地块1～15号楼 | ★★ |
| 307 | | 太仓市香缇雅苑三期 | ★★ |
| 308 | | 南京五矿·崇文金城A～E组团 | ★★ |
| 309 | | 盐城先锋岛三期住宅项目 | ★★ |
| 310 | | 镇江远洋香奈城二期 | ★★ |
| 311 | | 南京中海·国际社区B1-4、5地块 | ★★ |
| 312 | | 南京保利G87组团兰台花园东苑 | ★★ |

| 序号 | 项目类型 | 项目名称 | 星级 |
|---|---|---|---|
| 313 | | 海门市龙馨家园住宅小区（1～21号楼、老年公寓） | ★★ |
| 314 | | 盐城绿地天成苑二期（8～13号楼） | ★★ |
| 315 | | 镇江市金山水城四期（1～15号楼） | ★★ |
| 316 | | 天津市河西区栖塘佳苑、美塘佳苑 | ★★ |
| 317 | | 青岛中德生态园规划范围内村改居工程（幸福社区） | ★★ |
| 318 | | 研发中心建设项目人才公寓（中航商发上海项目） | ★★ |
| 319 | | 芜湖镜湖新城9号地（新里·海顿公馆）8～13、15～17、22、23、25～28号楼 | ★★ |
| 320 | | 蚌埠和顺新视界1～3、5～8号楼 | ★★ |
| 321 | | 合肥滨水花都小区一期2号楼、二期1～5号楼、三期1～7号楼、四期1～9号楼 | ★★ |
| 322 | | 合肥绿地新都会中心B地块1～3、5～12、15～20号楼 | ★★ |
| 323 | | 苏州鑫苑鑫城1～10号楼 | ★★ |
| 324 | | 梧州市保障性安居工程（龙平地块）1～3号楼 | ★★ |
| 325 | | 嘉兴海上新园1～5、7～9号楼 | ★★ |
| 326 | | 济南高新万达广场项目G1～G7号楼 | ★★ |
| 327 | 住宅建筑 | 常熟太公望花园1～27号楼 | ★★ |
| 328 | | 当代万国城MOMA（长沙）项目三期17、20～23号楼 | ★★ |
| 329 | | 武汉沿海·赛洛城七期住宅项目 | ★★ |
| 330 | | 武汉沿海·菱角湖壹号住宅项目 | ★★ |
| 331 | | 麻城市金丰·一品园2、3号楼 | ★★ |
| 332 | | 云梦全洲桃源南地块A5～A12、B17、B18、B24、B25、E4～E6号楼 | ★★ |
| 333 | | 随县东苑华府10～12号楼项目 | ★★ |
| 334 | | 兰州绿地智慧金融城一期H地块（1～8号楼）项目 | ★★ |
| 335 | | 太原市棕榈北环住宅小区A、B座楼 | ★★ |
| 336 | | 阳泉电子工程实业有限公司棚户区改造新建安置用房项目（沁园春家园）1～4号楼 | ★★ |
| 337 | | 太原晋东棚户区改造项目一号地块1～6、8、9号楼、地库一、二，二号地块12～15、17、18号楼工程 | ★★ |
| 338 | | 阜阳明园·紫金城小区2、3、5～12、15～23号楼 | ★★ |
| 339 | | 合肥华冶万象公馆1～25号楼 | ★★ |
| 340 | | 海口阳光瞰海 | ★★ |
| 341 | | 健峰培训城宿舍楼 | ★★ |

| 序号 | 项目类型 | 项 目 名 称 | 星级 |
|---|---|---|---|
| 342 | | 清江·金水御景 1～11 号、13 号楼 | ★★ |
| 343 | | 远洋·南山(一期)C1～C15、D1～D6、D8～D23、G9～G11、J1～J3、F1～F5 | ★★ |
| 344 | | 南京佳兆业城市广场 A 地块住宅 | ★★ |
| 345 | | 泰州开元·香颂花园 1～3 号楼住宅项目 | ★★ |
| 346 | | 南京 No.2013G63 地块 1～28 号楼 | ★★ |
| 347 | | 淮安盱眙东方世纪城三期 | ★★ |
| 348 | | 嘉兴市金都·南德大院（1～27 号住宅楼） | ★★ |
| 349 | | 余政储出［2011］15 号地块房地产开发项目（A1 号、C1～C8 号、C10～C11 号、B16 号） | ★★ |
| 350 | | 淄博棠悦小区一期 1～24、27、40～46 号楼 | ★★ |
| 351 | | 淄博高青天水营丘 1～3 号住宅楼 | ★★ |
| 352 | | 聊城昌润莲城祥荷园一期 1～3、5、7～12、19 号住宅楼 | ★★ |
| 353 | | 山东中建和鑫二期 8～13 号住宅楼（济南） | ★★ |
| 354 | | 济南常春藤 29～49 号住宅楼 | ★★ |
| 355 | | 济南常春藤 50～64 号住宅楼 | ★★ |
| 356 | 住宅建筑 | 郑州万科·美景龙堂 1～3、5～14 号楼 | ★★ |
| 357 | | 郑州万科·美景万科城 U61-10 地块项目 | ★★ |
| 358 | | 天津华强 3D 立体影视基地产业园区一期（1～3 号宿舍楼） | ★★ |
| 359 | | 福州融侨悦城一期 1～3、5～6、11 号楼 | ★★ |
| 360 | | 上海悦鹏半岛公寓 B 地块（1～14 号楼） | ★★ |
| 361 | | 天津宝境檀香苑住宅小区一期（1～12 号楼）项目 | ★★ |
| 362 | | 天津武清区美颂嘉苑（74～81 号楼）住宅项目 | ★★ |
| 363 | | 贵阳渔安·安井温泉旅游城"未来方舟"E1 组团（E1-1～E1-23 栋） | ★★ |
| 364 | | 贵阳渔安·安井温泉旅游城"未来方舟"F1 组团（F1-1～F1-6 栋） | ★★ |
| 365 | | 贵阳渔安·安井温泉旅游城"未来方舟"F4 组团（F4-1～F4-7 栋） | ★★ |
| 366 | | 贵阳渔安·安井温泉旅游城"未来方舟"F6 组团（F6-1～F6-4 栋） | ★★ |
| 367 | | 贵阳渔安·安井温泉旅游城"未来方舟"F7 组团（F7-1～F7-4 栋） | ★★ |
| 368 | | 贵阳渔安·安井温泉旅游城"未来方舟"G1 组团（G1-1～G1-14、G1-16～G1-31 栋） | ★★ |
| 369 | | 贵阳渔安·安井温泉旅游城"未来方舟"H1 组团（H1-1～H1-9 栋） | ★★ |
| 370 | | 无锡太湖新城高浪路南侧 2 号地块（D 地块）住宅区 | ★★ |
| 371 | | 南京建邺区河西南部 26-4 地块（No.2013G54）A 地块住宅 | ★★ |

| 序号 | 项目类型 | 项 目 名 称 | 星级 |
|---|---|---|---|
| 372 | | 重庆龙湖礼嘉新项目 A67-1/03、A67-2/03、A67-3/03、A68-2、A69-1（东侧）、A66-3/03、65-3/03 一批次，A66-3/04、65-3/04 二批次，A64-2/04 地块 | ★★ |
| 373 | | 宁波东部新城水乡邻里三期 E-17 号/E18 号地块项目 | ★★ |
| 374 | | 海口市永和花园 B 区 1～12 号楼 | ★★ |
| 375 | | 昆明雨花国际商务中心一期（A4 地块）住宅（1b、2～5、6a、6b 号楼） | ★★ |
| 376 | | 西安中国铁建·国际城三期 A 组团（3、5、7、9、11～13、17 号楼） | ★★ |
| 377 | | 商南县秦楚印象 1～8 号楼 | ★★ |
| 378 | | 孝感安陆林语花都（北区）4～13 号楼 | ★★ |
| 379 | | 荆州楚都御苑 1～3、5～13、15～23、25、26 号楼项目 | ★★ |
| 380 | | 孝感巴黎印象第二季 7～11、13～15、21～25 号楼 | ★★ |
| 381 | | 珠海华发沁园 | ★★ |
| 382 | | 乌鲁木齐"紫煜臻城"住宅区一期 | ★★ |
| 383 | | 江干区普福区块 R21-13 地块公共租赁住房 | ★★ |
| 384 | | 淮南联华金水城二期 F1～F15 号楼 | ★★ |
| 385 | | 开封华盟·天河湾 2～15 号楼 | ★★ |
| 386 | 住宅建筑 | 开封绿都·上河城（一期） | ★★ |
| 387 | | 洛阳顺峰·状元府邸 7～12、18～21 号楼 | ★★ |
| 388 | | 洛阳智杰·丽都名邸 2、3、5、6 号楼 | ★★ |
| 389 | | 石家庄中国人民解放军 6411 工厂经适房 1、5、6 号住宅楼 | ★★ |
| 390 | | 承德市金地书香园 1～3、5～9 号住宅楼 | ★★ |
| 391 | | 邯郸魏县美康北区 2、3、6、7 号住宅楼 | ★★ |
| 392 | | 邢台威县万友·中央公园 23、28、33、36～38、41～43 号住宅楼 | ★★ |
| 393 | | 沧州塞纳左岸 3、4、7、8、10、11、14、15、18、19 号住宅楼 | ★★ |
| 394 | | 贵阳麒龙商务港 4、5 号楼 | ★★ |
| 395 | | 鹤壁建业·壹号城邦 2、3、5～8 号楼 | ★★ |
| 396 | | 苏州太湖论坛城 7 号地块 1～12 号楼 | ★★ |
| 397 | | 苏州太仓裕沁庭 | ★★ |
| 398 | | 梧州市桂江温馨嘉园 | ★★ |
| 399 | | 巢湖凤鸣花园西区 35、37～45、47～58 号楼 | ★★ |
| 400 | | 信阳博林国际广场 9、11、13、14 号楼 | ★★ |
| 401 | | 郑州万科·美景魅力之城 7 号地块项目 | ★★ |
| 402 | | 武汉百瑞景中央生活区四期住宅项目 | ★★ |

续表

| 序号 | 项目类型 | 项 目 名 称 | 星级 |
|---|---|---|---|
| 403 | | 盐城阜宁县德惠尚书房高层 | ★★ |
| 404 | | 郑州海珀兰轩 2～3、5～13、15 号楼 | ★★ |
| 405 | | 唐山港陆花园住宅小区（二期）项目 | ★★ |
| 406 | | 江苏昆山花桥绿地青青家园 1、2、6～11 号楼 | ★★ |
| 407 | | 三明市和岸小区 | ★★ |
| 408 | | 无锡瑞景望府 | ★★ |
| 409 | | 烟台玲珑·水悦逸品 1～3、5～12、15～16 号楼 | ★★ |
| 410 | | 烟台玲珑·水悦蓝山 1～3、5～10 号楼 | ★★ |
| 411 | | 烟台祥隆万象城一区 1～5 号楼、六区 1～4 号楼、七区 1～9 号楼 | ★★ |
| 412 | | 烟台中建·悦海和园住宅小区 C 区一二期 14～43 号楼 | ★★ |
| 413 | | 泰安肥城桃都国际城 K 区 1～5 号住宅楼 | ★★ |
| 414 | | 菏泽东明县大洋福邸小区 1～43、45～71 号楼 | ★★ |
| 415 | | 济南长岭花园 1～6 号楼 | ★★ |
| 416 | | 济南汇德公馆花园 1～3、5～8 号楼 | ★★ |
| 417 | | 济南华山北区 A 地块 1～3、5～12、15～23、25～31 号住宅楼，B 地块 1～3、5～6、8～12、15～23、25～28 号住宅楼 | ★★ |
| 418 | 住宅建筑 | 济南阳光舜城二区 C 组团（国华新经典）1～12 号楼 | ★★ |
| 419 | | 济南西客站片区生态住区南侧地块 A 地块 A1～A7 号住宅楼项目 | ★★ |
| 420 | | 济南银丰山青苑 2～9 号住宅楼项目 | ★★ |
| 421 | | 济南东城逸家房地产开发项目 2-2 地块 1～18 号楼、4-1 地块 1～7 号楼、4-2 地块 1～17 号楼 | ★★ |
| 422 | | 济南东城逸家房地产项目 1 号地块 1～12、15～17 号楼、2 号地块 1～28 号楼 | ★★ |
| 423 | | 济南市中兴隆片区二环南路北侧 B1 地块二期工程 1～14 号楼 | ★★ |
| 424 | | 济南万科新里程项目 1～3、5～12、15～20 号楼 | ★★ |
| 425 | | 淄博名士豪庭 1～10 号楼 | ★★ |
| 426 | | 临沂市托斯卡纳小镇 3、9～20、32、34～36、54～59、113、120～131 号楼 | ★★ |
| 427 | | 上海浦东新区惠南民乐基地 M03-01 地块项目 | ★★ |
| 428 | | 上海顾村镇宝安公路北侧 1 号地块 | ★★ |
| 429 | | 上海浦东新区唐镇 1 号区级动迁基地 W18-5 街坊商品房 01～07 号楼 | ★★ |
| 430 | | 上海虹桥商务区北区 11 号地块 15-01 住宅（1～7 号楼） | ★★ |
| 431 | | 上海虹桥商务区北区 11 号地块 17-01 住宅（18～20、27～31、37～39 号楼） | ★★ |

| 序号 | 项目类型 | 项 目 名 称 | 星级 |
|---|---|---|---|
| 432 | | 上海奉贤苏宁电器广场（1～9号楼） | ★★ |
| 433 | | 上海金辉南桥馨苑（北块）项目 | ★★ |
| 434 | | 西安雁鸣·丁香郡一期（1～12、22～24号楼）住宅项目 | ★★ |
| 435 | | 万科金域长春1.1期14、15、19、20号楼 | ★★ |
| 436 | | 长春万科蓝山项目C地块C01～C03、C05～C09号楼 | ★★ |
| 437 | | 长春净月万科城项目2.1期（44号地块）12、16、19、28、29号楼 | ★★ |
| 438 | | 长春吴中豪仕广场（A区）1、2号楼 | ★★ |
| 439 | | 新乡卫辉半岛城邦项目 | ★★ |
| 440 | | 新乡原阳圣唐丽都1、4～17、20号楼 | ★★ |
| 441 | | 新乡获嘉东城温泉花园（南区） | ★★ |
| 442 | | 保定未来城A1～A3、A5～A11、D1～D13号住宅楼 | ★★ |
| 443 | | 沧州泰和世家28～46号住宅楼 | ★★ |
| 444 | | 秦皇岛石河湾一期住宅楼工程 | ★★ |
| 445 | | 秦皇岛山海壹号A区住宅楼 | ★★ |
| 446 | | 中铁阅山湖A组团（A-1～A-16、A-21～A-43号楼） | ★★ |
| 447 | | 南宁万达茂一期项目D（1～3号）地块项目 | ★★ |
| 448 | 住宅建筑 | 随州市世纪·未来城一期居住建筑项目 | ★★ |
| 449 | | 深圳市特力水贝珠宝大厦（宿舍） | ★★ |
| 450 | | 上海松江国际生态商务区15-2地块（信达蓝爵）1～6、8～10、14号楼 | ★★ |
| 451 | | 上海奉贤天和幸福里 | ★★ |
| 452 | | 绿地上海之鱼项目（绿地玉湖庭）（1～11号楼） | ★★ |
| 453 | | 上海宝山区月浦镇沈巷社区C-1地块（1～18号楼） | ★★ |
| 454 | | 上海朗诗绿色华庭一期1～15、17号楼 | ★★ |
| 455 | | 西宁中房城北国际村一期 | ★★ |
| 456 | | 西宁嘉通小区1～4号楼 | ★★ |
| 457 | | 格尔木博川·西城印象二期 | ★★ |
| 458 | | 余政储出［2013］69号地块建设项目（一期）1～8号住宅楼及配套用房、集中地下室工程 | ★★ |
| 459 | | 重庆工商职业学院教职工住房 | ★★ |
| 460 | | 重庆照母山G4-2/02、G4-3/02号地块项目（居住建筑） | ★★ |
| 461 | | 重庆龙湖礼嘉新项目一期A68-1/03、A69-1/04西侧地块一批次 | ★★ |
| 462 | | 宁波市轨道交通运营配套工程——车辆段上盖员工集体宿舍一期工程项目 | ★★ |
| 463 | | 鄞奉片区东部启动区2-14、2-15地块工程（15-2、15-3号楼） | ★★ |

| 序号 | 项目类型 | 项目名称 | 星级 |
|---|---|---|---|
| 464 | | 长沙当代星沙 MOMA 一期 2、6 号楼住宅楼 | ★★ |
| 465 | | 苏州首开太湖一号 8～10、23 号楼 | ★★ |
| 466 | | 苏州工业园区公租房项目菁星公寓一期 | ★★ |
| 467 | | 厦门 2013P15 地块项目 | ★★ |
| 468 | | 上海·绿地风清苑（1～36 号楼） | ★★ |
| 469 | | 上海浦东新区惠南民乐基地 M05-01 地块 11～13 号楼 | ★★ |
| 470 | | 上海南桥新城 04 单元 02-04 区域地块商品房 | ★★ |
| 471 | | 上海市虹桥商务区核心区北片区 02、04 地块 05-05 项目 E1～E9 号楼 | ★★ |
| 472 | | 上海瑞虹新城九号地块发展项目 | ★★ |
| 473 | | 上海瑞虹新城二号地块发展项目 | ★★ |
| 474 | | 彬县彬职中心新建校区建设项目（居住建筑部分） | ★★ |
| 475 | | 陕西彬县幽泉名邸小区 3、5 号楼及地下停车库 | ★★ |
| 476 | | 长春吴中·北国之春 A 区 | ★★ |
| 477 | | 松原亚泰·澜熙郡小区南区 | ★★ |
| 478 | | 长春梧桐公馆 | ★★ |
| 479 | | 吉林市筑石红一期 | ★★ |
| 480 | 住宅建筑 | 松花江新城二区 1～4、7、8、14～16 号楼项目 | ★★ |
| 481 | | 松花江新城六区 1～6 号楼项目 | ★★ |
| 482 | | 万科金域长春 1.2、1.3 期 | ★★ |
| 483 | | 白城新城家园小区 E、F 区 | ★★ |
| 484 | | 长春国信·中央新城·峯域 | ★★ |
| 485 | | 长春国信·美邑四期 | ★★ |
| 486 | | 贵阳渔安·安井温泉旅游城"未来方舟"D16 组团（D16-1～D16-7 栋） | ★★ |
| 487 | | 贵阳渔安·安井温泉旅游城"未来方舟"D17 组团（D17-1～D17-5 栋） | ★★ |
| 488 | | 贵阳渔安·安井温泉旅游城"未来方舟"F9 组团（F9-1～F9-4 栋） | ★★ |
| 489 | | 贵阳渔安·安井温泉旅游城"未来方舟"H2 组团（H2-1～H2-12 栋） | ★★ |
| 490 | | 贵阳渔安·安井温泉旅游城"未来方舟"H6 组团（H6-1～H6-12 栋） | ★★ |
| 491 | | 武汉招商·公园 1872 项目 A1 地块住宅小区 | ★★ |
| 492 | | 武汉招商·公园 1872 项目 A4 地块住宅小区 | ★★ |
| 493 | | 闻喜县幸福港湾住宅小区 1～3、5～13、15 号楼 | ★★ |
| 494 | | 兰州新区保障性住房二期 A 区项目 | ★★ |
| 495 | | 兰州新区人才住宅小区 1～42 号楼项目 | ★★ |
| 496 | | 昆山花桥项目 1 号地块 2～6、8～26、29～50、54～56 号楼 | ★★ |

| 序号 | 项目类型 | 项 目 名 称 | 星级 |
|---|---|---|---|
| 497 | | 南京爱涛尚逸华府 | ★★ |
| 498 | | 盐城市楠沁花园 | ★★ |
| 499 | | 常州龙涛香榭丽园 1～3、5～10 号楼 | ★★ |
| 500 | | 盐城凤凰文化广场住宅区（1～3 号楼） | ★★ |
| 501 | | 南京海峡城一期 C 地块 1～6 号楼 | ★★ |
| 502 | | 苏州金科高铁新城项目 | ★★ |
| 503 | | 宁夏鑫祥·水岸康桥（一期）项目 | ★★ |
| 504 | | 石门县亨通苑小区住宅部分 | ★★ |
| 505 | | 白城瀚海明珠·职工之家 | ★★ |
| 506 | | 白城棚户区改造森林城小区 | ★★ |
| 507 | | 大安市嘉塑名城 | ★★ |
| 508 | | 松原伟业·江南印象 | ★★ |
| 509 | | 松原晟兴·东方赛纳小区一期工程 A 标段项目 | ★★ |
| 510 | | 长春市新星宇之悦（B 区）一期 | ★★ |
| 511 | | 洮南珠玑园小区 | ★★ |
| 512 | | 白城碧桂园 | ★★ |
| 513 | 住宅建筑 | 德惠市金域华府住宅小区 | ★★ |
| 514 | | 长春万科柏翠园项目 1.2 期 | ★★ |
| 515 | | 长春万科蓝山项目 A 地块项目 | ★★ |
| 516 | | 长春净月万科城项目 2.2 期 | ★★ |
| 517 | | 吉林市筑石·红二期 | ★★ |
| 518 | | 松原柏屹湖畔华庭 3～7、9、10、12 号楼 | ★★ |
| 519 | | 松原昌盛·莱茵小镇 | ★★ |
| 520 | | 松原市莱茵花溪小区 | ★★ |
| 521 | | 开封晋开家园小区三期 | ★★ |
| 522 | | 郑州万科美景万科城项目 U64-01 地块项目 | ★★ |
| 523 | | 新乡封丘世纪花园 | ★★ |
| 524 | | 新乡宏铭时代华庭 | ★★ |
| 525 | | 机械工业第五设计研究院新型高端汽车涂装设备和汽车后服务基地建设项目——生活服务楼（天津） | ★★ |
| 526 | | 上海市嘉定区三湘海尚名邸二三期项目（1～3、5～13、15～22 号楼） | ★★ |
| 527 | | 上海市黄浦区第 116 地块住宅项目 | ★★ |
| 528 | | 天津市解放南路丽竹苑 C1、C4 号楼项目 | ★★ |

| 序号 | 项目类型 | 项 目 名 称 | 星级 |
|---|---|---|---|
| 529 | | 南宁华润佳成五象中心——二十四城 | ★★ |
| 530 | | 天津生态城亲老公寓项目 | ★★★ |
| 531 | | 重庆中海寰宇天下 B03-2 期 1、2 号楼住宅 | ★★★ |
| 532 | | 扬州新能源名门一品 1～14、16～25、27～36、40、41、43、44 号楼 | ★★★ |
| 533 | | 内蒙古呼和浩特元泰·汗府住宅小区（1～3、5～7 号楼）项目 | ★★★ |
| 534 | | 深圳万科云城（一期）1 栋 A、B 座、4、5 栋 | ★★★ |
| 535 | | 昆明金域南郡花园 5 号地块（1～4 号楼） | ★★★ |
| 536 | | 昆明金色领域 A1-1 地块（4～6 号楼）、A3-2 地块（8 号楼） | ★★★ |
| 537 | | 苏州双湾花园二期 30、34、41、45 号楼 | ★★★ |
| 538 | | 嘉兴海上新园 6 号楼 | ★★★ |
| 539 | | 常州市滆湖中路南侧、长沟河西侧地块 Y1～Y9 号楼 | ★★★ |
| 540 | | 香港新蒲岗公共房屋发展住宅计划 | ★★★ |
| 541 | | 香港安达臣道地盘 A 及地盘 B 第 1 和第 2 期公屋发展计划 | ★★★ |
| 542 | | 香港柴湾工厂大厦改建公共租住房屋项目 | ★★★ |
| 543 | | 香港东涌第 56 区公共租住房屋发展计划 | ★★★ |
| 544 | | 香港元朗前凹头政府职员宿舍公共租住房屋发展 | ★★★ |
| 545 | 住宅建筑 | 芜湖恒大华府二期 6～25 号楼 | ★★★ |
| 546 | | 武汉市中民·仁寿里 A1～A5 号楼 | ★★★ |
| 547 | | 淄博市淄江花园北二区 1～8、10～13 号楼 | ★★★ |
| 548 | | 江苏扬州星河蓝湾（C 地块）一期工程项目 | ★★★ |
| 549 | | 深圳华大基因中心——宿舍 A1～A3 | ★★★ |
| 550 | | 南宁市广西绿色建筑示范小区（6～9 号楼） | ★★★ |
| 551 | | 北京市丰台区卢沟桥乡西局村旧村改造项目一期 XJ-03-02 地块 5～8、10 号楼 | ★★★ |
| 552 | | 广州万科南方公元项目 B3、B4 栋 | ★★★ |
| 553 | | 宁波镇海新城南区 ZH06-06-11 地块（万科城四期）3 号楼 | ★★★ |
| 554 | | 张家港朗泰绿色家园 | ★★★ |
| 555 | | 保定市长城家园住宅小区南区 2～8 号楼工程 | ★★★ |
| 556 | | 上海松江国际生态商务区 15-2 地块（信达蓝爵）7、11～13 号住宅楼 | ★★★ |
| 557 | | 上海市浦东新区惠南镇民乐基地 M04-01 地块 7～10 号楼、M05-01 地块 14 号楼 | ★★★ |
| 558 | | 鄞奉片启动区西侧 3 号地块（宁波南塘·金茂府二期住宅 7、8、10、11 号楼） | ★★★ |

| 序号 | 项目类型 | 项 目 名 称 | 星级 |
|---|---|---|---|
| 559 | | 新疆石河子市 43 小区天富景苑 | ★★★ |
| 560 | | 新疆伊宁市天富伊城小区 | ★★★ |
| 561 | | 安阳市惠安家园住宅小区 1~3、5~12 号楼 | ★★★ |
| 562 | | 上海市闸北区大宁路街道 325 街坊地块住宅项目（西区）1、2、4~10 号楼 | ★★★ |
| 563 | | 梧州旺城广场项目 B 区 1~3、5 号楼 | ★★★ |
| 564 | | 北京市朝阳区高井 2 号地保障性住房用地（配套商品房及公建）项目 1~7 号楼 | ★★★ |
| 565 | | 江苏昆山花桥绿地青青家园 3~5 号楼 | ★★★ |
| 566 | 住宅建筑 | 桂林市御景阁小区一期 1、2、5、6 号楼 | ★★★ |
| 567 | | 梧州海骏达卡地亚项目 1~11 号楼 | ★★★ |
| 568 | | 宝鸡石鼓·天玺台住宅项目三期 13~20 号楼 | ★★★ |
| 569 | | 宁波鄞州区长丰地段 YZ13-02-CD 地块 10 号楼 | ★★★ |
| 570 | | 长春市信达·龙湾（一期）1~27 号楼 | ★★★ |
| 571 | | 西安万科金域东郡二期（5、6、7 号楼） | ★★★ |
| 572 | | 北京雁栖湖生态发展示范区环境整治定向安置房项目（一期）A01 地块 1~6 号楼、A03 地块 1~7 号楼 | ★★★ |
| 573 | | 江苏镇江新区港南路公租房小区 1~10 号楼 | ★★★ |
| 574 | | 天津万科柏翠园住宅项目 2~27 号楼 | ★★★ |
| 575 | | 北京丰台桥南王庄子居住项目 1~7 号楼 | ★★★ |
| 576 | | 太仓青年公寓 1~4 号楼 | ★ |
| 577 | | 徐州市奥体中心工程（球类馆、游泳跳水馆、综合训练馆） | ★ |
| 578 | | 徐州市奥体中心工程（体育场） | ★ |
| 579 | | 徐州保安职业技术学校武术训练馆 | ★ |
| 580 | | 太仓是爱心学校迁建项目 | ★ |
| 581 | | 南通市国城生活广场 | ★ |
| 582 | 公共建筑 | 镇江红豆香江银座 | ★ |
| 583 | | 淮安盱眙金陵天泉湖紫霞岭酒店项目 | ★ |
| 584 | | 连云港北固山庄搬迁扩建工程 | ★ |
| 585 | | 连云港徐圩新区国际物流服务中心一期 | ★ |
| 586 | | 盐城市滨河花园（公建）项目 | ★ |
| 587 | | 盐城珍禽自然保护区湿地保护项目 | ★ |
| 588 | | 淮安市淮阴卫生高等职业技术学校新校区教学楼、实训楼和食宿区项目 | ★ |

| 序号 | 项目类型 | 项 目 名 称 | 星级 |
|------|----------|-------------|------|
| 589 | | 昆山市花桥经济开发区殡仪服务中心 | ★ |
| 590 | | 连云港徐圩新区实验学校 | ★ |
| 591 | | 苏州新国都电子技术有限公司花桥基地办公楼 | ★ |
| 592 | | 苏州圣美大厦项目 | ★ |
| 593 | | 南昌市青少年宫 | ★ |
| 594 | | 红角洲片区 A-05 部分地块（南昌汇融大厦项目） | ★ |
| 595 | | 红谷滩凤凰洲紫瑞国际 2 号办公商业楼 | ★ |
| 596 | | 聚丰国际大厦 | ★ |
| 597 | | 世纪皇冠 | ★ |
| 598 | | 南昌世茂红角洲 A-12 地块商业项目 2 号地块 | ★ |
| 599 | | 南昌世茂红角洲 A-12 地块商业项目 3 号地块 | ★ |
| 600 | | 联泰 | ★ |
| 601 | | 地铁大厦 | ★ |
| 602 | | 长沙市保利·麓谷林语 I 区综合体 1、2A、3 号栋 | ★ |
| 603 | | 湖南铁路科技职业技术学院 | ★ |
| 604 | | 株洲印象华都 1 号公寓楼 | ★ |
| 605 | 公共建筑 | 湖南有色金属职业技术学院 | ★ |
| 606 | | 湖南省商业技术学院 | ★ |
| 607 | | 湖南化工职业技术学院新校区建设工程——食堂、1～3 号宿舍 | ★ |
| 608 | | 湖南化工职业技术学院新校区建设工程——化工应化系、公教经管系 | ★ |
| 609 | | 兰州西固区人民医院门诊医技综合楼项目 | ★ |
| 610 | | 天津于家堡金融区起步区宝晨大厦（03-20 地块） | ★ |
| 611 | | 即墨蓝色新区体育中心 | ★ |
| 612 | | 深圳市莲南小学教学综合楼扩建工程 | ★ |
| 613 | | 深圳市新木半里大厦（办公、商业部分） | ★ |
| 614 | | 乌鲁木齐经开万达文华酒店 | ★ |
| 615 | | 武汉汉南新城欧洲风情小镇一期一区、三区 A | ★ |
| 616 | | 上海金山万达广场大商业 | ★ |
| 617 | | 苏州吴中万达嘉华酒店 | ★ |
| 618 | | 苏州吴中万达大商业 | ★ |
| 619 | | 西双版纳国际度假酒店区六星酒店 1～26 号楼 | ★ |
| 620 | | 西双版纳国际度假酒店区四星酒店 A | ★ |
| 621 | | 西双版纳国际度假酒店区四星酒店 B | ★ |

| 序号 | 项目类型 | 项 目 名 称 | 星级 |
|---|---|---|---|
| 622 | | 东营万达广场购物中心 | ★ |
| 623 | | 东营万达广场嘉华酒店 | ★ |
| 624 | | 佳木斯万达广场大商业 | ★ |
| 625 | | 上海万科七宝国际35B地块1～8、24号楼 | ★ |
| 626 | | 佳木斯万达广场嘉华酒店 | ★ |
| 627 | | 武汉龙城地标"摩卡小镇"三期幼儿园 | ★ |
| 628 | | 玉门国际大酒店项目 | ★ |
| 629 | | 武威职业学院专家及实训楼项目 | ★ |
| 630 | | 武威职业学院综合教学楼项目 | ★ |
| 631 | | 山丹县银海花园朗晴名居东区综合楼项目（商业部分） | ★ |
| 632 | | 佛山市文化中心项目——艺术村项目 | ★ |
| 633 | | 广州市方圆白云时光 | ★ |
| 634 | | 广州萝岗万达广场（购物中心） | ★ |
| 635 | | 广州东风中路S8地块项目（珠江颐德大厦） | ★ |
| 636 | | 长治高新区容海幼儿园综合教学楼 | ★ |
| 637 | | 定襄县看守所、拘留所建设项目（监区、拘室、业务综合楼） | ★ |
| 638 | 公共建筑 | 忻州市忻动购物广场项目 | ★ |
| 639 | | 乡宁县人民医院新建项目综合楼（门诊医技病房楼） | ★ |
| 640 | | 晋中市中洲大厦商务楼 | ★ |
| 641 | | 太原市第二十七中学校新建项目（一二号教学楼、实验楼） | ★ |
| 642 | | 长治医学院附属和平医院妇幼大楼工程 | ★ |
| 643 | | 忻州市公安局交警支队新建机动车及驾驶人业务服务中心项目 | ★ |
| 644 | | 晋中市寿阳县青少年活动中心游泳馆 | ★ |
| 645 | | 介休市职业中学实训楼 | ★ |
| 646 | | 深圳市桂园中学新建综合楼、食堂工程 | ★ |
| 647 | | 深圳市盛隆兴移动互联网厂区研发楼 | ★ |
| 648 | | 深圳市潭头宇恒工业厂区综合楼 | ★ |
| 649 | | 重庆巴南万达广场（购物中心） | ★ |
| 650 | | 潼南县规划展览馆 | ★ |
| 651 | | 镇江二院玉山片区改建项目（4、7、8号楼） | ★ |
| 652 | | 常州市新桥中学初中分校教学楼、体育馆、实验图书信息楼 | ★ |
| 653 | | 泰州高港中小学项目 | ★ |
| 654 | | 徐州沛县文化中心 | ★ |

| 序号 | 项目类型 | 项 目 名 称 | 星级 |
|---|---|---|---|
| 655 | | 镇江丹阳吾悦广场（大商业） | ★ |
| 656 | | 宜兴清华科技园（一期）项目 | ★ |
| 657 | | 宜兴光电子产业园综合楼 | ★ |
| 658 | | 无锡宜兴森莱浦办公研发楼（1号、2号） | ★ |
| 659 | | 南通国城生活广场—大润发超市 | ★ |
| 660 | | 盐城新城中心小学 | ★ |
| 661 | | 苏州市太仓市人民法院迁建城厢人民法庭用房 | ★ |
| 662 | | 淮安盱眙苏宁电器广场 | ★ |
| 663 | | 淮安盱眙塞纳摩尔1、2、3、5、6、7号楼 | ★ |
| 664 | | 江西银燕物流中心信息港大楼、三产配套三区和展示展销中心 | ★ |
| 665 | | 江西国际中英幼儿教育中心-幼儿园、学前教育科研楼、门卫 | ★ |
| 666 | | 温州·泰顺县图书馆新馆建设工程 | ★ |
| 667 | | 上实湖州花园酒店项目（1～6号楼） | ★ |
| 668 | | 长沙新城·国际花都三期商业中心 | ★ |
| 669 | | 长沙长房·南屏锦源小学 | ★ |
| 670 | | 长沙绿地中心 | ★ |
| 671 | 公共建筑 | 荆门市财政信息服务中心和国土资源交易中心 | ★ |
| 672 | | 宜昌市职教园机电学校教学楼、三峡中专教学楼、三峡高级技校教学楼 | ★ |
| 673 | | 宜昌市职教园公共实训区城建实训楼、机械数控实训楼、汽车实训楼 | ★ |
| 674 | | 宜昌市职教园公共实训区创业实训鉴定中心 | ★ |
| 675 | | 宜昌市职教园三峡中专食堂、高级技校食堂 | ★ |
| 676 | | 宜昌市职教园机电学校宿舍1号楼、三峡中专宿舍1、2号楼、三峡高级技校宿舍1、2号楼 | ★ |
| 677 | | 南宁南城百货总部大厦 | ★ |
| 678 | | 广西书画院综合楼 | ★ |
| 679 | | 南宁农工商产业大厦 | ★ |
| 680 | | 绵阳CBD万达广场嘉华酒店 | ★ |
| 681 | | 漳州一中龙文分校（碧湖中学） | ★ |
| 682 | | 柳州万达广场大商业 | ★ |
| 683 | | 泰安万达广场购物中心 | ★ |
| 684 | | 东莞厚街万达广场大商业综合体 | ★ |
| 685 | | 阜阳万达广场商业综合体 | ★ |
| 686 | | 阜阳万达广场嘉华酒店 | ★ |

| 序号 | 项目类型 | 项 目 名 称 | 星级 |
|---|---|---|---|
| 687 | | 南阳建业凯旋广场二期10、18号公寓楼 | ★ |
| 688 | | 长沙金科·世界城26号综合楼 | ★ |
| 689 | | 天津河西中心小学 | ★ |
| 690 | | 上海张江集电港B区3-6研发总部 | ★ |
| 691 | | 福建LNG监控调度中心 | ★ |
| 692 | | 福州正荣·御品中央公建部分 | ★ |
| 693 | | 长泰文体中心 | ★ |
| 694 | | 福州永辉城市生活广场三期16号楼 | ★ |
| 695 | | 贵阳小河·国际动漫城A、B、C栋、E栋裙楼、F栋裙楼、G栋裙楼 | ★ |
| 696 | | 福泉花园城市综合体中心城·天街1、3~9号楼 | ★ |
| 607 | | 贵阳德福中心A-1~A-7、B-1~B-8号楼 | ★ |
| 698 | | 兴义商城1~3号楼、4号楼裙楼、5号楼裙楼、8号楼裙楼 | ★ |
| 699 | | 深圳市观澜福苑学校 | ★ |
| 700 | | 深圳市尖岗山名苑幼儿园 | ★ |
| 701 | | 深圳市民新小学 | ★ |
| 702 | | 深圳市大浪时尚创意城公共服务平台项目 | ★ |
| 703 | 公共建筑 | 协信中心二期（7、8、13、14号楼） | ★ |
| 704 | | 南通印象城（二期） | ★ |
| 705 | | 宜兴东氿大厦 | ★ |
| 706 | | 盐城张庄小学 | ★ |
| 707 | | 南京高科仙林商业办公楼 | ★ |
| 708 | | 苏地2013-G-68号地块（江南大厦） | ★ |
| 709 | | 苏地2013-G-69号地块（华朋大厦） | ★ |
| 710 | | 南宁青秀万达广场东地块—东3组团 | ★ |
| 711 | | 西安云谷金阶 | ★ |
| 712 | | 安康高新区数字化创业中心 | ★ |
| 713 | | 西安百寰国际广场 | ★ |
| 714 | | 西安·国宾中央区项目一期A2地块（11、18号）、E2地块（26号）办公楼 | ★ |
| 715 | | 西安大天国际 | ★ |
| 716 | | 汉中嘉华豪生国际大酒店 | ★ |
| 717 | | 西安胡家庙购物中心 | ★ |
| 718 | | 陕西师范大学附属中学崇是楼 | ★ |

| 序号 | 项目类型 | 项 目 名 称 | 星级 |
|---|---|---|---|
| 719 | | 西安圣朗国际 | ★ |
| 720 | | 西北农林科技大学南校区文科楼 | ★ |
| 721 | | 西航 101 号科研技术中心 | ★ |
| 722 | | 西安沣东第六幼儿园项目 | ★ |
| 723 | | 武汉凯德·民众乐园改造工程 | ★ |
| 724 | | 三明碧桂园一期 2 号综合楼 | ★ |
| 725 | | 三明碧桂园一期 9 号商业楼 | ★ |
| 726 | | 三明碧桂园一期 1～8 号商业楼 | ★ |
| 727 | | 三明碧桂园一期 1 号综合楼 | ★ |
| 728 | | 大连富丽华北、长江路南、致富街西、天津街东地块改造项目 | ★ |
| 729 | | 深圳市南方科技大学绿色生态校园建设项目信息中心 | ★ |
| 730 | | 深圳市南方科技大学绿色生态校园建设项目实验楼 A | ★ |
| 731 | | 深圳市南方科技大学绿色生态校园建设项目素质教育中心 | ★ |
| 732 | | 深圳市南方科技大学绿色生态校园建设项目检测中心 | ★ |
| 733 | | 深圳市南方科技大学绿色生态校园建设项目公共教学与基础实验楼 | ★ |
| 734 | | 深圳市南方科技大学绿色生态校园建设项目科研实验楼 | ★ |
| 735 | 公共建筑 | 深圳市南方科技大学绿色生态校园建设项目风雨操场 | ★ |
| 736 | | 深圳市南方科技大学绿色生态校园建设项目食堂 | ★ |
| 737 | | 深圳市南方科技大学绿色生态校园建设项目专家公寓 | ★ |
| 738 | | 深圳市华南城铁东物流区 13、14 栋工程 | ★ |
| 739 | | 深圳市花果山商业 | ★ |
| 740 | | 深圳市海上世界女娲滨海广场 | ★ |
| 741 | | 深圳龙济医院综合楼 | ★ |
| 742 | | 深圳中学附属保利上城小学 | ★ |
| 743 | | 广州·绿地滨江汇南区项目 | ★ |
| 744 | | 广州·绿地滨江汇北区项目 | ★ |
| 745 | | 广州市中新知识城南起步区 ZSCN-A7 地块二区 B1～B33、F1、A1～A7 号楼项目 | ★ |
| 746 | | 天津大学建筑学院办公楼（第 21 教学楼）改造工程 | ★ |
| 747 | | 衢州市国土资源产权交易和信息技术服务中心业务用房 | ★ |
| 748 | | 龙游石窟旅游度假区度假村会所工程 | ★ |
| 749 | | 温州南湖 E-1-10 地块（温州万象城）东区项目 | ★ |
| 750 | | 泉州泉港·永嘉天地 5 号楼 | ★ |

| 序号 | 项目类型 | 项 目 名 称 | 星级 |
|---|---|---|---|
| 751 | | 石家庄市桃园新时代广场 | ★ |
| 752 | | 贵阳红星利尔广场暨红星美凯龙全球家居生活广场 AB 区 A、B 栋、D 区 A 栋 | ★ |
| 753 | | 遵义桐梓县娄山关国际商贸城一期 1~14 号楼 | ★ |
| 754 | | 毕节黔西阳光杜鹃花城 B 区城市综合体 1 号楼、2~4 号楼裙楼 | ★ |
| 755 | | 西双版纳国际旅游度假区商业中心 | ★ |
| 756 | | 南昌万达城三星级酒店 A 工程 | ★ |
| 757 | | 南昌万达城三星级酒店 B 工程 | ★ |
| 758 | | 南昌万达城四星级和六星级酒店工程——六星级酒店 | ★ |
| 759 | | 南昌万达城四星级和六星级酒店工程——四星级 A 酒店 | ★ |
| 760 | | 南昌万达城四星级和六星级酒店工程——四星级 B 酒店 | ★ |
| 761 | | 长沙万科金 MALL 坊 | ★ |
| 762 | | 长沙永祺西京三期商业广场 | ★ |
| 763 | | 长沙长房·时代城 20 号栋北塔（时代国际） | ★ |
| 764 | | 长沙融科·东南海 A 区 NH−1 栋写字楼 | ★ |
| 765 | | 中海油能源技术开发研究院 5~8 号楼（北京） | ★ |
| 766 | 公共建筑 | 中国华能集团人才创新创业基地实验楼 A、B 座（北京） | ★ |
| 767 | | 大连市规划展示中心项目 | ★ |
| 768 | | 庆阳传媒业务技术用房建设项目 | ★ |
| 769 | | 中国联通广西东盟信息交流中心一期新建工程——通信枢纽楼 | ★ |
| 770 | | 荆门市国华人寿荆门电话营销中心（汇金中心） | ★ |
| 771 | | 南通产研院大学科技园（C-3 地块） | ★ |
| 772 | | 南通产研院综合孵化大楼（A 地块） | ★ |
| 773 | | 泰州市看守所扩建工程 | ★ |
| 774 | | 无锡市中级人民法院审判法庭用房改扩建项目 | ★ |
| 775 | | 成都寿安滨河商业街一期二批次 | ★ |
| 776 | | 重庆市绿地·保税中心一期 | ★ |
| 777 | | 湖南长沙华晨·世纪广场二期购物中心 B 项目 | ★ |
| 778 | | 南通万达广场大商业 | ★ |
| 779 | | 徐州铜山万达广场大商业 | ★ |
| 780 | | 长沙市银红家居生活广场 | ★ |
| 781 | | 滨州市中心医院门诊病房综合楼 | ★ |
| 782 | | 上海万科南站商务城一期（b-04 地块）项目 | ★ |

| 序号 | 项目类型 | 项 目 名 称 | 星级 |
|---|---|---|---|
| 783 | | 迈瑞西北区域总部暨西安深迈瑞医疗电子研究院大楼 | ★ |
| 784 | | 上海新江湾城科技园（新江湾社区01单元B2-01地块一期工程） | ★ |
| 785 | | 西安丝路风情街十格（1～3号楼） | ★ |
| 786 | | 西安西藏大厦 | ★ |
| 787 | | 西安欧森国际DK2项目 | ★ |
| 788 | | 陕西省肢体残障人康复中心 | ★ |
| 789 | | 中软国际西安科技园软件研发基地一期F1楼、F2楼、地下车库及人防工程 | ★ |
| 790 | | 西安汇景国际集团有限公司新型电子组合材料研发中心 | ★ |
| 791 | | 西安水晶SOHO（A、B座及地下车库）项目 | ★ |
| 792 | | 中国电信陕西公司智慧云服务基地一期项目 | ★ |
| 793 | | 吉林师范大学第十一教学楼 | ★ |
| 794 | | 吉林师范大学小球类体育馆 | ★ |
| 795 | | 天津泰达MSD-Ⅰ区项目 | ★ |
| 796 | | 沧州市传媒大厦 | ★ |
| 797 | | 沧州市图书大厦 | ★ |
| 798 | 公共建筑 | 保定市京源小区14号综合楼 | ★ |
| 799 | | 河北大学图书馆 | ★ |
| 800 | | 保定市紫御·尚都商务综合楼 | ★ |
| 801 | | 邯郸磁县购物广场 | ★ |
| 802 | | 秦皇岛海港区先盛里幼儿园改扩建工程 | ★ |
| 803 | | 秦皇岛归提寨给水加压泵站工程公辅楼 | ★ |
| 804 | | 秦皇岛海港区第十六中学综合教学楼 | ★ |
| 805 | | 秦皇岛市工人文化宫文体活动中心 | ★ |
| 806 | | 秦皇岛1号现代化丁戊类库房及信息传递用房 | ★ |
| 807 | | 秦皇岛华冉倒班宿舍楼 | ★ |
| 808 | | 河北科技师范学院学生食堂 | ★ |
| 809 | | 秦皇岛市劳动教养学校民警防暴备勤楼 | ★ |
| 810 | | 中国金州体育城城市综合体A4地块1、2号楼 | ★ |
| 811 | | 中国金州体育城城市综合体A8地块会议中心、博览中心 | ★ |
| 812 | | 长沙华润置地广场一期写字楼工程 | ★ |
| 813 | | 长沙天龙酒店改造中铁五局集团有限公司办公大楼项目 | ★ |
| 814 | | 长沙振业城实验中学 | ★ |

| 序号 | 项目类型 | 项 目 名 称 | 星级 |
|---|---|---|---|
| 815 | | 厦门市灌口镇市民中心一、二期工程 | ★ |
| 816 | | 深圳市壹方商业中心（商业） | ★ |
| 817 | | 深圳市华丽商务中心 | ★ |
| 818 | | 深圳大学基础实验室（一期） | ★ |
| 819 | | 深圳市公园一号广场项目 | ★ |
| 820 | | 深圳市虚拟大学园重点实验室平台大楼 | ★ |
| 821 | | 深圳市龙年大厦 | ★ |
| 822 | | 深圳外国语学校初中部校舍危房改造工程 | ★ |
| 823 | | 深圳市翠绿珠宝大厦 | ★ |
| 824 | | 深圳市飞荣达大厦 | ★ |
| 825 | | 深圳市荣超新城大厦 | ★ |
| 826 | | 深圳市北理工创新中心 | ★ |
| 827 | | 深圳市保利悦都花园（商业） | ★ |
| 828 | | 深圳市深业进元大厦 | ★ |
| 829 | | 深圳市都汇大厦 | ★ |
| 830 | | 深圳市宏发嘉域花园一期、二期（公建部分） | ★ |
| 831 | 公共建筑 | 深圳市实验幼儿园园舍改造工程项目 | ★ |
| 832 | | 深圳创业投资（VC&PE）大厦 | ★ |
| 833 | | 深圳市电联科技大厦 D 号楼 | ★ |
| 834 | | 新建上海宝山电子商务供应链管理平台 | ★ |
| 835 | | 天津解放南路地区 23 号地块消防站 | ★ |
| 836 | | 天津解放南路地区起步区西区社区邻里中心项目 | ★ |
| 837 | | 绍兴市新行政中心 | ★ |
| 838 | | 杭州师范大学仓前校区一期工程中心区西块（中心图书馆、杭州研究院、行政综合楼及地下室）和二期 A 区块（师生活动中心、接待中心、会议中心及地下室） | ★ |
| 839 | | 宁波新材料（国际）创新中心 A 区 | ★ |
| 840 | | 宁波工人疗养院项目 | ★ |
| 841 | | 南昌航天国际广场 | ★ |
| 842 | | 青山湖区顺外村森岳总部大楼 | ★ |
| 843 | | 南昌华南城 F02 地块 1~4 号商业、31 号幼儿园 | ★ |
| 844 | | 新余铜锣湾商业文化广场一期 S1、S2、S3、S5、S6、S7、S8 号楼 | ★ |

续表

| 序号 | 项目类型 | 项 目 名 称 | 星级 |
|---|---|---|---|
| 845 | | 扎赉特旗第一幼儿园 | ★ |
| 846 | | 苏州工业园区月亮湾九年一贯制学校 | ★ |
| 847 | | 苏州工业园区跨塘实验小学虹桥校区重建工程 | ★ |
| 848 | | 湘潭万达广场大商业 | ★ |
| 849 | | 牡丹江万达广场购物中心 | ★ |
| 850 | | 呼和浩特万达文华酒店 | ★ |
| 851 | | 台州经开万达广场购物中心 | ★ |
| 852 | | 济南高新万达广场项目 8 号地块南区商业中心 | ★ |
| 853 | | 郑州华南城 1 号交易广场、5、7、8、9 号区 | ★ |
| 854 | | 武汉软件新城二期 B2~B14、C1~C16 号楼 | ★ |
| 855 | | 佛山市顺德区绿地商业中心 4 座商业楼 | ★ |
| 856 | | 上海协信市北 7 号地块 6 号楼 | ★ |
| 857 | | 上海青浦区漕盈路东侧地块（商业） | ★ |
| 858 | | 西安"丰和坊"项目一期（商业）15 号楼 | ★ |
| 859 | | 西安恒原泰和都市之窗（A~D 座） | ★ |
| 860 | | 西安立丰国际广场（1、2、8、9、12~15 号楼） | ★ |
| 861 | 公共建筑 | 西安立丰国际广场（16、19 号超高层及附属 17、18、20 号楼） | ★ |
| 862 | | 西安铭鸿中心 DK-2（一期） | ★ |
| 863 | | 西安南飞鸿广场（DK-1-A、3、5、6 号楼）项目 | ★ |
| 864 | | 西安启迪·清扬时代（2~4 号楼） | ★ |
| 865 | | 陕铁大厦 | ★ |
| 866 | | 西安群光广场（炭市街棚户区改造项目） | ★ |
| 867 | | 西安·大都汇一期超高层写字楼及裙房 | ★ |
| 868 | | 西安范南村城中村改造项目商业 A~H、J~K、13 号楼及幼儿园 | ★ |
| 869 | | 西安永利国际金融中心 | ★ |
| 870 | | 延边朝鲜语广播影视节目演播中心 | ★ |
| 871 | | 开阳·麒龙城市广场 A1~A6、B2~B7 号楼 | ★ |
| 872 | | 都匀天源广场城市综合体 1、2、7、8 号楼 | ★ |
| 873 | | 武汉九全嘉购物广场 | ★ |
| 874 | | 武穴市疾病预防控制中心综合门诊大楼项目 | ★ |
| 875 | | 洪洞县学府花园商住小区洪洞大酒店 | ★ |
| 876 | | 山西晋城汇邦 SOHO 现代城 JS2、JS3 号楼 | ★ |
| 877 | | 苏州科技城科技服务一区项目（锦峰大厦） | ★ |

| 序号 | 项目类型 | 项 目 名 称 | 星级 |
|---|---|---|---|
| 878 | | 苏州科技城智慧谷山石网科科研办公室 | ★ |
| 879 | | 徐州泉山三胞广场项目 | ★ |
| 880 | | 镇江益华广场1号综合楼 | ★ |
| 881 | | （宿迁）江苏省第七届园艺博览会主场馆 | ★ |
| 882 | | 盐城市凤鸣缇香幼儿园及配套建筑 | ★ |
| 883 | | 南京浦口红星美凯龙家居生活广场 | ★ |
| 884 | | 南通市通州区社会福利中心 | ★ |
| 885 | | 国家知识产权局专利局专利审查协作中心江苏中心科研用房二期1、2号房 | ★ |
| 886 | | 无锡东绛实验学校（小学部）易地新建 | ★ |
| 887 | | 苏州相城天虹广场 | ★ |
| 888 | | 大丰威尼斯人海鲜街 | ★ |
| 889 | | 镇江新区少年活动中心及银山路小学 | ★ |
| 890 | | 镇江市儿童医院（第四人民医院）改扩建项目 | ★ |
| 891 | | 镇江新区国际幼儿园建设工程 | ★ |
| 892 | 公共建筑 | 浙江影视后期制作中心一期项目—影视后期制作综合大楼、影视文化综合服务大楼和1~8号独立制作综合楼 | ★ |
| 893 | | 温州滨海职业教育中心建设工程D-33地块3、4号实训楼 | ★ |
| 894 | | 温州滨海职业教育中心建设工程D-38b地块 | ★ |
| 895 | | 泰顺县老干部活动中心建设工程 | ★ |
| 896 | | 扬州皇冠假日酒店 | ★ |
| 897 | | 长沙北辰新河三角洲项目B1E1区1~3、5号楼 | ★ |
| 898 | | 长春恒兴国际城1~4号楼 | ★ |
| 899 | | 延吉万达广场购物中心 | ★ |
| 900 | | 福州东二环泰禾城市广场三期（购物中心） | ★ |
| 901 | | 濮阳市工人文化宫 | ★ |
| 902 | | 天津市津南区残疾人康复中心 | ★ |
| 903 | | 天津红星美凯龙世博家居广场 | ★ |
| 904 | | 天津花样年美年广场工程项目 | ★ |
| 905 | | 天津天保金海岸C03地块商业项目 | ★ |
| 906 | | 天津市宝坻区妇幼公共卫生医疗中心 | ★ |
| 907 | | 天津市武清区体育场馆项目 | ★ |
| 908 | | 天津先农商旅区二期新建工程 | ★ |

| 序号 | 项目类型 | 项 目 名 称 | 星级 |
|------|----------|-------------|------|
| 909 | | 天津市河西区解放南路 A 地块（1～2 号底商、6～8 号）项目 | ★ |
| 910 | | 南宁永恒·智慧广场 | ★ |
| 911 | | 南宁市房产服务大厦 | ★ |
| 912 | | 无锡宜兴东郊花园幼儿园 | ★ |
| 913 | | 大丰港国际商务中心 | ★★ |
| 914 | | 江苏驿都国际大酒店二期 | ★★ |
| 915 | | 苏州国际博览中心三期工程 | ★★ |
| 916 | | 苏州星湖大厦（月亮湾地块 B-05） | ★★ |
| 917 | | 太仓国信大厦 | ★★ |
| 918 | | 太仓亿立城市广场 | ★★ |
| 919 | | 南京五矿·崇文金城 F 组团 | ★★ |
| 920 | | 连云港新海连大厦 | ★★ |
| 921 | | 连云港大陆桥产品展览展示中心 | ★★ |
| 922 | | 南京华泰证券广场 1～3 号楼 | ★★ |
| 923 | | 苏州艾隆科技（DK20110051 地块）研发办公、装配大楼 | ★★ |
| 924 | | 花桥经济开发区 C5 地块商业、酒店项目 | ★★ |
| 925 | 公共建筑 | 太仓高展商务大厦 | ★★ |
| 926 | | 苏州大学附属儿童医院园区总院 | ★★ |
| 927 | | 南通市通州区市民中心项目 | ★★ |
| 928 | | 湖南化工职业技术学院新校区建设工程——图书馆 | ★★ |
| 929 | | 湖南化工职业技术学院新校区建设工程——行政楼 | ★★ |
| 930 | | 株洲新华联丽景湾国际酒店 | ★★ |
| 931 | | 长沙博才小学 | ★★ |
| 932 | | 长沙周南梅溪湖实验中学 | ★★ |
| 933 | | 天津周大福金融中心项目 | ★★ |
| 934 | | 即墨鑫诚恒业科技孵化器项目 | ★★ |
| 935 | | 即墨蓝色新区会展中心 | ★★ |
| 936 | | 即墨蓝色新区市民文化中心 | ★★ |
| 937 | | 101 号总部及研发大楼（中航商发上海项目） | ★★ |
| 938 | | 中国信达（合肥）灾备及后援基地 | ★★ |
| 939 | | 滁州二院城南新院区 | ★★ |
| 940 | | 广州开发区建设工程质量检测中心知识城绿色建筑检测基地 | ★★ |
| 941 | | 中交集团南方总部基地（A 区）总部大厦（广州） | ★★ |

| 序号 | 项目类型 | 项 目 名 称 | 星级 |
|---|---|---|---|
| 942 | | 广东海联大厦 | ★★ |
| 943 | | 上海东渡国际企业中心 | ★★ |
| 944 | | 重庆市电力公司科研综合项目—科研楼 | ★★ |
| 945 | | 常州嬉戏谷维景国际大酒店 | ★★ |
| 946 | | 上海浦江国际金融广场 | ★★ |
| 947 | | 武汉沿海·赛洛城七期办公楼项目 | ★★ |
| 948 | | 武汉沿海·菱角湖壹号办公楼 | ★★ |
| 949 | | 武汉星河天街华侨国际大酒店（孝感星河天街—A1 酒店） | ★★ |
| 950 | | 湖北省黄黄高速公路二里湖南、北服务区综合楼项目 | ★★ |
| 951 | | 甘肃省白银市第一人民医院住院部综合楼项目 | ★★ |
| 952 | | 天水建筑科技中心项目 | ★★ |
| 953 | | 珠海横琴总部大厦（一期） | ★★ |
| 954 | | 怀仁县体育馆 | ★★ |
| 955 | | 怀仁县图书馆 | ★★ |
| 956 | | 太原万国城 MOMA-C 地块 8～12、15 号楼及地下车库项目 | ★★ |
| 957 | | 安徽建筑大学实验综合楼 | ★★ |
| 958 | 公共建筑 | 合肥奥福时代广场一期商业 | ★★ |
| 959 | | 海南省肿瘤医院一期 | ★★ |
| 960 | | 健峰培训城行政教学综合大楼 | ★★ |
| 961 | | 健峰培训城接待楼 | ★★ |
| 962 | | 盘龙·金茂悦 9 号（幼儿园） | ★★ |
| 963 | | 重庆银行总部大厦 | ★★ |
| 964 | | 常州市新桥中学初中分校行政楼、后勤楼 | ★★ |
| 965 | | 昆山娄汀苑幼儿园 | ★★ |
| 966 | | 昆山市花桥自来水厂新建工程 | ★★ |
| 967 | | 太仓市供电公司运行检修大楼 | ★★ |
| 968 | | 昆山花桥集善小学 | ★★ |
| 969 | | 昆山天大数控科技园二期工程 | ★★ |
| 970 | | 盐城阜宁县人民法院审判业务楼 | ★★ |
| 971 | | 南京佳兆业城市广场社区中心 | ★★ |
| 972 | | 无锡市锡山人民医院门急诊医技住院综合楼 | ★★ |
| 973 | | 如皋经济开发区总部经济大厦（时代大厦） | ★★ |
| 974 | | 无锡宜兴企业家会所 | ★★ |

| 序号 | 项目类型 | 项　目　名　称 | 星级 |
|---|---|---|---|
| 975 | | 上海烟草集团太仓海烟烟草薄片有限公司研发中心项目 | ★★ |
| 976 | | 连云港市档案馆、城建档案馆迁建工程 | ★★ |
| 977 | | 南京招商银行南京分行招银大厦 | ★★ |
| 978 | | 淮安盱眙农村商业银行总部办公营业大楼项目 | ★★ |
| 979 | | 淮安盱眙县人民医院迁建项目 | ★★ |
| 980 | | 中瑞（镇江）生态产业园创新中心（3、7 号楼） | ★★ |
| 981 | | 江苏科技金融大厦项目 | ★★ |
| 982 | | 南京市纪委、监察局新建配套附属用房 | ★★ |
| 983 | | 义乌市中心医院二期工程（急诊病房楼、感染病房楼） | ★★ |
| 984 | | 浙江建设科技研发中心 | ★★ |
| 985 | | 婴童总部大楼及金融服务、孵化（上市）基地项目 | ★★ |
| 986 | | 杭政储出［2011］12 号地块商业金融用房项目 | ★★ |
| 987 | | 临安体育文化会展中心 | ★★ |
| 988 | | 杭州市职工文化中心 | ★★ |
| 989 | | 杭政储出［2012］68 号地块（绿谷·杭州浙商创新发展中心）项目 | ★★ |
| 990 | | 杭政储出［2012］24 号地块商业商务用房 | ★★ |
| 991 | 公共建筑 | 省级机关事务管理局煤气站综合用房 | ★★ |
| 992 | | 杭政储出［2008］30 号地块商业金融用房项目 | ★★ |
| 993 | | 萧储（2008）30 号地块、萧储（2008）41 号地块商业办公项目 | ★★ |
| 994 | | 莱芜市人民医院院区扩建工程门、急诊及外科病房楼 | ★★ |
| 995 | | 滨州医学院烟台附属医院门诊楼、病房楼 | ★★ |
| 996 | | 淄博周村区公共服务中心 | ★★ |
| 997 | | 滨州无棣瑞丰商厦 | ★★ |
| 998 | | 济南市济阳县文体中心 | ★★ |
| 999 | | 济南市第五人民医院综合楼 | ★★ |
| 1000 | | 济南市市政公用综合指挥调度服务中心项目 | ★★ |
| 1001 | | 长沙县星沙商务写字楼及市民服务中心 | ★★ |
| 1002 | | 长沙桃花岭数字服务中心 | ★★ |
| 1003 | | 宜昌市职教园中心区体育馆 | ★★ |
| 1004 | | 宜昌市职教园中心区行政、图书馆、多功能厅综合楼及综合实训楼 | ★★ |
| 1005 | | 梧州市职业教育中心——综合运动馆 | ★★ |
| 1006 | | 合肥四里河红星美凯龙 | ★★ |
| 1007 | | 厦门国贸金融中心 | ★★ |

| 序号 | 项目类型 | 项 目 名 称 | 星级 |
|---|---|---|---|
| 1008 | | 上海二建公司办公楼 | ★★ |
| 1009 | | 苏州吴江太湖新城商务中心 D 楼项目 | ★★ |
| 1010 | | 苏州吴江太湖新城商务中心 C 楼项目 | ★★ |
| 1011 | | 苏州吴江太湖新城商务中心 A 楼项目 | ★★ |
| 1012 | | 南阳建业凯旋广场二期 17、20 号写字楼 | ★★ |
| 1013 | | 南开大学新校区（津南校区）图书馆、综合业务楼 | ★★ |
| 1014 | | 天津滨海直属（欣嘉园）中学项目 | ★★ |
| 1015 | | 上海东苑丽宝商业广场 | ★★ |
| 1016 | | 上海明沪科研大楼一期新建工程（A、B、C 栋） | ★★ |
| 1017 | | 上海明沪科研大楼二期新建工程（D 栋） | ★★ |
| 1018 | | 上海七宝生态商务区 17-02 地块世纪出版园 | ★★ |
| 1019 | | 上海市政设计大厦 | ★★ |
| 1020 | | 福建拓福广场 | ★★ |
| 1021 | | 厦门市绿色建筑技术集成示范楼 | ★★ |
| 1022 | | 福州海峡图书馆 | ★★ |
| 1023 | | 福建福泰高科环保新材料有限公司办公楼 | ★★ |
| 1024 | 公共建筑 | 安徽省直机关医院 | ★★ |
| 1025 | | 安徽理工大学新校区第二批工程设计深部煤矿采动响应与灾害防控重点实验室 | ★★ |
| 1026 | | 蚌埠市规划馆、档案馆及博物馆 | ★★ |
| 1027 | | 蚌埠市怀远县禹都明珠广场 | ★★ |
| 1028 | | 深圳市新田小学改扩建工程 | ★★ |
| 1029 | | 深圳市壹方商业中心（办公 AB 塔楼） | ★★ |
| 1030 | | 重庆同景集团有限公司两江工业园项目 | ★★ |
| 1031 | | 南京市大厂医院易地新建工程医疗综合楼项目 | ★★ |
| 1032 | | 徐州市中心医院新城区分院 | ★★ |
| 1033 | | 吴江青商大厦 | ★★ |
| 1034 | | 苏州凌志大厦 | ★★ |
| 1035 | | 苏州高新区镇湖街道社区卫生服务中心 | ★★ |
| 1036 | | 中国常熟世联书院（培训）项目 | ★★ |
| 1037 | | 苏州太仓五洋·滨江商业广场 | ★★ |
| 1038 | | 苏州吴江农村商业银行新建综合办公营业大楼项目 | ★★ |
| 1039 | | 绿地太仓新城商住小区三期工程 | ★★ |

| 序号 | 项目类型 | 项目名称 | 星级 |
|------|----------|----------|------|
| 1040 | | 江苏银行苏州分行园区办公大楼 | ★★ |
| 1041 | | 中瑞（镇江）生态产业园创新中心（6、9、10、11 号楼） | ★★ |
| 1042 | | 江苏美城建筑规划设计院业务综合楼 A1 座 | ★★ |
| 1043 | | 格力龙盛总部经济区一期 B 区 P19-4/01 地块、P23-1/01 地块 | ★★ |
| 1044 | | 重庆两江企业总部大厦 | ★★ |
| 1045 | | 三亚财经国际论坛中心项目论坛部分 | ★★ |
| 1046 | | 长沙大河西综合交通枢纽工程 | ★★ |
| 1047 | | 长沙洋湖湿地公园湿地科普展示馆 | ★★ |
| 1048 | | 长沙洋湖湿地公园次游客服务中心 | ★★ |
| 1049 | | 昆明涌鑫中心一期（5、6-1、6-2、7-1、7-2、8、9-1、9-2、10-1、10-2 栋） | ★★ |
| 1050 | | 昆明万科金色领域小学 | ★★ |
| 1051 | | 广西检验检疫局技术业务用房项目 | ★★ |
| 1052 | | 广西儿童医院建设项目 | ★★ |
| 1053 | | 西安市工人疗养院老年医护楼项目 | ★★ |
| 1054 | | 陕西煤业化工建设（集团）办公楼 | ★★ |
| 1055 | 公共建筑 | 鄂州市建筑节能及地理信息新技术开发中心 | ★★ |
| 1056 | | 襄阳市科技馆（东津新区新馆） | ★★ |
| 1057 | | 恩施农产品加工园生活配套服务区（A）区健身运动馆项目 | ★★ |
| 1058 | | 福州市海峡奥林匹克体育中心 | ★★ |
| 1059 | | 福州奥体阳光花园二期 | ★★ |
| 1060 | | 沈阳沿海国际中心一期项目 | ★★ |
| 1061 | | 沈阳沿海国际中心二期项目 | ★★ |
| 1062 | | 深圳观澜湖商业中心一期 1 栋 | ★★ |
| 1063 | | 深圳观澜湖商业中心一期 2a、2b 栋 | ★★ |
| 1064 | | 深圳市南海意库梦工场大厦 | ★★ |
| 1065 | | 天津棉纺三厂（二期）项目 1～4 号楼 | ★★ |
| 1066 | | 天津大学生命科学学院办公楼（第 15 教学楼）改造工程 | ★★ |
| 1067 | | 天津市滨海新区第一老年养护院项目（活动中心（分号 13）） | ★★ |
| 1068 | | 浙江省档案馆新馆 | ★★ |
| 1069 | | 嵊州·华汇大厦 | ★★ |
| 1070 | | 政苑小区（塘北）配套公建用房 3 号楼（浙江省建筑设计研究院紫金港院区） | ★★ |

| 序号 | 项目类型 | 项 目 名 称 | 星级 |
|---|---|---|---|
| 1071 | | 瓯江口新区总基地（发展大楼） | ★★ |
| 1072 | | 宁波市城建设计研究院有限公司附楼 | ★★ |
| 1073 | | 碧桂园兰州新区建设项目（综合楼） | ★★ |
| 1074 | | 宣城市图书馆 | ★★ |
| 1075 | | 合肥万达文旅新城二期办公楼（28号楼） | ★★ |
| 1076 | | 郑州平安金融大厦 | ★★ |
| 1077 | | 河北传媒创意中心办公A座 | ★★ |
| 1078 | | 邯郸涉县医院迁建一期门诊医技楼 | ★★ |
| 1079 | | 邯郸磁县医院整体迁建项目 | ★★ |
| 1080 | | 沧州市青县人民医院一期迁建工程 | ★★ |
| 1081 | | 石家庄市中储城市广场 | ★★ |
| 1082 | | 贵阳麒龙商务港1～3号楼 | ★★ |
| 1083 | | 哈尔滨万达文化旅游城产业综合体——万达茂 | ★★ |
| 1084 | | 沈阳环境保护科学技术中心 | ★★ |
| 1085 | | 广东省中医科学研修院教学科研综合大楼 | ★★ |
| 1086 | | 南通雅本化学有限公司办公楼 | ★★ |
| 1087 | 公共建筑 | 西双版纳国际旅游度假区傣秀剧场项目 | ★★ |
| 1088 | | 梧州市人民医院 | ★★ |
| 1089 | | 梧州毅德商贸物流城——宝石城及会展中心 | ★★ |
| 1090 | | 梧州旺城广场项目A区6～8号楼 | ★★ |
| 1091 | | 中海油能源技术开发研究院3、4号楼（北京） | ★★ |
| 1092 | | 北京景山学校金茂府分校 | ★★ |
| 1093 | | 北京高端产业发展服务中心 | ★★ |
| 1094 | | 天水地质宾馆项目 | ★★ |
| 1095 | | 柳州市工人医院西院门诊住院综合楼 | ★★ |
| 1096 | | 南宁三中五象校区 | ★★ |
| 1097 | | 中国联通广西东盟信息交流中心一期新建工程——东盟交流中心 | ★★ |
| 1098 | | 襄阳市市民中心 | ★★ |
| 1099 | | 东风雷诺汽车有限公司15万辆乘用车建设配套设施项目综合信息楼 | ★★ |
| 1100 | | 天津市第一中学滨海学校综合教学楼 | ★★ |
| 1101 | | 江阴市人民医院东院（门急诊病房大楼） | ★★ |
| 1102 | | DK20130027地块微软（中国）苏州科技园区一期办公楼 | ★★ |
| 1103 | | 苏州独墅湖邻里中心项目 | ★★ |

续表

| 序号 | 项目类型 | 项目名称 | 星级 |
|---|---|---|---|
| 1104 | | 苏州纳米大学 H 楼 | ★★ |
| 1105 | | 昆山台湾商品交易中心一期展场 | ★★ |
| 1106 | | 浙江建设职业技术学院培训中心和学生食堂 | ★★ |
| 1107 | | 杭政储出［2011］37 号地块商业办公用房兼容公交用地 | ★★ |
| 1108 | | 云阳县中医院迁建工程（一期） | ★★ |
| 1109 | | 高新区西区孵化楼 | ★★ |
| 1110 | | 梧州市示范性综合实践基地 | ★★ |
| 1111 | | 天津生态城南部片区第一幼儿园项目 | ★★ |
| 1112 | | 梧州市国龙财富中心 | ★★ |
| 1113 | | 梧州市国龙国际大酒店 | ★★ |
| 1114 | | 烟台市建设工程质量检测科研中心 | ★★ |
| 1115 | | 烟台海洋产权交易中心项目 A、B、C、D 区 | ★★ |
| 1116 | | 潍坊青州泰华城购物中心、公寓 A、公寓 B 项目 | ★★ |
| 1117 | | 潍坊青州泰华城金泰大厦、大风车游乐园 | ★★ |
| 1118 | | 济南银丰财富广场 | ★★ |
| 1119 | | 济南联合财富广场 | ★★ |
| 1120 | 公共建筑 | 济南章丘市城市文博中心项目 | ★★ |
| 1121 | | 济南中心 B 楼 | ★★ |
| 1122 | | 山东交通学院工程训练中心项目（济南） | ★★ |
| 1123 | | 滨州市人民医院门诊楼扩建工程 | ★★ |
| 1124 | | 滨州医学院附属医院门诊医技病房综合楼 | ★★ |
| 1125 | | 宁阳县人民医院门诊医技综合楼和 1、2 号住院病房楼 | ★★ |
| 1126 | | 高唐县人民医院医疗保健中心一期病房综合楼和门诊医技综合楼 | ★★ |
| 1127 | | 上海文通大厦 | ★★ |
| 1128 | | 上海闸北区 392 街坊 54 丘商办用房（创富中心一期）1～8 号楼 | ★★ |
| 1129 | | 上海市配套商品房航头基地社区卫生服务中心 | ★★ |
| 1130 | | 上海华漕镇现代商务区 E3 地块项目 | ★★ |
| 1131 | | 上海华漕镇现代商务区 F1 地块项目 | ★★ |
| 1132 | | 上海奉贤苏宁电器广场 10 号楼 | ★★ |
| 1133 | | 西安迈科商业中心 | ★★ |
| 1134 | | 新疆北新集团大厦 | ★★ |
| 1135 | | 吉林省电力有限公司调度通信楼 | ★★ |
| 1136 | | 宁国港口生态工业园区职工生活中心 | ★★ |

| 序号 | 项目类型 | 项目名称 | 星级 |
|---|---|---|---|
| 1137 | | 中国建设银行合肥生产基地（新综合业务楼及动力中心、电子银行业务中心及 95533 呼叫中心） | ★★ |
| 1138 | | 敦煌市博物馆建设工程项目 | ★★ |
| 1139 | | 兰州新区人才住宅小区 44～46 号楼项目 | ★★ |
| 1140 | | 河北中国大酒店改造工程 | ★★ |
| 1141 | | 保定科技展览中心 | ★★ |
| 1142 | | 定州市中医院门诊病房综合楼 | ★★ |
| 1143 | | 郑州郑东新区龙湖金融中心三区 | ★★ |
| 1144 | | 长沙博才实验小学 | ★★ |
| 1145 | | 南宁绿地中心 | ★★ |
| 1146 | | 泾县医院新址扩建建设项目 | ★★ |
| 1147 | | 合肥联投中心 | ★★ |
| 1148 | | 宜昌博物馆新馆项目 | ★★ |
| 1149 | | 深圳市中海油大厦 | ★★ |
| 1150 | | 深圳市腾讯滨海大厦 | ★★ |
| 1151 | | 深圳市深业世纪工业中心 B、C、D 栋及裙房 | ★★ |
| 1152 | 公共建筑 | 深圳市特力水贝珠宝大厦（办公楼） | ★★ |
| 1153 | | 上海绿地中环广场 1、2 号楼 | ★★ |
| 1154 | | 上海闸北区 101 街坊地块项目（苏河湾大厦） | ★★ |
| 1155 | | 上海丁香国际中心 | ★★ |
| 1156 | | 上海杨浦区五角场镇 340 街坊商业办公用房项目 | ★★ |
| 1157 | | 上海虹桥商务区核心区一期 05 号地块南区 K 栋酒店辅楼 | ★★ |
| 1158 | | 上海虹桥商务区核心区一期 5 号地块北区 L 大商业 | ★★ |
| 1159 | | 上海南桥中企联合大厦 | ★★ |
| 1160 | | 上海大型居住社区奉贤区南桥基地思言小学建设工程 | ★★ |
| 1161 | | 南开大学新校区（津南校区）公共教学楼、综合实验楼 | ★★ |
| 1162 | | 天津市第二实验中学 | ★★ |
| 1163 | | 嘉善城市科技馆 | ★★ |
| 1164 | | 杭州市余杭区中医院整体迁建工程 | ★★ |
| 1165 | | 中国移动杭州信息技术产品生产基地一期一阶段工程 A01～A03 研发楼 | ★★ |
| 1166 | | 杭州萧山国际机场应急配套综合业务用房 | ★★ |
| 1167 | | 重庆博建中心 | ★★ |
| 1168 | | 镇海区庄市小学（暂名）新建工程 | ★★ |

| 序号 | 项目类型 | 项 目 名 称 | 星级 |
|------|----------|------------|------|
| 1169 | | 宁波市人民检察院业务技术用房迁建项目 | ★★ |
| 1170 | | 鄞奉片区东部启动区 2-14、2-15 地块工程（幼儿园） | ★★ |
| 1171 | | 上海嘉定保利大剧院 | ★★ |
| 1172 | | 广州发现广场 | ★★ |
| 1173 | | 苏州市吴江区滨湖乐龄公寓二期 3～9 号楼项目 | ★★ |
| 1174 | | 天津生态城南部片区 23 号地小学 | ★★ |
| 1175 | | 厦门观音山广场 | ★★ |
| 1176 | | 武汉腾讯研发中心 | ★★ |
| 1177 | | 南京升龙汇金中心 C 地块 D 栋 | ★★ |
| 1178 | | 杭州奥体博览城主体育场 | ★★ |
| 1179 | | 台州银泰城（F0205—A）购物中心 | ★★ |
| 1180 | | 无锡万达城科教园葛埭 A1-1 地块项目 | ★★ |
| 1181 | | 南京金茂广场一期商业优化升级工程 | ★★ |
| 1182 | | 苏州市德威学校一期教学楼 1 号 | ★★ |
| 1183 | | 郴州市美美世界城市商业广场综合体 | ★★ |
| 1184 | 公共建筑 | 上海虹源盛世国际文化城项目 4.2、4.4、6.1、6.3、6.4、6.5A、6.5B 号楼 | ★★ |
| 1185 | | 上海七宝宝龙城市广场 20-02（西地块）T1～T5 楼 | ★★ |
| 1186 | | 上海虹桥协信中心 T1～T9 号楼 | ★★ |
| 1187 | | 上海逸仙路公交停车场改建工程 | ★★ |
| 1188 | | 阜阳市人民医院城南新区一期工程 | ★★ |
| 1189 | | 昌吉锦辰国际产业孵化基地（高层综合楼） | ★★ |
| 1190 | | 西安高新基地生产指挥中心（研发楼、服务楼） | ★★ |
| 1191 | | 彬县彬职中心新建校区建设项目（公共建筑部分） | ★★ |
| 1192 | | 三亚财经国际论坛中心项目超高层部分 | ★★ |
| 1193 | | 渔安·安井温泉旅游城"未来方舟"B5 组团 | ★★ |
| 1194 | | 渔安·安井温泉旅游城"未来方舟"B6 组团 | ★★ |
| 1195 | | 贵阳花果园 D 区双子塔 | ★★ |
| 1196 | | 六盘水市凤凰山城市综合体办公楼（1～10 号楼）、会议中心、博物馆、凉都大剧院 | ★★ |
| 1197 | | 武汉招商·公园 1872 项目 A1 地块商业综合楼 | ★★ |
| 1198 | | 武汉招商·公园 1872 项目 A2 地块商业综合楼 | ★★ |
| 1199 | | 武汉波纹腹板钢结构生产基地 22 号倒班楼 | ★★ |

| 序号 | 项目类型 | 项目名称 | 星级 |
|---|---|---|---|
| 1200 | | 哈尔滨永泰香福汇项目一号地商业综合体 | ★★ |
| 1201 | | 晋城市文化艺术中心 | ★★ |
| 1202 | | 宜兴市创意产业中心 | ★★ |
| 1203 | | 昆山市花桥天福幼儿园 | ★★ |
| 1204 | | 南师大苏州高铁新城实验学校 | ★★ |
| 1205 | | 扬州市科技馆项目 | ★★ |
| 1206 | | 苏州同程网研发办公楼项目 | ★★ |
| 1207 | | 无锡秀水坊项目（假日酒店、SOHO办公商业） | ★★ |
| 1208 | | 无锡兰桂坊商业项目 | ★★ |
| 1209 | | 苏州中心广场ABC地块 | ★★ |
| 1210 | | 苏州中心广场DE地块 | ★★ |
| 1211 | | 苏州中心广场H地块 | ★★ |
| 1212 | | 苏州太湖新城吴江总部经济7号地块商服用房项目 | ★★ |
| 1213 | | 昆山加拿大国际学校1号综合楼 | ★★ |
| 1214 | | 盐城凤凰文化广场（4~6号楼）公建项目 | ★★ |
| 1215 | | 无锡国家数字电影产业园D区影棚及配套用房项目 | ★★ |
| 1216 | 公共建筑 | 苏州吴中永旺梦乐城 | ★★ |
| 1217 | | 苏州高新区永旺梦乐城 | ★★ |
| 1218 | | 苏州西交利物浦大学南校区1、5号楼 | ★★ |
| 1219 | | 苏州工业园区久龄公寓综合楼 | ★★ |
| 1220 | | 宿迁苏宿园区派出所业务技术用房工程 | ★★ |
| 1221 | | 苏州市昆山金融街一期A~F楼项目 | ★★ |
| 1222 | | 扬州市科技综合体 | ★★ |
| 1223 | | 苏州新闻大厦 | ★★ |
| 1224 | | 无锡观山路商业街A2-A3，B1-B7，C1-C2栋 | ★★ |
| 1225 | | 宁波市杭州湾医院工程 | ★★ |
| 1226 | | 杭州国际博览中心 | ★★ |
| 1227 | | 杭政储出〔2012〕5号地块商业金融用房 | ★★ |
| 1228 | | 杭政储出〔2011〕21号地块商业金融教育科研用房 | ★★ |
| 1229 | | 杭政储出〔2009〕70号地块商业办公用房 | ★★ |
| 1230 | | 浙江丽笙东港大酒店 | ★★ |
| 1231 | | 苏州苏悦商贸广场（北楼） | ★★ |
| 1232 | | 苏州苏悦商贸广场（南楼） | ★★ |

| 序号 | 项目类型 | 项 目 名 称 | 星级 |
|---|---|---|---|
| 1233 | | 石门县亨通苑小区商业部分 | ★★ |
| 1234 | | 中共桂林市委党校改扩建项目 1~6 号楼 | ★★ |
| 1235 | | 四平市中心人民医院内科大楼 | ★★ |
| 1236 | | 吉林国文医院迁建项目 | ★★ |
| 1237 | | 濮阳市图书馆新馆 | ★★ |
| 1238 | | 河北工业大学（北辰校区）图书馆 | ★★ |
| 1239 | | 上海瑞虹新城 3 号地块发展项目 | ★★ |
| 1240 | | 上海宝钢总部基地 2、3 号楼 | ★★ |
| 1241 | | 南宁市国家档案馆（含南宁市方志馆） | ★★ |
| 1242 | | 南宁龙光国际 | ★★ |
| 1243 | | 横琴岛澳门大学学生活动中心 | ★★★ |
| 1244 | | 南京高淳国际企业研发园宁高研发总部中心 | ★★★ |
| 1245 | | 中联西北工程设计研究院科技办公楼 | ★★★ |
| 1246 | | 深圳华力特大厦 | ★★★ |
| 1247 | | 深圳市汉京金融中心 | ★★★ |
| 1248 | | 海南省三亚市鲁能山海天酒店三期 | ★★★ |
| 1249 | 公共建筑 | 深圳大学西丽新校区——学术交流中心与会议中心（B3） | ★★★ |
| 1250 | | 扩大杭嘉湖南排杭州三堡排涝工程泵站上部建筑 | ★★★ |
| 1251 | | 东营农业创新创业服务基地 | ★★★ |
| 1252 | | 杭州市未来科技城第一小学 | ★★★ |
| 1253 | | 杭州市未来科技城第一幼儿园 | ★★★ |
| 1254 | | 杭州绿地华家池幼儿园 | ★★★ |
| 1255 | | 福建省科技馆新馆 | ★★★ |
| 1256 | | 内蒙古呼和浩特建设广场 A、B 座项目 | ★★★ |
| 1257 | | 武汉中心 | ★★★ |
| 1258 | | 大连市公共资源交易市场 | ★★★ |
| 1259 | | 香港北角京华道办公大楼发展项目 | ★★★ |
| 1260 | | 香港皇后大道中 76~82 号商业发展项目 | ★★★ |
| 1261 | | 晋合三亚海棠湾度假酒店（Edition 酒店） | ★★★ |
| 1262 | | 昆明绿地云都会广场 A 地块 1 号楼 B 座及裙房项目 | ★★★ |
| 1263 | | 苏州妇女儿童活动中心 | ★★★ |
| 1264 | | 北京王府井国际品牌中心 | ★★★ |
| 1265 | | 南京市 No.2013　G63 地块幼儿园 | ★★★ |

| 序号 | 项目类型 | 项　目　名　称 | 星级 |
|---|---|---|---|
| 1266 | | 南京江宁市民中心项目 | ★★★ |
| 1267 | | 盐城市美术馆项目 | ★★★ |
| 1268 | | 沈阳建筑大学中德节能示范中心 | ★★★ |
| 1269 | | 常州招商会展中心1号楼 | ★★★ |
| 1270 | | 湘潭中建健康产业示范城展示馆 | ★★★ |
| 1271 | | 长沙铜官窑遗址博物馆 | ★★★ |
| 1272 | | 长兴布鲁克被动房 | ★★★ |
| 1273 | | 中国常熟世联书院（培训）项目—体育中心 | ★★★ |
| 1274 | | 上海虹桥商务区核心区（一期）03北地块D15街坊 | ★★★ |
| 1275 | | 上海虹桥商务区核心区（一期）03北地块D21街坊 | ★★★ |
| 1276 | | 上海市虹桥商务区核心区北片区02、04地块03-02项目A1～A16号楼 | ★★★ |
| 1277 | | 上海市虹桥商务区核心区北片区02、04地块03-05项目B1～B4号楼 | ★★★ |
| 1278 | | 上海市虹桥商务区核心区一期08地块D13街坊城市综合体3～5号楼 | ★★★ |
| 1279 | | 上海市杨浦区149街坊地块新建办公楼A、B座 | ★★★ |
| 1280 | | 国家电网公司客户服务中心北方基地（一期） | ★★★ |
| 1281 | | 宜昌规划展览馆 | ★★★ |
| 1282 | 公共建筑 | 厦门东南国际航运中心大厦AB、EF座 | ★★★ |
| 1283 | | 安徽省马鞍山市秀山新区医院工程（一期） | ★★★ |
| 1284 | | 河南省安阳市人民医院整体搬迁一期 | ★★★ |
| 1285 | | 扬州永丰余造纸行政中心办公大楼 | ★★★ |
| 1286 | | 上海国际航运服务中心（东块）项目1、2、5号楼 | ★★★ |
| 1287 | | 北京奥体南区2号地A座商业办公楼 | ★★★ |
| 1288 | | 北京奥体南区2号地B座商业办公楼 | ★★★ |
| 1289 | | 上海虹桥商务区核心区（一期）06地块D19街坊会展及演艺中心 | ★★★ |
| 1290 | | 上海新华联国际中心企业总部3～21号办公楼 | ★★★ |
| 1291 | | 上海虹桥商务区核心区北13地块中区南区项目 | ★★★ |
| 1292 | | 上海松江区SJC10004单元2街区08-02地块7号楼（社区中心） | ★★★ |
| 1293 | | 复旦大学新建江湾校区环境科学楼 | ★★★ |
| 1294 | | 上海虹桥商务区核心区南片区05地块1、2号办公楼 | ★★★ |
| 1295 | | 上海宝钢总部基地1号楼（B03B-01地块） | ★★★ |
| 1296 | | 上海世博发展集团大厦 | ★★★ |
| 1297 | | 上海中国黄金大厦 | ★★★ |
| 1298 | | 华能上海大厦1、2号楼 | ★★★ |

| 序号 | 项目类型 | 项 目 名 称 | 星级 |
|---|---|---|---|
| 1299 | | 上海国际金融中心中国结算项目 | ★★★ |
| 1300 | | 上海国际金融中心中金所项目 | ★★★ |
| 1301 | | 上海国际金融中心上交所项目 | ★★★ |
| 1302 | | 中新天津生态城世茂酒店一期酒店项目 | ★★★ |
| 1303 | | 溧阳市人民医院规划及建筑设计工程项目 | ★★★ |
| 1304 | | 常州招商会展中心 2 号办公楼 | ★★★ |
| 1305 | | 深圳坪山文化中心图书馆 | ★★★ |
| 1306 | | 中新天津生态城天津医科大学生态城代谢病医院 | ★★★ |
| 1307 | | 深圳华大基因中心——生物科技研发 B、C、D、E、F 楼 | ★★★ |
| 1308 | | 重庆会议展览馆二期 | ★★★ |
| 1309 | | 温州市旧城 G-27d-2 地块项目 | ★★★ |
| 1310 | | 杭州杭政储出［2011］61 号地块商业金融用房兼交通设施项目 | ★★★ |
| 1311 | | 苏州吴江太湖新城商务中心 B 楼项目 | ★★★ |
| 1312 | | 无锡观山路商业街 A1 栋 | ★★★ |
| 1313 | | 北京市顺义区李遂镇温泉酒店及会所项目 1～3 号酒店 | ★★★ |
| 1314 | | 中山火炬高技术产业开发区中心幼儿园 | ★★★ |
| 1315 | 公共建筑 | 深圳市中建钢构大厦 | ★★★ |
| 1316 | | 三亚海棠湾亚特兰蒂斯酒店项目（一期） | ★★★ |
| 1317 | | 中央网络安全和信息化业务用房 | ★★★ |
| 1318 | | 上海万科南站商务城二期（a-05 地块）项目 | ★★★ |
| 1319 | | 深圳基金大厦 | ★★★ |
| 1320 | | 深圳当代艺术馆与城市规划展览馆 | ★★★ |
| 1321 | | 南京佳兆业城市广场幼儿园 | ★★★ |
| 1322 | | 南京建邺区河西南部 26-4 地块（No.2013G54）A-1 号楼 | ★★★ |
| 1323 | | 苏州嘉润广场 | ★★★ |
| 1324 | | 上海虹桥商务区核心区北片区 07 号地块阿里巴巴上海虹桥办公楼 | ★★★ |
| 1325 | | 招商局上海中心（世博 B03C-03 地块）项目 | ★★★ |
| 1326 | | 常州市武进绿色建筑研发中心维绿大厦 | ★★★ |
| 1327 | | 中国商飞总部基地（上海市世博 B 片区 1～3 号楼） | ★★★ |
| 1328 | | 安徽医科大学第一附属医院高新分院医疗综合楼 | ★★★ |
| 1329 | | 北京师范大学昌平新校区一期项目教学综合楼（A、B 段）、1 号教学服务楼（A、B 段）、2 号教学服务楼、1～3 号教学楼、3～4 号学生宿舍及食堂 | ★★★ |
| 1330 | | 中国航空规划建设发展有限公司科研综合楼（北京） | ★★★ |

| 序号 | 项目类型 | 项 目 名 称 | 星级 |
|---|---|---|---|
| 1331 | | 重庆国华天平大厦 | ★★★ |
| 1332 | | 北京中海油能源技术开发研究院 1～2 号楼 | ★★★ |
| 1333 | | 安徽省城乡规划建设大厦 | ★★★ |
| 1334 | | 广州白云国际机场扩建工程二号航站楼及配套设施 | ★★★ |
| 1335 | | 嘉兴世合大厦 | ★★★ |
| 1336 | | 北京住总顺义住宅产业化基地项目 6 号办公研发楼 | ★★★ |
| 1337 | | 武汉软件新城二期 B1 楼 | ★★★ |
| 1338 | | 青岛硅谷大厦及配套项目一期工程 | ★★★ |
| 1339 | | 中节能宜兴环保产业园一期 I 标段服务中心 | ★★★ |
| 1340 | | 北京四中长阳校区 | ★★★ |
| 1341 | | 北京侨福花园 | ★★★ |
| 1342 | | 苏州建屋广场 C 座 | ★★★ |
| 1343 | | 东莞台商子弟学校综合体育馆 | ★★★ |
| 1344 | | 北京雁栖湖国际会展中心项目 | ★★★ |
| 1345 | | 深圳侨城坊一期工程 12 号楼 | ★★★ |
| 1346 | | 杭州市杭政储出〔2012〕41 号地块配套幼儿园 | ★★★ |
| 1347 | 公共建筑 | 安徽省建筑科学研究设计院建筑检测大厦 | ★★★ |
| 1348 | | 北京市政务服务中心 | ★★★ |
| 1349 | | 深圳市青少年活动中心改扩建工程 | ★★★ |
| 1350 | | 南京河西地区综合性医院（河西儿童医院） | ★★★ |
| 1351 | | 中瑞（镇江）生态产业园创新中心 1 号研发楼 | ★★★ |
| 1352 | | 苏州市昆山花桥经济开发区戴尔办公楼 | ★★★ |
| 1353 | | 上海国新控股大厦 | ★★★ |
| 1354 | | 北京市朝阳区 CBD 核心区 Z15 地块（中国尊大厦） | ★★★ |
| 1355 | | 长沙金茂梅溪湖国际广场二期 13 号栋 | ★★★ |
| 1356 | | 北京未来科技城国核科研创新基地一期工程 8、9、10 号楼 | ★★★ |
| 1357 | | 北京中粮祥云幼儿园（后沙峪镇吉祥庄村 A08 地块幼儿园用房） | ★★★ |
| 1358 | | 北京 CBD 核心区地下公共空间市政交通基础设施及配套工程 | ★★★ |
| 1359 | | 北京市四维图新大厦 | ★★★ |
| 1360 | | 北京新金融基地 4-1 号楼 | ★★★ |
| 1361 | | 重庆市渝北区人民医院三级甲等医院建设项目门诊医技楼 A、住院综合楼 A、住院综合楼 B | ★★★ |
| 1362 | | 重庆市巫山县中医院江东新区分院建设一期 | ★★★ |

| 序号 | 项目类型 | 项 目 名 称 | 星级 |
|------|----------|-------------|------|
| 1363 | | 贵州省多彩贵州品牌研发基地（研发管理中心、研发会议展示中心、展示中心） | ★★★ |
| 1364 | | 广州市轻工职业学校迁建工程五号办公楼 | ★★★ |
| 1365 | | 广州市交通运输职业学校迁建工程 1 号行政综合楼 | ★★★ |
| 1366 | | 广州市高级技工学校迁建工程 D-2 号行政综合楼 | ★★★ |
| 1367 | | 广州城市职业学院迁建工程 A1 图书与信息中心 | ★★★ |
| 1368 | | 广州市建筑工程职业学校迁建工程 9 号楼师生阅览与网络中心 | ★★★ |
| 1369 | | 广州市交通高级技工学校迁建工程 B1 行政楼 | ★★★ |
| 1370 | | 广州市医药职业学校迁建工程 4 号行政楼及报告厅 | ★★★ |
| 1371 | | 广州市信息技术职业学校迁建工程信息科技体验及综合行政办公楼 | ★★★ |
| 1372 | | 广州市工贸技师学院迁建工程 A 行政管理大楼 | ★★★ |
| 1373 | | 广州市公用事业高级技工学校迁建工程 14 号行政综合楼 | ★★★ |
| 1374 | | 广州市土地房产管理职业学校迁建工程图书行政综合楼 | ★★★ |
| 1375 | | 广州铁路职业技术学院迁建工程 A3 图文信息中心 | ★★★ |
| 1376 | | 广州幼儿师范专科学校（筹）迁建工程 T1 号图书馆 | ★★★ |
| 1377 | | 北京市国电新能源技术研究院 301～305、307～309 号楼 | ★★★ |
| 1378 | 公共建筑 | 北京市海淀区北部文化中心 | ★★★ |
| 1379 | | 北京市中建材新型建材、新型房屋、新能源材料（三新）产业研发中心项目科研楼（一期） | ★★★ |
| 1380 | | 苏州市太仓建设档案馆办公及业务用房 | ★★★ |
| 1381 | | 上海虹桥商务区中骏广场 03 地块 B8～B23 号楼 | ★★★ |
| 1382 | | 上海世博会博物馆新建工程项目 | ★★★ |
| 1383 | | 上海虹桥商务区核心区一期 5 号地块北区 A～C、H1～H3 号办公楼 | ★★★ |
| 1384 | | 上海市虹桥商务区核心区北片区 04 地块 05-04 项目 D1～D3 号楼 | ★★★ |
| 1385 | | 上海市虹桥商务区核心区北片区 04 地块 05-02 项目 C1～C5 号楼 | ★★★ |
| 1386 | | 上海交通大学医学院附属瑞金医院肿瘤（质子）中心 | ★★★ |
| 1387 | | 上海虹桥商务区核心区北片区 08 号地块商办项目 | ★★★ |
| 1388 | | 福州市规划设计研究院创意设计产业园创意设计产业楼 | ★★★ |
| 1389 | | 苏州市太仓青年公寓 5 号楼（服务用房） | ★★★ |
| 1390 | | 机械工业第五设计研究院新型高端汽车涂装设备和汽车后服务基地建设项目—生产管理中心（天津） | ★★★ |
| 1391 | | 万科建筑研究中心宿舍项目（东莞） | ★★★ |
| 1392 | | 国家海洋博物馆 | ★★★ |

| 序号 | 项目类型 | 项 目 名 称 | 星级 |
|------|----------|-------------|------|
| 1393 | | 深圳富泰和厂区 1 号厂房 | ★★ |
| 1394 | 工业建筑 | 深圳市杰科电子有限公司杰科产业园 1～4 号厂房 | ★★ |
| 1395 | | 深圳珈伟光伏照明股份有限公司 2～4 号生产厂房 | ★★ |
| 1396 | | 国药集团一致药业（坪山）医药研发制造基地 | ★★ |

## 2015 年度绿色建筑运行标识项目统计表

| 序号 | 项目类型 | 项 目 名 称 | 星级 |
|------|----------|-------------|------|
| 1 | | 洛阳岭南春色嘉园 | ★ |
| 2 | | 洛阳中电·阳光新城 | ★ |
| 3 | | 洛阳南村村民安置小区 5、7、8 号楼 | ★ |
| 4 | | 厦门万科金色悦程花园 1～3、9～13、15～23、25～28 号楼 | ★ |
| 5 | | 五家渠华源·贝鸟语城 | ★★ |
| 6 | | 成都交大·归谷国际住区 | ★★ |
| 7 | | 洛阳香堤雅居 1～3、6～8 号楼 | ★★ |
| 8 | | 洛阳书香苑小区 1、5～13、15～21 号楼 | ★★ |
| 9 | | 鄂尔多斯万基西山丽景 8～14 号住宅楼 | ★★ |
| 10 | | 新疆石河子市 58 小区天富玉城 | ★★ |
| 11 | | 新疆石河子市 59 小区天富巨城 | ★★ |
| 12 | 住宅建筑 | 新疆石河子市 51 小区天富康城 | ★★ |
| 13 | | 辛集市"五环城市花园"3～17 号住宅楼 | ★★ |
| 14 | | 洛阳顺峰·状元府邸 1～6、13～17 号楼 | ★★ |
| 15 | | 北京市海淀区温泉镇 C07、C08 地块限价商品住房项目 | ★★ |
| 16 | | 鹿泉市北新城村旧村改造工程（北区）秀水名邸 1～7 号住宅楼 | ★★ |
| 17 | | 承德市福地华园小区 1～5 号住宅楼 | ★★ |
| 18 | | 福州建发北湖苑一区 | ★★ |
| 19 | | 福州建发北湖苑四区 | ★★ |
| 20 | | 青岛瑞源名嘉汇住宅 1～3、5～8 号楼 | ★★★ |
| 21 | | 天津梅江华厦津典川水园 | ★★★ |
| 22 | | 新疆石河子市 52 小区天富春城 | ★★★ |
| 23 | | 南京江宁万达广场西区大商业 | ★ |
| 24 | 公共建筑 | 武汉汉街万达广场大商业 | ★ |
| 25 | | 长沙开福万达广场 B 区商业综合体 | ★ |
| 26 | | 沈阳奥体万达广场大商业 | ★ |

542

| 序号 | 项目类型 | 项 目 名 称 | 星级 |
|---|---|---|---|
| 27 | 公共建筑 | 长春宽城万达广场大商业 | ★ |
| 28 | | 哈尔滨哈西万达广场购物中心 | ★ |
| 29 | | 西安大明宫万达广场购物中心 | ★ |
| 30 | | 蚌埠万达广场大商业 | ★ |
| 31 | | 丹东万达广场购物中心 | ★ |
| 32 | | 徐州云龙万达广场南区大商业 | ★ |
| 33 | | 余姚万达广场大商业 | ★ |
| 34 | | 广州发展中心大厦 | ★★ |
| 35 | | 广西妇女儿童医院 | ★★ |
| 36 | | 福建中烟技术中心科研用房 | ★★ |
| 37 | | 西门子中心（北京）总部办公楼 | ★★ |
| 38 | | 北京用友软件园 1、5 号研发中心 | ★★ |
| 39 | | 秦皇岛数谷大厦 | ★★ |
| 40 | | 河北省建筑科技研发中心 1 号木屋 | ★★ |
| 41 | | 武进出口加工区综合服务大楼 | ★★★ |
| 42 | | 上海市绿地（集团）总部大楼 | ★★★ |
| 43 | 工业建筑 | 浙江中烟工业有限责任公司杭州卷烟厂（联合工房） | ★★★ |
| 44 | | 安徽中烟工业有限责任公司合肥卷烟厂易地技术改造暨"黄山"精品卷烟生产线项目 | ★★★ |
| 45 | | 德国大陆汽车电子（长春）净月园区（一期）项目 | ★★★ |

# 附录5  2015 年度全国绿色建筑 创新奖获奖项目

## Appendix 5  Projects of 2015 National Green Building Innovation Award

| 序号 | 项目名称 | 主要完成单位 | 主要完成人 | 获奖等级 |
|---|---|---|---|---|
| 1 | 上海申都大厦改造工程 | 上海现代建筑设计（集团）有限公司、华东建筑设计研究总院、华东建筑设计研究院有限公司技术中心 | 龙革、沈迪、田炜、汪孝安、夏麟、陈烈、李群、瞿燕、陈珏、李海峰、叶少帆、李嘉军、鲁曙光、范一飞、贾晓峰、胡国霞、安东亚、沈冬冬、魏炜、陈湛 | 一等奖 |
| 2 | 东莞生态园控股有限公司办公楼 | 东莞生态园控股有限公司、北京清华同衡规划设计研究院有限公司、华南理工大学建筑设计研究院、湖南星大建设集团有限公司东莞分公司 | 方德佳、林波荣、蒋涛、吴敬军、胡文斌、刘加根、葛鑫、刘威林、杜京京、何卫宇、吴晨晨、吴鹏举、聂金哲、邓月珠、王朝询、李梅丹、肖伟 | 一等奖 |
| 3 | 天津天友办公楼改造项目 | 天津天友建筑设计股份有限公司 | 任军、何青、王重 | 一等奖 |
| 4 | 中国国家博物馆改扩建工程 | 中国国家博物馆、北京国金管理咨询有限公司、中国建筑科学研究院 | 李六三、赵泓、尹波、盛永波、余建南、李宁宁、吕大伟、杜雷、董刚、周海珠、付旺、王雯翡、闫静静、胡晓辰、贺芳、王栋、董妍博、田露、周灵敏、张艳芳 | 一等奖 |
| 5 | 卧龙自然保护区都江堰大熊猫救护与疾病防控中心 | 四川卧龙国家级自然保护区管理局、中国建筑西南设计研究院有限公司、清华大学建筑学院、北京清华同衡规划设计研究院有限公司 | 魏荣平、钱方、李晓锋、戎向阳、冯莹莹、黄瑶、高庆龙、杨玲、李波、李先进、吴小宾、黄治、刘磊、胡佳、熊耀清、陈英杰、杜欣、何海波、袁野、张庆 | 一等奖 |
| 6 | 北京汽车产业研发基地用房 | 北京汽车研究总院有限公司、清华大学建筑学院、北京市工业设计研究院、北京清华同衡规划设计研究院有限公司 | 刘永平、李晓锋、韩旭、冯莹莹、丁颖超、晋江辉、李术芳、黄瑶、田少华 | 一等奖 |

| 序号 | 项目名称 | 主要完成单位 | 主要完成人 | 获奖等级 |
|---|---|---|---|---|
| 7 | 中新天津生态城低碳体验中心项目 | 中新天津生态城投资开发有限公司、天津生态城绿色建筑研究院有限公司 | 王颖、孙晓峰、戚建强、刘文闯、李文杰、赛娜、黄雅贤、黄瑶、陈秀华 | 一等奖 |
| 8 | 上海国际航运服务中心西块工程 | 上海银汇房地产发展有限公司、上海市建筑科学研究院 | 毛立玫、吴鹏程、刘静君、张颖、陈劲晖、庞均薇、杨新利、高永平、傅瑜、陈至祺、王瑞璞、马静宇 | 一等奖 |
| 9 | 中煤张家口煤矿机械有限责任公司装备产业园 | 中煤张家口煤矿机械有限责任公司、机械工业第六设计研究院有限公司、中煤建设集团工程有限公司 | 宋金铎、吴冬梅、李奋龙、李相平、宋景龙、王明磊、许远超、尹运基、牛秋蔓、张丽霞、王翠英、王春、李海波、李亨、李龙雨、岳迪、李岩岩、张晓伟、陈思远 | 一等奖 |
| 10 | 重庆中冶赛迪大厦 | 中冶赛迪工程技术股份有限公司 | 陈健、徐革、胡爱华、赵桥荣、何均、刘贤凯、陈飞舟、王国交、王卫民、罗雄辉 | 一等奖 |
| 11 | 中新天津生态城南部片区第一细胞商业街 2 号楼 | 天津生态城投资开发有限公司、中国建筑科学研究院天津分院、长城物业集团股份有限公司 | 郑福居、杜涛、尹波、商锋锋、周海珠、张振欣、贺芳、王雯翡、闫静静、王栋、周灵敏、胡晓辰、付旺、田露、董妍博、徐迎春、周立宁、张天帅、吴春玲、张艳芳 | 一等奖 |
| 12 | 全国人大机关办公楼 | 全国人大常委会办公厅机关事务管理局、北京市建筑设计研究院有限公司、清华大学建筑学院、北京建工集团有限责任公司 | 张铁辉、林波荣、李进升、高海、孙成群、王亦知、刘加根、班浩、林伟、余娟、郭芳、蒋京南、聂金哲、牛润萍、赵洋、李晋秋 | 一等奖 |
| 13 | 南京禄口国际机场二期建设工程 2 号航站楼及停车场 | 南京禄口国际机场有限公司、华东建筑设计研究院有限公司 | 钱凯法、周成益、郭建祥、陆燕、田炜、瞿燕 | 一等奖 |

| 序号 | 项目名称 | 主要完成单位 | 主要完成人 | 获奖等级 |
|---|---|---|---|---|
| 14 | 武汉市民之家 | 武汉地产开发投资集团有限公司、中国建筑科学研究院上海分院、中信建筑设计研究总院有限公司、武汉建工集团股份有限公司 | 梁鸣、梁晶、葛起宏、尹卫民、钱斌、黄理、李震寰、田慧峰、李菲、王娟、刘文路、徐金圣 | 二等奖 |
| 15 | 哈尔滨辰能溪树庭院 B4 号楼 | 黑龙江辰能盛源房地产开发有限公司、中国建筑科学研究院建筑设计院 | 刘兆新、姜莹、曾宇、裴智超、冯雪山、杨勤勇、赵彦革、章艳华、郭汇生、高旸、李建琳、孙虹 | 二等奖 |
| 16 | 中新天津生态城公屋展示中心 | 天津市建筑设计院 | 屠雪临、徐沙莎、伍小亭、刘建华、王东林、李旭东、芦岩、宋晨、董维华、尹宝泉、马旭升、刘小芳、蔺雪峰、胡宇丹、孙晓峰 | 二等奖 |
| 17 | 长沙梅溪湖国际新城研发中心二期 11 号栋 | 长沙梅溪湖国际研发中心置业有限公司、上海市建筑科学研究院、上海建科建筑设计院有限公司 | 孙国栋、李光辉、李嵘、侯维、陈豪、高博、梁天若、杨建荣、葛曹燕、季亮、王月梅、张宏儒、金艳萍、潘京、韦璞 | 二等奖 |
| 18 | 南京万科上坊保障性住房 6－05 栋预制装配式住宅 | 南京万晖置业有限公司、南京长江都市建筑设计股份有限公司、中国建筑第二工程局有限公司、南京安居保障房建设发展有限公司 | 王生明、汪杰、李宁、纪先志、吴敦军、王聪银、陆欢、王利、刘建石、郭建军、陈广玉、赵国政、李玮、韩晖、杨承红 | 二等奖 |
| 19 | 广东省建筑科学研究院检测实验大楼 | 广东省建筑科学研究院、广东省建科建筑设计院 | 曹大燕、杨仕超、周荃、许国强、吴晓瑜、邓秀梅、吴培浩、程瑞希、丁可、麦粤帮、姜思达、江飞飞、张昌佳、王丽娟、刘轩 | 二等奖 |
| 20 | 中国建筑股份有限公司技术中心试验楼改扩建工程 | 中国中建设计集团有限公司、中国建筑股份有限公司技术中心、中建二局第三建筑工程有限公司 | 徐宗武、宋中南、郑勇、崔小刚、李景芳、薛峰、李云贵、王畅、杨少林、李峰、满孝新、石云兴、韩占强、王立营、孙路军 | 二等奖 |

| 序号 | 项目名称 | 主要完成单位 | 主要完成人 | 获奖等级 |
|---|---|---|---|---|
| 21 | 迁安市马兰庄新农村示范区住宅（一期、二期） | 迁安市立顺城镇建设投资发展有限公司、中国建筑科学研究院 | 陈晓东、张振国、狄彦强、张宇霞、张志杰、李妍 | 二等奖 |
| 22 | 北京亚信联创研发中心 | 清华大学建筑学院、北京清华同衡规划设计研究院有限公司、北京市建筑设计研究院有限公司、亚信联创科技（中国）有限公司 | 林波荣、肖伟、李晋秋、王亮、候新元、牛润萍、姜涌、白洋、张德银、赵洋 | 二等奖 |
| 23 | 中新天津生态城服务中心 | 天津生态城投资开发有限公司、天津生态城绿色建筑研究院有限公司 | 张彦发、李东、戴雷、黄永浩、张建军、宛冰、秦忠强、戚建强、邹芳睿、张鑫 | 二等奖 |
| 24 | 中新天津生态城城市管理服务中心 | 天津生态城投资开发有限公司、天津生态城绿色建筑研究院有限公司 | 张彦发、李东、戴雷、黄永浩、张建军、宛冰、祁振峰、郑福居、戚建强、邹芳睿、曹晨 | 二等奖 |
| 25 | 北京当代万国城项目 | 当代节能置业股份有限公司、新动力（北京）建筑科技有限公司 | 陈音、王增崎、贾岩、刘娟、李媛媛 | 二等奖 |
| 26 | 中关村国家自主创新示范展示中心（西区会议中心） | 中关村国家自主创新示范区展示交易中心、北京国金管理咨询有限公司、中国建筑科学研究院天津分院 | 刘政、莘雪林、刘占凤、赵泓、尹波、钱元辉、周文、周海珠、李学群、肖秋安、金立宏、付旺、王雯翡、闫静静、胡晓辰 | 二等奖 |
| 27 | 乌鲁木齐华源·博雅馨园 | 新疆华源实业（集团）有限公司 | 李俊、张洪涛、白云峰、冯松、陈凤艳、蒲万里、潘光磊 | 二等奖 |
| 28 | 商丘汇豪天下 | 商丘市三松置业有限公司、商丘市建筑工程质量监督站 | 王金启、王志勇、朱杰、司会英、朱青、吕振雷、李颖、张彦峰、李宏伟、姬战勇、朱强、乔宇、范伟生、娄保国、弓嵩岭 | 二等奖 |

| 序号 | 项目名称 | 主要完成单位 | 主要完成人 | 获奖等级 |
|---|---|---|---|---|
| 29 | 博思格建筑系统（西安）有限公司投资建设8.4万吨钢结构及绿色建材生产线项目 | 博思格建筑系统（西安）有限公司 | 张伟、韩小红、王呈、陈曦、高欣娟、李磊、金耀峰、刘永昊、王惠 | 二等奖 |
| 30 | 驻马店置地天中第一城住宅小区（一期、二期） | 河南省置地房地产集团有限公司、河南省置地建设工程集团有限公司、驻马店市置地物业管理有限公司、河南华顺阳光新能源有限公司 | 李万立、吕绍潜、茹丽军、楚艳荣、王献林、孟亚洲、王东升、范伟生、张瑞、赵理想、闫思璐、董勇、黄炎、孙帅、吕陶梅 | 二等奖 |
| 31 | 南京旭建ALC技术中心大厦 | 南京旭建新型建材股份有限公司、南京旭建工程技术有限公司、南京旭建建材研究开发有限公司 | 孙维理、高民权、孙维新、邓苏萍、孙小曦、罗怡、蒋加深、周霆、崇睿、潘伟伟 | 二等奖 |
| 32 | 大连国际会议中心 | 大连市建筑设计研究院有限公司 | 崔岩、叶金华、王可为、黄蔓青 | 二等奖 |
| 33 | 河北师范大学图书馆、博物馆、公共教学楼 | 河北师范大学、河北北方绿野建筑设计有限公司、河北北方绿野居住环境发展有限公司 | 韩春民、解汉瑞、周鸿娟、郝卫东、郭会彬、郑月兰、王雯、张翔、武东强、郑俊华、王婷婷、解祎琳、张海英、王之硕、秦桂敏 | 二等奖 |
| 34 | 洛阳新天地·红太阳花园 | 洛阳市新天地置业集团有限公司 | 范方、刘应超、康续伟、刘豪、李辂、王建、崔清玉、何静静、魏江辉、邓国威、武星、李钊、臧宏武 | 二等奖 |
| 35 | 中冶建工集团设计研发大厦 | 中冶建工集团有限公司、中冶建工重庆房地产有限公司、中冶建工集团重庆物业管理有限公司、重庆博诺圣科技发展有限公司 | 刘从学、雷学才、黄亚萍、刘立、邱宝良、刘光荣、刘余、钱金虹、张飞、陈光富、林俊、魏奇科、王聪、张梅、丁小猷 | 二等奖 |
| 36 | 重庆轨道交通六号线一期工程大竹林车辆段综合楼项目 | 重庆市轨道交通（集团）有限公司、中冶赛迪工程技术股份有限公司、中铁第一勘察设计院集团有限公司、重庆市轨道交通设计研究院有限公司 | 仲建华、林莉、程钢、罗宏伟、吴泽玲、刘文卓、李彬、蔡金、吴焕君、张毓斌 | 三等奖 |

| 序号 | 项目名称 | 主要完成单位 | 主要完成人 | 获奖等级 |
|---|---|---|---|---|
| 37 | 北京丰台区长辛店北部居住区一期（南区 B53 地块）居住项目 | 北京万年基业房地产开发有限公司、清华大学建筑设计研究院有限公司、北京首都工程技术设计有限公司、北京易兰建筑规划设计有限公司 | 刘征、李建民、翟景峰、常正美、朱庆兵、柯希忠、崔莉、武弢、齐勇新、张海涛 | 三等奖 |
| 38 | 武汉国际博览中心会议中心 | 武汉新城国际博览中心有限公司、中国建筑科学研究院上海分院 | 李兵、刘继生、余璟、谭健锋、周琦、田慧峰、李菲、王娟 | 三等奖 |
| 39 | 深圳广田绿色产业基地园研发大楼 | 深圳市建筑科学研究院股份有限公司 | 牛润卓、李笑、雷建、冷志宇、谢雷、刘鹏、陈益明、郭顺智、田智华、徐小伟 | 三等奖 |
| 40 | 广州珠江新城 B2-10 地块项目 | 广州市城市建设开发有限公司、广州建筑股份有限公司 | 黄维纲、李蓓、赵川、秦丹、吴国翔、何永良、罗佩、尹穗、林柱、梁仲华 | 三等奖 |
| 41 | 北京凯晨世贸中心 | 北京凯晨置业有限公司、中国建筑科学研究院上海分院 | 马健、张崟、张丽莉、冯伟、杨丽珠、伍文艳、缪裕玲 | 三等奖 |
| 42 | 北京雁栖湖（国际会都）核心岛项目 | 北京北控国际会都房地产开发有限公司 | 陈乃伟、张文华、李沐刚、齐瑶、杨仲生、孙向辉、张一平、田永强、尹正姝、王隽 | 三等奖 |
| 43 | 苏州工业园区金鸡湖大酒店二期 8 号楼 | 苏州工业园区城市重建有限公司、中国建筑科学研究院上海分院、苏州第一建筑集团有限公司、江苏建科建设监理有限公司 | 张明、张崟、戚森伟、方韧、张元春、周林才、陈德霞、胡乐庭、周雪根、郭志强 | 三等奖 |
| 44 | 南方科技大学绿色生态校园建设项目行政办公楼 | 南方科技大学建设办公室、深圳市建筑科学研究院股份有限公司 | 陈澄波、裴宝伦、唐振忠、戴运祥、江峰、刘鹏、王若静、白明宇、陈诚、祝元杰 | 三等奖 |

| 序号 | 项目名称 | 主要完成单位 | 主要完成人 | 获奖等级 |
|---|---|---|---|---|
| 45 | 天津武清杨村旧城改造九十街还迁居住小区项目 43 号配套公建 | 天津京城投资开发有限公司、北京市住宅建筑设计研究院有限公司 | 王健、刘杰、谭德海、胡颐蘅、李庆平、凌晓彤、闪其骏、杜庆、白羽、王国建 | 三等奖 |
| 46 | 中新天津生态城 12A 地块景杉二期住宅（B1～B7 号楼）项目 | 天津生态城生井投资开发有限公司、天津生态城绿色建筑研究院有限公司 | 邱绍平、孙晓峰、戚建强、刘文闯、李文杰、蔡春飞 | 三等奖 |
| 47 | 武汉百瑞景中央生活区 403 会所 | 中铁大桥局集团武汉地产有限公司、武汉东艺建筑设计有限公司 | 王永胜、邱训兵、宋智平、章伟华、阮士兵、张中华、李犁、陈晓敏、周巍、郭璇 | 三等奖 |
| 48 | 南宁裕丰·英伦住宅小区 | 中国建筑科学研究院、南宁威特斯房地产开发投资有限公司 | 张宇霞、郑镤、张振国、何好、赵伟、陈慰汉、胡秋丽、曾良忠、狄海燕、曾飞 | 三等奖 |
| 49 | 上海城建滨江大厦 | 上海城建滨江置业有限公司、中国建筑科学研究院上海分院、上海公路桥梁（集团）有限公司 | 袁继康、张传生、张静辉、樊瑛、汤民、顾国伦 | 三等奖 |
| 50 | 北京广联达信息大厦 | 广联达软件股份有限公司、中国建筑科学研究院建筑设计院 | 曹仕雄、徐骞、张江华、高旸、谢春娥、赵彦革、吕石磊、裴智超、吴燕、李雷 | 三等奖 |
| 51 | 深圳市京基一百大厦 | 深圳市京基房地产股份有限公司、深圳市建筑科学研究院股份有限公司 | 田智华、陈益明、王鸿鹤、李静、徐小伟、刘天波、李笑、冷志宇、王自立、令狐延 | 三等奖 |
| 52 | 天津大学新校区第一教学楼 | 天津大学、中国建筑科学研究院天津分院、天津华汇工程建筑设计有限公司 | 高峰、李军、张为、贺芳、闫辉、尹波、张天帅、王永华、吴岳、王雯翡 | 三等奖 |

| 序号 | 项目名称 | 主要完成单位 | 主要完成人 | 获奖等级 |
|---|---|---|---|---|
| 53 | 丰田汽车研发中心（江苏常熟）事务栋及新能源栋 | 丰田汽车研发中心（中国）有限公司、中国建筑科学研究院建筑设计院、竹中（中国）建设工程有限公司 | 金承烈、郑洪男、张江华、乔会卿、李建琳、许荷、赵彦革、刘亮、孙虹 | 三等奖 |
| 54 | 山东省建设节能示范项目 | 山东大卫国际建筑设计有限公司 | 申作伟、孙莉莉、邱英林、赵晓东、李晶、孙鸿昌、费喆、贾卫、王泽东、潘明阳 | 三等奖 |
| 55 | 昆明世博生态城——低碳中心 | 云南世博兴云房地产有限公司、中国建筑科学研究院 | 鲁宁、马雷、施维琳、俞斌、詹建东、付旺、尹波、周立宁、王栋、陈轲 | 三等奖 |
| 56 | 青岛云鼎国际项目 | 青岛云鼎置业有限公司、中国建筑科学研究院天津分院、青岛城市建筑设计院有限公司、江苏南通三建集团有限公司 | 王可莹、卢昱、王征、宗甫林、陈建明、肖维金、倪明、魏美玲、胡晓辰、尹波 | 三等奖 |
| 57 | 武进影艺宫（凤凰谷） | 江苏武进经济发展集团有限公司、江苏省常州市武进区住房和城乡建设局、江苏省绿色建筑工程技术研究中心 | 缪冬生、朱小培、张麦怀、张宝、戴玉伟、宋伟、柴代胜、俞梁超、朱明燕 | 三等奖 |
| 58 | 苏州宝时得中国总部（一期）办公大楼 | 苏州设计研究院股份有限公司、江苏省（赛德）绿色建筑工程技术研究中心、宝时得机械（中国）有限公司 | 周玉辉、吴腾飞、许小磊、陆建清、吴树馨、汤晓峰、刘仁猛、顾清、张泪航、郭新想 | 三等奖 |
| 59 | 苏州月亮湾建屋广场（苏园土挂（2008）21地块项目） | 苏州工业园区建屋置业有限公司 | 陈宁雄、胡斌、严庆翔、何升斌、刘斌、董天烨、许嘉缘、江建英 | 三等奖 |
| 60 | 侯台公园展示中心 | 天津市建筑设计院、天津市环境建设投资有限公司 | 刘军、张津奕、陈天泽、李倩枚、王钢、刘慧佳、胡巨茗、任富俊、王磊、王健 | 三等奖 |

| 序号 | 项目名称 | 主要完成单位 | 主要完成人 | 获奖等级 |
|---|---|---|---|---|
| 61 | 安阳市建设大厦 | 安阳市建筑设计研究院、安阳市住房和城乡建设局、安阳市建工集团有限责任公司 | 侯津琪、李海、何红、李新付、刘现芳、孔宪忠、杜洪涛、赵文德、王东伟、张文俊 | 三等奖 |
| 62 | 武进规划展览馆二期工程（莲花馆） | 常州市规划局武进分局、江苏武进经济发展集团有限公司、江苏省绿色建筑工程技术研究中心有限公司、上海绿地建设（集团）有限公司 | 李再生、王飞、秦玉波、金国强、丁赟、蒋晓刚、许洁、柴代胜、王浩、刘德锋 | 三等奖 |
| 63 | 银川中房·东城人家一期住宅楼 | 宁夏中房实业集团股份有限公司、中国建筑科学研究院上海分院 | 张君、张崟、刘妍炯、张伟、邵文晞、邵怡、伍文艳、缪裕玲 | 三等奖 |

# 附录6 2015年度绿色建筑先锋奖获奖企业

## Appendix 6　Enterprises of 2015 Green Building Pioneer Award

**万科企业股份有限公司**

万科企业股份有限公司经过二十多年的发展，成为国内最大的住宅开发企业，业务覆盖珠三角、长三角、环渤海三大城市经济圈以及中西部地区，销售规模持续居全球同行业首位。万科建筑研究中心被建设部批准为国家住宅产业化基地，东莞市万科建筑技术研究有限公司获广东省科技厅和财政厅等联合颁发的高新技术企业证书。

**近三年主要业绩：**

公司制定了可持续发展目标：新建住宅产品基本实现国家绿色建筑一星认证；新建绿色三星认证住宅年平均增长率不低于15%。

2013年完成绿色建筑标识认证的建筑面积596.4万㎡，其中绿色三星项目面积172.7万㎡，绿色一星、二星项目面积423.7万㎡。绿色三星住宅141万㎡，占全国34%。截至2013年，万科集团共有1706.8万㎡项目申报了国家绿色建筑标识，其中住宅三星项目达到606万㎡，占到全国45%。截止到2014年底，累计申报绿色三星项目80个，项目面积879万㎡。

积极推广住宅产业化，2013年交付装修房9.95万套，较2012年增长15.6%，实现垃圾减排约19.9万t。2013年新开工产业化面积698.07万㎡，主流项目工业化开工占比达42.37%。其中PC占比8.31%，装配式内墙38.8%，内外墙免抹灰29.09%。通过社区垃圾分类回收主动减少对环境的冲击，截至2013年万科已在26个城市、164个社区开展垃圾分类回收。

**方兴地产（中国）有限公司**

方兴地产（中国）有限公司（简称方兴地产）是中国中化集团公司房地产和酒店业务的旗舰企业，于2007年在香港联合交易所正式上市（股票代码：HK.00817）。方兴地产秉承母公司中化集团"创造价值、追求卓越"的核心价值观，坚持品质领先的核心定位，实施地产开发和物业持有协同发展战略，致力于成为中国领先的高端地产开发商和运营商。

**近三年主要业绩：**

公司将发展绿色战略作为企业可持续发展主战略之一，制定了《方兴地产绿色工作管理标准》，自 2012 年起所有新开发项目：普通住宅及办公建筑达到绿色建筑一星级；学校、酒店项目达到二星级。

公司开发的地产项目获得国家绿色建筑评价标识三星级设计标识 9 项，三星级运营标识 1 项；二星级设计标识 8 项；一星级设计标识 4 项。六个项目通过美国 LEED 认证。四个项目通过英国 BREEM 认证。

2013 年北京金茂府小学项目获全国绿色建筑创新奖二等奖，青岛金茂湾住宅项目获绿色建筑创新三等奖；2012 年长沙梅溪湖新城项目获批国家首批绿色生态示范城区；2014 年上海金茂大厦和北外滩项目获得上海市绿色建筑贡献奖（地方奖）；北京中化大厦和凯晨世贸中心项目获批住建部既有建筑绿色化改造示范工程。

积极履行社会责任，参编中小学《绿色校园与未来》系列教材，参与组办"绿色校园"科普活动，举办"中国绿色学校设计理念与实践"论坛，协办"方兴杯"第六届高校房地产策划大赛，连续多年赞助北京国际绿色建筑大会并举办绿色地产分论坛。

**恒基兆业地产有限公司**

恒基兆业地产有限公司是由主席李兆基博士大紫荆勋贤于 1976 年所创立，其核心业务包括物业发展及物业投资。公司自 1981 年在香港上市以来，已发展成为本港最大地产发展商之一。公司设定企业可持续发展的社会责任政策及企业环保政策，并成立跨部门绿色建筑组，拥有强大的专业绿色建筑策划、实施及管理团队，其中有 11 位 GBL Managers「中国绿色建筑评价标识专业管理人」。

**近三年主要业绩：**

2012 年，恒基兆业旗下的 2 个住宅项目获得中国绿色建筑评价标识（香港版）三星级设计标识，成为香港本地首家私营企业参与申报国家绿色建筑评价标识的地产企业；2014 年 2 个公建项目获得绿色建筑评价标识（香港版）三星级设计标识。

另有 3 个商业项目获得香港建筑环境评估（BEAM）认证运营阶段铂金级，13 个项目通过香港 BEAM 的认证；1 个项目获得 LEED 商业运营金级认证；1 个项目通过 LEED 金级初步评审。

运用建筑信息模拟技术（BIM）完善项目设计，加强施工协调，并减少建筑废料，4 个项目先后获得 Autodesk "香港建筑信息模拟 BIM 大奖"。

公司积极配合中国绿建委以及中国绿色建筑与节能（香港）委员会，借助国际绿色建筑大会等活动平台，以及在香港举办"2012 中国绿色建筑成果展览会"，大力推动绿色建筑科普教育和有关专业技术的交流和分享。多个项目获得了由香港特区香港机构颁发绿色环保奖项。

**朗诗集团股份有限公司**

朗诗集团创立于 2001 年，目前是中国地产百强企业，是中国领先的绿色科技地产开发和运营企业。朗诗集团长期实施绿色科技差异化发展战略，主营业务为住宅地产开发，同时正积极开展绿色养老、绿建科技、绿色金融服务等新业务。朗诗集团是中国绿色建筑与节能委员会创始会员，同时也是德国、美国绿色建筑委员会成员。

**近三年主要业绩：**

朗诗实行全流程绿色管控，绿色建造、绿色采购、绿色设计、绿色运行管理。在开发或已竣工的 38 个项目中，有 18 个项目获得三星绿色建筑标识认证，其中：三星级设计标识 15 个，二星级设计标识 2 个，三星级运行标识 1 个（目前全国获得三星运行标识的住宅项目共有 3 个）。

在科研方面，通过各种方式参与并支持关注室内健康的活动与科研课题，与清华大学、上海建科院等科研院所共同承担了国家"十二五"室内健康课题，为其提供示范工程；参与住建部"绿色建筑效果后评估与调研"课题，统计分析绿色建筑项目运行数据，编写调研报告；建立长兴研发基地，投入大量资金用于相关技术、产品的研发。现拥有建筑技术领域的专利 130 多项。

三次获评"中国绿公司百强"，三次获得"中国地产金砖奖——年度绿色地产大奖"，先后获得"精瑞住宅科学技术金奖"、"华夏建筑科学技术一等奖"、"广厦奖"等众多国家级权威奖项，旗下两个项目是国家建设部科技示范工程。

**中国建筑科学研究院**

中国建筑科学研究院隶属于国务院国有资产监督管理委员会，是全国建筑行业最大的综合性研究和开发机构，主营业务包括建筑工程技术及产品研发，建筑工程勘察、设计、咨询服务、工程承包及专用设备与材料制造，涵盖建筑结构、地基基础、工程抗震、城市规划、建筑设计、建筑环境与节能、建筑软件、建筑机械化、建筑防火、施工技术、建筑材料等专业中的 70 个领域。

**近三年主要业绩：**

坚持以"引领建设科技、创建绿色家园"为己任，制定了可持续发展战略，成立绿色建筑技术中心，建立绿色建筑推广示范基地，在实践中不断整合绿色建筑产业链，最大限度实现绿色建筑的经济和社会效益。

开展绿色建筑设计、咨询业务，获得绿色建筑评价标识项目近 200 项；为多个省市的地方生态城区、低碳城市试点编制总体规划，建立相关指标体系，编写实施导则。

主编国家标准《绿色建筑评价标准》和绿色工业建筑、绿色医院建筑、绿色商店建筑、绿色博览建筑、既有建筑绿色改造等专项评价标准，以及相关标准规范 22 项，为国家绿色建筑和建筑节能标准体系的建立做出突出贡献，并开展了相关标准的宣贯培训。

针对绿色建筑行业及国家重大建设项目亟需解决的重大、关键、共性、前瞻性技术开展科研项目，涉及建筑节能、绿色建筑、建筑改造、新能源利用、建筑门窗、室内环境及供热系统节能研究等多个领域。目前在研的绿色建筑与建筑节能相关的国家级科研课题 48 项。

获住建部科技进步奖一等奖 3 项、二等奖 5 项、三等奖 7 项。获 2013 年全国绿色建筑创新奖二等奖 3 项，三等奖 1 项；获 2011 年全国绿色建筑创新奖二等奖 3 项。

组织开展国际、国内相关交流研讨活动，宣传推广绿色建筑与节能减排技术。通过建设环能院近零能耗办公楼、院主楼节能改造等示范项目，展示绿色建筑与建筑节能新技术。

**上海市建筑科学研究院**

上海市建筑科学研究院是一家为城市建设、管理和运营提供技术服务与系统服务的科技型服务企业，"建科"注册商标被认定为中国驰名商标，拥有国家绿色建筑质量监督检验中心、国家民用建筑能效测评机构、建设部绿色建筑工程技术研究中心等 9 个部市级工程技术研究中心和专业服务机构。上海市建筑科学研究院是国内最早开展绿色建筑研发和咨询的机构之一，联合主编国家《绿色建筑评价标准》，建成全国首幢三星级绿色建筑示范工程，服务于上海世博等全国重大工程。

**近三年主要业绩：**

2014 年 12 月 1 日，经中国国家认证认可监督管理委员会授权，依托上海市建筑科学研究院成立"国家绿色建筑质量监督检验中心"，是专业从事绿色建筑质量监督检验与认证评价的第三方公正、权威的国家级检验机构。

承接绿色建筑工程设计、咨询业务，获得绿色建筑评价标识项目 57 项，其中：三星级设计标识 22 项、三星级运行标识 2 项、二星级 26 项；住建部双百示范工程项目 6 项；国家"绿色生态示范城区"——上海虹桥商务区核心区、青岛中德生态园、湖北孝感临空经济区、迪士尼国际旅游度假区，上海市绿色建筑集中示范区——徐汇滨江绿色建筑示范区、上海后世博开发区、莘庄工业区西区、北外滩航运中心，安徽省绿色建筑集中示范区——江南产业集中示范区。

上海崇明陈家镇生态办公楼获 2013 年绿色建筑创新奖一等奖，世博会城市最佳实践区"沪上·生态家"、南市电厂主厂房和烟囱改建工程获 2011 年绿色建筑创新奖一等奖、上海世博演艺中心、莘庄综合楼获二等奖、上海城投置业办公楼获三等奖。

在绿色建筑和建筑节能等相关领域总计完成了 92 项标准规范的编制工作，其中国家标准 19 项，行业标准 30 项，上海市地方标准 43 项；其中主编 44 项，参编 48 项。

承担了"十二五"科技部科技支撑计划项目"绿色建筑规划设计关键技术体系研究与集成示范",课题"绿色建筑标准实施测评技术与系统开发","典型气候地区既有居住建筑绿色化改造技术研究与工程示范"等。此外，还承担了大量地方研究项目和课题，与WWF、UNEP国际组织合作完成近10项建筑节能及绿色建筑领域国际合作项目。

**深圳市建筑科学研究院股份有限公司**

深圳市建筑科学研究院股份有限公司是国有控股科研设计单位，国家级高新技术企业，以中国传统文化"精宜之道"结合现代科技手段和方法，通过生态城区规划、绿色设计与咨询、公信服务和文化传播等方式，提供中国特色绿色建筑和生态城市集成创新服务。

**近三年主要业绩：**

自2000年起，深圳建科院把节能、绿色作为战略主业，有计划、系统性地开展建筑节能和绿色建筑科学研究和工程实践工作，成为中国该领域领导者之一。

完成3000万$m^2$以上建筑工程的绿色、节能咨询，3000万$m^2$以上绿色、节能建筑设计，$3000km^2$以上绿色生态城区研究与规划设计。获2013年全国绿色建筑创新奖二等奖3项。

自用办公楼——建科大楼采用以低成本、软技术、被动式为核心的40多项绿色建筑技术，以当地同类建筑2/3的建安成本，实现空调能耗降低50%、照明能耗降低70%、建筑用水基本零排放的节能节水效果，该项目获国内外40多项大奖。获得国家三星级运营标识，是首个国家"双百工程"示范，获2011年度全国绿色建筑创新奖一等奖，2014年度世界绿色建筑委员会"亚太地区绿色建筑先锋奖"提名（全球9个项目最终入围）。

主、参编100多项绿色或节能建筑国家、行业、省及市各级标准与规范，包括参编国家《绿色建筑评价标准》、主编《民用建筑绿色设计规范》。

承担国家"十二五"科技支撑计划和国家科技重大专项、国际合作项目在内的120多项各级科研课题，获得专利70多项；获得建设科技领域最高奖项"华夏奖"一等奖在内的各级奖项100多项。

主办或承办国际、国内绿色、节能、可再生能源领域研讨会、培训30多次。以建科大楼为载体，积极发挥全国科普教育基地的媒介作用，向社会各界人士宣传绿色建筑，接待社会各界3.4万人次来访（月均超500人次）。打造"建科大讲堂"等学术交流平台，通过高交会、光明论坛、国际低碳论坛等向社会各界宣传、普及绿色、低碳知识。与公共传媒密切合作，报道公司绿色低碳领域的科研实践，在CCTV-10"科技之光"栏目及CCTV-1"焦点访谈"栏目专门制作了《会呼吸的建筑》、《"高烧"之后觅处方》等专题节目，宣传绿色、低碳理念和知识。

**清华大学建筑设计研究院有限公司**

清华大学建筑设计研究院有限公司设有七个建筑工程综合设计所、四个由国家科学院和工程院院士以及国家设计大师领衔的工作室、两个建筑专业设计所、工程咨询与建筑策划所、绿色建筑工程设计所、文物与历史建筑保护设计研究所、生态规划与绿色建筑设计研究所、交通设计研究所、极地建筑研究中心、住宅产业化设计研究中心、BIM 技术中心、绿色建材与循环经济研究中心等机构。

**近三年主要业绩：**

开展绿色建筑工程实践，参与绿色设计、绿色咨询的项目，获得设计标识三星 6 项，二星 4 项，一星 2 项；运行标识三星 2 项，二星 1 项。有 11 个项目正在申报过程中。

参与国家标准《绿色建筑评价标准》的修编、《绿色医院建筑评价标准》和《绿色博览建筑评价标准》的编制。参与行业标准《民用建筑绿色设计规范》的编制。参与地方标准北京市《绿色建筑评价标准》、《绿色建筑设计标准》的编制。

参与"十二五"国家科技支撑计划课题"性能目标导向的绿色建筑设计优化技术研究"、"绿色建筑标准体系研究"、"大型航站楼建筑绿色建设关键技术研究与示范"、"天津生态城绿色建筑规划设计关键技术集成与示范"等 4 项。承担国家科技部项目"公共机构环境能源效率综合提升适宜技术研究与应用示范（十二五计划）"的第 4 子课题"基于环境能源效率的典型公共机构设计优化技术与技术集成研究"及"基于全生命期绿色住宅产品化数字开发技术研究和应用（863计划）"2 项。承担北京市与学协会等组织立项项目及清华大学立项项目 24 项。

多个承担规划、设计的建筑工程项目获得全国性和北京市的设计、规划等奖项。

**南京长江都市建筑设计股份有限公司**

南京长江都市建筑设计股份有限公司是以城市设计、办公建筑、商业建筑、科研教育建筑、居住建筑、绿色建筑设计与咨询为主要业务的一家现代综合性建筑设计企业。

**近三年主要业绩：**

公司于 2013 年经省科技厅、财政厅批准成立"江苏省长江都市绿色建筑工程技术研究中心"；2014 年经省科技厅、教育厅批准与东南大学共建江苏省企业研究生工作站；同年获评"高新技术企业"。

截至 2014 年底，公司完成设计的建筑工程中有 36 个项目先后获得绿色建筑设计标识证书，总建筑面积 662.55 万 m²。其中获三星标识 9 项，二星标识 17 项，一星标识 10 项。其中 3 个项目被评为省级示范项目，2 个项目被评为国家级示范工程，3 个项目获精瑞科技奖绿色住区优秀奖，2 个项目获中国建筑学会奖。

自 2007 年以来，先后完成 11 项工业化建筑的设计，共计建筑面积约 44 万 m²。结构类型包括：纯框架结构、框架－钢支撑结构、框架－剪力墙结构及装配整体式剪力墙（内浇外挂）结构、预制装配式双层叠合板剪力墙结构。预制装配框架体系高度达到 85m，预制装配式住宅达到 100m。

主编住建部第一批建筑产业化标准设计图集 2 项；参与完成《江苏省绿色建筑设计标准》、《江苏省绿色建筑应用技术指南》的编制；主编、参编有关建筑工业化国家标准和省级标准 7 项；主编、参编省级建筑设计标准规范 6 项。

与东南大学共同承担国家十二五科技支撑计划项目"保障性住宅新型工业化建造和施工开发与应用"和"装配式建筑混凝土剪力墙结构关键技术研究"。公司独立或合作申请省、市级科研项目 4 项，如"绿色建筑技术在保障性住房中系统集成应用与示范"、"预制复合保温夹心外墙板应用研究"等。

**建学建筑与工程设计所有限公司**

建学建筑与工程设计所由建筑大师戴念慈先生创办，以做作品与做产品并重的原则从事设计，谨遵"严谨、诚信、创新、务实"的理念服务社会。具有建筑行业（建筑工程）甲级及城乡规划编制乙级资质。2011 年改制为股份制（法人股）有限责任公司，总部设在北京，营业务包括：项目策划、规划、代业主，项目内容涉及住宅、办公、商业、大型城市综合体、酒店、文教、物流及产业建筑。

**近三年主要业绩：**

公司制定五年内计划 70％项目做到绿色设计可控的发展目标。

承接的设计、咨询项目中已有六项获得绿色建筑三星级设计标识、四项获得绿色建筑二星级设计标识、三项获得绿色建筑一星级设计标识。截至 2014 年底，公司已完成绿色建筑设计 138 万 m²，其中获得二星以上设计标识的有 68 万 m²，项目涵盖了酒店、学校、住宅及商业综合体等多种建筑类型。如：三亚海棠湾喜来登度假酒店、上海世茗国际大厦、杭州市余杭区崇贤街道杨家浜小学、上海虹桥临空经济园区东方国信工业楼改扩建等。

2014 年被上海市绿色建筑协会授予"绿色建筑设计单位"资格证书（有此证书可承接二星以上绿色建筑咨询工作）、上海市绿色建筑贡献奖。

杭州市望江新城望北核心区规划获国际竞赛第一名（规划面积 145 万 m²）；

杭州东部湾总部基地城市设计（规划面积 137.3 万 m²）获美国加州建筑师协会奖。

# 附录7 2015年全国青少年绿色建筑科普教育活动汇总一览表

## Appendix 7 2015 green building education and popularization activities for teenagers in China

| 序号 | 活动名称 | 时间 | 地点 | 规模 | 组织单位 | 活动简介和效果 |
|---|---|---|---|---|---|---|
| 1 | 全校通识性课程《绿色建筑概论》 | 5月6日 | 重庆大学 | 200多人 | 重庆大学、重庆市绿色建筑专业委员会 | 课程针对绿色建筑和低碳生态城市可持续发展问题,结合城镇化与城市快速发展过程中建筑行业的专业背景,系统地介绍绿色建筑在我国的发展历史、绿色建筑概念和内涵、绿色建筑实现的目标、绿色建筑技术、绿色建筑的评价方法和绿色建筑案例分析等内容,旨在引导学生如何去发现问题、分析问题、解决问题,逐步培养学生的专业素质,将知识教育和素质教育有机地结合在一起。中国绿建委王有为主任应邀授课。讲座结束后,同学们收获颇多,意犹未尽,一致认为专家的讲座内容紧跟时代的步伐,让同学们拓宽了思路,开阔了视野,海绵型城市这一新概念引起了同学们热烈讨论。同学们还提出了殷切期盼,希望听到更多包含基础兼前沿知识的讲座,并非常赞同以国家标准为切入点,从中抽丝剥茧引出知识概念的讲座方式。本次讲座在热烈的掌声中圆满结束 |

| 序号 | 活动名称 | 时间 | 地点 | 规模 | 组织单位 | 活动简介和效果 |
|------|---------|------|------|------|---------|--------------|
| 2 | "全国青少年绿色科普教育巡回课堂——做绿色地球使者"启动仪式（深圳站） | 6月6日 | 深圳中心书城 | 500人 | 深圳市住房和建设局、深圳市绿色建筑协会 | 本次活动在社会公共场所举办，浙江大学城市学院龚敏教授利用PPT生动形象地为学生及家长们讲述了有关绿色建筑的故事，内容活泼有趣，大受孩子们欢迎，甚至有家长也表示，受到一场绿色建筑知识的洗礼。授课专家的讲解，让学生及家长们感受到绿色建筑是与人们生活息息相关的事物。<br>活动吸引了深圳活动网，深圳晚报、深圳都市报等多家媒体对此次活动进行了报道，形成一定的社会影响 |
| 3 | 大学生绿色建筑讲座-上海站 | 6月10日 | 同济大学 | 100人 | 中国绿色建筑与节能专业委员会绿色校园学组 | 此次活动在同济大学四平路校区成功举行。吸引了来自同济大学、上海理工大学、上海师范大学等不同院校和专业的近百名高校大学生，并引起了强烈反响，取得了良好的效果。南京工业大学吕伟娅教授和同济大学程大章教授精彩的演讲，引起了同学们热烈的讨论。通过此次讲座，为同学们了解绿色建筑的前沿研究，开阔学术视野提供了帮助 |
| 4 | 上海市民低碳行动—绿色建筑进校园 | 9月25日 | 同济大学 | 100人 | 上海市城乡建设管理委员会、上海市发展和改革委员会、上海市教育委员会 | 通过此次活动，引起了学生和老师及社会人士的强烈反响与效果。同济大学吴志强副校长应邀演讲。此次活动大力宣传了绿色建筑理念、绿色建筑知识，激发了学生对绿色建筑的关注和兴趣，树立"节水、节能、绿色、环保"意识。加强了学生对发展绿色建筑的社会责任感，激发了学生行为节能的自觉意识。使得绿色建筑发展将成为一种社会需求和生活时尚，成为城市建设的大方向和主旋律 |

| 序号 | 活动名称 | 时间 | 地点 | 规模 | 组织单位 | 活动简介和效果 |
|---|---|---|---|---|---|---|
| 5 | "建设绿色家园，青少年在行动"——2015 年天津市全国科普日重点活动 | 10 月 18 日 | 天津市建筑设计院 | 200 多人 | 天津市科学技术协会、天津市教育委员会 | 整个活动以学生为中心，通过科普讲座、互动问答、视频介绍、手册宣传和实地参观等丰富多彩的活动内容，将绿色建筑理念、技术和成果展现在广大中学生面前。此次活动，拉开了天津市青少年绿色科普教育的序幕。国家、行业和地方的十余家主流媒体，包括中国教育电视台、中国建设报、新华社、中国勘察设计杂志、建筑设计管理杂志、天津电视台、天津电台、天津日报、今晚报、人民网、北方网等媒体记者对本次活动进行了现场采访和报道。<br><br>此外，大会举行了"天津市青少年校外科普基地"的签约及授牌仪式，天津市建筑设计院出资 5 万元支持第三十一届天津市青少年科技创新大赛设立"绿色建筑专项奖"，奖励在绿色建筑专业领域拥有创新思维、创新理念和创新成就的青少年集体和个人 |
| 6 | "全国青少年绿色科普教育巡回课堂——做绿色地球使者"绿色建筑讲堂（江苏站） | 11 月 27 日 | 上午：江苏城乡建设职业学院 下午：常州武进区凤凰谷大剧院 | 上午：约 400 人 下午：约 110 人 | 江苏省住房城乡建设科技发展中心、武进区科协 | 上午中国城市建设研究院王磐岩副院长、天津建筑设计院张津奕副院长在江苏城乡建设职业学院为在校 400 多师生系统介绍了绿色建筑的理论起源、国内外绿色建筑的发展历程、我国绿色建筑的发展现状，通过讲述城市依托自然环境的起源和发展历程，告诉大家"绿色生态城区建设"的目的和意义。两位教授的精彩报告赢得了听课师生一阵又一阵热烈的掌声。 |

| 序号 | 活动名称 | 时间 | 地点 | 规模 | 组织单位 | 活动简介和效果 |
|---|---|---|---|---|---|---|
| 6 | "全国青少年绿色科普教育巡回课堂——做绿色地球使者"绿色建筑讲堂（江苏站） | 11月27日 | 上午：江苏城乡建设职业学院 下午：常州武进区凤凰谷大剧院 | 上午：约400人 下午：约110人 | 江苏省住房城乡建设科技发展中心、武进区科协 | 下午上海现代建筑设计集团有限公司的田炜博士在凤凰谷大剧院为100多名在校职高学生代表生动讲述了"绿色建筑"的基础概念和行为节能的方式方法，通过很多身边的小故事向大家深入浅出地灌输"保护地球环境，需要从我做起"的重要理念以及"四节一环保"的绿色建筑基本要素。灵活互动的提问环节从最初的10分钟延长至25分钟，大家踊跃提问，现场氛围达到了高潮。授课结束，武进区科协组织学生前往江苏省绿色建筑展览中心和江苏省绿色建筑博览园进行参观学习和实地绿色建筑功能体验。学生们充分意识到节约能源刻不容缓，必须从我做起，保护环境，爱护我们的地球 |
| 7 | "全国青少年绿色科普教育巡回课堂——做绿色地球使者"（桂林站） | 12月2日 | 桂林市宝贤中学 | 300人 | 桂林市住房和城乡建设委员会 | 北京城建设计研究总院刘京教授的精彩报告赢得了听课师生的一片又一片掌声。在灵活互动的提问环节，学生们积极踊跃提问，将课堂气氛推向高潮。课后，师生们纷纷表示意犹未尽，希望以后多多举办类似活动 |
| 8 | "全国青少年绿色科普教育巡回课堂——做绿色地球使者"（桂林站） | 12月2日 | 桂林理工大学 | 300人 | 桂林市住房和城乡建设委员会 | 授课专家的精彩报告赢得了听课师生的一片又一片掌声。在灵活互动的提问环节，学生们积极踊跃提问，将课堂气氛推向高潮。课后，师生们纷纷表示意犹未尽，希望以后多多举办类似活动 |

| 序号 | 活动名称 | 时间 | 地点 | 规模 | 组织单位 | 活动简介和效果 |
|---|---|---|---|---|---|---|
| 9 | 绿建未来，梦想前行——全国青少年绿色建筑科普教育巡回课堂之"绿色建筑走进深圳大学" | 12月10日 | 深圳大学 | 300人 | 深圳市绿色建筑协会 | 专家从不同角度阐释了什么是绿色建筑和建筑工业化、国内外发展现状、大力发展绿色建筑的必要性及技术手段分析等内容。本次活动是一场高规格、高水平的专题讲座，它不仅是对高校学生的思想启蒙，更是对从事绿色建筑事业人才的发展指引。它带来的影响，不仅是对当下从事绿色建筑人才的鞭策鼓励，更是对未来绿色建筑人才的发展指引。深圳特区报、晚报、商报、中国建设报、深圳新闻网对本次活动予以宣传报道 |
| 10 | 走进绿色建筑 | 11月30日 | 福建省建筑科学研究院 | 120人 | 福建省建筑科学研究院、福建省工程学院 | |

# 附录 8　中国绿色建筑大事记

## Appendix 8　Milestones of China green building development

2015 年 1 月 11～14 日，《绿色建筑评价标准》GB 50378—2014 西南地区培训会在重庆大学举行。

2015 年 1 月 12 日，西南地区绿色建筑基地建设研讨会在重庆举行。

2015 年 1 月 29～31 日，《绿色建筑评价标准》GB 50378—2014 南方地区培训会在深圳科学馆举行。

2015 年 2 月 12 日，住房和城乡建设部根据《绿色工业建筑评价标准》GB/T 50878—2013 组织编写并印发了《绿色建筑工业建筑评价技术细则》。

2015 年 3 月 12 日，中国城市科学研究会绿色建筑委员会正式发布《绿色小城镇评价标准》CSUS/GBC 06—2015，于 2015 年 4 月 1 日起施行。

2015 年 3 月 18 日，华东地区绿色建筑基地工作会议在浙江湖州市举行。

2015 年 3 月 23 日，中国城市科学研究院绿色建筑委员会建筑废弃物资源化学组成立暨第一次工作会议在国家会议中心举行。

2015 年 3 月 24 日，中国城市科学研究会绿色建筑委员会第八次全体委员大会在北京国家会议中心成功召开。

2015 年 3 月 24～25 日，第十一届国际绿色建筑与建筑节能大会暨新技术与产品博览会在北京国家会议中心成功举行。

2015 年 4 月 26 日，国家标准《绿色校园评价标准》编制组第三次工作会议在苏州大学召开。

2015 年 5 月 6 日，重庆大学开展"绿色建筑概论"教育，中国城市科学研究会绿色建筑委员会主任委员王有为受邀为学生讲座。

2015 年 6 月 6 日，"全国青少年绿色科普教育巡回课堂-做绿色地球使者"在深圳率先开讲，数百名中小学生及家长参加了活动。

2015 年 6 月 10 日，"大学生绿色建筑讲座第一站——上海站"在同济大学成功举办。

2015 年 7 月 7 日，住房和城乡建设部公布 2015 年度绿色建筑创新奖获奖项目，共有 63 个项目获奖。

2015 年 7 月 6～10 日，中国城市科学研究会绿色建筑委员会在官网举办"全国大学生、高中生绿色建筑知识竞赛"活动，共吸引了全国的 150 名在校大学生、中学生参加竞赛。

2015 年 7 月 28～31 日，"第七届建筑与环境可持续发展国际会议"（SuDBE2015）暨中英合作论坛（UK-China Forum）在英国雷丁大学和剑桥大学举行，中国城市科学研究会绿色建筑委员会及西南绿色建筑基地的代表出席会议并做专题报告。

2015 年 8 月，华东地区绿色建筑基地发布《华东地区绿色建筑地图》。

2015 年 8 月 11～19 日，"2015 国际大学生绿色建筑领袖实践营（GBLC）"在同济大学顺利举办。

2015 年 8 月 16 日，《绿色建筑评价标准》GB/T 50378—2014 东北地区宣贯培训会在哈尔滨举行。

2015 年 8 月 15～21 日，"全国青年绿色建筑夏令营"在江苏南京和浙江长兴成功举办，32 位来自全国 11 所高校及 1 所中学，在"全国大学生、高中生绿色建筑知识竞赛"中取得优异成绩的学生受邀参营。

2015 年 8 月 31 日，工业和信息化部与住房和城乡建设部联合出台《促进绿色建材生产和应用行动方案》（工信部联原［2015］309 号）。

2015 年 9 月 9 日，住房和城乡建设部部长陈政高主持召开装配式建筑工作座谈会。

2015 年 9 月 9～11 日，第十四届中国国际住宅产业暨建筑工业化产品与设备博览会在北京国际展览中心（新馆）举行。

2015 年 9 月 16～17 日，中国城市科学研究会绿色建筑委员会青年委员会第七届年会暨宁夏绿色建筑技术论坛在银川举行。

2015 年 9 月 20～21 日，中国城市科学研究会绿色建筑委员会绿色工业建筑学组暨绿色工业建筑评价标准技术研讨会在西安举行。

2015 年 9 月 23～24 日，由中国工程院土木、水利与建筑工程学部和中国建筑股份有限公司联合主办的"绿色建筑与可持续发展"论坛在深圳举行。

2015 年 9 月 25 日，中国绿色校园与绿色建筑知识普及教材丛书《绿色校园与未来》新书发布会在上海召开。

2015 年 10 月 14 日，住房和城乡建设部、工业和信息化部印发《绿色建材评价标识管理办法实施细则》和《绿色建材评价技术导则（试行）》（第一版）。

2015 年 10 月 14～16 日，住房和城乡建设部建筑节能和科技司在江苏南京举办《绿色建筑评价标准》及《绿色建筑评价技术细则》培训班（第一期）。

2015 年 10 月 18 日，"建设绿色家园，青少年在行动"2015 年天津市全国科普日重点活动暨市青少年校外科普基地签约暨授牌仪式在天津市建筑设计院举行。

2015 年 10 月 21 日，为促进绿色建筑快速健康发展，积极转变政府职能，逐步推行绿色建筑标识实施第三方评价，住房和城乡建设部办公厅印发《关于绿色建筑标识管理有关工作的通知》（建办科［2015］53 号）。

2015 年 10 月 23~24 日，以"新型建筑工业化促绿色建筑发展"为主题的第五届夏热冬冷地区绿色建筑联盟大会在浙江绍兴召开。

2015 年 11 月 10 日，住房和城乡建设部针对居住建筑印发《被动式超低能耗绿色建筑技术导则（试行）》（居住建筑）（建科［2015］179 号），要求各地结合本地实际情况，抓好贯彻落实。

2015 年 11 月 24~25 日，以"推广被动房和建筑工业化，促进绿色建筑规模化发展"为主题的第四届严寒、寒冷地区绿色建筑联盟大会暨绿色建筑技术论坛在天津滨海新区召开。

2015 年 11 月 27 日，"全国青少年绿色科普教育巡回课堂－做绿色地球使者"绿色建筑讲堂（江苏站）在江苏南京武进区举行。

2015 年 11 月 30 日至 12 月 11 日，第 21 届联合国气候变化大会在法国巴黎召开。中国国家主席习近平出席开幕式大会并发表重要讲话。中国政府提出，到 2020 年，城镇新建建筑中绿色建筑占比达到 50%。

2015 年 12 月 1 日，住房和城乡建设部组织召开了绿色建筑评价工作座谈会。

2015 年 12 月 2 日，"全国青少年绿色科普教育巡回课堂－做绿色地球使者"（桂林站）活动在桂林举办。

2015 年 12 月 3 日，以"生态绿城·和谐人居"为主题的夏热冬冷地区绿色建筑技术论坛（即第五届热带、亚热带地区绿色建筑技术论坛）在广西南宁召开。

2015 年 12 月 10 日，以"绿建未来，梦想前行"为主题的全国青少年绿色建筑科普教育巡回课堂之"绿色建筑走进深圳大学"大型教学活动在深圳大学举行。

2015 年 12 月 20~21 日，中央城市工作会议在北京召开，习近平主席在会上发表重要讲话。

2015 年 12 月 21 日，住房和城乡建设部印发《绿色数据中心建筑评价技术细则》（建科［2015］211 号），该细则旨在规范互联网通信行业数据中心绿色建筑评价工作。

2015 年 12 月 21 日，住房和城乡建设部办公厅印发通知，加快绿色建筑和建筑产业现代化计价依据编制工作（建办标函［2015］1179 号）。

2015 年 12 月 26 日，西南地区绿色建筑基地 2015 年度工作总结会议暨主题论坛在重庆召开。